錬金術の世界

ヨハンネス・ファブリキウス Johannes Fabricius

大瀧啓裕 訳

Alchemy: The Medieval Alchemists and their Royal Art

青土社

錬金術の世界　目次

序言　13

第1章　中世のサブカルチャーの古代の源泉　17

アラビアの錬金術　四元素の変成　卑金属の改良　無意識のイメージの投影　作業の想像的性格　精神の化学　麻薬を使用する錬金術師の精神　錬金術の神秘体系　錬金術研究のパイオニア　ユングのX線　秘密の誓い　キリスト教社会をひそかに守る　作業の概略　循環する作業　火の四段階

第2章　第一質料　作業の開始　43

「永遠の無意識」を呼び出す　腐敗の春　第一質料への回帰　作業の恐ろしいはじまり　破裂的な創造の肥沃な混沌　死と蘇生の葡萄酒　大地内部への下降　秘薬の製法　精神の錯乱と中毒　術の点火　発見された石の不快な物質　精神への降下　抑圧された無意識をあらわにする　狂気の力の猛襲　新たな創造の多産な混沌　思春期の心理　王と女王の近親相姦的出会い　二つの水の融合　占星術の太陽と月　無意識のアニマ・コンプレックス　メルクリウスの海への夢の降下　白羊宮、一年の作業の開始　幼年期にもどる恋人たち　思春期の高貴な愛　思春期におけるエディプス・コンプレックスの復活　錬金術の入信式のマルスの剣　嫉妬、憎悪、恐怖の復活　バシリウス・ウァレンティヌスの第一の鍵　ユーピテルの昇華の水　リビドー昇華の潜伏期　超自我、あるいはユーピテル・コンプレックス　金牛宮、穏やかな大地での成長　エディプス・コンプレックスの最初の発見者　人魚とともにとびこむ　メルクリウスのオイディプス的秘密　無意識の神話レヴェル　高貴な愛の赤裸々な事実　エディプス・コンプレックスの復活　エディプス的父との同一化　近親相姦の恐怖と父殺しの幻想　むきだしにされた硫黄と水銀　原始的な愛を象徴する動物　エディプス・コンプレックスの発見　近親相姦の謎めいた意味　不思議な山を掘り進む　親との結合という魔法の木　フロイトとユングの解釈　双子宮、疑問と分析の誕生　「愛と節操によって」　原光景での残酷な愛の戦い　肛門期のサディスティックな幻想と恐怖　幼児期に見る狼じみたものの夢　両性具有者の最初の瞥見　猛烈な愛によって「母体を開く」　あさましいやりかたで女王を金色に輝かせる　肛門性交の近親相姦的幻想　リビドーの肛門サディズム期　溶ける太陽と満ちゆく月の共生的融合　原光景の準備　重大な変化、共生＝分離　崖の端で　「共生段階における精神病」の子供　「世界霊魂」をあらわす　巨蟹宮、二元的母　共生段階のアニマの鏡の魔術　男性的な月とその幼児である太陽　ライオンの高貴な交接　幼児の獰猛な鉤爪　高揚する錬金術師と意気消沈する錬金術師　善でもあり悪でもある宇宙母神　循環気質、あるいは躁鬱病　旋回する黄道上の「最高星位」　無意識の癒しの循環　理想的な胸のヴィジョン　夜における女の導き手　海の危険な処女　人魚の元型の心理学　鷲と蔓を結びつける　目的とされる哲学者の石　哲学者の残忍な蔓　自閉段階、子宮の想像　リビドーの妄想症・精神分裂症的局面　狼と蔓の統合　自閉的な世界霊魂　王の息子の誘惑　鏡像として知覚される統一　巨蟹宮の子供たち　再誕の子宮を想像する　ライオンの口に近づく　両性の葛藤の解消　王の息子のライオン狩り　獅子宮、再誕の精神外傷　誕生の穴に吸いこまれて　マルコス王のライオン狩り

第3章　最初あるいは地上での再誕の精神外傷　163

羊水での霊的誕生　誕生と死の高貴な井戸　苦しむ息子と父と母　親による石の抽出　雷雨とライオン殺し　オットー・ランクと出産外傷　LSDによって確認されたフロイトの考え　誕生の稲妻と雷　誕生の日　ドラゴンの洞窟への降下　ドラゴンの近親相姦的な生命の水槽　バシリウス・ヴァレンティヌスの第三の鍵　ドラゴンの戦い、出産外傷　LSDによる再誕におけるドラゴンの戦い　迫害する元素の兄弟　誕生の迫害不安　取り入れ、投影、投影による同一化　バシリウス・ヴァレンティヌスの高貴な結婚　王が汗を流す結合の水槽　高貴な子宮に入る　男の最初の性愛＝攻撃の経験　火の家族の再結合　最初の同一化の臍帯　誕生時の原去勢不安　サラマンドラの火の洗礼　哲学者の息子の火の再誕　体の胎児化および性化をあらわすサラマンドラ　メルクリウスの海で溺れる王　燃えあがる水による恐ろしい洗礼　王の救出と再誕　産声　再誕の癒しの水

第4章　最初の結合　地上での再誕　207

子宮との最初の融合　オルガスムスの原リビドー　錬金術の再誕における神の子処女宮、秋の妊娠　リビドーの最初の統一　子宮内で成熟する胎児　自己実現をおこなうサイケデリック・チルドレン　錬金術における哲学の樹　メルクリウスの海の珊瑚樹　血にあふれる月の海綿　胎盤、胎児期の生命の樹　最初の同一化という哲学の樹　血気あるものすべてを養う哲学の樹　転倒した哲学の樹　王の息子の贖い　完璧な永遠の若者　最初のエディプス・コンプレックスをあらわす者　完全な結合の星　レビスの天の色　秋の成熟の球　天秤宮、完全な結合　図一五六のド

ラゴンの話　栄光の両性具有者　両性の完璧な均衡　胎児の人格の発生　ＬＳＤによって最初の自己をさらけだす　赤い奴隷と白い女　自分自身の卵になる　暗い目標の幕開け　親近性、類似性、同一性、一体性　成人の成熟過程

第5章　ニグレド　「黒」の死と腐敗　253

中年の鬱状態の黒さ　鬱状態の無意識の構造　再誕した王の犠牲　メルリヌスの寓話　鬱状態の苦しみ　死と腐敗の婚礼の夜　黒い太陽の恐怖　鬱状態の虚ろな罪人　闇の中心　魂の「黒い」抽出　哲学者の息子の溶解　腐敗した子宮における分解　内なる女の悲しむべき喪失　錬金術の墓場での性交　蠍という両性具有者　天蠍宮、黄道一二宮の墓場　ニグレド、胎児から胚へ　鴉の頭の死の恐怖　哲学者の卵における腐敗　サラマンドラの血の風呂　自殺に走る鬱状態の鴉　生きながら死ぬ術

第6章　アルベド　清めの白色化作業　289

洗濯女の仕事　七重の循環あるいは蒸留　王と女王の清めあるいは浄化　循環蒸留による浄化　王の血みどろの蒸風呂　闇に輝く光　十字架の炉における苦しみ　肉体を苦しめる黒い霊　鬱状態の闇の白色化　新たに脈打つ生命の血　ラート、すなわち不純な肉体を清める　進化の十字路を蘇らせる　白色化した肉体の煆焼　白い骨をさらけだす　アルベドのメルクリウスのユニコーン　処女のユニコーン狩り　「反射炉」の煆焼の火　白色化した骨を微塵に砕く　砕かれた石　人馬宮、物質の

鳥の「巣」からの分離　裂開による石の醗酵　凝固した石の溶解　黄色の死と黄金の醗酵　種蒔きの白い金の犠牲　ヘルメスの醗酵の力によって昇る　胎児の腹に母を封じる　錬金の作業の高貴な術　胚盤胞に進化する受精卵　翼をもつ者の死　卵を割るメルクリウスの蛇　神の照明の貫く光線　バシリウス・ヴァレンティヌスの第七の鍵　太陽による天の土の清め　蘇る哲学者の卵　白の再誕の溶解　白鳥の翼によって天に昇る　太陽の上昇、ガニュメデスの略奪　鷲の黄色の後光　黄金の醗酵を糧とする　デューラーの『メランコリア』の謎　中年後期の鬱状態　月の卵の上昇　バシリウス・ヴァレンティヌスの第八の鍵　魔羯宮、霊の上昇　生物学の教科書における養育

第10章　第二あるいは太陽の再誕外傷　407

上昇するガニュメデスの点火　太陽の受胎の火　キトリニタスの作業における太陽の月の出　醗酵の火の雨　メルクリウスの蛇の征服　太陽のドラゴンを殺す　排卵、受精、分裂　黄色の再誕外傷　バシリウス・ヴァレンティヌスの第九の鍵　受精卵に乗って　メルクリウスの蛇を殺す　増殖の原理の征服　三つの頭をもつ精子の征服　両性具有者の「復活」　太陽と月の血の風呂　オリュンポス山での霊的性交　排卵と受胎の精神外傷　血みどろになって世界に入る　薔薇園の黄金の池　哲学者の薔薇園

第11章　第二の結合　太陽の再誕　435

王と女王の謎の寓意画　白い卵を金色にする　成熟した濾胞への着床　生物的発達の昇華　創造の神秘を再現する　バシリウス・ヴァレンティヌスの第一〇の鍵　太陽の洞窟でのアポロンの再誕　宝瓶宮、霊性　ニコラ・フラメルの拱廊　太陽の容器での天上の再誕　玉座で「赤色化した」王　天球の調和　中年後期における再誕

第12章　ルベド　「赤」の死と腐敗　457

緑と黄金のライオンとの結合　老年期におけるリビドーの衰退　卵の最初の成熟分裂　生殖細胞の分裂　逆転されてもとにもどされる性の極性　リビドーの最後の変化　天上での魂と霊の抽出　天の結婚の準備　魂と霊の最後の昇華　世界＝卵を発達させる　「大宇宙の息子」の誕生　最初の卵母細胞あるいは精母細胞　投入と増殖　バシリウス・ヴァレンティヌスの第一一の鍵　生命の霊薬をつくりだす　薔薇園の増殖する富　自然の増殖する石　増殖する石を見つける　死と増殖の園　作業の最後の操作　投入によって大いなる石を新たに見いだす　始原生殖細胞　卵巣という薔薇園　永遠の生の棺

第13章　死の精神外傷　第四の結合　489

ボローニャの謎、棺での再誕　死んだ肉体と自己の復活　自己の朦朧とした体を蘇らせる　肉体離脱体験　LSDにおける増殖と投入　キリストの「赤」の死の結婚　石とキリストの対応　リプリイの『カンティレーナ』の大団円　バシリウス・ヴァレンティヌスの第一二の鍵　『太陽の光彩』の最後の栄光　錬金術と聖書における石の

象徴　霊・体の聖なる力　双魚宮、大洋との融合　最後の出産と再誕　近親相姦の至高の昇華　誕生と死の高貴な鷲　死の精神外傷の復活　死の顎による分離　LSDと死の体験　死の際にダブルを投影する

第14章　大いなる石あるいは宇宙の石の再生　523

光からその影を取り出す　栄光の体のオーラあるいは輪光　死者のオーラと輪光　真空の澄みきった光を知覚する　C・G・ユングの一九四四年の臨死体験　錬金術によって円と同じ面積の正方形を求める　大いなる解放の中立性　仏陀の涅槃の概念　四元素の循環蒸留　錬金術の赤のミサ　皇帝の死の復活　死の床の幻視について　LSDによる死の幻視　最後の変容の天の幻視　死者の復活　『沈黙の書』の大団円　火による火の清め　アニマの四段階　魔力ある青春の霊薬の獲得　宇宙的人間への変容　一者の恐ろしい体験　光の源における受肉　澄明な夢による照明

第15章　サイケデリック心理学　新しい錬金術　569

系統発生する無意識　宇宙的無意識

参考文献　註　図版出典

付録（連作図版の研究）

訳者あとがき　671

索引

635　577

錬金術の世界

「練金術師あるいは『ファウスト』」 レンブラント

序言

本書『錬金術の世界』はオプス・アルキュミクム（錬金の作業）の象徴的構造を説明し、そうすることによって、個性化過程――個人あるいは人間の人格を形づくる発達過程――の構造にも光を投げかけようとする試みである。ユングは『心理学と錬金術』において、問題を次のように明確に述べた。

わたしの考えを述べれば、物質から哲学者の金、あるいは万能薬、もしくは奇蹟の石をつくりだせるという期待は、一部が投影の結果である幻想にすぎないにせよ、それ以外のものについては、無意識の心理学においてきわめて重要な、精神にかかわる特定の事実にあてはまるのである。さまざまな文書や象徴によって示されているように、錬金術師はわたしが個性化過程と呼ぶものを化学変化の現象に投影したのであった。「個性化」といった学術用語は、もはや語るまでもない、知りつくされて解明されたものをあつかっていることを意味するわけではない。この用語は、無意識における求心的な人格形成過程という、徹底した探究をおこなうべき、いまもってきわめて曖昧な調査分野をあらわしているにすぎないのである。この生の過程は神秘的な性格があるために、太古から象徴形成の最も強い原動力となっていた。この過程は神秘に包まれ、数かずの謎をもちだしており、人間の精神がこれらを解明すべく長く奮闘をつづけようとも、おそらく解き明かせることはないだろう。

本書の考察によって提示される解答は、象徴の形式によって個人の心理的・生物的発達全体の痕跡をさらけだす、無意識への不断の退行という観点から、個性化過程と錬金術におけるその反映とを説き明かしている。このようにして錬金術の作業と個性化過程について立証された精神生物学的な一群の事実は、錬金術師たちの力説する心と物質の統一に符合するとともに、無意識を精神生物学的な骨組の中で理解するというフロイトの構想にも合致する。

錬金術の作業を再現する本書で採りあげた図版の主要な出典は、錬金術にかかわる中世の『哲学者の薔薇園』、その異版である『改革された哲学』、『太陽の光彩』、バルヒューゼンの『自然の王冠』、『パンドラ』、『沈黙の書』、『バシリウス・ヴァレンティヌスの一二の鍵』である。錬金術の作業そのものの典拠はヘルメス文書であって、『錬金術について』（一五四一年）、『化学の術』（一五六六年）、『化学と呼ばれる錬金の術』（一五七二年）、『金羊毛』（一五九八年）、『化学の劇場』（一六〇二―六一年）、『イギリスの化学の劇場』（一六五二年）、『ヘルメス博物館』（一六七八年）、『神秘化学論集』（一七〇二年）にまとめられたものを利用した。本書『錬金術の世界』の図版および本文の主要な典拠について、その起源や歴史は註や付録に記してあるが、これらの註や付録では本文中で分析しなかった一部の図版についてもふれている。本書は一九七六年にコペンハーゲンのロウゼンキルド・アンド・バガーよりフォリオ版で刊行されたものの改訂版である。

第1章　中世のサブカルチャーの古代の源泉

一五二〇年頃、ペトラルカと呼ばれる経歴不詳のドイツ人が描いた二点の絵は、作業中の錬金術師をあらわした既知の図版の中で最も古いものにあたる（図一、二）。図一に描かれている二人の金造り師は、不運にも炉がこわれたことで、数週間におよぶ労苦がむくわれず、挫折感にうちひしがれている。図二は採掘の現場をあらわし、二人の作業者が露出したばかりの鉱脈（背景）から金の塊を集めている。帳簿係、鉱山技師、作業員のそれぞれが、ヘルメス学的意味と隠喩に満ちた大いなる全体の一部として機能しており、錬金の洞窟で書物を調べている年老いた師匠は、哲学者の息子の手から哲学者の石を受けとろうとしているし、金造り師たちの作業は有翼のドラゴンに脅かされ、中央にいる者たちは自分たちのまわりに魔法円を描くとともに、ヘルメス学の文書に導きを求めている。これら二点の絵が描かれたとき、錬金術はおよそ二千年にわたって発展しつづけた後、ヨーロッパでその絶頂に達していた。

錬金術は人間の文明そのものとほぼ同じくらいの歴史がある。ヨーロッパの錬金術師、すなわち金造り師たちは、金属を変成させる方法を探し求め、ギリシアやエジプトの文明にまでさかのぼる古い伝統を維持した。中世の錬金術師たちはその術をスペインや南イタリアのアラブ人から学んだが、アラブ人はギリシア人から学びとり、ギリシア人は紀元前四世紀にエジプトの地で錬金術を発展させたのである。このように錬金術は、エジプトの信仰という墳墓や迷宮とともに、ヘルメス・トリスメギストスと呼ばれるヘレニズムの人物に根をのばしている。ヘルメス・トリスメギストスは中世のメルクリウスのモデルであって、数学と科学の神である古代エジプトのトート神に由来する。

一二世紀から一三世紀にかけて、錬金術はシチリアとスペインを経由して西ヨーロッパに浸透した。キリスト教徒の研究者たちは、パレルモ、トレド、バルセロナ、セゴヴィア、パンプロナで歓迎され、研究につづいて翻訳がおこなわれた。最も偉大な翻訳

図1

図2　怪物、黄金、ヘルメス的照明の光にあふれる洞窟での採掘

図３　錬金術師が実験室に備えた幕屋めいたものの前で膝をついて祈っている。幕屋めいたものには、「主の助言にしたがう者は幸いなるかな」、「蒙を啓くことなく神を語るなかれ」、「われらが作業に邁進すれば、神が助け給う」と記されている。壮麗な広間の奥にある戸口には、「眠るあいだも目をこらせ」とある。ハインリヒ・クンラートの絵をもとに1604年に彫版された版画。

者はチェスターのロバート、バースのアデラード、クレモナのジェラールであり、この三人は一二世紀の前半に活躍した。つづく百年のあいだに、単にアラビアの書物を借用するのではなく、みずから著述をおこなう錬金術師たちがヨーロッパに誕生しはじめた。中世の錬金術師たちの中で名を高めているのが、アルベルトゥス・マグヌス（一一九三―一二八〇年）、ロジャー・ベイコン（一二一四―九二年）、アルナルドゥス・デ・ヴィラノヴァ（一二三五―一三一一）、ライモンドゥス・ルルス（一二三二―一三一五年）であり、すべてカトリック教会において傑出した人物だった。彼らは錬金術の基本理論、すなわち金属変成の可能性や、金属組成の硫黄・水銀説、そして「第一質料」と四元素にかかわるアリストテレスの教義を信じていた。さらに重要なことに、彼らは錬金術の実験を古代の自然哲学やキリスト教神学に結びつけることにより、視野の広い自然観に達していたのである（図三）。

アラビアの錬金術

西洋の最初の科学者たちは哲学者にして神秘家であり、彼らにとっての実践錬金術は広範囲にわたる哲学体系の一部門だった。彼らの考えはアレクサンドリアの科学とギリシアの錬金術から編み出されたヘルメス学の学説に基礎を置き、習合という翼に乗ってローマ帝国全土に広まった。この展開により、ヘルメス学の教義は、占星術やグノーシス主義、オルペウス教の思弁やエレウシスの密儀、イシスとオシリスの崇拝、セラピス信仰や太陽神崇拝、ペルシアやシリアやイラクのネストリウス派やキリスト単性論者やマニ教徒の保つ教えといった、数多くの神秘主義の教義や神話をとりこむようになった。この伝統は直接ヨーロッパの錬金術師たちには伝わらず、重要な介在要素――アラブ人――を経て伝わったのである。

歴史をふりかえれば、七世紀および八世紀にイスラムが奇蹟のような征服をつづけ、ローマ帝国の大部分がアラブ人に屈したとき、アラビアの哲学者たちが古代のヘルメス学の教義を活気づけたのであった。アラブ人は合理的な実験という新しい方法を発展させたとしても、黄金をつくるとともに魂の蒙を啓く方法を明らかならしめるという、二重のアプローチを備えたヘルメス学の教えを保持したのである。かくしてヨーロッパの錬金術師たちは、アラビアの錬金術の伝統にならうことで、キリスト教会が根絶したと思っていた古代世界のヘルメス学の習合を蘇らせた。

キリスト教以前の文化に起源をもつために、錬金術師たちは中世のキリスト教社会において、サブカルチャー（下位文化）をつくりださなければならなかった。かくして彼らは宗教と科学の両面で、いままでになかった地位を占めるようになったのである。錬金術師とは正統派のカトリック教徒ではない神秘家であり、その時代の学問を奉じることのない科学者、自分の知ることを他人に教えようとはしない職人であったのだ。彼らは他者を寄せつけず、中世の社会の問題児であって、同時代人たちは彼らが高潔な聖人なのか冒瀆的な詐欺師なのかを決めかねた。

錬金術という「高貴な術」を追求しつづけたあげく、ついに社会から「ドロップ・アウト」してしまった者たちは、身を寄せることのできるサブカルチャーがつくりだされているのを見いだした。彼らはその内部に入るや、西洋のキリスト教社会の原理にとってまったく異質な、地下組織の黙示的ヴィジョンを必ず採用した。この驚くべき展開は、錬金術師たちがむなしく「四元素の変成」を試みた結果として起こった精神革命によって、さらに加速されたのである。この一連の出来事を理解するには、まず金造り師たちの中心的な考えを詳しく吟味しなければならないだろう。

四元素の変成

錬金術は卑金属の「不純物」という粗雑な物質をとりのぞくことにより、卑金属を銀あるいは金に変成させる術である。そのようなことがおこなえるという不思議な信仰は、ヘレニズムの錬金術師たちの自然哲学に由来する。彼らはその自然哲学をアリストテレスに基づかせ、物質世界の土台が「第一質料」、すなわち「形相」をあたえられることによって実在するようになる、最初の混沌とした質料であると考えた。第一質料という渦巻く混沌から、四元素、すなわち土、水、空気、火の形をとって「形相」が生じる。これらの「単体」を特定の割合で混ぜあわせることにより、神はついに第一質料から限りない多様な生命を創造したのである。

アリストテレスによれば、四元素はその「特性」によってそれぞれ区別されるという。四つの根本的な特性とは、流動性あるいは湿、乾、温、寒である。それぞれの元素が根本的な特性の二つを備えており、欠落する二つの特性は組合わせることのできない対立物である。したがって対をなす特性の可能な四つの組合わせは、温と乾＝火、温と流動性（温と湿）＝空気、寒と流動性＝水、寒と乾＝土となる。四つの元素のそれぞれにおいて、一つの特性が支配的である。土は乾、水は寒、空気は流動性、火は温がきわだっている。

変成はこの理論の明白な結果であって、どの元素も共有する特性によって別の元素に変成できるのである。したがって、火は温を媒介にして空気に、空気は流動性を媒介にして水になりうる。それぞれ一つの特性をとりのぞくことによって、二つの元素が第三の元素にもなる。乾と寒をとりのぞくことで、火と水は空気になり、温と流動性をとりのぞくことで、同じ元素が土を生ぜしめるのだ。

卑金属の改良

物の多様性が四元素の存在する比率によるという錬金術の考えは、切断した木を熱したときに起こる変成のプロセスでよくわかる。切断面に水滴が生じることから、木に水が含まれていることがわかる。蒸気を発するので、木は空気を含む。燃えることで、火を含む。灰がのこるために、土を含む。このように、切断された木において、第一質料が四元素のうちに存在しており、木の形態と性質は四元素の特定の比率によるのである。同様に、金属はその特定の形態や性質を四元素の特定の比率によっている。

この信仰にしたがえば、燃焼、煆焼、溶解、濃縮、蒸留、昇華、結晶化の過程により、元素の比率をかえるだけで、いかなる物質も別の物質に変成できるということになる。鉄と金が土・水・空気・火の比率をたがえる金属なら、鉄の四元素の比率を変化させ、金のそれにあわせようとすればいいではないか。これが錬金術の変成論すべての根源であり、錬金術師たちはこの理論背景に基づいて、無価値な金属を「改良」しようと、炉で汗を流したのである。

図4　自然の光による照明

金属を変成するという錬金術師たちの願いは、金属の起源に関する硫黄・水銀説によってさらに元気づけられた。四元素説から派生したこの考えは、二つの対立する、あるいは正反対の元素、すなわち火と水を新たな形であらわしたものである。火は「硫黄」、水は「水銀」となって、前者は温と乾という主要特性、後者は寒と湿という主要特性から構成される。一般に、硫黄は可燃性の特性あるいは火の霊をあらわし、水銀は可融性の特性あるいは金属の鉱物の霊をあらわした。

硫黄・水銀説によれば、硫黄と水銀がさまざまな純度と比率で結合して、多様な金属や鉱物ができあがったとされる。硫黄と水銀が完全な純度を保ち、最も完全な平衡状態で結びつくと、最も

図5 「術と自然の鏡」(標題)。この版画では、錬金術師が地底や化学器具のある実験室で石を得ようとしている。二人の金造り師が第一質料を提示している(上段)。最初の特性がウィトリオルとアゾートと呼ばれる石を形成する(中段)。二番目の円は宇宙の創造において混ざりあう四元素を示す。

完全な金属、すなわち金ができあがる。純度と比率に不足があることにより、銀、鉛、錫、鉄、銅が生じる。しかしこれら劣った金属も本質的には金と同じ成分からできあがっているので、不慮の結合は適切な処置や霊薬によって修正すればよい。

右に述べた理論構造から導きだされたのが、錬金術の演繹的推論が土台を置く、先験的な二つの根本原理である。すなわち、(一)、すべてがそこから形成されて、ふたたび溶けこむという、第一質料の観念によってあらわされる自然の統一性と、(二)、ある物質から別の物質への変化を促進する変成の媒介物の存在である。この仮想の媒介物は「哲学者（賢者）の石」として知られるようになり、錬金術のさまざまな観念の中で最も有名なものになった。

現在知られているように、錬金術師たちが目指そうとした元素の変成は、そもそも考えかたが誤っていた。二〇世紀の原子力時代になってはじめて、元素を変化させることが可能になったのである。そのような金属変成の過程は、基本元素の原子核における陽子の数をかえることによって成り立つ。たとえば、鉄を金にかえるには、金の元素はその原子核に七九の陽子があるため、二六の陽子をもつ鉄の元素の原子核に五三の陽子を加えなければならない。この手続きは物質の原子構造の深遠な知識と精密な作業のおこなえる専門の設備を必要とする。錬金術師たちはこうした必要条件を満たしてはいなかったので、単純な実験器具と限られた物質の理解によって、解決不可能な問題にとりくんでいたのである。

当然ながら錬金術師たちが熱心に卑金属を「改良」しようとしたことで、数多くの二次的結果がもたらされた。何世紀にもわたって、厳密な実験テクニックを使い、ほとんどあらゆる物質（尿、糞便、生理の血を含む）について錬金の操作がおこなわれたことで、おびただしい化学の発見がなされたのである。アルコール、硝酸、塩酸、アンモニア、酢酸塩をはじめ、多くのアンチモン化合物が発見された。しかしさまざまな金属から金や銀をつくりだすことは袋小路のままで、錬金術師たちはなおも山の奥深くに入りこみ、科学的理解という日の光のもとに脱け出すことはなかった。挫折感を抱いた金造り師たちは幻想や幻覚や夢の織りなす地下迷宮に陥ったのである。かくして錬金術師たちの最大の過ちと見えたものが、彼らの最大の業績をもたらすことになり、ヘルメスの子らは袋小路の闇の中で、ついに無意識を発見したのであった。

無意識のイメージの投影

錬金術は宗教知識と科学的信仰との奇妙な混合物であり、その化学信仰の教義は、自然の秘密の科学的な追求を、窮極的な自然の理解を目指そうとする宗教的探求に結びつけている。このように錬金術には、公教的あるいは科学的な面と、秘教的あるいは神秘的な面がある。本書においてわれわれが注意を向けるのは、錬金術の後者の面である。
秘教的あるいは神秘的な錬金術の不思議な発展を説明するには、「投影」という心理的現象と「自然は真空を嫌う」という普遍の法則をとりあげなければならない。錬金術師たちは長年にわたり、誤ったやりかたで物質を調べたことによって、暗い空虚に投げこまれてしまったが、実験室の作業者の模索する精神がその内容物を実験室の蒸気を発する蒸留器に投影したことで、ついに闇が「照らされた」のである。このようにして、投影および自由連想という間接的なやりかたにより、錬金術師たちは無意識を活動的にさせ、幻覚あるいは幻視体験という形で、無意識を自分たちの作業に結びつけたのだった（図七―一三）。
心理学の観点からいえば、幻視や幻覚は無意識の内容物の投影をあらわし、しばしば錯覚に基づく知覚イメージの形をとってあらわれる。ホーゲランデは『錬金術の困難さについて』において、錬金術を次のように述べている。

さらに彼らの述べるところでは、われわれがときとして雲や炎の中に動物や爬虫類や木々の奇妙な形を想像するように、作業中にあらわれる形態が素晴しくも多様なうえ、しばしばさまざまな色を発するため、石にさまざま異なった名称が与えられるのである。同様のことがモーゼに帰せられる書物の断片にも見いだせた。それによれば、物体が溶けた後、ときに二本、あるいは三本以上の枝があらわれることもあれば、また爬虫類の姿をとってあらわれることもあるという。頭と手足を備えて司教座に坐る人のごとく見えることもあるらしい（註一）。

ライモンドゥス・ルルスは『錬金術概論』にこう記している。

心しておかねばならないことだが、自然の運行がかわれば、肉体をはなれた霊が大気中に凝縮して、さまざまな物の怪や動物や人間の姿をとって、雲のようにそこかしこを動き、そのありさまを見ることは、霊的な高揚がなくともできるのである（註二）。

最後の例はフィラレテスの『開かれた門』から引く。

容器の物質はきわめて多様な形態を示す。一日に百度も液体となり、ふたたび凝固する。魚類の目のごときあらわれをとることもあれば、枝や葉を備えた小さな銀の木のあらわれをとることもある。これを目にすれば驚かざるをえず、ましてや、太陽の光線のごとく、美しくも繊細きわまりない銀の粒に分かれたるを見るときはなおさらである。これが白の薬剤であって……（註三）

これらをはじめとする錬金術文書の数多くの例が示しているの

図６　無意識の精神の働きを反映する化学作業場

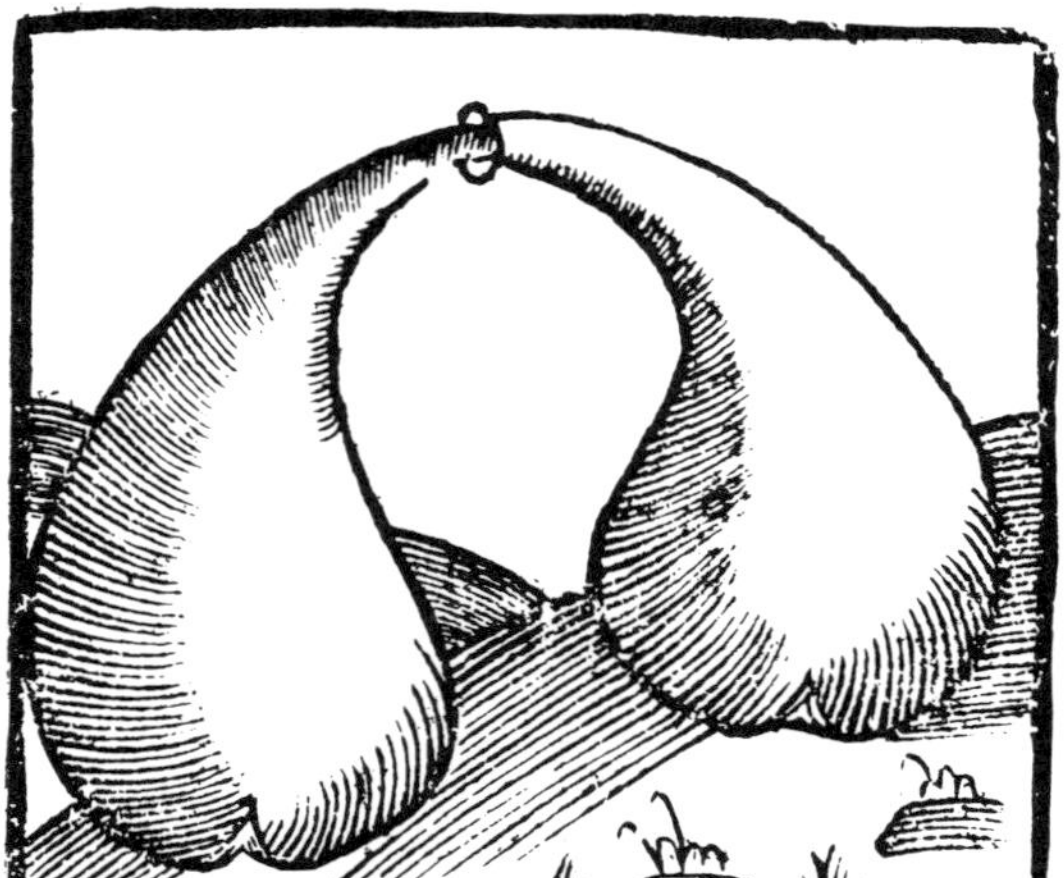

図７　自由連想を刺激するもの

図11　母なる水盤あるいは「亀」

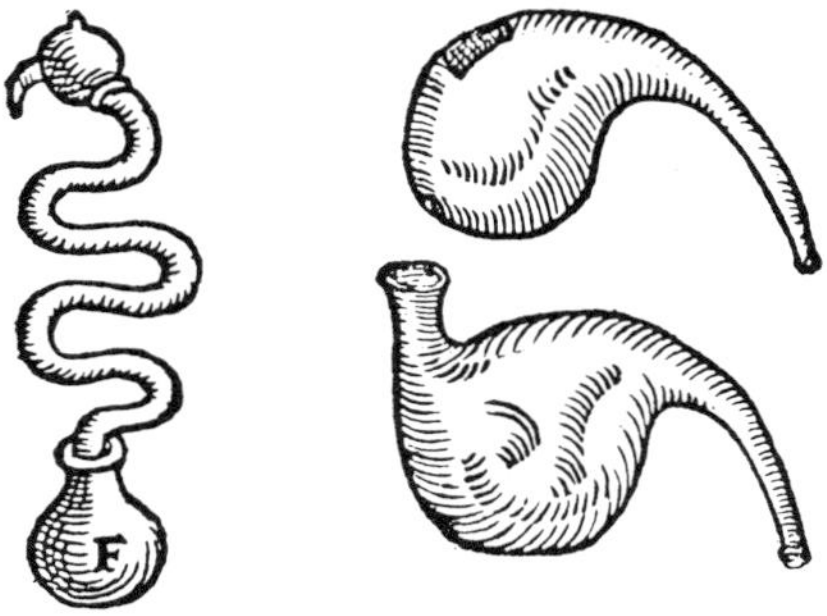

図8　メルクリウスの蛇と子宮

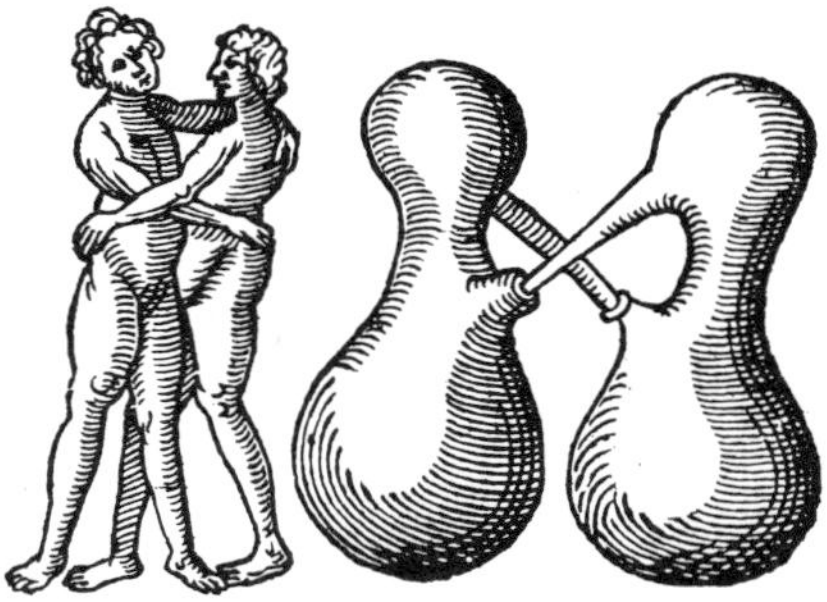

図12　二つの蒸留器の交接

図9　危険な容器あるいは「熊」

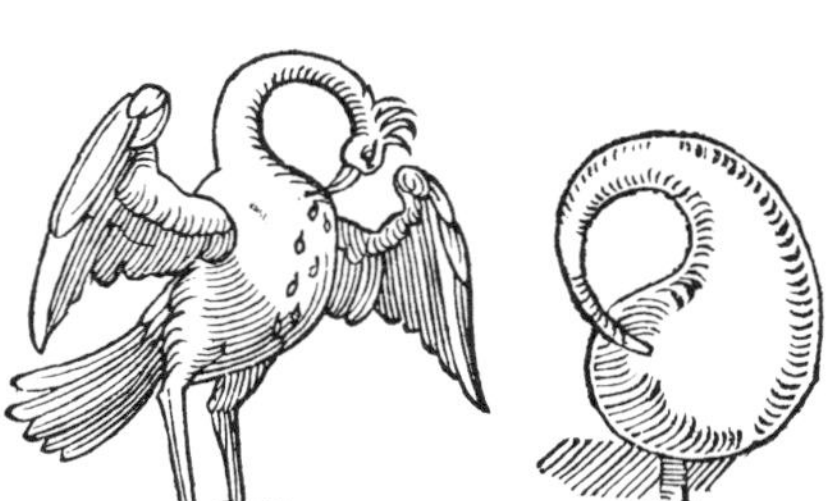

図13　錬金の作業は無意識の想像をはらんでおり、投影と幻覚誘発剤の産物であった。

図10　象徴内容が錬金術の容器に投影されている数多くの証拠は、無意識が作用していることを示している。

は、錬金の作業が想像の内容にかかわっていて、本質的に心理的な現象をあらわしていることである。これが正しいことは、疑いぶかい読者にさえもわかっていただけるだろう。本書に収録した図版をざっとながめれば、錬金術にかかわる形象や元素や作用が現代科学における化学の手順とほとんど関係がないことは、一目瞭然だからである。

作業の想像的性格

図七における二つの連結した蒸留器は読者の自由連想を誘うものになるかもしれない。フロイトは自由連想によって無意識の精神とその内容を探った。不思議な器具をそろえ、化学上の変成作用の起こる錬金術の作業場は、比類のないやりかたでもって、自由連想を刺激するものとなり、意識のコントロールを部分的にそこなったにちがいない。ロールシャッハ検査で示されるように、インクの染みの形、というよりも、およそあらゆる不規則な形が連想作用を引き起こす。レオナルド・ダ・ヴィンチはその『手稿』に次のように記した。

> 壁の染みや灰、雲や泥、あるいはそれにたぐいするものを、ときに立ちどまってながめることは、さして困難なことではない。そうしたときによくながめれば、真に驚くべき考えが見いだせることもある。(註四)

図八から一三は、化学作業に携わる錬金術師が展開する豊かな想像活動の例を示している。図八があらわしているのは、アクゥア・ウィタエ(生命の水)の蒸留に使用される曲がった管で、錬金術師たちはこれを「メルクリウスの蛇」と呼ぶ。隣にあるのは錬金術で使用される桃の形をした容器で、子宮と呼ばれることが多い。ホムンクルスや哲学者の息子が生まれる母体になぞらえているのである。ある錬金術師によれば、錬金術の容器の「幻視」は「聖書以上に求められる」(註五)ことだという。

図九では、危険なまでに脹れあがった容器が踊る熊のイメージであらわされている。踊る熊は第一質料の邪悪な母あるいは危険な面のシンボルである。図一〇では、蒸留器が七つの頭をもつヒュドラもしくはドラゴンのイメージであらわされている。

図一一では、錬金術で使用される水盤が亀と同一視されている。図一二では、両性の結合のイメージとして、ペリカンと呼ばれる蒸留器が二つ組合わされ、蒸留と昇華のために使用されている。図一三では、循環蒸留の容器が、胸を裂いて自分の血で雛を養うペリカンとしてあらわされている(ペリカンはキリストの象徴である)。

精神の化学

錬金術に心理的な性質があることは、錬金術文書において「化学」にかかわるものがどのように述べられているかを見れば、よくわかる。その要素はすべて、哲学者の息子、哲学の樹、哲学者の水、哲学者の水銀、哲学者の卵、哲学者の石といったもののように、霊的あるいは想像的性質をもつ。よく強調されることだが、錬金の作業には哲学的な面があって、錬金の作業の真の意味を把握するには、物質的な面を哲学的な面によって解明しなければならない。神の精神が自然界に作用しており、それゆえ自然にかかわる洞察と哲学的な洞察は対応しているのである。

幻覚、幻視、夢がヘルメス学にあふれていることは、錬金術師たちが人間の想像力にこのうえもない重要性があると考えていたわけを説明づけるのに役立つ。要するに、想像の働きは金造り師たちのもっとも重要な「手段」であって、金造り師たちのおこなう化学の作業は、無意識に起源をもつ精神作用の投影をつなぎとめるものとして作用しているように思われる。ルランドゥスの『錬金術辞典』(一六一二年)では、「想像」の定義として、「想像は人間の内なる星、天体、超天体」であるとされている(註六)。『哲学者の薔薇園』には、錬金術師は次のやりかたでもって作業をおこなうようにとの忠告がある。

> 心して扉を厳重に鎖し、内部にいる者が逃れられず――神の御心のままに――汝が目標に達せるようにせよ。自然はその働きを徐々に果たす故、まさしく汝も同様にいたさねばならない。汝の想像をことごとく自然の導きにまかせるがよい。自然に照らして目をこらせば、自然を通して肉体が大地の腹で再生する。これを法外なものではなく、真の想像でもって思いうかべよ(註七)。

錬金術においては、錬金術師は瞑想の行為でもって「真の想像」に慣れ親しむ。ルランドゥスの著書にはこう記されている。

> 瞑想――神に呼びかけたり、自分自身や自分の善なる天使と交わったりするがごとき、見えざる他者と心の中で語りあうこと(註八)。

作業に瞑想がともなうことが明らかにしているのは、化学的変成の過程と歩調をあわせる心的変容の過程として、錬金術師たちが「作業」を理解していたことである。このようなやりかたでもって、錬金術の実験室は精神の実験室の機能も備えていた。その結果は象徴化された錬金術の化学であって、つまるところ精神の錬金術をあらわしているのである。

麻薬を使用する錬金術師の精神

いま一つの特徴によって、錬金術師の心理調査は加速されるかもしれない。ヘルメスの子らは中世の卓越した化学者であったし、あらゆる種類の植物を使って実験をしていたので、彼らが幻覚誘発剤を知らなかったとか、使用しなかったと考えることはできない。中世においてはナス科の麻薬――チョウセンアサガオ、ベラドンナ、マンドラゴラ、ヒヨス――が知られていた。これらの植物には有毒アルカロイドのアトロピン、ヒオスシアミン、スコポラミンが含まれている。そして毒、麻薬、媚薬、夢や幻視をもたらすものとして使用された。ナス科の植物はヨーロッパの魔女たちによって麻薬として使用され、魔女たちはチョウセンアサガオやヒヨスやベラドンナの影響を受け、魔女のサバトに飛んでいくという生々しい幻覚を体験した。錬金術師の幻視体験を生み出す手段としての投影や想像体験や夢に、幻覚誘発剤を加えなければならない。こう考えることで、錬金の作業によって描写される無意識作用、現代ではＬＳＤやサイロシビンやメスカリンといったドラッグによって驚くほど類似したものが生み出される作用の、生々しさと確実性が説明づけられるだろう。「赤のエリクシル（霊薬）」、「生命の霊薬」、「ウィヌム・ノストゥルム（われらが葡萄酒）」をはじめ、植物学上のルナリアとは同一ではないので、いかなる植物誌にも見あたらない、奇蹟的なルナティカもしくはルナリアについて、錬金術師たちが謎めかして言及しているものの背後には、いかなる秘密が隠されているのか（註九）。これらについてはよくわからないが、錬金術師たちが哲学者の石を探し求めるうえで、幻覚誘発剤を利用していたのはほぼ確実である。

錬金術の神秘体系

錬金術の実験室がしだいに心の実験室となり、錬金の作業が内宇宙の調査へと変化するにつれ、金属の浄化と変成は魂の浄化と変成にかかわる手順へと「翻訳」されるようになった。かくして錬金術師と無意識の出会いは、錬金の作業に革命的な衝撃をあたえ、中世末期には神秘体系へと発展しはじめたのである。

多くの夢のイメージや象徴的な手順が金造り師たちの実験室に入りこむにつれ、錬金術の文書や秘伝書はいやましに言語と内容の両面で曖昧なものになっていった。結局、一三世紀から一六世紀にかけて、何世代にもわたる錬金術師たちの心的経験が共通要素を基にまとめられ、神学上の大胆さと理論の一貫性によって驚くべき神秘体系へと「蒸留」された。すなわち、オプス・アルキュミクムである。

錬金術は「錬金作業」のロサ・ミュスティカ（神秘の薔薇）を生み出した後、ヨーロッパ文明の文化特徴としては色あせ、まもなく消えてしまった。錬金術の精神にとって、啓蒙の時代の夜明けの合理精神は都合の悪いものであり、錬金術はさらに一六六一年に、純粋に科学の領域で致命的打撃を受けた。その年、ロバート・ボイルが『懐疑的な化学者』を発表して、錬金術の基本的な概念と理論を粉砕し、現代の化学が誕生することになる合理的な体系に置き換えたのである。

二世紀半にわたって、錬金術とその遺産は事実上ヨーロッパの

図14　錬金術の入信式、選ばれた者にとって神聖な閉ざされた知識体系

図15　謎めいたベネディクト会修道士バシリウス・ウァレンティヌスが錬金術の実験室で作業をしている図

図16　中世の修道士と異端者が地下でサイケデリックなサブカルチャーをつくりあげている

意識から消えてしまった。錬金術体験の世界と産業時代の世界との増大する疎隔は、一九世紀の唯物論や実証主義の精神によってさらに押し進められ、錬金術の象徴主義はますます理解されなくなって、ついにはたわごと、迷信、ナンセンスとして退けられるにいたった。

意味深いことに、二〇世紀になって現代の非合理思想がさまざまに広まるにつれ、錬金術は長い眠りの後にふたたび注目されるようになった。深層心理学がオプス・アルキュミクムの土台である無意識を発見することで道を開き（ジルベラーとユング）、サイケデリック革命が一九六〇年代にはじまると、錬金術師たちが時代のヒーローとなったのである。幻覚剤が豊かな想像体験を引き起こし、こうした想像体験が、おそらく同じ手段を利用していたであろう中世の錬金術師たちの携わっていた錬金術に酷似した、精神の錬金術であると解釈された。

錬金術研究のパイオニア

一九一四年——フロイトの『夢判断』が出版されて一五年後——に、オーストリアの深層心理学者ヘルベルト・ジルベラーが、『神秘主義とその象徴主義の諸問題』という、洞察力ある錬金術の研究書を刊行した。ジルベラーはフロイト学派の科学的な手法を利用することで、錬金術の土台が無意識であり、そのイメージやモチーフが夢の研究によってフロイトの発見したものに酷似していることをすぐに察したのだった。さらにジルベラーは錬金術のさまざまな象徴が抑圧された無意識の力の噴出であることを論証して、錬金術の文書にエディプス・コンプレックスをはじめ、内向性、退行、父親殺し、近親相姦、去勢不安、再誕といった無意識の精神力学が存在することを見いだした。フロイト、ランク、シュテーケルによる夢の解釈を錬金術の象徴的なイメージやモチーフに応用することで、ジルベラーはそうした無意識の意味合いを解き明かし、それらを精神力学の用語であらわすことに成功したのである。

ジルベラーはこれによって、錬金術を退行および近親相姦の性質をもつ心的「作業」、すなわち宗教的な広がりをもつエディプス・コンプレックスの内部で錬金術師を最終的な死と再誕に導く旅と見るようになった。理論として立証されることのなかったこの洞察に加え、ジルベラーは作業の目的を錬金術師が完全な精神に達することであると考えたが、これはインドの宗教における神秘的な精神の完全性を思いださせる。

ユングのX線

第二次大戦中にカール・ユングは『心理学と錬金術』という研究書を出版し（一九四四年）、一九四六年には『二連の錬金術の図版に関連する転移の心理学』がつづいた。さまざまな錬金術の研究論文（一九三一—五四年）および最後の大著『結合の神秘』（一九五六年）とあわせ、これら著作は錬金術の理解をかなり押し進めた。まずユングは錬金術の文書に秩序と構造をもたらした。錬金術の文書にX線を照射することで、オプス・アルキュミクムの骨格、そのライトモチーフ、基本概念、主要なシンボル、そして――漠然としていながらも――とぎれることのない変容の階梯を見いだしたのである。

ヘルベルト・ジルベラーのように、カール・ユングは錬金術師たちの想像の世界と自分の患者たちの夢の世界が酷似していることを発見して、錬金術の調査に手をつけたのだった。ユングはこれを見抜いたことで調査をはじめ、ついには錬金術を、自我による無意識の背景の完全な統合という目標を目指す、精神の変容過程とみなすようになった。ユングはこの仮説的な過程を「個性化」と命名したが、これは精神の完全性、個人の全体性、あるいは神学的には魂が神の自我に達することを意味するものである。ユングはこのように結論づけている。

わたしは『心理学と錬金術』において、錬金術の文書などを知らない現代人の夢に、錬金術の特定の元型的モチーフがどのようにあらわれるかを示した。この「術」はひどく誤解され、錬金術にかかわる文書は軽んじられているが、わたしがそうした文書に隠されている豊かな思想や象徴を、それにふさわしいあつかいで詳しく述べるというより、ほのめかすにとどめたのは、錬金術の象徴の世界が決して過去のがらくたの山に属するものではなく、無意識の心理学に関するごく最近の発見に、はなはだ現実的で生きた関係をもっていることを、主として論証したかったからである。現代心理学のこの分野は錬金術の秘密の鍵をあたえてくれるが、逆にいえば、錬金術が無意識の心理学に有意義な歴史的背景をあたえてくれるのだ……錬金術にまつわる多くの話は、化学の先駆けにすぎないという誤った憶測によって貶められている。いささか知識が限定されているうらみはあるが、ヘルベルト・ジルベラーが誰よりも早く、錬金術の心理学的側面を見抜こうとしたのだった（註一〇）。

われわれはもはや（錬金術の）秘密が化学物質にあるとは思っておらず、むしろ精神のさらに暗く深い層に見いだせると信じるが、この層がいかなる性質のものであるかはわからない。おそらく一世紀以上もすれば新たな闇が発見され、その闇の中から、理解できないにせよ、はっきりと存在を感じとれるものがあらわれでるだろう（註一一）。

秘密の誓い

錬金術のはじまりについて述べるまえに、錬金術の秘儀参入のために定められた作業と条件を、ざっと記しておこう。図一四では、年老いた師匠が、「神聖な印のもとに神の賜物を受け入れよ」という言葉でもって、錬金術師を手ほどきしている。懇望する錬金術師は、「錬金術の秘密を明かさないことを誓います」と答えている。天上の光に包まれ、二人の上で舞う鳩は、『哲学者の薔薇園』が「聖霊の賜物」（註一二）と呼ぶ「高貴な術」を象徴する。儀式の上に浮かぶ二人の天使は、「そなたは義を愛し、悪を憎んだがゆえ、そなたの主なる神が喜びの油をそなたに注ぎ給うた。神を信じ、人の子として振舞えば、神がそなたの心を慰め給うだろう」と歌っている。

キリスト教社会をひそかに守る

イギリスの錬金術師トマス・ノートンは一四七七年に著わした大衆向けの論文、『錬金術の叙階定式書』（註一三）において、次のように記した。

神より遣わされた者に導かれることなくして、何人もこの術を成しとげることはかなわぬであろう。素晴しくも輝しいものであるがゆえ、口伝によってしか十分には伝えられぬのである。さらにまた、この術を伝えられる者は、聖なる誓いを立てなければならぬ。われら教師は高位や名声を拒んでいるため、錬金術にいそしむ者はこれら浮薄の勲章を追い求めてはならず、無遠慮に秘密を実子に伝えてもならぬ。血族縁者との関係はわれらが自然変成力において何らの価値も有さないからである。何人も血の濃さをもってして、秘密に導かれることはなく、われらに近い者であれ遠い者であれ、ただ徳によってのみ導かれるにすぎぬ。しかるがゆえにこの術の手ほどきを願う者があれば、その者の生活、性格、性向をよく吟味したうえ、聖なる誓いを立てさせ、われらが自然変成力を広く世間に知らしめぬようにせねばならぬ。その者が年老いて衰えはじめたときにのみ、ただ一人の者にのみ秘密を明かすことが許される——秘密を明かされる者は徳高くして、われらが同胞の承認を得なければならぬ。この自然変成力は定めて秘密の学であらねばならず、そうせざるをえない所以は明らかである。邪悪な者がこの術を身につければ、キリスト教社会は由々しい危険にさらされるであろう（註一四）。

セニオルの著書によれば、錬金術の手ほどきを受ける際には、「これは誓いによりて文書にはあらわさぬ秘密なり」（註一五）との秘密の誓いを立てるものらしい。

アグリッパ・フォン・ネッテスハイムはルネサンスを手ひどく愚弄した人物だが、錬金術についてこう語っている。

秘儀に参入する際、沈黙の誓いを立てることがなければ、この術（それほどひどいものではない）について多くを語ることができたものを（註一六）。

作業の概略

図一七から一九があらわしているのは、さまざまなやりかたで社会には隠されていた、錬金術の謎めいたシステムの大略である。図一七と一八は錬金術の四姉妹、あるいは太陽の処女たちであり、アニマ（魂）あるいは「魂の妹」によって錬金術師に授けられる炎の愛の四段階、もしくは火の四つの処理を象徴する。火は錬金術の作業の燃料にして、連続する変成過程の主要な媒介である。錬金術師の火はひとたびおこされると、大いなる作業が完了するまで消してはならない。

図一八があらわしているのは、四元素――土・水・空気・火――の印がついた四つの球に乗る四姉妹である。火の四つの段階に加え、処女の戴く容器には対応する作業の四段階を象徴するものが入っている。土のニグレド、すなわち「黒色化」段階は、小さな黒い男によってあらわされる。水のアルベド、すなわち「白色化」段階は、白い薔薇によってあらわされる。空気のキトリニタス、すなわち「黄色化」段階は、太陽に向かって飛ぶ鷲によってあらわされる。火のルベド、すなわち「赤色化」段階は、光輝くライオンによってあらわされる。四つの元素、色、段階に分けるこの区分を、錬金術師たちは「哲学の四分割」（註一七）と呼んだ。

図一七は黄道一二宮の四方点、すなわち白羊宮、巨蟹宮、天秤宮、磨羯宮に座す太陽の処女をあらわしている。円卓は黄道一二宮を巡る太陽の一年の運行をあらわし、黄道に沿って占星術の一二の印が示されている。黄道一二宮を巡る太陽の円形の道がオプス・アルキュミクムのモデルであって、錬金術はしばしばオプス・キルクラトリウム（循環作業）、すなわち白羊宮に始まり双魚宮で終わる作業と呼ばれる。

「循環作業」のいま一つのイメージは、ウロボロス、すなわち宇宙の蛇であって、グノーシス主義者によれば、おのれの尾に嚙みついて、おのれをむさぼり食うことで、「万物を経験する」ものだという。循環作業とその燃料について、ある錬金術師がこう述べている。

多くの者には知られざる不可視の太陽、すなわち哲学者の太陽によって火がおこされ、人を最初の本質へと立ち返らせる（註一八）。

循環する作業

図一九はロタ・フィロソフィカ（哲学の車輪）とも呼ばれる循環作業のこの面をあらわしている。神の精神（一、メンス・デウス）との融和に向かって左回りに螺旋状に進みながら、旋回する魂はまず月下の不純な地上世界に属する土、水、空気、火の元素を越える（二二―一九）。次に七つの天球層を昇り、かつて七つの惑星の神々によって受けたものを消していく（一八―一二）。

図17　黄道一二宮の「循環作業」を支配する火の四人姉妹と四段階

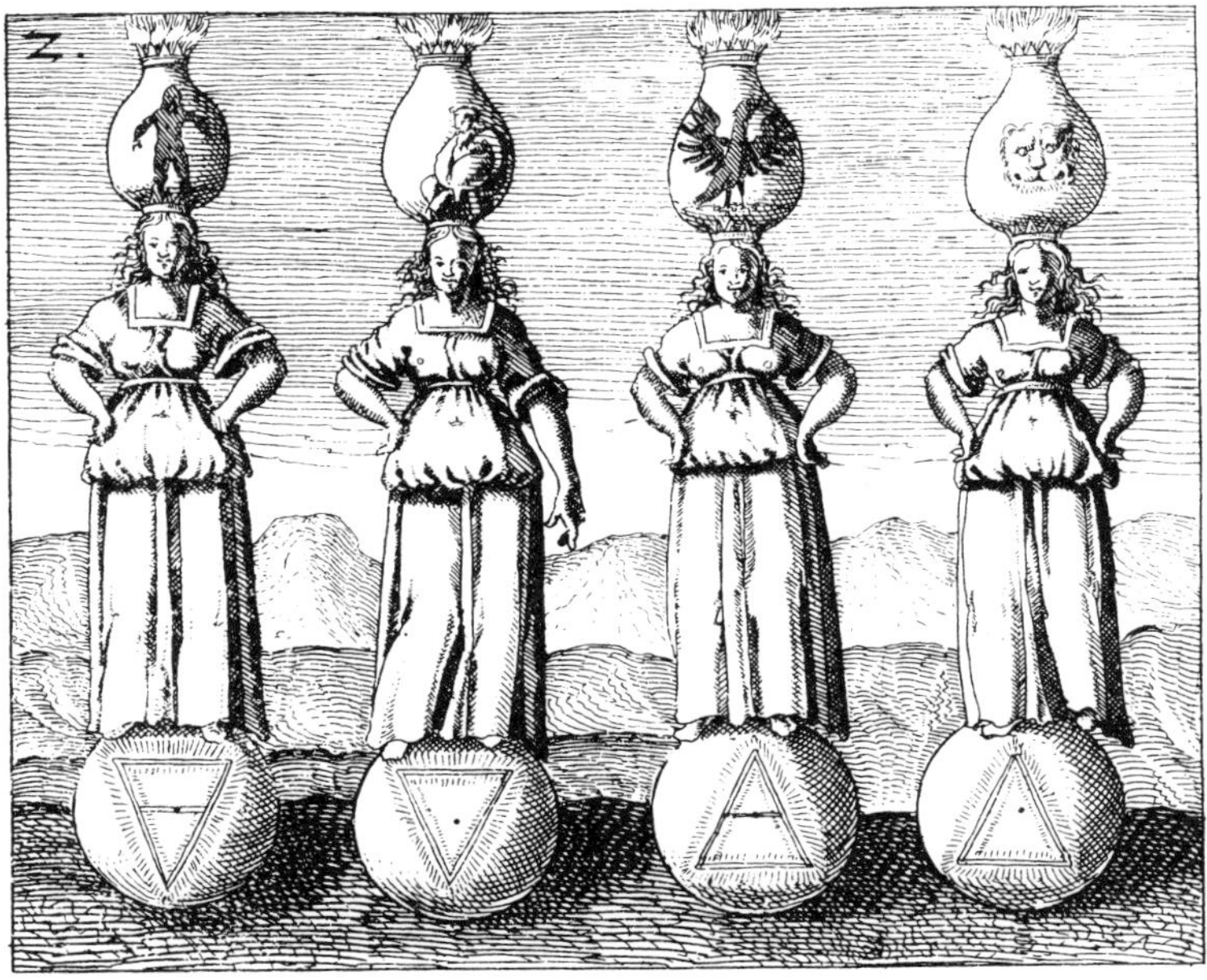
図18　作業の四段階、四姉妹、四要素、四つの火、四つの色

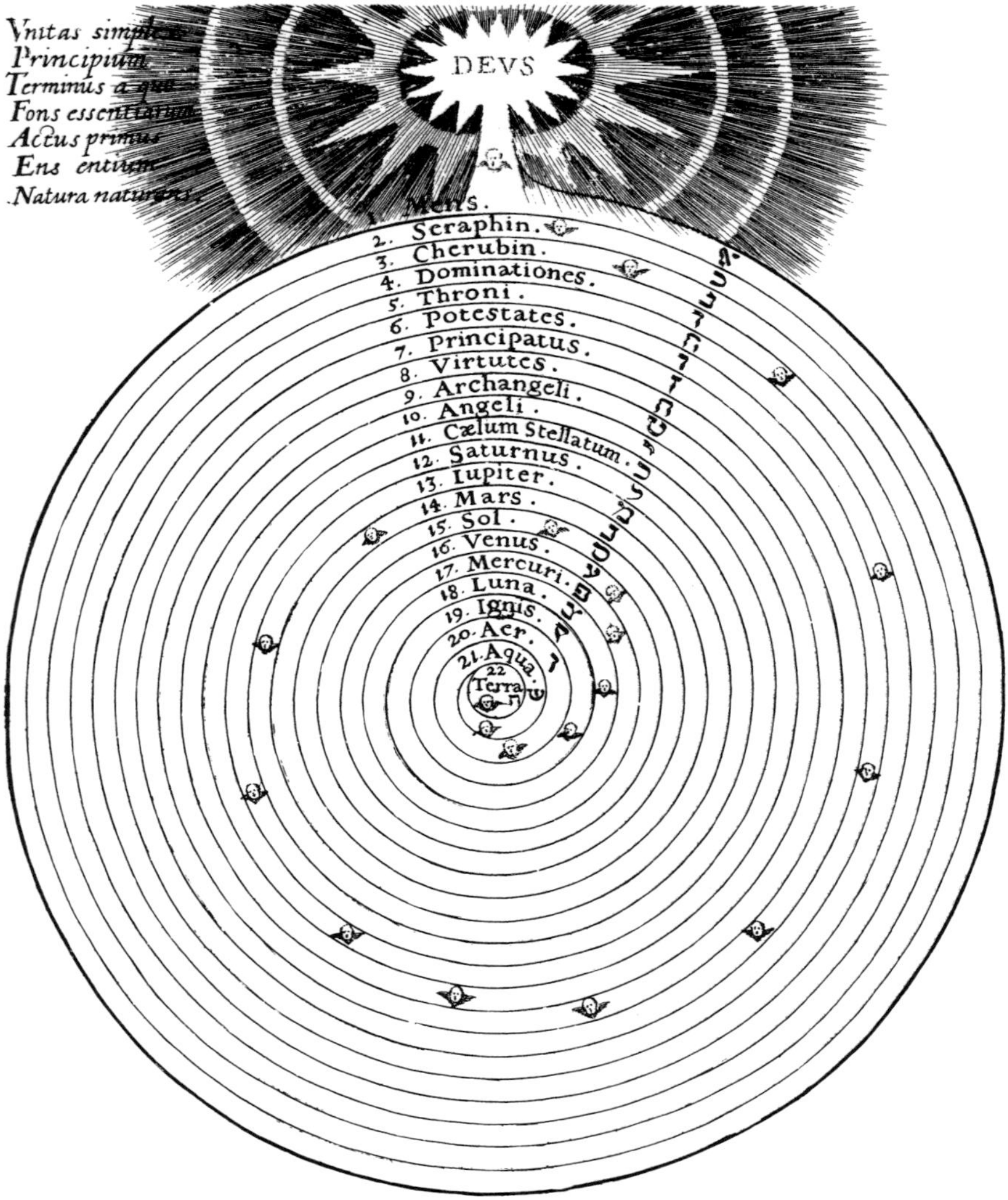

図19　魂の堕落の聖なる記録、ヘルメス的救いの「循環作業」

魂は七つの天球層を通過した後、再誕して純化し、天上界にあげられて、カエルム・ステラトゥム（一一、星辰の天）にとどめられる。これが天の子供たち、いまだ生まれざる魂の領域である。最後の上昇によって、魂は天使の九階級を昇るか、純なる魂の領域をよぎる（一〇―一二）。最後にオプス・キルクラトリウム（白羊宮に始まり双魚宮で終わる作業）が「乾いた」魂を「神の精神」（一）に再結合させて解放する。神の精神は「純粋な統一、源、窮極の極限、至高の泉、最初の行為、純なるもの、本質の本質」と呼ばれる。作業のこの窮極の目標は火の元素によってあらわされる。

火の四段階

錬金術は「哲学者の火」の四つの処理、あるいは四段階の熱を次のように定めている。

第一は肉や胚のごとくゆるやかで穏やか、第二は六月の太陽のごとくほどよく温和、第三は煆焼する炎のごとく大きく強力で、第四は溶解のごとく燃えあがって猛だけしい。段階を追うにつれ倍加していく（註一九）。

作業の四段階で錬金術師の蒸留器を熱する火が強調されているのは、昇華および精錬という二重の目的のためである。錬金術師の愛が「メルクリウスの火」に変容すると、その炎はしだいに錬金術師の内部にある現世のものすべてを焼きつくしていく。太陽の四人の処女に愛されることは、炎に焼きつくされて、ソリフィカティオ（太陽そのもの）の無尽蔵の光とともに輝くことを意味する。

この過程はコルプス（肉体）が水と土、アニマ（魂）が火、そしてスピリトゥス（霊）が空気であらわされる四元素の象徴性によって表現される。火と空気の相互作用によって、湿った本能的な魂は肉体という墓から解放され、ついには天の火へと変容するのである。

有名な錬金術の決まり文句に、ソルウェ・エト・コアグラ――溶解して凝固させよ――というものがある。この方法がとぎれることのない変成の循環過程を備えた錬金術の土台を成している。哲学者たちの火の車輪によって、錬金術師は溶解と腐敗という四段階に導きこまれ、そこから導きだされて、凝固と結合という四段階に入るのである。

したがって作業を成功させるには、錬金術師は常に不思議な霊薬、すなわち「第一質料」の自律的な原動力に身をまかせなければならない。これが意味するのは、錬金術師は作業の「凝固」段階に決してとどまってはならず、たえず哲学者の石を「溶解」しなければならないということだ。このようにして作業を進めると、錬金術師は術の微妙な細目を発見するとともに、人格が聖なる変容の純粋な媒介となるのである。『哲学者の薔薇園』にはこうある。

それゆえ石が哲学者たちの主人であることは明白であり、（哲学者は）その本質によってそうならざるをえないと述べるのである。しかるがゆえに哲学者は石の主人ではなく、石の僕にすぎない。されば術や尋常ならざる術策により、自然には存在せぬものをもたらそうとする者は、錯誤をおかし、その錯誤を悔いるのである（註二〇）。

第2章　第一質料　作業の開始

図二〇はヨハン・コンラート・バルヒューゼンの『化学の元素』（一七一八年）に収録された一九点の銅版画の最初のものであって、オプス・アルキュミクム全体をあらわしている（註二一）。最初の円形図版が示しているのは、「哲学者の卵」の中に再誕して、太陽と結びついた三日月によって照らされる、「哲学者の息子」としての錬金術師である。翼を備えた錬金術師を、ライオン、蟇、ドラゴン、ペリカンがとりかこんでいるが、これらはすべて錬金術の元素の象徴にほかならない。二番目の図版では、錬金術師がガラス瓶、器具、書物にとりまかれ、幻視と幻覚に圧倒されている。夢＝雲から老賢者が三角形の後光を戴いてあらわれている。老賢者の右手は三位一体の印をつくり、左手は十字架に飾られる球体に置かれている。この人物はメルクリウス・フィロソフォルム、すなわち錬金術の神をあらわしているのである。眠りと啓示の神にして、死者の魂を冥界に導く、ギリシアのヘルメスに発している。

ひざまづく錬金術師の目の前で分かれている夢＝雲が、三番目の図版にもあらわれて、「至上者」の名が朦朧とした円の中央に記されている。図版の象徴主義はこのようにして、神を夢の雲（あるいは無意識の雲）と同一視しているのである。夢＝雲は第一質料、すなわち作業の根源の材料にひとしい。

錬金術の盾形紋章が四番目の図版で示されている。冠を戴く鳥がさらに大きな冠の「巣」で翼をはためかす一方、二本の尾をもつ「両性具有」のライオンがハート形の紋章の中で踊っている。五番目の図版では、神の霊が創造の夜明けに水面上を動いている。

神、光あれと言いたまいければ、光ありき。

『創世記』第一章二節

図20

図21　夢によって生み出される錬金術

図22　錬金術の「汚れた」夢の材料

図23　腐敗と新生、死と再誕の館の前でためらう錬金術師

「永遠の無意識」を呼び出す

図二一の左のメダルでは、錬金の哲学者が帽子をとって、ソポル・アエテルニタティス（永遠の無意識）の雲を迎えている。円形の銘刻文は、「目をあげ、心を広くして、久遠の秘密を調べることこそ、賢者の務めなり」となっている。右のメダルでは、メルクリウス・フィロソフォルムの手が、ヘルメス学の象徴に飾られる『秘典』をもって、夢＝雲からあらわれている。このような異様なイメージが錬金術の「素材」を構成しており、こうした夢の材料について、銘刻文には次のように記されている。

　われらの材料はいかなる価値も代価ももたず、たまたまこれを見つけた者は手に入れるにいささかの困難もない。

「素材」が万人の内に存在するので、錬金の作業は王にも乞食にも提供される。図二二の左のメダルの銘刻文はこのようになっている。

　多額の金をもってしても購えない。貧しい者と富める者双方の道に投じられている。

右のメダルでは、錬金術師が斧で樹冠を落とそうとしている。銘刻文は「不浄なものにこそ腐敗のはじまりがある」と読める。

腐敗の春

最初の作業である腐敗が、図二三として掲げたサロモン・トリスモシンの『太陽の光彩』の最初の絵のモチーフである（註二二）。逡巡する哲学者二人が賢者の神殿の前で論争している。賢者の神殿の戸口は、花が咲き、小川の流れる草原に通じている。聖所の台座に備えられた「術の大紋章」は、三つの三日月に飾られ星の散らばる冠の上に浮かぶ太陽を示している。底部では月が輝き、その傷ついた顔が三人のホムンクルスに飾られている。本文は錬金の作業をオプス・コントラ・ナトゥラム（自然に反する作業）として説明している。残酷な春に大地で「腐敗させる」ため、リビドーを芽吹く大地にひきもどすのである。

哲学者の石は自然の流れに沿って木々が葉をつけるときに生み出される。哲学者ハリによれば、「この石は育ちゆくものが緑したたるものになるときに生じる」という。したがって緑色のものが以前の性質にもどされ、それによって定められたときにさまざまなものが生じると、石はわれらの秘密の術でもって腐敗させられ、煎じられるのである（註二三）。

図二三の流れる小川が冥界と死者の土地に通じるステュクス川として、神殿の内部で消えているわけは、錬金術師の最初の腐敗

の行為によって説明がつく。神殿の水にあふれた戸口の方角そのものが、論争する錬金術師二人のためらいがちな態度を物語っている。二人の錬金術師は恐怖と欲望の板ばさみになって悩み、不思議な聖所への入口が意味する冥界くだりについて論争しているのである。春の季節は犠牲の季《とき》であり、生命の川は血の川、高貴な支配者は猛だけしい太陽と月にほかならない。

第一質料への回帰

錬金術の腐敗原理の土台には、自然界のものはすべて死んで再生し、生物が成長するためにはまず死ななければならないという原則がある。リンゴをはじめとする果物は、その種子が根づき、さらに多くのリンゴをつくるためには、腐敗しなければならない。同様に、腐敗の段階で重要であって、死に類似すると考えられる糞は、肥料として生命をあたえる特質のために名を高めている。さらにまた、腐敗は堕落の一形態であり、『哲学者の薔薇園』によれば、「あるものの腐敗は別のものの発生」なのである（註二四）。

錬金術においては、「腐敗」は物質だけではなく、霊の世界にもあてはまる。さまざまなものの物質的再誕に物質的死が必要であるように、人間の霊的再誕には霊的な死が必要なのだ。

錬金術の考えかたによれば、さかんに探し求められた再誕をおこなうまえに、必ず生命の源への回帰がある。

> 自然に生み出されたものは、それを生み出したものを通して回帰し、そのものの本質へと溶解して解体しなければならない……すべてのものはそれが発したところへと溶解して復帰しなければならない（註二五）。

この原理の変種に、再生が「第一質料への回帰」に依るという考えがある。金属は形をなさない未確定の塊に減じた後、すなわち溶解されてはじめて、金に変成される。この状態（錬金術師はこれを原初の混沌にたとえる）において、金属は錬金術師の選ぶいかなる形態にも変成できる。溶解過程によって独自の特性を失うかぎりにおいて、ある意味で金属は腐敗して「死ぬ」のである。

金属を無定形の塊に還元する方法が二つある。成分を溶解して流動状態にするか、ほぼすべての金属を溶解できる水銀の中に入れるかである。したがって錬金術師たちは水銀を「万能の溶媒」と呼んだ。あとでふれることになるが、流動状態を達成することや、万能の溶媒を利用することは、大洪水の解放、すなわち作業の劇的かつ恐ろしいはじまりを意味する。

この導入部では錬金術の根本的な考えのあらましを述べた。最も重要なのは、宇宙を対立しあう力の戦場とする二元的な見かたである。錬金術師の意図するのは、（一）死と再誕の「腐敗」運動、（二）第一質料への回帰、（三）万物の創造の源、すなわち神への回帰を目指すオプス・コントゥラ・ナトゥラム（自然に反する作業）によって創造の車輪を逆転させる循環運動により、この闘争をなごやかに解決することにほかならない。これが名高いオプス・キルクラトリウム（循環作業）であって、再生するものがウロボロスのやりかたでもって自らを食いつくすのである。

作業の恐ろしいはじまり

バルヒューゼンの六番目から九番目までの図版（図24）は、作業の恐ろしいはじまりをあらわすとともに、五番目の図版で燃えあがる夢＝雲から神の手が突出す事情を説明している。六番目の図版において、後退する雲の中に造物主の手が退くと、神の命令が実行される。穏やかな海が突如として陸地に押し寄せて氾濫する。錬金術の考えでは、これはメルクリウス・フィロソフォルムの出現と作業のはじまりを意味している。心理学の観点からとらえれば、この出来事は無意識が意識の領域に噴出することを意味する。

　錬金術師たちは作業のはじまりを図二七に描かれた聖書の大洪水にたとえた。

> この日に大淵《おおわた》の源みな潰《やぶ》れ、天《あま》の戸開けて、雨四十日四十夜、地《つち》に注げり……かく地の表面《おもて》にある万有《あらゆるもの》を人より家畜昆虫《けものはうもの》天空《そら》の鳥にいたるまで盡く拭去りたまえり。是等は地より拭去られたり。唯ノアおよび彼とともに方舟にありし者のみ存《のこ》れり。水百五十日のあいだ地にはびこりぬ。
>
> 『創世記』第七章一一―二四節

破裂的な創造の肥沃な混沌

バルヒューゼンの七番目の図版では、大洪水によってわずかな陸地だけがのこり、そこにヘルメスの鳥が舞いおりている。混沌としたありさまを強調しているのが、無秩序のシンボルとされる、水平線上にあらわれた七つの星である。硫黄の印によって示されているように、沈みゆく島は大地内部の地獄に発する硫黄の炎で燃えあがっている。しかし錬金術師の沈みゆく島は、海からあらわれて銀と金を大量に含む、封印された大箱に「支えられ」ている。錬金術師の世界は沈みゆく島になりはてたが、同時に宝の島に変容しているのである。

　洪水と火による大地の崩壊、そして軌道をはなれた星による天の崩壊は、錬金術師と第一質料との出会いを物語っており、これは八番目の図版に描かれている。七つの星が逆回転の運動をおこなうにつれ、創造の世界は四元素に分割される。このディウィシオ・エレメントルム（四元素の分割）が「第一質料」の内部に示されており、第一質料は水と空気と火にとりかこまれる土から成っている。この運動について、ある錬金術師は次のように述べた。

図24　腐敗、すなわち創造過程の逆転によって第一質料を生み出す

石は星の逆行運動によって混ざりあう四元素に分割される……石は世界の創造にならって生まれる。石は自らの混沌と自らの第一質料を有し、四元素が揺れ動いて混乱した後、火の霊によって分割されねばならぬからである。水が一つ場所に集まり、乾いた陸地があらわれる（註二六）。

バルヒューゼンの九番目の図版があらわしているのは、暗くなりゆく錬金術の世界であって、洪水によって水びたしになってはいるが、最初の噴出の魔力で目覚める愛の力によって照らされている。ソル（硫黄と同一視される太陽）がルナ（水銀と同一視される月）に恋をする。愛しあう者二人が川をへだてて手をさしのべあう。妨げられながらも、太陽と月の愛の行為が第一質料の恐怖を終わらせる。大洪水は星の混沌とともに退き、水びたしの土地をのこすらしい――五番目と六番目の図版の岩場に比べての話である。

死と蘇生の葡萄酒

最初の作業の宇宙的な氾濫が、興味深いやりかたでもって、『哲学者の薔薇園』の最初の木版画（図二五）に描かれており（註二七）、これがバルヒューゼンの図版の原型である（『哲学者の薔薇園』の一連の図版は作業をあらわす最も完全なものであり、本書における考察の土台をなしている）。

木版画では、ライオンの鉤爪を基盤とするメルクリウスの噴水から、第一質料のメルクリウスの水があふれている。これらはラク・ウィルギニス（処女の乳）、アケトゥム・フォンティス（噴水の酢）、アクア・ウィタエ（生命の水）としてあらわれ、すべてがメルクリウス・フィロソフォルムのトリプレクス・ノミネ（三つの名前）の刻みこまれた噴水から噴出する。これらはメルクリウス・フィロソフォルムが「鉱物」、「植物」、「動物」として噴水にあらわれることを指している。しかし水盤の縁にある銘刻文は、「ウヌス・エスト・メルクリウス・ミネラリス、メルクリウス・ウェゲタビリス、メルクリウス・アニマリス」（メルクリウスの鉱物と植物と動物は一なり）と警告している。錬金術の三位一体の神の三つのあらわれは、銘刻文のアニマリス、ミネラリス、ウェゲタビリスが裏書きしているように、トリプレクス・ノミネでもある双頭のセルペンス・メルクリアリス（メルクリウスの蛇）としてふたたびあらわれる。メルクリウスの蛇あるいはドラゴンは、第一質料の毒気を吐くが、これには七つの星あるいは金属が邪悪にも無秩序に混ざりあっている。木版画には次の詩がそえられている。

われらは金属の最初の本質にして唯一の源なり、
術の至高の薬剤はわれらを通してつくられる。
いかなる噴水も水もわれにには似ておらず、
われれは富者と貧者の双方を癒しもすれば病めさせもする。

われは死をもたらす有毒なものなりせば（註二八）。

大地内部への下降

小人数の錬金術師が噴水の酢、処女の乳、生命の水を飲んでいるありさまが、図二六に示されている。ウィヌム・ノストゥルム（われらが葡萄酒）と呼ばれるこの驚くべきカクテルで酩酊した後、錬金術師たちは山の暗い割れ目に入りこみ、骨の折れる採掘をはじめる（註二九）。地底で岩から第一質料をとりだした後、不純な金属をとりのぞいて銀や金にするのである。

秘薬の製法

『哲学者の薔薇園』では、錬金術師を酔わせながら「彼らの肉体を溶かす」メルクリウスの葡萄酒の製法が、次のように記されている。

> 月の植物の樹液、生命の水、第五元、酩酊の葡萄酒、メルクリウス・ウェゲタビリス。これらすべては一つのものである。月の植物の樹液はわれらが息子たちのごく一部に知られる葡萄酒よりつくられる。これを用いれば、われらの溶剤が生じ、これによりて、飲むに適した金がつくられ、これなくしては何も生み出されない。不完全な肉体が第一質料へとかえられ、これらの水がわれらが水と結びつくと、万物を清らかならしめる純粋かつ透明な水を生み出すからである。しかしこの水は自らの内に必要なものすべてを含んでおり、貴重にして安く、これによってわれらが自然変成力は完璧なものとなる。何となれば、肉体を濁った水にかえる無知な者が考えるように、通常の溶剤によって肉体が溶解するのではなく、これは真の哲学者の溶剤によって起こり、肉体は存在するにいたった第一質料へとかわるからである（註三〇）。
>
> ……有形のものは無形のものに、無形のものは有形のものになさしめなければならない。しかるがゆえに……水は殺しかつ蘇生させるものなのである（註三一）。

精神の錯乱と中毒

錬金術師と第一質料との最初の出会いは、欲求不満、当惑、分離、分裂の感情が顕著である。ペトラルカの木版画（図一）は、実験室での実験が爆発して途方にくれる科学者を描いており、第一質料の外面的なあらわれを示しているが、五六ページ以降の図版は同じ体験の象徴的あるいは内面的あらわれを示している。錬金術の象徴主義を手ほどきする要素としての錬金術の実験作業の失敗や危険は、未知の幻覚誘発剤（たとえば「われらが息子たちのごく一部に知られる葡萄酒」）の存在を含めるとしても、当然のことだと考えられる。実験が久しく頓挫して化学薬品による酩

図26 「この水を飲む選ばれた者はすぐに再誕を経験するだろう」(註32)

図25 作業中の魔術師の弟子

図27　聖書の破壊と救済の洪水が実験室を水びたしにする

酊や中毒が起こること、あるいは化学薬品による酩酊や中毒によって実験が久しく頓挫することは、無意識の精神をかき乱し、幻想や幻覚や幻視を生み出すに十分だろう。

この点について、錬金術文書の大半が化学実験の危険や害を強調しているのは興味深い。たとえば『立ち昇る曙光』では、作業に着手した際、「邪悪な悪臭や蒸気が実験をおこなう者の精神を病毒で汚す」と述べられている（註三三）。別の文書によれば、第一質料が人間の声を備え、自らのことを語るという。

> われは彼らの顔面を打ち、傷をあたえ、歯抜けにし、煙によりて数多くの疾患をもたらす（註三四）。

『化学の劇場』では、「炎と硫黄が発散するため、作業はきわめて危険である」とされている（註三五）。ラウレンティウス・ヴェントゥラは『石の製法について』で、最初の作業にともなうさまざまな危険を裏書きしている。

> 作業は最初から死を招く毒のようなものである（註三六）。

このような発言は、錬金術の真の危険を明らかならしめるとともに、錬金術師の実験室が中毒をもたらすことを説明しているのである。

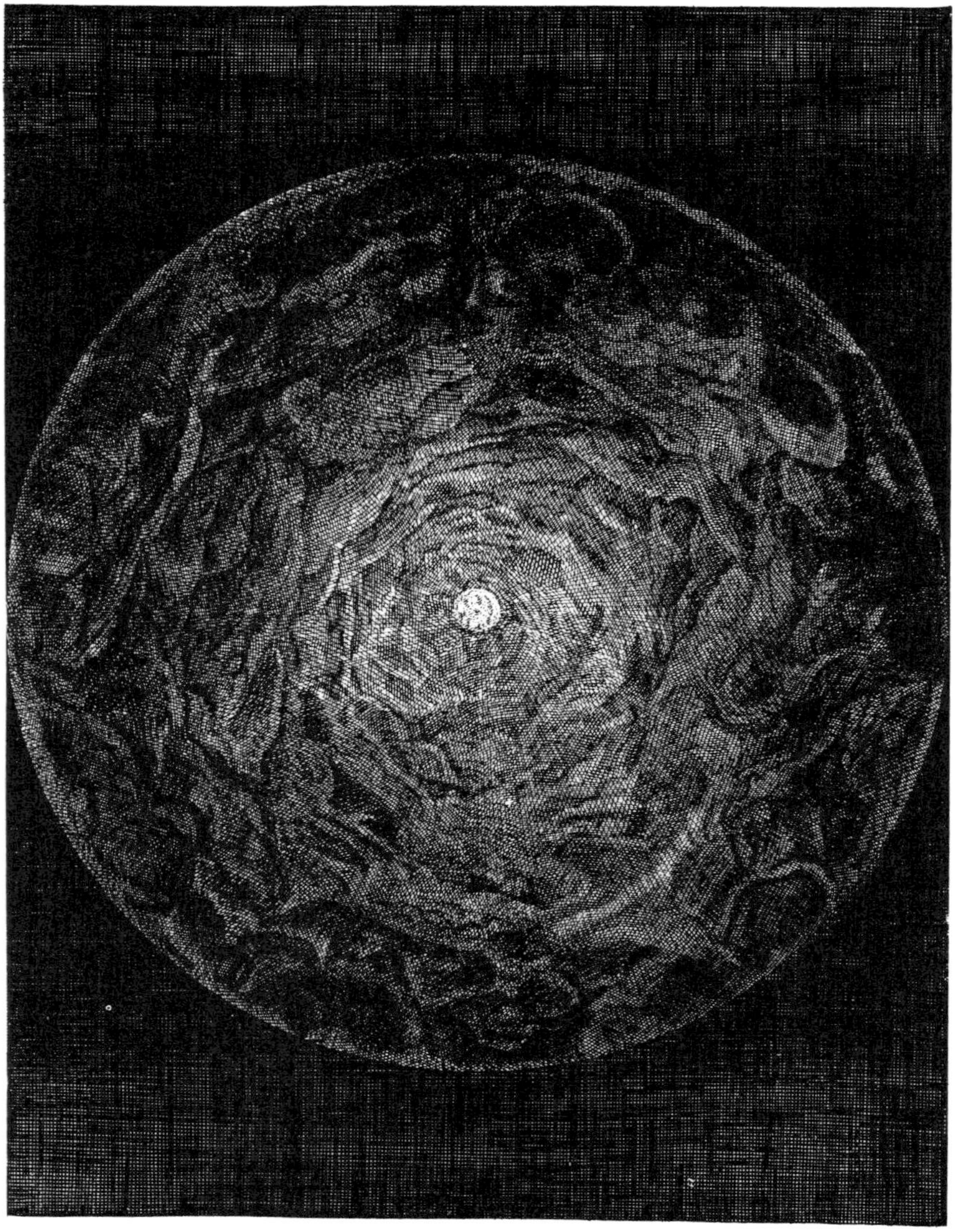

図28　混沌

図29　錬金術における精神分裂の危険

図30　暗い大陸の出現

図31　錬金作業の最初の手順によって解き放たれた宇宙的混沌

術の点火

錬金術の精神的な危険が図二九の二つのメダルによって示されている。落下する人物をあらわした左のメダルには、「この学問が求めるのは狂人にあらずして哲学者なり」と銘刻されている。右のメダルが示しているのは、二人の天使に助けられ、ヤコブの梯子を登る錬金術師である。梯子の一番上から、同僚の錬金術師が黒焦げになって落下している。銘刻文はこのようになっている。

人の労苦のみに依るのではなく、伎倆や衝動はすべて神の御手にあり。

よく引用されるアルフィディウスの言葉も錬金術の危険を伝えている。

この石は大いなる恐怖の崇高にして輝かしき場所より発し、多くの賢者を死にいたらしめた（註三七）。

『賢者の群』も錬金術師たちを戒め、「智恵を求める者は、多くの者の生命を奪ったこの学問の土台が、他を圧して強力かつ崇高なものであることを心得よ」としている（註三八）。

図三〇の左のメダルでは、第一質料の燃えあがる水が錬金術の土地に流れこんでおり、「自然変成力は一つの根より発し、複数に広がり、一つに立ち帰る」という銘刻文に沿って、作業をはじめることがあらわされている。『哲学者の薔薇園』では、第一質料はラディックス・イプシウス（自らの根）と呼ばれる（註三九）。第一質料は自らに根をおろしているため、自律的であり何物にも依存していないからである。右のメダルでは、「点火された術」の火と硫黄の蒸気が、三つの不思議な手に吊られる天秤から昇っている。銘刻文は「点火された術により、影は濃密な肉体を失う」となっている。

恐怖と混乱があるにもかかわらず、錬金術師たちは第一質料の体験を実り豊かな出来事として歓迎する。人格がそれ自身およびその環境と結びつく関係が、新たなやりかたでもって感じられるからだ。伝統的な見方が打ち砕かれ、「知恵の塩」によって、錬金術師は新たな目で旧来の問題を見ることができる。錬金術師は「解体され」て、啓示をもたらす系統だった体験をなし、これは洗礼あるいは再生の水槽にたとえられる。それでもなお、第一質料を体験することが地獄めいた混沌になる可能性は常にある。したがってホーゲランデがハリを引用して、次のように述べるのである。

われらが石は、これを知り、これがいかにして造られるかを知る者にとって生命であり、これを知らず、造ったためしのない者にとっては、いつ生み出されるかが確約されず、これを別の石だと考える者は、自らの死を準備しているのである

（註四〇）。

発見された石の不快な物質

図二八が示しているのは、大地が中心まで裂けて、第一質料の「混沌」が同時に展開しているありさまである。地下大陸の不気味な諸層が底無しの亀裂の底にある黄金の石の光によって照らされている。哲学者の石はまず卑しむべき形であらわれる。第一質料の数多い異称には汚物や糞などがあり、錬金術師たちはしばしば第一質料を、糞便、尿、乳、生理の血といった排泄物や分泌物にたとえる。

繰返して強調されることだが、石は汚物の中に見いだされ、卑しむべきものなので、通りに投げだされて人の足に踏みにじられる。ある錬金術の詩では、「深い井戸に隠されし秘密の石ありて、価値なきゆえに放棄され、糞便や汚物の中に身を潜めたり」とされている（註四一）。『黄金論集』では、哲学者の石は次のように描写されている。

> われらが最も貴重な石は、糞山に投げ捨てられ、最も貴重なものながら、汚物の中の汚物としてつくられる（註四二）。

汚物にして貴重なものであるという石の矛盾は、既にギリシアの文書にも見られるものである。ゾシモスは石が「蔑まれるとともに尊ばれ、神があたえることもあればあたえないこともある」と述べている（註四三）。同様に『賢者の群』では、石が「いたるところで見いだされ、石にあらずして石であり、蔑まれつつも貴重であり、隠されていながらも万人に知られるものなり」とされている（註四四）。

石と第一質料が不快なものであることは「影」にたとえられる。『化学の新しい光』では、「術の点火」が次のように説明される。

> 影に隠れしものどもをあらわし、それらより影を取り除くことは、神により自然を介して聡明な哲学者に許されている……これが起こると、普通の者の目には何も見えぬが、心の目と想像の目を備える者には真実紛れもないものとして見える（註四五）。

最初の段階に関して『賢者の水族館』に記されている助言も、同じようなものであって、図二八の暗い景色の注釈として読める。

> 賢者たちが自然の最高善とも呼ぶ、この第一質料、すなわち最初の実体の溶解を、まず目的とせよ。次にこれを純化して水と土の性質を取り除き（最初は重く濃密でねばねばした靄のごときものとしてあらわれるためである）、その中にある濃密な朦朧とした影のごときものをすべて取り除けば、最後

の昇華によって、第一質料の心と魂が分離され、貴重な本質となるだろう。（註四六）

精神への降下

糞山に穴を掘り、母なる大地の皮殻を破り、その底に隠された宝を見つけだそうとすることは、錬金術がさまざまな形であらわす生命の源への回帰の一種である。大地への下降のモチーフは、不純な金属の「腐敗」と溶解にひとしく、錬金術師たちの象徴的な言語において、精神の母なる深みへの退行行為という意味をもつ。したがって錬金術師たちの孜々とした採掘は、意識の「皮殻」を貫通することと、その下の無意識の闇に隠された宝を見いだすことの象徴になる。作業のこの面をさらに仔細に吟味してみよう。

抑圧された無意識をあらわにする

繰返して強調されることだが、錬金の作業はオプス・コントゥラ・ナトゥラム、すなわち些細というよりはこのうえもない抵抗のあるやりかたなので、錬金術の砕石作業は、無意識の深層へ退行する自我による抑圧の除去の強力な象徴としてあらわれる。第一質料の混沌がこの手順の危険性を証している。「他我」あるいはユングのいう「影」の、抑圧されて覆い隠された有害な記憶が解放されると、圧倒的なまでに恐ろしいものになり、精神の働きの崩壊、恐ろしい象徴的な幻視、人格構造の混乱を引き起こす。

ユングによれば、第一質料はユングが「影との出会い」と呼ぶ重大な心的状況の象徴的表現として考えられるという。

作業の第一段階は、錬金術において「メランコリア」（鬱病）として感じられたものであり、心理学における影との出会いに相当する（註四七）……影は自我＝人格全体に挑むモラルの問題であって、モラル面でのかなりの努力をはらわないことには、影を意識することができない。影を意識するようになるには、人格の暗い面をいまの現実として認識しなければならないのである。この行為はあらゆる自己認識に必須の状態であるため、一般にかなりの抵抗に出会う（註四八）。

狂気の力の猛襲

図三二では、錬金の哲学者モリエヌスが、糞山を踏みつける同僚に向かって指を差し、「糞山で踏みつけているものを取れ。さもなくば、足場なく登るときに落ちるであろう」と告げている（註四九）。図三三では、錬金の哲学者デモクリトスが、最初の作業のいま一つのモチーフ――燃えあがる愛の心をもつアニマ（魂）のあらわれ――を指差している。哲学者たちの裸形の夢の女――処女にして娼婦――が、デモクリトスとウルカヌスのあいだに立

図32　抑圧された無意識、すなわち醜い影という糞山を掘り進む

図33　影と抑圧された性欲の世界を呼び出すアニマ

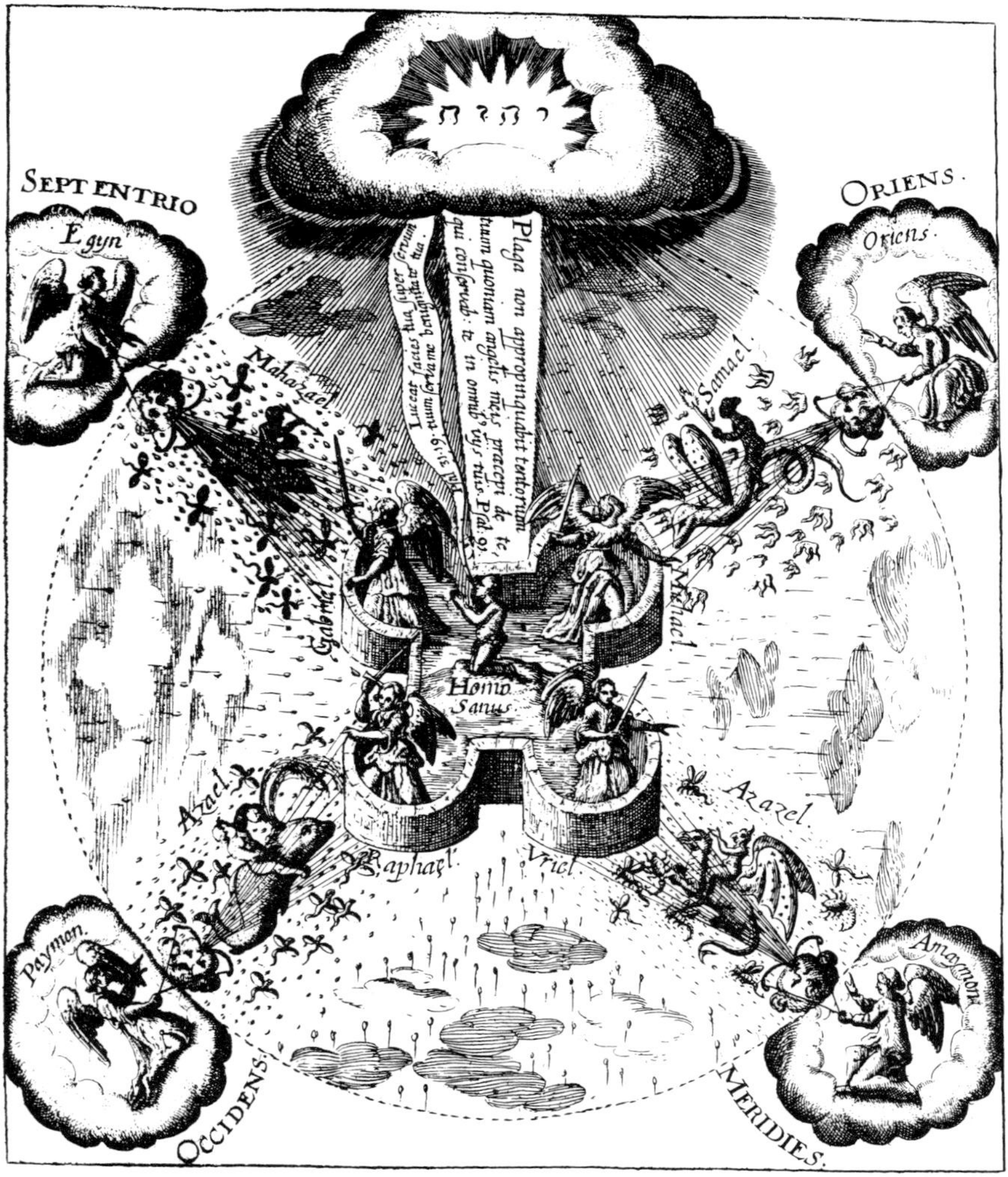

図34　抑圧された無意識のデーモンじみた力の噴出

ち、ウルカヌスは炉につく錬金術師をあらわしている。背景では、裸形の男が海へとくだる山で危険な運動をしている。モットーは「点火された術により、影は濃密な肉体よりはなれる」である（註五〇）。

図三四に描かれているのは、実体のない第一質料の猛襲によって解き放たれた力である。神の命により、四方の天使がデーモンのアザエル、アザゼル、サマエル、マハザエルを、危険な動物や毒虫とともに解き放っている。中央で祈りをあげる錬金術師は、難攻不落の城の四方をかためる四人の大天使によって、混沌から守られている。錬金術師は天に向かって、救済の祈りをとなえ、「汝の僕の上に聖顔《みかお》を輝かせ、汝の仁慈《いつくしみ》をもて我を救いたまえ」（『詩篇』第三一篇）と告げている。この祈りは聖なる雲からくだる声により、「災害《わざわい》なんじにいたらず、苦難《なやみ》なんじの幕屋に近づかじ、そは至上者《いとたかきもの》なんじのためにその使者《つかい》たちにおおせて、汝が歩むもろもろの道になんじを守らせたまえばなり」（『詩篇』第九一篇）と答えられる。

マンダラ風の城の内部で祈る錬金術師の別称、ホモ・サヌス（健全な者）によって、心理学的な意味が察しられる。城の外で猛威をふるうデーモンの力は狂人のそれである。ある錬金術師は、「この変容をいきなり目にすれば、驚異、恐怖、身震いにとらわれるゆえ、慎重に作業を進めなければならない」と述べている（註五一）。

新たな創造の多産な混沌

恐怖、憎悪、攻撃が図三四で解き放たれる圧倒的な力であるとしても、これを埋めあわせる同じように圧倒的な力として、魅力、愛、希望もまた存在する。この肯定と否定、信頼と恐怖、希望と迷いの矛盾した混合が、錬金術師をひどく困惑させる経験である第一質料を特色づける。これは創造行為と破壊行為、分離行為と融合行為、退行運動と進行運動、溶解過程と凝固過程を同時にあらわすのである。第一質料は極度に流動的で不断に揺れ動いており、マサ・コンフサ（混沌の塊）において、抗争する進行の力と退行の力の衝突としてあらわれ、古い宇宙から新しい宇宙をつくりだす。ついでながら、最も驚くべき特徴を述べておかなければならない。錬金術師の恐ろしい宇宙的混沌の経験は、不思議にも普遍の愛の胸ときめく体験とまざりあっているのである（図三三）。

思春期の心理

ユングは第一質料を、噴出する無意識の精神の象徴としたが、概括的な推測をめぐらすにとどまり、詳細に述べることはなかった（註五二）。ユングが第一質料の「解剖学的」構造をよく理解できなかった理由は二つある。（一）精神の構造を遺伝子の作用から理解しようとする生物学志向のフロイトと一九一二年に訣別した。（二）一九三〇年代から四〇年代にかけて、人間の精神生物学的構造がその最終形態に達する遺伝子過程の最終段階（一三歳ないし一八歳）については、まだ十分に理解されていなかった。

創造の諸要素を溶解するとともに新たな宇宙を生み出すという、困惑させられる混沌の只中で、第一質料は愛を目覚めさせるが、いかなる心理がこれに対応するのか。思春期の心理がこの矛盾した創造のありさまに該当する。第一質料の混乱と変動があらわしているのは、成人の自我が退行して蘇った無意識の諸層であり、これら無意識の諸層は、「乾いた土地」があらわれて、意識ある人格を備えた太陽が燦然たる光輝に包まれ、無意識という海から昇る思春期を通じて、自我の荒れ狂う創造の痕跡をはらんでいるのである。この発達期のさらに二つの顕著な局面は、（一）生存的価値をもつ成人の性欲（性器期の愛）の目覚めと、（二）生存的価値をもつ成人の攻撃性の目覚めである。

意味深いことに、自我のこの精神生物学的成熟過程が起こるのは、幼年期から潜伏期にかけて形成されていた精神パターンのすべてが破壊され、再構成されることになる、精神的動揺の只中においてである。精神分析の権威たちは、思春期を描写する際に、無意識に第一質料の言葉を利用している。

思春期の本能的発達が感動的なまでに明らかにしているのは、成人への苦しい梯子を登るにあたって、一段ごとに不安や混乱や分裂や子供の立場への復帰を経験しながら、さらに進んだ成人レヴェルの推進力や再組織化を実現するありさまである。このような過程は確かにどのような発達期においても観察できる。しかし劇的な思春期には、ヘレナ・ドイチュが進行的力と退行的力の「衝突」と述べているものが認められるのである。この衝突は古くからある構造と組織の広範囲な一時的崩壊に通じ、新たな構造の形成と新しい階層的秩序の確立がつづき、かつての精神構造が明確に下位の役割を果たす一方、新たな精神構造が支配権を得て維持される（註五三）。

イーディス・ジェイコブスン

どうやら思春期には、人格が溶けて流動的になり、そうしてふたたび硬化して、性格の核としてとどまるようだ（註五四）

レオ・A・シュピーゲル

心が混乱するこの時期、行動と苦悶、激変と破壊、混沌と浄化、歓喜と絶望といった、対照をなす力が闘いを繰広げる中で、自我の発達が進む（註五五）。

ヘレナ・ドイチュ

第一質料が象徴する個性化の最初の「作業」は、成人の自我が思春期の形成期を再体験することにひとしいので、錬金術における第一質料の数多くのモチーフのあらわれが、次に列挙する思春期の重大な出来事を象徴していると考えてもよいだろう。

（一）抑圧の解除と、他我、影、あるいは抑圧された無意識

図35　思春期の愛の魔術の喚起――ライオン、硫黄、近親相姦

図36　アニマとの接触を確立する

図37　思春期の性欲と近親相姦の愛の水を流す噴水

図38　混沌の只中における愛の誕生

の人格部分の復活。
(二)アニマ、あるいは無意識の理想の女の復活。
(三)成人の攻撃性による影の興奮。
(四)成人の性欲によるアニマの興奮。
(五)愛憎の主要な対象、すなわちエディプス・コンプレックスの父性像の復活。
(六)潜伏期に形成されてエディプス・コンプレックスを抑える超自我の復活。

王と女王の近親相姦的出会い

バルヒューゼンの九番目の図版(図二四)では、小川をへだてて月と結びつく太陽によって、第一質料の恐怖が解消された。このモチーフは『哲学者の薔薇園』の二番目の木版画(図三六)に発しており、この木版画では太陽の上に立って精神をあらわす王が月の上に立ってアニマ(魂)をあらわす花嫁と出会っている。王と女王が交差させる薔薇の枝は相互の愛を裏書きしているが、愛しあう二人のまとう衣服は、このはじめての出会いの節度ある性質をほのめかしている。

それぞれの枝の先にある二つの薔薇は四元素をあらわし、二つは能動的かつ男性的(火と空気)、二つは受動的かつ女性的(水と土)である。整然とした「薔薇十字」の形になっているのは、第一質料とそのせめぎあう四元素が弱まっていることをほのめかす。五番目の花を聖霊である鳩がもたらしているが、この鳩は和解を示すオリーブの枝をくちばしにくわえてもどってきたノアの鳩(図二七)に相当する。鳩は第五元の星よりくだり、男性的要素と女性的要素を調和させる。鳩のくわえる三番目の枝は、薔薇の枝がメルクリウスの噴水の三本の管にひとしいことを示しており、いまやメルクリウスの噴水の三本の管は薔薇の茎に変容しているのである。

鳩は王と女王の愛の霊的性質と神聖な性質を示すとともに、王と女王の和解を果たす媒介なのである。この出来事の普通ではない性格は、二人が左手をつないでいることによって強調されている。この異例の仕草はしっかりと秘密が守られていることを示し、二人はタブーを犯しているのである。実際には、王と女王は違法の「不自然な」愛にふけっており、その秘密とは近親相姦の性質をもつものであって、花嫁は王の妹にほかならない(註五六)。したがって『哲学者の薔薇園』は次のようにたしなめる。

心しなければならないが、われらが自然変成の術においては、術の秘密は断じて衆目に明かしてはならぬ。かようなことがあれば、その者は呪われ、神の怒りを受けて卒中により生命を落とすであろう(註五七)。

二つの水の融合

図三五では、王と女王の出会いの近親相姦的性質が強調されている。王と女王は手を結びながら、二匹のライオンの背に乗っているのである。二匹のライオンの頭は一つになって、高貴な愛の硫黄の水を吐き出している。ライオンは錬金術において近親相姦の古典的なシンボルなので、結合したライオンの口から吐き出される水は、王と女王の近親相姦的愛の表現と受けとめてよいかもしれない。このモチーフは『哲学者の薔薇園』で引用されるセニオルに発している。

セニオルはこのように述べている。二つの水を一つになせ。この簡潔な指示が理解できるなら、作業全体が意のままになるであろう。ロサリウスがいうには、二つの水、白い水と赤い水を得ればよい。セニオルによれば、これこそ白の力と赤の力が結びついた水なのである（註五八）。

このモチーフは図三七にもあらわれており、モットーは「二つの水より一つの水をつくりだせば、聖なる水にならん」である（註五九）。図版は最初の作業を要約しており、メルクリウスの噴水からの水の噴出、メルクリウスの水に酔う錬金術師、両性の出会い、あふれでる水の混沌における愛の目覚めが描かれている。王と女王が思春期の少年と少女という興味深い姿であらわれている。エピグラムはこうなっている。

大いなる力によりて湧き出す噴水二つあり、
一つの水は熱く、少年のものであり、
いま一つの水は冷たく、処女の噴水と呼ばれる。
二つを結びつけ、二つの水を一つにせよ、
この流れは二つが結びついた力をもつ、
ユーピテル・ハモンの泉が熱く冷たいごとく（註六〇）。

図三八は『太陽の光彩』に掲載された四番目の絵であり、王と女王の出会いのいま一つの変種となっている。王が愛する女王を目にして驚いていることにより、近親相姦のモチーフがあらわされ、女王はその馴染深さによって王を驚かせているのである。女王の母としての特徴が、ラク・ウィラミウム（半神女の乳）と記された巻物によって明らかにされている。女王は冷たい月球の上で体の平衡を保つ一方、王は太陽の火、すなわち情熱の炎に焼かれているらしい。王の笏に巻きつく巻物には、コアグラ・マアスクリウム（男性的なものを凝固させよ）とある。

王の密会に付随する驚きと秘密性は、これら一連の絵に明白な別の特徴に結びつく。王の表情は躊躇と不機嫌の入り混ざったものであり、自ら選んだ花嫁に対するこうした感情は、女王の母としての特性によって説明づけられる。作業の端緒に展開する不思議な愛は心理学の観点から解読しがたいものではない。王と女王のリビドーの近親相姦的な性質、驚き、躊躇、不機嫌、秘密性は、まさしくこれらの性格をあらわす思春期の愛を示す特徴である。この問題に立ち帰ることにしよう。

占星術の太陽と月

錬金術の象徴体系は占星術のそれと密接に結びついている。王が太陽、女王が月の上に立つ事実の深い意味を解き明かすには、占星術においてこれら天体が意味するものを調べなければならない。太陽は「惑星」すべての中で最も偉大なものであり、男性的原理、意識、精神をあらわす。輝く目、空を駆ける翼、王としての支配、火、そして黄金は、太陽の象徴の元型的要素である。その核は英雄の力であって、生に欠かせない創造的かつ指導的なものである。太陽はただ一つの宮、獅子宮において支配する。

月はその受動的性格——太陽から光を受けるという性格——ゆえに、女性的原理および魂にひとしい。巨蟹宮において支配する月は、母の象徴であり、母としての受胎および出産の働きと密接に結びつく。燃えるような活発さを備える太陽が、顕在する世界、すなわち昼の生命に責任をもつ一方、湿った月は顕在していない世界、すなわち夜の生命を支配する。気まぐれで冴えざえとした占星術の月は、人間世界の夜、地下、無意識の部分に属する。月は精神的なもの、オカルト、魔術を具現化し、月のマナは抵抗しがたい力で太陽を引きつける。

無意識のアニマ・コンプレックス

錬金術の太陽と月、あるいは王と女王、そして錬金術師たちの述べる霊と魂の象徴の占星術的特徴は、錬金術のさまざまな図版に表現されており、これらは一九二〇年代にユングによって解き明かされた。ユングは太陽と王を自我あるいは意識的精神、月と女王をアニマあるいは無意識の精神と解釈したのである（註六一）。王と太陽の心理は、フロイト以後の精神分析学に立つ自我心理学者たち（アンナ・フロイトやハインツ・ハルトマン）によって説明され、女王と月の心理はアニマ・コンプレックスを発見したユングによって解読された。

ユングによれば、錬金術師たちの謎めいたアニマ像は、男における無意識の精神とその性的な精神力学を人格化したものなのである。無意識は男においては女の形で、女においては男の形で自らをあらわす傾向がある。ユングはこれら複雑な魂のイメージをアニマおよびアニムスと名づけた。アニマ・コンプレックスは太古からの男の女性体験から形成され、意識的な男性的精神の抑圧された「女性的」要素を受け入れ、男における「永遠の女性」像、魔力ある「理想の女」をあらわす。

男のアニマ、あるいは「魂」の元型的性質は、アニマを集合的

図39　最初の作業を告げ、夢のヤコブの梯子を登る

無意識や自己に結びつけ、アニマは集合的無意識と自己の両極性を魅力的なやりかたで反映する。若くして老いており、情熱的にして冷淡、悪魔じみていながら神聖であるアニマは、娼婦や人魚や吸血鬼の天性のエロティックな特徴のみならず、処女や天使や女神の輝かしい霊的な特徴をも示す。とらえがたく謎めいていて、無意識の不思議な光彩に包まれているので、夢や——投影された形として——詩や絵画によって考察してもよいだろう。

「すべての男は自分の中に自らのアニマをもつ」ので、男が自らのアニマの投影にあてはまる容姿と性格のすべてを備えた女を見いだせば、たちまち恋に落ちてしまう。拡大された形では、同じ心理的呪力が映画にあらわれており、映画スターはアニマやアニムスの投影の力によってのみ生きているのである。スクリーンのアイドルたちは映画ファンに、夢の家を立ち去ってからも長いあいだ、生気をあたえる影響をおよぼす。

図40　白羊宮における作業の開始

男の無意識における「魂」のイメージが、現実の女によって目覚めさせられ、その女に投影されると、男は厭世や憂鬱から高揚した思慕の情にいたるまでの豊かな感情を経験することになる。投影された形態や「具体化された」形態をアニマのイメージが維持するかぎり、そうした感情は男を興奮させつづける。何らかの理由から、このイメージが魅力と神聖な性格を失うと、男は「幻滅を感じ」て、突如として「理想の女」を普通の女として見るようになる。しかしアニマ・コンプレックスが何ものにもとらわれない投影であるかぎり、女は男に最も深い感情や気分を引き起こし、そうした感情や気分はしばしば創造力——詩を書いたり、音楽を演奏したり、絵を描いたりすること——によって表現される。恋をする若者たちのよく知られた現象である。

メルクリウスの海への夢の降下

図三九は『沈黙の書』にある一連の作業を示す最初の版画である（註六二）。星の散らばる月夜に、海が急に陸に割りこみ、すべてを水びたしにする岩場の海岸で、錬金術師は眠りにつく。ヤコブの夢を反映する版画の二番目のモチーフによって、「無意識」の噴出が裏書きされている。

時に彼夢見て、梯《はしだて》の地に立ちいて、その巓《いただき》の天にいたれるを見、また神の使者《つかい》のそれにのぼりくだりするを見たり。

『創世記』第二八章一二節

錬金術においては、ヤコブの石は賢者の石のよく知られたシンボルであり、不思議な夢を見させる石でもある。ヤコブの梯子を登り、作業をはじめよとの呼びかけが、眠りこむ錬金術師をラッパで目覚めさせようとする二人の天使によってなされている。二本の薔薇の枝が夜景の枠組となっているが、薔薇の花は神秘的あるいは神聖な愛を象徴するものである。

白羊宮、一年の作業の開始

錬金術も占星術も類推の原理の上に立てられた循環システムである。宇宙の秩序は人間の秩序に類似する。宇宙は巨大な有機体であるため、世界のあらゆる部分が同じ法則に従う。したがって作業のはじめに錬金術師に起こることは、一年にわたる自然の周期のはじめに起こるものの反映にほかならない。この「照応」のシステムによれば、太陽が白羊宮、すなわち黄道一二宮の「第一の」宮にあるときに、作業を開始しなければならない。

作業の激烈なはじまりと占星術の一年の猛烈なはじまりは、いずれも白羊宮によって解き放たれる、春の推進力によるものである。黄道一二宮の最初の宮は、火星によって支配される火の性質をもった基本相の宮で、三月二一日から四月二〇日にいたる。白羊宮は活動的かつ精力的で激しやすい。激しくも情熱的な性質が春の燃えあがる太陽を表現する。ほとばしるメルクリウスの噴水のように、白羊宮は固定した秩序に成長を起こさせる創造的な衝動をあらわす。熱と活性化を目指す猛烈で危険なエネルギーを備え、純粋衝動、純粋動因の原理を具体化する。この宮を支配する戦の神マルス（図四五）のように、屈強かつ無謀であって、創造と破壊の双方をおこなう最初の火と水を象徴する。白羊宮は潜在力が現実体になる最初の推進力を象徴するので、夜明けに結びつけられ、一般にはあらゆる周期、過程、創造行為のはじまりとも結びつけられる。

幼年期にもどる恋人たち

『沈黙の書』の二番目の版画（図四一）は、錬金術師とそのソロル・ミュスティカ（謎めいた妹）との近親相姦的出会いをあらわしている。二人は密封されたガラス瓶の入れられた炉の両側で膝をついている。錬金術師が祈る仕草をしているのに対し、謎めいた妹は幕が劇的に開いたあと、画面の上半分を指し示す。これがあらわしているのは、四元素からはなれた第一質料の複雑なドラマである（天使の足は乾いた土地に置かれている）。地上での最初の朝の冷気の中を魔力ある太陽が昇り、太陽と月（下にいる男女を象徴的にあらわす）のあいだで愛が目覚め、その退行的な流れが愛しあう二人を海の底（ネプトゥーヌス）や子供のころの世界（太陽と月の子供としてのあらわれ）にもどす。

思春期の高貴な愛

近親相姦、神聖さ、霊性、両値感情、不機嫌さ、秘密性といった性質に加えて、錬金術における愛の退行的な性質を強調しておかなくてはならない。このユニークなパターンは思春期の愛の心理にあてはまるので、ここで簡単にふれておく。恋をすることは思春期の最も胸がときめく経験の一つである。思春期の若者が自らの感情を投影する女は、その若者にとって人間を超越した者に見え、ダンテがベアトリーチェに対する思春期の愛を述べたように、「人間の娘にあらずして、神の娘のごとく」思えるので、この経験は謎めいている。若者の心にはさまざまな感情や気分が生まれる。楽しく思うこともあれば苦にがしく思うこともあり、気分が高揚したり落ちこんだり、恍惚としたり恥辱の思いにとらわれたりして、たいていは両者を同時におぼえ、常に混乱して途方にくれるのである。

なかば神のような女に対する、このようなせつない憂鬱と、相反する感情の交錯が、思春期を研究する非ユング派の精神分析医を困惑させている。

> 思春期の若者には、あのユニークな経験、甘い恋がつきものである……パートナーは性の快楽（性交）をかなえてくれる存在にすぎないのではなく、かけがえのない属性や聖なる属性の集合体であって、若者に畏敬の念を引き起こす（註六三）。
>
> ピーター・ブロス

さまざまな自伝にはこの種の描写があふれている。ノーマン・キールが『思春期の普遍的体験』（一九六四年）で多くの事例を集めている。

ユングは男の無意識内に女を「霊化する」このコンプレックスを見いだしたことで、フロイトが自我と超自我を心理機能と定義したように、アニマを心理機能と定義づけるにいたった。ユングによれば、アニマは性的動因の原動力に捌け口をあたえ、これが愛の対象である現実の女に向けられるか、あるいは（内省のように）リビドーを理想の女あるいはアニマに注いで発現させるという。後者の場合は、アニマの働きが想像的行為や創造的活動、胸騒ぎ、気分の変化としてあらわれる。

アニマが性の動因を昇華する結果は、思春期には明白なものであって、「性」と「愛」の区別立てや、「やさしい愛」の発達としてあらわれる。いいようもない愛の神聖で侵しがたい思い出や一目ぼれをともなう、人生のこの局面を述べるにあたって、ほぼすべての者に、精神的な意味をもつ言葉を用いる傾向が認められる。

図41　錬金をおこなう恋人たちの思春期への退行、子供の国への復帰

図42　サトゥルヌスおよびその狼との出会い——復活された近親相姦、嫉妬、憎悪、恐怖の源

図43　思春期における入信式の剣

思春期におけるエディプス・コンプレックスの復活

フロイト以前に広く主張されていたのは、性本能が思春期にはじめてあらわれるということだった。『性に関する三つの論文』（一九〇五年）が発表されてはじめて、性の動因が個人において、誕生から成人として成熟した性器を獲得するまでの、長い発達史をもっていることが理解されるようになった。思春期は人間の性衝動の最初の開花ではなく、二番目の開花なのである。

この重大な洞察によって、精神分析の専門家たちは、一つの点について意見を一致させるようになった。思春期における性的動因の復活と増大により、エディプス・コンプレックスに凝縮していた幼児期の性衝動が復活するということである。

この展開が決定的なやりかたでアニマ・コンプレックスに影響をおよぼす。アニマはエディプス・コンプレックスの近親相姦的な理想の女を具現化するので、思春期には強い退行的な力になるのである。もはやエディプス・コンプレックスの前性器期のエネルギーではなく、成人の性器のエネルギーを備えているため、アニマは思春期の自我を進行の方向にも退行の方向にも押しやる。現実の女に自らを投影するとともに、幼児期にはじめて愛した女の近親相姦的なイメージ――幼児期の聖なる愛の対象――を復活させもする。心理的には、この二重の働きが、当惑、不機嫌、逡巡、秘密主義を引き起こす。思春期の気分の急変をも生み出し、罪悪感や失意が恍惚とした高揚や普遍の愛の感情と速やかに入れ替わる。

錬金術の入信式のマルスの剣

図四四はサロモン・トリスモシンの『太陽の光彩』に掲載された二番目の絵であり、哲学者が容器を指差し、「行きて、四元素の本質を求めるべし」と告げている。図四五として掲げた、これにつづく絵から明らかなように、この行為は作業の開始にひとしく、四元素を分離して調べることが第一質料の混沌を生み出す手段なのである。

『太陽の光彩』の三番目の絵（図四五）があらわしているのは、「小便小僧」に飾られてマルス神の立つメルクリウスの噴水であって、戦の神の剣が白羊宮での作業を開始させる（この絵は図三八として掲げた四番目の絵に先立つ。しかし二点の絵の象徴的行為は同じ第一質料の両面なので、この場合は順序が逆であっても問題にはならない。図二四の八番目および九番目の図版も見よ）。戦士じみた錬金術師の頭上に浮かぶ七つの惑星もしくは金属もまた、次のように盾に刻まれた最初の作業を示すものである。

> 二つの水より一つの水をつくりだせ。太陽と月を創造しようとする者は、太陽と月に有害な葡萄酒を飲ませれば、（彼らの）死にぎわに幻視が得られるであろう。次に水より土をつ

くれば、石の数をふやせるであろう。

図三七において思春期の少年と少女の口からほとばしる「二つの水」が、図四五では子供二人の性器から流れ、第一質料が退行の欲望によって活性化したことを示している。「小便小僧」は「子供の尿」でもって水盤と海を満たすが、子供の尿は第一質料の水にひとしい。『世界の栄光』にはこう記されている。

金属より取り出された霊は、子供の尿や賢者の尿であり、これは金属の種子にして第一質料である。この種子なくして、われらが術に完成はない（註六四）。

図四五のマルスの剣が図四三ではくっきりと描かれ、錬金術の入信式の剣を思春期の少年がもっている。剣は少年が性的に成熟していることをまざまざと示し、その男根的意味が攻撃的な蛇の柄にあらわされて、怒張、貫通、受精をほのめかしている。少年は左手で硫黄の印、あるいは男の性衝動の象徴をもっている。

第一質料の剣は神秘的なベネディクト会の錬金道士、バシリウス・ウァレンティヌスの第一の鍵の三番目の図版（図四二）にもあらわれている（註六五）。ここでは「剣」がサトゥルヌスの大鎌であらわされ、熱せられた石の炎で輝いている。明るく輝く大気の中で、王と女王の近親相姦の情熱が、サトゥルヌスとその狼によってあらわされる死の恐怖と結びつく。「飢えて猛だけしくさまよう」（註六六）狼は、占星術における二つのマレフィキ（図星）、すなわち火星と土星に結びつき、手足の切断や死の危険をあらわす。意味深いことに、サトゥルヌスの大鎌が、図四二では神の切断された足に結びつけられ、切断と懲罰を象徴している。錬金術ではサトゥルヌスが鉛と同一視されるが、占星術ではサトゥルヌスの表象は大鎌、切断された足、サトゥルヌスがむさぼり食う幼児である。これらの象徴はサトゥルヌスの凶まがしい背景を反映している。サトゥルヌスは父を去勢し、父の国を奪い、自分の子供たちが同じことをするのではないかと疑った。かくして残酷にも、子供が生まれるやむさぼり食って、おのれの去勢と転覆を回避したのである。

嫉妬、憎悪、恐怖の復活

フロイト以来、性衝動のみならず攻撃衝動も、思春期に復活すると理解されている。第一質料はこの最初の衝動二つがともに成熟したことをあらわし、愛の目覚めが別の通過儀礼——マルスの剣を獲得すること——と同時にあらわれるのである。これら二つの出来事がメルクリウスの噴水からほとばしる「子供の尿」に結びつく事実は、思春期の観点からあらためて精神力学の説明をおこなっているにひとしい。アニマが思春期に性器の性衝動を帯びるように、影や他我は復活したエディプス・コンプレックスの枠組の中で成人の攻撃性を帯びる。これによって幼児期における嫉妬や恐怖や攻撃の中心人物、エディプス・コンプレックスの憎しみの対象、すなわち父（サトゥルヌス）が復活するのである。

幼児期に愛憎の対象であった親が思春期に復活する理由については、この方面の卓越した権威であるピーター・ブロスが適切な説明をおこなっている。

思春期の若者を相手の分析作業で、ほとんど例外もなく明らかになるのは、自我（エゴ）と超自我（スーパーエゴ）の働きが、幼児期における対象との関係とふたたびかかわりあうことである。この問題を研究して確信するようになったのだが、自我そのものに対する危険は、思春期のさまざまな動因だけではなく、同じ程度まで、退行的な力からも発している。自我と原我（イド）が根本的に敵対しあうという臆測を無視すれば、退行によっておこなわれる心的再構成の作業は、思春期における最も困難な心的作業を代表すると結論づけざるをえない……思春期における退行が段階的発達の前提条件であるという事実の広範囲な結果に、目を向けることにしよう。わたしが実際に観察したところでは、思春期の若者たちは、最初のカテクシス（心的エネルギー）に身をゆだねるために、子供のころや幼児期の情念と感情的にふれあわなければならない。そうしてはじめて、過去を意識や無意識の記憶の中に消しさることができ、そしてリビドーの前進運動によって、思春期に特有の感情の強さと目的の力をあたえられるのである。思春期の最も深遠かつユニークな特性とは、退行的意識と進

図44　容器の中身を調べる

図45　退行と若返りの噴水からほとばしる子供の尿

行的意識のあいだを移動する能力にほかならない(註六七)。

思春期の精神が進行と退行のあいだを揺れ動くことで、エディプス・コンプレックスが復活して抑圧され、最初の愛と憎しみの対象への愛着が呼び起こされて、そうした対象から解放され、子供のころの世界との臍帯が伸びて切断される——これは第一質料の干満にかかわる錬金術師の体験に呼応する。現代では思春期が極端な不安定さと流動性のある形成期として理解されているが、第一質料の深海の隆起や個性化作業の最初の段階での無意識のあらわれは、これによって十分に説明づけられる。

バシリウス・ウァレンティヌスの第一の鍵

最初の作業に関して、ほとばしるメルクリウスの噴水は、若返りの水の放出を意味しており、噴水における思春期のカップルと「小便小僧」によって象徴されている。無意識の退行におけるこの肯定的な面は、マルス、サトゥルヌス、そして動物の姿をした彼らのダブルである狼といった、不気味なシンボルの出現によってあらわされる、否定的な面によって平衡を破られる。これら暗い影は王の劣等人格の貪欲さ、冷酷さ、子供のサディズムといった特徴をあらわし、むきだしの攻撃性や原始的な性衝動といった原我(イド)の欲求に支配される。これを頭に入れておけば、ウァレンティヌスの第一の鍵がわかりやすくなるだろう。

医者が肉体の一部をきれいにしたり、薬によって不健康なもののすべてを取り除くように、われらの肉体は不純なもののすべてを浄化して、われらの血の中が完璧なものにならなくてはならない。われらの師が必要とするのは、異物の混じりのない純粋かつ完全な、欠陥のない肉体であって、異物がわれらの金属を侵すゆえに、異物の混入があってはならない。王の冠を純金になせば、王は純潔の花嫁と結ばれるだろう。われらの肉体でもって作業をおこない、獰猛な灰色の狼を捕えよ。狼はその名前のために好戦的なマルスの勢力下にあるが、古ぶるしいサトゥルヌスの仔であり、飢えて猛だけしくさまよう谷や山で見いだされる。その餌となるよう、王の肉体を狼に投げあたえよ。狼が王を食らいつくせば、大いなる炎によって狼を燃やして灰にせよ。こうすることにより、王は救われるであろう。これを三度おこなえば、ライオンが狼を打ち負かし、ことごとく食らいつくす。かくしてわれらの肉体は、作業の第一段階のため、完璧さを付与されるのである(註六八)。

ユーピテルの昇華の水

図四六におけるバルヒューゼンの八番目の図版では、第一質料が荒れ狂い、九番目の図版ではソル(太陽)とルナ(月)のあい

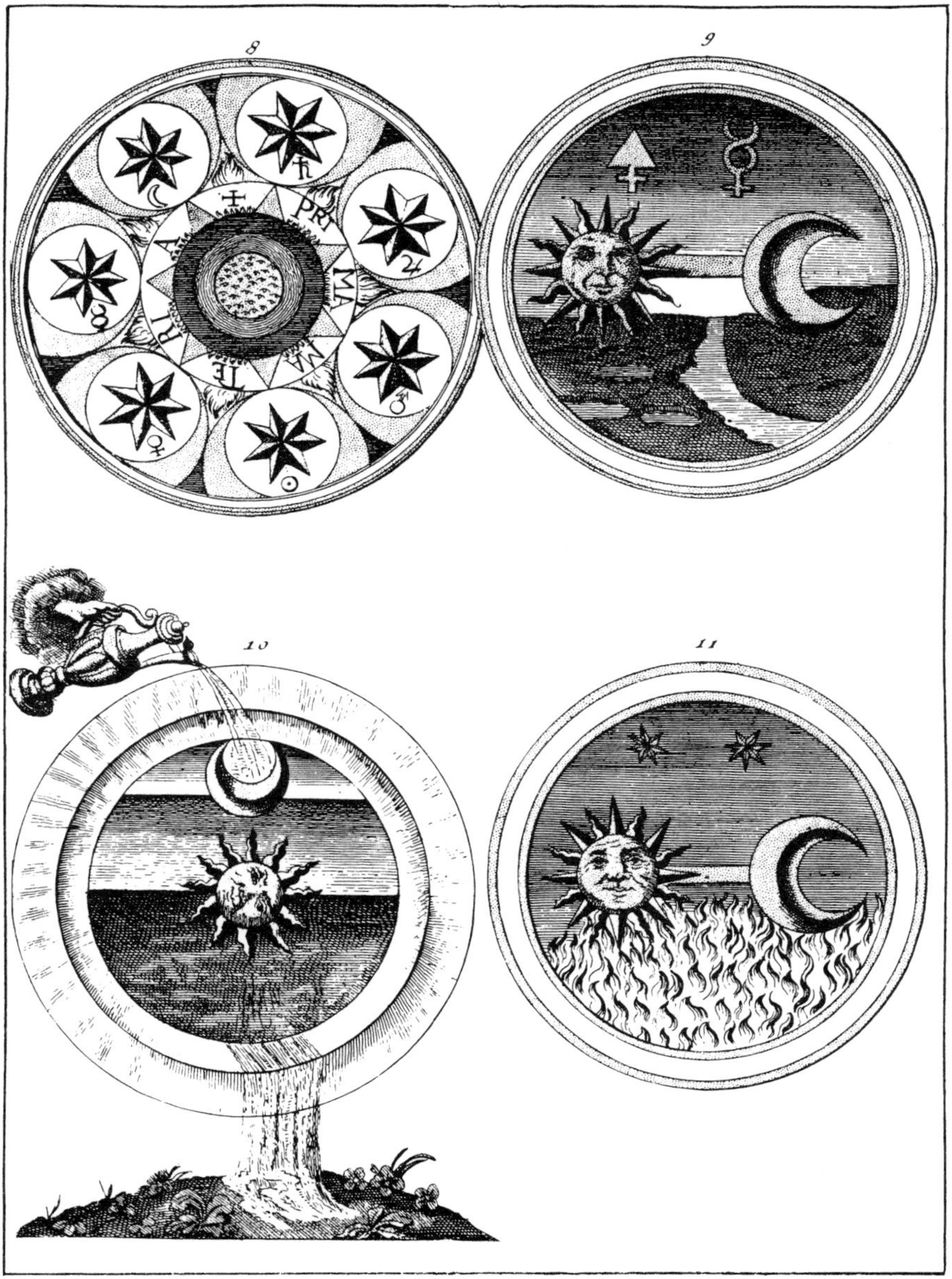

図46　ユーピテルの成長と昇華の水によって冷やされる太陽と月の体

だに愛が目覚めているが、これにつづく一〇番目の図版には不思議な行為が描かれており、これはメルクリウスの噴水の神託めいた水音、「二つの水より一つの水をつくれば、聖なる水となるであろう」を実現するものである。太陽と月はユーピテルによって分けられており、ユーピテルが小さな雲から聖なる成長の水を流し、近親相姦によって熱くなった太陽と月の体を冷やすとともに浄化する。この水の「聖なる」面は、祭壇用の大きな瓶からそそがれる葡萄酒と受けとれることによって強調される。一一番目の図版では、太陽と月が九番目の図版よりも情熱的な道具立ての中で愛の出会いを再開している。太陽と月は火の海によって熱せられ、近親相姦的情熱の燃えあがりを経験し、星の散らばる夜に明るく輝く。一〇番目の図版における象徴的行為は、九番目と一一番目の図版の愛の情景に介在しており、太陽と月の体に冷たい忍耐力をそそぐという、明確な働きをもつ。メルクリウスの噴水によって、思春期の少年と処女の熱い水と冷たい水は混ぜあわされ、「熱くもあり冷たくもあるユーピテル・ハモンの泉」のものである、浄化をおこなう「聖なる水」になる。

同じような愛の中和や昇華が、『沈黙の書』で三番目に掲げられている版画、図四八において、錬金術師とその妹のロマンティックな愛の旅によってあらわされている。この版画では、小さな雲と鷲に乗るユーピテルによって、太陽と月が（左右に）分けられている。ユーピテルが介在する効果はバルヒューゼンの一〇番目の図版と同じであって、太陽と月のあいだの空間が、静的な成長過程にある四元素とその安らかな相互作用をあらわしているのである。ウェヌス（ユーノー）が孔雀とともにいて、花をもつ少女が大地母神をあらわし、羊と牡牛がユーピテルの保護を受けて生きいきとしている。

中心の円では、双頭の海馬にひかれる貝殻に乗る男の人魚を、妹が餌でおびきよせている。この人魚は三叉槍をもつネプトゥーヌスにほかならない。その下では、状況が逆転しており、ここでは錬金術師が釣竿で女の人魚を捕えようとしている。右手の仕草によって示されるように、錬金術師の行為は妹のそれと同一である。錬金術師に向かいあう妹は、左手で鳥籠をもち、右手で鳥を網にかけようとしている。

リビドー昇華の潜伏期

ユングは図四八の行為を性本能の昇華をあらわしたものだと解釈している。海馬にひかれるネプトゥーヌスは錬金術の女のアニムス（網に捕われる「霊的な」鳥によってもあらわされている）の象徴であり、同様に女の人魚は錬金術師のアニマ（ウェヌスと花をもつ少女によってあらわされている）の象徴である（註六九）。錬金術師とその妹は、ユーピテルの支配する宇宙で「魂」を探し求め、性を「魂の愛」として経験することになる愛の旅の途上、釣りにでかける。この性本能の昇華はバルヒューゼンの一〇番目の図版の象徴的行為と調和する。バルヒューゼンの八番目の図版が思春期の動揺を象徴し、九番目の図版が思春期におけるエディプス・コンプレックスの復活を象徴するなら、一一番目の図版における同様の状況は、前性器期の愛と憎しみの目覚めをともなう最初のエディプス・コンプレックスを象徴することになる。したがって介在する一〇番目の図版は、エディプス・コンプレックスの最初の発火と二番目の発火に介在する期間を象徴するわけだ。これが潜伏期（およそ五歳から一三歳にかけての時期）である。ユーピテルの「聖なる水」と成長、そして太陽と月に対する微妙な影響は、潜伏期における精神力学の構造によって説明づけられる。

潜伏期の特徴となっているのが、幼児期におけるエディプス・コンプレックスの強い抑圧であり、性や攻撃の動因が知的活動や社会的追求に向けられる。子供の自我体制が平穏に成熟して、環境を調べて支配する機会が広がるなら、母親との性的な絆や競いあう父親との同一化を解消しなければならない。子供の小さな宇宙の太陽と月を、「聖なる水」によって分離し、純化しなければならないのである。この健やかな変化が起これば、すなわち子供がエディプス的葛藤を解決することに成功すれば、潜伏期の安らかな成長段階に入り、強化された自我によって、葛藤から解き放たれ、父親との同一化と母親の愛がかなえられる。

超自我、あるいはユーピテル・コンプレックス

潜伏期のあいだ、争いあう性衝動と攻撃性を結びつけて無力化する無意識内のコンプレックス（観念連合体）を、一九二〇年代にフロイトが発見した。フロイトはこれを超自我（註七〇）と呼んだが、ユーピテル・コンプレックスと呼んでもよかっただろう。

超自我は子供が親の命令や態度や判断に帰属化することによって発達するが、これは学習過程の最も重要な要素の一つである。ひとたびこれが起こると、自我はさながら自ら発するものであるかのように、親の勧告に従う。「しなければならないこと」や「してはならないこと」が心の中から生じ、いまや親が良心として内部から語りかける。社会がなおもよりかかる超自我の基本的な掟は、（一）実際の近親相姦と（二）親殺し（父親殺し）をタブー視することである。

超自我の濾過、拘束、中和の働きによって、成長する自我はさらに積極的な精神でもって、父親との攻撃的な同一化を再開するかもしれない。いまや父親は自我の理想として作用し、少年の攻撃的動因の健全な捌け口になったり、少年の性的主体性を鼓舞したりするかもしれない。同様に、超自我は少年の近親相姦の衝動の拘束と浄化を果たすので、少年の性的動因が葛藤から解き放たれ、母のような理想の女、アニマ、母親との関係に利用されるかもしれない。

図47　潜伏期の安らかな成長のシンボル

図49　人魚とともに幼年期および子
供のころのエディプス層に退行する

図48　海中の愛の生物を捕えようとする錬金術師とその妹

王と女王の恋愛の最初の段階では、秘められた関係や抑制された左手によるふれあいによって、超自我の抑圧的な影響が目立ったものになっているかもしれない。いま一つの超自我の象徴が宮廷の衣服であり、文化的なしきたりをあらわすとともに、近親相姦をなすカップルを分けておくうえで役立っている。バルヒューゼンの九番目の図版における小川は、同様の分離と欲求不満の媒介として作用する。超自我そのものは、ユーピテルとその「熱くもあり冷たくもある」「聖なる水」によって象徴化されている。潜伏期の別の象徴が金牛宮であり、白羊の角によって殻がくだかれるや、錬金術師はこの宮において大地にくだる。

金牛宮、穏やかな大地での成長

四月二一日から五月二一日にわたる黄道一二宮の二番目の宮の動物は、動作のゆっくりした重おもしい反芻動物であり、大地とその産物に結びつけられ、大地の精力にみなぎっている（図四七）。潜伏期の穏やかな成長のシンボルとして、金牛宮は母体や質料、大地の創造的過程、根、樹液、微生物を意味する。金牛宮はゆるやかな有機的成長をおこなう春の鍵を握っている。金牛宮における太陽が放射する温もりは、発育期の生命と成長のエネルギーを植物や動物にあたえる。金牛宮は豊かさと育成をあらわすので、発育をうながして活気づける力をもつ大地母神の象徴である。金牛宮のこの面によって、金牛宮があらゆるものを活気づかせる普遍的な創造の力とされる根本的な考えが説明づけられる。金牛宮は不変相の土の宮として、「牛の」リビドー、成長する肉体の熱い血、限りない純粋な存在の脈打つ至福を象徴する。

牡羊座生まれの者が激しい思春期型――攻撃的、性急、激しやすく、荒あらしいタイプ――であるのに対し、牡牛座生まれの者は潜伏期の穏やかな特徴を示す。忍耐、愛情、持続性、実際的といった特徴のすべてが、目立った自己保存の感覚と結びついているのである。

エディプス・コンプレックスの最初の発見者

人魚のように大洋にとびこみ、大地の岩へと突き進むことで、錬金術師は突如として図四九に描かれる海洋地質学の不思議な層に出会う。この図版があらわしているのは、有名なオイディプス王（エディプス王）の古代伝説である。モットーは「スフィンクスに打ち勝ち、父ラーイオスを殺した後、オイディプスは母を妻にする」である（註七一）。

前景にいる者たちがスフィンクスの謎を図解している。朝に四本、昼に二本、夜に三本の足で歩くものは何か。答は人間である。図版における一連の出来事は逆行するS字状に展開して、退行の行為を象徴している。錬金術をおこなう哲学者の「オイディプス的」運命が描かれており、錬金術師はさまざまな年齢の段階を通過して、ついには幼児のように這う。さらに女の人魚あるいはアニマとともに進み（遠景中央）、オイディプス王の運命に巻きこまれて、知らぬままに自らの父を殺し、自らの母と結婚して父にとってかわる（遠景右）。女の人魚が誇らしげに錬金の旅の目的としての近親相姦の結婚を指差す。図版に付された文章はこうなっている。

オイディプスはおよそ考えられるかぎり最悪な二つの不品行、父殺しと近親相姦のために指弾される。しかし道を譲ろうとしなかった自らの父を殺し、ラーイオスの妻であり自らの母である女王と結婚したために、これらの不品行によって玉座についたのである。これは単なる寓話にすぎず、そのままに模倣してはならない。哲学者の教えの秘密を明らかならしめるため、寓話のやりかたでもってあらわされているからである（註七二）。

前景にいる者たちに記された幾何学図形は、作業をあらわすとともに、哲学者の石の構成をもあらわしている。

真の意味は、まず正方形、すなわち四元素を考えよ、である。そこから半球に進むべし。半球には二本の線があり、直線と曲線からつくられ、白くされる月をあらわす。そのあと三角形に進めばよい。三角形は肉体、魂、精神、すなわち太陽、月、メルクリウスより構成されている（註七三）。

図50　オイディプスのメルクリウス探求

図51　退行したオイディプスの小人

図52　錬金術師とその妹が春と産出の「五月の朝露」を集めている

人魚とともにとびこむ

図四九における人魚の働きは、『沈黙の書』の三番目の図版における男女の人魚のそれと同じである。図四九でオイディプス伝説の世界としてあらわされる深海に、錬金術師をひきこむのだ。人魚と錬金術師のこの関係が、ユングによる人魚の元型の解釈の興味深い背景となっている。

ニクセは魅惑的な生物である。「男を引き寄せるかと思えば沈めさせ、決して姿を見せることがない」(ゲーテ『漁師』)。ニクセはわたしがアニマと呼ぶ不思議な女性的存在のさらに本能的な変種である。セイレン、メルシナ(人魚)、森の精、美の三女神、小妖精の王の娘、ラミア、スクブスでもあって、若い男を夢中にさせ、生命を吸いとる……おぼろな過去に発する魅惑的なニクセは、いまでは「性的な幻想」と呼ばれている……われわれはアニマという元型によって、神々の領域、というよりも形而上学が保存される領域に入りこむのである。アニマが触れるものはすべて神秘的なものになる(註七四)。

人魚をおびきよせることによって象徴化される深海での錬金術師の実験は、最後に海底の不可解な森に隠されたエロティックな幻想をくみだすことになる。『沈黙の書』の四番目の図版(図五二)が示しているのは、春の季節に錬金術師とその妹のあいだに燃えあがる愛である。突進する牡牛と牡羊はウェヌスとマルスに支配され、愛しあう錬金術師と妹は白羊宮と金牛宮において、杭でとめたシートでもって「五月の朝露」を集める。二人はシートをしぼって発芽力にあふれた露を皿に集め、これにつづく図版(図七五、九二、一二三、一四一)において、この第一質料から哲学者の石と二人の結合による子供をつくりだす。

メルクリウスのオイディプス的秘密

図五一にあらわされているのは錬金術の作業場であり、錬金術師がメルクリウスの姿であらわれ、「化学者オイディプス」の役割を演じている。錬金術師が見ているのは父親めいた人物、あるいは年長の同僚であって、この老人は熱したやっとこを脇へやり、ふいごで炉の火をあおっている。メルクリウスが後方のオイディプス劇を指して、燃えあがる炎の意味を説明している。背景ではメルクリウスが小さな「オイディプス」という退行した姿であらわれ、洞窟の外にいる母なる「スフィンクス」と話をしている——洞窟もまた、炉と同様に、錬金術における子宮の象徴である。

無意識の神話レヴェル

退行によってエディプス・コンプレックスが活性化すると、潜伏期の現実主義と二次過程の思考(現実的・合理的思考)が、魔術的アニミズムの幻想や一次過程の思考に屈服するようになる。集合的無意識の諸層が個人的無意識の層に浸透するにつれ、個人の問題や表象が吸収され、元型的表象や状況にとってかわられる。すなわち、自我が退行して、お伽話や神話や伝説の国、そして人魚の領域に入りこむのである。この無意識層の存在を推測したのはユングであって、一九一二年に「元型的な」夢や神話を研究した結果だった（『変容の象徴』）。

　経験的事実に基づけば、この無意識層はＬＳＤが引き起こす退行によって立証されており、この種の退行はＲ・Ｅ・Ｌ・マスターズとジーン・ヒューストンが無意識の「象徴的レヴェル」と呼ぶものをあらわにするのである。

> この象徴的レヴェルでは、さまざまなイメージがきわめて重要なものになり、被験者が想像上の出来事を肉体および精神と共有していると感じる能力も同様である。ここでは象徴的なイメージが、主として歴史、伝説、神話、儀式、「元型」にかかわるものになっている。被験者は進化や歴史のプロセスが持続しているという、深遠にして価値ある感じをおぼえるかもしれない。神話や伝説を行動化して、しばしば表面上は最も切迫した欲求から構造化されたように見える、さまざまな通過儀礼や儀式のしきたりを経験するかもしれない（註七五）。

　無意識は一次過程の思考や神話的幻想からなるエディプス層をあらわにすることで、意識的な精神にとって厭わしいものではないにしても、万魔殿めいた不快なイメージや衝動を想像にうかばせる。幼児期の性衝動による極端なサディズムや近親相姦や父殺しの幻想が、錬金術の図版の象徴表現にみなぎっており、そうした図版ではテーベの神話の高貴な結婚へと向かう錬金術師の道のりがあらわされている。

　人びとはフロイトの時代のようにいまもなお、「このきわまりない淫らさ、近親相姦の幻想の目的は何か」と問いかける。答は比較的単純である。殺人であれ性であれ、ひとたび欲望が無意識内に抑圧されると、その欲望は無意識の精神や人格全体にひそかに影響をおよぼすのだ。抑圧された欲望が十分に意識され、解除されてはじめて、固着が解消される。母に対する性的欲望を意識するようになるまで、男が他の女と接しても完全な満足感が得られないのは、欲望の根底があえて意識することのない愛情に秘められているからである。しかしその愛情を意識に受け入れさえすれば、感情を他にふりむけられるようになる。近親相姦の幻想がその認識に達して、固着を解消するのだ。それからは、サイケデリックな幻想においても普通の関係においても、患者は性に恍惚とした喜びを見いだす。近親相姦の幻想を解消してはじめて、彼らは最良の意味において「性的によく適応」するのである（註七六）。

W・V・コールドウェル『LSD精神療法』

高貴な愛の赤裸々な事実

図五四は『哲学者の薔薇園』の三番目の図版であって、図五三、五五、五八はその異版である。王と女王が二番目の木版画でまとっていた宮廷服を脱ぎすてている。太陽と月が裸になっている状態は、近親相姦の情念が激しく蘇っていることと、交接をおこなう決意を明らかにする。太陽が「月よ、我を汝の夫となさしめたまえ」と告げ、月は同じ気持ちでもって、「ああ、太陽よ、われは汝に従います」と答える。鳩が帯びる言葉は、「生命をあたえる霊なり」である（図五三では、「結合する霊なり」となっている）。

ぎごちない左手による触れあいが普通に薔薇をもつ仕草に変化している。秘めやかな近親相姦の関係が公然と認められたものになっているのである。親密なふれあいが二本になった四本の薔薇によってあらわされ、鳩がくわえていた二本の薔薇も多葉のロサ・ミュスティカ（神秘の薔薇）に変容している。この薔薇は近親相姦の「霊的」レヴェルにおける愛のウニオ・ミュスティカ（神秘の合一）を象徴する。

リビドーの昇華をあらわす象徴がいくつもあるにもかかわらず、錬金術師たちは「霊的な」結合が性的な結合と同じ性質のものであることを強調する。図五五では、太陽と月が雄鶏と雌鶏を指差し、その仕草によって性的に結ばれたいという欲望をあらわしている。これは錬金術の文書で繰返し強調される。

> 太陽と月は男と女のように交接しなければならない。さもなくば、われらの術の目的は達せられぬであろう。これ以外の教えはすべて誤りである（註七七）。

図五五に付随する文章は、「雄鶏は太陽にとって聖なるものであり、太陽とともに目覚め、太陽とともに眠る」となっている（註七八）。雄鶏と太陽は元型的な父親の象徴であり、卵を抱く雌鶏は同じ普遍性をもった母親の象徴である。このようにして、兄と妹は強い父性および母性の特質を付与されているので、鳩の「結合の霊」にひそむ意味、すなわち兄によって果たされる父との同一化と、妹によって果たされる母との同一化が読みとれる。同一化の行為によって、愛しあう二人は最初の行為の神秘にひきこまれる。

錬金術における親との結合の行為は、穢らわしいものでもあり聖なるものでもあるが、このうえもない知性と道徳の特性を備えた人間という器を必要とする。したがって『哲学者の薔薇園』の三番目の木版画に付された文章は、次のようになっているのである。

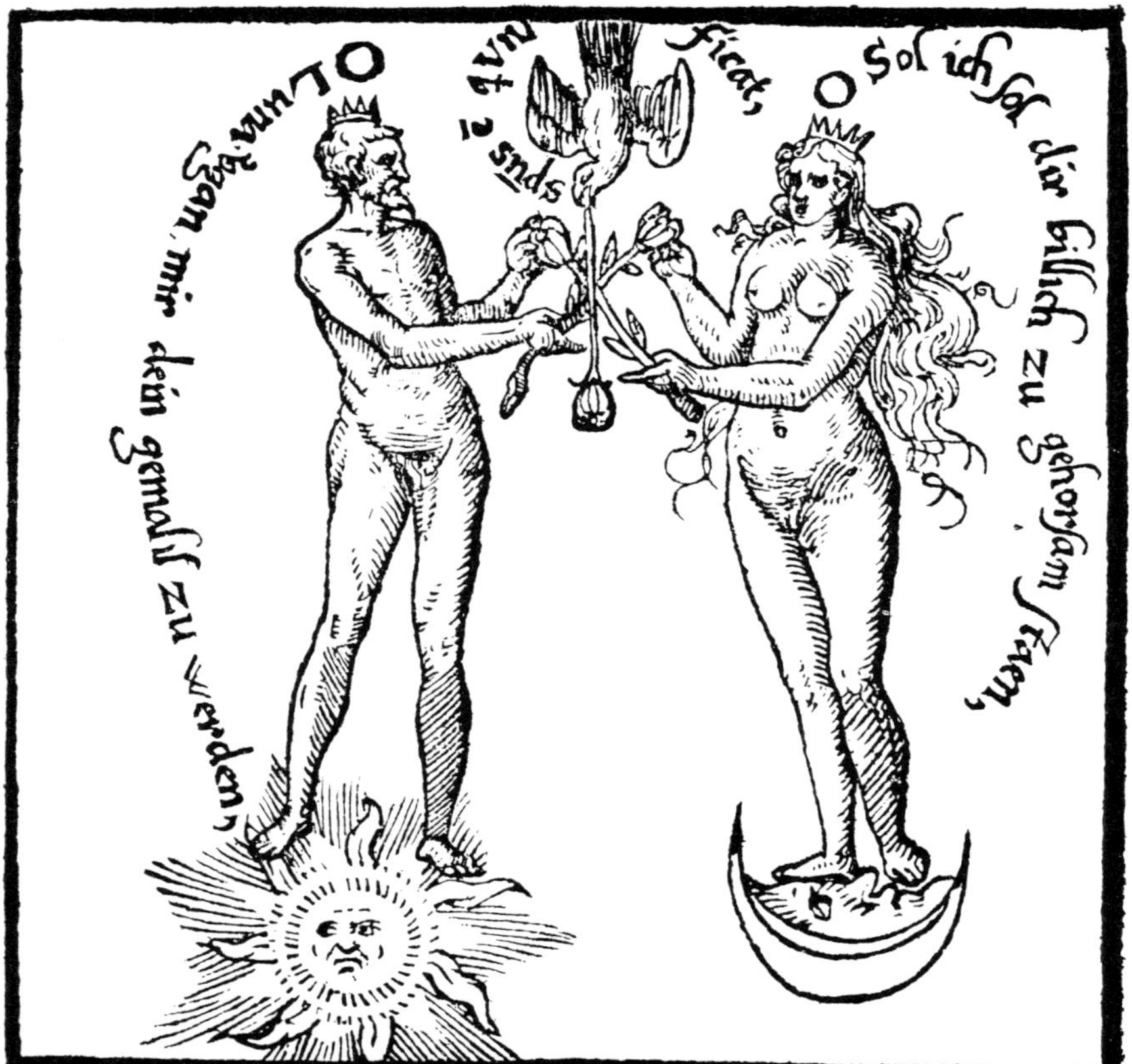

図53　近親相姦の愛と憎しみのあからさまな
爆発によって裸になった兄と妹

図54　ヴェールをはがれた性の近親相姦の根

図55　性器の卓越性と両親の体の優越性

図56　ちがってるよ

この術に参入して秘密の智恵を授けられる者は、傲慢の悪徳を棄て、敬虔にして廉潔、聡明であって、同僚に対する慈悲心、晴れやかな表情、楽しい気質を備え、品行方正でなければならぬ。同様に、自らに明かされる永遠の秘密をよく見る者でなければならぬ。何よりも忠告しておかねばならぬことは、汝の態度を見まもる神、隠者の助けをなす神を怖れよということである。

そして『哲学者の薔薇園』は偽アリストテレスを引いて、「神は信仰篤い悟性をもつ者を見いだせば、その秘密を明かしたまう」とつけくわえている（註七九）。

エディプス・コンプレックスの復活

作業のこの段階はエロティックな近親相姦の情念の誕生をあらわしており、この情念は裸形の発見、すなわち性の発見によって活発化する。こうした特徴が示しているのは、退行によって幼児期のエディプス・コンプレックスが蘇り、裸体と性に心を奪われることである。子供は三歳から六歳にかけて、精神生物学的な成長のきわめて重大な時期に入り、自らの性器や性の問題に探りを入れる（図五六）。口と肛門の性感帯に支配される口唇期と肛門期を経て、成長する子供は性器を首位に置く、いわゆる男根期に入る。裸体が子供を魅惑するのは、男と女の生殖器をあらわにして、赤ん坊がどこから生まれるのかという誕生の神秘、そして交接における親の役割に関する、子供の性的好奇心を刺激するからである。

少年は自分のペニスが男の特徴であり快楽の源であることを十分に見いだす。子供の自慰がピークに達すると、ペニスに対する興味とペニスの快楽が外的な対象に向けられるようになる。普通は母親が生まれたときから気づかってくれているので、当然ながら母親が最初の愛の対象となる。少年の性感帯に対する興味のあらわれは多様である。その際立った例としては、自慰を頻繁におこなうことや、他人、とりわけ異性との体の接触を強く求めること、ペニスを露出することがあげられる。

「男根期のリビドー」の行動パターンは、注目と賞讃を得ようとする不断の企てを示し、これには愛の対象を寛大に保護する意識が結びついている。支配の特徴は性と攻撃の混合、あるいは男根期における幼児期の攻撃衝動と性的露出傾向の動因の融合（ハルトマン）を示す（註八〇）。結合された目的は、図五五で雄鶏が得ようとするものと同一であり、印象づけることによって、愛の対象を従えるのである。

行動のあらわれと頻繁に作用しあう他の示威行為は、子供の幻想生活にかかわっている。この相互作用は自慰行為の観点から研究され、精神分析によって、自慰行為と近親相姦の対象との空想された交接の繋がりが証明された。類似した現象が、去勢あるいはそれに相当するものによって、自慰や想像上の近親相姦を禁じられたり、そうした行為の罰を受けたりするのではないかという、子供の空想である。このように、子供の前性器期における愛の点火は、近親相姦と去勢の恐怖と混ざりあっているため、子供にとって痛ましい経験になる。

エディプス的父との同一化

少年が母親を愛するようになると、父親の中にライヴァルを見いだす。母親との性交を望むことで、少年は空想にふけり、自らの未熟な性器を父親のペニスと同一化する。裸体と性の相違を発見すると、解剖学的に体が似かよっているために、ごく自然に自分を父親と同一化するのである。この同一化は次第に敵意と暴力の幻想に変容して、父親がライヴァルになる。少年は近親相姦だけではなく父親殺しをも空想する。理屈にあわないことだが、父親は母親の愛人として賞讃されるとともに嫉妬され、侮りがたいライヴァルとして、憎まれて恐れられる。相反する感情をともなうこの心理形態の痛ましく当惑される性格は、子供の去勢不安に反映され、それが神経症的な倒錯、すなわち父親の成熟した性器を奪いとって母親を相手に父親にとってかわりたいという欲望や去勢願望となってあらわれる。したがってエディプス・コンプレックスにおける父親との同一化は、父親の性器の「強奪」を想像して、その報復としての去勢を恐れる子供に不安を引き起こす。あからさまな性欲、母親に対する近親相姦的な愛、親に去勢される恐怖という、複雑な心理の核が形成されると、エディプス・コンプレックスはその古典的な形態において、完全かつ自覚的な成熟に達するのである。

少年においてエディプス・コンプレックスの葛藤は、次第に抑圧されていく。去勢不安、近親相姦の挫折、罪悪感、そして次第に成熟していくことにより、エディプス・コンプレックスが解消されると、少年は防備をかため、性行為一般を否定する程度まで、禁断の本能的衝動を抑圧することができるようになる。この発達によって潜伏期がはじまり、超自我がエディプス・コンプレックスの攻撃性や性衝動を拘束するので、とってかわりたいというよりも、競いあいたい人物としての父親を自分と同一化することで、少年は将来の男性的性格に適応するようになる。

近親相姦の恐怖と父殺しの幻想

これまでに記した愛の近親相姦的特徴やエディプス的特徴は、はっきりした意味をもってあらわれるものなので、わざわざその意味を解き明かすまでもない。確かに王の愛の対象は、母親ではなく妹であるが、性的対象のこの変化は置換であって、エディプ

図57　性エネルギーと近親相姦の愛の情念を放射する夢の女

図58　近親相姦の愛に急ぐ

ス的な不安に対する防衛をあらわしているのである。王はこのあと近親相姦の恐怖を克服することに成功して、母親の姿に変容した女王とベッドをともにする。同様に、エディプス・コンプレックスにおける父親との同一化を詳しくあつかっているのが、錬金術において古典的なフィリウス・レギウス（王の息子）のモチーフであり、息子によって自らを再生しようとする老衰した父親が息子にとってかわられる。これはときに猛烈な形であらわされ、王の息子が殺害と恐ろしい人肉嗜食によって父親の玉座を奪うこともある。

　錬金術において、トーテミズムの二つのタブーがこのように破られるのは、近親相姦ばかりか、さらに恐ろしい父殺しまでもが、作業として課されるためである。しかしながらタブーを破ることの「哲学的」性質が繰返し強調され、二つのタブーを破ることが常に象徴的なものであって、決して具体的なものではないことを、豊富な寓話が明示している。換言すれば、妹＝母との近親相姦的結合と父殺しは、錬金術師が無意識の幻想の埋もれた領域から復活させる精神的行為なのである。この復活の価値を、ユングは図五四を読み解くことにより、「元型的な精神がいまや意識に入りこんでいる」と要約している（註八一）。

むきだしにされた硫黄と水銀

　図五七と五九が示しているのは、硫黄と水銀としての裸の王と女王である。アニマ・メルクリイ（水銀の魂）が性エネルギーを放射する後光のようなものに包まれている。この女と対になる男はスピリトゥス・スルフリス（硫黄の霊）としてあらわれ、メルクリウス・フィロソフォルムの翼を授けられ、湯気の立つ媚薬を熱心に見つめている。「水銀の魂」には次のような詩が付されている。

図59　近親相姦の情念と原始的な憎悪の炎に焼かれる夢の男

わたしの中に曇ったものが感じられたり、見えたりすれば、
わたしは本来あるべきわたしではない。
わたしは人間の体において、
かつてのように浄化されなければならない。
老若男女、魚にも、金属にも、他のどんなものにも、
わたしは大いなる驚異を生み出せる。
わたしは万物の力、本質、精髄なのだから（註八二）。

浄化の必要性は「硫黄の霊」にもあてはまる。『改革された哲学』では、ミュリウスが硫黄にふれて、「すべての金属の不完全さの原因」、「完全性を汚すもの」、「すべての作業を黒色化させるもの」、「多すぎると腐敗が起こる」、「有害でよく混合しない」、「ひどい悪臭を放ち、力が弱い」と述べている（註八三）。ユングは硫黄の性質を次のように要約した。

メルクリウスの内なる火として（図五九）、硫黄は明らかにメルクリウスの最も危険かつ邪悪な性質、ドラゴンやライオンとしてあらわされる狂暴さ、キュレーネーのヘルメスとしての情欲を帯びる傾向がある。硫黄と同じ性質を備えたドラゴンは、しばしば「バベルのドラゴン」とか、さらに正確に、「カプト・ドラコニス」（ドラゴンの頭）と呼ばれることがあり、これは「最も有害な毒」であって、飛行するドラゴンが吐き出す有毒の息である（註八四）。

一方、硫黄は金や太陽の力と同一視され、「不純さをすべてとりのぞけば、われらが石の材料となる」のである（註八五）。別の著者が述べるには、「男性的で普遍的な種子、最初の最も効力あるものが、太陽の硫黄であって、万物の最初の部分にして最も力ある原因である」という（註八六）。この硫黄は「不完全な体から生じる息子」ではあるが、「白と紫の衣服をまとう準備ができて」いる（註八七）。

太陽と月が交接の前に清められて沐浴しなければならないように、硫黄と水銀はその最終的な結合によって哲学者の石を生み出すために、同じ扱いを受けなければならない。

原始的な愛を象徴する動物

図五九の湯気を立てる硫黄の霊と悪臭放つ蒸気が象徴しているのは、復活したエディプス・コンプレックスの危険かつサディスティックなリビドーである。これは攻撃の動因によって熱せられる影が、いまや残忍な父殺しの精神として、前性器期のレヴェルで燃えあがっていることを意味する。超自我の抑圧された諸層と潜伏期の諸層が引きあげられたことにより、アニマが同じやりかたでもって変容する。前性器期のレヴェルで熱い近親相姦の魂として燃えあがる性的動因により、アニマは再点火されるのだ。

これら無意識の表象によって生み出される不穏な性的幻想については、一〇七―一五六ページで詳しくとりあげる。邪悪なエディプス精神は一次過程の思考によって色づけられ、狼じみた犬やライオンやドラゴンといった、肉食の残忍な動物の象徴となってあらわれる。これら王者の象徴によってあらわされるリビドーの対象は、純然たる本能的存在へと変容し、錬金術においては牝犬が女の元型としてあらわれ、近親相姦の魅惑によって、まわりにいる男を捕える（図六四―六七）。図五八（図五三および五四の異版）において王と女王が入っていく売春宿が、炉につく錬金術師の不安な表情を説明づける。いまやめらめらと燃えあがるメルクリウスの火によって、作業がダイナミックとはいえ、予測しがたい恐ろしい変成段階に入っているのである。

エディプス・コンプレックスの発見

西洋の精神科医たちは無意識を調べるうえで、すぐにエディプス・コンプレックスに遭遇した。これを発見してエディプス・コンプレックスと名づけたフロイトは、無意識のこの緊張しきった核のまわりを巡る学問として、精神分析を定義した。無意識の性的および攻撃的エネルギーのすべてが集まるエディプス・コンプレックスの精神力学について、その解釈の相違から、フロイトとユング――そしてフロイトとランク――が袂を分かった事実は、エディプス・コンプレックスのユニークな重要性の例証となっている。

世紀末におけるフロイトの発見により、近親相姦の恐怖および去勢の不安と密接に結びついた性の根源が示され、性の衝動と不安の関係が明るく照らしだされた。しかしこの重要な発見は、神経症的な反応における不安を説明しながらも、数多くの新しい不可解な疑問を生み出したにすぎない。近親相姦の恐怖の根源は何か。どうして自我は近親相姦の欲望を危険なものだと考えるのか。

精神分析を受けた者たちが、しばしば口や外陰部や子宮の特徴を備えたものに去勢されるという恐怖を示したり、ヴァギナ・デンタータ――母親の「歯のあるヴァギナ」――に食われるという恐怖を抱いていることで、エディプス・コンプレックスのいま一つの謎めいた特徴が見いだされた。さらに幼児の成長段階における口唇期の分析資料は、ペニスと全身との同一視、そして去勢の恐怖と死の恐怖の同一視をはっきりと示した。幼児の精神分析をおこなうことで確認されたのは、最も初期の去勢不安が母親に結びついている事実である。この場合の母親は口でむさぼり食う人物であって、死の不安と自我消滅の不安に色づけられている。男根レヴェルとエディプス・コンプレックスの起源にまつわるフロイトの理論によって、こうした無意識の事実はどのように説明できるのか。

図60　錬金術の愛がユーピテルの地下広間で静められる

近親相姦の謎めいた意味

これらの疑問に答が得られる前ですら、エディプス・コンプレックスの主要な意味についての意見がさまざまに異なることで、精神分析の世界は粉砕されていた。フロイトはコンプレックスを個人の無意識の一部と考え、その心的構造が幼児の性衝動の領域に属するものとみなした。フロイトの精神療法の目的は、エディプス・コンプレックスを「解消」して、成熟した人格を幼児期の非合理な固着や精神力学から解放することであった。

それに対してユングは、エディプス・コンプレックスを、再誕、超越、そして「神」を目指すダイナミックな無意識の構造であると考えた。

わたしにとって、近親相姦はきわめて稀れな事例においてのみ、個人的な悶着を意味するものでしかなかった。通常、近親相姦には高度に宗教的な面があり、このため近親相姦のテーマはほぼすべての宇宙開闢説や多数の神話で決定的な役割を演じている。しかしフロイトはこのテーマの平凡な解釈にこだわり、象徴としての近親相姦の精神的意味合いを把握することができなかった。だからわたしには、この主題に関するわたしの意見をフロイトが受け入れてくれないことがわかっていた(註八八)。

ユングがエディプス・コンプレックスの件で一九一三年にフロイトと訣別した後、オットー・ランクも同じ問題で一九二五年にフロイトと袂を分かった。エディプス・コンプレックスに埋めこまれている再誕のパターン、そして退行という無意識の精神力学に隠されている神話＝元型的な様相についてのユングの主張は、ランクの理論によって確証された。ランクは一九二四年に、遺伝子や精神生物学の観点から考察するフロイトの研究方法を利用して、エディプス・コンプレックスの源が子宮内でのリビドー体制と出産外傷にあることを証明しようとしたのである。

オイディプス・サガの背後には、まさしく人間の起源と運命という、謎めいた問題が存在し、オイディプスはこの問題を知性ではなく、実際に母の子宮にもどることによって解こうとする。これは完全に象徴の形式によって起こっており、オイディプスが盲目になったことは、その最も深い意味において、母の子宮の闇の中にもどることをあらわし、オイディプスが最後に岩の亀裂から冥界へと姿を消し去ることは、母なる大地にもどりたいという同じ傾向の願いをあらわしている(註八九)。

メラニー・クライン——フロイト、ユング、ランク以後の最も偉大な理論家——がエディプス・コンプレックスの源を明らかにしようとして、幼年期はじめのリビドー体制の肛門レヴェルと口昏レヴェルでせめぎあう性と攻撃の動因にまでさかのぼったとき、精神分析の世界で第三の分裂が起こった（註九〇）。現代の物理学者が原子核とその放射線エネルギーを発見したときのように、エディプス・コンプレックスはすさまじい科学的な議論を引き起こしたのである。

不思議な山を掘り進む

図六〇は『太陽の光彩』の五番目の絵であり、引きはなされた太陽と月が、山に穴を掘ってその土台に達しようとする二人の錬金術師を縁どっている。錬金術師たちは地下へとくだることで、聖書におけるモルデカイ、エステル、アハシュエロス、ビグタン、テレシのいる広間へと入っていく。ここには秘められた性と抑圧された王殺しの雰囲気がある。王の守護者であるモルデカイ（アハシュエロス王のうしろに立つ人物）が、最愛の妻エステルを王に紹介しているが、妻の危険な出自（ユダヤ人）を知らせてはいない。同時にモルデカイは王の門番二人、ビグタンとテレシの王殺害の陰謀を押さえたことで、アハシュエロスを救った（『エステル記』第二章一―二三節）。

この絵は先に掲げた四番目の絵（図三八）よりも高貴な愛を穏やかにあらわしている。鎮圧と隠蔽のモチーフがこの錬金術の愛の物語をおちついたものにしているのだ。装飾の多い祭壇にあらわされている人物はきわめて退行的で、男の子が海馬の舌と戯れている。これらの動物は「母なる海」を象徴しており、渦を巻く尾が祭壇基部の裸の人魚の性的属性としてもあらわれている。

親との結合という魔法の木

図六三は『太陽の光彩』の六番目の絵であって、性的好奇心と男が裸体に惹かれる気持ちの目覚めというテーマを主軸にしている。祭壇の露台から王と王子と廷臣が、裸で入浴する女たちをこっそりながめている。風呂の中にある台座では、少年が馬に乗って角の飲物を飲んでいる（この少年は祭壇の一番上で海馬に乗っている少年と同一である）。角から飲む少年の背後では、軟膏の容器をもった小間使い二人が入浴中の女たちに近づいている。

祭壇の大きな絵では、若い男が果樹に立てかけられた梯子の一番上にいる。この若者は果実をとっているが、仕事を中断して、折った枝を年長の男二人に差し出している。何本かの枝が既に草地に植えられて、花を咲かせている。木の幹は根をとりかこむ冠から伸びている。一団の鳥が冠から飛びたったばかりで、頭の白い黒鳥だけが巣にとどまって、雛を抱いているか、雛に餌をやっている。

フロイトとユングの解釈

フロイトは『夢判断』で、祭壇の絵に描かれた状況の隠された意味を発見した。このモチーフが夢で繰返し、「階段を登ること」や「梯子を登ること」としてあらわれるのである。フロイトはこのモチーフを「性交の検閲版」と名づけた。

われわれは夢の梯子が性的象徴であることを知っています。ここではドイツ語の語法が助けになり、steigen（登る、あがる）という言葉がとりわけ性的意味をもつものとして使用されるわけを示してくれるのです。われわれは den Frauen nachsteigen（二人の女のあとを追う、二人の牝に文字通り乗る）とか、ein alter Steiger（老いた道楽者、老いた乗る者）とか申します。フランス語では、階段の段にあたる言葉は marches であって、正確に類似する un vieux marcheur（女の尻を追いかける老人）という言葉がありますね。大型の動物において、牝に乗ること、「のしかかること」が、性交に必要な準備であるという事実は、おそらくこの文脈にふさわしいでしょう。自慰の象徴的表現としての「枝を折る」は、行為の淫らな描写に調和しているだけではなく、神話に数多くの類似物が見いだせます（註九一）。

フロイトの解釈が祭壇の絵にあてはまるなら、この絵の象徴に

図61　双子宮、一人にして二人

図62　作業者の美徳

図63　王の幹と梯子によって母の巣と冠に達する

おけるエディプス的心理を見てみよう。冠のある幹には男根的な意味があり、母の樹冠の葉叢を貫く王の怒張した器官を指している。若者が樹冠を「貫く」手段は梯子であって、これは若者が「母親にのぼせあがっている」か、近親相姦の性交を試みようとしていることを象徴する。

ユングはこのモチーフをアッティス＝キュベレ崇拝の儀式劇で起こるものとして、同じように解釈した。

息子あるいはその人形が木に登っていることとは、母と息子の結合をあらわす。一般の会話が同じイメージを採用して、あの人は「母にのぼせている」といったふうにいわれる……木は一方で母親を、他方で息子の男根を象徴するのである（註九二）。

双子宮、疑問と分析の誕生

錬金術の愛の物語の山場は双子宮で起こる。黄道一二宮の三番目の宮は、水星に支配される変動相の空気の宮である。双子宮は五月二二日から六月二一日まで、すなわち受精した卵子が分極化して、男か女への分化が起こる春の成長期間にわたっている。一つでありながらも二つなる双子宮は、未分化の結合の分離、物質の対極性、現実の二元的構造をあらわす。しかしながら双子宮はそもそも対立しあうものの象徴であって、対立物を結びつけることもするし、現実の二元性や両義性の知識を備え、その矛盾やユーモアを解する力をもっている。

双子宮に幼児の意味が含まれていることは、人間がはじめて二元性の原理を知って圧倒されること、すなわち子供が性の相違を知ることを示している。男と女の性器をはじめ、父＝母、兄＝妹、雄鶏＝雌鶏、太陽＝月、昼＝夜に、二元性の元型が見いだせる。

双子宮はその「二重性」ゆえに、区別や識別という人間の知的能力をあらわす。変動する双子宮はとりわけ弁証法の原理の象徴である。この宮は内省的な知性の気力と両極間の揺れをあらわすことで、自然をテーゼとアンチテーゼ、肯定と否定、善と悪に分かつ。

双子宮は人間の目覚めゆく意識を象徴し、人間はこうして幼児の性的好奇心という翼に乗って、世界を調べはじめる。この出来事は性衝動という剣にショックを受けて行動に移る自我の日の出を意味し、子供における母親との近親相姦的結合や無意識的結合を切り離し、弁証法的問いかけ、綿密な分析、知的成長を開始させる。親は子供の絶え間ない問いかけとしてこの発達期を経験する。これら質問の多くの性的な核は、親のよく知るものであり、深層心理学者によって組織的に研究されている（註九三）。

「愛と節操によって」

図六二は錬金術の作業の一般的なイメージを示している。巣に

つく雌鶏は「愛と節操により」作業を完了するのである。これらはヘルメスの子らの称揚される美徳であって、彼らは「急ぐ者は悪魔の徒党なり」と忠告される（註九四）。このモリエヌスの引用は『哲学者の薔薇園』でも異なった形であらわれており、「我慢強くない者は作業から手を引かせよ、軽信は性急さゆえに忍耐を知らぬ者を害する」とされている（註九五）。モリエヌスはウマイヤ朝の王子ハリドに錬金術を教えるとき、次のように述べた。

あなたが久しく探し求められているものは、情熱の力によっては得ることも成就することもかないません。忍耐と謙虚、そして揺るぎない最も完全な愛によってのみ勝ちとれるのであります（註九六）。

原光景での残酷な愛の戦い

高貴な兄と妹は衣服を脱ぎすてた後、最初の交接をおこなうために近づきあう。図六四では、錬金術師が高貴なカップルをヘルメスの川の中で一緒にさせている。モットーは「兄と妹を結びつけ、媚薬をあたえよ」である（註九七）。

図六四は『サムエル記下』の第一三章をあらわしており、マタエウス・メリアンが錬金術師のパートナーを聖書の背景に移している。

タマル……おのれの作りたる菓子を取りて、寝室《ねや》に持ちゆきて、その兄アムノンにいたる。アムノン……タマルよりも力ありければ、タマルを辱しめてこれと偕《とも》に寝《いね》たりし（『サムエル記下』第一三章一〇―一四節）。

高貴なカップルの予備的交接には、錬金術の有名な動物版があって、図六五と図六七に示されている。太陽と月が牡犬と牝犬の姿で近づきあう。モチーフは『哲学者の薔薇園』で次のように示されている。

哲学者にしてアラビアの王なるハリが秘訣として述べるには、牡犬と牝犬を取りて交接させれば、犬に似て天上の色をした子を生むであろう（註九八）。

図六五と図六七では、狼と犬が相反する感情を抱いて近づきあうが、図六五のエピグラムにあるように、「口を大きく開けて獰猛」である（註九九）。戦うとともに交接しているという不思議な姿勢をとり、交接のあいだ動物のやりかたではなく人間の体位を真似ているので、狼と犬が太陽と月に相当するのは明らかである。モチーフのエロティックな背景は、図六七のモットーによって強調される。すなわち、「狼と犬は一つの家にありて、ついに一つになれり」である（註一〇〇）。これら版画の双方において、交接行為はサディスティックなむさぼり食う行為としてあらわされ、

図64　みさかいのない交接の媚薬を差し出される兄と妹

図65　交接する共食いの犬

戦いあう二匹は血みどろの饗宴のうちにずたずたになるまで嚙みちぎりあう。図六七に付されたエピグラムは、『ラムスプリングの書』から採られたもので、こうなっている。

図66　原光景のヴェールを引き裂く　残酷な愛におけるエディプス的肉体の結合

図67　性と攻撃のせめぎあう融合　残忍な交接によって二匹の犬が結ばれている

アレクサンドロスがペルシアより書きおくったことに、
狼と犬がこの谷にいるという。
さらに賢者たちが語るには、彼らは同じ祖先をもちながら、
狼は東より、

犬は西より来たという。
彼らは妬み、激怒、狂気にみなぎり、
一方が他方を殺し、
彼らより大いなる毒が生じるものの、
彼らが蘇生させられるや、
貴重な薬であることが明らかとなり、
この世で最も光輝ある薬剤なれば、
賢者たちを喜ばせ、
賢者たちは神に感謝し、神を称える（註一〇一）。

図六五に付されたエピグラムはほとんど同一のものである。モチーフの出典は古代の哲学者ラゼスであって、ラゼスの『書簡』からペトルス・ボヌスが引用したものはこうなっている。

われらが狼は東方で見いだされ、犬は西方で見いだされる。一方が他方に嚙みつき、他方が嚙み返し、両者は猛だけしくなって殺しあいをはじめ、ついには両者より毒とともに薬が生じる（註一〇二）。

肛門期のサディスティックな幻想と恐怖

太陽と月が耽る近親相姦の愛は、復活したエディプス・コンプレックスをはっきりと示し、その原始的なリビドーが愛しあう二人の動物への変容によってさらに象徴化される。しかしながら太陽と月の毛深い対応物のサディスティックな交接は、幼児期の元型的モチーフを指し示し、深まりゆく退行を明らかにしている。幼児は両親の性交を嗜虐的なものだと解釈する。観察する幼児にとって、「原光景」（フロイト）は両親の闘いとしてあらわれる（註一〇三）。シーツや母親の衣服に血痕を見いだせば、幼児は闘争と思われる行為で父親が母親を傷つけた証拠と解釈するだろう。

両親の性交に関するこの考えは、発育する幼児のいわゆる分離・個体形成段階（一歳から三歳）における、肛門期のサディスティックなリビドー体制を反映している。分離・個体形成段階というのは、母親にすがりついて乳を吸うことから、よちよち歩きをしてあたりを探りまわる段階へと移り、まわりの世界だけではなく自分自身の個体性をも発見することを指す。成長、独立、個体形成が開始されるプロセスには、反抗心と強情さがともなっている。こうした反応は幼児の肛門への興味と同時に起こり、トイレでの訓練という試練を受ける。その結果、攻撃の動因と性の動因が、肛門期のサディスティックなリビドー体制へと具体的に構造化される。

この幼児期におけるエディプス・コンプレックスの詳細は、フロイト以後の精神分析によって発見された。メラニー・クラインが幼児を分析して学びとったように、幼児のエディプス的「罪」は近親相姦でも父殺しでもなく、原光景、すなわち幼児が自分と同一視する両親の性交における、残酷な侵入と食肉的な攻撃を観察して、肛門期や口唇期のサディスティックな反応を起こしたことである。このレヴェルでのエディプス・コンプレックスの不安は、愛の対象を嚙み、かきむしり、引き裂き、苦しめ、破壊し、粉砕したいと願うことによる、報復の恐怖である。

性衝動と攻撃・破壊衝動の融合は、肛門期のサディスティックな心理の特徴であって、未熟な観察者にとってさえ明白である。アンナ・フロイトはこう述べている。

幼児をあつかう者は誰であれ、幼児が母親に対して寄せる、まとわりついて強い独占欲を示す、厄介で疲れはてる類の愛や、多くの若い母親を絶望に追いやる骨の折れる関係を知っている。子供たちが性的好奇心にかられ、その対象である生命のない物体を破壊することもわかっている。愛される玩具はたいてい手荒くあつかわれる。子供たちによってそそがれる愛に必ず伴う攻撃から、ペットの動物を救ってやらなければならない（註一〇四）。

幼児期に見る狼じみたものの夢

幼児の夢の心理が、図六五および図六七の不穏なモチーフの型にはまっているのは、さして不思議なことではない。これら二つの図版では、狼が幼児の同一化する父親像を、犬が幼児の求める母親像を象徴している。J・ルイーズ・デスパートは幼児の夢に関する文献を調べて、次のように結論づけた。

人間と動物がとりわけ目立っている。親は慈愛深い役割を果たす者としてあらわれるが、完全な破壊でもって子供をおびやかす、猛だけしい動物とたやすく同一視される。両親以外の人間は恐ろしい役割をふりあてられることがしばしばだ。嚙んだり、むさぼり食ったりする動物が普通は大きくて恐ろしいとはいえ、同じことをおこなう小さな動物もいるが、嚙むことは必ずしもこれらの動物本来の性格ではない。報告される夢は主として不安な夢だった。年代順に配列すれば、不安のあらわれは次のような順序で起こる。ごく幼い子供（二歳）は、嚙まれたり、食われたり、追われる恐怖を、相手の名前をあげることなくあらわす。その後（三、四、五歳）、むさぼり食う動物が特定される（註一〇五）。

両性具有者の最初の瞥見

動物の姿をとって太陽と月がおこなう性交は、原光景においてカップルが融合すること、そして退行によって口唇期のサディスティックな人物像、すなわち「男根をもつ母」、あるいは二重の母親の元型がつくりだされることをあらわしている（図七八―七九）（註一〇六）。あとで詳しくふれるが、この結合した親は「殺人をおこない」、「有毒」で、「大いなる貴重な薬」に満ちている。

図68　ゼウス＝ダナエー神話の錬金術版における「輝く女王」 激しい性交が愛の対象を金の塊にする

図69　母なる樽を手荒に開ける

錬金術において犬の象徴が「賢者たちを喜ばせ」るのは、いまだ不純なものではあれ、錬金術の作業の大いなる目的、聖なる両性具有者をはじめて目にすることを意味するからである。聖なる両性具有者において、父親の原理と母親の原理が、至高の結合と至純さの内に融合する。

猛烈な愛によって「母体を開く」

引き裂きあいながら交接する犬のモチーフによって、「母体の開き」として知られる錬金術の作業が開始される（註一〇七）。図六九が示しているのは、このモチーフの異版であって、母なる大地から絞りだされた葡萄酒の樽に、哲学者の息子が襲いかかっている。力づくで最初の樽を開けたあと、樽の中身が予想した葡萄酒ではなく、硫酸であることを知って驚く。経験によって学び、エロスの子供はメルクリウス・フィロソフォルムの印が記された二番目の葡萄酒樽を、そっとたたいて開けようとする。子供の背後には太い柱があって、惑星や元素の記号が刻まれている。

本文によれば、幼い哲学者は有益であるとともに有毒でもあるフラウ・ウェヌスの葡萄酒をはねちらして戯れる。葡萄酒が自らについて語る。

わが樹液に酔い、彼らは生気を失い、血の風呂に入り、きわめて美しい色で自分たちを示す。それにはわが快い香ととも

に、誰もが驚くだろう。しかし素晴しい歌が聞こえるようだ
——それこそフラウ・ウェヌスである。

するとウェヌスが、「わたしは黄と緑の女にして、純粋な霊を発することができる」と答える（註一〇八）。

あさましいやりかたで女王を金色に輝かせる

図六八は図六九の異版であって、猛烈な愛の力によって潤いのある母体を開ける作業をあらわしている。ゼウス＝ダナエー神話の錬金術版は、母体を開ける作業をあらわし、母体が月、カニクラ（月の牝犬）、愛される母、「家」として、その胎に哲学者の石の材料と作業の秘密をはらんでいる（註一〇九）。版画が示しているのは、ダナエーのベッドのまわりのカーテンが荒あらしく引き裂かれ、鷲としてのゼウスの性的侵入により、苦しむ裸形の女が金の雨で受胎するありさまである。副題は「アウリフィカ・エゴ・レギナ」（われは女王を金色に輝かせる）となっている。

肛門性交の近親相姦的幻想

この絵の象徴主義は肛門の攻撃と性愛の混合を明らかにしている。翼のある鷲は翼を備えた子供の動物版としてあらわれ、受胎した母の上で舞う。しかし神話の父によっておこなわれる受胎の行為に、この鷲は直接関係している。図版において、受胎させる金貨、あるいは金の塊は、鷲の肛門からふっているように見える。この驚くべき特徴は、よく知られた金と汚物ないしは糞便を無意識に同一視することを確証するとともに、肛門性交という幼児の根源的な幻想を明らかにする。受胎させる糞便は子供たちにひとしく、浄化行為の図版の潜在的な誕生のモチーフと一致する。

このような特徴は肛門における受胎と誕生という、性についての幼児の考えを反映しており、自分の糞便でもって母親を妊娠させるという幻想が土台となっている。幼児の幻想生活の卓越した調査家であるメラニー・クラインは、こうした想像が生後二年目および三年目に広く認められることを明らかにした（註一一〇）。肛門期の子供は図六八に描かれているものと同じようなやりかたでもって、原光景で性交する両親の邪魔をすることを想像する。父親（ゼウスとその鷲）と同一化して、肛門期のサディスティックなやりかたで子供たちを母親の中に入れることにより、母親を「犯す」のだ。これがエディプス的な肛門期の愛であり、特有の心理が子供の分離＝個体形成段階の後半を支配する。

一般大衆や多くの同僚の懐疑をものともせず、メラニー・クラインはこれら初期の侵入幻想の性的内容を指摘した。母体を開けることにかかわる錬金術の象徴（交接する犬のモチーフを含む）によって、メラニー・クラインの見いだしたことは裏書きされている。大箱や樽は子宮の元型的な象徴であり、図六九においては、自分の「家」の暗い地下を調べまわる残忍な幼児によって切り開

かれるのだ。壊された樽は侵入する幼児の攻撃的性衝動を目撃しており、硫酸の葡萄酒は邪悪で破壊的なフラウ・ウェヌス、すなわち「悪い」母親の有毒の乳を意味する。二番目の樽は慈愛深いフラウ・ウェヌスであり、善なる完全な母親として、善なる完全な幼児を育てる。

リビドーの肛門サディズム期

フロイトは強迫神経症を分析することによって、口唇期と男根期のあいだに別のリビドー体制レヴェルを加えることができた。すなわち肛門サディズム期である。ここでは子供のリビドーの喜びの源が肛門へと移行する。括約筋の収縮からリビドーの喜びを得るため、糞便をわざとこらえることは、よく知られた幼児期の現象である。フロイトは子供や成人の神経症患者を精神分析によって観察して、糞便をこらえることが、所有欲、吝嗇、貧苦の根源であることを知った。

清潔さをしつけられることで、子供はその人生においてはじめて、成人に対して反抗を表現する機会を見いだす。幼児の反抗癖は、新しく勝ちとって用心深く守る、母親からの独立のいま一つの表現である。服従あるいは反抗、解放あるいは保有（抵抗）が、肛門期の中心的モチーフになる。

母親を苦しめ、母親にとって厄介な子供の所有欲において、愛は独占欲を示し、支配的リビドーとしてあらわれる。成人において、そのような悪しき肛門的人格の源がかなりの摩擦と不幸を引き起こすのは、愛する者を支配しようとする自己中心的な試みに通じるからである。愛と憎しみが同時に同じ対象に向けられる典型的な「肛門期の両価感情」は、図六八にあらわれている。女王が王（ゼウス）によって犯され、汚され、王は肛門によって女王を受胎させ、その行為のあいだ明らかに愛する者を傷つける。王と女王の性交は、狼と犬のサディスティックな交接に酷似している。

侵入にまつわる幼児の残酷な近親相姦の幻想は、攻撃の動因と性の動因の相互作用を反映し、これによって罪悪感と悩ましい不安が生まれる。後者を処理しようとする試みは、成熟しつつある自我にますます強い保護意識を働かせる。口唇期の防衛機制——分離、否定、投影——が、肛門期には保有と反撥の形成にとってかわられる。性衝動と攻撃欲の葛藤が、食欲不振、幼児の不眠、悪夢に通じるかもしれない。幼児の強迫観念じみた就眠儀式や、ベッドに入って眠ろうとしないことは、これによって説明がつく。無意識の領域全体——眠りや夢の全領域——がまだ確固としたものになっておらず、幼児はそれをひきのばそうとする方法を探すか、抑圧された性衝動や人肉嗜食の危険に対して、魔術的な手段で身を守ろうとする。

猛烈な愛によって「母体を開ける」ときに、錬金術師はこのような感情を経験して「浄化」するのである。

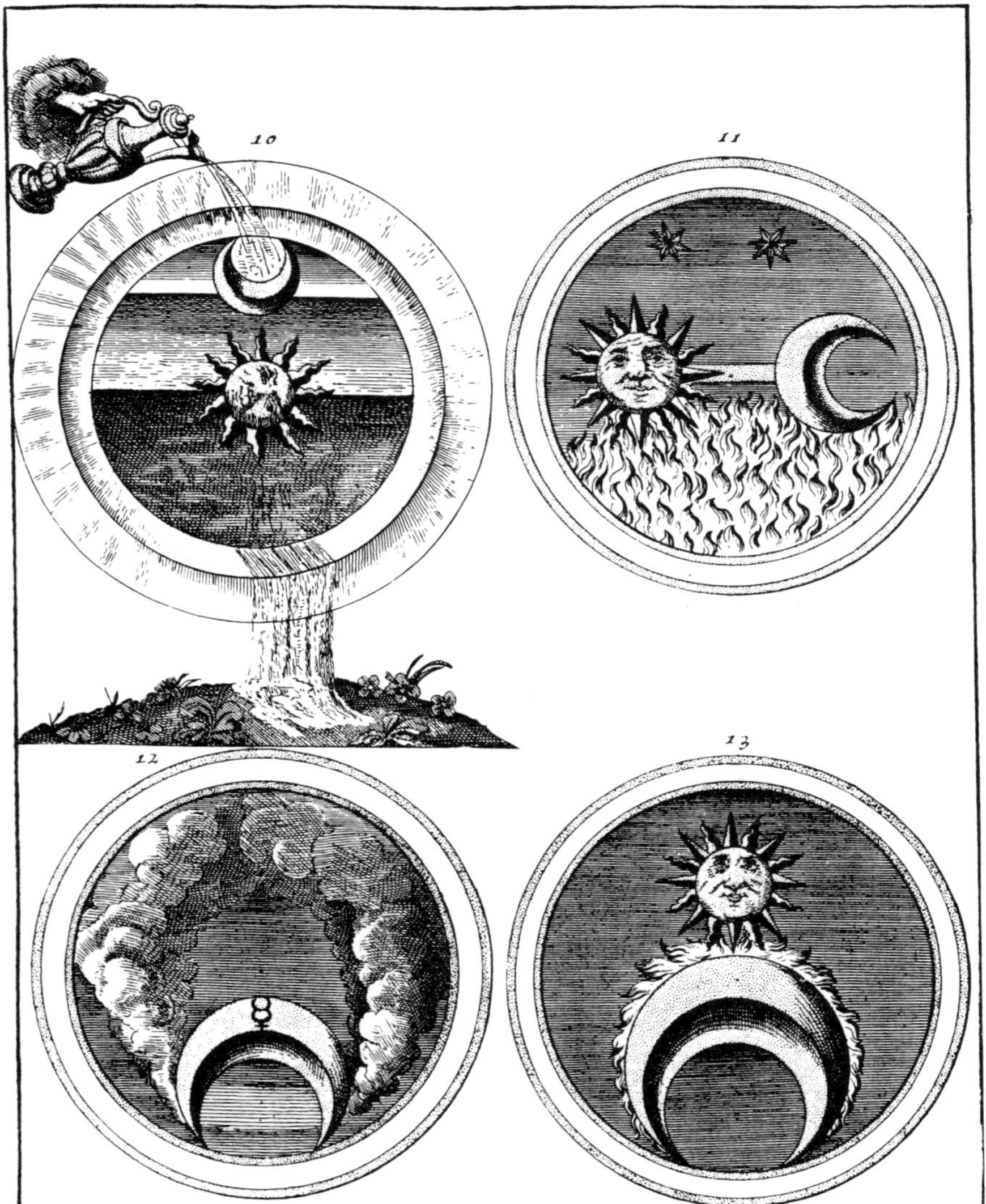

図70　トルコ風呂で愛する月の水銀の体と融合する太陽

神のために心を清めるまで、この学問を身につけることはかなわぬと知れ。すなわち心の中の腐敗をすべて消さねばならぬのである（註一一一）。

哲学者アルフィディウス

錬金術師は善悪の風評によって知識に従う準備をせねばならない。錬金術師の人生は、悪、偽り、罪のないものでなければならない。そのような者のみがこの学問の達人になる心の素質をもつ（註一一二）。

トマス・ノートン

溶ける太陽と満ちゆく月の共生的融合

バルヒューゼンの一〇番目の図版（図七〇）で太陽と月が「冷却」され、一一番目の図版で太陽と月の燃えあがる愛が新たに噴出した後、錬金術の変成過程は新たな段階に入り、一二番目の図版で月の母体が開けられる。先の図版にあった炎の海は消されて変質し、ふくれあがる月から逆巻く蒸気が昇っている。同時に太陽が消えたことは、輝く太陽の体が湿って冷たい月の体に吸収されたことを示す。かくして「母体を開ける」作業は予想外の劇的な展開をする。太陽は女王の体内に力づくで入りこむと、三日月に刻まれたメルクリウス・フィロソフォルムの両性性の印によって示される共生的融合により、蒸発して月と一体化する。同じ行為が図七一に生命を吹きこみ、太陽はメルクリウス・フィロソフォルムの印が二つ刻まれた月の容器に吸収される。*

＊マタエウス・メリアンの版画は、レウスネルの『パンドラ』（一五八二年）における木版画、王と女王の結合を描く最初の木版画にならってつくられている。図七一につづく木版画は図一一七および図一一八として掲載した。これらの異版で同じくマタエウス・メリアンの手になるものは、図一二二として掲げているが、これは完全な結合を示すものである。

バルヒューゼンの一二番目の図版における溶解過程が、ここでは人間の関係に翻訳され、哲学者の息子が「性交」という共生行為で月の母の膝に溶けこんでいる。

バルヒューゼンの一三番目の図版では、太陽と月が新たな状態であらわれる。満月に向かって輝く妊娠した月が、新しく生まれた太陽に包まれている。月の表面で起こる炎からわかるように、月のふくれあがる体の引力が、燃えあがる愛と不安の新たな噴出を引き起こす。

原光景の準備

図七一では、哲学者の息子によって同一化される親が、「彼の父は太陽」、「彼の母は月」と記された冠の下で出会っている。太陽と月の上にある馬蹄形の銘刻文が二人の愛の対話をあらわす。

図71　容器の共生的母子関係において結合する両親の体

王は、「ここに来て、われを喜ばせ、われを抱きしめれば、親には似ぬ新しい子が生まれるだろう」と告げる。亀裂の反対側で、妊娠した女王が配偶者に対して、「わたしはあなたのもとに行き、この世に匹敵する者のいない息子をつくります」と答える。

王と女王は指差す仕草によって、彼らの「ダブル」を収める錬金術の結合の容器に注意を引いている。哲学者の息子と同一視される父なる王が、愛する月の母の膝に頭を埋めている。明らかにこの仕草は子宮への回帰を象徴する。この行為は月に受け入れられているらしく、神秘的結合の花とメルクリウスの両性結合の印のもとで、月が息子=恋人を迎えている。

不思議なことに、王と女王の足が岩の中へと伸び、食肉の鳥か動物の鉤爪としてあらわれているように見える。鉤爪は暗く危険な山の亀裂の一部であって、王と女王が結ばれたいのなら、橋をかけてこの亀裂を克服しなければならない。狼と犬の愛の戦いが、いまや恐ろしくも途方もない規模にふくれあがっているのである。

重大な変化、共生=分離

バルヒューゼンの一二番目の図版、そしてその異版である図七一は、リビドー体制の肛門期（「母体を開けること」）から口唇期への退行的推移を象徴している。マーガレット・マーラーはこの二つの段階の発達パターンを、分離・個体形成段階（五―三六月）、共生段階（二―四／五月）、自閉段階（〇―二月）として描写した（註一一三）。すがりつく「共生段階の」乳飲み子は、生後半年になると、よちよち歩きまわる幼児へと変容して、自分の自我や興味を引き起こす世界を発見するとともに、母の自己から解き放たれる。

幼児は成長する独立心を楽しみ、新しく発見した興味ある世界を支配しようとする試みをねばり強くつづけるが、感情面では母親からはなれる準備ができていない。この葛藤のよく知られたあらわれが、母親からはなれながら、すぐに感情を高ぶらせてもどってくることである。幼児はそうするときに、母親の膝に顔を埋めたり、母親の足にすがりついたりする。この独特の仕草（図七一にあらわされている）は、幼児が一時的に以前の母親との共生的結合に退行したことを意味している。共生から分離・個体形成への推移を、マーガレット・マーラーは第二の誕生を経験しているようなものであると考え、「共生する母と子の共通の膜から孵化すること」だと述べている（註一一四）。

崖の端で

容器が幼児の発達（二―四／五月）の共生段階を象徴するなら、図七一の大地の亀裂は分離・独立をもたらす地震の象徴と解釈してよいかもしれない。これに照らしてみれば、母という対象からはなれて、自我アイデンティティの感覚（幼児の「ぼく」、「ぼくのもの」という感覚の至福の経験）を得る息子の象徴として、王はあらわれるのである。図版がさらに示しているように、容器における母子共生から息子がはなれることは、父性像とのエディプス的同一化によって起こり、この父性像は自我の成長過程において、母に呑みこまれるという脅威に対し、大きな力で支持してくれる自我の同調性として作用する。

この解釈によれば、左側の王の領地は外なる現実、あるいは対象の世界を象徴している。逆に、右側の女王の領地は内なる現実の世界を象徴しており、女王の容器は、「吸入されて」共生をなす愛の対象と融合＝混同されたものとしての、対象の世界を象徴している。図七一では、精神的に統一された世界に向かうこの危険な変容が、共生段階の母のイマーゴ（成像）――結合した親や「男根をもつ母」の成像――を隠す、メルクリウスの両性具有の母の発達に反映されている（註一一五）。これは膝にある父の男根によって妊娠する母であり、父の器官は母の膝に包まれる幼児＝息子にひとしい。

容器の中で哲学者の息子が再誕する直前、錬金術師は王のように絶壁の縁に立つ。不安と絶望の瞬間であって、このとき錬金術師は自我アイデンティティを保つか放棄するかの判断にさらされる。分離・個体形成の地震によって生じた亀裂を渡ることは、パニックに満ちた痛ましい経験になる。亀裂に呑みこまれる恐怖――自己の消滅恐怖にまで達する恐怖――が、その明確な対立物、すなわち分離の不安とともにつのるからである。この恐怖と不安に自我が圧倒されると、統合あるいは崩壊、聖なる自我の啓発あるいは沈みゆく自我の暗黒化が起こる。

「共生段階における精神病」の子供

分離・個体形成段階のすぐれた調査家であるアメリカの精神分析医、マーガレット・マーラーは、「共生段階における精神病の子供たち」を観察することで自説を展開した。これらの子供たちは発達過程が阻止された分離・個体形成段階の生ける悲劇的な博物館である。マーラーは卓越した論文、『子供の精神病と精神分裂症』において、幼児の通常の分離不安、そして拡大する（とともに歪める）鏡によって病的なあらわれをとる、吸収の恐怖について語っている。

> 世界が敵意に満ちて威圧的なのは、分離したものとして直面しなければならないからである。分離の不安は「共生段階における精神病の子供」のもろい自我を圧倒する。そうした子供たちの不安な反応は、強烈であり混乱しているため、幼児期の生物的苦悩を思いださせる。客観的にいって、このような子供たちは深い感情的なパニックのあらゆる徴候を示す。こうした激しいパニックの反応が起こると、回復がおこなわれて、自己中心的な融合、すなわち母あるいは父との一体感の幻想が再建されて維持されることになる。共生段階におけ

る精神病の回復は、自己中心的に愛して憎む全能の母のイメージとの再結合をあらわす身体的幻影や幻想、あるいはときとして凝縮した父・母のイメージとの幻影的融合によって試みられる。共生段階における幼児の精神病においては、現実との対峙は全能の母子共生の幻想段階に固着するか、退行したままである。自己と非自己の境界は定かでない。身体・自己の知的表象さえ、明瞭に区分されてはいない。ベンダーはこうした症例を念頭に置いて、彼らは体の輪郭が融けていくと述べたのだろう（註一一六）。

「世界霊魂」をあらわす

図七二は「汚れない自然の鏡と術のイメージ」である。「母体を開ける作業」の異版であって、この図版は哲学者の息子を、宇宙の母やアニマ・ムンディ（世界霊魂）を発見する自然の類人猿として示している。錬金術の女神は『黙示録』の女に相当し、一二の星の冠をかぶっている。これは古代の月の女神、旧約のサピエンティア（智恵）、そして豊かな髪をなびかせ、子宮に半月をもち、片足を陸に片足を海に置く、エジプトの女神イシスである。乳を流す胸が示しているように、錬金術の女は口唇期に属する。アニマ・ムンディはメルクリウスの共生的結合によって父と子に縛りつけられ、肉体の世界を霊の領域に結びつける媒介として機能する。後者は聖なる雲における至上者の名前によってあらわされ、肉体の世界は猿の姿であらわれる哲学者の息子、すなわち動物の王国の本能的動因に支配される哲学者の息子によってあらわされる。劣った立場にあるにもかかわらず、哲学者の息子は霊と魂の領域にあずかり、至福に満ちた天と母にとりまかれている。自らの大宇宙である地球の頂きに座し、「自由七科」の球によってあらわされる、自らの眠りこむ能力を収めた小さな球にコンパスをあてている。

魂の神への上昇は一二宿をめぐる旅としてあらわされ、最終的には天の子供たち、あるいはまだ生まれぬ魂の領域に魂が埋めこまれる。これが楽園であって、天使の光に満ちたその領域は恒星天の彼方に位置している。錬金術の宇宙はプトレマイオスあるいは中世の宇宙の概念をあらわし、中心に位置する不動の地球を、旋回する宇宙の太陽、月、惑星の天球層がとりかこむ。その円運動は哲学者の類人猿をも巻きこんでいる。哲学者の類人猿はさまよう月に鎖で繋がれ、地球をめぐる月の円運動に従うよう定められている。このようなやりかたでもって、世界の二元的な性質を学ぶことになる。哲学者の類人猿は一種の「共生的回転」により、「世界霊魂」とともに昇り、「世界霊魂」とともに沈み、地球のまわりを惑星のように回転して、まず意気揚々として地球の昼の半球を進んだ後、意気消沈して夜の半球を進む。「世界霊魂」とともに回転する哲学者の息子のこの循環気質については、あとでくわしくふれる。

図七四は「汚れない自然の鏡と術のイメージ」の異版である。

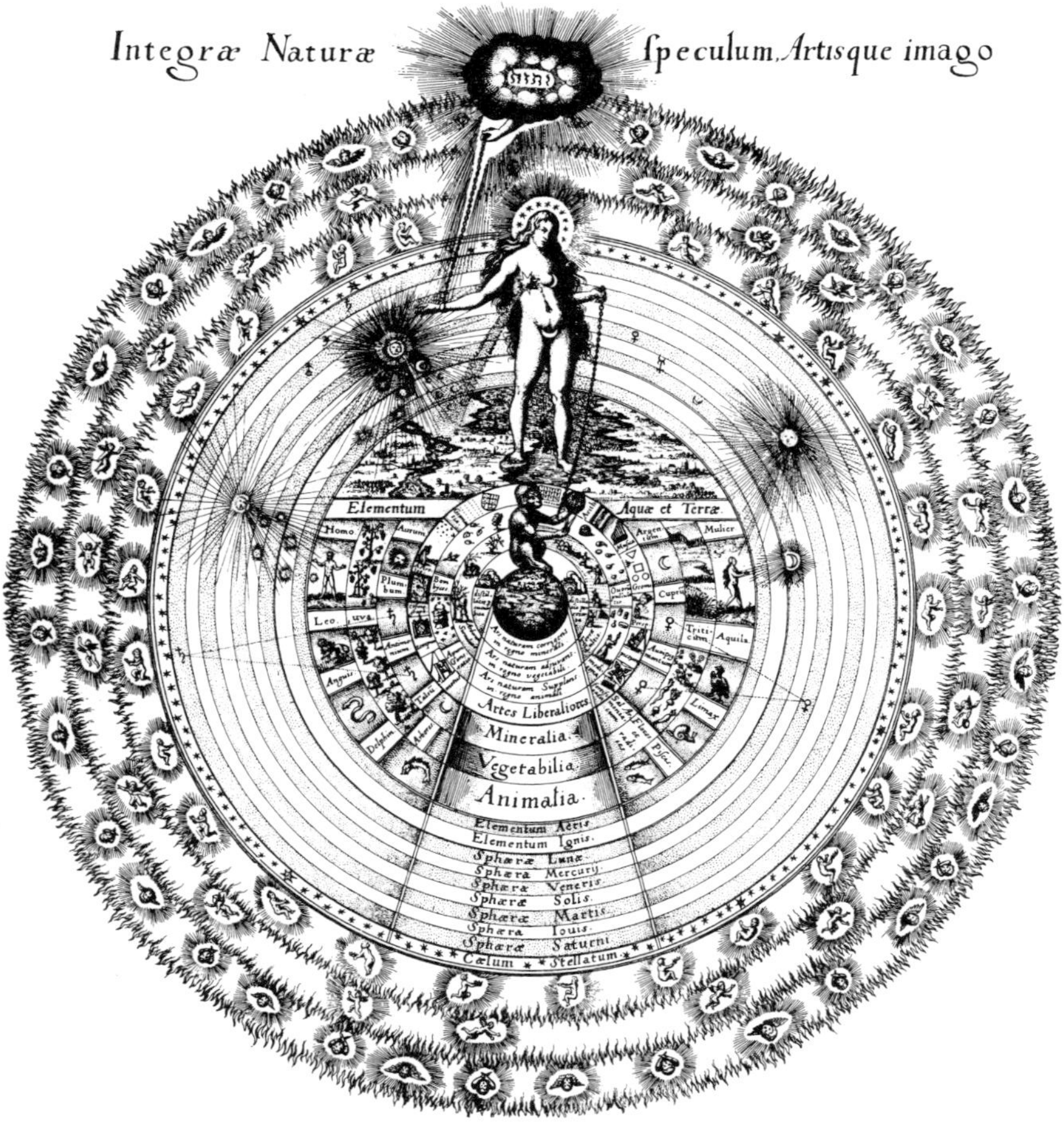

図72　回転する「世界霊魂」と共生する哲学者の息子
統一された旋回する世界での昼の喜びと夜の恐怖

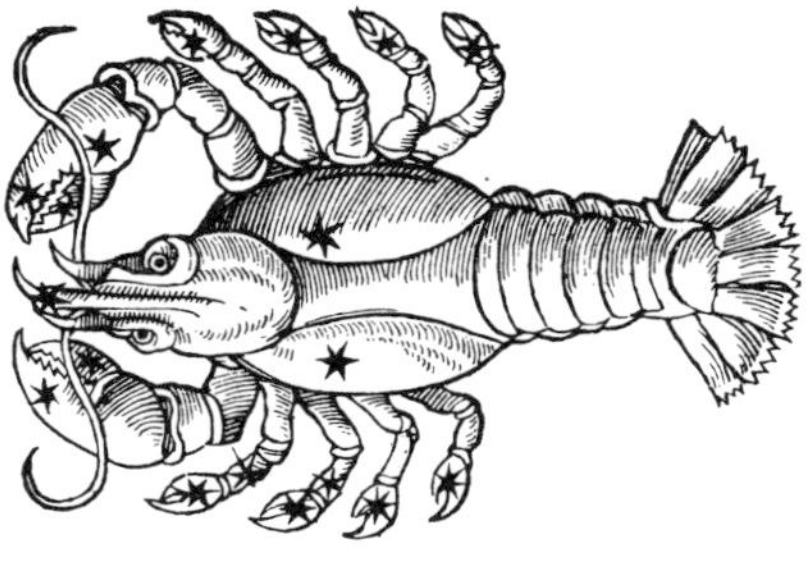

図73　二元的母の宮との融合

錬金術師は世界の女王の等身大のキャンヴァスに没頭する画家としてあらわれる。理想化された女性像は、動物、植物、鉱物の世界を代表するものが刺青として描かれているので、世界霊魂にひとしい。

巨蟹宮、二元的母

いまや月の帯びる母の特性は、巨蟹宮に達したことを示している（図七三）。六月二二日から七月二二日までつづく、黄道一二宮の四番目の宮の蟹は、太陽を避けて海底の亀裂に身を隠す海の生物である。基本相の宮であり、最初の水の宮である巨蟹宮は、水の貴婦人である月に支配される唯一の星座である。月が潮（そして女性の生理）に影響をおよぼすため、巨蟹宮は原初の海の象徴であり、母性の象徴である。満ちてゆく月との関係によって、妊娠と誕生のみならず、満月のもとで起こると考えられる狂気との相関関係が説明づけられる。

図74　母なる自然との共生

巨蟹宮は黄道一二宮の中で最も退行的であり、共生と自閉の元型であるといってもよいだろう。自らの殻の中に完全にひきこもり、ためらいがちに世界に手をのばすにすぎない。巨蟹宮の口唇的性質も動揺に明白である。原初の海および貞節な月と関係をもつことで、巨蟹宮は「処女の乳」の象徴である。その絵文字は蟹の鋏みと乳房を同時にあらわす。占星術における巨蟹宮の特性は、エロス、母への帰属、子供の頃の記憶、内省、子宮回帰、再生である。

巨蟹宮の心理的特徴は、このうえもない感受性、たくましい想像力、豊かな感情である。深遠な性質の思想、夢、情緒を好む傾向があり、感情や直観の女性的機能と、内省や退行の精神力学を具体的にあらわす。母や母の「愛情」および「融合」の力と関係しているため、神秘的関係が生まれ、母への固着や狂気、すなわち無意識との同一化にいたることもある。そのような状態の恐怖は蟹の鋏みで象徴化され、この鋏みは餌食をはさんで殺す。これが月の海、水の大地との融合によって伝えられる、「大洋的」感情や養育状態の至福と著しい対照をなす、巨蟹宮の一面である。巨蟹宮はとりわけ二元的母の象徴として、母のリビドーと、死んで再生するために自然の鋏みと乳房に回帰したいという願いをあらわす。

共生段階のアニマの鏡の魔術

幼児は共生段階において、自分と母親が一つの共通する領域において全能の組織——いわば共生的な膜——であるかのように振舞い、機能する(註一一七)。マーガレット・マーラー

図七二は共生段階の心理という宇宙を正確にあらわしており、ここでは幼児の自我が「宇宙の母」のイメージによって世界を経験する。対象との関係が生まれつつあるが、まだ幼児にあってははっきりと発達しておらず、幼児にとって「男根をもつ母」が全世界なのである。母との一体感、あるいは共生が、幼児に「対象がない」と感じさせ、自分と母と現実をはっきり識別するのをさまたげる。この精神状態はピアジェによって「自己中心性」と名づけられた。ピアジェはこの考えによって、外世界と分離した自己意識の欠如を意味したのである。あらわれつつある自我が世界の中心を占め、世界は幼児を反映しながら幼児を中心にしてまわる(註一一八)。

その結果、幼児はあらゆる者、あらゆる物を、自分の行動と無意識の衝動を反映する、「自分に似たもの」として考える。対象世界との神秘的関係に巻きこまれ、鏡の魔術の餌食になって、共生段階の魂でもって自我、自己、対象世界を融合する。これがアニミズム、あるいは共生の構造であり、その行動学的症状は模倣の現象であって、共生段階の愛の対象の仕草が自分の「表現」として、共生的従者によって自動的に反映される。

これが巨蟹宮と宇宙の母の世界に入ったとき、錬金術師の経験する、陶然たる愛である。

共生の心理は原始文化の宗教を代表するアニミズムの土台を形成する。対象と動物は同じ感情と意図をもつと考えられる。原始人は最小限の意識と自己意識をもっているだけなので、対象に最大限の執着をもつ。原始人が対象世界との神秘的関係を得ると、その世界が直接的魔術的強制力をおよぼす。原始的な魔術や宗教

図75　哲学者の息子と男性的な母である月との共生的融合

はすべて、こうした共生的執着を土台にしており、人間の外なる現実と内なる現実がたがいに反映しあっている。

図76　親という愛憎の対象にのしかかって襲う錬金術のライオンの子

男性的な月とその幼児である太陽

図七五は『沈黙の書』の五番目の版画であって、錬金術師とその妹が図五二で集めた朝露=水の昇華をはじめている。第一質料

図77　近親相姦の愛憎のライオンじみた抱擁により結ばれる王と女王

の水が熱せられた蒸留器で蒸気になると、蒸気は妹のもつ冷却用蒸留器で液化し、錬金術師の容器にしたたり落ちる（上段）。蒸留の後、錬金術師は蒸留器の蓋を開け、妹が容器の底に形成されている銀の粒を集める（中段）。抽出物の銀の性質はガラス瓶のすぐ外の三日月の盾によって強調される。銀の本質は妹の差し出すガラス瓶を受けとるルナ（月）によってさらに強調される。月は妙に男性的な体をしているが、幼児のソル（太陽）を抱く母としてあらわされている。驚くべきやりかたでもって、幼児は性的・共生的なやりかたで月の体に接し、月の体に融合しているかのようである。

下段では、錬金術師がケロタキス、すなわち還流器で、蒸留した水を新たな昇華過程に入れている。妹が試験管立ての試薬瓶の一本をあつかい、凝縮のための蓋を泥で密封するとともに、還流器の炎が力を増していく。月と妹がひそかに一致することは、中段の共生的変成の神秘が展開して後、月が男性的特徴を帯びることであらわされている。

ライオンの高貴な交接

王と女王に食肉動物の一面があることは、図七一の岩の下に隠されていたが、図七六では表面化して、まだ独立していない貪欲なライオンの子が、性衝動と狩りの衝動を混乱させて、母にのしかかろうとしている。交接・食肉行為が試みられているあいだ、母ライオンは翼を伸ばしているように見える（このことによって母ライオンは図七五で息子に抱きつかれる男性的な月の対応物になっている）。錬金術においては、翼は霊をあらわし、鷲に属するものとされるが、王の鳥のような変容をあらわすこともある。したがって翼のある牝ライオン（哲学者の牝ライオンとも呼ばれる）は、牡ライオンの精神あるいは男性的な力を備えているのである（翼のある牝ライオンと男性的な月は、図七〇として掲げたバルヒューゼンの一二番目の図版の共生段階で生み出される、メルクリウスの両性具有の月の変種である）。本文ではこの図版にふれて、ライオンの交接が近親相姦の性質をもつことを明らかにしている。

哲学者の（有翼の）牝ライオンは、その連れあいと結ばれ、かくして純種の高貴なライオンの子が生まれ、その鉤爪によってたやすくそれとわかる。しかしいかなる牡ライオンもこのライオンとの戦いに応じることはできず、翼ある牝ライオンのみが、翼の速さを信ずることによってそうできるので、過度な怒りによって動きを封じられることはなく、ライオンがいわれもなく激情に駆られるときには、逃げることを考えられる。ライオンは有翼の牝ライオンの逃亡をさまたげようとしても、この牝ライオンに対する大いなる愛によって激昂しており、戦いのあとには友情が生まれる（註一一九）。

本文では二匹のライオンを結合させるため、「ライオンを支配する」必要性が説明される。このモチーフは『ラムスプリングの書』にもあらわれており、二頭のライオンの絵には、「大いなる驚異を見よ――二頭のライオンが一つに結ばれている」というモットーが付されている（註一二〇）。ラテン語の副題からは、「霊と魂を結合させてその肉体にもどさなければならない」ように、牡ライオンと牝ライオンを結合させなければならないことがわかる（註一二一）。錬金術師たちは何度となく、「ライオンの支配が困難で危険に満ちてはいるものの、それでも実行しなければならない」と忠告される（註一二二）。

図七七からは仕事の重要さと「月の愛」の混乱した感情がわかる。王と女王がふたたび、人間の性交の体位によって示されているように、動物に変容した姿であらわれる。印象的なやりかたでもって、王と女王の食らいあう結合の交接の儀式は、雄鶏と雌鶏の愛の戦いや狼と犬の激しい抱擁から、ライオンのたがいに引き裂きあう残忍な口での交接へと高まっている。

幼児の獰猛な鉤爪

図七六と図七七の心理を解釈すれば、メラニー・クラインの発見した無意識の領域に入ることができる。口唇期（生後一年）において、すがりついて乳を吸う幼児は、母という愛の対象との完全な一体化と融合を目指す。心理学の用語を使えば、この欲望は取り入れ、すなわち愛する者の「取りこみ」という形をとる（註一二三）。クラインはこの食肉的な同化作用を「摂取」と呼んだ（註一二四）。図七六と図七七はこの形態の古典的な図解であって、性衝動と攻撃性が混合し、「過度な怒り」と「さらに大きな愛」が完全に混乱している。ハルトマンはこのパターンを「欲動の拡散」と名づけた。*

＊欲動の拡散の対極にあるのが欲動の融合もしくは中和であって、自我の発達が進むにつれて欲動の拡散にとってかわる。ハルトマンが発見したように、この幼い段階では自我はあまりにも弱く、抑圧の行為を実行できない。したがって攻撃の動因はその対極の動因によって「縛りつけられ」、中和されるのである。この防衛的自我作用の成功は、図七一や先に述べた原光景における錬金術の象徴によって調べることができるが、ドラゴンやライオンの鉤爪が犬の足になったり（図六五―六七）、雄鶏や雌鶏の蹴爪にまでなっている（図五五）。退行におけるこの発達の逆転が、雄鶏から犬を、犬からライオンを、ライオンからドラゴンを生み出し、「捕食」運動は攻撃性と性衝動、憎しみと愛の完全な混乱でもって終わる。これが紛れもない精神病の特徴であって、リビドーの近親相姦的な色づけを強め、錬金術では王と女王をあらわすライオンの象徴によってあらわされる。

口唇サディズム期の幼児の獰猛な歯と鉤爪について、クラインが忘れがたい文章を記している。

生後六ヵ月から一年にかけての幼児が、そのサディスティックな性向から利用できるあらゆる手段によって——歯や爪や排泄物などを使い、体全体を想像によってありとあらゆる危険な武器にかえることで——母親を滅ぼそうとすることは、信じがたいことだとはいわないまでも、われわれにとって恐ろしい光景である。そしてわたし自身の経験からわかっていることだが、このような忌わしい考えが真実であることを理解してもらうのは困難である。しかしこれらの欲求にともなう想像上の残忍性、暴力、多様性が、初期の分析でわれわれの目の前にはっきりと示されたので、疑問の余地はないのである（註一二五）。

近親相姦的侵入と両性的融合という残忍な幻想を備えた幼児の摂取過程について、クラインの発見したことは、一九五〇年代に「共生段階における精神病の子供たち」、つまり共生段階にとどまる子供たちを研究したマーガレット・マーラーによって確証された。マーガレット・マーラーはこう記している。

これらの子供たちの衝動に駆られた振舞いにおける愛と攻撃のあらわれは、まったくもって混乱しているように思われる。彼らは体の接触を求め、あなたがたの中に入りこみたがっているようだ（図七五）——が、たとえキスや抱擁や「愛」を求めたり、強要したりしたときでも、そのような肉体接触や成人のあからさまな愛情表現には悲鳴をあげることが多い。一方、彼らが成人に対して、噛みついたり、蹴ったり、抱きついたりすることは、愛する者と混ざりあい、結びつき、所有し、食いつき、保ちたいという欲求の表現（図七六および七七）なのである（註一二六）。

高揚する錬金術師と意気消沈する錬金術師

図七八には、乳を流すアニマ・ムンディ（世界霊魂）の足もとで休む二人の錬金術師が描かれている。錬金術の「世界霊魂」は右手にカメレオン（仮面の象徴）、左手に錬金術師の霊（あるいは意識）を象徴する鷲をもっている。不思議な霊的女は四つのせめぎあう元素を結びつけて統合する。その体は七つの惑星の金属をはらむ大地としてあらわれ、水の胸からは処女の乳があふれ、口から神の霊あるいは霊感の息吹を吐き出す一方、髪が情熱と天上の愛の炎でもって燃えあがっている。神の息吹、鷲、メルクリウスの翼ある足は、錬金術の女神に両性具有の特性を与える男性的属性であって、これは女神の眼窩において結合する太陽と月によってもあらわされている。翼ある牝ライオンの人間じみた顔つ

きをしていることで、世界霊魂は結合した宇宙の全能の父と母を象徴する――「万物を息づかせる物質の霊」であり、「万物を育む」物質の活力でもある。

前景では、高揚した表情で頭に冠をかぶる裸形の錬金術師が、母なる愛の対象の光のもとにとどまる一方、帽子をかぶった錬金術師が意気消沈した表情をして、愛する女神の陰で休んでいる。冠をかぶった錬金術師は共生的な関係にある二本のガラス瓶にもたれかかり、誇らしげな左手の仕草によって、よりかかる哲学者の石を指している。この錬金術師の善なる母との結合感は、右側の陰鬱な人物と対照をなし、右側の錬金術師は同じように全能の母に依存しながら、はっきりした仕草でガラス瓶の内部を指し示している。厳重に封印されたガラス瓶の内部では、蛇と有翼のドラゴンあるいはバシリスクのあいだで、獰猛な戦いが繰り広げられており、前者は錬金術師を象徴し、後者は有翼のライオンよりも強壮で古ぶるしい結合した親のイメージをあらわしている。この戦いのすさまじい結果は、毛皮の帽子をかぶる錬金術師の表情から読みとれるだろう。人生で最も貴重なものが消えうせ、憎しみ、幻滅、意気阻喪する恐怖にみなぎる心の闇が生じたのである。

善でもあり悪でもある宇宙母神

図七八と七九は、それぞれ錬金術師と現代の芸術家の想像の産物である。幼児が共生段階で、母という愛の対象あるいはアニマの複雑なイメージを心の中につくりだすことを、両者ともはっきりとあらわしている。図七八と同様に、図七九における「男根をもつ母」のイマーゴ（成像）は、対立する感情によって分断された対象からなる二重の存在である。母の胸は牝牛や花で覆われ、ほとばしる乳がありとあらゆる動物や植物を育てるが、髪が悪しき蛇――そして美しくさえずる鳥――にあふれているように、胸は蟹やライオンにとりまかれている。この母は明らかに全能であって、子供の形であらわされる父の男根を授けられているが、出産外傷とともに子供を吐き出すドラゴン＝母でもある（このコラージュの題は『薔薇色の誕生』となっている）。母の内部は子供たちや玩具や薔薇に満ちているが、食肉動物や熊のジャングルをはらんでもいる。これら部分的な対象のすべてを一つの全体対象に融合する試みは、明らかに善と悪の特性双方を備える複合的母のイメージの形成となって、完全な善あるいは完全な悪として交互に経験されることになる。

メラニー・クラインはこのリビドー形態を「躁鬱リビドー形勢」と呼んだ（註一二七）。ユングは同じ形態を両性的母の元型として描写した。図七八と七九におけるその絵画的表現は、いまや共生の精神力学のためにエディプス・コンプレックスがまとう、「曖昧な」形態を明らかにしている。

分離・個体形成段階の父および母が結合した両親の姿になると、エディプス的な父との同一化と母の愛が、「男根をもつ母」とのエディプス的同一化と愛に融合して、混乱することになる。さらに、エディプス的葛藤における親という愛憎の対象が、いまや二人の人物ではなく一つのものになっているので、攻撃の動因と性の動因が同一化と愛をたきつけて、この二つをも一つにさせてしまう（欲動の拡散）。しかし共生の融合過程の最も重要な局面は、幼児の発達において共生に先立つ自閉段階の分断された諸要素の「癒し」である。

この段階の幼児は母の孤立した部分的対象（胸や目や唇等）を意識していたが、いまや完全な人間、母という対象の全体を知覚する。母を善と悪に分断する――自閉段階の主要な操作をする――かわりに、育んでくれる「女神」と欲求不満を引き起こす「魔女」がいて、この二人が実際には分離した人物ではなく、同一人物であることを理解するようになる。換言すれば、この二人は愛されたり憎まれたりする一人の人物の一面なのだ。

二元的な母を幼児がこのように認識するのは、宇宙飛行士が月の二元的性質を知るようなものであって、宇宙飛行士は月のまわりをめぐりながら、いまは月の明るい半分、今度は暗い半分というふうに月を見る。このような円環運動は幼児の知的成長過程の螺旋的進路をあらわしているが、これは強力な無意識が自閉宇宙の分断された諸要素を混同することによって生じる。*

＊この混同作用が共生段階でひとたび起こると、分離・個体形成段階の「孵化期」、「実践期」、「親交期」のあいだ、ひきつづき加速しつづけ、ついには対立する動因や二元的な母を融合して、相反する感情でもって愛される「全的な」母親をつくりだす。

「女神」と「魔女」が善でもあり悪でもある全的な対象として一つになると、共生段階の鏡の魔術が働きだす。幼児は対象に対する自分自身の憎悪と愛の認識に直面し、母に対する自分自身の口唇期の攻撃性と性的幻想を意識するようになる。自分を攻撃する牝ライオン（図七七）の残忍でサディスティックな特徴が、投影によるものであって、実際には自分自身のものであることを、ライオンの子が急に理解すると、自分自身の振舞いを悔やむようになるかもしれない。投影は取り入れの逆であり、無意識の原始的な防衛機制であって、不快な感情や願いが自分以外の者に帰せられるので、「こんなふうに考えたり感じたりするのはわたしではなく、他人だ」と思うことができる（註一二八）。

この知的ブーメランの心理効果をみくびってはならず、むさぼり食う魔女にかかわる幼児の幻想的イメージには、幼児の感情生活のあらゆる邪悪な構成要素、全能、貪欲、嫉妬、サディズムといったものが備わっているのである（註一二九）。「孵化」して成長する幼児が、善でもあり悪でもある母の特徴を自分自身のものとして意識することは、幼児の成長する自我にとって衝撃的な認識であり、憎しみと攻撃が愛より強くならないよう、「抑鬱の恐怖」（クライン）が生じる。幼児の唯一の保護者と

図78　メルクリウスの女神の複合イメージをとりまく高揚と消沈

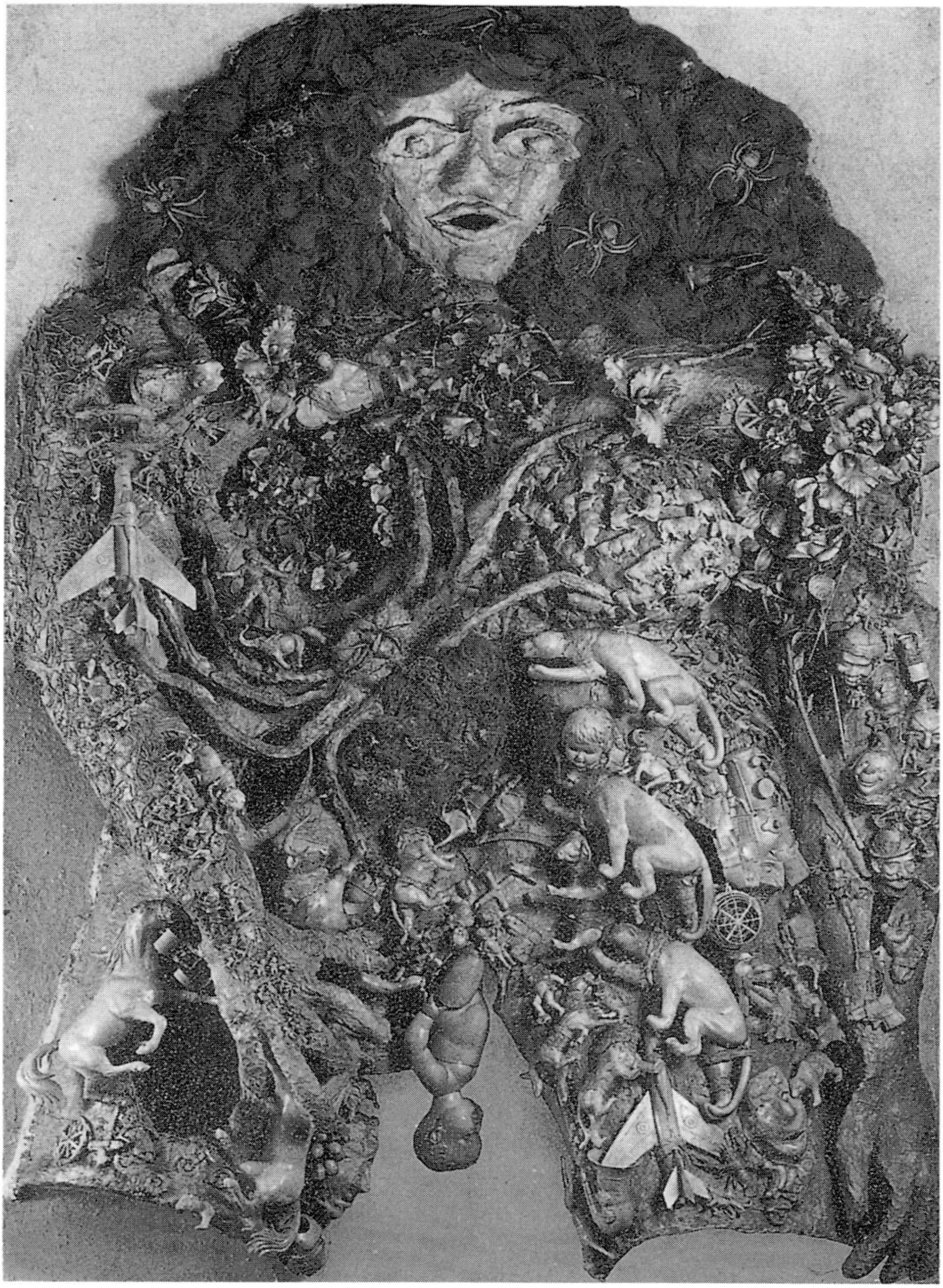

図79　感情的対立物のジャングルで男根的子供を生む二元的な母親

養育の源に対する堪えがたい攻撃衝動は、B・ラントスが当惑して「原抑圧」と呼ぶ初期の作用にさらされる。人肉嗜食の幻想は、自我が未熟であろうとなかろうと、いかなる状況のもとでも意識内では堪えられない――そうした幻想は利用できるあらゆる手段でもって抑圧される。ラントスは攻撃の遺伝子起源を議論して、肉食獣のむさぼり食うエネルギーについてこう語っている。

　太古からの口唇期のエネルギーは人間にあって原抑圧を受ける（註一三〇）。

「孵化する」幼児のとる「原抑圧」の明白な徴候は、母の乳首に嚙みつきたくなる衝動の抑圧である。この抑圧は生後一年目、乳歯がはえてから起こる。乳首を嚙んで母に叱られて泣く赤ん坊の心理表現が、恥辱と罪悪感である。アメリカの小児科医ベンジャミン・スポックは、「これがメラニー・クラインの主張する抑鬱に関係しているのではないか」と問いかけている。*

　*この段階で母という愛の対象をなくした幼児における「依存性抑鬱」について、ルネ・スピッツの発見したことが、この考えをさらに裏書きしてくれる（註一三一）。

循環気質、あるいは躁鬱病

図七八があらわしているのは、共生段階に働きはじめ、分離・個体形成段階（生後五ヵ月から二二ヵ月にかけての「孵化」、「実践」、「親交」期）の初期に加速する円環的無意識によって生み出される、「躁鬱リビドー形勢」（クライン）への錬金術師の退行である。躁鬱病は口唇期の病であって、自我発達のこの原始的な段階に固着する者に起こる。躁病の自我の高揚した気分がその輝かしい「世界霊魂」を表現する一方、鬱病の自我の絶望した気分はその黒ずんだ「世界霊魂」を表現する。

　心理学の観点では、躁段階は鬱段階の正反対だが、この二つは凹形の弧に対する凸形の弧として関係する。躁段階を特徴づけるのは、加速（考えの飛躍）、抑圧の欠如、環境への外向性の関心、未調整の極端な独創力、限りない自信、攻撃的なあら探し、抑制のない攻撃的振舞い、高揚、性的放縦である。鬱段階はこれらの状態の対極を特徴とする（註一三二）。

　躁鬱病の幼児の自我は、極端に傷つきやすく、欲求不満や苦痛や失望に堪えられない。思いどおりにならなくなると、共生段階の防衛へと退行して、否定、投影、取り入れをおこなう。アニマ――あるいは回転する無意識――と共生することで、アニマの激しい回転や気分の揺れの餌食になる。このため世界と自分の状態の客観的区別がつけられなくなる。正常な者にとっては、たとえ気分が悪くとも世界が善なるものとしてあらわれたり、気分がよくても世界が悪なるものとしてあらわれたりすることがある。躁鬱病の者にとってはそうではない。躁鬱病の者は世界のようなものであり、世界は彼のようなものであるので、回転する共生的な世界霊魂の鏡の魔術によって、世界は彼とともに昇り沈むのだ。月の明るい面では、宇宙の魂と自己によって膨張した躁病の自我により、全世界が「食らいつくされ」、取り入れられる。月の暗い面では、躁病の呑みこんだ世界が「吐き出され」、現実に投影されて、自我の黒ずんだ魂や自己と同じ色を塗られる。宇宙的高揚感が宇宙的な憂鬱へとかわり、躁病の否定という循環飛行が一巡して鬱病にいたる。このため躁病の高揚は不安定なものであって、鬱状態の不安の否定であると定義してもよいだろう。

メラニー・クラインが発見したように、循環気質、あるいは躁鬱病は、自我発達の重要な段階を明らかにしている。幼児の自我は生後三ヵ月から一年にかけて、全能の理想的な愛の対象から力を得るが、この愛の対象が取り入れによって、いまや全能であり理想的であると思っている自己と融合する。これが躁病段階であり、鬱病段階では、なすすべのない自我が邪悪で無価値な愛の対象に弱められ、この対象がいまや劣悪で無価値だと思う自己のイメージと融合する。

このような精神力学が図七八の象徴主義によって明示されているのである。錬金術の恋人たちにとっては、母なる対象の「すべて」が内なる対象でもあるのだ。哲学者の石に坐る高揚した王は、取り入れた恋人と意思を疎通させている。意気消沈した錬金術師は取り入れた憎むべき恋人と意思を疎通させている。どちらの場合も、アニマは口を首位にしてあらわれる。

旋回する黄道上の「最高星位」

図八一が示しているのは、世界霊魂と旋回する黄道一二宮であり、「〔作業の〕開始、最高星位」を描くことで、高揚状態を象徴している。女神が炎を吐く宇宙的な牝牛としてあらわれ、ドラゴンの鉤爪を備え、頭に三重冠をかぶり、両性具有の存在として黄道一二宮と七つの惑星を支配する（七番目の惑星は三重冠の上で輝いている）。旋回する黄道一二宮の球は善と悪の特性にしたがって配置されている。金牛宮の球体は善であり、双子宮、処女宮、天秤宮を含む。獅子宮の球体は悪であり、白羊宮、巨蟹宮、天蠍宮を含む。磨羯宮の球体は善であり、人馬宮、宝瓶宮、双魚宮を含む。四番目の球体は宇宙的な牝牛＝母親と同様に「黒・白」（善・悪）を備え、天の照明をなす星と二匹のメルクリウスのドラゴンをはらむ（中央にある球形のガラス瓶は作業とその諸段階の象徴であり、硫黄、水銀、塩の印をはらむ三角形にかこまれている）。

本来の黄道一二宮全体を善と悪の宮からなる旋回する球体に分けることは、図八〇の象徴的行為に対応しており、図八〇では同じような分離行為が循環運動と結びつけられている。矢に射抜かれて愛に燃えあがるウェヌスの黒・白の魂が、猟犬による円環的兎狩りを統轄している。バシリウス・ウァレンティヌスの「ウェヌスの狩り」の左まわりの車輪には、次のような詩がそえられている（註一三三）。

図80　循環する二重の心の形成

ウェヌスの狩りがはじまった。
まさしく犬が兎を捕えるなら、
兎は老いることがない。
これはメルクリウスによって実現され、
ウェヌスは怒りさかまくとき、
おびただしい兎を生み出すのだ。
しかるがゆえに剣でマルスを守り、
ウェヌスを娼婦にかえてはならぬ。

　バシリウス・ウァレンティヌスの狩りの「繁殖する」兎は、「激怒する」状態にある愛の女神に結びつけられ、エロティックな「高揚」の象徴である。兎が性的な意味を含んでいることは、この動物が生殖の元型的な象徴である事実によって証明される。さらに兎には二面性があって、超道徳的と考えられることもあれば、道徳的と考えられることもある。ヘブライ人にとっては、兎は好色や生殖能力を象徴する「不浄な」動物（『申命記』第一四章七節）だった。兎はすばしこくてつかまえにくい寓話の動物でもあり、メルクリウスの月と結びつく。ギリシアでは、月の女神ヘカテーが兎と結びつけられた。ゲルマン神話でヘカテーに相当する女神ハレクにも兎がつきそっていた。
　同じようなやりかたでもって、残忍な犬の恐ろしい狩りは、攻撃的な「高揚」の象徴としてあらわれる。「高揚」の二つの状態が、ウェヌスの二重の心によってあらわされる黒白のパターンに溶けこむ。「ウェヌスの狩り」の魂が黒白二つに分かれていることとは心理的な対立物をあらわし、一つは憎悪と殺戮に関係し、いま一つは愛と生殖に関係する。バシリウス・ウァレンティヌスの狩りの循環過程によって、猛烈な性衝動と攻撃欲がこのように溶けこんでいることは、ベネディクト会修道士の助言によって説明

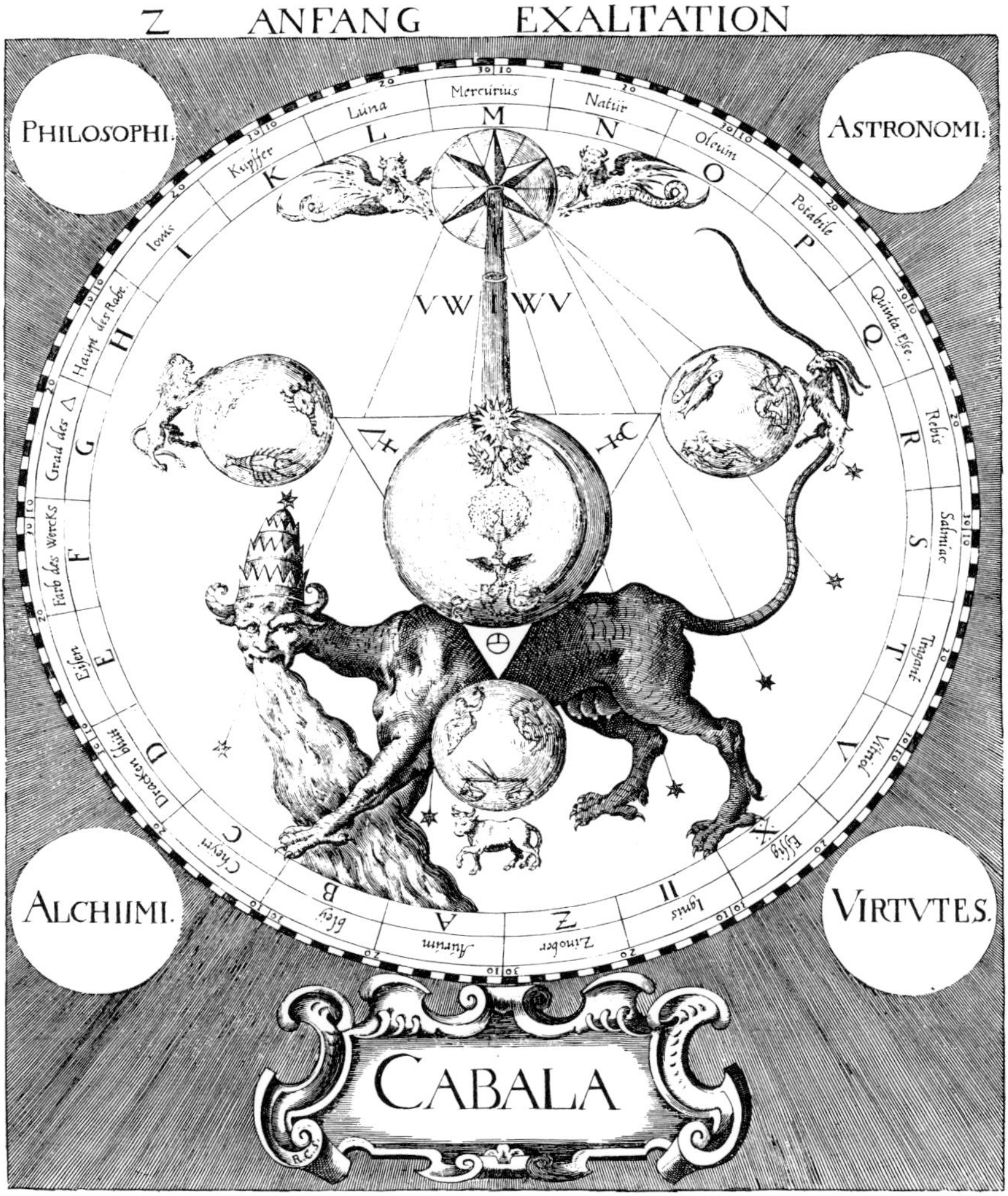

図81　宇宙的牝牛＝母と邪悪なドラゴンの複合イメージをめぐる善と悪の宮からなる黄道一二宮

づけられる。

剣でマルスを守り、ウェヌスを娼婦にかえてはならぬ。

無意識の癒しの循環

循環するウェヌスの狩り、旋回する黄道一二宮、そして図七二における猿の旋回する宇宙は、謎めいた躁鬱病の循環構造の解答になっている。自閉段階の分断過程が共生段階にはじまり、そのあと(「孵化」、「実践」、「親交」期)で勢いを増していくにつれ、善や悪を取り込まれた対象はゆっくりと溶け、対応する外的なイメージによって自らを映す複合イメージになる。分断された要素や気分を結びつける循環運動は、埋め合わせをする無意識のマンダラ的運動を反映しており、分離したマヨネーズを「もとにもどす」ように、分離した諸要素が一つに溶けこむまでかきまぜることによって、分裂症的傾向の自閉宇宙を「癒す」のである。躁鬱病は無意識のこの活発な循環的過渡期への固着をあらわしており、その防衛面――否定、投影、取り入れ――において、分離と抑圧の中間にある。

理想的な胸のヴィジョン

図八二では、骨を折る錬金術師が翼のあるエロスとしてあらわれ、(殺害した)父の場に足を踏みこんでおり、その足もとには父の王冠と衣服がある。この錬金術師は大きな火かき棒をもち、大地母神の炉もしくは子宮に突き刺している。母という愛の対象が強く理想化され、古代の大地母神の象徴であるエフェソスのディアーナの特徴を帯びている。その体あるいは炉の三つの装飾部分は、彼女が宇宙の女王あるいは世界霊魂として支配する、動物、植物、鉱物の世界をあらわす。加えて上半身が全能をあらわし、数多くの乳房は養育の豊かな源であり、腕と肩に足を置くライオンは彼女が男性的な力と狂暴さをもっている証拠である。錬金術の器具はこの情景の共生的性質を示している。容器と受け器(前景)は蒸留過程のために使われる管によって結ばれている。錬金術師たちはこれらの過程を乳をしたたらす女の胸にたとえることが多い。

作業のこの重大な段階で、第一質料の混沌は第一質料の妊娠へと変化し、争いあう元素がいまや養育する物質になっている。根源的な母権制世界において母が首位にあることは、世界霊魂のまわりに父を思わせるものが何もないことによってあらわされている。意味深いことに、哲学者の息子は「孤児」とか「未亡人の息子」とか呼ばれる一方、その母には「妊娠した娘」、「大地の中心にいる処女」、「未亡人」、母体、第一質料といった別称がある。男なしで存在するが、「万物の質料」である。第一質料として、石、すなわち哲学者の息子の父にして母なのである(註一三四)。

図82　大地母神の炉で汗を流す退行した錬金術師と王殺し

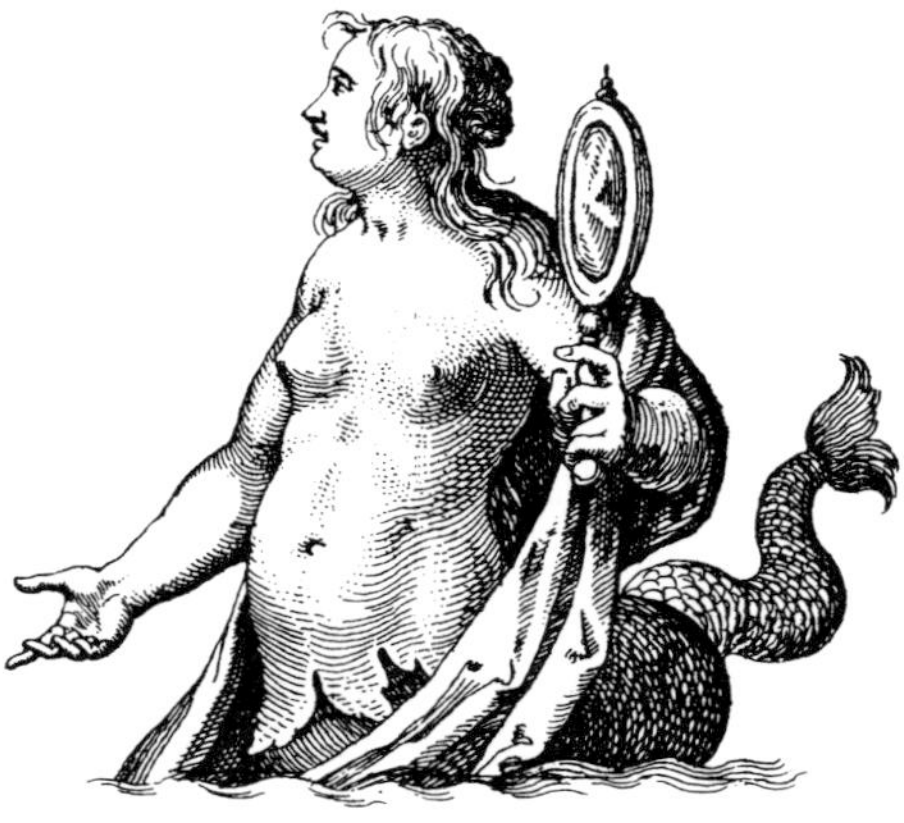

図83　偽りの類似を見せる鏡の魔術

夜にあらわれる女の導き手

錬金術の宇宙的母のいま一つのイメージが図八四にあらわれている。錬金術師が真夜中に不思議な女の客に起こされ、寝間着姿で棒とランプをもって眼鏡をかけ、橋を渡って女のあとにつづく。さまよう月やルナと同一視される宇宙的母は、大地の果実と花をもち、哲学者の息子をはらんで子宮が重くなっている。版画に付されたエピグラムでは、女が「自然」と同一視されている。

自然こそ汝の導き手なり。汝の術をもって快く、
従僕のごとく自然のあとにつづくがよい。
自然が汝の進む道で汝の友にあらざれば、
汝は道をはずれるゆえ（註一三五）。

錬金術師たちは母なる自然を自らの導き手および星として称賛してやまない。古代の『黄金論集』では、錬金術の世界霊魂は次のような典型的なやりかたで呼びかけられる。

ああ、最も強壮な自然の中の自然よ、自然の中心をはらみ分離する者よ、光とともに来たりて、光とともに生まれる者よ、朦朧とした闇を生み出す者よ、万物の母なる者よ（註一三六）。

海の危険な処女

図八三があらわしているのは、いま一つのさらに危険な導き手、プシューコポンプとしての世界霊魂である。人魚として波間からあらわれ、魅力的な歌で男を海底に引きこむ。鏡をもっているが、これは偽りの似姿、破壊的な幻影、見せかけのヴィジョンを象徴している。アニマはこの力によって、愛、幸福、母の温もりにかかわる非現実的な夢を象徴する――この夢は錬金術師を誘惑して、現実や作業から遠ざけ、満たされることのないエロティックな幻想に「溺れる」ようにさせる。錬金術において最も古く人魚にふ

れているのは、オリュンピオドロスによるヘルメスからの引用、「処女地は処女の尾に見いだされる」である（註一三七）。メルクリウスの蛇も処女と呼ばれて人魚の姿で描かれるが、この姿は偽りのものにせよ、メルクリウスの最初のあらわれの一つである。

図84　至福と恐怖に満ちた月の夜に「世界霊魂」の跡を追う

「捕えがたい」メルクリウスの他の偽りの姿は、セルウス・フギティウス（逃亡奴隷）、あるいはケルウス・フギティウス（逃亡の牡鹿）である（註一三八）。

図85　霊と直観の世界と精神と物質の世界を結びつけるアラビアの錬金術師

人魚の元型の心理学

ロバート・アイスラーが説得力豊かに示したように、魚は男根的意味をもっているため、人魚は共生段階での「男根をもつ母」の象徴、あるいは蟹のような見かけをもつアニマの元型の象徴と考えてもよいだろう（註一三九）。人を欺く人魚の鏡や水面の性質は、次のように説明することができる。「男根をもつ母」が聖なる両性具有者に似ているにすぎないように、養育する人魚の胸の至福は母と子の肉体が完全に結ばれた胎児の状態に似ているにすぎない。したがって錬金術師は世界霊魂に抱かれて休むことなく、世界霊魂の跡につづいて夜の闇に入りこみ、図八四の本文に記されているように、「夜にすべりやすい危険な道を歩く旅人にふりかかる事故はおびただしい」ため、世界霊魂の動きを仔細にながめるのである*（註一四〇）。

*人魚の腕に抱かれたままの男女は自己愛と同性愛におちいる。この倒錯の特徴は、アニマとの無意識の同一化（ユング）、そして共生段階の愛の対象によって反映されるものとしての、自己（メルクリウス・フィロソフォルム）の両性具有的元型からの不完全な離脱である（註一四一）。「女を内にはらむ男」として、同性愛者は「男を内にはらむ女」、すなわち「男根をもつ母」との幼児期の同一化から完全にはなれることがない。この固着は幼児の発達期のこの段階における無意識の強力な精神力学によって説明づけられる。共生段階では授乳する親という対象の取り入れが、アニマの元型に母の特徴をあたえる。その結果、無意識の深層における母の記憶のイメージが、自我の最初の神聖な「最愛の人」となって、その中に全世界が見いだされるのである。

この助言は適切であり、錬金術師は心理学的にいって、いまや暗く危険な道を進みだし、幼児の発達の自閉段階に向かっているのである。

鷲と蟇を結びつける

図八五では、アラビアの錬金術師アヴィケンナ（九八〇―一〇三七年）が、鎖で蟇に繋がれた鷲を指差し、「空を飛ぶ鷲と地を這う蟇こそ自然変成力なり」と述べている（註一四二）。アヴィケンナの仕草は錬金術の中心的な観念に注意を引いている。すなわちコニウンクティオ・オポジトルム（対立物の合一）であって、鷲と蟇、霊と肉、知性と直観、精神と物質を結びつけようとする錬金術師の熱烈な試みにあらわれている。哲学者の鷲、霊、自我意識が、蟇と大地の暗い深奥――すなわち本能的無意識――に降下することによって、錬金術を解読する鍵があたえられる。この下降のプシューコポンプ（導き手）は、錬金術師の「魂の妹」であり、図八四ではまさしくこの役割で描かれている。

目的とされる哲学者の石

太陽は大地母神の恩寵をそそがれる息子＝恋人であり、哲学者の息子として月の胸を吸いながら、半神半人の母の顔を見つめる（図八六）。母なる女神はいまや完全な球へと変容して、地球をあらわすとともに、それ自体が球形である乳房をもあらわしている。哲学者の息子は全世界、すなわち母親と同一化して、ついに哲学者の石との接触を果たす。図版の基部では、山羊がユーピテルに（左）、狼がロムルスとレムスに（右）乳をあたえているが、この山羊と狼は月とその根源的な獣性の別名である（註一四三）。図版のエピグラムはこうなっている。

小さな動物がかくも偉大な英雄を養ったのなら、地球に養われた英雄はどれほど偉大であろう（註一四四）。

哲学者の残忍な蟇

図八八は図八六の情景の不思議な異版である。モットーは「蟇を女の胸に置けば、蟇が乳を飲んで大きくなるにつれ、乳をやる女は死ぬだろう」となっている（註一四五）。このモットーは偽アリストテレスの有名な文章を基にしている。

授乳する女が息子を傷つけることのないよう、女の両手を背後で縛るがよい。死ぬまで乳を授けられるよう、女の胸に蟇を置けば、女は火に包まれて死に、蟇は乳を吸って大きくなる（註一四六）。

図八七では、哲学者の息子がメルクリウス・フィロソフォルムの印をつけられ、狼に変容して額に太陽の印のある母親から乳を吸っている。メルクリウスの子供のまわりでは、惑星の兄弟たちが狼の母の乳を吸ったり、母親の体に乗ったりしている。付随する詩は、完全な誇大妄想的同一化により、太陽の母と和合してしゃべる哲学者の息子の漠然とした言葉である。

わたしは太陽のごとき者であり、
太陽はわが光輝を輝かせ、
多様にわが大いなる力を示し、
その力でもって、世界の善は
その効果を生み出す。
世界の善は常にいたるところで、
わたしによって育まれるゆえ（註一四七）。

メルクリウスの子供の至福は図八九の恐怖と著しい対照をなし、図八九では授乳する狼が王をむさぼり食う邪悪な狼に変容している。母が死ぬまで乳を吸う蟇のような哲学者の息子の貪欲さが、

図86　哲学者の息子と母の胸および子宮との最初の結合

図87　死と再誕の洞窟で乳をあたえ食らいつくす狼の母

図88　哲学者の蟇　母が死ぬまで乳を吸うことで口によって母を取りこむ

図89　錬金術における「口の三幅対」 食べ、食べられ、眠りたいという欲求

突如として変化して、息子が死ぬまでしゃぶりつくす母の貪欲さになりかわっているのである。これが図八八の悪い口の原始的な心理であって、口は乳だけではなく胸全体、いや母のすべてを自分のものにしたがっているのだ。そしてメルクリウスの子供はつきることのない乳を得て、ふたたび飢えたり待ったりする必要はない。しかし母なるものを食らいつくすことは諸刃の剣であって、哲学者の息子が食らいつくしたいなら、その報復として食らいつくされることを恐れなければならない。

太陽はメルクリウスの子供の依存状態にもどり、いまや至福の味と二元的な母の恐怖を知っている。母の授乳の素晴しさ、狂おしい感情、暗い激烈な深淵を知ったのである。図八七の洞窟にその不安の象徴がないわけではない。ともかく狼である母親のまわりには、頭蓋骨や骨がある。この母のあてにならない獰猛な性質は、図八九によって明らかにされており、この図版はバシリウス・ヴァレンティヌスの第一の鍵の最後の行為を描いたものである。

自閉段階、子宮の想像

図八八と八九は幼児が自閉段階（生後二ヵ月）に達したことを示しており、これは共生段階と同様にリビドーの口唇体制に従って構造化される。一九四三年にレオ・カナーが一一人の子供たちについて報告したが、この子供たちの精神分裂症の徴候は、レオ・カナーが「幼児の初期自閉症」と呼ぶユニークな症候群を構成しているようだった（註一四八）。その後、自閉はマーガレット・マーラーによって（一九五二年）、幼児の精神生物学的成長の普通の段階として、遺伝子過程に組みこまれた（註一四九）。

生まれてから最初の数ヵ月のあいだ、幼児は自分とまわりの世界を区別できないために、自閉的な世界で暮す。完全に自分だけが満たし、自分だけが支配する世界で、生き、眠るのである。事実、幼児はその生存を母に依存しているが、母という対象は幼児の自閉的な環境に引きこまれ、自己と対象が一つに溶けこむ程度まで、その環境の一部としてあつかわれる。

母親の胸に抱きついて母親を食らいつくす錬金術師の蟇から、元型的な自閉の幻想が得られる。養育してくれる対象が死ぬまで吸いつき、そうすることによってその対象を「取り入れ」、食らいつくして自分に吸収してしまうという幻想である。メラニー・クラインはこの口による取りこみ様態を、取り入れ、摂取、最初の同一化と呼んだ。取り入れの自閉的性質は自我の最も原始的な機制の一つとして目立っており、この機制はその基本的な機能の一つ、すなわち対象関係の確立を果たしはじめる（取り入れはその防衛面において分離の不安を減少させるのに役立つ）。

大地母神の妊娠した子宮に包まれる哲学者の息子（図八六）から、自閉のいま一つの元型的幻想が得られる。母との当初の臍帯による結びつきを維持する幻想である。同じでありつづけたいと願うこの欲望——子宮内様態と子宮外様態の一致を求める欲望

——が、満足感をあたえてくれる愛の対象の完全な取り入れや呑みこみという、自閉の幻想の土台をなしている（註一五〇）。

リビドーの妄想症・精神分裂症的局面

マーガレット・マーラーが自閉段階を遺伝子過程という理論的枠組に組みこむ六年前、メラニー・クラインが「リビドーの妄想症・精神分裂症的局面」という標題のもとで、その精神力学を描写した（註一五一）。メラニー・クラインは退行作用が無意識の深いレヴェルにまで達している子供や精神分裂症患者を分析して、そうして得られた資料から推論することにより、持論をうちたてたのである。

クラインは自閉の精神力学を取り入れおよび投影として示した。迫害（妄想）や食われることや死ぬことにかかわる幼児の不安と、否定や分離や投影といった防衛機制である。

クラインが指摘するには、幼児はいつも満足や至福に満ちた眠りにあるわけではない。生後数ヵ月のあいだ、赤ん坊が腹をすかせたり、傷ついたり、疲れたりしたとき、激しく泣くことにより、われわれが激怒と呼ぶものが存在する。赤ん坊の意志にかかわりない動きは激しく、顔の表情は怒りを思わせる（図一一一）。それにもかかわらず、そのように強烈にあらわされる感情の焦点となる対象の存在を示すものはない。

狼と蟇の統合

メラニー・クラインは心理的に圧倒的な不安をあらわすような、なすすべのない怒りや激怒を正しく解釈した。幼児の生物的苦悩は、現象として、成長してからのパニックの反応に酷似している。幼児におけるこの激しい不安の性質は未知のものだが、メラニー・クラインは分析資料を基に、迫害されて食われるという幻想に関係していると推論した。このような幻想は、母なる対象を吸いつくしてひからびさせ、母のすべての物質を「吸いこむ」ことにより、母を食らいつくすという、幼児自身の吸血鬼じみた幻想の逆転として説明づけられる（図八八）。

錬金術師は乳を吸う蟇とむさぼり食う狼を経験することにより、捕食性の口の怒りと、最も原始的な手段によって他人の力を「取り入れる」ことを目指す、深く埋もれた人肉嗜食の幻想の統合を果たす。同様に、バシリウス・ウァレンティヌスの第一の鍵の最後の行為は、貪欲、嫉妬、憎悪、そしてそれらの邪悪な投影機制の無意識における源を、燃えあがらせて浄化することをあらわしている（註一五二）。

自閉的な世界霊魂

自己と対象世界が分離するときに自我が生まれるのなら、自我は両者が出会うときに消えるということになる。この経験が精神病患者のもろい自我に崩壊をもたらすなら、月に吸収されて自閉的に「世界霊魂」と再結合する太陽の統合された自我に、神秘的な変容をもたらすことになる。心理学の観点に立てば、この運動は自閉的な愛の対象に反映する自己に自我がすべりこむことを意味する。

哲学者の息子はもはや母のようには行動せず、母と同一人物になっている。これが意味するのは、母なる対象によってあらわされる外的世界が、母という人物とともに「吸いこまれ」、自己に取りこまれて、自己が悍しい宇宙的な大きさにまで膨張しているということだ。この出来事は精神分裂症患者の終末感を意味し、精神分裂症患者はパニックに駆られ、宇宙的な大きさになった自己の中で、世界の終末とともにその不吉な「再誕」を知覚する。自我、自己、対象世界が「自閉的な」アニマの鏡で等式化されるので、自閉と呼ばれる最初の同一化の状態が得られる。この状態が意味するのは、現実との断絶と、一次過程レヴェルの幻想的な思考や知覚への完全な退行である。対象世界は無意識の内的世界と等式化され、外なる現実の対象がその「内的なイメージ」(取り入れ)に置きかわる。

正常な退行においても異常な退行においても、外的世界と「同じである」という自我の自閉的状態は、誇大妄想的な幻想や「神のごとき」感じとしてあらわれる。同じやりかたでもって、錬金術師は哲学者の石をはじめて瞥見する。しかし錬金術師はそれを真の光の源の偽りの反映として見ることを学ぶ。これがアラビアの『アルフィディウスの寓話』に基づく、ラムスプリングの「王とその息子」の物語にまつわる、一連の図版(図九〇、九一、一二五、一五〇、一五一)が教えてくれる教訓である。

王の息子の誘惑

モットーが示しているように、図九一の場面からは、「導き手と手をつなぐ父と息子が、肉体、霊、魂にほかならぬことを知るべし」なのである。これには次の詩が付されている(註一五三)。

(図九一)

老いたイスラエルの父あり、
ただ一人の息子をもち、
心よりこの子を愛す。
悲しみを胸に、息子を導くよう、
導き手に命じたり。
導き手は息子に呼びかけて曰く、
「ここに来たれ、我は汝を
いたるところに導かん。
最も壮大な山の頂きにて、
汝はあらゆる知恵を解し、
大地と海の偉大さを目にし、

図90　子宮内部の父の男根の頂きにいる王の息子とその導き手

図91　危険な旅のはじまり

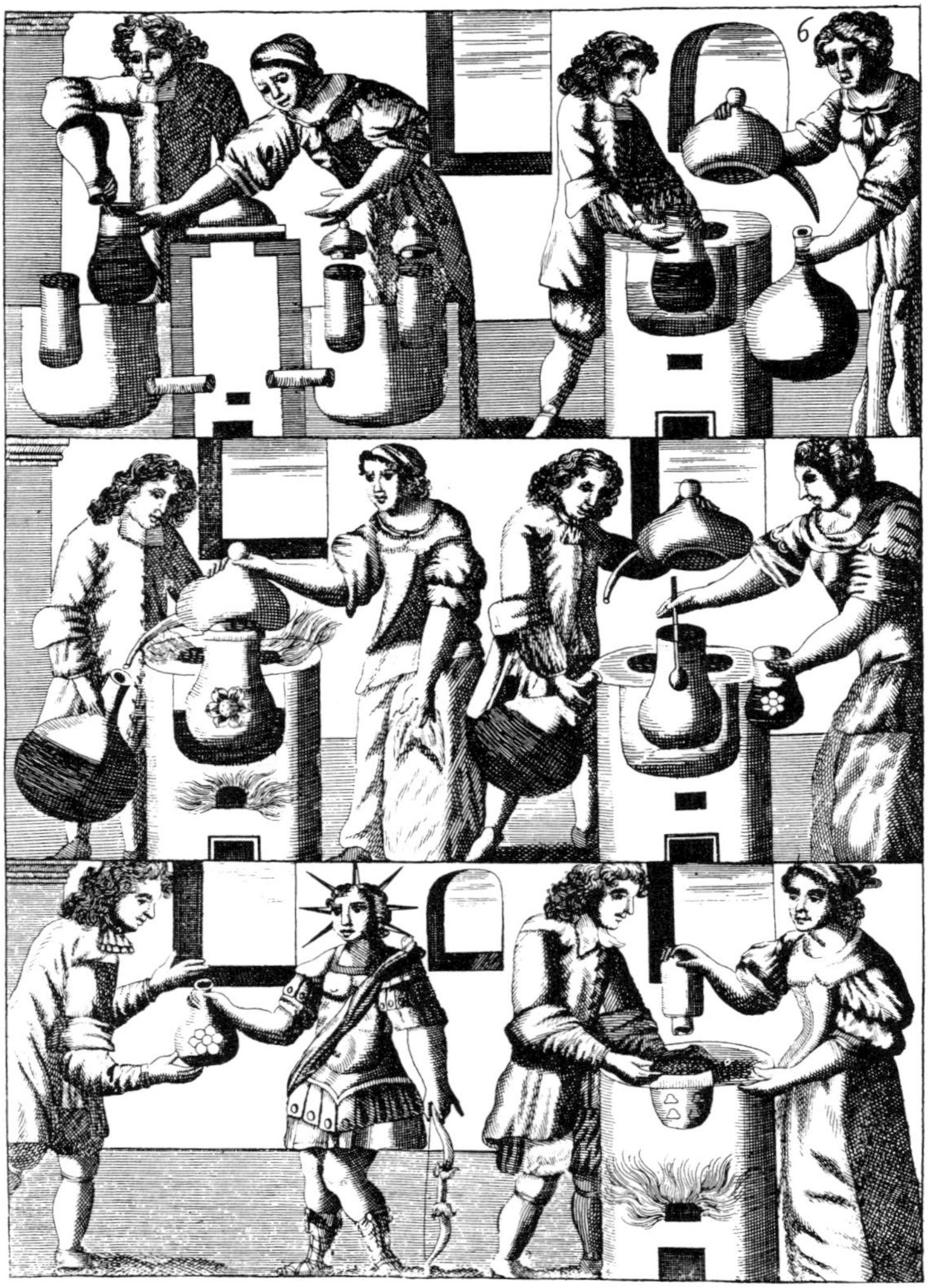

図92 『沈黙の書』の六番目の図版は、先の図版（図75）において、月の銀、すなわち白の薬剤を蒸留した後、太陽の金、すなわち赤の薬剤を生み出している。熱せられた容器の蒸気が凝縮して受け器に集まると、乾燥した蒸留器で「黄金の花」が育つ（中段）。このようにして造りだされた合成物が妹によって小型ガラス瓶にかきとられ、これが下段において、先の図版の男性的な月と同様に介在する太陽あるいはポエブス・アポロンによって、錬金術師に渡されている。メルクリウスの子供の二番目の父性像があらわれた後、容器での哲学者の息子の出産の期は熟す。太陽と月の目論まれた結合が謎めいた妹によってはじめられるが、この妹は最後の場面で月の銀の粒を炉に置かれた容器にそそぐ。これにつづく図版（図123）では、精錬された銀が劇的に液体の金に結合されるが、これは最初のヘルメス的出産外傷の発症を意味する行為である。

真の喜びを得るであろう。
我は汝を空に運び、
至高の天の門へと至る」。
息子は導き手の言葉を傾聴し、
導き手とともに空に昇りぬ。
天にてたとえようもなく輝かしき、
天の玉座を見たり。
時がすぎ、多くのものを見たる後、
父を思いだして溜息をつき、
父の悲しみを哀れみ、
「父の膝にもどらん」といいたり。

（図九〇）
息子は導き手に告げ、
「父は我なくして、
生きることも栄えることもあたわず、
我を呼び求めたれば、
父のもとにもどらん」といいたり。
導き手これに応え、
「我は汝をひとりで行かせはせぬ。
我が汝を父上の膝より連れさったがゆえ、
ふたたび汝を父上のもとに返し、
父上を喜ばせなければならぬ。
かくのごとくして父上に力を与えるべし」と告げたり。
かくして二人は舞いあがり、
父の玉座の前にもどりぬ（註一五四）。

息子と導き手は図一二五でこれをおこない、ラムスプリングの顎鬚をたくわえた王の至高の秘密が明らかになる。王の体は女の体なのだ。翼を備えた導き手が「息子を父の膝に連れもどす」と、王の息子は両性具有の父の高貴な体に入れられ、王は息子を食らうことで取り入れる。この行為のあと、父は妊婦の姿でベッドに行き、息子は妊婦の熱っぽい体の中で恐怖に駆られてもがく（図一五〇）。

鏡像として知覚される統一

『ラムスプリングの書』の王の息子にまつわる物語のこうした背景から、図九一の顎鬚をたくわえた王が、内に女を秘めた男（あるいは内に男を秘めた女）の象徴、すなわち「男根をもつ母」の象徴であることは明白である。この関係によって、息子が「父の膝にもどる」という考えにとりつかれるわけが説明できる。しかしそうしようとする息子の最初の試みが失敗するわけも、これによって説明がつく。図九〇が示しているのは、母なる容器、すなわち子宮の首と内部に投影された男根的な山に登ることで、息子が父の天の玉座を勝ちとったことである。このイメージの隠された意味は、「いま一つのインドの山は息子と導き手の登りし容器の内部にあり」という、図版のモットーによってほのめかされている（註一五五）。

王の息子は「容器の内部」における太陽と月の結合の神秘を見て、久しく探し求めたコニウンクティオ・ソリス・エト・ルナエ（太陽と月の結合）を目のあたりにしているのだと思う。しかしそう思ったのは一瞬のことで、真の出来事の反映を見たにすぎず、太陽と月の結合の鏡像を知覚したにすぎないことを知る。翼のある導き手もこの出来事の「同一性」が偽りのものであることを知るので、導き手と王の息子は太陽と月の真の結合、天体の真の融合を経験するため、父の膝にもどることにする。

このように解釈することで、図九〇の息子と導き手の謎めいた反応の説明がつく。荒野での誇大妄想的なキリストの誘惑を克服して、息子はいま一つの聖書の真実を悟りはじめているかのように、「最も壮大な山」からくだる。

> 今われらは鏡をもて見るごとく見るところ朧《おぼろ》なり。然れど、かの時には顔を対《あわ》せて相見ん。今わが知るところ全からず、然れど、かの時には我が知られたる如く全く知るべし（『コリント人への第一の手紙』第一三章一二節）。

翼のある導き手は『哲学者の薔薇園』の鳩と密接な関係をもつ不思議な蝶であり、図五三によれば、「結合の霊」を意味する。導き手の行為に照らせば、導き手の霊的機能が取り入れの精神力学あるいは「最初の同一化」にひとしいと考えてもよいだろう。神学の立場から見れば、導き手は受肉の聖霊を象徴しており、息子に天の父もしくは母の姿をあたえようとするのである。錬金術の観点では、導き手は対立物を結びつけようとするメルクリウスをあらわす。

心理学の観点からながめれば、有翼の導き手であるメルクリウスは、男根をもつ母という愛の対象、あるいは「外的な親」を、自我が取りこんでいることを象徴する。偽りの狡猾なやりかたでもって、この親という対象は自我の両性具有的自己、あるいは「内的な親」を模倣する。図九〇において息子が太陽と月の結合を経験することは、明らかに擬似体験であって、息子は真の親の「膝」にもどってこの源を見いだす決意をかためる。王の息子が経験したものは、自閉段階の幻想にすぎない。男根を取りこんだ母と同一化することにより、母の膝と融合するという幻想である（図九〇）。このリビドー局面の危険も、王の息子によって実現され、悪魔がキリストを誘惑したのと同じ山の頂きで誘惑される。これは誇大妄想と自己愛の山である。

巨蟹宮の子供たち

巨蟹宮における「母体を開く」作業によって、月が授乳する大地母神としての姿をあらわす。同様に、太陽は貪欲なメルクリウスの子供、乳を吸う蟇の状態にもどされ、空に運ばれて至高の天の門へと至り、全能性と誇大妄想の山で王の息子として誘惑される。この錬金術の体験の精神的な意味は、占星術の巨蟹宮の心理のみならず、巨蟹宮の子供たちの心理によって強調される。これらは発達が阻止された自閉症の博物館に見いだされ、精神科医には「自閉症の子供たち」として知られている。彼らの精神宇宙はふさわしくも殻に引きこもる蟹にたとえられる。蟹のように、彼らは引きこもって、親という愛憎の対象との最初の同一化に回帰している。両性具有の母のこの取り入れには、強迫観念的な迫害の感情がともない、蟹の鋏みによって適切に象徴される。自閉症の子供は感情的に母を外世界の代表として知覚することがない。母は取りこまれ、子供の一部とされて、子供の自己という全能かつ誇大妄想的な軌道から完全にとりのぞかれる。母は物体と区別されることとなく、せいぜいが部分的対象としてあらわれる。結局のところ、他者を意識することが完全に欠落しているのである。

自閉症の子供はさらなる苦痛や行動の衝動を避けるため、すべての刺激を消すという一つの防衛に全エネルギーを集中する。安全性は同一性にあり、これは変化や変化をもたらす行動の対極である。自閉症の子供は個体的な行動や変化を避けるため、果てしのない燃えあがる太陽、自己を個体として意識することのない太陽として、宇宙の中心にとどまりつづける（誇大妄想的な自足状態における自己愛は、図九二において錬金術師に秘薬を授けるポエブス・アポロンという、太陽の姿によって象徴される）。

自閉症の子供のやみくもな防衛は、最も初期の生の苦痛という精神外傷——出産外傷——の経験に集中する。自閉の感覚は口唇期のものなので、誕生の経験が口唇期の言葉で解釈される。こうしてヴァギナ・デンタータ（歯のあるヴァギナ）の元型的な幻想が生じる。この無意識の形態は自閉症の子供の主要な不安を説明づける。

再誕の子宮を想像する

むさぼり食う母の「歯のあるヴァギナ」に対して、自閉症の子供は二つの防衛を設ける。（一）極端な口の攻撃と口を手段とする侵入を否定する。これは攻撃やすべての感情を完全に麻痺させ、母という愛憎の対象からの完全撤退を果たす。（二）保護してくれる子宮内でまだ暮しているという幻想をかたくなに維持する。誕生時の分離のこの否定は、誕生によって入りこむ外世界の否定を意味する。治療された自閉症の子供が後に固定観念を思いだし、「ぼくは卵からかえり、悪い人が卵を割った」と告げている（註一五六）。

自閉症の子供は子宮外の状況を子宮内のものであるかのように経験する。二つの様態のこの「同一性」によって、自閉症の子供はフォエトゥス・イン・ウテロ（子宮内の胎児）の状態を模倣することになる。対象との関係の欠落（「非存在」）、主観・客観の

図93　メルクリウスの海の波間で合一の炎をたきつける

図94　錬金術の神が哲学者の火を融合の温度にあげている

図95　再誕の炎の膜に包まれ、ライオンの口の中にくだる

消滅、自主性、非活動、不動の姿勢等である。生きるべきか死ぬべきかの問題に対するこの解答の絶望的な結果は明白だろう。誕生によって分離された二つの世界の「同一性」を求めるために、自閉症の子供は食らいつくす死という精神外傷の不安とともに、誕生の深淵で宙吊りになっている。深淵に渡された綱を歩く不慣れな者と同じやりかたで、この恐ろしい状況を維持しようとする。まったく微動もせずに立ちつくすのである。

ライオンの口に近づく

図九三では、哲学者の石の上で勝ち誇り、いまや「水に変化している」水の女を、巨蟹宮の錬金術師の一人が貝殻ですくいあげている。膝をつく錬金術師はメルクリウス・フィロソフォルムの衣装をまとっているが、その妹＝女王は一糸もまとわず、象徴的な波間で錬金術師を待っている。妹は愛の仕草でもって、興奮した花婿にして「漁師の王」である男のかかげた松明に、自分の手にする松明を伸ばす。二つの愛の炎の融合が月の蒸留器を熱し、その首に太陽が沈もうとしている。

図九四が示しているのは、エジプトの神秘的な錬金術の神、ヘルメス・トリスメギストスによって示される、太陽と月の目論まれた結合である。錬金術の神の右手にあるアストロラーベは、ヘルメスの子らによって求められる宇宙の完全さ、術の完全さをあらわす。神秘的な神は哲学者の息子にふれて、次のように述べている。

その父は白き月である母と結ばれたり。炎が第三のもの、支配者として来たれり（註一五七）。

両性の葛藤の解消

図九五では、黄道一二宮が五回目の回転をおこなっている。蟹の鋏みがいまやライオンの食いつく口になり、この変化は迫害の不安と食われる恐怖が高まっていることだけではなく、再誕がさしせまっていることをもあらわす。この関係は図版における共生の象徴によってあらわされている。裸形の錬金術師が燃えあがる恐ろしい愛の膜に包まれ、自分の入らなければならない桃の形をした容器を、目立った仕草で指している。溶液の入ったヴァス・ヘルメティス（錬金術の容器）は、容器の背後に立って、ウニオ・ミュスティカ（神秘の合一）の薔薇の花をもつ神秘的な妹と密接に関係している。ライオンの口にくだる太陽を指差すことで、アニマは錬金術師の仕草を真似ており、錬金術師は妹の危険な容器にくだらなければならない。子宮の形をした容器がタブー視されるものであることが、錬金術において高貴な近親相姦の表象であるライオンの機能に一致する、吸収の機能によって強調されている。

四元素と七つの惑星の敵意が克服された後、最後の最も恐るべ

図96　大地の硫黄の窖と悪臭放つ再誕の水を守る

図97　獅子宮での精神外傷をともなう再誕

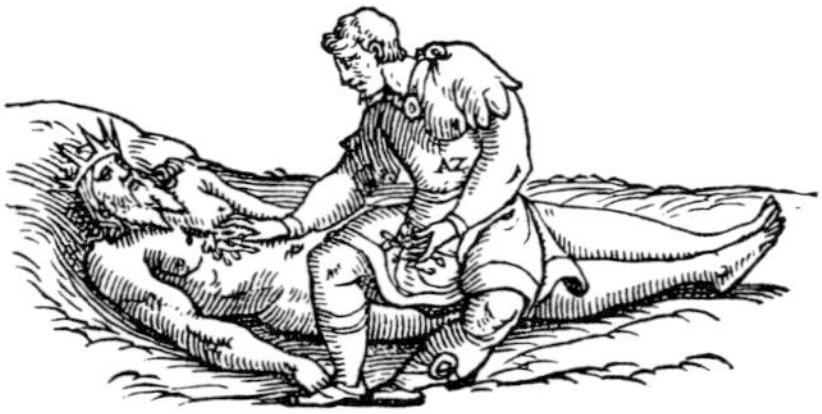

図100　3番目の場所では、息子が父の血を父の衣装で集めるが、これは2番目の作業であり、既に説明されている。

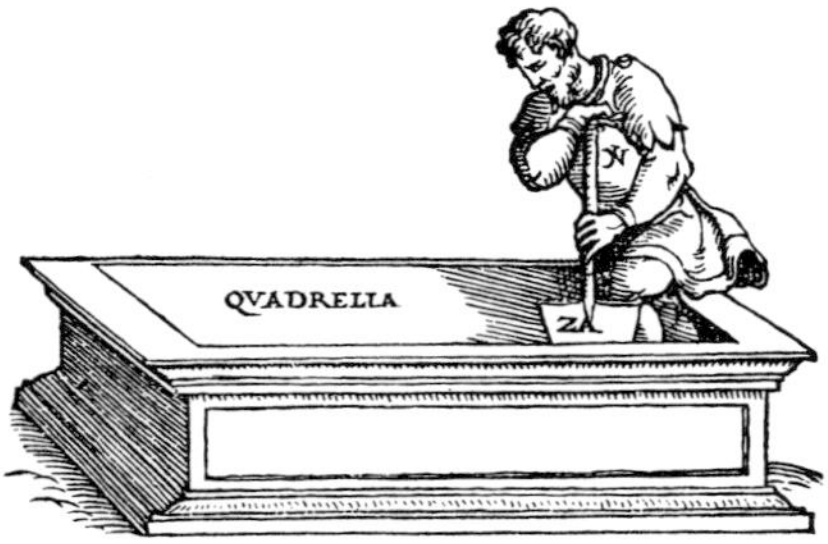

図101　4番目の部屋では、穴が掘られるが、これは炉であって、高さは二掌尺、幅は四指尺である。

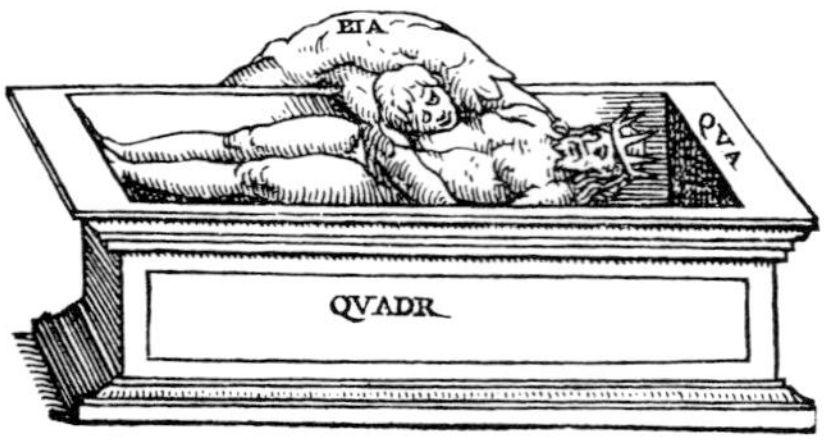

図102　5番目の家では、ふとどきなことを考える息子が父を穴に投げすてようと思うが、術によって両者とも穴に落ちこむ。

『新しい貴重な真珠』における王の息子の物語

三つのことを心しておかなければならない。第一に材料を準備し、第二に邪魔があってだいなしにならぬよう作業をつづけ、第三に自然の内なる道を忍耐強く観察しなければならない。まず至高の生命の清められた水を用意して保つべし。しかしすべてのものをうるおすこの液体をバッコスの澄みきった明るい色の液体であると考えてはならない。汝が驚くべき事象を探して常ならぬ場所に目を向けているあいだ、祝福された流れの輝く波を見ることはない。

図98　次に15の部屋があり、王冠を戴く王のあらわれる宮殿に入るべし。王は玉座にあらわれ、全世界の笏をもつであろう。さまざまな衣装をまとう5人の従僕を従えた王の息子が、王の正面にいる。彼らは膝をつき、王位を息子と従僕に譲るよう王に懇願するが、王はこの要求に返答することもしない。

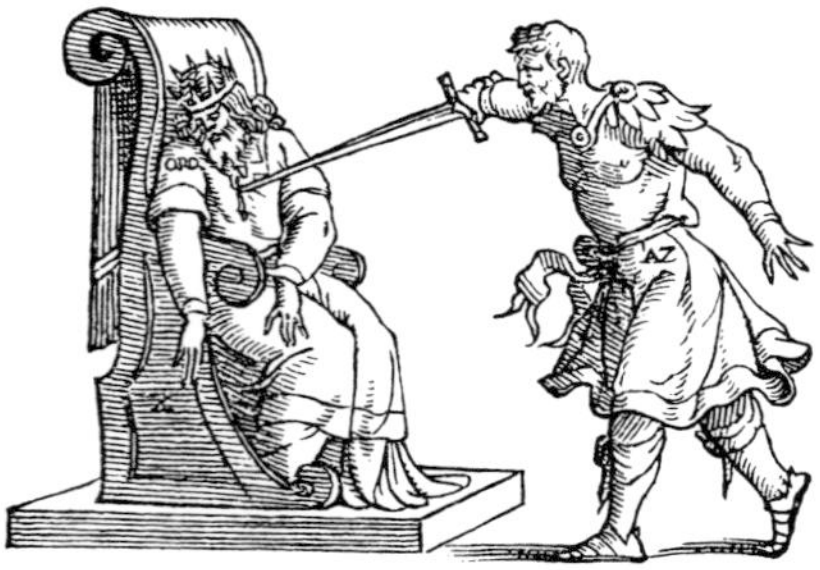

図99　従僕たちにあおられ、憤慨した息子が玉座につく父を殺す。かくしてよく浄化された水との融合あり。

図103　いかにも６番目の家では、息子が逃れ出ようとするが、ある者（２番目の作業によって両者から生まれた者）があらわれ、息子が逃れ出るのをはばむ。

図104　父と息子が７番目の部屋と呼ばれる穴にいるあいだ、彼らは灰、あるいはきわめて熱い風呂の中で腐敗する（註166）。

き対立がのこるが、錬金術師たちはこれを男と女の関係としてあらわす。この争い（図九五）の錬金術における解消は、「化学の結婚」となって、作業はその完成にいたるのである。この至高の結合行為に達するため、錬金術師は炎をこれまでで最高のものにしなければならない。錬金術師たちの象徴的な言葉では、この行為は情熱的な近親相姦の激しさにまで愛を熱することを意味する。母なる容器で再誕するホムンクルスと同一視される、両性具有者の体の分離不可能な統一体において、二つの性を融合する唯一の愛である。

王の息子のライオン狩り

王の息子は哲学者の石を求め、最後に父の玉座の前にあらわれる（図九六）。レオ・アンティクス（老いたライオン）の父としての特徴は見まちがえようもない（註一五八）。ライオンのたてがみは図九八における老いた父なる王の顎鬚と同じである。相反する感情をたたえた表情は、老賢者と厳格で非難がましい父をあらわしている。同様に、月桂冠は父の支配と権威をあらわすカエサルのシンボルである。老いたライオンの守る領地は危険であって、前景では硫黄と悪臭放つ蒸気が「臭い水」のある沼地から立ち昇っている（註一五九）。本文ではこの水がむさぼり食うドラゴンの水とされ、「硫黄と墓場の臭を放つ」と描写されている（註一六〇）。背景では、妬み深くライオンの守る大地において、火山が硫黄の窖をあらわしている。火山は活動状態にあって、炎と「白の煙」を吐きだしながら、ライオンの唸りと区別のつかない地震を引き起こす。モチーフはモリエヌスが『金属の変成について』から引用したものであり、「三種のものが自然変成力について汝を満足させるであろう。すなわち白の煙、緑のライオン、臭い水である」となっている（註一六一）。

ライオンと火山の窖の特別な関係は、図一〇五（一五番目の図版）によって明らかにされており、ライオンは燃えあがる月の亀裂に姿を消す。大地の穴に姿を消すことは、ライオンが妬み深く守る特権の一つである。したがっていかなる侵害者――たとえば王の息子――に対しても、ライオンは自らの権利を守る。「玉座を守る」老いた父ライオンの攻撃的な姿勢は、近づきつつある息子の位置から見たものであり、息子の目的はライオンを殺して食らいつくし、ライオンの力と魔法の力――穴に姿を消す能力等――を得ることにある。意味深いことに、錬金術のこの侵入行為は獅子宮で起こっており、占星術においては精神外傷の恐怖と近親相姦による再誕の宮である。

獅子宮、再誕の精神外傷

黄道一二宮の五番目の宮は太陽に支配される不変相の火の宮である。獅子宮は七月二三日から八月二三日にわたり、最大の力を発揮する太陽をあらわす。力がライオンの本質であって、ライオンはあらゆる動物の中で最も強く、獣の王である。その権威と独立心については議論の余地がない――ライオンは太陽と同様にその玉座にとどまる。ライオンの力はいまや支配されて有益な目的のために利用される火のエネルギーをあらわす。したがって錬金術ではライオンは溶けた金を意味するのである。

占星術では、獅子宮は創造する意志を象徴する。しかしライオンの繁殖の衝動は自己本位であって、実際には自分自身を生むことを目論んでいるのである。場合によっては、ライオンは自らの父にして母であるといえるかもしれない。ライオンの活発な性愛の情熱は、「自らの内部に入りこみ」、自らの人格の核を知る情熱である。

獅子宮は黄道一二宮の最初の精神外傷の宮であり、その口はむさぼり食われて全身を呑みこまれる不安をあらわす。占星術の獅子宮のこうした特徴を錬金術における近親相姦の意味に結びつけると、性衝動が近親相姦の侵入と精神外傷の恐怖という二重の表現になるパターンが得られる。図九六の象徴主義があらわしているのがこのパターンであり、ライオンの「臭い水」と硫黄の炎は、近親相姦の悪臭――誕生と死の生物的収縮にある母の穴の臭い

——を意味するのである。

同じパターンが検閲された形で、図九八―一〇四として掲げた錬金術の一連の図版にあらわれているが、これらはヤヌス・ラキニウス（ペトルス・ボヌス）の『新しい貴重な真珠』（一五四六年）から採られたものである（註一六二）。殺人と「人肉嗜食」によって息子が王の玉座を奪うありさまが示されている。王の息子は王の血を飲むことで、王の体をわがものにし、親との再結合と再誕に達する。木版画には対面するページに簡単な文章がそえられている。

誕生の穴に吸いこまれて

錬金術においては、ライオンは父・王を象徴する。王の息子の殺害行為は二者択一的ながらも関連した二つの形をとっている——父を殺すこと（図九九）、あるいはライオンを殺すこと（図一〇九）である。同様に、息子が動物を生贄にしたか、あるいは父を殺した結果、息子は父に食われる（図一二五）か、緑のライオンに食われる（図一二四）ことになる。

劇的な『新しい貴重な真珠』において、息子の父殺しと、それにつづく「父の血を集めること」（図一〇〇）は、錬金術でライオンの力を得るためにその血を飲む（図一〇九）ことに対応している。

かくして図一〇一で父に受肉した息子は、墓穴あるいは「正方形の石」を掘りはじめ、これは「穴」あるいは「炉」と呼ばれることもある。図一〇二では、王の息子が父の体をどうとも受けとれるやりかたで石棺におろしている。その仕草は死体を抱きしめているようにも見える。この特徴を説明づけるのは、葬られた父の性的変容であり、父は「穴に投げこまれた」後、女の性器と乳房を発達させるのである（図一〇二）。とりわけこの変容は、たがいに同一化した父と息子が「術によって穴に落ちた」理由を明らかにしてくれる。父でもあり母でもある王の体が「ふとどきなことを考える息子」を穴に吸いこんだので、息子は図一〇三で描かれる誕生の状況にかかわっていることを知る。ここで息子は正方形の石、あるいは穴、あるいは炉から逃れ出ようとして、王の息子の分裂した人物によって蓋が取り除かれるが、この人物は木版画では成人と幼児の退行的な姿の双方であらわれる。最後に、図一〇四では、男の姿をしたこの三人が石棺あるいは「正方形の石」に吸いこまれ、「きわめて熱い風呂」で溶かされ、地中に消える（註一六三）。

マルコス王のライオン狩り

『新しい貴重な真珠』の一連の絵は、セニオルの描写するマルコス王の有名なライオン狩りの人間版である（註一六四）。ここではライオンが子＝父としてのマルコス王の歴然たる象徴である。ライオンはマルコス王の母によって罠にかけられるが、この母は二心ある大地母神としてあらわれる。母が罠をしかけ、ライオンが石の甘い香りにひかれて穴に落ちる。魔法の石は、石炭の上に横たわって、自らの体でライオンの全身を吸収する女である。この薄いヴェールに覆われた近親相姦の寓話を、セニオルは次のように描写している。

マルコスが母に、どうやってライオンを捕えるのかとたずねた。マルコスを崇拝する母はこう答えた。「待ちつづけて、ライオンが進みだせば、その先を行くのです。道に腰をおろし、道のまんなかに罠（容器を意味する）を掘って、罠の上にガラスの屋根を置きましょう……ライオンが婚礼の部屋に近づいてくれば、その罠で煙を立てずに火を起こします。敬虔な母が息子の体をまたぐときでさえ燃えあがる情火が、この火にともないます」マルコスの母は火の熱の霊妙な力を息子の体をまたぐ敬虔な母の情火にたとえたのである。マルコスにこういった。「ああ、マルコス、この火は熱病の熱よりも熱くなければならないのでしょうか」マルコスは母にこう告げた。「母上、熱病の状態にいたしましょう。わたしがもどり、母上のやりかたで火をつけます。知る者のみが目を向け、知らぬ者は目をそらす石を、ライオンの上に置きます。ライオンをその火に導けば、ライオンの好む匂いを放つでしょう。いかにもライオンがその石をかげば、婚礼のガラスの部屋に入っていくかのごとくやってくるでしょう。そして罠に落ちれば、石がライオンを呑みこみ、もはやライオンの姿は見えなくなります。そしてライオンの好むこの石は女なのです（図一〇五）」（註一六五）

第3章　最初あるいは地上での再誕の精神外傷

図一〇五は満ちてゆく月と開けられた容器にまつわるバルヒューゼンのドラマをあらわしている。太陽が蒸発して月と一体化し（図七〇の一二番目の図版）、ふくれあがる月の上で新しく生まれた太陽としてあらわれ（図七〇の一三番目の図版）、ついにはライオンとなって近親相姦の情熱と死の恐怖を吐く（図一〇五の一四番目の図版）。自らの太陽の火に食われる熱いライオンの円の下で、湿った蟇、あるいは大地母神が動物を呑みこんでいる。ライオンと蟇のそばには彼らの元素を示す三角形があり、火と水を意味するとともに、メルクリウス・フィロソフォルムの印のもとでの彼らの融合をあらわしている――メルクリウス・フィロソフォルムは水の印と占星術における獅子宮の印の上にあらわれており、獅子宮では結合の行為が起こっている。

一五番目の図版では、蟇のむさぼり食う口が、容器の吸収する首、そして表面の燃えあがる穴からライオンを吸いこむ満月の「妊娠した」体と同一視されている。モチーフはマルコス王とその母のしかけた罠にライオンが落ちたことをあらわす。バルヒューゼンの一連の版画の原版である『自然の王冠』では、一五番目の図版は「性交」とされ、次のように説明されている（註一六七）。

しかるがゆえに（ロザリオのごとく）最も愛される息子ガブリクムをその妹ベリアに結びつけるべし。ガブリクムはベリアより生じたがゆえ、もてるもののすべてをベリアにあたえる。性交なしに結びつければ、妊娠はありえず、妊娠なくして誕生はなし（註一六八）。

一六番目の図版では、容器の口が栓でふさがれ、膜がふくれあがっている。封印された容器は水槽に入れられ、蒸気を発するアタノール、すなわち燃料自給式消化炉によって熱せられる。一七番目の図版では、ふくれあがった膜が蒸気とともに容器に「ひき

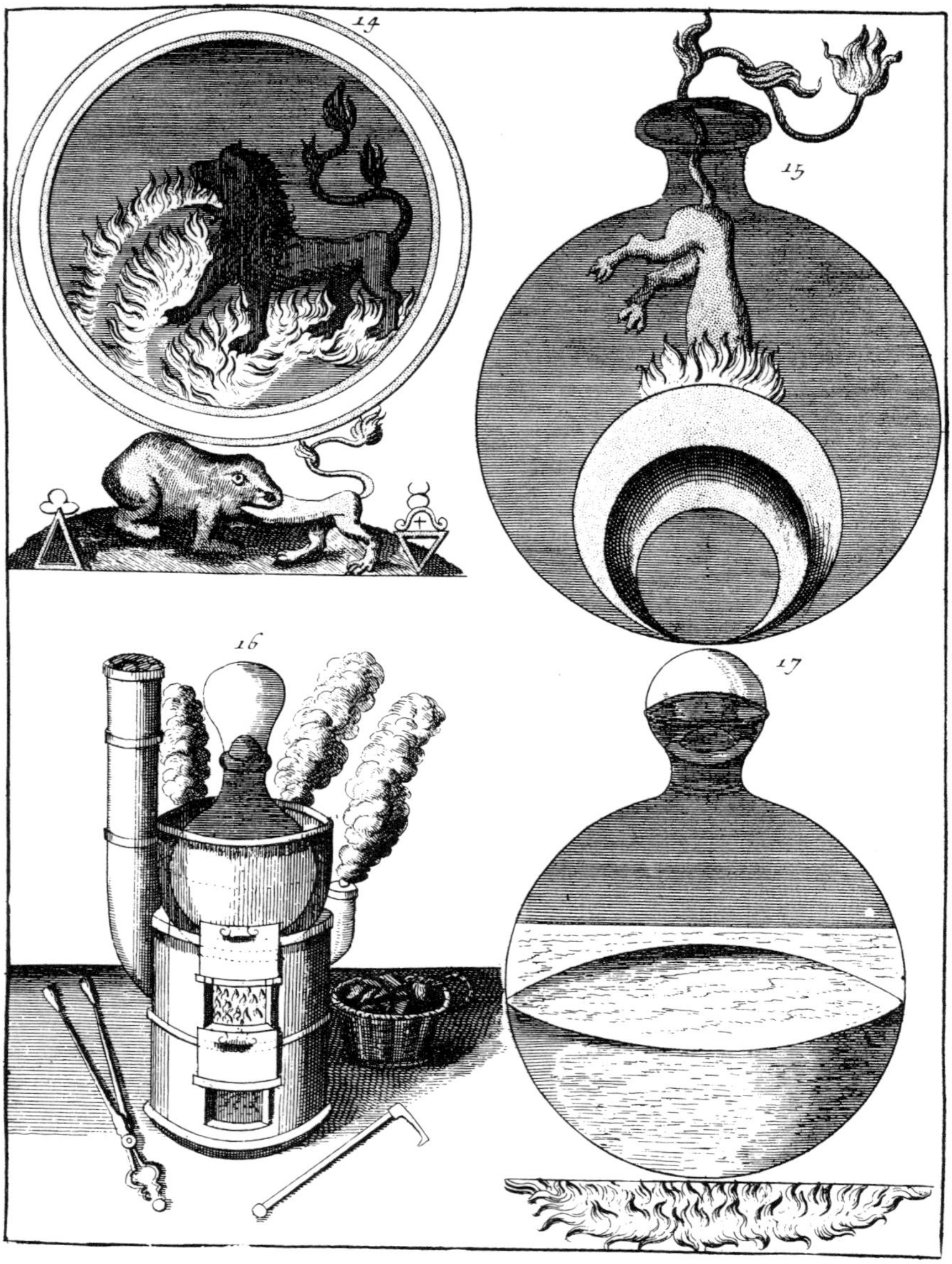

図105

こもり」、蒸気がいまや凝縮して月の海となり、太陽の火によって熱せられる。この出来事は容器の内部で宇宙の海があふれだすこと、あるいは錬金術師が海の状態を達成したことをあらわす。これが『哲学者の薔薇園』で次のように述べられる有名な溶液である。

われらが石は労せず得られ、汚物の中に見いだされる。多くの者が汚物を掘って探そうとも、見いだすことはない。しかしこれを水にかえれば、貧者にも富者にも得られるであろう。熱心に探し求めれば、いかなる状況のもとであれ、いかなるときでも、いたるところで見いだされるのである（註一六九）。

羊水での霊的誕生

王と女王が『哲学者の薔薇園』の三番目の木版画（図五四）で服を脱ぎすて、四番目の木版画（図一〇六）でメルクリウスの井戸にくだるが、本文ではこの井戸は女王の性器と同一視されている。『哲学者の薔薇園』はさらに情報をあたえてくれる。

他の名前もあるが、この水は胎児の水と呼ばれ、それゆえ哲学者はアクア・フォエトゥム（羊水）が必要なものすべてを含むと告げるのである（註一七〇）。

錬金術における水の結婚と誕生の行為の同一視は、図一〇八の高貴な性交にあらわれている。水中での太陽と月の抱擁は、雷雲の中で哲学者の息子を出産しようとする月にひとしいものとされ、月の息子が太陽と合体するか、月が交接している恋人＝夫と合体する。太陽は貫く男根と貫く子供として二重の役割を果たし、性行為の目標としての逆転した誕生をあらわす。近親相姦の情熱により、性交する王は再誕の行為によってふたたび母の中に入るのである。

この出来事の精神外傷的な面は、王が水の井戸に入ることにあらわれており、井戸は溺れて窒息する恐怖をはらむことで死の象徴である。しかし王の死の恐怖は鳩によって埋合わされ、鳩の薔薇の茎も水中に潜り、王と女王に生命を与える霊、あるいは空気を授ける（図一〇六）。図一〇八における出産と性交にまつわる錬金術の情景には、セニオルのモットーがそえられている。

彼は水の中にてもうけられ、空気の中にて生まれ、赤き色になるとき、水の上を歩く（註一七一）。

このモットーは哲学者の息子、あるいは坩堝の液体に浮かぶ石を指している。有名な聖書のくだりにもふれているのである。

イエス答えて言い給う「人あらたに生まれずば、神の国を見ることあたわず」ニコデモ言う「人はや老いぬれば、いかで

図107　死と再誕の象徴による出産外傷の再体験

図106　誕生の井戸にくだる

図108　魔法の洞窟における王と女王の愛　太陽が自分を生む女を抱いている

生まるることを得んや、再び母の胎に入りて生まるることを得んや」イエス答え給う「まことに誠に汝に告ぐ、人は水と霊とによりて生まれずば、神の国に入ることあたわず」

（『ヨハネ伝』第三章三—七節）

誕生と死の高貴な井戸

幼い蟇として母親を吸って死なせた太陽が、バルヒューゼンの一四番目の図に示されているように、いまや最初の同一化の苦しみを受けている。恐ろしい変容の行為によって、むさぼり食われた母親が突如として蟇に変化し、悍しい口、あるいは子宮のラビア・マヨラ（大きな唇）によって、貪欲に吸う者を逆に吸って死にいたらしめるのである。バルヒューゼンの一四番目と一五番目の図版における変容の意味は歴然としている。処女の乳および月の胸から蟇の吸収する口および満月への移行は、授乳する母親から出産する母親への移行をあらわしているのである。*

＊月の蟇じみた口とライオンを吸いこむ穴のような子宮は、口とウァギナのリビドー体制の重なりをあらわす。このような融合は新生児にあっては自然で、新生児の二つの重要な仕事は、母のウァギナを通過することと、母の胸を吸うことである（吸うという反射運動は生まれつきのもので、胎児は子宮内にいるときから練習している）。誕生時の二つのリビドー体制の融合は、むさぼり食う魔女のウァギナ・デンタータ（歯のあるウァギナ）という古い幻想を生み出し、子供に誕生の最初の不安をあたえる。このイメージの変種がむさぼり食うドラゴンである。

最後の最後になって、幼い蟇に取りこまれるか「呑みこまれた」母は、幼児を呑みこむ蟇の母へと変化する。外部と内部、主体と客体のこの自閉的な混乱により、誕生の最初の不安が、あらゆるものに浸透する対象のない恐怖——井戸にくだる王のすべての穴に浸透する死の水——としてあらわれる。

苦しむ息子と父と母

図一〇八では、開いた子宮を象徴する洞窟の入口で、太陽と月の水の結婚がおこなわれている。女王の膝が開いて、性交する相手の全身を吸いこむ井戸あるいは洞窟になっているのは、王の最愛の妹が母へと変容していることを示す——この変容は王が同じように父の姿に変容することを意味する。極みに達したエディプス・コンプレックスのこの段階で、母の膝が息子の体に一致するように父の男根を受け入れる。太陽が苦しむ幼児でもあり恋人でもあることは、最初の同一化における体と男根の等式をあらわす——父と息子の結合はとりわけ受肉の鳩という聖霊によって象徴される。

親による石の抽出

苦しむ息子あるいは父と、出産の苦しみを受ける母との結合が、図一〇八の二重のイメージを生み出しており、この図は性交によって結ばれた両親と、子供を生む母をあらわしている。性交する両親のあいだで押しつぶされるという考えは、臨床的にはありふれた幻想であって、主要な創造神話にも見いだせる。最初の行為の幻想の土台をなす、父あるいは母との性的同一化が、精神力学の力であって、これが図一〇八の苦しむ太陽を活気づける。これが重要な同一化、あるいは親の取り入れという窮極の目標への推移をもたらす。父でもあり母でもあるというレビス、すなわち「二重の存在」である。意味深くも『哲学者の薔薇園』では、四番目の木版画が次のように説明されている。

われらが石は二つの体の本質より抽出される（註一七二）。

高貴な水の結婚は雷や稲妻という自然の作用と密接に関係しており、精神外傷の恐怖と天の照明という二重の意味を錬金術にもたらしている（註一七三）。太陽は水中で月を抱くが、彼らの「苦しい」再結合は妊娠した雷雲の中で完了する（図一〇八）。同じようなモチーフが図一一〇にあらわれており、雷雲から神の手が突出し、太陽の殻を破り、太陽は一瞬の内に誕生を経験する（錬金術ではこの行為は土の闇からの金の解放を意味する）。

雷雨とライオン殺し

水の結婚――父なる王の殺害――のいま一つの付随的なモチーフが、図一〇九で動物版として示されている。『パンドラ』の木版画はマルコス王のライオン狩りの結果をあらわしており、罠にかけられ、女の石に呑みこまれたライオンが、脚を切断されて死の苦しみにとらわれている（註一七四）。既にわかっているように、ライオンはセニオルの物語で王になりかわっている。この秘められた同一化が木版画で際立っており、罠にかかった錬金術師が井戸の首でもがきながら、「ライオンの血を流して殺すべし」と記された巻物を指差している。

罠にかかった錬金術師が王であることは、その体が不思議にも王冠をいただく井戸の塔と融合していることによって示される。翼《よく》のある塔は翼をはためかす鳥たちに充満して、基部では二羽の交接する鳥が尾を食いあっている。水盤の縁にいるペリカンはあふれだす血を象徴し、右側の蛇は受胎を象徴する。フラスコやレトルトとともに舞いあがったり舞いおりたりする鳥たちは、宙に飛ぶ巻物の説明になっていて、巻物には「定まったものが不安定になり、不安定なものが定まったものになる」と記されている。

絵の行為は本文で「ライオンとその父の殺害および煎じ出し」として解釈され、ライオンと父の本質が井戸の水と混ぜあわされ、探し求められた生命の霊薬として飲まれるのである。

ライオンの血をとり、その父の体を正当に激しい熱により焼いて灰になさしめ、そこに祝福された水を注ぐ者は、万病を癒す薬を得るであろう。これは人間、動物、鳥、錫、銅、鋼、鉄、鉛の至高の薬である（註一七五）。

オットー・ランクと出産外傷

巨蟹宮から獅子宮への移行、王の井戸への降下と潜水、蟇の口へのライオンの降下、容器の首、月の燃えあがる穴は、自閉段階から誕生へと向かう自我の退行的推移を象徴する。錬金術におけるこの運動の象徴は、死と食われることの恐怖と混ざりあう熱烈

図109　高貴な罠、あるいは再誕の井戸によって、
父ライオンを殺し、父にとってかわる

図110　胎児太陽の黄金の誕生

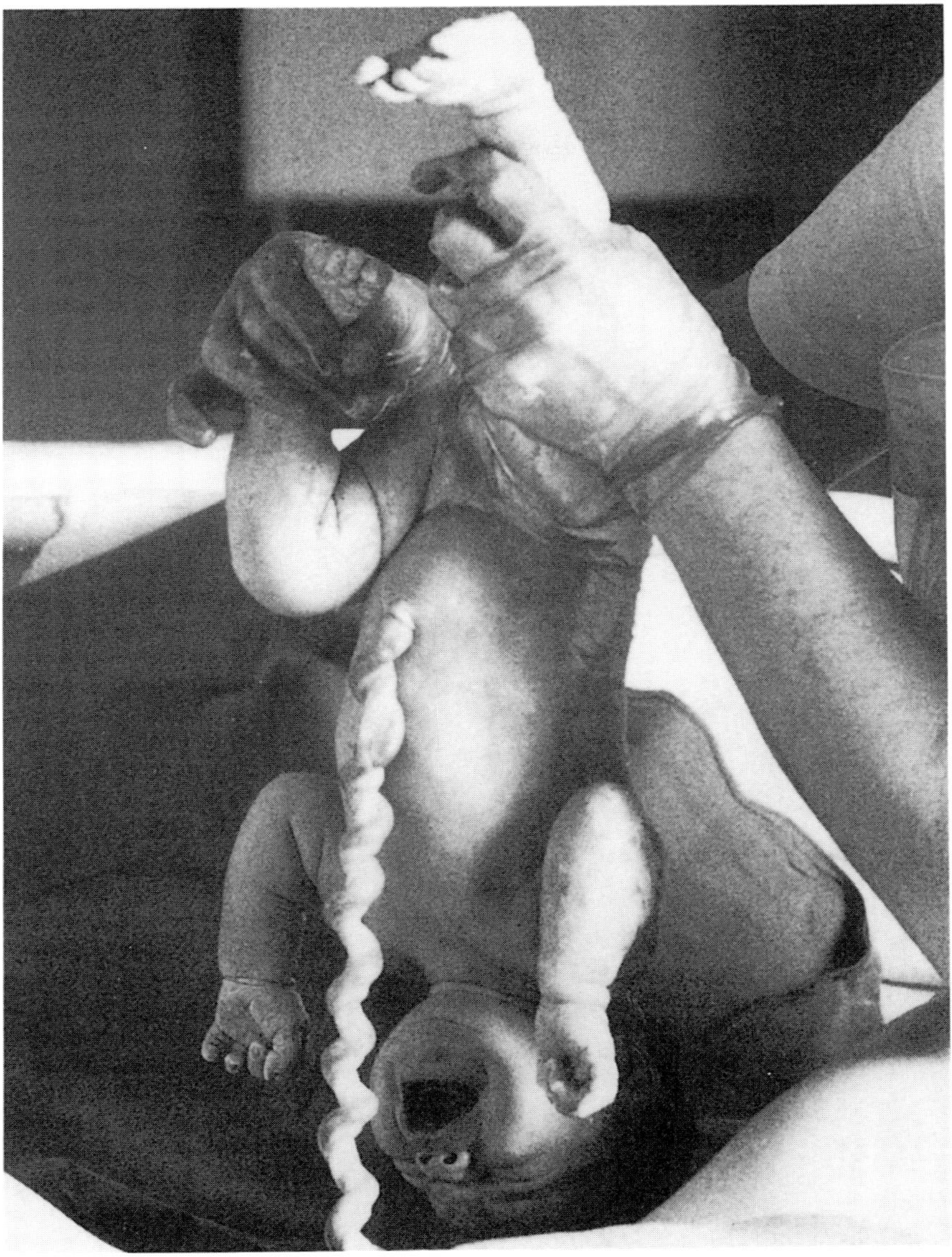

図111　誕生と死の母なる井戸からの新生児の抽出

な愛の炎をあらわす。オットー・ランクの「出産外傷」説（一九二四年）は、個人の無意識の根底にあるこの不思議な形態を説き明かしている（註一七六）。

ランク説によれば、すべてを包みこむ子宮の至福と母から断ち切られることは、自我の最初の痛ましい現実体験になるという。死とともに、誕生は人間にとって最も不安な体験である。この出来事が無力な幼児に深遠なショックをあたえるので、精神外傷のパターンが元型的状況の力でもって幼児の記憶に刻みこまれる。出産外傷――ランクがこのパターンをこう名づけた――の心的性質は、分離不安と原不安から構成される。自我が激しい恐怖をはじめて経験することにより、抑圧という通常の心理的反応が引き起こされる。その結果が強力な精神障壁の形成であり、これはマザー・コンプレックス、ヴァギナ・コンプレックス、性コンプレックスとして知られるもので、「無意識の最下層」において誕生の普遍的な原不安を帯びるものになる。

LSDによって確認されたフロイトの考え

フロイトの定義に従えば、誕生のプロセスは精神外傷をもたらす出来事であると考えなければならない。（一）内部および外部のあらゆる源からの過剰な刺激が子供に押し寄せて圧倒する。（二）何の前触れもなく急に訪れるショッキングなものである。（三）子供には逃れることのできない強烈なものである。フロイトの考えによれば、誕生の行為が最初の精神外傷であり、それゆえ不安の源であるとともに、不安の生理的な原型であるという（註一七七）。

ランクの理論とフロイトの考えが激しい議論を引き起こした結果、出産外傷の妥当性は退けられた。しかしこの結論は未熟なものであることが証明された。この結論はLSDの引き起こす退行や錬金術の象徴主義によって否定され、新生児におこなわれた単純な実験によって退けられたのである（リリー博士の実験については註一七八を見よ）。

誕生の稲妻と雷

再誕にかかわる錬金術の象徴はすべて、誕生の経験の再現という観点から解釈することができる。数多くの錬金術のモチーフによって、この経験の多様な面を考察してみよう。さしあたって、錬金術における精神外傷の雷雨は、誕生の経験の聴覚および視覚的な様相をあらわしていると解釈してよいだろう。子宮の水の闇に慣れているために、幼児の目が太陽の光の最初の印象を受け入れるのは、成人が夜に雷の閃光を見るようなものである。聴覚的にも、新生児は成人が雷鳴を経験するように、誕生を経験するにちがいない。幼児の鼓膜は母の体という音を吸収する「壁」に守られていたので、誕生の際には雷鳴のように感じられるさまざまな音にさらされるのである。

誕生の日

出産は子宮がせばまることによってはじまり、胎児の体がまっすぐにされるので、胎児の頭（あるいは稀れには尻）がケルウィクス（ラテン語で首を意味する）と呼ばれる子宮頸部に押しつけられる。次に、完全に閉じた子宮頸部が胎児の頭の幅にあわせて開かなければならない。子宮上部の筋肉が収縮するつど、五五ポンドの重さに匹敵する力が胎児にくわわる。通常は羊膜がこの圧力を受けて破れ、裂け目の大きさと位置によって、羊水がほとばしりでるか滴りだす。収縮の間隔がしだいに短くなってくると、胎児は子宮頸部に押しつけられて、ついにはこの頸部の受動的に抵抗する筋肉が屈服して、胎児の頭がきつい水泳帽をかぶるようにすべりだす。これによって最初の最も長い出産の段階が完了する。第二の段階は短いが、さらに強い力を要求する。胎児を出産するにはおよそ百ポンドの重さに匹敵する力が必要なのだ。余分の力は母親の努力によって提供しなければならない。このため出産のプロセスは labour（分娩あるいは骨折り仕事）と呼ばれるのである。母親の筋肉の力がさまざまな理由から十分なものでないときは、医者が手を貸さなければならない。鉗子で胎児を引出したり、ときには帝王切開をほどこさなければならないのである……出産は胎児にとって楽なものではない。一時間以内ですむこともあれば、何時間もつづくこともある。初産の場合は平均して一四時間かかる（註一七九）。

G・ラックス・フラナガン

ドラゴンの洞窟への降下

図一一二では、錬金術師たちが錬金術の結合の神秘の前で膝をつき、眼前で演じられる再誕のドラマに驚嘆している。雲からヘルメスの鳥あるいは鳩が、歯のある容器の首にくだっているが、容器はドラゴンの口が分離したものに変容している。ドラゴンの上顎、すなわち左の頭部は太陽と同一視され、下顎すなわち右の頭部は月と同一視される。このようなやりかたでもって、恐ろしい性質のものだとはいえ、ドラゴンは両性の結婚の象徴としてあらわれるのである。不思議なことに、祈る錬金術師たちは両性具有の怪物のふくれあがった腹を押しているように見える。喘ぐドラゴンの子宮の収縮が八人の錬金術師という「産婆」に手助けされているありさまは、錬金術の結合の興味深い変種である。両側には錬金術師の一〇の美徳が、熟練、経験、実践、思慮分別、忍耐、気品、情愛、理性、考察、清らかな生活として記されている。

図112　苦しむドラゴンの唸り「我を殺さぬかぎり、汝は賢者と呼ばれることはない」（註180）

図113　近親相姦による水の結婚

図114　原不安というドラゴンの炎の中で分離しながら、アポロンの仕事を真似ようとする

図115　死の恐怖の口で分離しながら、むさぼり食う敵を食おうとする

ドラゴンの近親相姦的な生命の水槽

図一一三は高貴な水槽の新たな変種をあらわしている。蒸留器基部の七つの開いた管から、太陽の光をそそがれる月の水が裸形の兄と妹の頭に流れているが、この兄と妹は機が熟して容器内部で結合する太陽と月にひとしい。兄と妹は「生命の水槽」で抱擁しているあいだ、分離したドラゴンによってふくらはぎを噛まれ、脛を蔓にひっかかれる。井戸の銘刻文は近親相姦の兄と妹を霊とアニマの象徴として示している。同様に、翼をもつドラゴンと蔓は、肉体、すなわち結合が起こる暗くて恐ろしい子宮を象徴しているのである。桃の形をした子宮容器をもっているのは、聖霊をあらわす鳩の擬人化した存在で、その受肉の息が容器を封印する一方、対立物の合一をなさしめている（同じような鳩＝聖霊の行為を図一〇六、一〇七、一〇九、一三五、一六六で調べてみればよい）。

図一一四は錬金術の洞窟の入口でのドラゴンの戦いをあらわしている。原不安というドラゴンの炎によって分断され、錬金術師が哲学者および騎士の二つの姿であらわれている。哲学者としての錬金術師は、このうえもないショックを受けて無防備に体をこわばらせ、その黒ずんだ顔は死の恐怖に染まっている。それに反して、騎士は攻撃的に精神外傷の経験に対峙し、炎を吐く怪物に矢を放とうとしている。二人の人物はこのようにして、ドラゴンの口における英雄の能動的な苦しみと受動的な苦しみを要約しているのである。本文に記されているように、版画のモチーフはアポロン神話にのっとっている。洞窟はデーロス島にあるアポロンの誕生の地、ライオンの守る聖なる地である。*

＊ドラゴンの戦いはアポロンによるピュートーン殺しをあらわしているが、アポロンは生後まもなく矢でドラゴンを殺すのである。この出来事のあと、大蛇ピュートーンはアポロンと親交を結び、アポロン神殿に立つオンパロス（半円形の石の祭壇）、すなわち聖なる臍石、世界の臍を守護することになる。アポロンとドラゴンの戦いを伝える別の話では、アポロンが弓を引く裸の幼な子として、母に抱かれてデルポイに来るありさまが物語られる。アポロンはデルピュネ（古代ギリシア語で「子宮」を意味する）という女ドラゴンと出会う。デルピュネは男の蛇デルピュネスとともに暮しているが、デルピュネスはしばしばデルピュネやピュートーンと混同される。アポロンは子宮の形をした大蛇に矢を放ちつづけ、ついにこれを倒す。大蛇の体は太陽の力によって溶け、この出来事が起こった場所はピュトーと呼ばれ、アポロンはピュティオスと呼ばれるようになる（註一八一）。

ドラゴンの戦いは小作業の入口をあらわしており、火の洗礼はヘルメスの子らの秘密結社に参入するのに必要な状態をあらわす。ドラゴンの意味により、錬金術師は怪物を変装した祝福として受け入れる。次にドラゴンはその挑戦者に出会い、『哲学者の薔薇園』で次のようにあらわされる有名な唸りをあげる。

しかるがゆえにすべての賢者に告げるが、我を殺さぬかぎり、汝は賢者と呼ばれることはない。されど我を殺せば、汝の理解は完璧をきわめ、我らの知恵の程度によりてわが妹なる月によって増し、たとえわが秘密を知ろうと、わが下僕によりては増すことなし（註一八二）。

バシリウス・ヴァレンティヌスの第三の鍵

図一一五はバシリウス・ヴァレンティヌスの第三の鍵を示しており、雄鶏の分離した姿が再誕の能動的および受動的な面をあらわしている。狐を食おうとしている雄鶏が狐によって食われている。前景では、有翼の飢えたドラゴンが雄鶏と狐を食うところあいをうかがっている。この情景はバシリウス・ヴァレンティヌスの別の図版の異版であって、原版（図一一四）では鷲がライオンに呑みこまれ、ライオンはドラゴンに呑みこまれる。本文は次のようになっている。

王が自らの水に大いなる力と可能性をあたえ、自らの色に染めるのは、それによって消滅して不可視になったあと、ふたたび目に見える姿を回復して、単純な本質を極度に減少し、知性を大いなる完成に導くためだが……これは（王の）体が塩水に吸収され、塩水に退けられてからのことである。次に天のどの星よりも明るく輝くように位を高めなければならず、その本質において、自らの胸を傷つけながら力を弱めることなく、自らの血で数多くの子を養い育てるペリカンのように、豊富な血をもたなければならない。この薬剤が達人の薔薇、紫色の薔薇であり、ドラゴンの赤い血とか、至高の王の紫色の外套と呼ばれることもあり、救済の女王はこの外套で覆われ、必要とされる金属のすべてを温める。

注意深くこの栄光の外套を、天の硫黄と結ばれる星の塩とともに保存し、害されぬようにするべし。これに鳥の揮発性物質を十分に加えれば、雄鶏は狐を呑みこみ、水の中で溺れ、火によって生命をあたえられたあと、狐に呑まれるであろう（註一八三）。

ドラゴンの戦い、出産外傷

深層心理学者たちは早ばやと、ドラゴンや怪物を心の地質の最も深い層を形成する基本的な力の象徴として認めた。一九一二年にはユングが『リビドーの変容』（『変容の象徴』に収録）で、英雄神話を退行するリビドーによる再誕の奮闘の象徴として解釈した。しかしユングの主張する再誕のパターンが正しく理解され、出産外傷の象徴として解釈されたのは、一九二四年になってからのことである。その年、オットー・ランクが発生論の観点から、ドラゴンや怪物が出産外傷の象徴的表現であり、ドラゴンと戦う英雄が原不安を退行によって克服する自我の象徴であるという解釈を提出した。奇妙なことに、ユングはオットー・ランクの「出産外傷」に対して、フロイトと同じように反応した。すなわち、分離と否定という適切な防衛機制により、ランク説を「オットー・ランクが詳しく述べた幼稚な理論」と決めつけたのである（註一八四）。

LSDによる再誕におけるドラゴンの戦い

ドラゴンの戦いは元型的な主題であって、宇宙的スケールのおびただしい変種がある。二〇世紀において、このモチーフはLSDの引き起こす再誕体験の顕著な特徴としてあらわれた。マスターズとヒューストンが次の典型的な事例を報告している。

Sが激しい呼吸をはじめ、強烈な心の葛藤にとらわれているかのようだった。顔が赤くなり、汗をかきはじめ、その表情といえば、死の戦いにとらわれている神話の英雄を思わせるものだった。数分たつと、「途方もない戦い」を経験していることを報告した。Sの感覚は「地上にしがみつく」のをやめようとしなかった。Sは「東洋の蛇のようなものに縛りつけられ、意識が圧迫されて視界をせばめている」と文句をいった。この力を相手にもがき、そうすることで、いまだかつてなかったほど強烈な感じを経験した。Sの努力は「神をふくむ」ことに向けられたという……しばらく沈黙がつづいた後、Sはこういった。「途方もない戦いに巻きこまれている。生物は巨大で象徴的だ。ぼくが勝つのか、負けるのか、その象徴や結果が理解できないのでわからない。巨大なものが戦っている。数百フィートの高さのある虎やさまざまな動物が、喉を引き裂きあっているんだ。これはぼくの力、この身を神にさしださないかぎり、ぼくを消してしまう力だ。力には宇宙的な意味もある……ぼくは最も巨大な力の戦場なんだ。こんなあいだも、巨大な虎とドラゴンが相手の喉に食いっこうとしている。この力は象徴的で、ぼくと神の戦いに関係しているが、どういうものなのかはまだわからない」Sの話によれば、きわめて強烈な性的感覚をおぼえつづけ、神が「性衝動を奪う」かもしれないので、神に身をさしだすのがこわかったという。三時間つづく「神との戦い」の最初の段階はこのようなものだった（註一八五）。

迫害する元素の兄弟

図一一七および図一一八として掲げた二点の木版画は、王と女

王の水の結婚をあつかう『パンドラ』の一連の図版から採ったもので、最初の図版は図七一として既に掲げてある（異版を使用した）。木版画は『哲学者の薔薇園』のものと一致しており、裸の王と女王の出会い、そしてメルクリウスの井戸への降下をあらわしている。図一一七では、王と女王が容器の中で手をつないでいるが、この容器の首は裸の妊婦と同一視されている。『パンドラ』の本文によれば、王と女王は「一人の父をもつ四つの顔」にとりまかれている（註一八六）。「顔」は二番目の木版画（図一一八）で四元素——土・水・空気・火——と同定される。さらに『パンドラ』の本文によれば、四つの顔が存在することは、四元素の性質の変容、あるいは循環を意味する（註一八七）。図一一八では、四元素のこの循環が、王と女王の井戸への降下やそれに類似する行為と同時に起こる。哲学者の息子が「誕生」して、翼をもつ子供が再誕の速い足で容器の首を登っていく。

「一人の父をもつ四つの（元素の）顔」が錬金術の英雄をとりかこむモチーフは、図一一六として掲げた興味深い異版にもあらわれている。錬金術の英雄は棍棒を武器として、四元素、すなわち自分をとりかこんで殺そうとする敵意ある四人兄弟と戦う。本文によれば、迫害される錬金術師の仕事は、自らの元素の兄弟を殺すことである。一人を殺すことに成功すれば、全員を殺せる。

四人の兄弟が長い列をつくって立ち、
右側の者は土の重みを帯び、
一人は水の重み、のこる二人は
空気と火の元素を帯びる。
四人全員を即座に死なせたいのであれば、
一人だけを殺せばよい。
彼らは自然の絆で結ばれているゆえ、
ともに死ぬからである（註一八八）。

迫害する兄弟が本文ではさらに、ヘラクレスを食おうとしたゲリュオンの四つの頭にたとえられる。元素の兄弟はシャム双生児や四つ子にもたとえられる（註一八九）。五番目の人物が彼らの「兄」であり、版画では別の「双子」としてあらわれている事実によって、図一一六の悪人たちを、すさまじいゲリュオンめいた体が分離あるいは分裂の過程にある、複数の頭を備えた人物として見ることもできる。

本文では最後にモチーフがドラゴンの戦いや王の死と再誕にたとえられる。

彼の者が立つとき、死と闇と水が彼の者より逃げ出す。ヘルメスが証すごとく、深淵を守護するドラゴンは太陽の光より逃れ、われらが子は生き、死せる王は炎より蘇る（註一九〇）。

図一一九が示しているのは、王国をとりもどす邪魔をする悪意に満ちたドラゴンと戦う、「森の王」としての錬金術の英雄であ

図116　四人の迫害者へと分離する迫害される錬金術師の投影による同一化

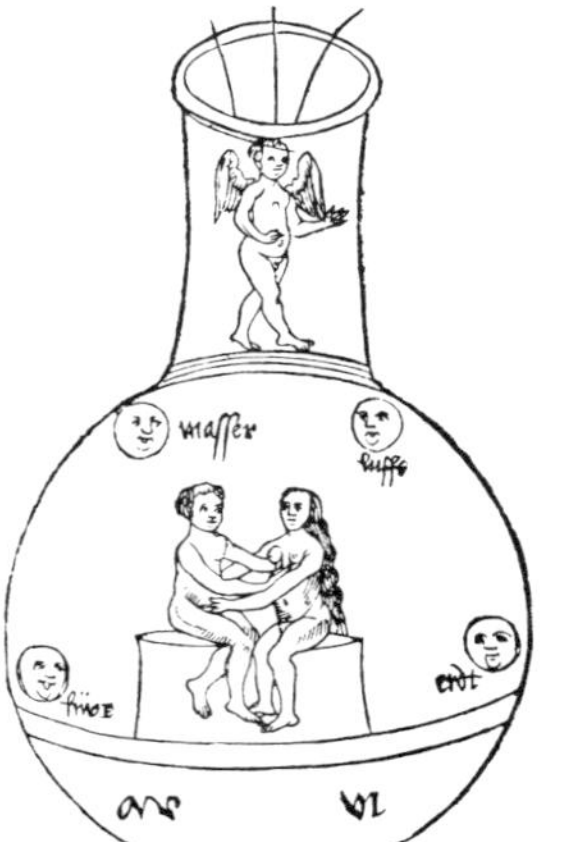

図118　容器の首における翼を備えた再誕

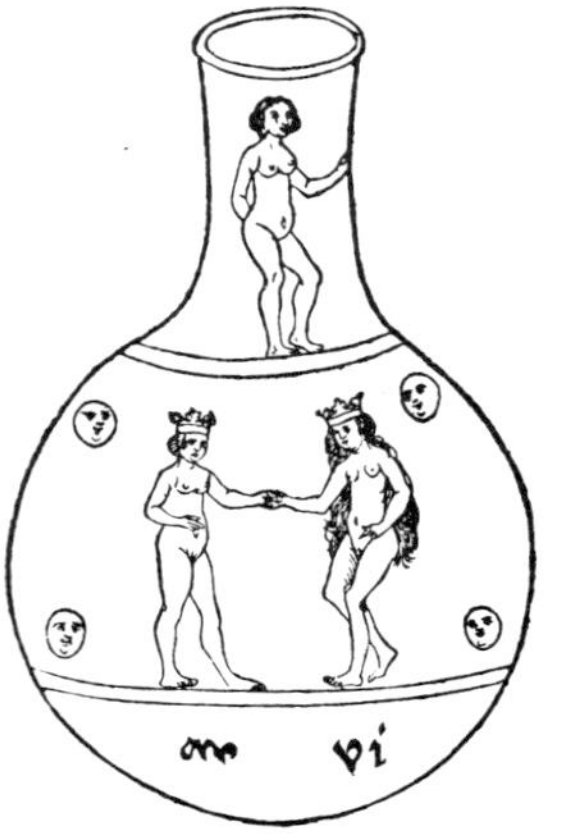

図117　迫害する四元素

図119　悲惨な出会い「森の真黒き獣を直視せよ」(註192)

る（註一九一）。

誕生の迫害不安

これらの図版があらわしているのは、ふくれあがった容器、あるいは妊娠した女王の喉で誕生する際の、王あるいは哲学者の息子の迫害不安である。幼児の出産外傷経験の主要な特徴としての迫害不安は、メラニー・クラインがはじめて主張した。メラニー・クラインによれば、五五ポンドの重量に匹敵する力で胎児を吐き出し、「押し出す」子宮の収縮は、なすすべのない胎児によって、残忍な敵の残酷な攻撃として想像され、そのように解釈されるのだという。

> わたしが提出する仮説は、新生児が誕生のプロセスおよび誕生後の環境に順応する時期に、迫害の性質をもつ不安を経験するということである。これを証明するのが、知的に把握することのできない新生児が無意識に、あらゆる不快を敵意ある力によって押しつけられたものであるかのように感じるという事実だ……誕生の経験から生じる迫害不安は原不安の形態をつくり、すぐに鬱状態の不安がつづく……わたしの見るところ、全能の破壊衝動、迫害不安、分離が、生後三、四ヵ月に顕著である。わたしはこの機制と不安の結合を、妄想症・精神分裂症的局面と呼んでいるが、極端な場合には偏執病や鬱病の土台になる（註一九三）。

メラニー・クラインが発見したように、誕生の原不安に対する最も初期の防衛機制は、「原抑圧」ではなく——自我はこれをおこなうには弱すぎる——分離なのである。死の危険に直面して、幼児の自我は、尾をつかまれるとこれを断ち切って逃げ出すという、蜥蜴と同じ原始的なやりかたで反応する。この原始的な防衛は、死の危険に対する成人の無意識の反応に蘇る。分離が恐ろしくも不気味な二重化感覚を生み出し、個人の人格が二つに分離して、半分が死の脅威に直面し、のこる半分が遊離・麻痺した状態にとどまって、これを否定するのである（図一一四）。

最初の防衛としての分離は鬱病において蘇り、出産外傷の原不安の層にまで退行する。メラニー・クラインが鬱病患者を調べて発見したように、症候の顕著な特徴は、抑えがたい怒りの爆発をともなう迫害不安である。メラニー・クラインが推測するところでは、同じような不安と怒りが新生児にもあるにちがいないという。この推測は新生児の特定の精神生理学的な振舞いに一致しているようだ。激しい泣きじゃくりと怒りの抑えがたい爆発によって、新生児はよく顔をゆがめながら、全身を震わせる（図一一一）。このような反応が示しているのは、誕生の際に経験した精神外傷、ことに子宮頸部に閉じこめられて激しく締めつけられたことにより、不安だけではなく怒りも引き起こされるという事実である。おそらくこのなすすべのない怒りの感情が原不安の中枢部なのだろう。

取り入れ、投影、投影による同一化

図一―六において迫害するドラゴンと錬金術師が同定されることは、迫害する対象との最初の同一化のプロセスを示している。これはメラニー・クラインが「取り入れ」という用語で描写したプロセスである。

原不安の重要な源は出産外傷（分離不安）と肉体的欲求が満たされない不満である。これらの経験も、誕生したときから、対象によって引き起こされたものとして感じられる。これらの対象が外的なものだと感じられるにしても、取り入れによって内的な迫害者になるのである（註一九四）。

胎児期における胎児と母の――臍帯によってあらわされる――関係のため、出産時に経験される「外的な」迫害の不安は、新生児にとって「内的な」迫害の不安と区別できないものとしてあらわれる。外部から生じる攻撃的な力が同様に内部からも生じ、新生児は自分が憎み恐れるものに満たされていると感じる。

この二重の危険は投影という防衛機制によって処理される。人間は心の一部が邪悪で危険なものだと感じると、この一部を分離して「投げすてる」こと、すなわち投影することによって自分を守る。原始的な防衛機制としての分離と投影は、聖書の有名なくだりによって次のように述べられている。

もし右の目なんじを躓《つまず》かせば、抉《くじ》り出して棄てよ。五体の一つ亡びて、全身ゲヘナに投げ入れられぬは益なり（『マタイ伝』第五章二九節）。

図一―六はメラニー・クラインの迫害不安という出産外傷の内部における分離と投影の機制をあらわすとともに、メラニー・クラインの発見したもう一つの機制、投影による同一化をもあらわしている（註一九五）。図一―六には鏡の魔術があって、迫害の行為を逆に見ることもできる。この場合、攻撃する錬金術師は棍棒をふりまわし、実際には自らの断片化した攻撃的人格である、四つに分離した人物を相手にしているのである。

分離と投影が展開する自閉的な宇宙では、分離された衝動や投影された衝動のすべてがその源にもどる。対象のない世界で出産の苦しみを受ける母親と同一化することで、新生児は迫害する「対象」をすべて自分の一部として経験することになる。したがって、分離された迫害者や投影された迫害者は、すべて新生児にもどり、内的な迫害者として新生児の心を満たす。このようにして、胎児の自我は最後には自ら投影するものと同一化してしまう。これが投影による同一化であって、迫害不安とその防衛機制、すなわち分離と投影の枠組の中で進展する。図一一六は出産外傷による不安の精神力学的形態のユニークな図解であり、この形態は通常の死と再誕の経験のすべてに再現し、異常な形では鬱病で再現する。

バシリウス・ヴァレンティヌスの高貴な結婚

図一二〇はバシリウス・ヴァレンティヌスの第二の鍵のフランス語版の挿絵であり、本文についてはあとで紹介する（第二の鍵の原図版は図一五三として掲げてある）。この図版は図一二二を手本にして、神秘的な妹に驚かされるバシリウス・ヴァレンティヌスをあらわしており、妹が左手に自分自身の冠と笏と作業の第二の鍵をもち、バシリウス・ヴァレンティヌスを戴冠と結婚に向かわせようとしている。*

*本文から明らかなように、バシリウス・ヴァレンティヌスの第二の鍵と第三の鍵は、作業の最初の結合の再誕の神秘をあつかっている。本書で第二の鍵が図一五三、第三の鍵が図一一五として、逆の順に掲載してあることも、これによって正当化される。

女王の行動に不意を打たれ、おびえた修道士は力ない仕草とはいえ、なだめるように妹に手を差しだしている。戴冠の儀式はベネディクト会の修道士に不思議な影響をおよぼし、修道士は図一二二の二番目の容器における哲学者＝王のように、錬金術の結婚の絶頂に近づくにつれ、二つに分離する。修道士の二番目の無冠の自己が、欲求を満たされずに泣く人物として背後にあらわれる。バシリウス・ヴァレンティヌスの分離した自己が暖炉の前に坐り、正面には炉と容器がある。容器内で起こっている作用は、作業場で果たされる作業の性質を示す。裸の王と女王が性交するとともに、結合の花に飾られる容器の首に哲学者の息子がもたらされる。この作用は図一二二に詳しく図解されており、『パンドラ』の二点の木版画の異版は図一一七および図一一八として掲載してある（ラテン語の銘刻文から明らかなように、二点の版画は哲学者の息子の「受胎」とその母＝妻の「妊娠」をあらわしている）。

王と女王の性交に加え、修道士の作業場の他の特徴によって、作業が「最大の驚異のあらわれる結合の刻限」（『哲学者の薔薇園』）に達していることがわかる（註一九六）。炉棚にある四元素の印と、その背後の管に記された七つの星の印は、錬金術の物質の「循環」とその宇宙的共生がはじまったことを意味しており、これは書棚の一番上にある地球儀によってもあらわされている。同様の救いは女王の背後の情景によって表現されており、「ロサリウム・フィロソフォルム（哲学者の薔薇園）」と「アルボル・ヴィタエ（生命の樹）」が示されている。

図120　ベネディクト会修道士の高貴な分離結婚　頭がヴァギナと組み合わさる

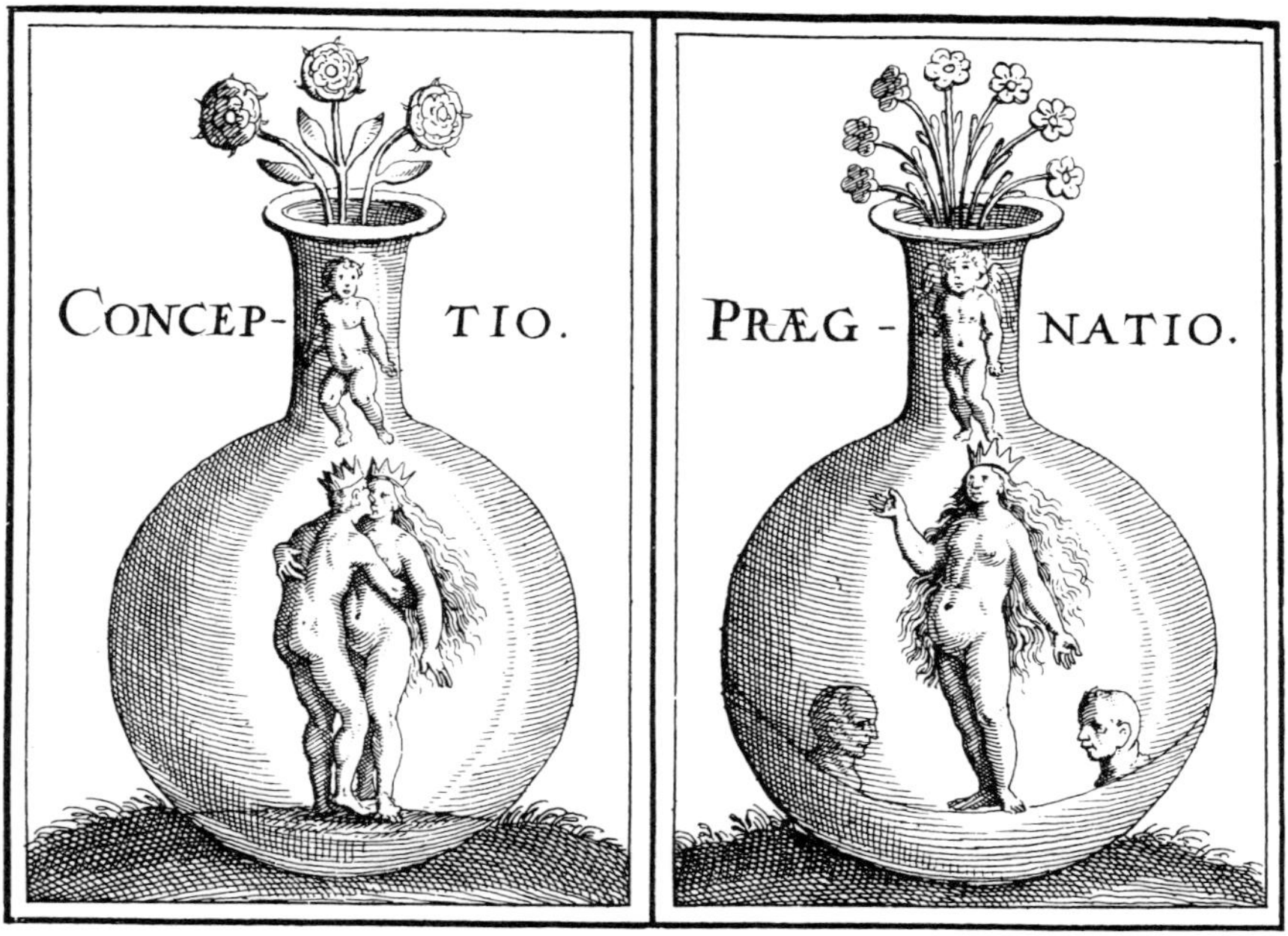

図122　錬金術の胎児の王が母の中に消えて分離する

図121　性交による子宮回帰

王が汗を流す結合の水槽

バシリウス・ヴァレンティヌスの第二の鍵では、王の不安な再誕と結婚の水槽の水をかきまわす分離過程が、次のように描写されている。

> 水が後退するときは、常に祝福がもたらされる。花嫁は結婚のために招かれると、おびただしい貴重な衣装にて華麗に飾られ、これが花嫁の美しさを強め、花婿の目に快いものとして映る。愛の絆が美しい外見によって強められる。しかし花嫁は結婚の夜の儀式を、衣装を何一つまとわず、生まれたときの姿で果たす……
>
> かくして宮殿が多くの職人の手により建てられ、おびただしいガラスが作業を清め、宮殿を良きものにて満たすとき、王が宮殿に入りて玉座につく準備が整う。しかし心しておかなければならないが、王とその妻はともに結ばれるときに裸形でなければならない。華麗な衣装のすべてを脱ぎさり、自分たちの種子が異質なものと混ざって害されることのないよう、生まれたときと同じ裸の状態で、自分たちの墓をもたねばならない。
>
> 結論として述べれば、花婿の入れられる水槽は、とぎれない戦いにより、清めあって矯正しあう、二つの相反する種類の物質から造らなければならない。あたりを包む厳しい寒さのため、雛が凍死する大なる危険にさらされるゆえ、鷲がアルプスの頂きに巣をつくるのはよいことではないからである。しかし久しく岩場に住んで大地の洞窟より這い出す氷のドラゴンを鷲に加え、両者を炎の上に置けば、氷のドラゴンから火の霊が引出せ、火の霊はその大いなる熱によって、鷲の翼を焼きつくし（図一二六）、このうえもなく熱い発汗する風呂を用意するため、山頂の雪が溶けて水になり、それによって活気づく鉱物の風呂が用意され、富、健康、生命、力が王に回復されるのである（註一九七）。

高貴な子宮に入る

王と女王の水の結婚の「発汗する風呂」とその性交の不思議な性質が、図一二二に示されている。性交する王は女王の子宮の中に消え、そうして哲学者の息子としての自分自身を誕生させる。出産する月が自分の息子＝夫の上に昇り、それぞれ容器の明るい半分と暗い半分に置かれた、哲学者＝王の分離した姿に飾られる鎌の上で勝ち誇っている。二つの頭は鏡の象徴性によってたがいに見つめあい、近親相姦の結婚の冠の下で分離したベネディクト会修道士の二重性を繰返している。

図一二一は「水の中にて体を溶かすべし」のモットーの下で、王が井戸にくだるありさまを描いている。Dの噴水の燃えあがる水は、AとBの管からほとばしる太陽と月の水を結びつける。そ

の下では、一団の裸の男女が噴水の水盤で水浴びをしている。彼らの小さな姿は王の内部で逆巻く火・水の退行的性質を示し、王の頭と体は図一二二の王の突撃に似たやりかたで、女王の井戸を「貫いている」ように見える。

男の最初の性愛=攻撃の経験

ヴァギナの収縮と「無情なあつかい」という排出する力により、胎児の体に加えられる全面的な「攻撃」に対して、顕著な攻撃の動因が出産外傷のあいだに発達すると推測するのは自然である。進化の観点から解釈すると、この推測も意味をなす。迫害と攻撃にさらされる経験、そして同時に起こる怒りの発作は、生存に向けての激しい闘争行為に適切な肉体の準備としてあらわれる。

同様に、胎児の「ペニス」がヴァギナの中でこすられるときに、性の動因が分化すると推測するのも自然である。これは成長してから種の生存を目指す性行為のために適切な体の準備である。生存の価値をもつ二つの動因の分化は、王の発汗する風呂で絶えまなく闘争する二つの相反する性質の物質によって象徴される。もちろんこの散在性の動因の分離は、最初は混沌としてはっきりしていない。この状態は動因の混乱の一つであり、これにともなって胎児の自我は「善」と「悪」、性衝動と攻撃衝動を識別できない。しかし原リビドーの統一は誕生によって断ち切られ、誕生がはじめて性的性質と攻撃的性質の感情や衝動を解放するものとして受けとめられる。

この関係は性衝動と攻撃性——愛と憎しみ——の謎めいた無意識の関係を際立たせ、サディズムやマゾヒズムにおいて「性の戦い」に溶けこむ。ことにこの関係は、後の人生で子宮回帰の意味が無意識のうちに性交に植えつけられ、男の攻撃的な男根が無意識のうちにヴァギナを貫こうとして戦う子供と同一視されるわけを説き明かす。自我の再誕経験に「体の縮み」や「体の胎児化」がしばしばともなう、ヴァギナ・レヴェルの体制における、「肉体=男根」の等式のユニークな図解が、図一二二である。

生物学的および心理学的に、最初の統一の分離として誕生を定義できるなら、誕生の際の無意識の幻想の内容は分離の全面的な象徴体系を形成するにちがいない。メラニー・クラインが発見したように、これは誕生の原不安に対する自我の最初の原始的防衛機制にさえもあてはまる。図一二〇および図一二二は、誕生にかかわる行為に関係して起こる狂乱した分離過程を絵であらわしたものである。図一二二では、母なる女王の中に消えるとともに、その行為によって分離する胎児という哲学者=王を示している。図一二〇が示しているのは、ベネディクト会修道士の分離した結婚であり、修道士の頭が女陰にはまっている。

火の家族の再結合

『沈黙の書』の七番目の図版(図一二三)は、白と赤の薬剤の結合、あるいは銀と金の結合をあらわしている。妹が月の銀の粒をくだく一方、兄は太陽の液体の金を加える。溶液が容器に移され、ふたたび皿にそそがれる(中段左)。皿が湯だまりの上で熱せられ、白と赤の薬剤の結合が極端な熱によって試みられる。右の場面では、マンダラ状の八本の光を放つ星によって象徴される融合の産物を、妹が集めている。下段では、結合の神秘が神秘的な言葉に翻訳される。メルクリウスの子供は、まず堪えがたい薪の熱によって、次に水槽の中で、サトゥルヌス(クロノス)にむさぼり食われるが、このモチーフは王の井戸への降下を変化させたものである。世話をする錬金術師によって、父と子の双方に赤と白の薬剤がかけられる。最後の場面では、哲学者の息子の裸の両親が紐で縛られ、サトゥルヌスがその紐を剣で断ち切ろうとしている。月が結合の容器を夫と息子のほうに差し出しながら、左手を腿にあてている。

図一二五が示しているのは、「王とその息子」にまつわるラムスプリングの物語の不気味な結末である。息子は父の山と玉座を奪ったあと、罪悪感に圧倒され、父の「膝」にもどる決意をかためる。有翼の導き手の助けを借りて、親の岩をくだり、玉座の前に行くと、恐ろしい結末が待ちかまえている。

息子が来るのを見るや、
父は声をあげて泣き、「わが子よ、
そなたがおらぬあいだ、わしは死に、
人生の危険の中で生きていた。
そなたの帰還によって、わしは蘇り、
わが胸には喜びがあふれる」と述べた。
しかし息子が父の家に入るや、
父は息子をかき抱き、
喜びのあまり自らの口で、
息子を呑みこんでしまった(註一九八)。

ラムスプリングにおけるこのモチーフは、ヘルメスのものとされる有名な金言に変化をそえている。その金言とは、メルクリウスあるいは石が次のように叫ぶものである。

わが光は他のすべての光をしのぎ、わが善は他のすべての善よりも高い。わたしは光を生ぜしめるが、闇もまたわが性質のものである。わたしと息子の結合ほど、この世に価値ある良きものはない(註一九九)。

図一二四はバシリウス・ウァレンティヌスの太陽と月の結合の寓意画であり、この出来事はバシリウス・ウァレンティヌスの第二の鍵と第三の鍵でも描写されている。子としての太陽の鷲が親である太陽のライオンに食われるが、両者とも月の蛇の体の一部なのである(図一二六は異版)。

図123　錬金術の再誕外傷のあいだ、焼かれ、溺れ、処刑され、むさぼり食われる

最初の同一化の臍帯

錬金術において、王と息子の再結合は、心理的な取り入れの過程の生理的な対応物、すなわち食べることによって果たされる。老いた王はフィリウス・レギウス（王の息子）を呑むことにより、世継を完全ながらも恐ろしい最初の同一化（人肉嗜食）によって吸収する。有翼の導き手、鳩、聖霊は、取り入れあるいは最初の同一化を果たす霊の象徴であり、その生物学的表現が臍帯である。これは図一二四で月の蛇として象徴されており、蛇の帯の性的な性質は翼ある鷲の硬直した体とライオンによって示されている。この複雑なイメージから最初の同一化の最後の公式が得られる。生物のヴァギナ・臍帯レヴェルにおける無意識の肉体＝男根＝臍帯の等式である。

図124　誕生時の肉体＝男根＝臍帯の等式

蛇はこの形態の元型的象徴であり、『創世記』におけるように、アダムとエヴァの最初の行為および罪と密接な関係をもってあらわれる。エレウシスのデーメーテールの密儀では、蛇は大地母神の神秘的な籠と結びつけられる。クレメンスによれば、ギリシアの他の密儀の象徴は膝から生じた神であり、密儀参入者の膝から引きずりだされる蛇のことである（註二〇〇）。錬金術においては、結合はメルクリウスの杖であるカドゥケウスにからみつく二匹の蛇によって象徴される（図一五三）。

ＬＳＤによる再誕体験の報告は、蛇の意味が誕生時の肉体＝男根＝臍帯の等式の象徴と同じであることを明らかにしている。

これまで見たこともないような、ぬるぬるした恐ろしい蛇を見た。大きくて醜く、わたしに巻きついて、踝からゆっくりと足を登っていった。逃れようとしたが、そうはできず、足が蛇の一部になったように思えた。少しずつ蛇に呑みこまれていることがわかった。蛇のねばねばした内部を感じることができた。わたしはその一部になっていた。吐き気がした。悲鳴をあげて、バディを探した。バディはとても遠くにいるようだった。わたしを見て笑っているようだった。バディは

図125 「汝の石が敵であるかぎり、汝はその願いをかなえることなし」（註203）

わたしが蛇をこわがるのを知っている。わたしに手を差しのべてくれたが、腕全体がねじれて脈打ち、骨がないかのようだった。バディの腕も蛇だった。蛇がわたしの頭を呑みこみはじめたが、ぬらぬらしていてなめらかだった。わたしは瞼のない蛇だったので、すべてを目にしなければならなかった

（註二〇一）。

誕生時の原去勢不安

図一二三において紐を切ろうとしているサトゥルヌスの剣と、

図126 ライオンの口とドラゴンの炎によって食われる降下した鷲

老いた王のライオンの歯は、オットー・ランクの発見した無意識の形態、「原去勢不安」をあらわしている。

去勢不安は誕生時の「原去勢」、すなわち胎児と母の分離から影響を受けている。精神分析による治療を完了した患者たちの（再誕の）夢によく見いだされるのは、臍帯によって象徴化される男根だった（註二〇二）。

この発見はわれわれの先の結論にぴたりとあてはまる。「原去勢」の不安は「肉体＝男根＝臍帯」の切断による死の恐怖をもたらすのだ。

これは最も初期の去勢不安であり、ロ・ウァギナ・子宮の性質をもち、精神外傷的な面の「男根をもつ母」と密接に結びついている。図一二四はこの母を、ライオンの口を備えた締めつける大蛇、あるいはドラゴンとしてあらわしている——退行によって男根を胎児の全身に変化させるぞと脅す恐ろしい鬼婆である。メラニー・クラインが子供たちの精神分析をおこなって発見したように、母の中に体が入ってしまうという、幼児の性的幻想をともなう精神外傷の恐怖は、まさしく呑みこまれ、むさぼり食われ、二つに切り裂かれ、首を落とされ、手足を切断されるという恐怖なのである。

サラマンドラの火の洗礼

図一二七では、謎めいた妹が断固たる仕草で兄を火の中に送りこんでおり、この火は本文でドラゴンの口とされている（註二〇四）。さらに本文では、鎧に身をかためた騎士の素性が次のようなものになっている。

赤い奴隷が悪臭放つ母と結婚し、両親よりも気高い子をもうける。これは金の衣服をまとい、目が黒く、足が白い、アキレウスの赤毛の息子ピュロスである。盾と剣で身をかため、処女を無傷で救うべく、ドラゴンに立ち向かう騎士である。処女はアルビフィカ、あるいはベヤ、あるいはブランカと呼ばれる。これはラオメドンの娘ヘーシオネーを解放したヘラクレスでもある……これはメドゥーサの首を見せて海の魔物からアンドロメダを守り、足かせをはずしてからアンドロメダと結婚したペルセウスである（註二〇五）。

図一二八が示しているのは、再誕のためにドラゴンの炎に入りこむ騎士をあらわす、よく知られた動物の象徴である。炎の中で戯れる怪物は魔力のあるサラマンドラで、哲学者の息子の未完成の過渡的な形態である。炎も焼きつくせないメルクリウスの動物として、「地獄の火」の中に住む。斑紋があって血のみなぎったサラマンドラは、火を食って生きるので、ドラゴンの口で焼きつ

図127　娘を勝ちとるためにドラゴンの炎に入りこむ英雄＝騎士の熱い鎧

図128　「サラマンドラを見る」……別世界の瞥見……神々の贈物（註210）

図129　サラマンドラの火を支配し、再誕の最初の親と結合する

図130　メルクリウスの海で溺れながら、翼ある怪物およびドラゴンと戦う

図131　老いた父なる王が海で溺れ、息子にして後継者である者として蘇る

くされはしない。それどころか、自然が自然を支配するという偽デモクリトスの教えによれば、サラマンドラは炎を支配する火の原理をあらわすのである。同じやりかたでもって、ゲベルはメルクリウスのサラマンドラ、蛇、ドラゴンについて、次のように記している。

彼のものは火を支配し、火に支配されることなく、火の中にて穏やかに憩い、火の中にいることを愉しむ（註二〇六）。

「処女を救うべく、ドラゴンに立ち向かう」騎士とサラマンドラの秘められた同一性は、図一二七のモットー、「自然は火との戦いかたを自然に教える」に明らかである（註二〇七）。これは偽デモクリトスの教えをサラマンドラによって強調しているのである。

図一二八のモットーは、「サラマンドラのごとく、石もまた火の中に住みたり」となっている（註二〇八）。出典は『錬金術論』においてアヴィケンナが石を描写するくだりである。

哲学者たちがこの石をサラマンドラと呼ぶのは、サラマンドラのごとく、火によって養われ、火の中にて生きるためである。すなわち、サラマンドラは火によって完全なものになり、それはわれらが石についてもいえることなのである（註二〇九）。

哲学者の息子の火の再誕

図一二九では、哲学者の息子がドラゴンの炎から救われ、結合した親の子宮で再誕している。妊娠した父親の掛け布が風に優美に吹かれ、その風が髪を燃えあがらせて腕を切断する炎をあおっている。モットーは『エメラルド板』から引用されたもので、風は鳩あるいは聖霊の等価物としてあらわれるが、聖霊は聖書において、神の受肉の同じような媒介として作用し、神の子を神の子宮に植えこむ。

彼の者の父は太陽にして母は月……風が彼の者をその胎に運び入れぬ（註二一一）。

体の胎児化および性化をあらわすサラマンドラ

ドラゴンと戦う騎士と、火を食らい火の性質を帯びることでドラゴンの炎を支配するサラマンドラの秘められた同一性は、最初の同一化の象徴としてのサラマンドラを明らかにする。胎児の自我のように、サラマンドラはドラゴンのウァギナ・デンタータ（歯のあるウァギナ）である炎の口と同一とみなされる。

サラマンドラはドラゴンの意味をはらんでいることに加え、火の中で戯れる動物としてあらわれる。強烈な性の愉悦のこのような象徴は、男の再誕体験の著しい性愛的特徴にあてはまる。これは生物学によって説明がつけられる。妊娠後期には、母親のホルモン生産が高まって、胎児の体に思春期の体におけるホルモン生産の効果をおよぼす。胎児の性器と胸がふくらむ。男女のいずれを問わず、胎児の胸が乳を出すこともある――これが「魔女の乳」として知られているものである。ときには女の新生児が生後数日のあいだ、わずかな生理の出血を見せることもある。このように誕生の際にヴァギナを通過する胎児は、性器を異常発達させ、ふくれあがらせているのである。したがって新生児が誕生の際にかなりの性的興奮を経験していると考えるのは自然だろう。このようなコイトゥス・トト・コルペレ（全身による性交）が錬金術の再誕の象徴のすべてにあらわされている。現代の再誕の幻想、ことにLSDの影響を受けての幻想の大胆なエロティシズムにも再現している。

メルクリウスの海で溺れる王

図一三〇が示しているのは、結合の饗宴の恐ろしい付添いを打ち叩いて殺す、太陽と月のドラゴンとの戦いである。背景では、兄・妹から分離した者たちが弓で翼あるドラゴンを射殺そうとしている。モットーはよく引用される金言である。

ドラゴンはその兄と妹、すなわち太陽と月なくして、死ぬことはなし（註二一二）。

結合に達する希望を胸に抱く王と女王が忍ばねばならない死を、この金言は最も辛辣にあらわしている。

背景の一番奥では、結婚の水槽のよく知られたモチーフがあらわされている。メルクリウスの海で溺れ、助けを求める王である。このモチーフには数多くの錬金術の典拠がある。ヘルメスに帰せられる石の呼びかけについてのくだりが、『哲学者の薔薇園』に引用されている。

われらの石が呼びかけ、「わが子よ、われを助けたまえ。われは汝を助けるゆえ」と告げたり（註二一三）。

いま一つの典拠は『立ち昇る曙光』の七番目の寓話であって、溺れる王がこのように叫ぶ。

心から余に顔を向け、余を投げ棄てるなかれ。余が黒くなりはてたのは、太陽が余の色をかえ、水が余の顔を覆い、わが作業によりて陸が汚されたがゆえなれば。高みに闇があるのは、余が深き泥濘にはまりて、わが本質が明かされてはおらぬゆえ。しかるがゆえに、余は深みより、大地の深淵より叫ぶなり……注意して余を見よ。余を見いだす者あれば、その者の手に曙の明星をあたえん（註二一四）。

燃えあがる水による恐ろしい洗礼

図一三二が示しているのは、バシリウス・ヴァレンティヌスの「海より生まれ……全世界に広がる女王」の木版画である（註二一五）。人魚が「乳と赤い血」で大洋を満たしているが、これは白と赤の薬剤、あるいは銀と金にひとしい（註二一六）。図一三三として掲げた異版では、胸から「処女の乳」と「血」が「生命の水」にそそがれ、生命の水は怪物じみた鯨の噴出する潮とともに、処女の乳と血を受け入れている。これが「噴水の酢」で、「処女の乳」と「生命の水」を分離あるいは酸敗させる有毒な腐食性の薬剤である。死と誕生のメルクリウスの水にあふれる海を、錬金術師たちはさまざまに呼んでいる。

彼らはこの水を、毒、水銀、カンバル、不変の水、乳状液、酢、尿、海水、ドラゴン、蛇と呼ぶ（註二一七）……この悪臭ある水は必要なものをすべて含む（註二一八）……万物の母であり、この中から、これにより、これとともに、石が用意される（註二一九）……殺すとともに蘇生させる水である（註二二〇）。

王の救出と再誕

王が井戸および海にくだると、図一三四に描かれる危険な状況になる。モットーは「海にて泳ぐ王が大声で、『われを救う者は大いなる報いを得ん』と叫びたり」となっている（註二二一）。「頭に冠をきつく押しつけられる」王は図一三一で救出され、この絵は王の苦悶の「解消」を描いている（註二二二）。『太陽の光彩』の七番目の絵は二つの古典的なモチーフ、海で溺れて助けを求める王（背景）と息子として再誕した王（前景）を結びつけているのである。曙の明星や結合した太陽と月が放射する光に満たされ、王の息子は父の冠をかぶり、七つの星に取り巻かれる笏をもち、白い鳩あるいはヘルメスの鳥がとまるリンゴをもっている——いずれも父の受肉の古典的な象徴である。本文はこうなっている。

老いた哲学者たちが言明するには、彼らは霧が昇り、大地の表をすべて覆うのを見た。海が荒れ、川が逆巻き、これらが闇の中で汚れて悪臭放つものになりはてたありさまをも見た。さらに大地の王が沈みゆくのを目にし、王が「われを救う者はわが高貴な玉座にて、わが輝きのうちに、われとともに永遠に生きて統治するであろう」と熱烈に叫ぶのを聞き、夜がすべてを包みこむのを見た。翌日になると、彼らは王の上に紛れもなき曙の明星を見た。昼の光が闇をはらい、明るい日差しが雲に差し入り、雲は鮮かな多彩の層をなし、大地から甘い香が昇り、太陽は明るく輝いた。大地の王が解放され復活する機は熟し、王は華麗な装いをなして眉目秀麗、その美しさによって太陽と月を驚かした。王は三つの豪奢な冠を戴

図133　メルクリウスの海で乳を流す人魚の恐ろしい付添い

図132　母の血と乳の海

図134　誕生と死の渦に入る王の産声

き、一つは鉄、一つは銀、一つは純金のものであった。王の右手には七つの星の笏があり、すべて金の輝きを放ち、左手には金のリンゴがあって、その上に銀にて覆われ金の翼を備えた火の性質の白い鳩がとまっていた（註二三三）。

七つの星は『ヨハネの黙示録』の「その右の手に七つの星をもち」（第一章一六節）を指している。この宇宙の支配の表象をもつ人物は、さらに「人の子に似た」者として描写され、これは図一三一で救われて栄光を授けられる、フィリウス・レギウス（王の息子）の至高性に光を投げかける。

産声

水のもつ母性的意味は、神話と深層心理学の分野の全域で、広く認められる象徴の一つである。フロイトが発見したように、夢において誕生は水に関係するイメージによってあらわされる。

誕生はたいてい夢の中で水との関係によってあらわされる。水中に落ちたり、水からあがったりすることで、誕生や出産があらわされるのだ……人間をはじめとする哺乳類はすべて、最初の存在段階を水中ですごす――すなわち母の子宮の中で羊水中の胎児としてすごし、生まれるときにその水から出るのである（註二三四）。

バルヒューゼンの一六番目および一七番目の図（図一〇五）で、水の状態に達して容器を封印することは、羊水の圧力が羊膜を広げる出産のはじまりをあらわして、迫りつつある出産外傷の溶解を象徴している。陣痛とともに羊膜はふくれあがって破裂し、羊水をほとばしらせる。これがよく知られた「水のほとばしり」である。*

＊生物学の観点からながめれば、「生命の水」は妊婦の子宮の羊水を象徴する。「処女の乳」と「血」は、新生児と胎児の滋養の最初の源（乳と胎盤の血）であり、ドラゴンの「噴水の酢」は出産外傷の不安が分離される過程をあらわす。

錬金術の溺れるモチーフは生物学によって解釈できる。溺れて誕生するという無意識の幻想の窒息感は、（一）誕生時の臍帯による締めつけと、（二）産声（王の悲鳴）を再現するものである。胎児の苦悩の九〇パーセントは、臍帯に首を締められ、酸素を絶たれ、心拍数が劇的に落ちることによって引き起こされる。実際の出産では、生命の輸送管である臍帯の切断によって、新生児の試練は絶頂に達する。それゆえ新生児ははじめて息を吸わざるをえないが、これは人生で最も苛酷なものなのだ。しぼんだ小さな肺胞をふくらまさなければならないため、はじめて息を吸うには通常の五倍の努力を要する。錬金術の溺れる王のように、新生児は最初の息を吸うために、「水面に浮かびでる」奮闘をする。命がけのエネルギーの動員が誕生の不安によって強められるなか、新生児はねばねばしたものにつまる口と咽頭で空気を吸う。二億ないし三億の肺胞がはじめてふくらむ一方、血液が肺に循環して、母親の胎盤から供給されていた酸素を得る。この奇蹟のような最初の呼吸のあと、新生児は産声をあげて空気を吐き出す——恐怖と勝利の泣き声であり、出産外傷の両義性および神秘と共鳴している。死の扉を抜けて生命の世界に入りこんだのである。

再誕の癒しの水

高貴な水槽と溺れる王によってあらわされる、錬金術の「水のほとばしり」は、出産外傷の無意識における痕跡の復活であり、再誕の精神外傷として逆に経験される。退行運動は錬金術師をついに原不安とそのリビドーの分離プロセスの支配、そしてリビドーの最初の統一の回復へと導く。これが起こるのは退行が子宮内の胎児状態に達したときであり、錬金術の作業の最初の結合としてなまなましく描かれる。

第4章　最初の結合　地上での再誕

バルヒューゼンの一六番目の図版で容器が熱せられて封印され、一七番目の図版（図一〇五）で普遍の海がつくられたあと、作業はホムンクルスの誕生によって完成され、ホムンクルスはメルクリウスの水に浮かび、太陽と月が結合する（図一三五の一八番目の図版）。石の象徴および対立物の合一の象徴として、子供が太陽と月、昼と夜、水銀（左の印）と硫黄（右の印）、銀と金、火と水、土と空気、男と女を結合させる。*

*錬金術の結合の経験上のモデルは、金と水銀のアマルガムである。したがって、すべての作業は水銀における太陽と月の溶液の中にありといわれる（註二二五）。図一三五の海はこの過程をあらわしている。

これは神秘的な照明の時であり、錬金術師は神の子として蘇り、「われは結婚する二つの輝きに結びつき、二つの光をもちたる水のようになりたり」と叫ぶ（註二二七）。いま錬金術師が知覚しているのはパラドックスである。対立しあうものがしっかりと結ばれ、光が闇から輝き、闇が光の中心にある。王は鷲、ライオン、ドラゴンに変容したあと、ついに水に溶け、子供として誕生する。この変容に対応して、ドラゴンとライオンの硫黄の火が容器の穏やかな火になる。容器の一番上では、祈る錬金術師が鏡の中にあらわれ、その下にヘルメスの受肉の鳥がおりていく。

一九番目の図版では、哲学者の息子が性交する両親に溶けこむ。月が太陽に覆いかぶさり、包みこみと吸収を象徴している。二〇番目の図版では、月が左に回転し、太陽との愛の運動が「完全な接吻」、そして完全な結合になる。これを『哲学者の薔薇園』は次のように描写している。

錬金術の霊薬が男と女より造られるのは、男の力を受け入れる女が楽しみ、女が男によりて強くされるためである。されれ

図135

図137　大洋の愛と融合の貽貝《イガイ》のベッドで女王＝母と結ばれる

CONIVNCTIO SIVE
Coitus.

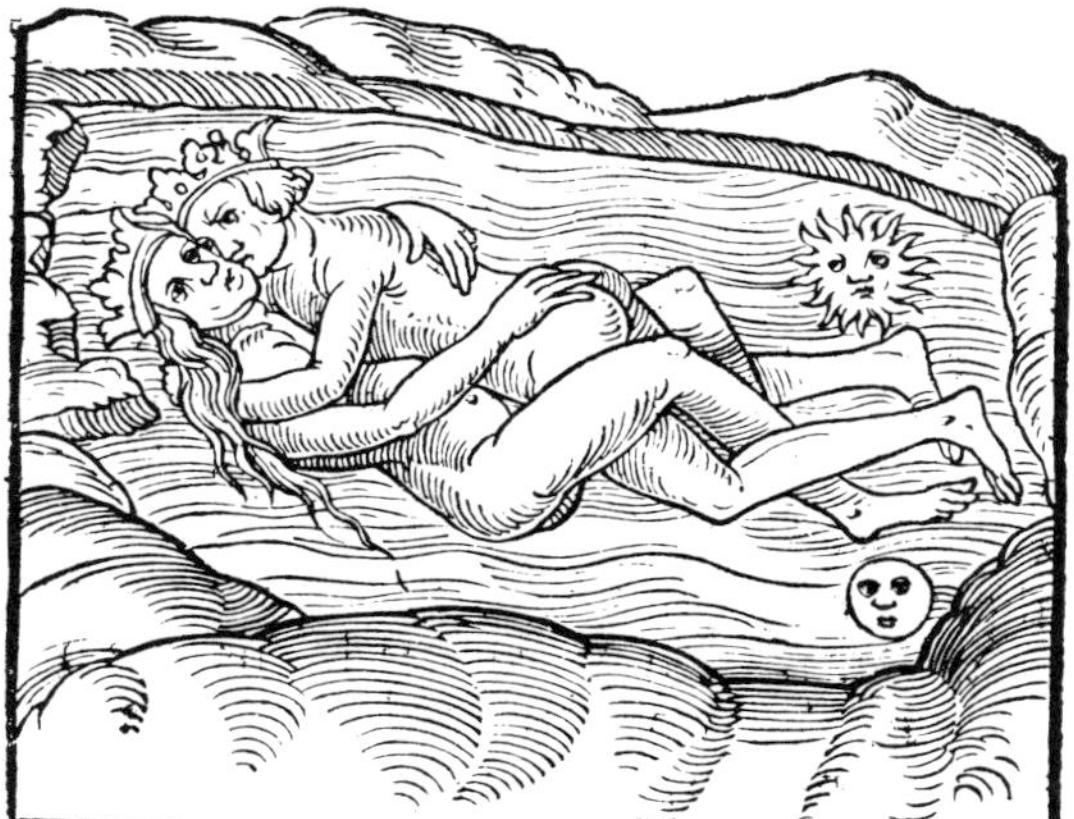

図136　「汝がわれを必要とするは雄鶏が雌鶏を必要とするごとし」（註226）

ば、わが子よ、輝かしき神への信仰により、四つの性質の組合わせは二つの輝き、男と女の性質より生じる。彼らは抱擁して結ばれ、新しき光が彼らより生まれ、これに似た光はこの世にない（註二二八）。

子宮との最初の融合

二〇番目の図版における太陽と月の情熱的な接吻のあと、ふくれあがった月の体が回転して、結合の重大な「融合」過程がはじまり、太陽はホムンクルスとして月の大地に「根をおろすこと」で（二一番目の図版）、完全に溶解しなければならない。『自然の王冠』が「溶液の還元」と呼ぶこの手段が、一九番目から二一番目の図版で試みられる煆焼と粉砕の過程であり、砕かれた白い変成物質によって象徴される（註二二九）。『自然の王冠』にはこのように記されている。

かくして太陽と月は最初の水と賢明にも煆焼され、太陽と月の体が開かれて、海綿のごときものにされ、第二の水が入りてその努力をはじめる（註二三〇）……それ（体）が白亜の中にて失われた生来の湿度にもどされ、速やかに溶ける（註二三一）……それゆえ錬金術師は、月の助けによりて溶かし、太陽の助けによりて凝固させよと告げるのである（註二三二）。

この溶解過程のあいだ、「ヘルメスの鳥が容器の中で舞いあがり、舞いおり、大洋の恋人たちに必要な空気、すなわち霊をあたえる」のである。

バルヒューゼンの一八番目から二一番目の図版における太陽と月の結合は、『哲学者の薔薇園』の五番目の木版画（図一三六）における「結合あるいは性交」をモデルにしている。溺れる王は妹の再誕の井戸に姿を消すと、メルクリウスの海の底で「生命の水」に達し、女王あるいは母と完全な結合をなす。王は父に変容して、女王＝母の子宮に包まれながら、女王＝母との性交が許される。本文は次のようになっている。

次にベヤ（月の海）がガブリクスの上に昇り、彼を子宮の中に包みこむので、彼は一部たりとて見えなくなる。ベヤはガブリクスを愛をこめてかき抱き、自らの本質の中に彼を呑みつくして、彼を原子に溶かす……それゆえメルクリウスはこう述べるのである。

白き肌の女が、薔薇色の手足の夫と愛によって結ばれ、
二人は夫婦の交わりの至福の内にたがいの腕に抱かれ、
溶けあって完璧の目標に達する。
二つなるものが一体であるかのごとく、
ただ一つのものになる（註二三三）。

異版（図一三七）では、王のベッドが貽貝《イガイ》として造られ、これによって女との海での合体感があらわされ、王はその女の子宮の中で新たに生まれる。ベッドのカーテンのうしろでは、王と女王の結合につづくニグレド（黒色化）を象徴する二羽の鴉によって、結合した太陽と月が食われようとしている。

図一三八では、『哲学者の薔薇園』の著者とされるアルナルドゥス・デ・ヴィラノヴァが、王と女王を指差し、「石はガブリクスとベヤの結婚より得られる」と告げている（註二三四）。ベヤは右手を金の輪の中に入れ、夫にして愛人であるガブリクスに結婚を誓う。左手は妊娠した腹にあて、ガブリクスを息子として包みこんでいる。

オルガスムスの原リビドー

これらの図版は性交のオルガスムスが結合の融合感にひとしいことを示している。結合の融合感は子宮内の胎児が経験する原リビドーにひとしい。人間の二つの融合経験のこの不思議な等式をはじめて垣間見たのは、オットー・ランクの数少ない支持者の一人、サンドル・フェレンツィだった。フェレンツィは『タラサ——オルガスムス論』（一九二四年）で、男の性交に母の子宮への回帰の意味をそえた。さらにフェレンツィは、オルガスムスが無意識における退行の意味をはらみ、男の最初で最大の欲求不満、すなわち母の体とその「タラサ」（海の水）からの分離による欲求不満を打ち消すのではないかと考えた。フェレンツィによれば、性交とオルガスムスは、胎児の結合状態を回復するために、タラサへの回帰という無意識の観念に土台を置いているという。

フェレンツィの直観的な考えは、結合あるいは性交を含み、男における性的不能と女における不感症にかかわる現代の諸説に関係しているのかもしれない。通常のオルガスムスでは、融合体験の絶頂にある自我は、つかのまの無意識、あるいは「溺れる」状態におちいるが、しばしばこれは「自我の死」（フランス語では「小さな死」と呼ばれる）として感じられる。性的不能と不感症の場合、圧倒されることに対する無意識の不安が、自我のオルガスムス体験をさまたげる重要な要素である（註二三五）。無意識に屈することは性的恍惚の必要条件である。性交は男に自我と体「胎児化」という謎めいた感じを引き起こし、オルガスムスの際に自我の「死と再誕」で絶頂をきわめ、これは「胎児の融合」の原リビドーを真似ている。心理学の観点からいえば、この経験は自我が自己の中で「溺れる」ことを意味し、アニマが性愛的な水の融合の道具として作用しているのである。

錬金術の再誕における神の子

そう珍しいことではないが、被験者は子宮の中にいることに関係する象徴的あるいは具体的なものを体験する。したがっ

図138　金の結婚指輪の神秘　男を父＝息子＝恋人として迎える

図139　容器内でのホムンクルスの誕生にいたる処女の陣痛

て何らかの狭い場所に閉じこめられたり、地中深くに埋められたり、怪物に呑みこまれたりしたことを報告する。これらの象徴の一部によって、象徴的な死を経験して、胎児の状態に退行したあと、再誕を経験するのである（註二三六）。

R・E・L・マスターズ、ジーン・ヒューストン

図一三九では、錬金術師がテントの中で祈るかたわら、結合のドラマが二つの地下洞窟で演じられている。左側では、あらわれつつある地下の太陽の光が、錬金術師の「作業」の結果としての光の誕生と「水のほとばしり」を示している。右側では、錬金術師がうやうやしく容器を抱きしめている。その内容物はホムンクルスの誕生を示す彫像、あるいは処女の母にしてサピエンティア（智恵）としてあらわれる世界霊魂の子宮内の石によって明らかにされる。神の胎児は太陽と月の結合によって創造され、太陽と月の結びついた光に明るく照らしだされる。処女の太腿の下にある柱には、「これこそ智恵なり」と刻みこまれ、錬金術の金言、「父の智恵は母の膝にあり」をあらわしている（註二三七）。

容器内にホムンクルスをつくりだすことは、錬金術師自身の作業から生じる副次的なものである。錬金術師が術によって自然を造りだすことで、魔術と科学の最も大胆な夢がかなえられる。すなわち超自然的な特性をもつホムンクルスの発達である。錬金術師は万物の創造者に祈り、神自身の創造のささやかな模倣である作業の助けを求めてはじめて、努力が成功することを知っている。だからこそ、荒野の古代ヘブライ人の幕屋を真似たテントで神に祈る錬金術師のいる地面の前に、「クム・デオ」（神とともに）の文字が記されているのである。

図一四一は『沈黙の書』の八番目の図版であり、炉と容器の前で膝をつく錬金術師が、作業が完成したことで神に感謝の祈りをささげている。神秘的な妹が錬金術師と向かいあい、カーテンを劇的に開いて、天の再誕の行為を明らかにしている。太陽によって発達させられ、天使たちによって運ばれるメルクリウスの子供が、その両性具有の性質の象徴である太陽と月に足を置いている。子供のもつ蛇のからみつく杖は、容器の受精、あるいは子供を包みこむ「哲学者の卵」をあらわす。容器を運ぶ天使たち、そして結合の星とともに飛ぶ鳥たちは、物質の霊化と昇華を象徴する。

処女宮、秋の妊娠

錬金術においては、容器内でのホムンクルスの成熟は処女宮で起こる（図一三九）。黄道一二宮の六番目のこの宮は、水星に支配される不変相の土の宮である。その期間は八月二四日から九月二三日にわたり、自然が果実を熟して満たされるときである。処女宮はこのパターンをあらわして、両極端の性質のものの妊娠と温浸をあらわし、知性と規律ある行動を命じることで調和と結合をもたらす。水星に支配されているため、両性具有、あるいは二重

の力の融合状態の象徴となる。この特徴は処女宮が伝統的にもつメルクリウスの杖によって示される。別の手にはトウモロコシの束、すなわち処女宮のいま一つのあらわれである大地母神デーメーテールの象徴をもつ。*処女宮は秋の大地の「妊娠」に緊密な関係をもつため、何らかの超自然的なやりかたで処女から生まれる神や英雄の誕生とも関係する。

＊エレウシスの密儀において、大地母神デーメーテールの至高の神秘は、儀式のクライマックスで、密儀を授けられた者たちの叫びが起こるなか、無言の内に小麦の穂に、「雨よふれ、はらめよ」と告げることによってあらわされた。意味深いことに、聖なる行為の最高の秘密は、いまや「幻視者」となった秘儀参入者たちのさわらなければならない子宮の姿をとり、神官はおごそかに「再誕した子供」の誕生を宣言する。聖なるジャッコス、すなわちディオニュソスの子の表象は小麦の穂なので、小麦が大地母神の子宮から生まれた男児と同一視された。この儀式の象徴は「再誕」した信者をあらわしていると考えるざるをえず、古代の植物崇拝と豊穣儀礼によって確立された、植物と人間の生命の対応が確認できる（註二三八）。

心理学の観点からいえば、処女宮は現実的思考や、観察と選択、分析と批判といった客観的な力をあらわし、こうした手段によって物質のさまざまな力を結びつけ、支配し、定められた目標に向かわせる。きちょうめんな処女宮はごく細部にまで注意をはらい気をつかい、あらゆる自然の企てを完成させるため、構造や規則正しさ、必要不可欠の状態を確保する。このために処女宮は、いま一つの土の宮である金牛宮とはまったく異なった意味で物質にかかわっている。処女宮は物質を完全なものにする自然の法則にのっとって、物質の昇華された面に焦点を結ぶ。

リビドーの最初の統一

ホムンクルス、あるいは再誕した錬金術師の胎児状態は、錬金術の結合体験の誕生前の性質を示す。達せられた状態は、半ば肉体的で半ば霊的な実体として描写され、対立する霊と肉体を結びつける「魂」、すなわち錬金術師が自然の魂と呼ぶものによって保たれる。『賢者の群への入門修業』では結合が次のように述べられる。

霊と肉は一なり、魂は仲立ちとして作用し、霊と肉とともにあり。魂なかりせば、霊と肉は火によって分離しあうも、魂は霊と肉に結びつくゆえ、この三者は火によってもいかなるものによっても影響を受けることはなし（註二三九）。

錬金術における「フィリウス・ソリス・エト・ルナエ」（太陽

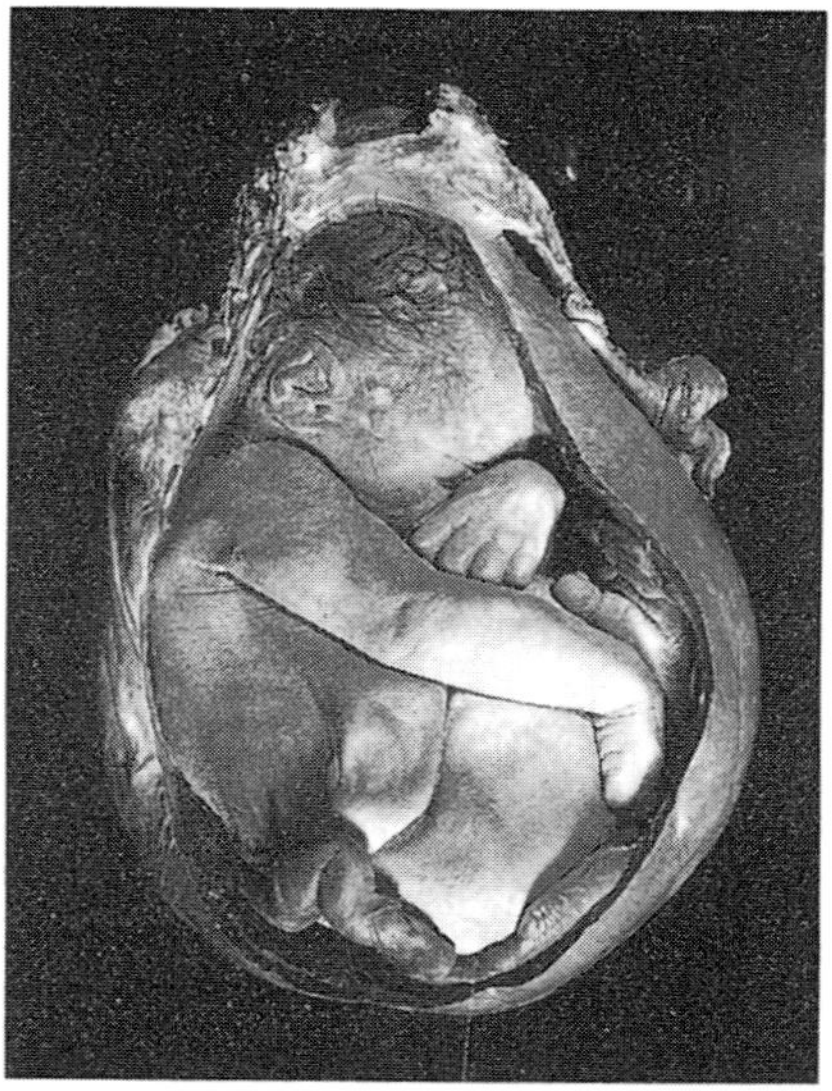

図140　元型的な夢を見る胎児

と月の子）は、スピリトゥス（自我）とアニマ（魂）とコルプス（原我）の融合によって形成される自己を象徴する。対立物——男と女、意識と無意識、精神と肉体——のこの結合によって、変容した対立物の第三の実体が生み出される。図一三九の胎児を包みこむ火は、自己が核をなす過程で燃えあがる原リビドーを象徴する。男の自我の攻撃の動因と女のアニマの性の動因がここで融合して、「善」と「悪」を超越した確固とした一つの動因になるのである。

子宮内で成熟する胎児

図一四〇は子宮に包まれる九ヵ月目の胎児を示している。胎児は完全に羊膜中の羊水につかっており、伸縮性があって強い膜がヴェールのように胎児を覆っている（ここでは胎盤の一部とともに取り除かれている）。胎児は羊水の中にいるが、羊膜内の塩気のある羊水を吸ったり吐いたりして肺に出し入れしている。胎児が溺死しないのは、酸素供給が臍帯を流れる酸素の多い血によってなされるからである。心理学の観点からながめれば、胎児はほとんどの時間を活発な夢を見る睡眠、すなわちレム睡眠によってすごす。この段階の胎児は、よく発達した脳と十分に発達した感覚器官でもって、集合的および元型的性質の夢に支配される、誕生前の意識の状態に沈みこんでいる。夢を見る睡眠と覚醒夢を交互に繰返す胎児の精神は、精神の意識状態と無意識状態のあいだの未分化の統一体として描写してもよいだろう。ＬＳＤによって引き起こされる再誕の状態は、この心的次元の魅惑的な姿を垣間見させてくれる。

自己実現をおこなうサイケデリック・チルドレン

子供＝英雄の神話は幻覚剤の体験でよく起こるものである。このモチーフはしばしば歴史や神話の対応者——イエスやモーゼやヘラクレス——によって再体験され、さらに個人的なやりかたで解釈されるので、前途有望の人生をはじめるため、子宮の闇からあらわれて大きな危険にさらされる、新しく生まれた神の子として、再誕が経験されることをほのめか

図141　太陽と月の再誕の容器におけるメルクリウスの子供の成熟

している。子供＝英雄という姿は、幻覚剤を使用する者にとって、自己実現に向かう奮闘の最も深遠な面の擬人化なのである。どうやらこれは、「すべてを一からやりなおす」機会をもたらす、幼児の状態への退行にすぎないわけではないようだ。それよりもむしろ、個人が贖われ、変容され、一部の者が使う言葉を借りれば、「理想化された」という感じをもたらす、大きな影響力のある普遍的な劇に深くかかわる現象であるらしい……幻覚剤が引き起こす状態には神話があふれている。指導者は神話体系の多層の観念複合体を目撃していると思うことが多いだろう（註二四〇）。

R・E・L・マスターズ、ジーン・ヒューストン

母親の本質にホムンクルスが「根をおろす」こと、あるいは太陽と月の持続する「融合」過程が、バルヒューゼンの二二番目および二三番目の図版（図一五四）に描かれている。月が太陽に完全な溶解を約束する一方、太陽自身は最終的な凝固を願う。したがって二二番目の図版では、その前の図版ではじまった月の成長が、ひびわれた表面が容器の底から昇るような速度でつづくのである（沈みゆく「粉砕された」太陽の光がふくれあがる月の表面の上に見える）。二三番目の図版では、溶解あるいは「腐敗」の作用によって、太陽が完全に月に吸収され、妊娠した月の表面には粉末の山あるいは粉砕された白亜しかのこっていない（註二四一）。錬金術の論文にはこう記されている。

月は母にして畑であり、そこに種が蒔かれ植えつけられる……われ（太陽）は良き大地に蒔かれる種なりせば（註二四二）。

錬金術における哲学の樹

錬金術においては、哲学者の息子と月の大地および海との融合は、木の元型を用いる植物のイメージによって描写され、母の本質にホムンクルスが「根をおろす」と表現される。ヘルメス学のこの不思議な樹はアルボル・フィロソフィカ（哲学の樹）であって、その見本が図一四二に描かれている。樹冠の下では、再誕した錬金術師が鯨と月の女神ディアーナの胎から吐き出され、若者として祝福された島に上陸している。鷲だけをともなう錬金術師（右）は錬金術の神であるヘルメス・トリスメギストスに出迎えられる。左手の仕草がこの出会いの秘密と不条理な性質をあらわし、親しげでありながらも近づきがたい老人の背後にある玉座によって説き明かされる。これは息子が熱烈に求めた目的である――太陽の火を冠として、支配したライオンと炎を吐くドラゴンの洞窟の上に座している。

太陽と月と五つの惑星に飾られる哲学の樹の下で、霊的な出会いが起こっている。哲学の樹は、死と再誕、埋葬と復活のモチーフをさまざまに変化させる、錬金の過程の七つの段階の寓意にと

図142　血気あるものすべてを養い、生命を照らす樹冠の下での出会い

りまかれている。哲学の樹は金属としてあらわされることが多く、通常は金とされる。七つの金属との関係は七つの星との関係を意味するので、樹は世界樹となり、輝く果実は星である。

メルクリウスの海の珊瑚樹

哲学の樹の他の形態が図一四三と図一四四であらわされている。どちらの図版も「海の珊瑚樹」として知られる血のように赤い哲学者の石を示している（註二四三）。これは土と水と空気と火の結合をあらわす（珊瑚樹は海上でも育つ）。血あるいは「赤の霊薬」にみなぎる珊瑚樹は、図一四四に付随する本文で次のように描写されている。

哲学者の石はいかにも……珊瑚に似ており、珊瑚が土より滋養を得ながら水中で育つように、哲学者の石もメルクリウスの水から育つ。その土なるものは石の食べものとして役立ち、余分な液体は吐き出される。凝固によって赤い色を得るため、この色は珊瑚の色と呼ばれる……珊瑚がいくつかの特効薬として使われるように、哲学者の珊瑚はすべての薬草の力をもつ。この珊瑚のみが薬草すべてをあわせたよりも強い治癒力をもつのである……樹液と血を失わぬよう、水中で注意深く切りとらねばならない……分離しないかぎり、余分な液体は石を殺し、それが存在するかぎり、珊瑚の赤はあらわれず、凝固も起こらない（註二四四）。

ホムンクルスが白亜のように硬くて腐敗しないものになるため、哲学者の息子にこびりつく「極端な湿り」を蒸発させなければならないように、数多くの支脈のある石も、硬くて不変のものになるよう、水分を取り除いて空気にさらさなければならない。これが図一四四で錬金術師のおこなっている困難な作業である。

血にあふれる月の海綿

海の珊瑚樹の驚くべき形が、図一四三に示されている。錬金術の水の色は人魚や海の母と密接な関係のある海中の哲学の樹をあらわす。この哲学の樹にふれて、ある錬金術師は「自然が樹の根を子宮の中心に植えた」（註二四五）と記す一方、別の著者は「太陽と月の樹は赤くて白い海の珊瑚樹なり」（註二四六）と記している。

珊瑚樹について記した最も古い文献の一つ、『賢者の群の書にまつわる寓話』では、哲学の樹がルナティカあるいはルナリア（月の植物）とされている。これを手に入れるには、次のようにしなければならない。

月の海には、海に根をおろしてその場から動かぬ植物のごとく、血と感覚を備えた海綿あり。これを扱おうとするなら、

図144　血にあふれ再誕の赤の霊薬をもたらす珊瑚樹の発見

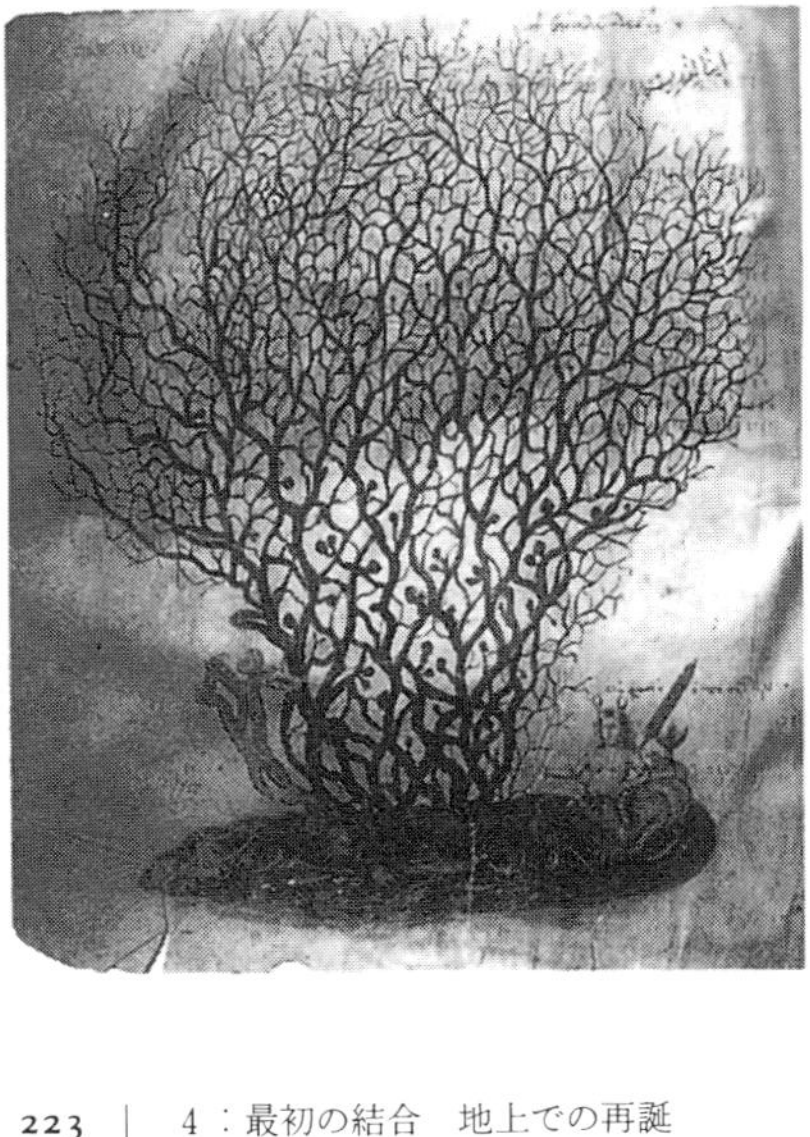

図143　母なる海の生命の樹

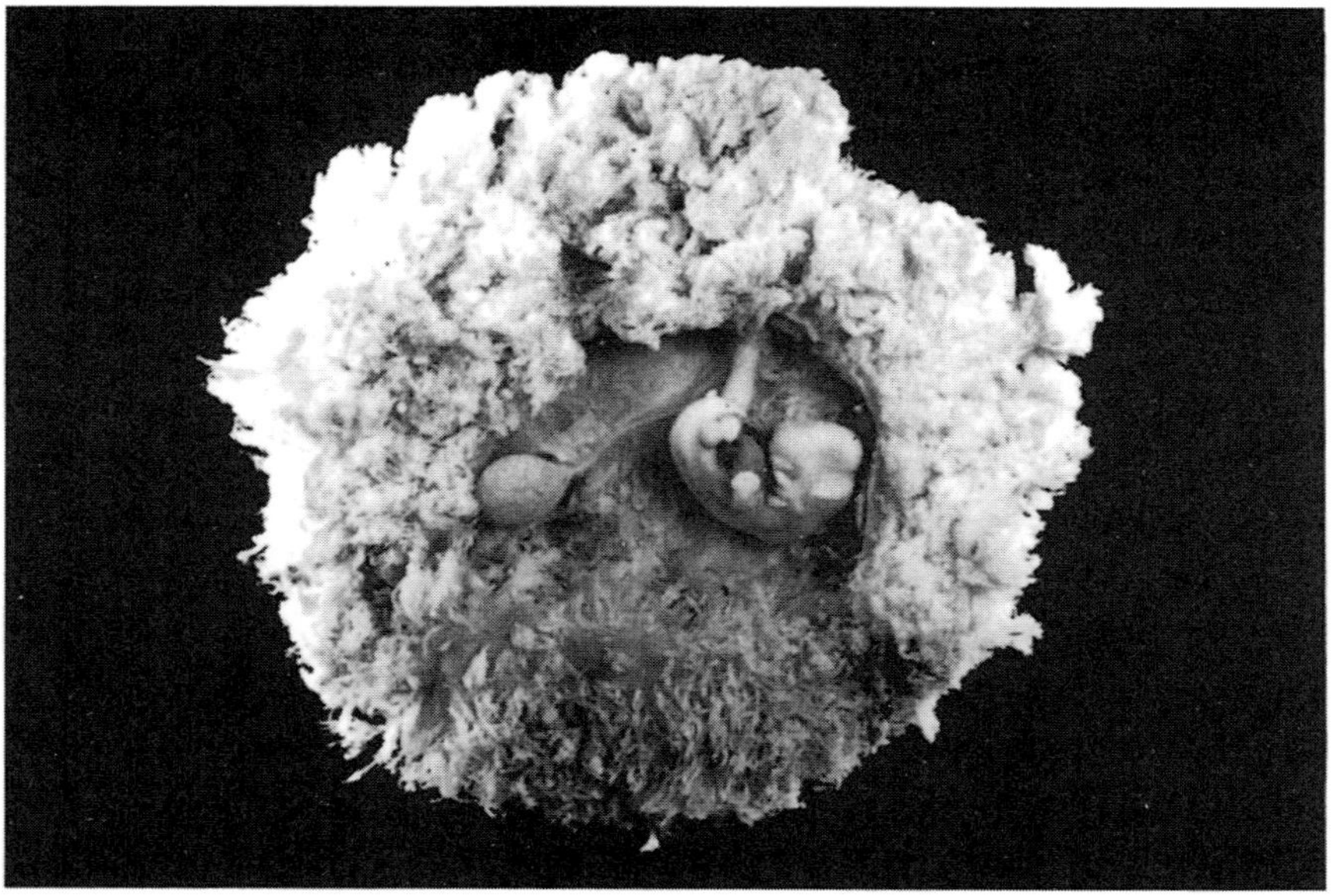

図145　誕生するまで胎児を養う血に富んだ胎盤

鎌にて切りとるべし。哲学者の毒なるがゆえ、その血を流さぬよう細心の注意をはらうべし（註二四七）。

結合あるいは性交につづく「融合」過程に関連して、『自然の王冠』から既に引用した文章も、おそらく太陽と月の珊瑚状の状態や海綿状の状態にふれているのだろう。

かくして太陽と月は最初の水と賢明にも煆焼され、太陽と月の体が開かれて、海綿のごときものにされ、第二の水が入りてその努力をはじめる（二一二ページ）

胎盤、胎児期の生命の樹

血にあふれた海綿、珊瑚の石、月の植物は、血に富む胎盤という明白なリビドーの象徴であり、アルボル・ウィタエ（生命の樹）とも呼ばれる（図一四五）。胎盤は自然の偉大な驚異の一つであって、その無意識の表現としての「血気あるものすべてを養う樹」は、ネブカドネザルの夢にあらわれた（『ダニエル書』第四章一二節）。胎盤は血管と膜が複雑な網の目になっており、海綿や珊瑚の多くによく似ている。胎盤は成長する胎児の固定と養育をおこない、胎児の排泄物を運びさり、さまざまなやりかたで有害な侵入物から胎児を守る。こうしたことのすべてを、胎児の生命の輸送管、すなわち臍帯でおこなうのである。図一四五の左側にあ

図146　親の土壌に根をおろし、不死の果実をにじみだす永遠の少年

◀図149　錬金術の宇宙樹は「アルボル・ウィタエ」（生命の樹）、すなわち血にあふれた胎盤という生命の樹の象徴である。再構成の際には組織からとりのぞかれる胎盤の血管によって形成される。胎盤の枝（あるいはその根）を循環する血＝樹液は、時速4マイルほどの速度で流れるので、胎児の心臓は一日に300クォート（330リットル）の血液を送りだす。生命の樹の何千もの枝は、成人の肺、腎臓、腸、肝臓のさまざまな機能とともに、一部の腺の機能をも果たす。これに加えて、病原菌と戦える物質もつくりだす。誕生の際に、子宮が収縮すると、胎盤という生命の樹はその根を大地（あるいは天）から引き離され、産後に排出される。胎児とその臍帯は子宮の羊水に潜っていると想像しなければならない。同様に、胎盤の海綿状の物質は子宮壁に埋まっていると想像しなければならない。胎盤という生命の樹の二本の白い茎は、臍帯から血液を運び出す動脈である。これらは緊密な網の目に枝分かれして、三番目の白い茎である一本の太い血管で血液を臍帯にもどす。枝分かれする血管によって、胎児の排泄物は母親からの滋養物と交換される。

図147　宇宙樹の男根

図148　哲学の樹の下での融合

るのが卵黄嚢である。

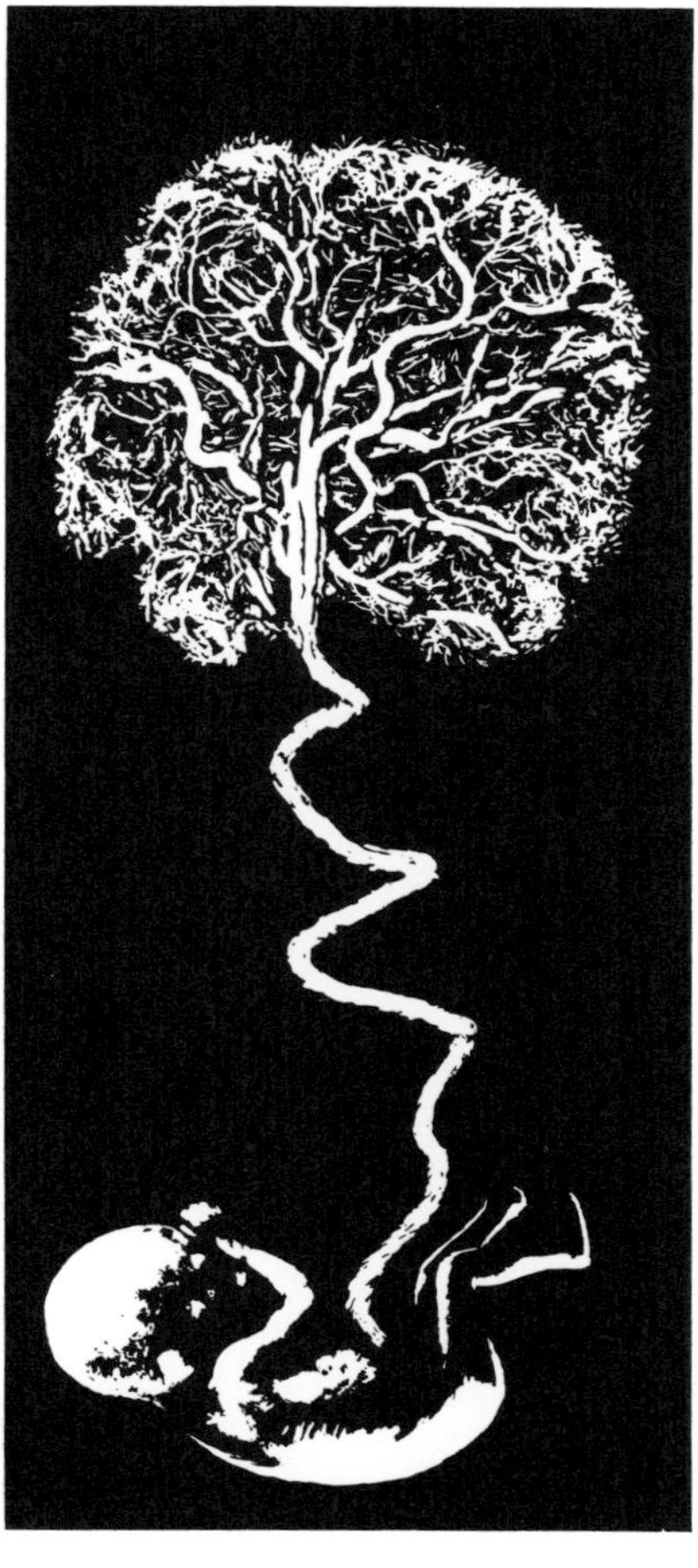

図149

最初の同一化という哲学の樹

数名の被験者は内なる肉体が、木や蔓、川や滝、丘や谷から成り立っていると感じている。ある被験者は「親の遺産」、つまり自分自身の「細胞の構造」に両親が寄与していることを「感じる」ことができた。これは「不快で気味の悪い」体験だった。その被験者はこういった。「自分の体の中にあるものが親父とおふくろから来てることがわかりましたよ。体の中に親父とおふくろが感じられたし、親父の体がどんなふうに感じるか、おふくろの体がどんなふうに感じるかもわかったような気がしましてね。しばらくのあいだ、体の感覚のほとんどが自分のものじゃなくなった。自分の体の中に女を感じるのはぞっとするような経験でしたよ（註二四八）」

R・E・L・マスターズ、ジーン・ヒューストン

図一四六が示しているのは、宇宙的調和にある七つの星の神々で、神々にとりまかれるメルクリウスの少年は「メルクリウスの樹」としてあらわれ、爪先が大地に根をおろし、手の指が枝になって空に伸びている。梢では永遠の少年の血が「不死の果実」としてにじみだし、ある錬金術師はこれを、「祝福された哲学の樹からもぎとられるヘスペリデスの園の金のリンゴ」と呼んでいる（註二四九）。偽アリストテレスは『大アレクサンドロス論』で

これにふれ、「その果実を集めよ、この樹の果実は闇の中へとわれらを導き、闇の中でわれらを導くがゆえ」と記している（註二五〇）。

図一四七はエデンの園で眠るアダムの錬金術版にあらわれる哲学の樹である。月である母の光をあびて、アダムは知識の樹と、いまだアダムの「骨の骨、肉の肉」（『創世記』第二章二三節）として存在するエヴァと結合する。アダムの膝から硬直したペニスのように幹が生じ、リンゴの樹の樹冠をつくりだす。メルクリウス・フィロソフォルムの手が空からあらわれ、矢でもってアダムの胸を貫く（愛による死を意味する）。

図一四八では、水中の哲学の樹の下で、太陽と月が歌い戯れながら、その魔力ある樹冠の下で一つに融合している。

血気あるものすべてを養う哲学の樹

哲学者の樹の葉脈を流れる結婚の水は、水槽の王と女王を吸いとる水よりも神秘的な性質を備えている。したがって『自然の王冠』では「第二の水」の重要性が強調される。この哲学の樹の樹液が、太陽と月の体を満たして完全な融合を起こさせるのである。「油の水であり、哲学者の石であり、その枝は無限にふえる」とされている（註二五一）。

水中での成長と無限に枝分かれすることに加えて、哲学の樹はその葉脈に血を備えている。樹液がにじみだすと、『改革された哲学』に記されているように、「生命と血を備えた不死の果実」として凝固する（註二五二）。ドルネウスによれば、哲学の樹の枝は大地を走る血管である。地表の最も遠い地点にまで広がるが、すべてが同じ巨大な樹に属し、どうやらこの樹は再生するらしい。この樹は血液を運ぶ組織として考えられる。血のような液体を備え、これが流れ出すと、不死の果実になる（註二五三）。同様に、『哲学者の薔薇園』の五番目の木版画（図一三六）の手本となった、『アリスレウスの幻視』では、結合の情景に「果実を食べる者が決して飢えることのない、貴重きわまりない樹」があらわれている（註二五四）。

哲学の樹は自律性と普遍性を石と共有する。『合一の勧め』ではセニオルにふれて、次のように記されている。

かくのごとく石は完成される。この樹はその枝と葉と花と果実が、この樹からこの樹によってこの樹のために生じ、樹が全体でありすべてである（註二五五）。

別の著者はこう述べている。

この樹より、賢者の石がつくられ完成される。これは唯一のものである。樹のごとく（セニオルはかく述べる）、根と茎と枝と葉と花と果実があり、すべて一つの種より生じる。それ自体ですべてであり、他の何物もこれをつくることはできない（註二五六）。

ドルネウスは哲学の樹に関する錬金術師たちの考えを次のように要約している。

材質ではなく類似性によって、哲学者たちはその物質を七本の枝をもつ黄金の樹にたとえ、その種子が七つの鉱物を隠しこんでいると考え、そのために生けるものと呼ぶ（図一四二）。自然の樹が季節にさまざまな花を咲かせるように、石の物質はその花を咲かせるときに最も美しい色をあらわす。同様に樹の果実が天に向かって昇ろうとするのは、哲学者の大地よりある種の物質が昇るからであり、不快な海綿のようであるという。術全体が目指すのは、物質の生けるものではなく、自然の生けるものである。石は自らの内に魂と肉体と霊を生けるもののように備えている。よく似ていることから、この物質は処女の乳とか祝福された薔薇色の血とか呼ばれる……これに関してメルクリウスがハリド王に、「この神秘を知ることは神の預言者にのみ許されたり」と述べた。それゆえこの石は生気あるものと呼ばれるのである。この石の血の中にその魂が隠されているためである。これも肉体と霊と魂から造られている。同じ理由から、小宇宙とも呼ばれるが、万物の類似物をはらんでいるからであり、したがってプラトンが生ける大宇宙と呼ぶように、生けるものと呼ばれるのである（註二五七）。

転倒した哲学の樹

アルボル・フィロソフィカの数多くの矛盾した性質の一つが、上から下に成長し、樹冠が下に、根が上にあることである。このためにアルボル・インウェルサ（転倒した樹）と呼ばれる（註二五八）。ある錬金術の文書では、「鉱物の根は空に、枝は大地の下にあり。これを引き抜くと、恐ろしい音がして、大いなる恐怖がつづく」と記されている（註二五九）。『世界の栄光』では、哲学者たちの言葉として、「その鉱物の根は空にあり、梢は大地の下にあり」と述べられている（註二六〇）。ジョージ・リプリイはこの樹を描写して、その根は空にあって、「栄光の大地」、楽園の大地、あるいは未来の世界に根をおろすとしている（註二六一）。

転倒した世界樹の数多くの例の中で最も有名なものは、『ウパニシャッド（奥義書）』にあるものだろう。樹の宗教的意味がアルボル・フィロソフィカのそれと似ている。

この宇宙は永遠に存在する樹であり、その根は高く、枝は下に広がる。樹の純粋な根が梵であり、その中に三界（欲界と色界と無色界）が存在し、これを超越する者はいない（註二六二）。

王の息子の贖い

ラムスプリングのフィリウス・レギウス（王の息子）の物語から採られた図一五〇は、結合した親の汗ばむ体に、王の息子が「根をおろす」ありさまを示している。ドラゴンの口は閉じ、ラムスプリングの先の図版（図一二五）のライオン＝父がいまや息子を食ったあと、子供のベッドでひどい汗をかいている。妊娠した父の陣痛の苦しみには次の詩がそえられている。

いまや父は息子のために汗を流し、
せつせつと神に嘆願する。
すべてを掌中にして、
万物を創造することができ、
万物を創造した神に対し、
父は自らの体より
ひとり子を生み出し、
ひとり子をかつての生にもどしたまえと祈る。
神はこの祈りを聞きたまいて、
横になって眠るよう父に命じ、
父が眠っているあいだに、
天より大雨を、
輝く天の星より雨をふらしたまいぬ。
土地を肥沃にする銀の雨が、
父の体を濡らして和らげる。
ああ、神よ、汝の恩寵を得させたまえ（註二六四）。

図一五一が示しているのは、ラムスプリングの物語の理想的な結末であって、年老いた王の再生の水槽が王を息子の姿で奇蹟的に再誕させる。結合の水からあらわれた父と息子が、翼を備えた導き手、すなわちメルクリウスの霊によって、同じ玉座につかされる。メルクリウスの霊の存在が、三位一体の枠組における父と息子の同一化を完成させ、『立ち昇る曙光』では、「父、すなわち息子、すなわち聖霊であり、三者は一つなり」とされている（註二六五）。図版にそえられたラムスプリングのモットーでは、「ここに父と息子と導き手は一つに結ばれ、永遠にかくありつづける」となっている（註二六六）。ラムスプリングの「王の息子」の一連の図版の最後のものには次の詩がそえられている。

いまや眠れる父は
完全に澄みきった水へとかわり、
この水の能力《ちから》によってのみ、
善なる作業は成しとげられ、
いまや強く美しい父があらわれて、
新しい子を生み、
子は永遠に父の中にとどまり、

父は子の中にとどまる。
このようにさまざまなものに、
秘密の果実が生み出され、
これは朽ちることなく、
死をむかえることもない。
神の恩寵により、父と子は
永遠に生きつづけ、輝かしい勝利をおさめる。

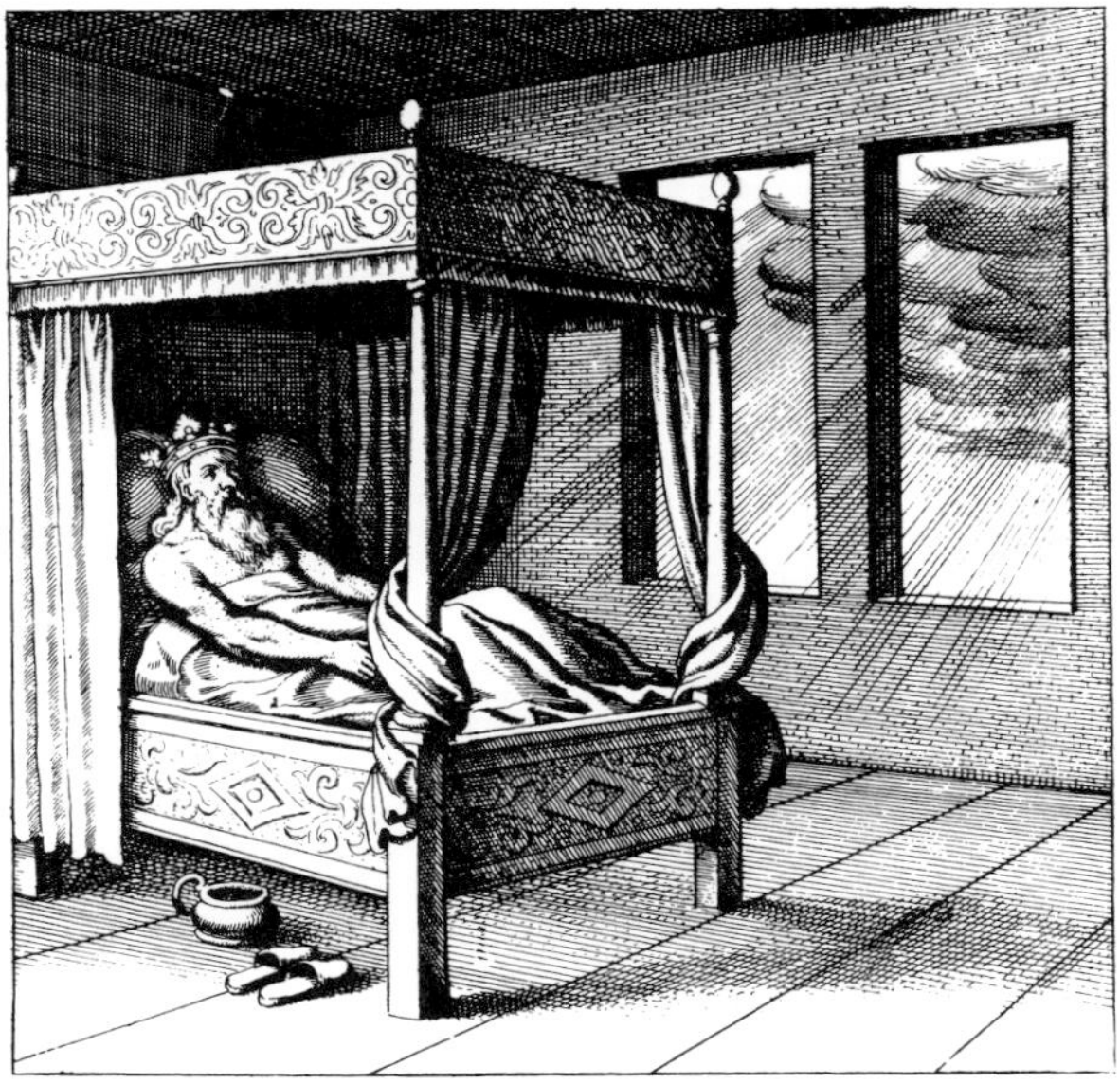

図150　妊娠した父なる王が息子をゆっくり消化して再誕の肉体と融合する

一つの玉座に二人は坐り、
年老いた師の顔が、
二人のあいだに見られる。
師は深紅のローブをまとう。
神に賛美と栄光あれかし。アーメン（註二六七）。

図151　ここに父と息子と導き手は一つに結ばれ、永遠にかくありつづける（註263）

図一五二も『ラムスプリングの書』から採られたもので、作業

の最後の段階にある「森の王」（図一一九）をあらわしている。ヘルメスじみた人物は、誇らしげにリンゴと王の支配を示す笏をもち、次のように述べる。

図152　ドラゴンを殺した王が再誕と宇宙の支配をあらわす玉座につく

われはわが敵を征服し、害をなすドラゴンを踏みしだく。われは偉大な輝かしき王であり、術によりても自然によりても、

図153　純粋性と完全性を示す永遠の若さにおける両性の不死の結合

われより偉大なる者が生まれることはなし（註二六八）。

完璧な永遠の若者

図一五三が示しているのは、バシリウス・ウァレンティヌスの第二の鍵で、第三の鍵（図一一五）と象徴的な対をなす。図版があらわしているのは、プエル・アエテルヌス（永遠の子）、すなわちメルクリウスの少年としてのベネディクト会修道士の再誕である。太陽と月の結合した光に照らされ、「永遠の若者」はヘルメスの結合の杖を示し、翼のある父の「ローブ」を足もとの地面に置いている。冠からわかるように、裸の若者はフィリウス・レギウス（王の息子）、あるいは父なる王の若返った姿としてあらわれている。同様に、翼とメルクリウスの印から、父と子を結びつけるメルクリウスの霊であることがわかる。

永遠の若者の生命は、武器をもつ分離した者におびやかされるが、驚くべきやりかたでもって、この二人は若者のこのうえもない美しさによってその場に釘づけにされる。若鷲が右側の人物の剣にとまり、冠をつけた蛇が左側の人物の剣に巻きついている。懲罰の戦士二人は結合の行為と近親相姦のタブーの無視に密接な関係をもつ。第二の鍵に付された本文（一八六―一八九ページに全文を掲載ずみ）からわかるように、バシリウス・ウァレンティヌスの寓意画は「結合あるいは性交」、すなわち「王とその子は一つに結ばれるとき全裸でなければならない」ことをあらわしている（註二六九）。

メルクリウスの少年の近親相姦を最も強くあらわしている象徴が、少年のもつカドゥケウス、すなわちヘルメスの杖である。カドゥケウスはゼウスとレアーのオルペウス神話に発する。ゼウスが自らの母レアーを犯そうとしたとき、レアーは蛇に変身した。ゼウスも同じ変身をして、からまりあった二匹の蛇のように、レアーと交わった。そのあとゼウスはこの結合から生まれた自分の娘、ペルセポネーを凌辱した。そのときも蛇の姿をとったのである。この二重の近親相姦の結合を記念するものがヘルメスの杖である（註二七〇）。

最初のエディプス・コンプレックスをあらわす者

図一五三の栄光の王は、永遠の若さと両性具有の完全性の象徴であり、再誕の迫害不安と分離過程の精神外傷を克服する者としてあらわされている。冠をつけた蛇と若鷲に飾られる分離した人物の剣は、子、父、霊、王、男根、臍帯という、親の受肉のさまざまな元型的象徴を結合したものである。これが冠と翼を備える若者によってあらわされる神秘にほかならない――半分は父、半分は母、傷つきやすく無垢で、性と攻撃を超越し、完全なるものである。最初のエディプス・コンプレックスの目もくらむ幻視と最初の親との同一化の状態で、蛇のからまるメルクリウスの杖を

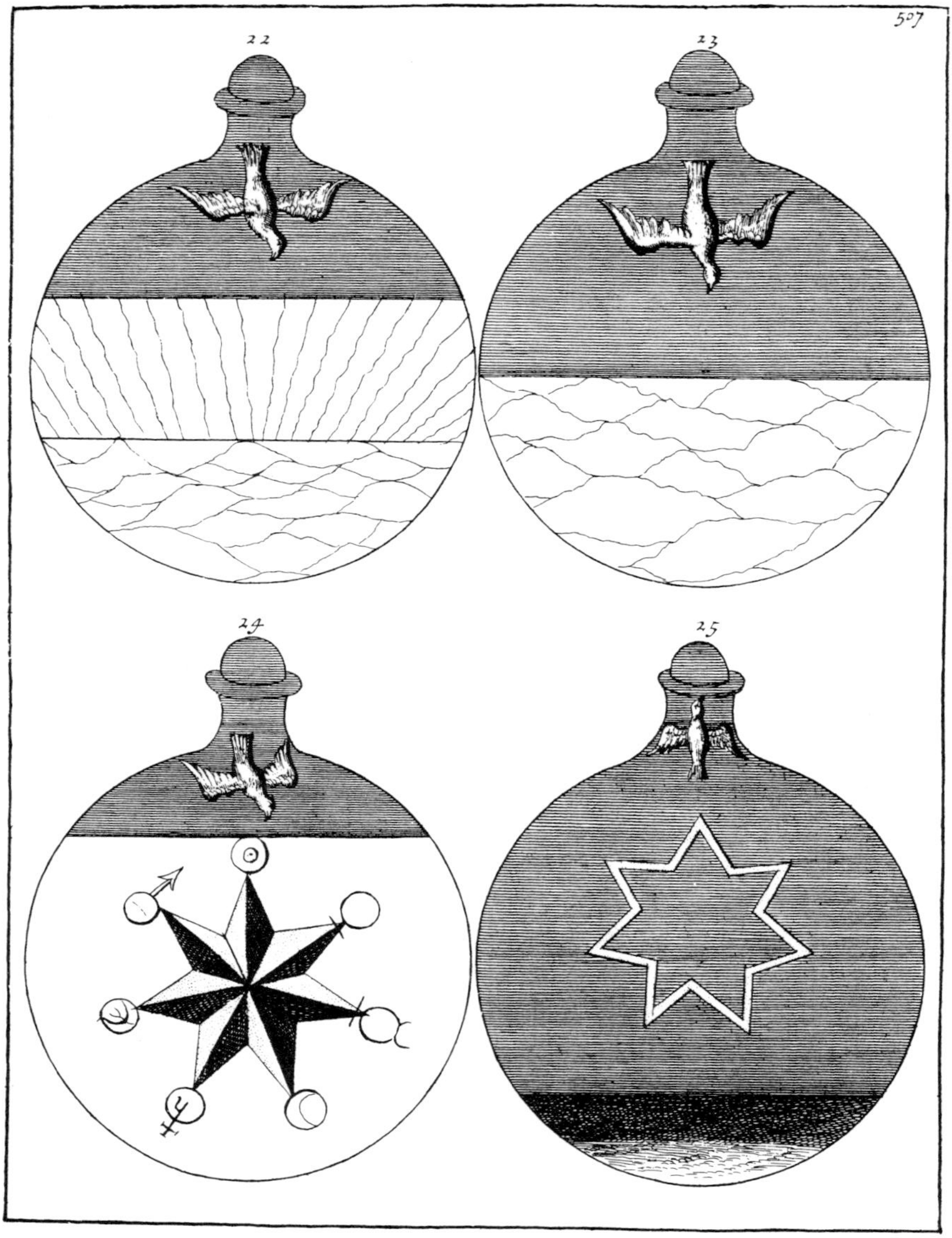

図154　錬金術の「完成の星」における人格の宇宙的統合

誇らしげに示している。

完全な結合の星

「開かれて海綿状の霊妙なものになった」太陽と月の「賢明な煆焼」は、図一五四で完全なものにされる。二二番目と二三番目の図版の白の霊薬で「溶解」と「腐敗」が起こったあと、太陽と月の体は凝固して二四番目の図版の宇宙的合成物になる。ここで太陽と月は、ステラ・ペルフェクティオニス（完成の星）、すなわち七重の星において、五つの星あるいは金属と結合する（註二七一）。『自然の王冠』は完成の星を「完全に結合したもの」と呼んでいる。

わが子よ、知るがいい。先に告げられた黒い土が純銀の生命を受け入れはじめるや、それは受胎と呼ばれ、男性的なものが女性的なものにおいて作用し、すなわち土における純銀の生命となり、哲学者たちはわれらが男性的なものと女性的なものとその結合を支配するという……それ（霊薬）を暖かい糞の穏やかな熱で腐敗させ、何も立ち昇らぬようにせよ。男性的なものと女性的なものとが完全に結ばれ、たがいに抱きあうまで、決して分離させてはならないからである。完全に結合したものは表面が黒い（註二七二）。

この状態が二五番目の図版に示されており、七重の星が虚ろで朦朧とした姿であらわれ、容器の黒い表面の上に漂っている。錬金術の容器における、この光と闇、生と死の二重の状態は、対立物が至高のやりかたにより均衡点で融合する黄道一二宮の天秤宮において、錬金術の「完全な結合」が起こる事実によって説明づけられる。天秤宮のこの釣合いのとれた配置は、二四番目と二五番目の図版における釣合いのとれた白と黒の星だけではなく、二四番目の図版では下へ、二五番目の図版では上に飛んでいるヘルメスの鳥によってもあらわされている（二一番目の図版で月の成長がはじまって以来、鳥は下へと飛びつづけ、霊の「降下」の運動は月の「腐敗する」物質における太陽の溶解を示す）。

レビスの天の色

哲学の樹であらわされるホムンクルスと母なる物質の進行する共生は、ついにレビス（二重の存在）、すなわち両性具有者を生み出すにいたるが、このレビスは錬金術で切望される目的と平衡の擬人的表現である。『パンドラ』の一連の図版では、この奇蹟が図一五七であらわされている。先の二点の図版（図一二二）における「結合あるいは性交」のあと、王と女王は溶けあってレビスとなり、天の色と同一視される。これは七重の星の色についての明確な言及であり、「表面が黒い」ことは『パンドラ』の二番目の図版における逆のバランス原理——黒い土とともにある天の色

図156　七重の星の均衡における両性の統一への融合

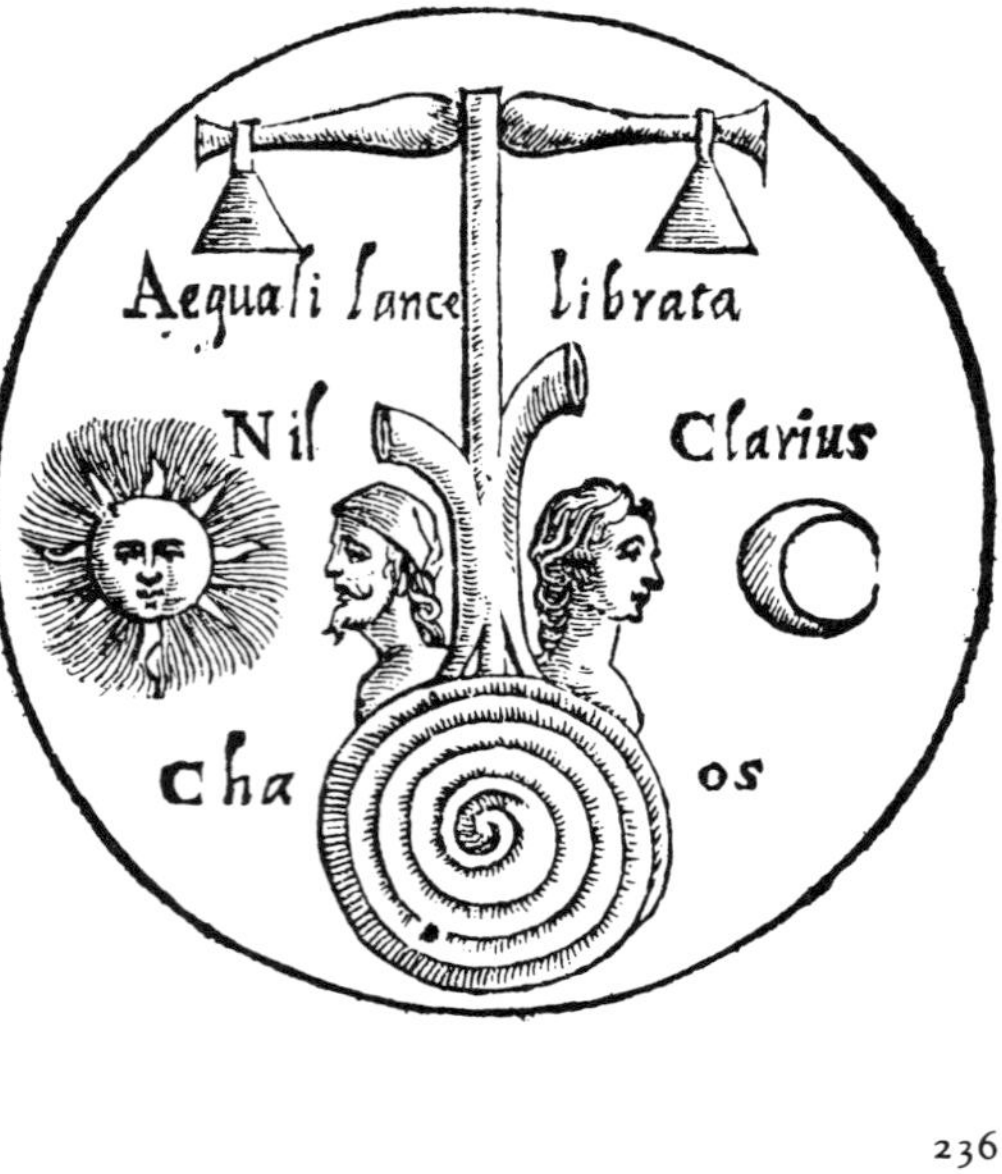

図155「同じ重さで平衡を保つべし」

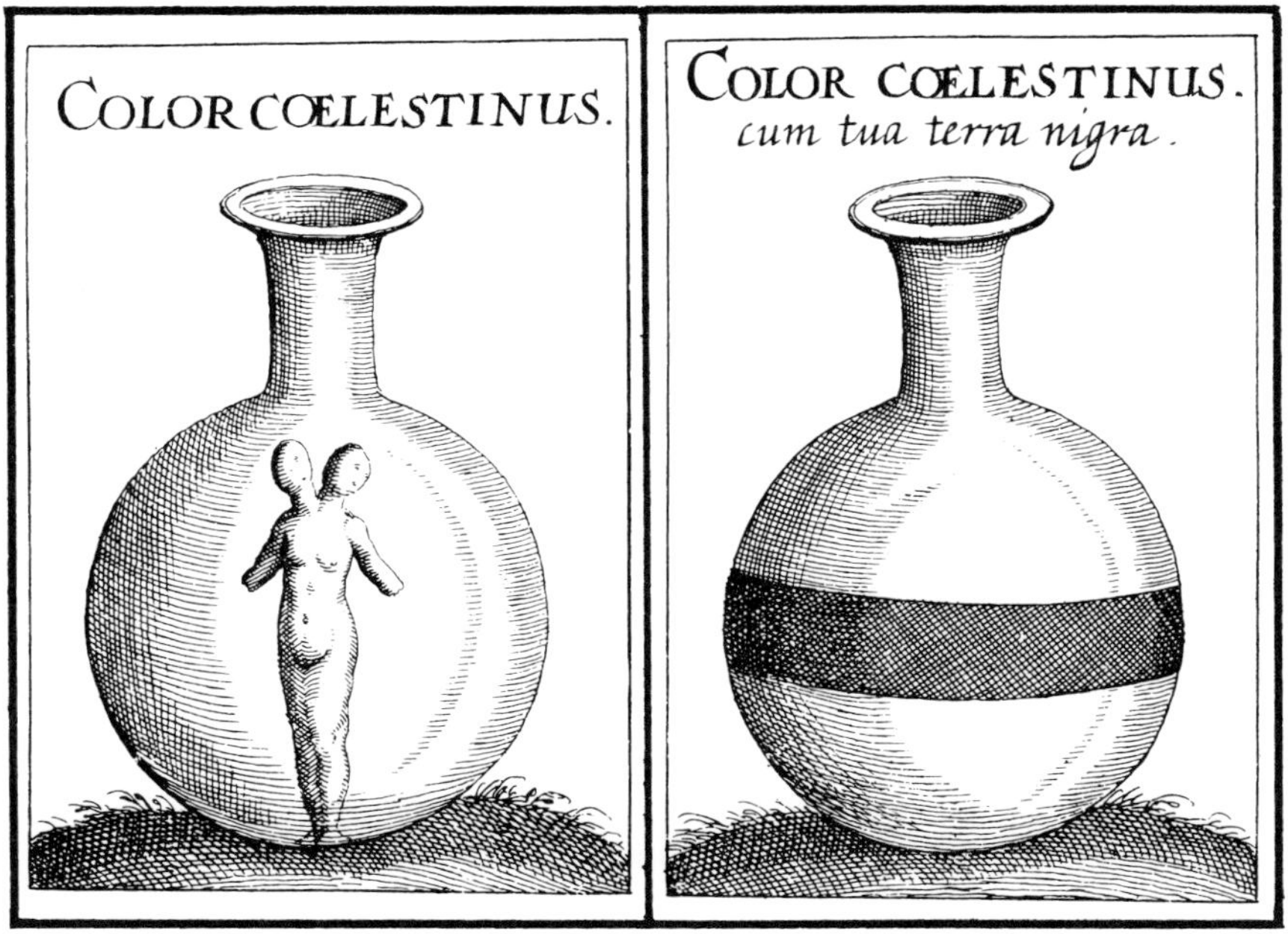

図157　両性具有者、すなわち最初の自己の発生を示す天の容器

――に対応する。

図一五五では、太陽と月が哲学の樹として、霊薬の「混沌」に根をおろしている。幹が天秤の一部を構成し、それによって天秤宮の中立の均衡状態における太陽と月の至高の結合を意味する。銘刻には「同じ重さで平衡を保つべし。これより明確なことはなし」とある。

秋の成熟の球

図一五六は七重の星にまつわるバシリウス・ヴァレンティヌスの幻視をあらわしており、この星は「完全な結合」が起こったときに照らされ、征服したドラゴンと哲学者の石の上で宇宙的両性具有者を発達させる。太陽と月を包む惑星の冠が天秤宮の無重力の空間に浮かんでいる。メルクリウスの球あるいは石の翼は、重力の征服と体の無重量、あるいは至高の霊化の状態が達成されたことを示す。球の中央で輝く黒い卵はニグレド（黒色化）を象徴し、秋と冬の進展によって平衡状態がおびやかされるなか、両性具有者が危ういバランスを保っていることをあらわしている。したがってレビスの翼ある球は、腐敗物が生まれる時点での熟した果実を意味する。その「天の色」は「黒い土」を含み、「完全に結合したものは表面が黒い」のである。したがって勝利と成熟の球は死の球でもある。王の赤いリンゴは秋のように華麗で、悲しい喜びと甘い憂鬱の感情に染まっている。

天秤宮、完全な結合

黄道一二宮の七番目の宮は金星に支配される基本相の空気の宮である。天秤宮は九月二四日から一〇月二三日にわたり、昼と夜、冬と夏が、秋分によって平衡を保つ。天秤宮では対立するものが中立の均衡状態に溶けこみ、均衡状態が対立物のエネルギーを含んで撤廃する。天秤宮は平衡を保ち、均衡の乱れを防ぐことに集中するので、「公正」の宮である。

天秤座生まれの者は社交的で洗練された礼儀正しい人物であり、普遍的な二つの動因が深遠なやりかたで平衡を保たれ、昇華されている。このタイプはまったく攻撃性がなく、性の動因が昇華されて、秩序や調和や美を愛する感覚になっている。この点について、イヴァンジャリン・アダムズが次のように述べている。

天秤座に生まれた人は、おそらく愛に最大の興味をもつ気質を備えるだろう……同性愛の傾向さえあるかもしれない。これは偏向によるものではなく、天秤宮の性質が二つの性のあいだで微妙な釣合いを保つからである（註二七三）。

天秤座生まれの者は非暴力の唱導者および芸術を愛する者として、その極端な礼儀正しさと社交性でもって、人間のすべての動因や関係に均衡を求める。バランス、調和、公正の心的感覚が、無意識のうちに社会についての考え、すなわち自分自身の高度な自己の外的表現に集中する。

図一五六のドラゴンの話

われは汝に、男と女の力、天と地の力を授ける。あまりにも多くの者が悲嘆にくれ、その富と労力を無に帰したれば、汝が火の力によってわれを支配しようとも、わが術の神秘は勇気と精神の偉大さでもってあつかわねばならぬ。われは賢者たちにのみ知られる自然の卵であり、賢者たちは敬虔かつ慎ましやかに小宇宙をわれより生み出すが、これは全能の神によって用意され、多くの者が虚しく求めようと、ごく一部の者にあたえられるものにすぎず、賢者たちはわが宝でもって貧しき者に善をなし、消滅しやすい金に心をとらわれはせぬ。われは哲学者たちにメルクリウスと呼ばれぬ。わが妻は金であり、われはあまねく地で見いだされる年ふりたドラゴンであり、父にして母なるもの、若くして老いたるもの、強くて弱きもの、死して再生するもの、見ゆれども見えざるもの、硬くて柔らかきものなり。われは地にくだり、天に昇り、最も高く最も低きもの、最も重く最も軽きものなり。色、数、重量、長さについて、しばしば自然の秩序はわれのうちにおいて逆転されん。われは自然の光をはらむ。われは闇にして光なり。天と地より来たりぬ。われは知られながら、いまだ存在せざるものなり。太陽の光によりて、すべての色はわれの中にて輝きぬ。すべての金属もまたしかり。われは最も気高き浄化された土、太陽の紅玉であり、汝はこれによりて、銅、鉄、錫、鉛を金にかえることを得る（註二七四）。

栄光の両性具有者

われ、ヘルメス、汝のもとに行かん。
ああ、太陽よ、汝の同輩たち（惑星）の霊よ、
われは汝のため、彼らを冠となさしめ、
それに似たるものはなし。
われは汝と彼らをわが内に入れ、
汝の王国を栄えせしめん（註二七五）。

『オスタネスの書』

図一五八では、地底にくだってその中心を征服した錬金術師に、「地下の自然学」が示されている。闇のカーテンが開くと、太陽に受肉した栄光の錬金術師が七重の星としてあらわれ、回転する星が錬金術師の王冠を構成する。錬金術師は両手に天秤宮の道具をもっており、三角定規とリラは「均整」と「調和」をあらわす。女の乳房を備えているうえに、胸の臍帯に哲学者の息子をはらんでもいる。ホムンクルスの下には象徴化された動物の国があって、植物の国を含む両性具有者の胃袋から花や葡萄が育っている。透

図158　妊娠二ヵ月目にあらわれる胎児の人格

図159　天秤の完璧な均衡によってバランスを保つ錬金術の四元素

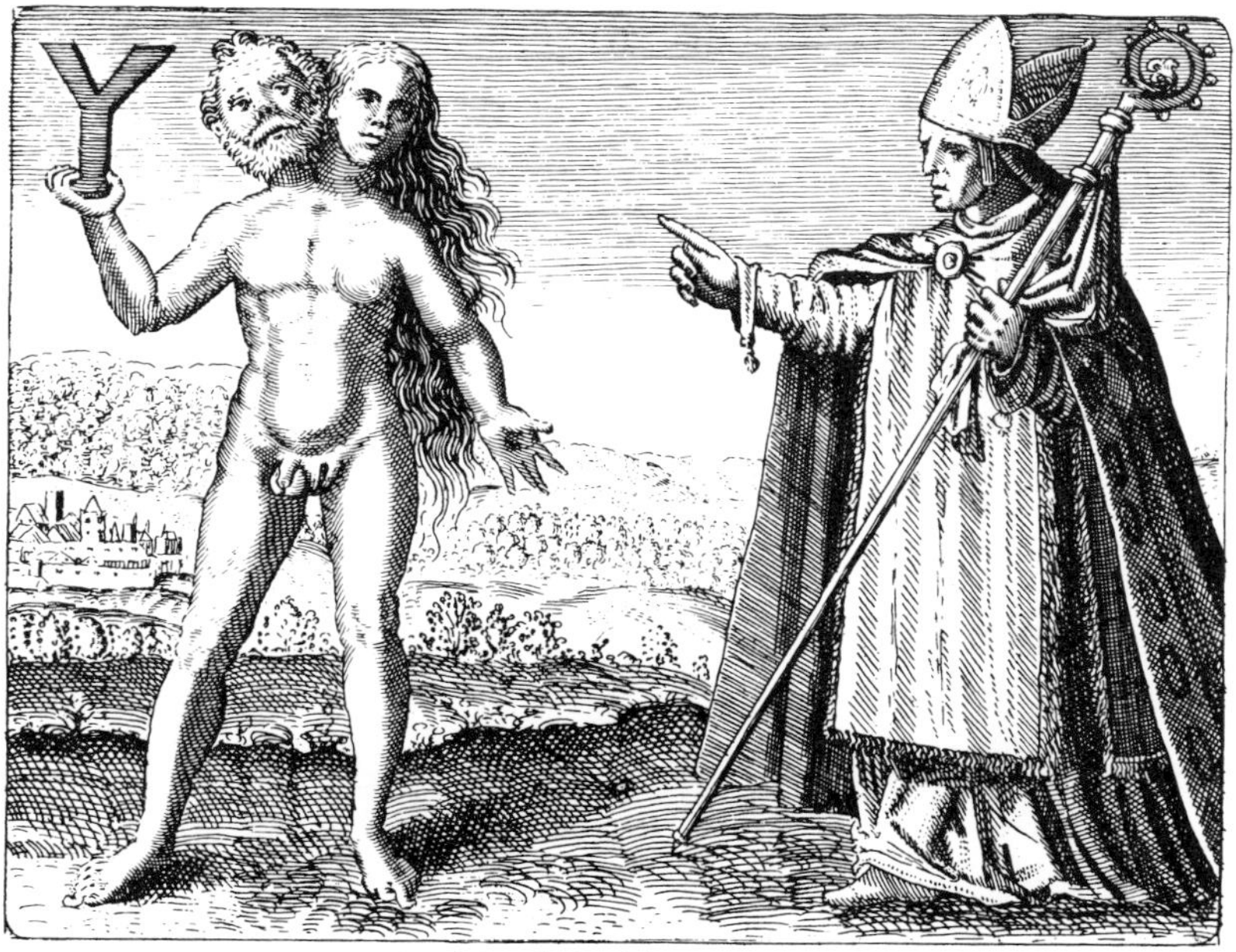

図160　両性具有者の完璧な均衡の内にバランスを保つ二つの性

明な腹部には鉱物の国があり、レビス（両性具有者）の腹は七つの星あるいは金属にひとしい。

この体内の構造が示しているのは、メルクリウス・フィロソフォルムがついに錬金術師に受肉したことであって、泉が「鉱物のメルクリウス、植物のメルクリウス、動物のメルクリウスの統一」と告げている。いま一つの形而上学的な特徴は、図一五八の宇宙的人間がおこなう「キルクルス・アエテルニ・モトゥス」（永遠の円運動）であり、宇宙的人間はこのようにして天の永遠の回転にあずかるのである。カーテンを引く二つの手は「理性」と「経験」を意味するとともに、錬金術の手順の両極をあらわし、「左と右」がついに「均衡」と「調和」において結合するのである。

両性の完璧な均衡

図一五九では、中世イギリスの修道士、神学者、錬金術師であったロジャー・ベイコン（一二一四―九二年）が、「完全な結合」の天秤をもちながら、「諸元素をひとしきものになさしめれば、それが得られるであろう」と告げている（註二七六）。水と火が中央の軸の両側で対称的に釣り合っている一方、空気（雲）と土（石）が均衡の垂直線に沿って釣り合っている。

図一六〇では、中世ドイツの司教にして錬金術師であった、アルベルトゥス・マグヌス（一一九三―一二八〇年）が、錬金術の目標、すなわち最初の両性具有者をあらわすYをもつ人物を指差している。司教は「すべては二つに分けられた一者の内に一致する」と告げている（註二七七）。この結合された二重の性質はメルクリウス・フィロソフォルムの特徴であって、メルクリウス・フィロソフォルムは天秤宮のように、対立物を高度な統合的な形で融合する、積極的ではあれ中立の均衡をあらわす。その体は男性的で、魂は女性的だといわれるが、その逆になっていることもある。両性具有者にふれた最初の錬金術の文献、『化学の術』では、レビス（両性具有者）について次のように記されている。

メルクリウスはすべての金属にして、男でもあり女でもあり、魂と肉体の結婚においてさえ両性具有の怪物なり（註二七八）。

アラビアの『黄金論集』に注釈をほどこした中世の錬金術師は、レビスについて同じような描写をしている。

太陽のもとを歩く者に影が絶えずつづくがごとく……われらがアダム的両性具有者は、男の姿をしてはいても、常にエヴァなる女の部分を体内に隠しもつ（註二七九）。

胎児の人格の発生

心理学の用語で解釈すると、錬金術の結合があらわしているのは、妊娠二ヵ月から九ヵ月にかけて子宮内で発達する胎児の段階の退行的復活である。胎児の段階は二つの転移点によって構成される。誕生（九ヵ月目）、そして胚から胎児への変化（二ヵ月目）である。この転換の鍵は、軟骨にとってかわる最初の骨の細胞の形成にある。胎生学者がこれを基準として選んだのは、最初の骨の形成が体の完成と同時に起こるからである。機能の完成のあとに構造の完成がつづく。胚が二ヵ月目に胎児になると、その生物は個人の縮小版と呼べるだろう。

錬金術においては、両性具有者の惑星の冠は、金属のみならず、占星術でいう気質、すなわち精神要素をもあらわすので、「完成の星」と「天の色」をした両性具有の胎児（図一五七および一五八）の誕生は、リビドー進化の重大な「停止点」の一つを象徴すると解釈してもよいだろう。結合あるいは性交が子宮内の妊娠九ヵ月目の胎児を象徴し、「根をおろす」ホムンクルスが胎児の成長の退行的復活を象徴するなら、「完全な結合の姿」は胎児の人格のあらわれ、最初の自己の発生の復活を象徴するのである。

LSDによって最初の自己をさらけだす

図一五七において再誕と両性具有の結合を包みこむ「天の色」は、すべての神秘体験に不可欠のものであって、「神の光」の衝撃を強調している。心理学の観点から述べれば、自我が超自然的な光を体験することは、普段は気づかない強力な精神エネルギーの領域を意識していることを意味する。こうした水面下の心の層が復活することは、自我にはとうてい近づきがたい深い無意識のレヴェルで全人格を支配する、精神の核が存在することを示している。この無意識の核を発見して、「自己」と名づけたユングにしても、本書でこれまでに記した類の経験から、その存在を推測するにとどまった。しかし一九六一年にユングが亡くなってから、自己は現代のテクノロジーによって、近づくこともできるし、論証できるようにもなっている。LSDによる再誕の体験で明らかにされた、自己についての最初の報告は、シドニー・コーエンの『内部の彼方――LSDの物語』に見いだされる。

（自己に向かう）川の流れが速まるにつれ、川はますます透明になってくる――潜水したあと、すぐに浮上して、頭の上で水が分かれ、光のある大気中に出るときのようだ。光が強まる――たいていトパーズ色をしている。光の中で生きていることを意識するのが歓喜になり、魅惑的であるとともに心が安らぐ。このレヴェルでは、個人の感覚はまださほど失われてはいないか、もはや自我のものではない意識の内に辺境が失われるまで拡大されて溶けこんでいる……哲学者ニコラウス・クサヌスの著述には鍵になる文章がある。クサヌスは強烈な意識の状態について語り、経験が「対立物の葛藤を超越する」からこそ可能なのだとしている。「わたし」と「それ」の区別、「これとあれ」のちがいがなくなる。大きさと

図161　天使の子宮とその融合の水への錬金術師の汚染された復帰

量はもはやない。比較や分析は消える。極性や志向性が欠落する。しかしこれは朦朧とした意識や混乱した理解ではない。喪失や困惑の感覚ではなく、絶対的、無時間的、即時的な全体の最も生なましい認識があるのだ。理解は完全である。印象があるとしても、底知れぬ安らぎはとても言葉にはあらわせず、無尽蔵のエネルギーはあまりにも熱っぽい。この状態は根本的で、すべてに浸透しているのである（註二八〇）。

赤い奴隷と白い女

『太陽の光彩』の八番目の絵（図一六一）では、「白い女」に岸で迎えられる「赤い奴隷」として、錬金術師が川からあがっている。

図162　再誕につづく出産外傷

図163　天使めいた女との融合

両者ともセニオルがあらわす錬金術の結婚の古典的なカップルをあらわしている。

　赤い奴隷が白い女と結婚し、女が結婚によって妊娠し、息子を生むと、息子はあらゆることで両親に仕えるようになるが、両親よりもすぐれている（註二八一）。

　本文では、赤い奴隷はムーア人、あるいはエチオピア人をあらわしているらしく、これは錬金術の不浄と劣位の象徴である。『太陽の光彩』の先の絵（図一三一）にも描かれている水からの救出のモチーフを、この絵は変化させている。驚くべきやりかたでもって、白い女あるいは天使めいた女王は、恋人を待つ妊婦として描かれており、これによって花嫁が妹にして母であり、夫が父と兄と乳飲み子が一つになったものであるという、錬金術の不思議な結婚をあらわしている。妊娠とまろやかさの観念が支配的なので、赤い奴隷の頭が透明な球に変化して、哲学者の石を象徴している。融合する特質をもつ有翼の世界霊魂による霊と肉体（赤い奴隷）の結合が、本文に記されている。

　黒人のように黒い男が、黒く汚れて悪臭放つ軟泥あるいは粘土にはまっているのを、彼ら（哲学者たち）は見た。その男を助けに、若い女がやってきたが、その顔は美しく、肢体はさらに美しく、多彩な色の服をあでやかに身にまとい、背に

図164　錬金術の目標、不死の達成としての両性の結合

は白い翼を備え、その羽根はもっとも繊細な白の孔雀に似て、風切羽は美しい真珠に飾られ、羽根は黄金の鏡のようにきらめいた。頭に純金の冠をかぶり、その上には銀の星があった。首には金の首飾りがあって、いかなる王であれ購えない貴重なルビーがついていた。足は金の靴に包まれ、女の体からは素晴しい香が立ちのぼり、これをしのぐ香はない。女は男に紫のローブをまとわせ、男を最も輝かしい透明さへと高め、天へと運びあげた（註二八二）。

ここで描写される多彩な色の女は、カウダ・パウォニス（孔雀の尾）の変種であって、錬金術の石の象徴である。完成の星が七つの基本色を含むように、虹の色のすべてが含まれている。

自分自身の卵になる

図一六四は『太陽の光彩』の九番目の絵で、図一六一につづくものとなっている。赤い奴隷が川からあがり、タオルを差し出す白い女に出会うと、二人は抱きあって溶けあい、レビス（両性具有者）の天使めいた姿になる。輪光に包まれ、翼を授けられ、結合した兄・妹は右手に的を、左手に卵をもつ。的は結合した四元素から構成され、その中心には美しい景色が描かれている。イメージは錬金術の目標の達成に関する困難さを適切にあらわしている。放たれた矢が高すぎても、低すぎても、的をはずす。正しい的は中心である。レビスのもつ卵は有名なオウム・フィロソフォルム（哲学者の卵）で、霊妙な物質を象徴する。卵は宇宙的な誕生をあたえるもので、錬金術師の宇宙的な親である。したがって哲学者の卵をとりもどすことは——レビスにおけるようにひとしい（その的は主体の中心でもあり客体の中心でもある）。——主体と客体が一つである個人の最初の状態を回復することに自分自身の中に忍びこみ、自分自身の卵になることで、錬金術師は自分を自分自身の卵を抱くものにかえる。これは最初の同一化であって、両性性と自己繁殖がパートナーなしに錬金術の不死の夢の構成要素を形成する。

暗い目標の幕開け

図一六二の左のメダルでは、哲学者の息子と誕生の星が大地の骸骨から昇っている。銘刻文は、「これはおびただしき棘に隠されし花なり」となっている。右のメダルが示しているのは、妊娠した処女にひとしい再誕の容器で休む哲学者の息子である。銘刻文は「哲学者の息子のごとく、哲学者の石は処女の乳によって養わねばならぬ」と読める。石の誕生する場所がハリドの『三語の書』にあらわれている。

三月の間、水は子宮内の胎児を保ち、三月の間、空気が温め、同じ期間、炎が守る。そしてこの言葉とこの教えと暗い目標が明らかになれば、誰もが真実を知るであろう（註二八三）。

図一六三の左のメダルは『太陽の光彩』の八番目の絵の異版で、メダルをとりまく銘刻文は、「われらの種子はわれらの土と結ばれし水銀なり」となっている。右のメダルは両性具有者を示し、「金はしばし火の中にあるとき硫黄と水銀よりつくられる」との銘刻文がある。

親近性、類似性、同一性、一体性

図一六五および図一六六は、アニマ・ムンディ（世界霊魂）、すなわち「融合する魂」として、四番目の最高の面にある錬金術の女神のアモル・コニウガリス（結合の愛）をあらわすユニークな挿絵である。この女神の受肉と変容については、錬金術の結合の進展に関連づけて既に考察した。まずこの女神は愛の芽生え——親近性をおぼえるという感じ——としてあらわれ、共生的な愛——愛するものと類似しているという胸のときめく感じ——をあらわし、さらに心をとらえる自閉的な愛——愛するものとの「同一性」をおぼえる不思議な感じ——をあらわしたあと、燃えあがる愛を具現して、愛する者と溶けあうという神秘的な「一体」感をもたらす。遺伝子過程の四つの対応する段階を経る魂のこの（退行的な）進展について、これをもっとも適切に要約しているのが、内なる旅を経験して、アメリカの精神分析医イーディス・ジェイコブスン博士の診察を受けた精神分裂症患者である。

話をしているうちに、この若い女性——破れたパジャマだけを身にまとった痛ましくも美しいオフィーリア——は、わたしの手をひっぱって、それまで腰をおろしていた寝椅子へ坐らせた。「体を寄せて坐りましょう」彼女がいった。「偉大な哲学の発見をしたんです。親近性と類似性と同一性と一体性のちがいがわかりますか。近いというのは、いまあなたとならんで坐っているようなもので、あなたが誰かに似てるといっても、誰かのようであるというだけで、あなたとその人は二人です——あなたが誰かと同じでも、その人はあいかわらずその人で、あなたはあなただけど、一体性は二つじゃありません——一つだけで、それがこわいんです。とてもこわい」彼女は急に身を震わせて、そう繰返した。「あまり近づかないで。離れてちょうだい。わたしはあなたになりたくないから」彼女はそういうと、わたしを押しやり、襲いかかってきた。数分後、彼女がまた気分をうきたたせた。「わたしは天才なのよ」そういった。「天才なの。本（社会学の本）は全部処分するわ。もう必要ないから、いらないのよ。わたしは天才だもの。天才よ」（彼女の夫は社会学の教師だった）。彼女を救急車に乗せて病院へ連れていくと、気持ちを落ちつかせたが、沈みこむようになった。「わたしはもう死んでるのよ。ラリーは自殺したりしないわ」そういって、小さなお守りをとりだした。小さなプラスティック・ケースに入れられた小さな蟹だった。「これがわたしの魂なの」そういって、わたしに差し出した。「わたしの魂は死んだし、わたしの自己も死んだし、わたしはもうおしまいなのよ。わたしは死んでるの。わたしがあらわれるようになるまで、これを持っといてちょうだい」そして急にパニックにおちいった。「死にたくなんかない」彼女はわたしに襲われたかのように、わたしを殴りはじめたが、すぐにまた陰鬱な気分に沈みこんでしまった（註二八四）。

錬金術の作業の最初の半分をあらわすこのすぐれた要約でもって、その発達段階を調べることにしよう。

成人の成熟過程

これまでの議論をふりかえるなら、人間の精神的発達のさまざまな元型的段階は遺伝子が土台になっていることを強調しておかなければならない。これが意味するのは、精神の元型的構造の自律的な展開であり、これによって自我と意識の発達が進む。いまや膨大な量の実験や観察が、一つの明白な事実を強調している。子供たちはからっぽの器として生まれ、次第に事実や経験に満たされるというわけではない。子供たちは明確な発達段階をたどり、それらは本質的に異なった意識の諸形態なのである。精神生物学的なタイム・レコーダーがわれわれの精神および肉体の成熟を支配する。人間という生物は、超個人的な発達をして、卵形成、排卵、受精、卵割、着床、胚の成長、胎児の成長、誕生、幼児期、子供時代、潜伏期、思春期、成人、中年、更年期、老齢、死を経るのである。

この進化的連鎖は生物的現象であるとともに精神的現象でもある――「上なるものは下なるもののごとし」なのである。錬金術を土台にすれば、精神構造の超個人的発達や、その連鎖が特定の元型的パターンとして正確に決定されることを確認できる。このプロセス全体はその進路があらかじめ人間という種に深く植えこまれており、ユングにならってこれを「個性化過程」と呼ぶことにしよう。しかし二つの局面、すなわち自我意識の形成にかかわる進行性のものと、自我による無意識の土台の統合にかかわる退行性のものを区別しなければならない。あとでとりあげるが、退行による個性化は、個人の精神生物学的進化の全過程を無意識に再生することにかかわっている。

人間の精神的成熟過程の「連鎖を定める」段階において、第一質料と最初の結合の価値を、その前後関係から判断しなければならない。最初の結合にいたる錬金術の作業の最初の部分は、成熟した成人における無意識の精神力学の「作用」を反映し、このとき自我が創造的・攻撃的行為と性的・創造的活動の可能性を自覚

図165　「レビスと名づけられ、二つの山……すなわちウェヌスとメルクリウスより生まれるものを、石から採るべし」（註285）

図166　融合の性質をもつ愛の女神
アニマ・ムンディ（世界霊魂）が硫黄と水銀、四体液あるいは四体質、黄道一二宮の化学的、心的、宇宙的共生によって、錬金術師と融合する。

図167　閉ざした瞼の闇の中にあらわれて、自然の大地への回帰、あるいは退行的本能に支配される錬金術。水の流れる山の洞窟に位置して、七つの星の神々、黄道一二宮、四元素にとりまかれる、「結合」という王の婚礼の部屋——巨大なマンダラが版画のモチーフである「第三の手‐結合」（見出し）を図解している。

する。既に説明したように、退行する無意識の奮闘は抑圧を除去することと、思春期、潜伏期、子供時代、幼児期、誕生時の葛藤を復活して解消することに集中する。この観点からながめれば、最初の結合があらわしているのはついに成人に達したことであり、いいかえれば（一）人生と結婚の役割において父親に同一化し、（二）結婚と性の象徴的儀式において母親の愛情を獲得し、（三）親として自己を象徴的に再創造したことをあらわす。

このような自我の成熟を果たす無意識の精神力学は、必然的にそれ以前の自我発達の諸段階におけるさまざまな葛藤や防衛の解消を必要とする。これらがたとえば夢のような特定の精神レヴェルで解決できない場合、人格は成人の構造に達することがない。退行により自我発達の特定の幼児段階に固着する未熟な人格に、これははっきりと見いだされる。仕事や性のパートナーの選択とその関係は、防衛によるのではなく、積極的なやりかたで現実を処理して不安を克服する、自我の能力によって決定される。たとえば原不安の解消は、自我と異性のパートナーとの正常な関係、そしてオルガスムスの実現、すなわち自己の無意識レヴェルにおけるウニオ・ミュスティカ（神秘の合一）の瞥見の実現を果たすために必要な条件である。

しかし人格の地下の閉ざされた扉を「開ける」ことは、その多くが無意識で起こり、夢でのみ一瞥するだけかもしれない。普通の場合、プロセス全体が自覚されることなく、未知のものであって、間接的に経験されるにすぎず、霊感のようにひらめいた考え、行動をうながす衝動、不可解な気分によって経験されることになる。錬金術の作業はこの無意識のプロセスを意識させること、そしてさまざまな変容の運動を自我の構造へと統合することにかかわっている。このようなやりかたで、夢は失われることなく、自らと世界についての自我の知識として記憶され、利用されるのである（註二八六）。

第5章　ニグレド　「黒」の死と腐敗

錬金術の作業の頂点で、結合の栄光が突如として消えうせ、闇と絶望がもたらされる。この展開は作業の新しい段階のはじまりを意味しており、錬金術師たちはこれをニグレド（黒色化）、テネブロシタス（闇）、モルティフィカティオ（死）と呼んだ。*

*錬金術においてよく強調されるのは、ニグレドが「作業のはじまり」をあらわすことである。これは厳密には正しくない。ニグレドは対立物の予備的な結合の結果、すなわち最初の対立物の結合において第一質料とその共生を生み出すことにかかわる最初の作業の結果にすぎないからだ。たとえ最初の作業が錬金術のさまざまな文書で暗く憂鬱なものとして描写され、腐敗の行為にひとしいものだとされていても、ニグレドそのものと混同してはならない。ミュリウスによれば、ニグレドそのものは、作業の第五段階において、「煉獄の闇で祝われる腐敗」が起こっているときにのみあらわれるのである（註二八七）。確かにミュリウスは、「この黒色化は作業のはじまりであり、腐敗を示すもの」だとしているが、この過程を作業の開始期における第一質料の復活と混同してはならない（註二八八）。混乱が生じているのは、作業そのものが小作業と大作業に分けられている事実による。したがって作業の「開始」は実際には小作業のはじまりを意味して、このあと包括的作業と呼ばれる操作がつづくのである（註二八九）。

ニグレドにおいては、錬金術師は自分の得た力が両面的なものであり、石が神の力と悪魔の力の双方を行使できることを知る。再誕した錬金術師は潜在的な超人だが、突如として玉座から追放され、その過程で錬金術師の宇宙が転倒する。ギリシア人に「ペリペテイア」（運命の急変）として知られる、この皮肉な運命と矛盾の原理は、ヘルメス学の作業において圧倒的なものである。聖なるものとして崇拝されていたものが、一瞬の内に慄然たる恐

Et sic in infinitum

図168

怖になりかわってしまうのである。杯の不老不死の霊薬が致命的な毒になる。女王と結ばれた王がしなびて、図一六九の恐ろしい姿になりはててしまう。

かつて黄金のヴィジョンに照らされていたところに死と闇がくだるにつれ、バシリウス・ヴァレンティヌスの第二の鍵の「永遠の若者」が第四の鍵の骸骨に変化する（図一六九）。死にながら生きているメルクリウスの少年は棺に立ち、背景にある教会での葬儀のあと墓場へ行く。ただ一つそばにある燭台は、生命の光が消えかかっていることを象徴する。背後にある切られて枯れた木も同じ悲劇的な意味をはらんでいる。本文はこうなっている。

土に発するすべての肉は腐敗し、ふたたびかつてそうであった土に還らねばならない。その後、地の塩が天の復活により新しい世代を生み出す。最初の土がなかったところでは、われらの術による復活はありえないからである。土に見いだされるのは、自然の香油と、万物の科学を見いだした者たちの塩である（註二九〇）。

図一七〇が示しているのは、さらに恐ろしいニグレドのありさまである。メルクリウス・フィロソフォルムが蜘蛛に変身して、恐ろしい巣にかかったすべての金属を殺す。ニグレドの闇がふりくだるとともに、王と女王の婚礼の部屋は有毒な昆虫と穢らわしい存在に満ちる乾燥した地下室に変化する。生命の王国が死の王国となり、両性具有者が太陽の決して輝くことのない絶壁に横たわるやせ衰えた男になる。

錬金術師たちはニグレドを、「ニグルム・ニグリウス・ニグロ」（黒よりも黒い黒）と呼び、「エト・スィク・イン・インフィニトゥム」（無限にあるがごとし）と付け加える（註二九一、図一六八）。『哲学者の薔薇園』によれば、ニグレドのあいだ、「脳が黒くなる」という（註二九二）。『化学の劇場』をひもとけば、ニグレドが「アンチモン、瀝青炭、鴉、鴉の頭、鉛、焼けた銅、焼けた象牙」と呼ばれることがわかる（註二九三）。『立ち昇る曙光』の証言によれば、「森のすべての動物が歩きまわる」ニグレドの夜に、棺と婚礼のベッドが一つにされるという（註二九四）。このようにニグレドは葬儀に関連したイメージで描写されることが多い。『開かれた門』には、「われらが王の葬られし墓はサトゥルヌス（鉛）と呼ばれ、変成の作業の鍵なり」と記されている（註二九五）。鉛はサトゥルヌスとニグレドの金属であり、その重さは錬金の作業の「黒い」段階において優勢な気分の塞ぎをあらわす。

中年の鬱状態の黒さ

個性化の観点から解釈すると、ニグレドは中年に起こる深遠な鬱状態の発作を象徴する。統計によれば、中年に鬱状態におちいる頻度は高い。成人の心理を強調する無意識の結合のあと、三〇歳から四〇歳にかけて、不思議な変化が無意識に生じるようだ。

ユングは人生のこの段階をレーベンスヴェンデ（人生の曲がり角）と呼んだが、これは人生の後半のはじまり、あるいは結果が広範囲におよぶ心理的変化のはじまりを意味する。

中年は力と意志のすべてをふるって仕事にうちこむ最大の発展期である。しかしまさにこの時期に、黄昏が生まれ、人生の後半がはじまる。情熱がその顔を変化させ、義務と呼ばれるようになる。「そうしたい」が無情にも「そうしなければならない」になりかわり、かつて驚きと発見をもたらした曲がり角が習慣に曇らされるようになる。ワインが醱酵し、おちついて、透明になりはじめるのである（註二九六）。

太陽が天頂に達し、いずれ沈んで消えてしまうという洞察は、人間には容易に訪れることがない。由々しいショックによってのみ得られるのだ。アメリカの精神療法医の仕事で日常起こることについて、W・V・コールドウェルが次のような報告をしている。

三〇代および四〇代の多くの人は、死を受け入れていることを口数多くしゃべりながらも、死という苦々しい知識に本当は直面していない。知識が無意識のどこかに隠れ、予期せざる出来事によって誘発されるのを待っているので、彼らは精神外傷のショックを受けやすいのだ。ある療法医が最近語ってくれたことだが、三〇代のある患者が治療中に、不意に半身を起こして、「ああ、おれは死ぬ。おれは死ぬんだ」と叫んだという。患者は苦悶に打ちひしがれてしまい、まったく堪えきれなかった。幸いにもそれなりの心の準備ができていたし、すぐそばに療法医がいた。しかしわれわれの社会の他の者たちは、社会が死を避けること――宗教の慰めや死体安置所の掛け布や婉曲語法による回避――によって守られているので、重病、手術、愛する者の死が突如として、入念に築きあげられている幻影の壁を破り、心を堪えがたい恐怖で満たすことになりかねない。精神外傷、精神病、神経衰弱がその結果になりうる。これはわれわれの誰もがいずれ直面することになるショックである（註二九七）。

鬱状態の無意識の構造

人生の後半のはじまりに付随する深遠な心理変化は、自我に微妙な影響をおよぼし、自我はありふれた鬱状態の反応によって、失意や絶望の気分に屈してしまう。こうした気分は無意識の変容の過程を反映しているため、通常の抑圧によって曇らされていない、ノイローゼによる鬱状態の反応、さらに正確には心的鬱状態の反応という、さらに「むきだしの」状態で調べることができる。精神病理学によって明らかにされた鬱状態の無意識の構造は、錬金術のニグレドの不思議な構造と正確に対応する。

成人の精神的な太陽──自我・アニマ・自己──が薄れて中年になると、その結果としての鬱状態の反応をともなう人格の「黒色化」が起こる。ノイローゼによる鬱状態では、自我は情緒不安定になって、失意、孤独、絶望といった感情が「黒色化したアニマ」をあらわす一方、自己軽視、自己非難、自己嫌悪といった反応が「黒色化した自己」を表現する。臨床の場では罪悪感が顕著な役割を演じる。ノイローゼによる鬱状態は繰返し無意識の不可解な罪悪感の緊張に圧倒される。これは罪として直接表現されたり、意識的に経験されることはない。そのかわり、愛されていないとか愛される資格がないとか、無価値であるとか、求められていないとか、劣っているとかいった不満として、派生的な形であらわれる。

心的鬱状態では、罪悪感はもはや間接的なものでも無意識のものでもない。ごく自然に繰返して表現され、しばしば執拗なものになる。この段階で、自我の防衛体制が崩れる。精神異常の自我は鬱状態の罪悪感の堪えがたい緊張を生み出す無意識の敵意を抑えることができない。抑圧が働かないために、精神異常の自我は神経症の自我よりも深く無意識の沼に吸いこまれる。その精神異常あるいは「直接」の形態において、鬱状態は自我を情緒不安定に追いやり、失意、孤独、絶望といった感情や、自己軽視、自己非難、自己嫌悪といった反応が、妄想の規模にまで達する。無価値感と罪悪感はノイローゼによる鬱状態の場合のように無意識的なものではなく、きわめて意識的なものであって、それ以外のものすべてを閉め出してしまう。鬱状態が妄想のレヴェルに達すると、外的な現実が闇や敵意といった圧倒的な内的現実に置きかわってしまうので、しばしば精神異常の鬱状態は自殺や自殺未遂にまでいたることになる。

再誕した王の犠牲

『太陽の光彩』の一〇番目の絵（図一七二）はニグレドをあらわし、裸形の男の頭と手足を切り落として復讐する人物を示している。本文はこのようになっている。

ロシヌスが幻視を得て、死にながらも美しく、塩のごとく白い体の男について語った。頭には美しい金色の髪があるも、胴より首が断ち切られ、手足も同然である。そばに黒く残忍な顔つきの醜い男が立ち、血にまみれた諸刃の剣を右手にもっていた。これが美しい男の殺害者である。左手には次のごとく記された紙をもっていた。「われは汝を殺し、汝は余剰の生命を得るやもしれぬが、汝の頭を隠すゆえ、世界は汝を見ることなく、土中にて汝を滅ぼすであろう。汝の体はわれが葬るゆえ、腐敗して成長し、おびただしい実を結ぶであろう」（註二九九）

ユングが指摘するように、錬金術のモルティフィカティオ

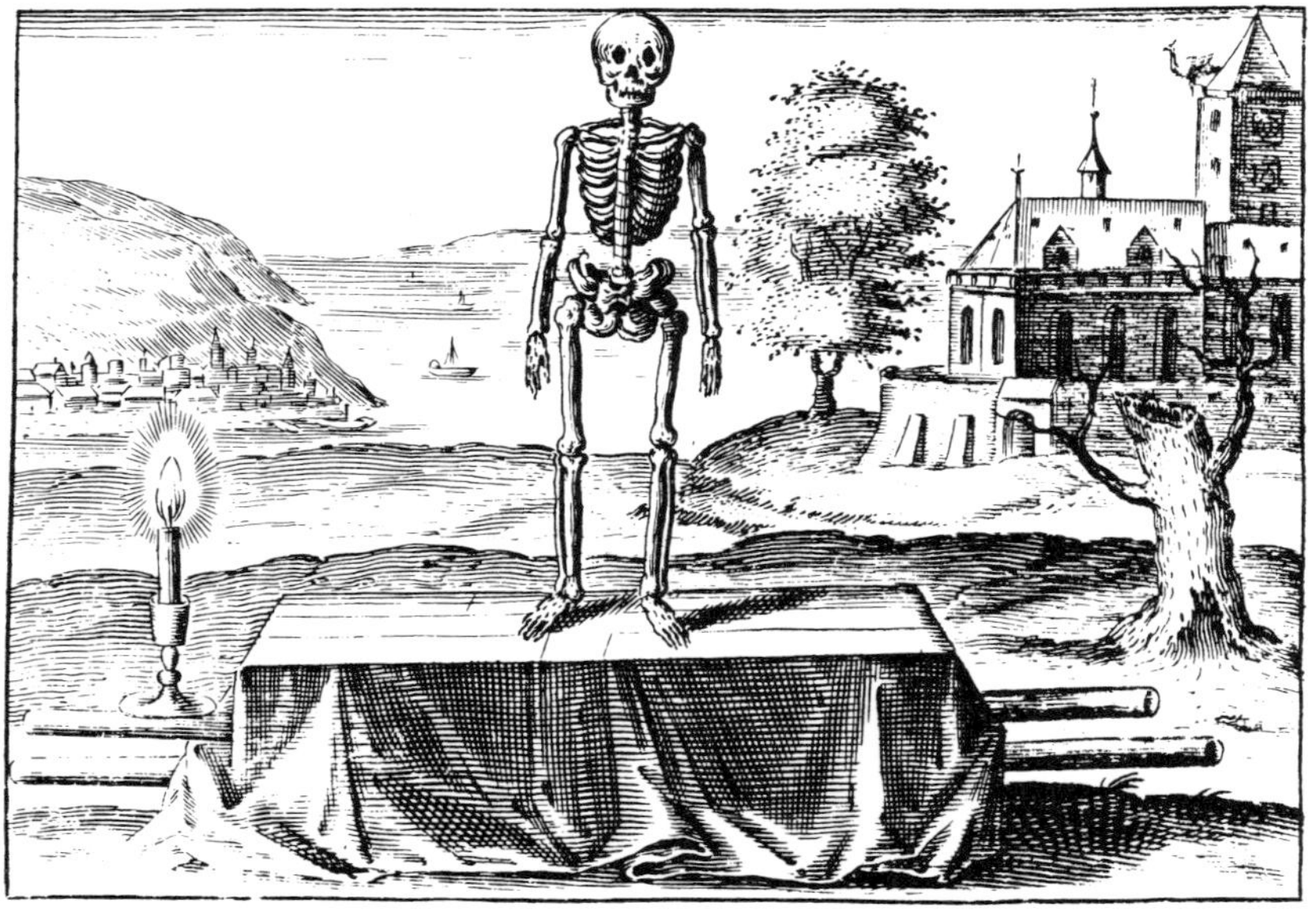

図169　天頂にある太陽の黒色化　「生の只中でわれらは死にある」（註298）

図170　自らの創造物を中毒させる蜘蛛になりかわった錬金術の結合の神

（死）は、力を新たなものにして土地を肥沃なものにするための、王の殺害と手足切断の元型的なモチーフに変化をあたえている。このモチーフは季節の実りのために犠牲になった、哀れむべき近東の神々や近親相姦の恋人たち——タムズ、アドニス、アッティス、オシリス——にまでさかのぼる（註三〇〇）。意味深いことに、彼らの多くが猪に殺された。図一七二が示しているのは、アドニスとして死ぬ錬金術の物語の主人公、父と娘の近親相姦の果実である神秘的な息子＝恋人である。モットーは「アドニスは猪に殺され、ウェヌスが駆け寄りて、自らの血によって薔薇を染めぬ」となっている。本文では次のように説明されている（註三〇一）。

アドニスはキプロスの王キニラスとその娘ミラの子であり、伝説によれば、アドニスは近親相姦によって生まれたという。これを文字通りに受けとめると、法外な話だが、寓意的に受けとめると、許されることであるばかりか、必然的なことでもある。なぜならこの術においては、父と娘、あるいは母と息子が結ばれないかぎり、そしてこの結びつきより誕生が起こらないかぎり、何も達せられないからである。両者の関係が近ければ近いほど……両者はますます多産になり、両者の血の関係が遠ければ遠いほど、両者はますます不妊になる。これは人の結婚では許されない。しかしこのやりかたでもって、オイディプスは母と、ユーピテルは妹と結婚し、オシリス、サトゥルヌス、ソル、赤い奴隷ガブリティウスもまた、同じやりかたで結婚したのである（註三〇二）。

これを背景にすれば、図一七二で猪の牙で殺された錬金術の物語の主人公は、結合あるいは結婚によって近親相姦を犯したために、恐ろしい罰を課せられたように見える。

メルリヌスの寓話

図一七四は有名な『メルリヌスの寓話』を図解しており、作業のたれこめる闇、あるいは王の結婚の水が死の水に変容したありさまを描いている。『メルリヌスの寓話』によれば、戦の用意をしていた王が馬に乗ろうとしたとき、水をほしがったという。召使いがどんな水をご所望ですかとたずねると、王は「わが心臓に一番近く、わたしのごとくすべてに立ちまさっている水だ」と答えた。召使いがこの魔法の水をもってくると（前景右）、王はこれを飲みすぎたため、「手足がはれ、血管がふくれあがり」、王は色を失った」という。兵士たちが馬に乗るよう促したが、王は乗れないといって、「わたしは重く、頭が痛み、手足がばらばらになったようだ」と告げた。

王は汗をかいて水分を流し出せるよう、暑くした部屋に運べと命じた。しかししばらくして、その部屋を開けると、王は死んだかのように横たわっていた。エジプト人の医者とアレクサンドリアの医者が召されたものの、両者はすぐにたがいの無能をののし

図171　犯罪現場での王位簒奪者の殺害と手足の切断

図173　再興のタブーを犯した者を犯罪現場で棍棒で打つ

図172　猪の牙で殺された息子＝恋人

りあった。最後にアレクサンドリアの医者がエジプト人の医者に屈し、エジプト人の医者が王を切り刻み、すりつぶして粉にすると、「湿らせる」薬とまぜあわせ、以前のように王を熱せられた部屋に置いた。しばらくして、半ば死んだ王がまたしても部屋から出された。これを見た者たちは嘆きの声をあげ、「ああ、王が死んだ」と叫んだ。医者たちはこれを認めた。「しかし」と医者たちはつづけ、「われらは最後の審判の日に王が復活した後、強くたくましくなるようなやりかたで、王を殺したのだ」と告げた（註三〇三）。

錬金術の王の儀式的な犠牲が、図一七三においてさらに別の形で描かれており、ニグレドに関するバシリウス・ヴァレンティヌスの第二の幻視を再現している。結合した太陽と月の光に照らされる宇宙的栄光の場で、一〇人の共謀者が高貴な王を打ち殺すのである。

鬱状態の苦しみ

再誕の原エディプス・コンプレックスによる鬱状態の傾向は、父の受肉の霊――エディプス的父との同一化――を憎悪と復讐の邪悪な霊に変容させる。最初の同一化によって結合に達しているため、息子が父、父の罪、そして目眩く不安に向ける殺害の幻想は、自分自身に向けられる感情になる。すなわち、自己非難、自己嫌悪、自殺にいたる罪悪感として自己主張するのである。

母の受肉と最初の同一化のアニマも同じように変容する。したがって自我は情緒不安定におちいり、失意や孤独、卑しいとか無価値といった感情が優勢になる。暖かさや愛や希望のやりきれない喪失に加え、魂の「黒色化」が創造的活動の完全な欠如をもたらすので、自我は精神的不毛と「無味乾燥」の状態におちいる。

これが霊とアニマの窮地なら、肉体がよくなるわけもない。錬金術の瀕死の王の不平は鬱状態の身体的感覚の目録のように読める。王は体が悪臭放つ毒に満たされ、血管が致命的なまでにふくれあがり、だるさ、頭痛、体がばらばらになるといった感じでもって、「猪の牙」の痛みをしのび、堕胎の痛みに苦しめられさえするのである（註三〇四）。

鬱状態におちいった者も同じように感じる。彼らは肉体的な衰えを確信しているか、通常は癌である致命的な病におかされている。頭痛、食欲減退、胃腸病、便秘、嘔吐、顔面紅潮、局所の冷えといった、さまざまな肉体の不調は、鬱状態の身体的表現である。通常、こうした肉体の症状に医学的な基盤は見いだせない（あとでふれることになるが、無意識が精神生物学的「分解」の発作を起こしているときにのみ生じる）。

心的鬱状態と精神分裂症の場合は、肉体の「腐敗」が妄想のレヴェルに達する。精神分裂症患者は胃や腸がないとか、胃が縮んで腸が石になったとか、胃や腸が消えてしまったとか、腐ったとか、食われたとかいったふうに不平をこぼす。

図174　毒の杯 「王はこの水を飲むや、病に倒れた」（註305）

図175　腐敗する死体の悪臭放つ婚礼のベッドのそばに立つ地獄の門衛

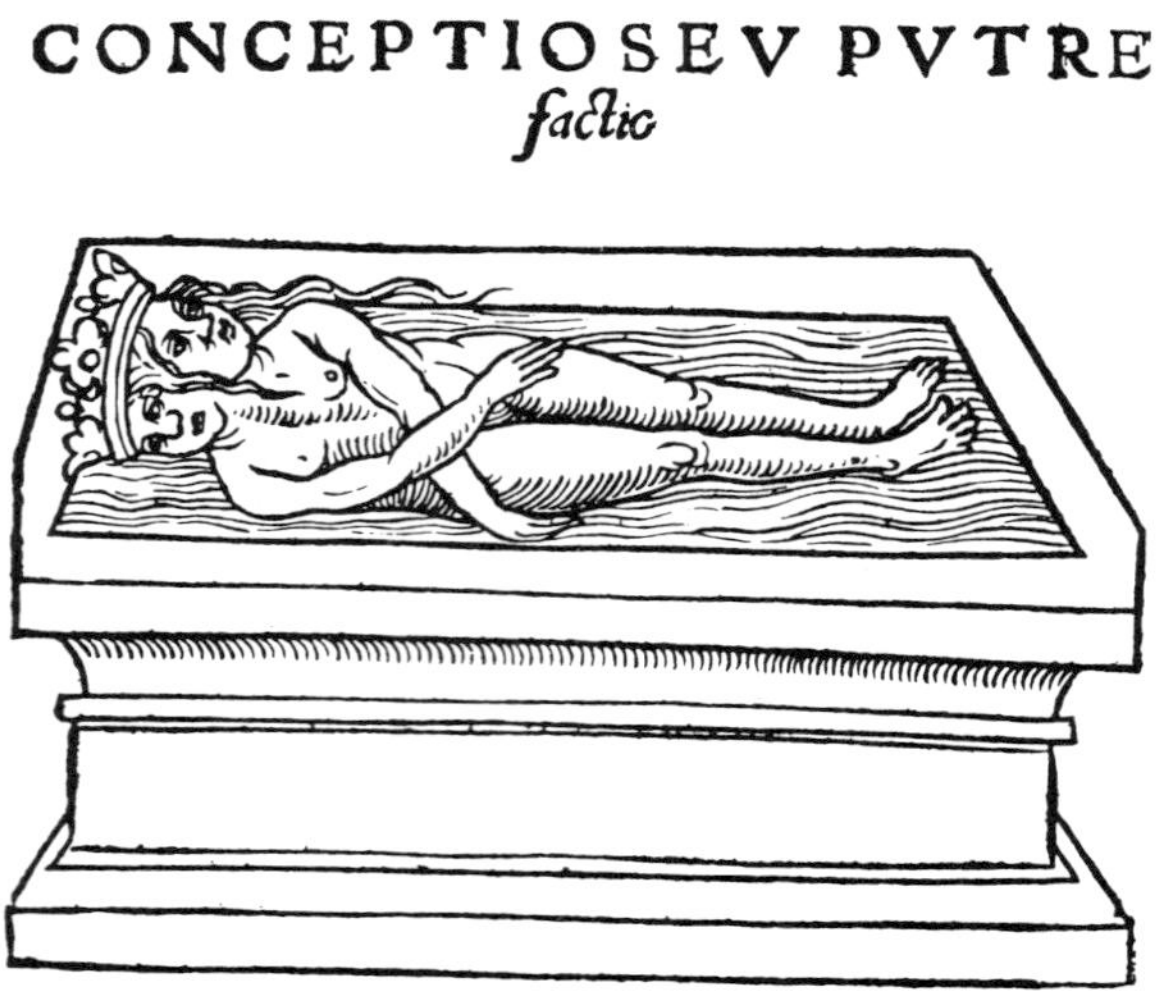

図176 「腐敗する受胎」の棺

図177　太陽と月の結合の石が黒い死の太陽になりかわる

図178　亡者の恐怖、墓と腐敗する死体の悪臭

死と腐敗の婚礼の夜

図一七六は『哲学者の薔薇園』の六番目の木版画で、高貴な両性具有者が石棺と変じた婚礼のベッドで死ぬありさまが示されている。モットーはこのようになっている。

ここに王と女王は死して横たわり、
大いなる悲嘆のうちに魂は去りぬ（註三〇六）。

この出来事は「コンセプティ・セウ・プトレファクティオ」（受胎あるいは腐敗）と呼ばれ、二重の意味をもつこの用語は、「黒い」変容過程の謎めいた矛盾する性質にかかわる錬金術師の洞察を反映している。弱めることで強められること、創造の腐敗運動、一種の逆転した胎児の成長である。『哲学者の薔薇園』では、図一七六にふれて、「あるものの腐敗は別のものの発生」と述べられ、次のように記されている。

卵が一例なり。まず腐敗したあと、鶏が生まれ、全体の腐敗の後に生ける動物があらわれる（註三〇七）。

この不気味な例には補足があって、錬金術の作業が大地に種を埋める種蒔きの仕事にたとえられている。種は新しい生命を目覚めさせるために死ぬにすぎない。したがって『哲学者の薔薇園』は、「汝の物質が黒くなるのを見れば喜ぶべし。作業のはじまりなりせば」と結論づける（註三〇八）。

図一七六の異版（図一七五）では、結婚の棺を守る悪魔と死神が示され、その神秘について『黄金論集』の匿名の著者は次のように描写している。

花婿と花嫁が一つに結ばれたとき、花婿の母だといわれる乙女が、花婿の娘のように若わかしく見えるので、余は驚いてしまった。しかし余は両名がいかなる罪を犯したかは知らず、ただ兄と妹がひきはなしえない情熱的な愛によって惹かれあったことを知るばかりである。兄と妹は近親相姦を咎められ、厳重な獄舎に永遠に閉じこめられながらも、獄舎がガラスのように透明で、空のようなアーチ造りになっているため、二人のなすことすべてが外からながめられる。ここで彼らは涙を流しつづけ、真の悲しみを胸に、罪滅ぼしの苦行をする定めである。衣服も装飾もことごとくとりさられた……ああ、二人が余の手に委ねられ、余の前で横たわり、溶けて死んでしまったときの、余の恐怖と苦悩はいかばかりであったか。余はこのために死刑に処せられることを確信した（註三〇九）。

黒い太陽の恐怖

図一七五の高貴なカップルは、浮腫に苦しみながら、そのふくれあがった近親相姦の肉体を棺に横たえている。ニグレドにおいて、有害な蒸気が錬金術師の目を刺し、喉をつまらせる。生ける死者の墓が開くとともに、世界の終末の悪臭が立ちのぼる。世界が悪臭放つ腐敗の場となるにつれ、大気はオドル・セプルクロルム（墓の悪臭）と腐敗する死体の吐き気催す臭いに汚される（図一七八）。これがテラ・ダムナタ（亡者の地）であり、錬金術師に地獄の恐怖と煉獄の苦しみを明かす。

図一七七は最も強力なシンボルであらわされたニグレドの結末を示している。ソル・ニゲル（黒い太陽）が宇宙の光すべてを消し、冷たくなって死にたえる。月と結合した太陽の光輝が、新しい月に隠される「黒い太陽」の恐怖になりかわると、破壊の作業は完成する。復讐の天使二人が指差す死の太陽は、その硫黄と炎でもって、かつて翼ある球でレビス（両性具有者）として勝ち誇っていた王（図一五六）の肉体を洗い清める。笏とリンゴが飢えた鴉にとってかわられるが、これもニグレドの表象である。再誕した王の残酷な運命は一一五〇年頃のものとされる『両性具有者のエピグラム』で描写されている。これはこの主題をあつかう最も古い文献である。

子宮にわたしをはらんだとき、
母は神々に何をみごもったのかとたずねたという。
ポエブス・アポロンは男児だと告げ、マルスは女児だと申し、
ユーノーはどちらでもないと答えた。
そうして生まれたわたしは両性具有者だった。
わたしがいかなる死をとげるかとたずねると、
女神は武器によりと申し、
マルスは十字架によりと告げ、
ポエブス・アポロンは水によりと答えた。
すべてが正しかった。
わたしは川に陰を落とす木に登り、
携えていた剣が手からすべり落ち、
わたしもすべり落ちた。
足が枝にからまり、川に逆さ吊りになった。
そして、男であり女でありそのいずれでもない
わたしは、
水と武器と十字架によって苦しんだのである（註三一〇）。

鬱状態の虚ろな罪人

図一七五および図一七六における、虚ろで腐敗する者は、極端な鬱状態にある人物である。患者の主観的経験は、えぐりとられたといっていいほど非現実的である――ある鬱病患者は自分自身のことを「幽霊のような肉の塊」と描写した（註三一一）。病のあ

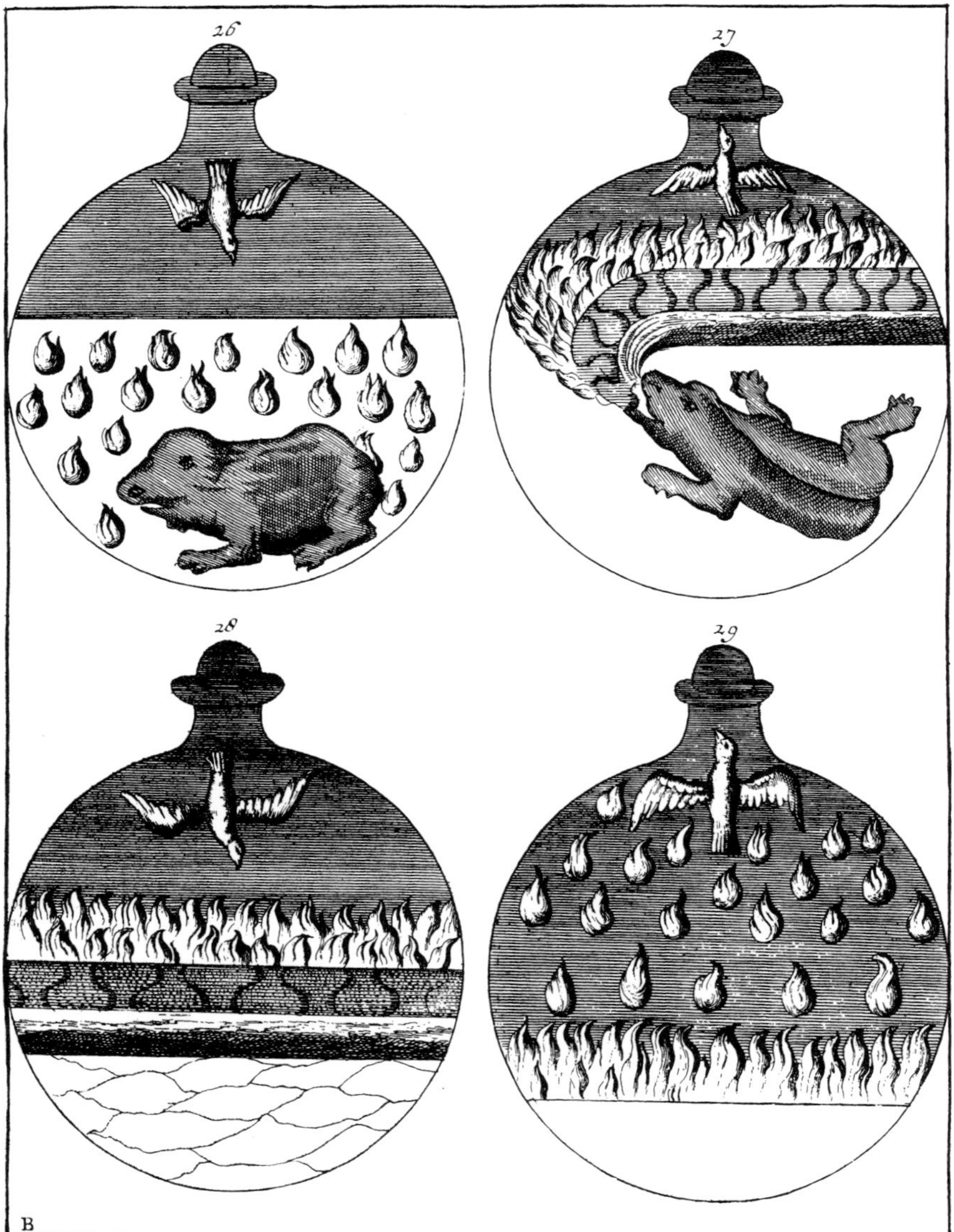

図179　ホムンクルスの腐敗　溶解して創造の元素になる

りふれた表現は「虚ろに感じる」という発言である（註三一二）。もう一つの顕著な特徴として、圧倒的な罪悪感があり、鬱病におけるこの罪悪感はノイローゼによる鬱状態の罪悪感をしのいでいる。極端な鬱病患者はその黒い妄想レヴェルにおいて、自分をひどく憎み、自己嫌悪に固執するため、最後には自殺してしまう。

精神異常の鬱病患者が示す多大な憎悪と罪悪感の発達については、厳格な良心の限界さえ越えているので、説明しておかなくてはならないだろう。憎悪と罪悪感の背後には、いかなる罰も苛酷すぎることはないような、「口には出せない罪」がある。では、この罪はいかなる性質のものなのか。この疑問に対する答は鬱病患者本人にとってさえ不分明だが、二つだけははっきりしている。（一）罪は想像上のもので、内なる現実、あるいは無意識の領域に属する。（二）鬱病患者の絶えまない自己軽視と自己非難は罪をおかしたもう一人の自己に集中する。自我と超自我の葛藤から鬱病患者の反応をとらえようとする精神分析の試みはすべて、この病における退行の深層を無視しているため、的をはずしているのである。T・S・エリオットの戯曲『一族再会』で、ハリー・モンチェンシー卿が鬱状態について述べているように、「人が良心と呼ぶものよりもはるかに深く、自己を食いつくす癌」なのである（註三一三）。

こうした問題についてのカーニイ・ランディスの観察は適切である。鬱病患者はモラルを踏みはずしたおぼえはないし、陰鬱な罪悪感の強烈さにみあうような実際の罪について、まったく何も知らずにいる。したがって患者はある意味で、「許しがたい罪」をおかしたと愚痴をこぼすことで身の証しを立てており、「許しがたい罪」とは未知の罪なのである。無意識の未知の罪は、許されることもなければ、贖われることもない。患者のいっていることは本質的に次のようなことなのだ。「わたしは何をしたのかはわからないが、悪魔に魂を売ってしまったのだ。何をしようとしても、ひどくなるばかりで、たまらなく恐ろしい。狂ってしまうかもしれない」内奥の罪悪感と憂鬱を自分に説明しようとするとき、鬱病患者がたどる思考プロセスの本質は、このようなものである（註三一四）。

闇の中心

錬金術のニグレドの象徴によって、鬱病患者の想像上の「許しがたい罪」の謎を解くことができる。最も聖なる全能の人物——最初の元型的な両親——が殺され、犯され、食われ、自己にとりこまれたのだ。それによって個人の人格全体が、親殺し、人肉嗜食、近親相姦の罪に汚されている（註三一五）。こうした無意識の形態によって、現代の精神医学や精神分析の最大の謎の一つが説き明かされる。

鬱病患者の多くは希望とてない諦めの思いで、罰せられること——多くの場合は殺されること——を待ちつづけ、それが自分にふさわしいのだと思っている。厳しく罰せられる定めであるという妄想が、一部の鬱病患者を絶望的にさせる。避けがたいものを待ちつづける恐ろしい未決の状態にけりをつけ、裁判にかけられ収監され、公的あるいは私的に処刑されたいと願う者もいる。打たれ、踏みにじられ、飢えさせられ、蔑まれ、さらしものにされ、手足を切断されることを願う者もいる。自分で罰を課す者もいる。堪えがたい緊張、恐ろしい予想、そして罪を確信していることにより、多くの者は自殺に追いやられる（註三一六）。

ノーマン・カメロン

魂の「黒い」抽出

図一八〇は『哲学者の薔薇園』の七番目の木版画で、魂の抽出あるいは受胎をあらわしている。腐敗する肉体から、魂がホムンクルスの姿をとって、受胎するために天に昇る。モットーはこうなっている。

ここに四元素の分裂あり、
生気のない肉体より魂が昇る（註三一七）。

図一八〇の異版（図一八一）ではさらに具体的に描かれ、「魂」と「霊」の双方が天使の姿をとって、埋葬された兄と妹の体からはなれている（霊の抽出は図一八〇でもほのめかされており、死体から昇るホムンクルスは両性具有者であり、魂と霊の結合をあらわしている）。『哲学者の薔薇園』の本文では、「魂の抽出」の際に受ける苦しみがイテルム・モリ（反復される死）の一部を構成し、これが作業のこの段階における錬金術師の手順とされる（註三一八）。

王ヘルメスが第二の論文でこう告げている。多くの名称とさまざまな色をもつこの石が、四元素によって構成され配置されることを知るべし。これらを分けて手足を切り落とし、小さくなるまで分割して、部分をすべて殺し、それらを（石の）本来の性質にかえなければならない。その中に住む水と火を守るべし。石は四元素よりつくられ、永遠の水を含む。この水は水にはあらず、火の形態の真の水である。霊を肉とともに収める容器で、これらは上昇しなければならず、こうして色がつき、永遠のものとなるのである。ソリニウスは巧みに最初の特徴を述べている。少しずつとって全体を分割し、このうえもない黒さから死が支配するようになるまで、石をこするべし、と。これは多くの者が生命を落とした作業の大いなる徴である。次にすべてを見わけ、分割して、こするべし。モリエヌスによれば、魂のないものはすべて黒く朧なりという。二つの水銀を同時に殺すべし。脳をとり、強力な酢か男児の尿でもって、黒くなるまですりつぶすべし（註三一九）。

哲学者の息子の溶解

『哲学者の薔薇園』のはなれゆくホムンクルスと分割された元素は、バルヒューゼンの二六番目から二九番目の図版（図一七九）にあらわされており、ホムンクルスが血を流す蟇としてその構成要素に溶解している。『自然の王冠』は図版についてこう記している。

まず石を殺し、肉体より魂と霊を引出すべし。死なくしてこの術から得るものはなく、死は元素の分離に存するからである（註三二〇）。

二八番目の図版では、蟇の姿をしたホムンクルスが個体として存在するのをやめる。一種の逆転した成長により、再誕の生物は自らを四元素に変成させる。火が容器の一番上で燃えあがり、その下に熱せられた空気と水があり、月の土が底で腐敗している。二九番目の図版では、火が水と空気の元素を焼きつくし、水と空気の元素を血のしたたり、あるいは蒸留のしたたりにかえている。この過程を通じて、ヘルメスの鳥が容器の中を飛びつづける。

化学の観点からながめれば、この過程は煎じ出しの作業をあらわしており、煎じることによって特質あるいは有効成分が引出されるのである。このようにして実験室の作業者は、炎の強さを加減することにより、植物あるいは死体から立ち昇る蒸気が徐々に凝縮したものを利用する。物質からその有効成分を抽出しているあいだ、こうしてしたたりつづけるものは（バルヒューゼンの二九番目から三五番目の図版に描かれている）、物質そのものの洗浄あるいは清めに利用され、かくして腐敗するものは黒から灰色、そして次第に白へと変化する。

腐敗した子宮における分解

図一八二はバシリウス・ヴァレンティヌスのカプト・コルウィ（鴉の頭）の寓意画（図一九三）の異版である。七重の結合の星の下で瞑想する修道士が、景色が不思議な変容をするなか、生命のない岩の荒地にとりまかれている。死にゆく星の谷に嵐と炎を吹く風の神二人によって、山岳地帯は暗くなっている。上昇する天使は抽出された魂と霊を象徴し、鴉（前景左）はベネディクト会修道士の深い憂鬱を象徴する。残っているのは修道士の肉体だけで、荒地に鉛のようにとどまっている。

もとの寓意画（図一九三）では、修道士は哲学者の卵の中に横たわって腐敗している。このモチーフは元素の溶解と魂および霊の抽出をあらわすよく知られたものである。『ロシヌスよりサラタンタ司教へ』では、「悪臭放つ土」あるいは浄化されるものが、ウェヌスの子宮としてあらわれ、哲学者の息子を汚しながら溶解

図181　蔑まれて神と人間によって放棄された婚礼の棺における虚ろなミイラ

図180　魂と霊に棄てられた肉体

図182　薄れゆく星の谷で死の苦しみを受けるベネディクト会修道士の深い憂鬱

する。

精子が清らかなものであっても、母の子宮内の子がたまたま弱くなって腐敗すると、その子は腐敗する子宮内で不浄になる（註三二一）。

黒い女の概念と月（あるいはウェヌス）のあてにならない子宮は、ニグレドをあつかう錬金術の文書によく見いだせる。したがって『合一の勧め』では、次のように記されているのである。

月の湿りは月が太陽の光を受けるときに太陽を殺し、哲学者の息子が生まれるときに月も死に、その死の際に、二親は自分たちの魂を息子にあたえて死ぬ。そして二親が息子の糧となるのである（註三二二）。

内なる女の悲しむべき喪失

「魂の抽出」は鬱状態の痛ましい反応をあらわしており、患者はひどい喪失があったかのようにふるまうが、たいていの場合、客観的な喪失は何も起こっておらず、無意識の喪失の性質は患者にとっても定かではない（註三二三）。錬金術はこれを「内なる女」あるいはアニマの喪失としてあらわし、この謎を解き明かす。同様に、「元素の分離」と石の分割は、既に確立されている人格体制の鬱状態における溶解を反映する。「多くの者が生命を落とした」この推移の危険は、弱く組織された自我にとって大なるものである。鬱病患者の人格防衛機制は、断片化や精神分裂症の深淵からかろうじて逃れるにすぎない。劣悪な自我の構造は大惨事に通じる。バルヒューゼンの二七番目および二八番目の図版の推移は、その精神機能傷害の形態によって、深く退行したレヴェルでの人格の完全な断片化をあらわしている。精神分析医はかなり以前から、精神分裂症が退行の深みにまで達していることを認めている。この病を急速な悪性の個性化と呼んでもよいだろう。

錬金術の墓場での性交

再誕した両性具有者、ホムンクルス、あるいは石が溶解して構成要素になることが、図一八三として掲げた、錬金術で最も恐ろしい図版に示されている。石棺と化した婚礼のベッドで、王と女王が恐ろしい性交にふけりながら、自分たちの体を溶かすとともに、石棺を血で満たしている。モットーは「ドラゴンが女を殺し、女がドラゴンを殺し、二人して自分たちの血に満たされる」である（註三二五）。図版は『賢者の群』の五九番目の教訓を図解しており、瀕死の王と女王の恐ろしい異変をあらわしている。

哲学者たちは夫を殺した女を死刑に処する。その女の子宮が毒に満たされているからである。それゆえドラゴンのために

図183　それゆえ墓穴を掘り、女を死せる男とともに葬るべし（註324）

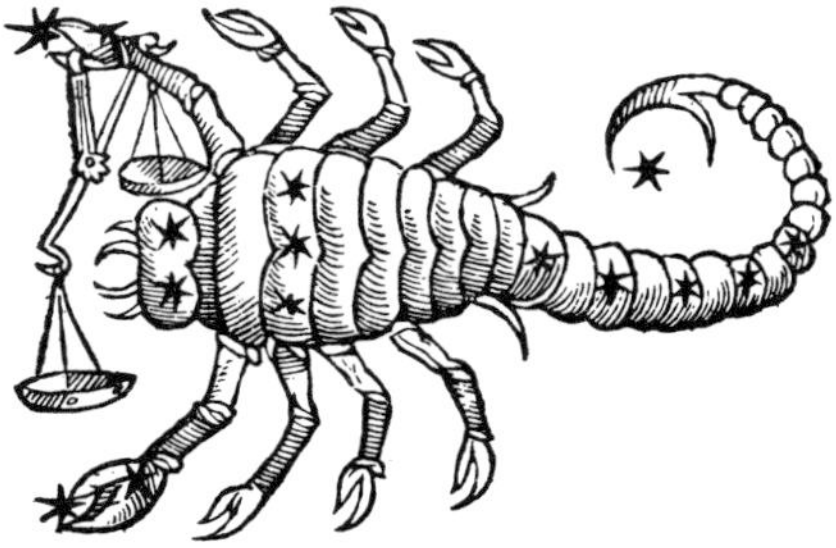

図184　秋の均衡が破壊される

墓穴を掘り、女をドラゴンとともに葬って、ドラゴンを女に縛りつけるべし。ドラゴンが女に身をからませるにつれ、ドラゴンの体は女の四肢とまざりあい、次第に死にむかい、完全に血になりはてる。哲学者たちはドラゴンが血に変じたのを見ると、血が乾ききるまで太陽のもとにさらす。さすれば毒があらわれ、隠れていたものがあらわれるのである（註三二六）。

ニグレドにおいて、王が腐敗の犠牲者としてあらわれる一方、女王はその媒介およびその行為者としてあらわれる。『子供の遊戯』では、「ニグレドがあらわれているかぎり、黒い女が優勢であり、それが石の最初の力である」とされている（註三二七）。これによく似た文章が『アルゼの書』にあって、「埋葬のニグレドがつづくあいだ、女が支配する」となっており、太陽の蝕、あるいは太陽と危険な新月との結合を指している（註三二八）。両者ともアヴィケンナの文章を引用しているのであって、アヴィケンナ自身は、「アルベドがはじまるまで、湿りの腐敗と女の支配がつづく」と述べている（註三二九）。

蠍という両性具有者

腐敗する両性具有者の女の半分が残忍な女としてあらわれるなら、男の半分は自分の尾で自分を刺す蠍《さそり》としてあらわれる。「受胎あるいは腐敗」の段階を通じて、太陽と月がからまりあって抱きあうことについて、『哲学者の薔薇園』は次のように述べている。

哲学者の腐敗は肉体の腐敗あるいは破壊にほかならない。一つの形態が破壊されるや、自然がさらに霊妙な別のものをもたらすからである（註三三〇）……ドラゴンが死ぬのは兄と妹がいるときだけであって、一人でも欠けていれば死ぬことがなく、兄は太陽、妹は月である（註三三一）……ドラゴンはニグレドで生まれ、メルクリウスを食らい、自らを殺す（註三三二）……太陽と月に変じた不完全な体と生けるメルクリウスは、蠍、すなわち毒液と呼ばれる。自らを殺しつつ自らを蘇らせるからである（註三三三）

『哲学者の薔薇園』はこのあと蠍にふれて、「王から王へと移る気高いものだが、最初は酢とともにさげすまれ、最後に幸福とともに喜ばれる」としている（註三三四）。

天蠍宮、黄道一二宮の墓場

黄道一二宮の八番目の宮は火星に支配される不変相の水の宮で、一〇月二四日から一一月二二日にわたる。天蠍宮の冬の破壊作用は、天秤宮の秋の均衡を破壊する。蠍は自らの尾で自分を殺せる唯一の生物なので、天蠍宮はこのような季節の推移にふさわしい占星術の象徴である。天蠍宮に恐ろしい自殺の意味が含まれていることから、ある著名な占星術師がこの宮を「黄道一二宮の墓場」と述べた（註三三五）。

天蠍宮の破壊活動には驚くべき特徴が隠されている。破壊活動は新たな誕生のための破壊を意味するのである。冬の腐敗作用が春の到来の土台を整えているように、天蠍宮は自らを殺すことにより、再生の力を解放する。『哲学者の薔薇園』によれば、比類のない強烈な変成作用をおこなわせるため、天蠍宮の水の特性は「真の水の火の形」とされる。したがって最も残忍な宮が最も多産な宮であり、天蠍宮を熱するエネルギーは、エロスとタナトス、愛と憎悪、誕生と死といった、最も畏敬される対立物のものなのである。

天蠍宮は分解という困難な仕事をおこなうために、創造の最初のエネルギーを授けられている。これらのエネルギーは破壊の戦車に備えられ、不思議な逆転した形で、退行的創造、逆進化、「腐敗あるいは受胎」としてあらわれる。対立物は蠍のように動き、エネルギーと目標を変化させる。性欲が死を目指すことによって逆転され、死が受胎と誕生を目指すことによって逆転される。この対立物の具体的な配列が天蠍宮の魔力、底知れぬ深淵であり、不動のものでありながら水の性質をもち、肯定的でありながら否定的、聖なるものでありながら地獄めいたものなのである。天蠍宮は更年期の憂鬱や人生の変化（人生の曲がり角）の象徴として、死と心的再生という二重の法則のもとにある人生の長さをあらわす。

蠍座生まれの者は、重苦しく、陰気で、きわめて自己中心的であり、かなり内向的である。途方もないスタミナと粘り強さがあって、生存のための闘争の原理を体現する。情熱的で複雑な性格、そして生命と死の秘密を直観的につかんでいるために、理性のレヴェルでは説明不可能な強い魅力と、人の心にかなりの感銘をあたえる力を備えている。天蠍宮は黄道一二宮の他のすべての宮をあわせたよりも愛と死を多く含む。したがって蠍座生まれの者は、至高の善、あるいは至高の悪、もしくはその両者の力を解放する可能性を秘めている。

ニグレド、胎児から胚へ

ニグレドは胎児から胚への退行的推移をおこなうリビドーの無意識の変容を反映する。そのような退縮のみが、錬金術の「腐敗あるいは受胎」の神秘を説き明かすのである。逆の発達で受胎後三〇日目の胚の目が消えることにより、ニグルム・ニグリウス・ニグロの説明がつく。脳の逆の発達により、脳が速やかに縮んで原始的な形態になることから、錬金術師の脳が「黒くなる」ことが説明づけられる。王の手足の切断は、胚の鼻、唇、耳、腕、足、指、爪先の逆転した成長をあらわす――すべてが溶けてゼリー状の物質になるのである。腐敗する両性具有者の血まみれの墓は、

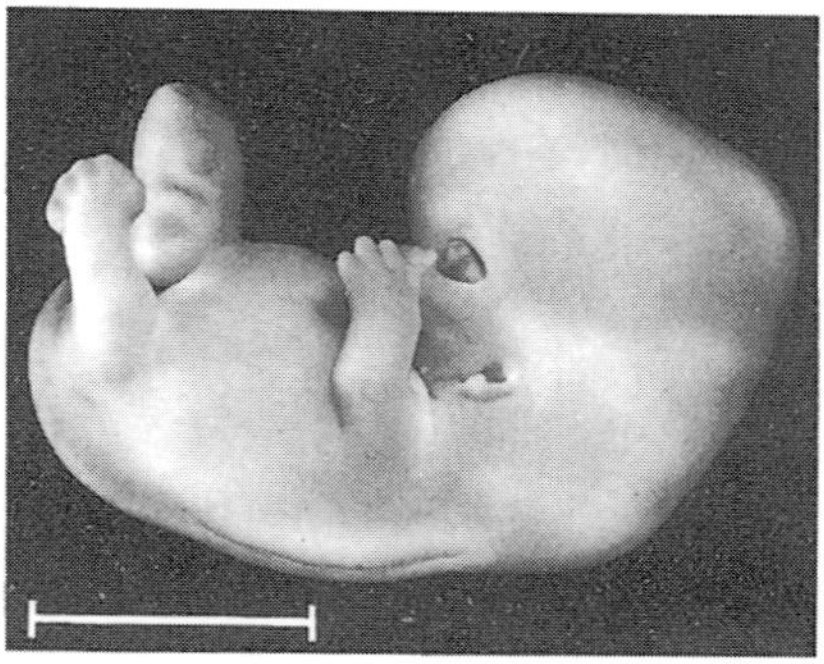

図187　胚の進化を逆にたどる

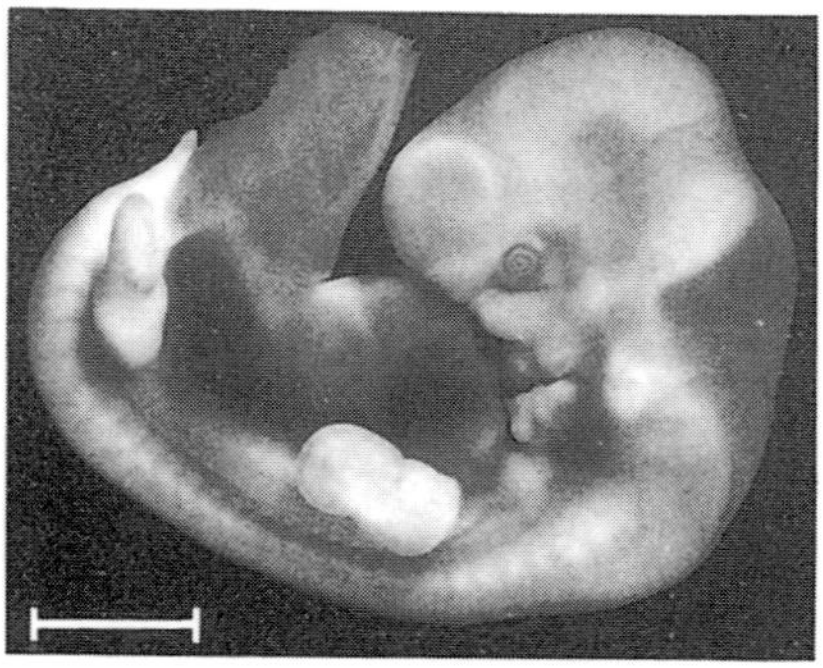

図188　34日目の胚は長さが11.6ミリである。脳が体全体の容積のおおよそ三分の一を占め、2日前より25パーセントも大きくなっている。色素が網膜に形成されはじめたばかりなので、成長しつつある目は暗い。腕や足が発達する箇所が黒くもりあがっている。胴の先は細い尾になっている。尾のすぐ上にある大きな器官は臍帯であって、ここでは切断されている。まだ骨は形成されておらず、軟骨組織しかない。

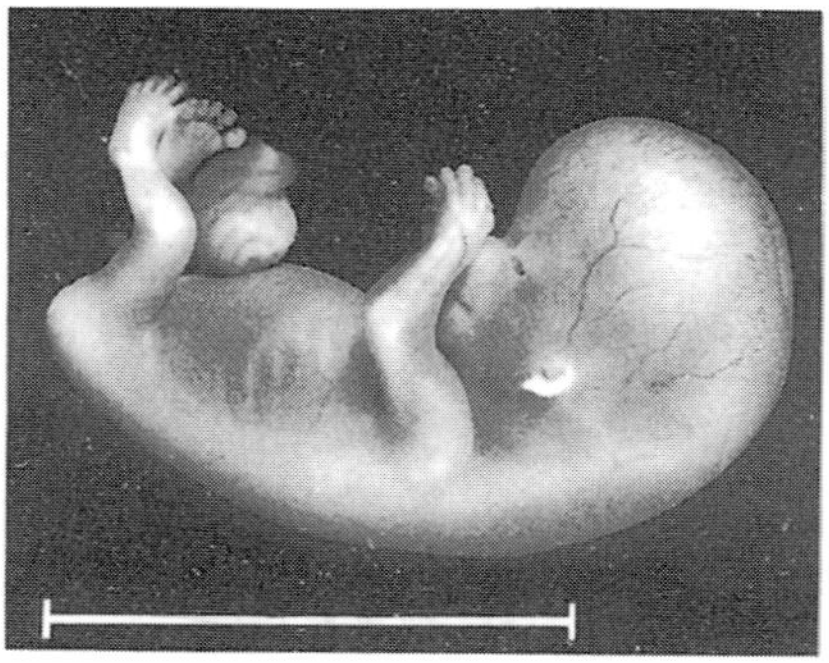

図185　胚は2ヵ月目に胎児と呼ばれる段階に達する。この推移の鍵は骨の細胞が形成されて軟骨組織にとってかわることである。ここに示された56日目の胎児はおおよそ37ミリの長さに達している（白い線は相対的な長さを示す）。骨の形成が体の構造のおおよその完成と同時に進行している。

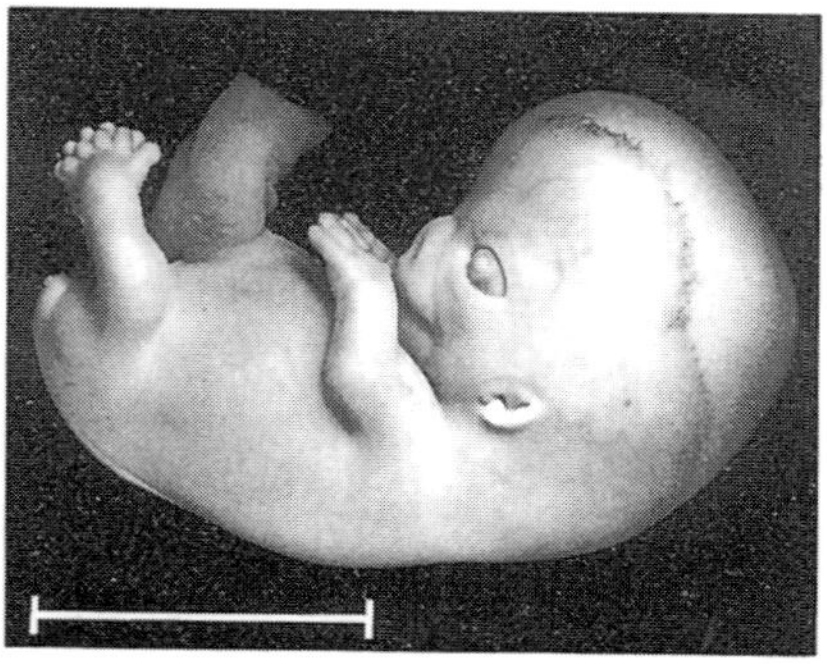

図186　ここに示された44日目の胚は、長さが23ミリで、骨がないとはいえ、軟骨組織がほぼ完全な骨格を形成している。縮小版ながらも、胚は成人の脳の複雑な構造をもっている。図187は40日目の胚で、長さは19ミリである。球根状の頭部の両側に、それぞれ目が一つ形成され、口の窪みが適切な形へと変化している。繊細な肌を通して、脳の輪郭がぼんやりとうかがえ、まだ成長していない腕のあいだに巨大な心臓がある。

けたはずれの成長を可能にするため、時速四マイルで血管を流れる血に浸かる、初期の胚における心臓の逆の発達をあらわしている。この血流の「逆転」によって、血を流すドラゴンが「自らを殺しつつ自らを蘇らせ……一つの形態を破壊するや、さらに霊妙なものをもたらす」神秘を十分に説明づけることができる。

錬金術師はニグレドにおいて、個人的発達の初期の局面だけではなく、進化上の発達の初期の局面をも繰返す。さまざまな祖先の構造図が人間の胚の発達に保たれているので、個体発生を繰返すことにより、同時に系統発生を繰返す。このようなやりかたで、「黒くなった」錬金術師は誕生の車輪を支配し、哲学の車輪の逆転した動きによって、ゆっくりと最初のはじまりへともどるのである。

鴉の頭の死の恐怖

図一九一として掲げた『パンドラ』の四点の図版は、ニグレドを「鴉《からす》の頭と哲学者の腐敗」として示すことにより、作業のつづきをあらわしている（図一五七も見よ）。本文はこのようになっている。

鴉の頭とは哲学者たちの悪臭放つ黒い土である。たがいに食らいあう蛆があらわれる。一つの破壊がいま一つの受胎になる。いまや土が容器の底にあり、水の中に完全に溶けている

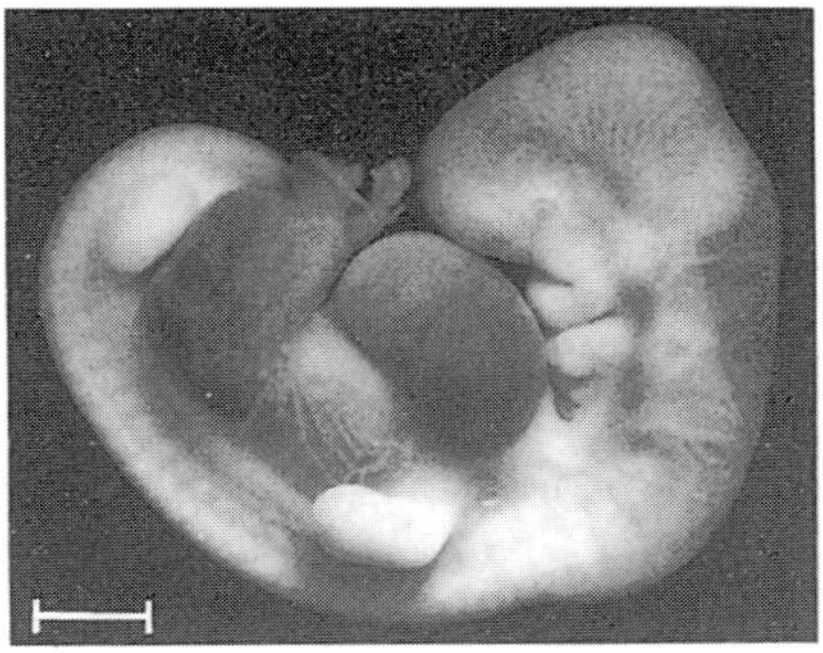

図189　31日目の胚は長さが7.8ミリである。ふくれあがった額の下では、目が形成されはじめ、顎の亀裂があらわれて、鰓を思わせるものがある。頭の下では、胚の心臓がふくれあがっており、体の大きさで比較すると成人の9倍はある。図190は30日目の胚で、長さは7.3ミリである。目も口も鼻も耳もない。原始的な機能をもった原始的な脳があるだけである。足と腕は体の両側にある小さなふくらみでしかない。

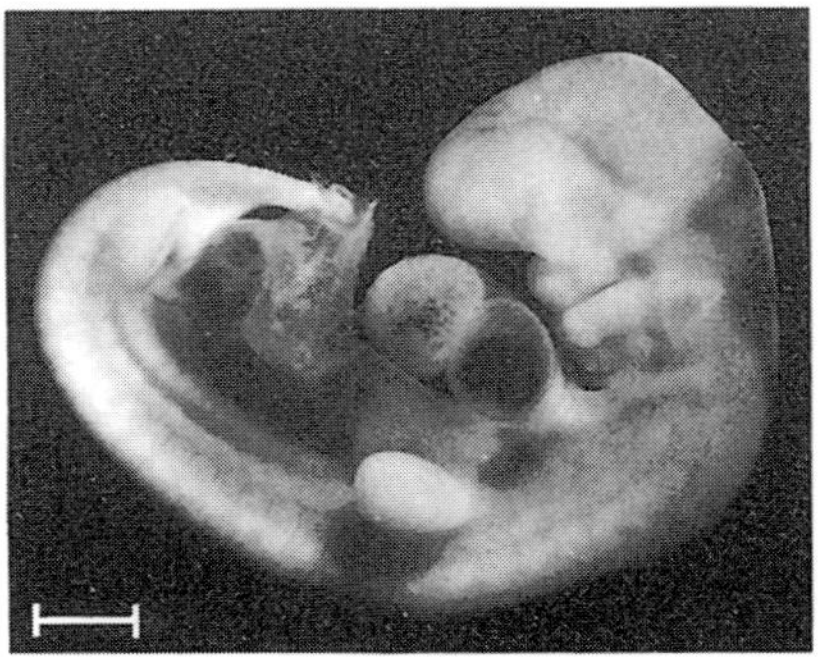

図190　蠍のように自然界に降下する

図191　地下の恐怖と類人の苦しみをはらむ容器での鴉の支配

か、消えうせている（註三三六）。

二番目の図版は翼あるドラゴンを示し、これは「白くさせる処女の乳および鴉の頭」と同一視される。本文はこのように強調している。

> 女と結合して妊娠させることのできる者は、受胎の体を殺してこれを生かしめ、光をもちこむか注ぎこみ、黒と闇の顔を清めれば、大いなる栄誉が得られるであろう（註三三七）。

「処女の乳」の「清め」の作業は、「自らの翼を食らって、さまざまなおびただしい色を生み出し、純白になるまで多様に色を変化させつづけるドラゴン」の蠍のような動きと同一視される（註三三八）。三番目の図版は「鴉の頭および魂と体の分離」を示す。四番目の図版は「鴉の頭および魂と体の完全な分離」を示す。翼のある怪物が消えて、ドラゴンの血へと変容し、腐敗する体を清める（白くさせる）。

カプト・コルウィ（鴉の頭）は錬金術師がニグレドの際におこなう作業の有名な変種で、『哲学者の薔薇園』では次のように描写されている。

> 脳をとり、強い酢か男児の尿でもって黒くなるまですりつぶすべし（註三三九）……この術の生命は鴉であり、鴉は翼なくして夜の闇や昼の光の中を飛ぶ。その喉の悲痛の中に色が見いだされる（註三四〇）。

哲学者の卵における腐敗

図一九三はバシリウス・ヴァレンティヌスの「黒い鴉」の幻視をあらわしており、この異版が図一八二である。病んで年老いたベネディクト会修道士が、哲学者の卵の中に横たわって腐敗する一方、魂と霊が二人のホムンクルスあるいは天使の姿をとって、やせ衰えた体からはなれていく。修道士の両手が秘所を覆い、その上に鴉がとまっている。修道士の頭上では、結合の七重の星が火と空気の神の吹く嵐に曇らされている。図版にそえられた詩では、修道士が次のように嘆いている（註三四一）。

> 虚弱な赤子、顎鬚に白いもののまじる老人が、
> ドラゴンと呼ばれる。わたしは
> 暗い土牢に閉じこめられ、
> 王として再誕するべく衰弱する。
>
> わたしは同輩を豊かにするやもしれないが、
> いまや転変やむことのない悪漢である。
> いずれ人類すべてがふたたび、
> 王国の祝福にあずかれるだろう。

図193　子宮にとらわれる——腐敗する卵、あるいは悪臭を放つ容器で息絶える錬金術師

図192　再誕の動物を刺す

火の剣がわたしに痛みをもたらし、
死がわたしの肉を嚙んで骨をばらばらにする。
わたしの霊と魂は速やかに沈み、
悪臭放つ黒い毒をのこす。

わたしは黒い鴉に似ている。
それがすべての罪の報いなのだ。
最も深い塵の中にわたしはひとり横たわり、
三つなるものが一つのものをつくりだす。

魂よ、霊よ、わがもとにとどまれ、
わたしが昼の光を迎えられるように。
平和の英雄よ、わがもとに来たれ、
世界を見るために。

硫黄、塩、水銀のみが、
わたしの体を保つ。
これらはいまこそ昇華して、
蒸留し、分離しなければならぬ。

腐敗を起こさせ、
ふたたび穏やかな凝固をおこなうべし。
作業を誤ることのないよう、
凝固の術を学びとるべし。

わたしを長く溶かして凝固させ、
わたしを洗い、火にさらせば、まちがうことはない。
多くの哲学者が忠告されたように、
焙焼して不純物をとりのぞけばよい。

サラマンドラの血の風呂

図一八三の血みどろの天蠍宮の象徴と、バルヒューゼンの二六番目および二七番目の図版（図一七九）において溺死の墓から流れる血は、錬金術に数多くの対応物がある。一つが血を流すキリストであり、いま一つが『カンティレーナ』の血を流す王であって、王が女王と結ばれた後、「腐敗の毒が死せる男に発する」のである（三五九ページ）。別の変種に、『ラムスプリングの書』から採った図一九二に示される、血を流すサラマンドラがある。炎の中で戯れる動物は、最後に錬金術師に捕えられて殺され、錬金術師が素晴しい溶解をなしとげる。

あらゆる寓話で語られることだが、
サラマンドラは火の中で生まれる。
火の中で、自然がサラマンドラにあたえたものを、糧となし、生命となすのである。
サラマンドラが住む山は
数多くの炎にとりまかれている。
その中に小さな炎があり、
サラマンドラはそこで憩う。
三番目の炎は大きく、
四番目の炎は明るい。
これらすべての炎の中で、
サラマンドラは身を清める。
そして洞窟へと急ぐが、
その途上で捕えられ、刺され、
サラマンドラは死んで、血とともに生命を失う。
しかしこれもサラマンドラのために起こるのだ。
サラマンドラは自らの血から永遠の生命を勝ちとり、
もはや死ぬことがないからである。
その血はこの世で最も貴重な薬であり、
この世に同じものはない。
この血はあらゆる金属、人間、動物の病を追い払い、
賢者たちはこの血から知識を得る。
賢者たちはこの血によって天の賜物、
すなわち哲学者の石を得るのである。
哲学者の石は全世界の力を備えている。
賢者たちは愛の心でもって、
われらが賢者たちのことを永遠におぼえていられるよう、
この賜物を分けあたえてくれる（註三四二）。

自殺に走る鬱状態の鴉

「鴉の頭」の致命的な憂鬱は、錬金術のイメージを鬱状態における自殺の明白な象徴にかえる。ひどい鬱状態になると、自我が蠍のような自己に吸いこまれ、激しい暴力的なやりかたで反応する。フロイトが強調したことだが、自殺は自己に向けられた殺人、自己懲罰と自己破壊の窮極の行為である。自殺の際には、自己がひそかに憎まれる対象になるか、殺害衝動の無意識の目標になる。

鬱病患者の生と死の闘い、顕著な身体的感覚、そして防衛機制の消失は、偏執病のものよりも深い退行をあらわしている。自分自身の恐怖と憎悪の否定が、環境への投影によって補強されるのだ。鬱病患者は憎悪や恐怖を投影することができず、その自我と防衛機制は「胚」の段階にまで減じている。鬱病患者における唯一の「防衛」は、自殺するか、闇の中に受動的に入りこむこと、すなわち死の状態の苦しみをしのぶことである。

中年の鬱状態の普通の体験では、自我はアニマの否定的な気分と自己の批判的な性質に直面し、すべての防衛を思いどおりにして、まず抑圧と昇華をおこなうかもしれない。加えて、自我は攻撃的な性質をもつ不思議な種類の防衛を意のままにする。鬱状態を無条件に堪えなければならないものとして意識的に受け入れる。

火による死を甘受するレビス（両性具有者）とドラゴンがそのような態度をあらわす。『勝ち誇るメルクリウス』の燃えあがるドラゴンは、ニグレドの挑戦に応え、「死に堪え、亡びることはない」と呻く（註三四三）。そのような反応が生じるのは、両性具有者がメルクリウス・フィロソフォルムと苦悶の体験をわかちあうという、心を奮い起たせる洞察からである。自我だけではなく、自己もまた、鬱状態の黒い炎で変容に苦しむのだ。

生きながら死ぬ術

中年以降、生きながら死ぬ準備のできている者だけが真に生きつづける。人生の真昼の秘密の刻限に、放物線が逆転して、死が生まれるからである。人生の後半が意味するのは、上昇や展開や増加や繁栄ではなく、死にほかならない。最期がその目標だからである。人生の充実を否定することはその最期を受け入れることを拒絶しているにひとしい。いずれも生きることを欲しているのではない。生きることを望まないことは、死ぬことを望まないことと同じである。満ちた後は欠けるしかない（註三四四）。

C・G・ユング

第6章　アルベド　清めの白色化作業

図一九四では、新月に覆われる太陽のもとで、生気を失った両性具有者が棺台に横たわっている。モットーは「死せる動物のごとく闇の中に横たわる両性具有者は火を必要とする」である（註三四五）。本文でボネルスに言及されていることから明白なように、図版は『賢者の群』の三二番目の教訓を図解しており、本文はこのようになっている。

ボネルス……しかし教えの子らよ、肉体の霊が変化して、墓にある人のごとく夜の闇に追いやられ、塵となるまで、そのものは火を必要とする。これが起こると、神が霊と魂をふたたびあたえ、すべての病がとりのぞかれるので、人が復活の後に強くなり、かつてよりも若返るがごとく、そのものは腐敗の後に強くなり、よりよきものになるのである。それゆえ、教えの子らよ、思いきってそのものを火によって焼き、灰になさしめなければならない。さらにうまく混ぜあわせる必要がある。そうした灰は霊を受け入れ、体液を吹きこまれ、以前よりも美しい色になるからである。それゆえ教えの子らよ、絵かきが顔料を粉末にするまで描けぬことを考えるべし。同様に、医者は薬を粉末にして、一部を焼いて灰になさしめ、のこりをすりつぶすまで、病人のための薬をつくることはできない。大理石で像をつくる者もしかり。しかしこれまでに聞かされたことを理解するなら、わたしが真実を告げ、そのものを焼きつくして灰となさしめるよう命じていることがわかるだろう（註三四六）。

『哲学者の薔薇園』も同じように、「鴉の頭」の錬金術師をたしなめている。

不浄な体は火にかけて、白くなるまで煆焼せねばならない（註三四七）……（それゆえ）水の中で焼き、火の中で洗い、

図194

図195　七重の循環あるいは蒸留により再誕の汚れた衣服を洗う

何度も火にかけて、湿らせるとともに、凝固させ、生けるものを殺して、死せるものを蘇らせるべし。七たびこれを繰返せば、求めるものがまさしく得られるだろう（註三四八）。

こうしておこなわれる洗浄、あるいは「清め」は、術の新しい段階を開始させる。この段階はアルベド（白色化）と呼ばれ、錬金術師は黒く不純なものを「白くすること」に没頭する。図一九六はこのモチーフの変種であって、ヨルダン川でのシリア人ナアマンの水浴びをあらわしている。結合によって両性具有の体に変容した後、錬金術のハンセン病患者は水浴びの準備をするが、図版の本文はこの水浴びを「火によって洗い、水によって焼く」と描写している（註三四九）。

洗濯女の仕事

このモチーフのもう一つの変種が、図一九五に描かれる洗濯女の仕事である。本文は洗濯女の行為をオプス・ルナレ（月の作業）の一部として説明しており、この作業は一五〇日のあいだ白色化をおこなうことから成り立つ。

すべてを洗い清めれば、闇が退散する（註三五〇）。

図一九七はアルベドの有名な金言、「シーツを洗う女のところに行き、女のなすようにせよ」を図解している（註三五一）。本文はこうつづく。

これは自然そのものから学びとられた女たちの術である。イサク（ホランドス）が述べるように、最初は黒くて汚い動物の骨も、大気にさらしておくと、雨に洗われ、太陽の熱で乾かされて、ついには完全な白になる。哲学者の作業でも同じである。不純なものや排泄物がある場合、水に浸すことでそれらを清めてとりのぞけば、最も清らかで完全なものになる（註三五二）。

『哲学者の薔薇園』はニグレドの描写を次のように終えている。

不純なものを清めず、白くさせることなく、またそのものの魂をひきもどさなければ、何もなしとげられない（註三五三）。

七重の循環あるいは蒸留

アルベドにおいては、処女と月が錬金術の昇華の象徴としてあらわれる。危険な新月が清めによって輝く半月となり、ついには「白」の再誕の満月になるように、汚染された魂は天で不純物をとりのぞかれて純化されたあと、次第に処女宮の特徴を帯びるようになる。化学の面からながめれば、この行為が意味している

図196　ハンセン病におかされた再誕の体を、人間の罪を洗い清める聖書の川で清める

図197「白色化」の作業　哲学者の火の水によって洗う

のは、しばしば錫や鉛としてあらわれる不純な金属を、洗浄・昇華することによって、銀をつくりだすことである。

この清めに化学的および精神的な浄化行為の両面があることは、図一九六の二つの典拠によってあらわされている。一つは『角笛の響き』で、このように記されている。

> スリア人ナアマンがハンセン病の体をもっているごとく、われらの金属には水腫にかかった体があり、ヨルダン川で七たび癒しの水浴びをすれば、生来の苦しみと腐敗がとりのぞかれる。燃えることのない硫黄と砒素を用いるべし。錬金術師はこれらを利用し、銀を完全なものにする。グラティアヌスがいうには、「ラートーナ（レートー）を白くさせねばならぬ」のである（註三五五）。

『ロシヌスよりサラタンタ司教へ』では、「ラートーナは不浄なり」とされている（註三五三）。

もう一つの典拠は『立ち昇る曙光』で、このようになっている。

> 聖書には「その中にて洗いて清めよ」と記されている。スリア人ナアマンは、「行きて身をヨルダンにて七たび洗え、さらば汝の肉、もとにかえりて汝は清くなるべし」と告げられた。信仰と預言者が証すように、罪を清める洗礼がある。聞く耳をもつ者は、七重の霊の美徳について聖霊が教えの子らに語りかけることに耳をかたむけるべし。七重の霊の美徳によって、聖書の預言はすべて成就する。このことについて哲学者たちは、「七たび蒸留すれば、腐敗する湿りから逃れるであろう」と述べている（註三五六）。

作業の「清めあるいは浄化」については、あとで詳しく調べることにする。この作業はバルヒューゼンの二八番目から四六番目の図版（図一七九、図一九八、図二〇六、図二一〇、図二一七、図二一八）で詳細にあらわされており、『哲学者の薔薇園』で記されている七重の循環の形態をとっている。「蒸留の七重の霊の美徳」によって生じる、ハンセン病患者ナアマンの「七たびの水浴び」は、この変種である。

王と女王の清めあるいは浄化

図一九九は『哲学者の薔薇園』の八番目の木版画であり、図二〇一はその異版である。木版画のタイトルは「清めあるいは浄化」となっており、モットーとしてこう記されている。

> ここに天の露が落ち、
> 墓の黒い体を洗う（註三五七）。

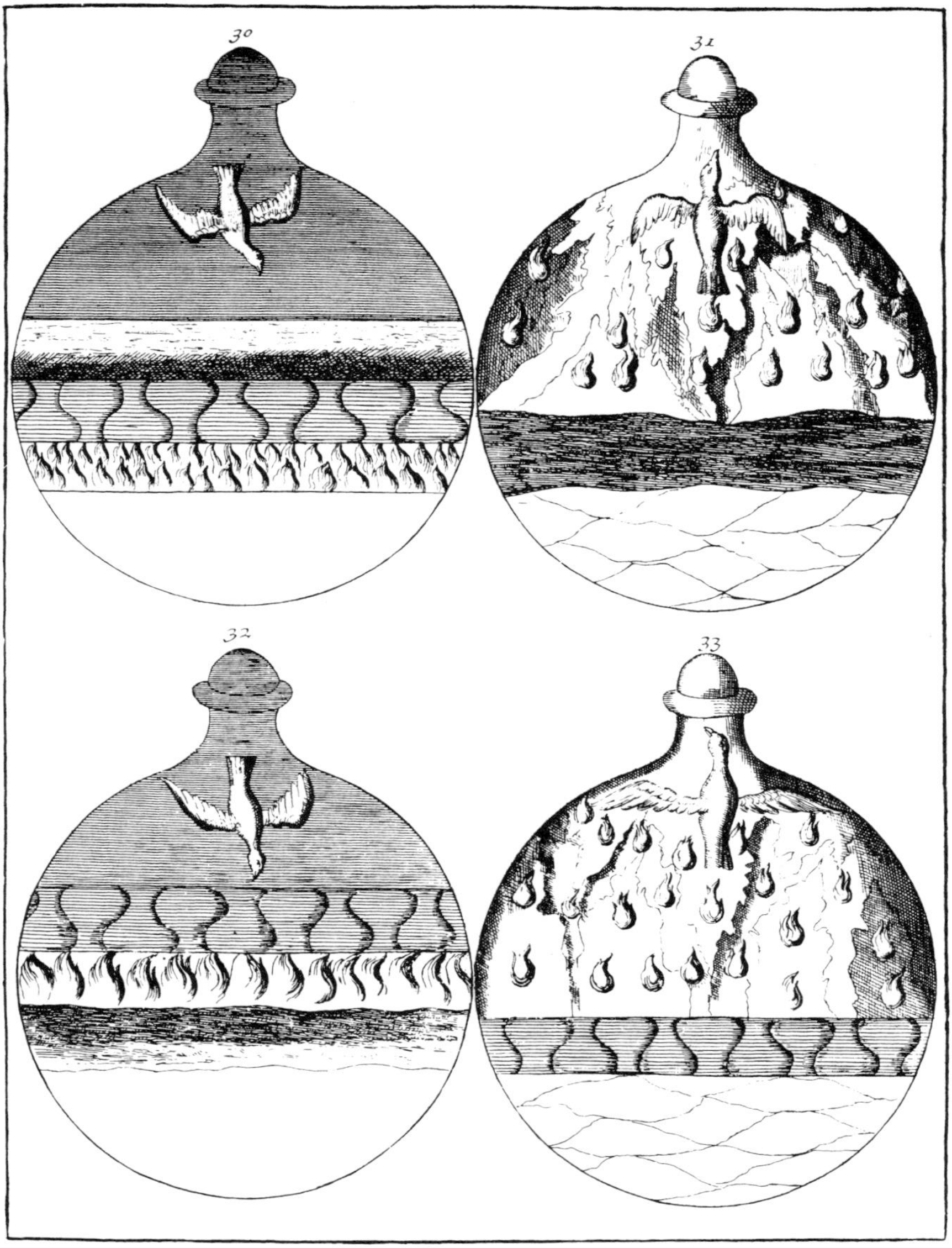

図198　清めと昇華の容器の中での元素の蒸留

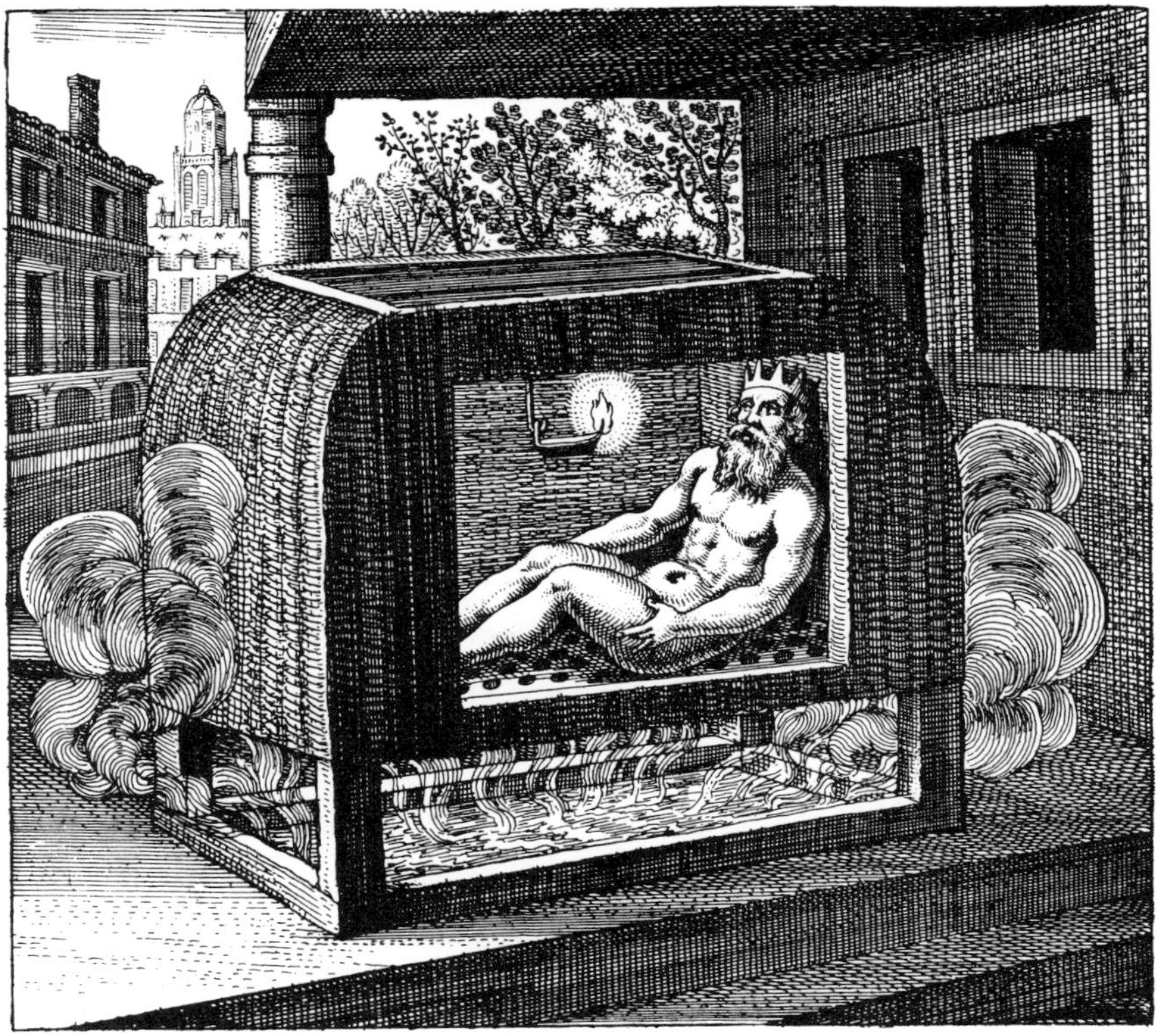

図200 「熱い風呂で石が汗をかいて溶けはじめる」（註362）

ABLVTIO VEL
Mundificatio

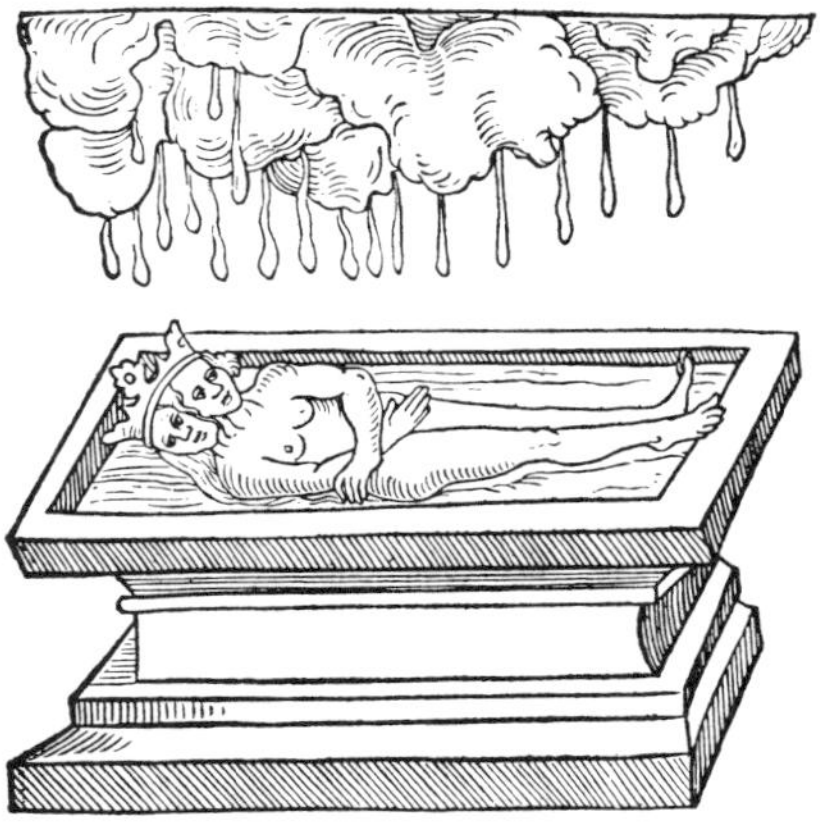

図199　黒い体を清める

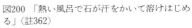

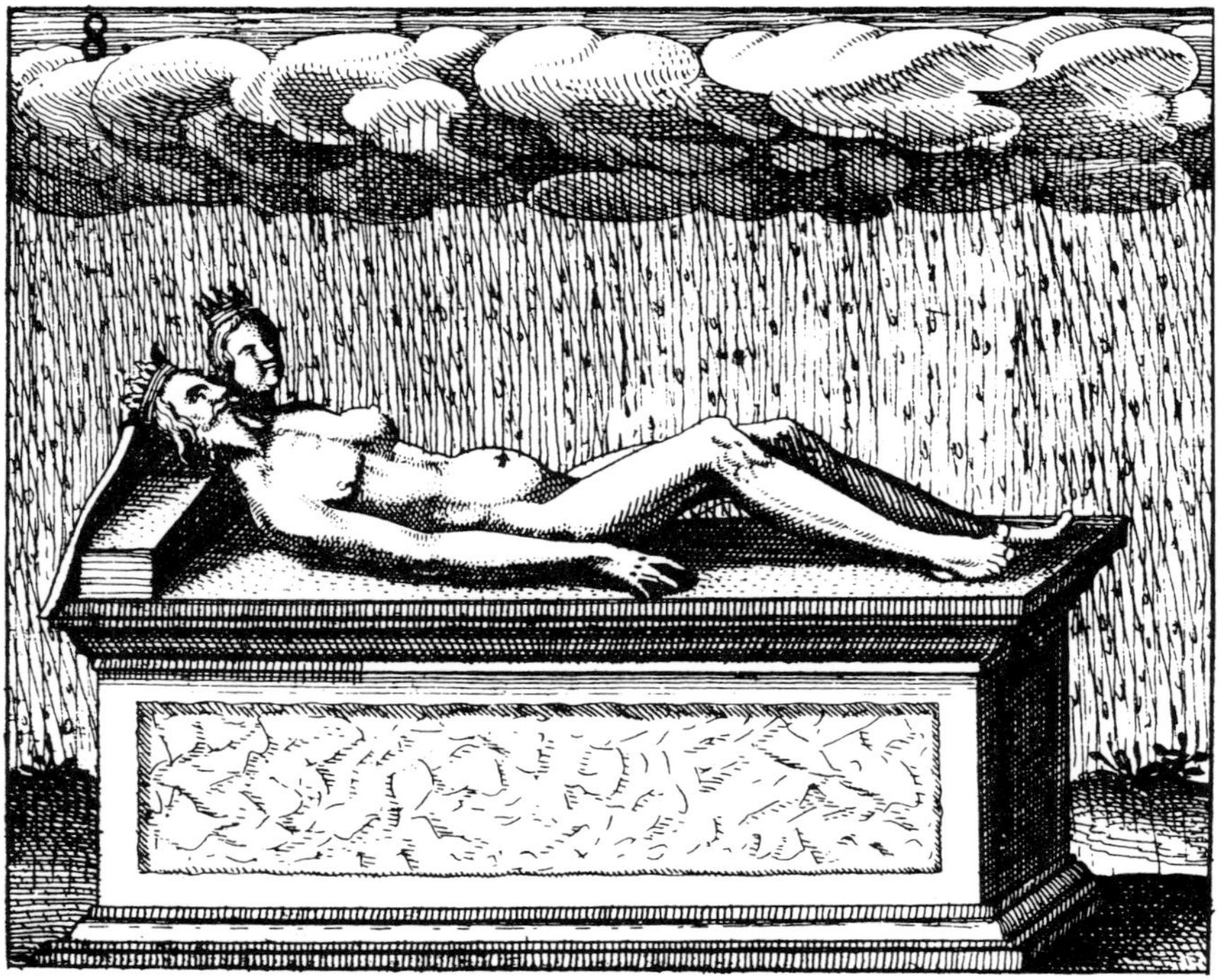

図201　天の露の奇蹟的な効果　清められた死体の妊娠

ニグレドの最下点に達したあと、天の雨、あるいは『哲学者の薔薇園』にあるように、「涙のごとく清らかな」哲学者の湿りによって、堪えがたい憂鬱がとりのぞかれる(註三五八)。雨は墓に入れられた近親相姦の体を清めながら、大地を肥沃にし、高貴なミイラの発達をうながし、ミイラは蘇って自らを妊娠する。図二〇一のふくれあがった子宮は兄=妹の妊娠と再誕をあらわしている。王と女王がなおも石棺に繋がれて、ひどい憂鬱によって麻痺しているとしても、復活の希望と新しい人生の見こみを得ているのである。『哲学者の薔薇園』は次のように説明している。

しかしわたしが述べている水は天からのものであり、土の湿りがこれを吸収して、天の水は大地の水とともに保たれ、大地の水はその水に卑しさと砂をあたえ、水は水と交わり、しっかりと結びつき、アルビラがアストゥナとともに白くなるのである。*

*この二つの言葉はセニオルの文章、「そして水が水と交わり、しっかりと結びつき、アルキアがアルキナに結びつくと、アルキアはアストゥナとともに白くなる」から採られている(註三五九)。アラビア語では、alkiyan は生の原理あるいはリビドーを意味し、アストゥナはアラビア語の原文ではアルキアの同意語としてあらわれる。意味するところはおそらく「自然が自然を白くする(癒す)」である。

ヘルメスがいうには、霊は純粋でないかぎり、いかなる体にも入れない。アルフィディウスがいうには、白さをとり、黒さを投げすてよ。デモクリトスがいうには、すぐれた清めによって錫を浄化し、黒さと曇りをとりされば、白さを見せるであろう。ソリニウスの著作には、抜き身の剣のごとく見えるようになるまで、白い火で溶かし、白色化によって雪のごとく白くせよとある。ラシスはこう述べている。水を金属と混ぜあわせれば、内部が白くなる。一部の者がこの白色化を受精と呼ぶのは、土が白くなるからである。水が支配するとき、土が成長して増え、その増加によって新しい微生物が生み出されるからである。アルフィディウスがいうには、それゆえ黒い土を清め、熱い火で白くさせなければならない。したがってハリが次のように述べるのである。容器の底にくだるものをとり、黒さと濃密さがとりのぞかれるまで清め、余分の湿りをなくし、染み一つない純白の白亜のごとくなさしめよ。さすれば土が十分に浄化され、魂を受け入れる……それゆえモリエヌスがいうには、この土は自らの水でもって浄化し、これが浄化されると、自然変成力は神の御手にある(註三六〇)。

循環蒸留による浄化

図一九八はバルヒューゼンの三〇番目から三三番目までの図版で、『哲学者の薔薇園』の浄化の作業をあらわしている。三〇番目の図版では、水、空気、火、土の分離した層が、翼をはためかせるヘルメスの鳥の保護のもと、再開された昇華の過程に入っている。三一番目の図版では、上部の水と空気の層が火によって気化して、燃えあがる血の滴り、あるいは乳の滴りとなって、悪臭放つ水を清め、容器の底の土を腐敗させる。次第に滴りは「天の露」にかわり、黒ずんだ容器に最初の白の筋を生み出す。三二番目の図版では、「七重の循環」あるいは蒸留がはじまって、腐敗する神秘的な物質が清めと昇華のために新しい元素の層をつくりだす。三三番目の図版では、抽出された火と水の元素が燃える露の滴りとしてくだり、底にある空気と土の元素を清める。

王の血みどろの蒸風呂

腐敗する体から「腐敗の湿り」をとりさるモチーフのよく知られたものが、ラコニクム（蒸風呂）で汗を流す王である。『メルリヌスの寓話』の異版である図二〇〇では、王が蒸風呂で熱気にさらされながら、体から黒胆汁をとりだそうとしている。本文にはこう記されている。

王は憂鬱あるいは黒胆汁に害され、このため他の君主たちから権勢を失ったと思われた。王はサトゥルヌスの憂鬱と、マルスの癇癪あるいは激怒に悩まされているからである。王自身は、可能ならば、死ぬか癒されることを願っている（註三六二）。

この状況は「魂の抽出」の影響であり、王は狭い牢獄で希望と絶望の板ばさみになって苦しみ、最後には恐怖と絶望から血の汗を流して脱出する。

王の血の汗、そしてふりくだる清めの露の正体は、『ヘルマヌスへの手紙』によって確証される。

次に最も完全なものが哲学者の火にかけられ……そのものが湿り、腐敗と苦行の後に血の汗のごときものを出す。これは天の露であり、哲学者の水銀、あるいは永遠の水と呼ばれる（註三六三）。

王の血の汗と「天の露」が同一物であるために、結合のあとに起こるすさまじい変容には、黒い白色化、腐敗する受胎、死にゆく再誕といった、二面的な性質があるのである。『賢者の群』にはこう記されている。

傷つき死にさらされる者に露が結ばれ、幾日かがすぎると、露は燃えることなく凝固する。太陽が彼の者をあぶり、火が彼の者を凝固させ、不純物がとりのぞかれると、太陽が炎に大地を支配させるからである*（註三六四）。

*『哲学者の薔薇園』の「結合あるいは性交」の手本となった、アラビア語版の『アリスレウスの幻視』は、おそらく蒸風呂の王のモチーフの原型でもある。この短い論文では、哲学者アリスレウスが「海の王」の子供であるタブリティウス（ガブリクス）とベヤにまつわる夢を見て、その夢を修道院で話す。海の王国では、似たものが似たものと交わるので、何も栄えず、何も生まれない。王は不毛の王国を救うため、哲学者たちの助言に従い、自分の脳の中で孵化した子供二人、タブリティウスとベヤを交わらせる（図一三六）。この近親相姦の結合により、タブリティウスが死ぬと、王はアリスレウスと同僚を死んだ兄・妹とともに、海底の三重のガラスの家に閉じこめる。「われらは波の闇、夏の強烈な熱、海の嵐、そしていまだかつて経験したことのないものに苦しめられました。疲労困憊したときに、師よ、あなたを夢の中で見たのです。われらは育成をおこなう師の弟子ホルフォルトスによる助けを求めました。これがかなえられるや、欣喜雀躍して、王に伝えたのです。死を定められた御子はご健在なり、と」（図二〇一、註三六五）。

闇に輝く光

図二〇二は『太陽の光彩』の一一番目の絵であり、陰気な錬金術師が大釜で「清めあるいは浄化」を受けている。同僚の錬金術師がふいごを使っているかたわら、鳩が錬金術師の頭にくだり、白色化の作業がはじまったことを示している。錬金術師たちは霊薬の白色化を鉛の白色化にたとえることもあれば、鉛をあらわすサトゥルヌスの白色化にたとえることもある。「サトゥルヌスの黒き顔に雪を投げよ」というのは、錬金術では白色化の作業を意味する（註三六六）。本文にはこう記されている。

年老いたローマ人オウィディウスが同じ目的をもって、若返りを願う老賢者が次のごときお告げを得たことを書きとめている。すなわち、全身を切り刻み、完全に煮つめよ。さすれば、四肢がふたたび結ばれ、たくましく蘇るであろう（註三六七）。

図二〇五は『太陽の光彩』の一二番目の絵で、容器の中で幼児が発達し、この幼児がふいごと薬瓶をもって勇ましくドラゴンと闘い、ドラゴンの喉に薬瓶の薬を注いでいる。本文では錬金術師の火の効能が強調され、闇の転換点に達したことが示されている。

セニオルがいうには、その熱は黒いものをすべて白くさせ、白いものをすべて赤くさせる。したがって水が白くなると、火が浄化された土に光と色を放ち、土が火の力から受ける色染めの霊によってルビーのごとく見えるようになる。それゆえソクラテスは、闇の中に素晴しき光が見えると述べているのである（註三六八）。

十字架の炉における苦しみ

図二〇二および図二〇五として掲げた『太陽の光彩』の絵は、受動的な鬱状態の苦しみからひどい鬱病への移行を象徴している。このような苦にがしさから受容への移行は、ニグレドをあつかう錬金術の多くの文書ではっきりと認められる。蒸風呂の王の寓話では、主人公が苦しい体験をする際の苦にがしいマルス的な反応――激怒――が強調される。同じ体験をあつかう『賢者の水族館』では、ニグレドに対する王のキリストめいた反応が強調され、蒸風呂で溶解する錬金術師をまったく異なった姿であらわしている。

古い性質が破壊され、溶かされ、分解されて、遅かれ早かれ別のものにかえられる。そのような者は苦痛をもたらす火の中でよく燃えて溶けるので、自らの力に頼ることをあきらめ、神の慈悲のみに助けと慰めを求める。この十字架の炉では、人間は大地の金のように真の黒い鴉の頭に至る。すなわちはなはだ醜い姿になりかわって、世間の物笑いの種になる。これは四〇日、あるいは四〇年つづくこともあれば、ときに一生つづくこともある。したがって人生において慰めや喜びよりも胸の痛みを多く経験し、歓喜よりも悲哀をおぼえるほうが多い。そしてこの霊的な死によって、魂がとりあげられ、いと高きところへと運ばれれる。体はなおも地上にあるが、霊と魂は既に永遠の父の国にある。行動はすべて天に源があり、もはやこの世のものではないようだ。もはや肉体ではなく霊に従い、不毛の闇の作業ではなく、火の試練に堪えて、光と昼の世界に暮しているからである。

この肉体と魂の分離は霊的に死ぬことによって果たされる。肉体と魂の溶解が再生した金によって果たされると、肉体と魂はたがいにはなれあうが、同じ容器内にとどまっており、魂が日々に高みから肉体を活気づけ、定められたときまで最終的な破壊から守る。したがって人間の腐敗して半ば死んだ肉体は、十字架の炉において、必ずしも魂から見すてられてはおらず、高みから霊が天の露でもって活気づけ、神酒でもって育んでいる（罪の報いであるわれらの一時的な死は、真の死にあらず、肉体と魂が自然に穏やかに分けられることにすぎないからである）。神の霊とキリスト教徒の魂の永遠の結合は、紛れもない不変の事実である。化学作用における魂の七重の上昇と下降に似たものがある……人間において死んだ霊体の分解が進行しているあいだ、多種多様の色や徴が

図202　アルベドの錬金術師によって熱せられる熱い大釜で黒い体を白くする

図203　息子を殺す親

図204　黒い鴉の熱い容器

（化学作用におけるように）見えることがあり、これは悪魔や世界や肉の攻撃を含め、苦しみや苦悶や苦難の様態をあらわす。しかしこうした徴は善なる兆しであって、いずれ望む目標に達することを示しているのである（註三六九）。

肉体を苦しめる黒い霊

図二〇三および図二〇四として掲げた四つのメダルは、ニグレドとそのあとにつづく清めを要約している。図二〇三の左のメダルでは、哲学者の息子が結合のあとで親に刺されている。銘刻文は「息子が母と寝ると、母は毒蛇を使って息子を殺す」である。右のメダルでは、息子が父に殺され、手足を切断されており、錬金術師たちはこの父をサトゥルヌスあるいはニゲル・スピリトゥス（黒い霊）にたとえる。銘刻文は「生の原因であったものは死の原因でもある」となっている。図二〇四の左のメダルでは、蒸風呂にいる錬金術師に鴉あるいはサトゥルヌス（土星）の表象があたえられている。銘刻文は「土星は死の星であり、見よ、黒い外套をもたらしている」と説明している。

錬金術において、サトゥルヌスは苦しみによる変容の象徴である。『賢者の群』には、「老いた黒い霊をとり、これによりて肉体が変化するまで、肉体を破壊し苦しめよ」という有名な一節がある（註三七〇）。『賢者の群』の一八番目の教訓では、ムンドスが錬金術の危険な試練に堪えられる錬金術師たちに対して、「これらの教訓を見つけだしながら、苦しみに堪えられぬ者がいかほどいようか」と問いかけている。（註三七一）

図二〇四の右のメダルでは、錬金術師が輝く容器の中で有翼のドラゴンと闘っている。闘いの蠍じみた性質が銘刻文によって明らかであり、「受胎と婚礼が腐敗の中で起こり、子供の誕生は春に起こる」となっている。

鬱状態の闇の白色化

「清めあるいは浄化」によって描写される黒い体のゆるやかな白色化は、たやすく精神力学の用語に翻訳することができる。これは鬱病の「黒い」状態のゆるやかな「白色化」であって、鬱状態

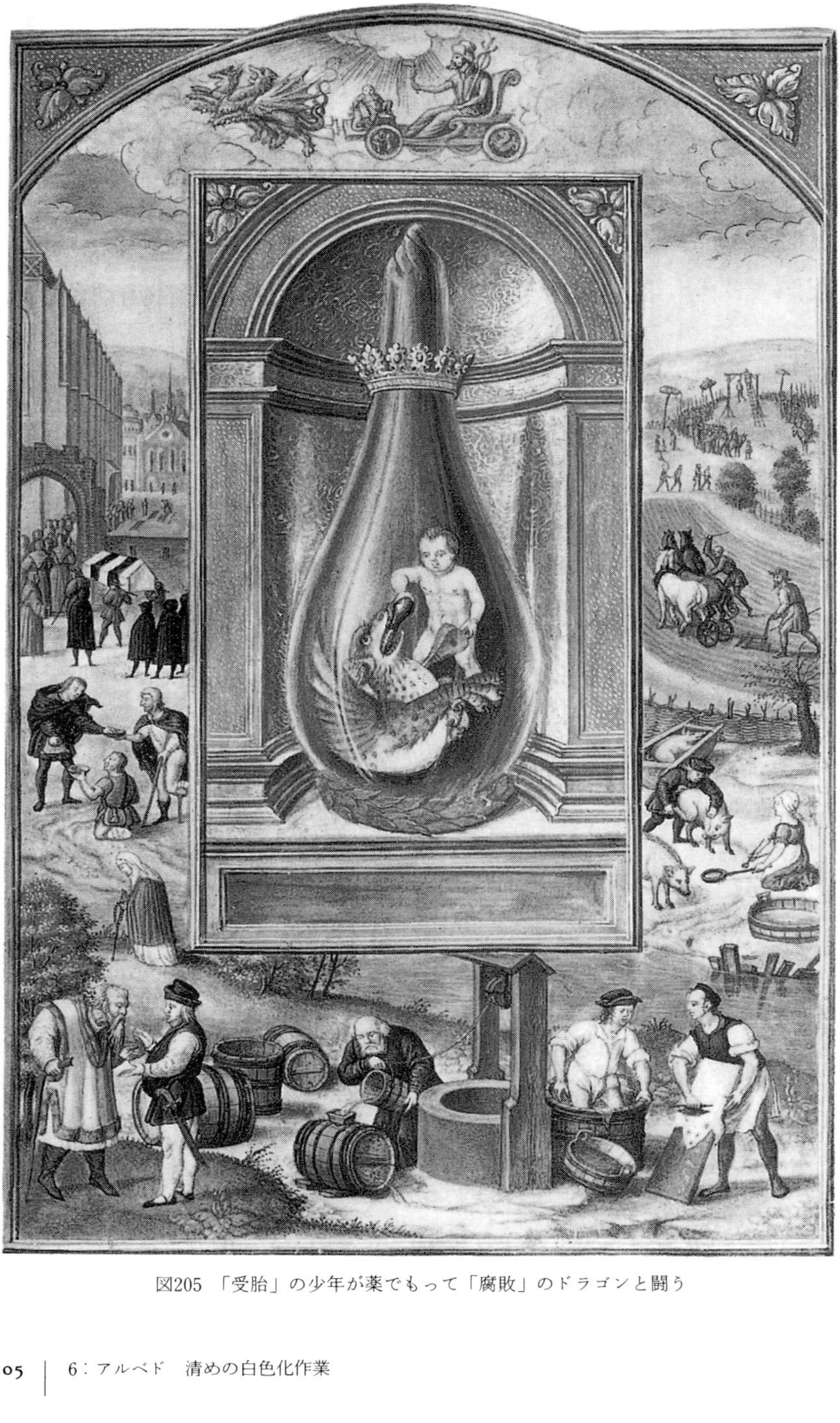

図205 「受胎」の少年が薬でもって「腐敗」のドラゴンと闘う

の堪えがたい重みがゆっくりとひきあげられているのである。この展開は鬱病患者のほぼ全員がいずれは回復する事実によって裏づけられる。

新たに脈打つ生命の血

鬱状態において自殺が回避されると、たいていの者は鬱状態から抜け出し、平静さをとりもどして以前の仕事に復帰する。鬱状態の「闇」が次第に「白くなる」理由は、正確にはわからない。鬱状態がどん底に達したあとで起こる向上の兆しが認められるだけである。この転換点を告げるものが、清めの天の露や雨、あるいは涙にほかならない。鬱状態の深みでは、いずれ鬱状態に終止符を打つものがあらわれるという感じが潜んでいる。この経験が図版の象徴主義によって美しく描かれているのである。

バルヒューゼンの三四番目から三七番目の図版（図二〇六）では、容器内の不純な内容物を火が熱して蒸発させ、休むことを知らないヘルメスの鳥が昇華の作業を助けている。三四番目の図版で土・空気・水・火の新たな流出が起こったあと、三五番目の図版では、容器が変成された四元素からなる燃える血の滴りにあふれている。いまや「七重の循環」が勢いを増しているので、凝縮したものが天から雨のようにふりそそぐのである。

三六番目の図版では、新しい元素の層が沸騰する溶液から昇り、清められて精製されることになる。凝縮した滴りが汚れた容器を洗うと、白色化が三七番目の図版のダイナミックな段階に達する。七重の星が小さな太陽と月を内部にはらんで容器を輝かす。『自然の王冠』では、この図版について、太陽と月の「不完全な体……との第二の予備的結合」をあらわしたものだと説明されている（註三七二）。小さな結合の星の下には、白く清められた物質があらわれ、『哲学者の薔薇園』では煆焼あるいは昇華とされている。

錬金術の白亜はその中に生命をもつといわれる。哲学者たちはその不完全な生命を殺して、永遠の生命をあたえようとするのである（註三七三）……ヘルメスがいうには、アゾートと火がラートを清め、黒さをとりのぞく。それゆえ哲学者たちが、ラートを白くさせ、汝の胸が引き裂かれぬよう、書物を引き裂くべしと述べるのである。これは賢明なるものと作業の三番目の部分を合成したものであるからだ。それゆえ『賢者の群』に記されているごとく、乾いたものを湿ったものに、黒い土をその水に結びつけ、白くなるまで火にかけるべし。このやりかたをとれば、土が水によって白くなり、水と土の本質が得られるが、この白いものは空気と呼ばれる*（註三七四）。

*それゆえ乾いたものと湿ったもの、すなわち土と水を混ぜ

あわせ、火と空気によって熱すると、魂と霊が完全に乾燥する（註三七五）。

ラート、すなわち不純な肉体を清める

右の引用文の一部が図二〇八で図解されており、ラート（ラートーナ）が太陽と月の不純な母として擬人化されている。ラートは左側の錬金術師に洗われており、この錬金術師は天の露あるいは洗礼の水をラートの汚れた体にかけている。ラートの子供たちである太陽と月は、バルヒューゼンの三七番目の図版における七重の星に包まれる小さな太陽と月に相当し、墓に埋葬された両性具有者の「蘇生する子宮」の象徴でもある（図二〇一）。「黒い」流れの転換の別のイメージは図二〇七にあらわされている。

図二〇七の左側のメダルでは、ムーア人あるいはエチオピア人の黒い体が清められている。この人物は半ば清められた姿であらわれ、透明な体の中で小さな太陽と月が蠟燭として燃えている。銘刻文は、「われらは塩とアナトロンとアルミザディルで黒さをとりのぞき、ボレザエで白さを定着させる」となっている。右のメダルでは、女の錬金術師が猫脚のテーブルについて、錬金術の文書を研究している。女錬金術師は聖なる光に照らされており、この光は銘刻文によれば、「ラートを白くさせ、汝の胸が引き裂かれぬよう、書物を引き裂く」ものなのである。これはよく引用される文章で――図二〇八の右側の錬金術師を見よ――典拠はアラビアのモリエヌスだが、モリエヌスはこの謎めいた文章を哲学者エルボの発言だとしている。

天の露はコリュリウム・フィロソフォルム（哲学者の目薬）とも呼ばれるので、「清めあるいは浄化」があらわしているのは、しだいに書物の世界にとってかわる涙（感情）の世界に、錬金術師が屈していることである（註三七六）。いまや錬金術師の胸のかわりに知性による理解が「引き裂かれ」、錬金術師は鬱状態の意味と目的を――感情のレヴェルで――理解しはじめ、感情が湧き出して、鬱状態の「乾き」が湿りを帯びる。意味深くも『哲学者の薔薇園』は、天の露をアクア・サピエンティアエ（智恵の涙）と呼んでいる（註三七七）。

進化の十字路を蘇らせる

複雑な「清めあるいは浄化」の象徴の根底にある無意識のさまざまな作用を解明しようとするなら、変容という重大な精神生物学的な行為における解答を探さなければならない。図一五四における太陽と月が結合した七重の星が、受精後二ヵ月目の胎児あるいは胎児の人格の形成を象徴しているなら、結合した小さな太陽と月をはらむ不完全な七重の星は、受精後一ヵ月目の胚あるいは胚の人格の形成を象徴していると解釈してもよいだろう。これは原始的な心臓の最初の鼓動および原始的な脳の最初の形成と同時に起こり、三五番目と三七番目の図版があらわしているのは、お

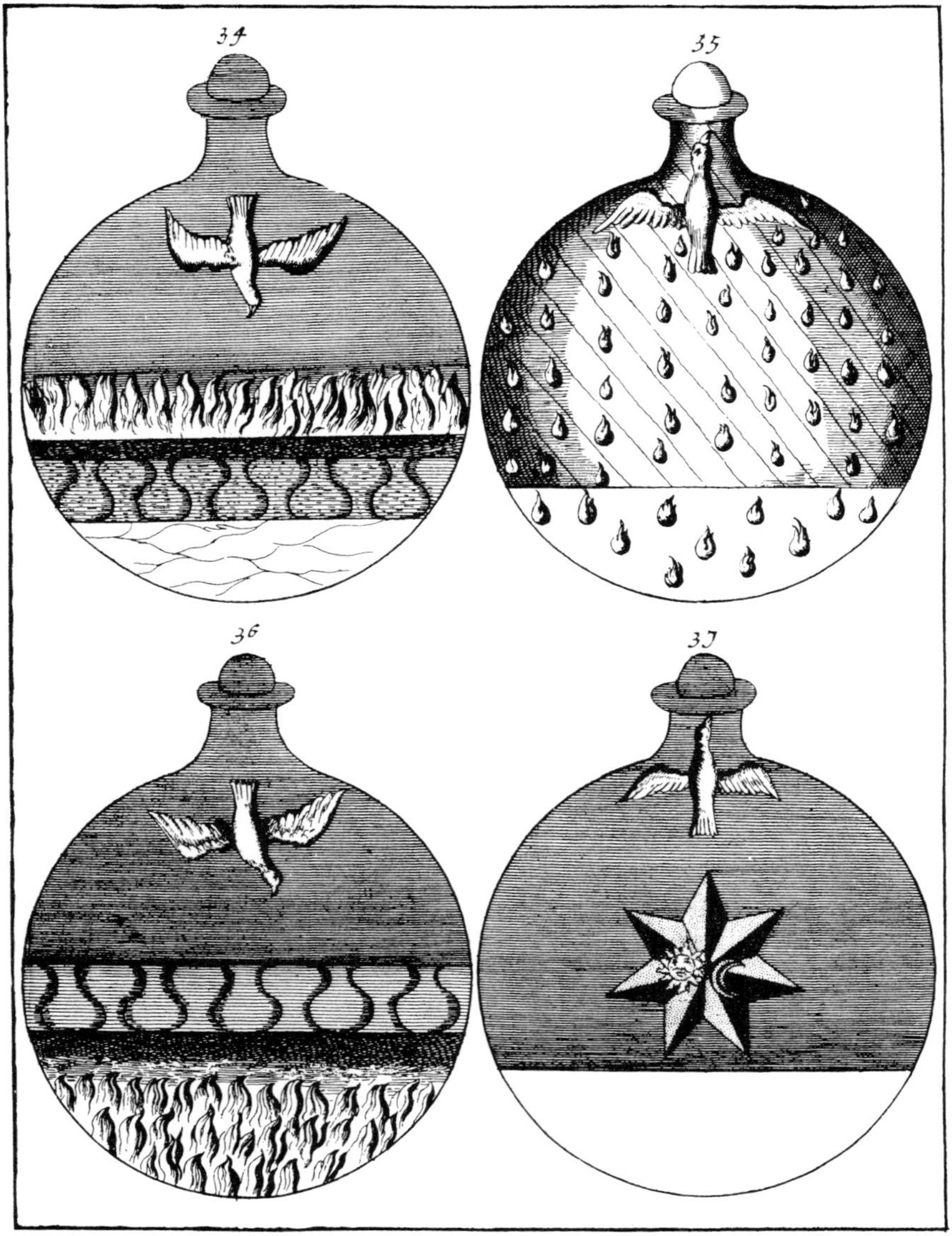

図206　再誕の星に照らされる容器を心臓の血が清める

図208　書物を引き裂く哲学者が最初の感情の世界を見通している

図207　胸のかわりに書物を引き裂く

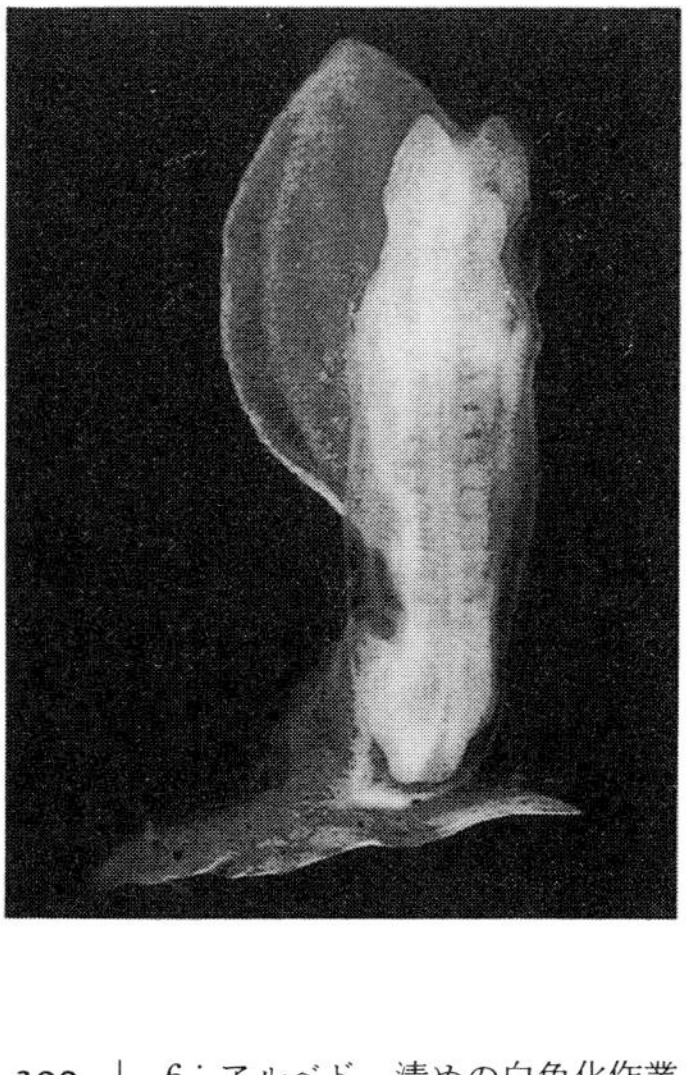

図209　形成されはじめた脳の上部の二つのふくらみが前脳の二つの半球になる（受胎後１カ月目）

そらくこの二つの出来事なのだろう。

マスターズとヒューストンの報告するLSDによる驚くべき幻視体験は、こうした曖昧な象徴に光を投げかけている。バルヒューゼンの三七番目の図版に描かれる小さな太陽が一連の作業における最初の太陽（霊・意識）のイメージなら、三七番目の図版を「S」という人物の神秘的なLSD体験と関連づけてもよいだろう。Sの幻視は意識と無意識、太陽と月、霊とアニマの最初の未発達の分化をあらわしている。最初の感情、本能、心からなる太古の無意識の世界を探る自我において、感情が思考をしのいでいることをあらわし、先の謎めいた発言に光を投げかけてもいる。

Sは進化のプロセスを上昇していることを話しているうちに、急に興奮するようになった。振舞いが好奇心たっぷりの観察者のそれから、重要な啓示を経験している者のそれへと変化した。拳を掌にたたきつけ、さらに興奮をつのらせながら、このようにいった。「いま進化のプロセスを何かが横切った。何かが急に入りこんできた。進化のプロセスを真っ二つに切った。進路をかえたんだ」断ち切られた鎖はすぐに結ばれたが、進化のプロセスはわずかにそれただけとはいえ、その結果は途方もないものだった。「これが起こらなかったら、人間はちがった動物に進化していただろう」

Sが話をつづけ、人間には二つの異なった意識があるといった。一つは高度な意識で、異質な作用が進化に押し入ったときに生じた。もう一つは原始的な意識で、起源ははるかに古く、感情ときわめて程度の低い知性をもっている。物質に押し入った異質な作用によって、高度な意識が進化しはじめたが、原始的な意識を消し去ることはなかった。あらかじめ定められた動物の進化パターンに押し入った力は、神あるいは霊である。この高みの力が弾丸のように押し入ったのだ。そして物質世界をはらんで創造した「他の初期の神の力」の被造物に自らを押しつけた……そうして物質と動物の意識に深遠な反応を引き起こした。物質や動物の意識は異質なものに満たされたが、完全に支配されたわけではない。「物体に押し寄せる銀の筋のあいだに肉の塊がのこっている」のである。Sは進化の流れを昇り降りして、高度な意識が進化した時点にもどることができた。感じることだけができる生理学的な過去へともどり、このように述べた。「古い意識がなおもわれわれの体内にある。新しい意識は霊であって、異なった種類のものにちがいない。進化のプロセスに割りこんで、外部から進路をかえたからだ」……Sはこの経験を、「普通の意味における宗教的なものでもなければ、神からの啓示でもなく、おそらく無意識からのメッセージ」だと考えている（註三七八）。

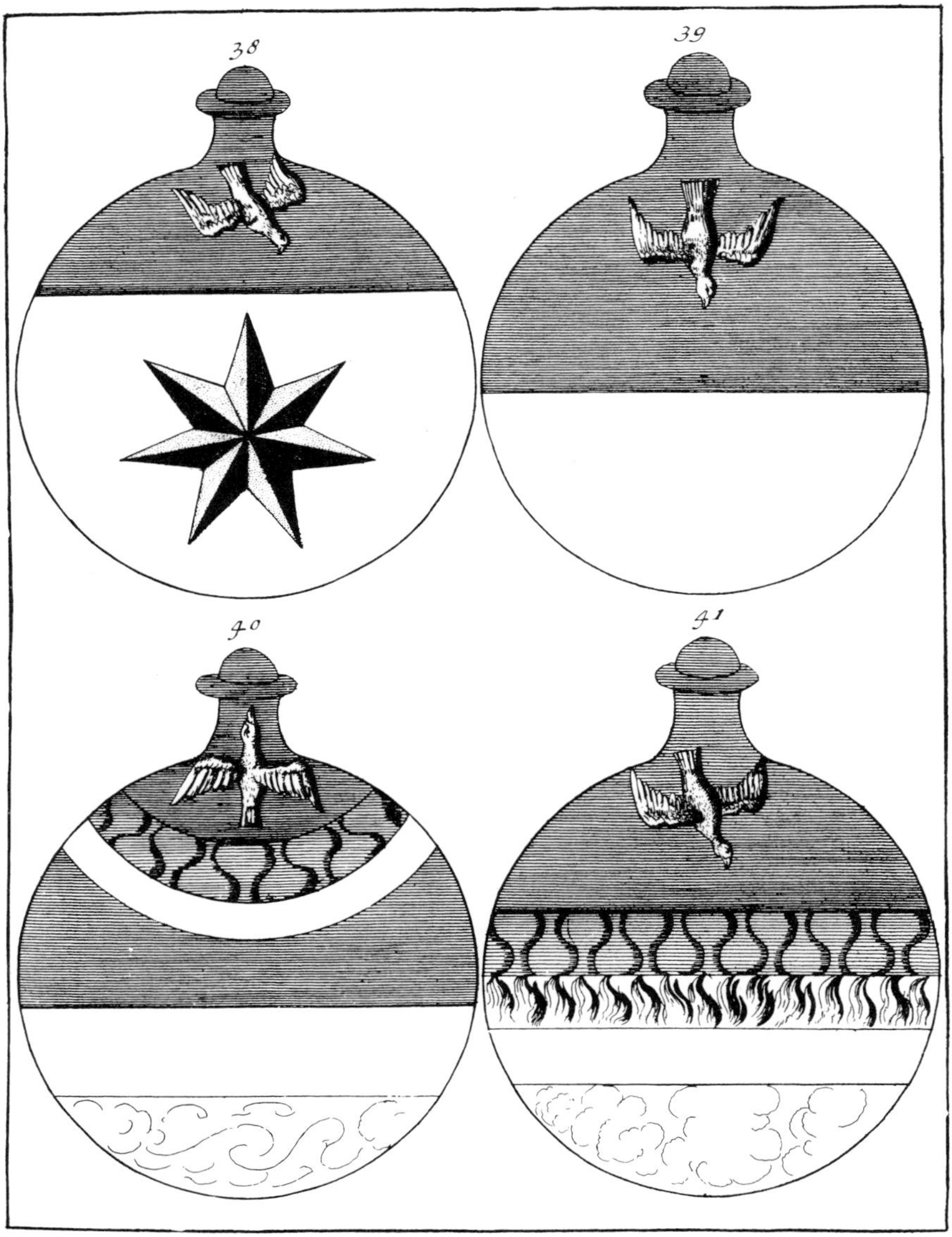

図210　肉体が昇華され、骨が煆焼されて白くなる。

白色化した肉体の煆焼

バルヒューゼンの三七番目の図版における星は、未発達の太陽と月をはらむ白色化した土の上に浮かび、三八番目の図版では「白い土あるいは白亜」（註三七九）の中に沈むが、そうすることによって、発育する太陽と月の子供たちを失う。三九番目の図版では、星そのものが煆焼された土の中に溶けこみ、いまや容器は二等分されている。この段階で、容器の腐敗する闇がアルベドの白い光によって半ばまで支配される。『哲学者の薔薇園』の証言によれば、清めの作業がようやく完了したのである。

不浄なものは火にかけて、白くなるまで煆焼しなければならない。

バルヒューゼンの四〇番目と四一番目の図版では、ひきつづき煆焼の作業がおこなわれ、その目的は、ゲベルによれば、「土の要素をもつ金属の純化」であって、「金属は煆焼と還元を繰返すことで純化することがわかっている」のである（註三八〇）。『哲学者の薔薇園』にある次の定義をこれに加えてもいいだろう。

煆焼とは作業の霊により白い灰や土や白亜のごとく還元することをいい、われらの火、すなわちメルクリウスの水によって起こる（註三八一）。

四〇番目の図版では、白亜が二つに割られ、上部のものはヘルメスの鳥と空気の元素によってもちあげられている。『自然の王冠』によれば、この手順によって、「水が空気にかわり、火が水にかわる」のである（註三八二）。同じような昇華の作用が容器の底で起こり、「土が火にかわり、空気が土にかわる」という（註三八三）。四一番目の図版は「七重の循環」の新たなはじまりをあらわし、四〇番目および四一番目の図版で塵の塊が容器の底で渦を巻いていることからわかるように、新しい元素の層が煆焼されて灰化されている。バルヒューゼンの四点の図版における煆焼のプロセスは、八番目の木版画を説明する『哲学者の薔薇園』の本文を図解しているのである。

土を煆焼し、水を昇華するべし。土は下方にとどまり、水は上昇して、土は煆焼によって、水は昇華によって清められ、いずれも腐敗による。水が土を守るので、土が燃えることはなく、土が水を縛するので、水が逃れることはない（註三八四）。

白い骨をさらけだす

両性具有者の黒い体の「清めあるいは浄化」によって、肉体が次第に白くなり、王の蒸風呂で生来の湿りを奪われるため、乾いたものだけがのこる。この作業は両性具有者の体の骨格部分をさらけだすことを目指す、煅焼の作用によってあらわされる。ヤヌス・ラキニウスの『新しい貴重な真珠』にある手順は三一五ページに示してある。ここでは煅焼された高貴な死体が、荒地の静けさの中で白骨として、輝きながら横たわっている。

図二一二からは、石棺で息子が父と近親相姦の結合を果たしたあとの恐ろしい結果がわかる。「穴」の蓋がとりのぞかれると、息子と親の結合した体が石棺と化した婚礼のベッドで死んでいるのがわかる。本文には、「八番目の部屋にて、容器が冷却されてから腐敗の中にあらわれるものを見よ」と記されている。

図二一三の本文はこうなっている。

> このあと九番目の部屋に行けば、全身が溶解して、骨が石棺からとりだされる。まだ完全に溶けていないものは、完全に溶けるまで、作業を繰返して溶解するべし。そのあと慎重にとりださなければならない。

図二一四では、天使が骨を白くなった土にばらまいたあと、錬金術師が高貴な両性具有者の骨を賛美している。本文はこうなっている。

> 一〇番目の部屋では、骨が新しい部分に分けられているが、これが起こるのは、溶解した物質が九日にわたって穏やかな火にかけられ、黒さがあらわれてからである……さらに九日にわたって穏やかな火にかけなければならない。作業に必要なら、新鮮な水をそそぐべし。これをおこなえば、哲学者たちが述べるごとく、土が純化して白くなる。この土は腐敗して、自らの水でもって純化するからである。そして天使がつかわされ、純化して白くなった土に骨を投げ、これが種子とまざりあう。いまやすべてが蒸留器とともに密封された容器の中に入れられる。物質がいささか薄くされたあと、強い火でもって水と分離し、容器の底で堅くされなければならない。

白くなった土を煅焼したあと、図二一五に示されているように、錬金術師あるいは星の僕たちが神の介入を求めて祈る。

> 一一番目の部屋にて、僕たちが神にうったえかけ、王の回復を求め、それによって作業全体が導かれるように祈る。

図二一六では祈りがかなえられており、本文にはこう記されている。

> それゆえ一二番目の部屋にて、別の天使がつかわされ、これらの骨の他の部分を土に置いて堅くさせる。すると天使たちが素晴しくも作業にあらわれる。天使たちが次つぎにつかわされ、白く艶やかで堅いものになるよう、骨の第一、第二、

図214　分割による骨の単純化

図215　骨の復活を祈る

図216　赤い血が骨にもどる

図211　昇華された性の力

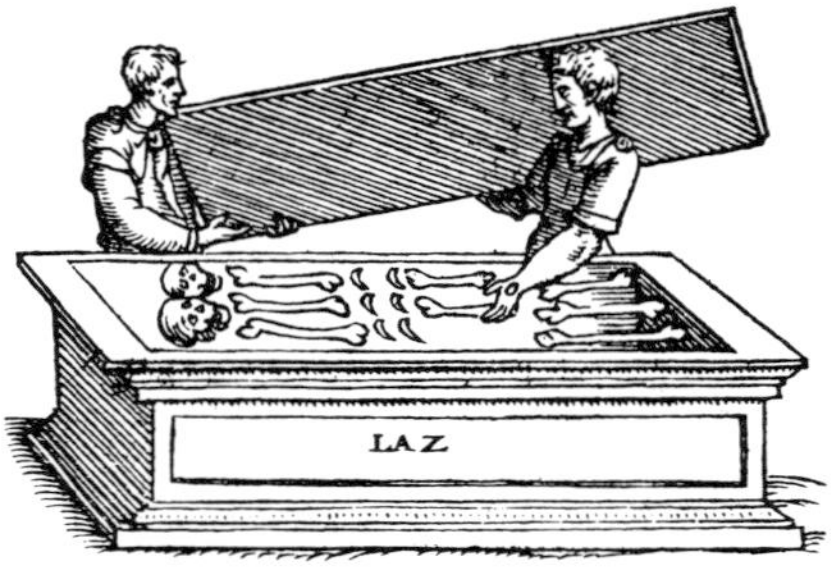

図212　腐敗から煆焼へ

図213　肉体の骨への単純化

第三、第四の部分を土に置く。第五の部分と第六の部分で堅くなったあと、白が黄色に変化する。七番目、八番目、九番目の骨の部分でもって、土が血やルビーのごとき赤に変化する（註三八五）。

この不思議な変容は、骨に血がもどり、復活が迫っていることを示す（三五三―三五七ページを見よ）。

アルベドのメルクリウスのユニコーン

腐敗は肉の特性なので、肉体の腐敗はアルベドの不滅の肉体を達成するための必要条件である。この関係によって、死体の元素の層をすべて殺すという、錬金術師の「繰返される死」あるいは「七重の循環」が説明づけられる。神の天使たちが煆焼の最後の段階に参加する事実は、両性具有者の肉体の「天使的な」状態を示しており、いまや両性具有者の体は苦しみの荒野における輝く透明な骨からなりたっている。

このコルプス・アルベフィカティオニス（白色化される体）の古典的な象徴が、汚れなく雪のように白いユニコーンである。ユニコーンの角の無敵の力は、錬金術師の煆焼された骨の力をあらわす。『ラムスプリングの書』では、この神話上の生物は、図二一一の「哲学者の森」にあらわれる。ユニコーンはメルクリウスの象徴として、鹿に近づき、背後からのしかかって白の結合を果たそうとする。図版にそえられた詩では、ユニコーンの相手がアニマの象徴とされ、ユニコーンあるいは霊は、昇華された死体を石棺から復活させるため、鹿と結ばれなければならない。

術によって彼らをおとなしくさせ、支配し、
彼らを結びつけ、
森に出入りさせる方法を知る者が、
まさしく支配者と呼ばれる。
金羊毛を得た者は
いずれの地でも勝ち誇るだろう。
偉大なるアウグストゥスをも支配するであろう（註三八六）。

処女のユニコーン狩り

中世の伝説によれば、純潔のユニコーンを捕えられるのは、汚れなき処女だけであって、ユニコーンは処女に魅せられて、処女の膝に頭をあずけるという。このとき狩人が身を潜めていたところからあらわれ、王に献上するためにユニコーンを捕える。中世のキリスト教会の伝統では、ユニコーンの捕縛の物語が処女の子宮へのキリストの受肉の象徴として解釈された（註三八七）。ユニコーン狩りは中世の民間伝承の聖杯伝説にもあらわれる。錬金術におけるように、ユニコーンは哲学者の石の探求や白い女との結合に結びつけられている。ヴォルフラム・フォン・エッシェン

バッハによる聖杯譚には、次のような有名なスタンザがある。

乙女を知り、乙女を愛し、
乙女の胸で眠る、
ユニコーンという動物を捕えた。
角の下から素晴しい
ガーネットを見つけたが、
これは白い頭蓋骨を背景にしてきらめいていた（註三八八）。

ユニコーンの元型の興味深い面は、アルベド、処女、月という、昇華の象徴と結びついていることである。この主題についての現代の権威、オーデル・シェパードが、『ユニコーン伝承』で次のように記している。

いつもそうだというわけではないが、ユニコーンはたいてい体が白いと考えられている。これは純潔の象徴である。ユニコーンはきわめて脚が速く、権威たちによれば、生け捕りにすることはできない。ユニコーンはよく三日月に結びつけられ……三日月はイシュタル、イシス、アルテミス、聖母といった、天の母なる処女をあらわすために用いられる……麒麟、すなわち中国のユニコーンは、一般にブロンズ像であらわされ、背の雲の中に三日月がある（註三八九）。

「反射炉」の煆焼の火

循環によって分離される元素の煆焼は、バルヒューゼンの四二番目から四五番目の図版において、衰えることのない力によって持続され、体の腐敗が進行して、容器の新しい層から元素が波になって解放される。煆焼作用の激しい性質は、四二番目および四三番目の図版で、元素の層が「二重化」していることによって明らかである。この特徴から、容器の内容物を揺り動かす反射炉の火によって、霊妙な物質が熱せられていることがわかる。この作用はフルヌス・レウェルベラティオニス（反射炉）で起こり、元素が直接的な熱の作用を受ける。煆焼の最終段階では、霊妙な物質が微細な粉末に還元され、インキネラティィオ（灰化）の白い灰と同一視される。ルランドゥスの『錬金術辞典』では、反射が次のように定義されている。

反射とは点火であり、強い火の影響下で物質を還元し、反射と震動によって白亜にすることをいう（註三九〇）。

白色化した骨を微塵に砕く

ゲベルが錬金術師たちをたしなめて、反射炉で煆焼をおこない、煆焼されるものは、坩堝に使われるような最も強い粘土でつくられ、完全に燃えあがるときですら火に堪えうる皿に入れなければ

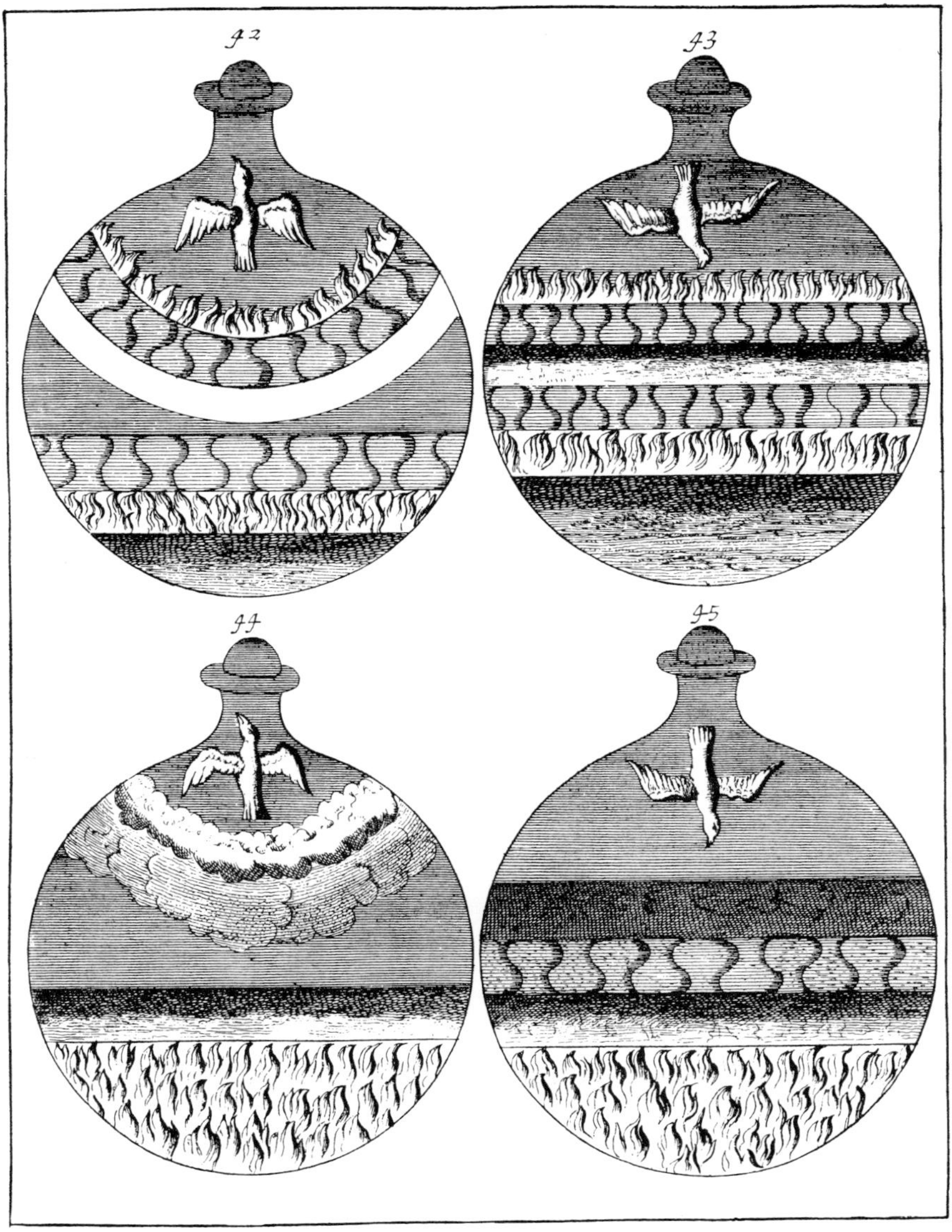

図217　容赦なく骨を塵と灰にかえる「反射炉」の火

ならないと忠告している(註三九一)。これにパラケルススの有名な金言を加えてもよいだろう。

内部の構造における小宇宙は最高の反射を起こすまで反射炉で処理しなければならない(註三九二)。

煅焼の火が重要な灰化の作用を開始させ、既に白い骨になりかわっている両性具有者の体が砕かれて、灰となるのである。この窮極の昇華の結果、錬金術師は天からもどる魂と霊を収められる霊妙な体の創造を目指す。

バルヒューゼンの四四番目の図版では、清められた元素が蒸気として土から昇り、新しい火の塊が容器の内部に生じている。明らかに変成の作用がいまやダイナミックな段階に達しており、『哲学者の薔薇園』はこれを次のように描写している。

白くなるまで火にかけるべし。このやりかたをとれば、土が水によって白くなり、水と土の本質が得られるが、この白いものは空気と呼ばれる(註三九三)。

『自然の王冠』では、四四番目の図版の変成作用が、「土を空気に、空気を水に、水を火に、火を土にかえる」作用であるとされる(註三九四)。四五番目の図版では、熱せられた両性具有者の体が最後の元素の層を発し、これが清められて昇華される。ヘルメスの鳥の上昇と下降が絶え間なくつづき、霊妙な物質の昇華を支える。

砕かれた石

灰化に関する最も古い文献が『賢者の群』に収録されており、「白く素晴しいもの」にするために石を砕くことを次のように描写している。

それゆえ白い石をすりつぶし、乳でもって凝固させよ。次に白亜と大理石をすりつぶし、容器から湿りが逃れないよう注意せよ。容器の中で凝固させ、灰となさしめよ。月の泡とともに火にかければ、既に自らの水をはらむ石が見いだされる。これこそわれらがありとあらゆる名前で呼ぶ石であり、この石からすべての色があらわれる。

それゆえ火山岩滓の粘着物をとり、白亜の灰および澱と混ぜあわせ、永遠の水で湿らせよ。次に粉末になっているかどうかを調べ、そうでなければ、最初の火より強い火であぶって粉末にせよ。永遠の水をしみこませ、色が変化すれば、熱しなければならない。さらに心得ておくべきは、白い水銀あるいは月の泡をとり、命じられたとおり、穏やかな火で粉末にすれば、そのものが凝固して石になることである。この石を砕けば、多彩な色があらわれる。しかしこの話でよくわからないことがあれば、白く華麗な石が生み出されるまで命じられたようにすることで、目的に達するであろう（註三九五）。

人馬宮、物質の昇華

錬金術においては、火によって肉体をコルプス・ムンドゥム（汚れなき体）に変成することは、占星術の人馬宮で起こる（図二二〇）。黄道一二宮の九番目の宮は木星に支配される変動相の火の宮である。人馬宮は一一月二三日から一二月二一日にわたり、この期間は天蠍宮の破壊の作業がさらに穏やかに厳密におこなわれる。

人馬宮においては、秋の死の意味と目的が、闇の中で光る遠くの星のようにあらわれはじめる。腐敗の目標が次第に明確になる結果、天蠍宮が人馬宮にかわり、意志が下落の苦しみに堪え、積極的に下落を求める。変容に対するこの態度は昇華の行為として生み出され、これを象徴する人馬宮は、弓をひいて最も高い的を狙うケンタウロスによってあらわされる。半人半獣のこの宮は、深遠な二元性と緊張を具体化する。下半身の馬は本能的存在としての人間をあらわし、上半身の人間は天を目指す超越的存在としての人間をあらわす。人馬宮の二元性は人間を天と地の境界にいる生物として示し、人馬宮の活動は動物的人間が星に向かって上昇する昇華の運動をあらわす。本能を霊、土を空気、動物的人間を聖なるものに変容させる熱意をもつことで、人馬宮は黄道一二宮における昇華の象徴としてきわだっている。

射手座に生まれた者は激しく熱中する性向があり、手の届かない目標を目指し、リビドーの昇華を可能にする。バルボーは人馬宮の火を、白羊宮や獅子宮の火とはまったく異なった、浄化の火として描写し、肉体の欲求が衰えながらも、精神がなおも社会的、政治的、芸術的、霊的対象を熱烈に求める中年にふさわしいものだとしている。自らの内部の「彼方なるもの」への関心から、常に前進したがる射手座生まれの者は、生まれついての探検家にして冒険者であり、モラルのレヴェルでは、博愛と人間の霊的完成というヴィジョンを倦むことなく追求する理想家である。意識することなく常に星を目指すので、新しい考えや地平やヴィジョンを求めてやまない。目標が大きすぎて達することはできないが、これは些細なことであり、奮闘することそのものに心満たされるのである。射手座生まれの者にとって、目標は二次的なものであり、目標に向かう運動がたいせつなのである。その目標とは昇華にほかならない。

錬金術の聖灰水曜日

図二二四として掲げた、小作業をあらわす『パンドラ』の一連の図版の最後の四点は、再誕の「白い」精神外傷（図一九一）をともなうアルベドの最終段階を示している。昇華の車輪が最後の回転をおこない、切断された両性具有者の白い骨が砕かれて灰にさ

図220　肉体の昇華の宮

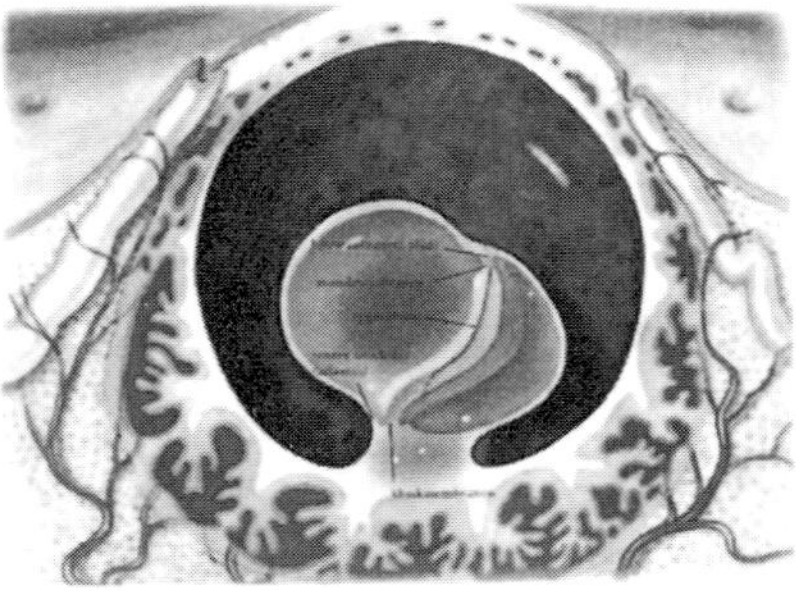

図221　さらに原始的な段階にある胚である。二つの窪みのある内側の細胞の塊は、胚盤と呼ばれる三層の細胞層によって中央で分離される。これは外胚葉（羊膜腔に面している）と内胚葉（卵黄嚢に面している）からなりたつ。中央には中胚葉と呼ばれる細胞層がある。これによって原始的な三つの胚葉は完成し、ここから生物全体が発育する。図222では、さらに初期の段階にある胚盤が卵黄嚢と羊膜腔に包まれ、絨毛膜腔に入っている。

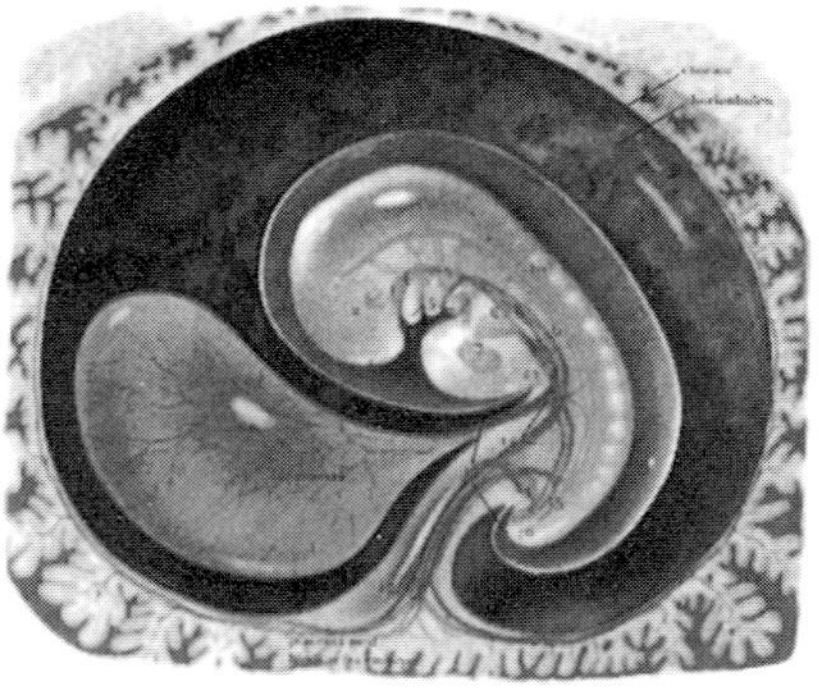

図218　26日目の胚は絨毛組織によって子宮に付着する絨毛膜腔に入っている。絨毛組織によって滋養分が胚に届けられ、排泄物が母親の血液に移される。脳、臍帯、神経、皮膚、消化組織、肝臓、膵臓、骨格、心臓、血管、筋肉等、生命の維持に必要なものがすべて発生初期の段階にある。

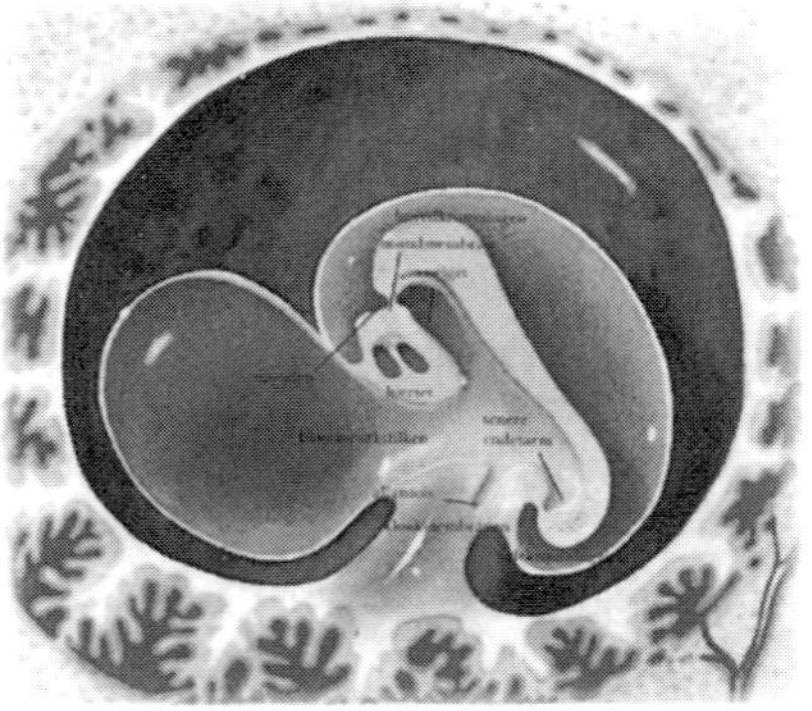

図219　一週間前では、胚の器官がさらに原始的な状態であらわれる。左の球状のものは卵黄嚢で、血液をつくりだすのを助ける。胚そのものは羊膜に包まれ、細長い透明な卵のように見える。中央の幅広いものの大半が早熟な脳の領域で、その反対側に尾の先端が見える。遺伝子の指示をたくわえる胚盤の三層にある細胞から、ゆっくりとさまざまな器官が分化しはじめている。

れる。この運動によって、最初の図版があらわす『哲学者の薔薇園』の不思議な忠告、「これらの灰を蔑むなかれ」が説明づけられる。この図版では、若木が母なる大地に根をおろし、星と葉を枝につけている。連続する図版で展開する王と女王の結婚にかかわる、この最初の象徴は、キニス・キネルム（灰の灰）と呼ばれる。哲学の樹を死と誕生の樹としてあらわしている――星の輝く白い驚異の樹は、灰の中に根をおろし、生命の痕跡一つない容器の中で花を咲かせる。『パンドラ』ではこう説明されている。

> 煆焼とは乾燥と（肉体の）灰化にほかならない。それゆえ恐れることなく、灰になるまで燃やすべし。そのようにして灰になれば、うまく混ぜるがよい。これらの灰を蔑んだり投げすてたりしてはならず、灰の流した汗を灰にもどすべし。すべての水が使いはたされ、土にかわっているがゆえ、幾日かのあいだ、貴重な白い色があらわれるまで、穏やかな火にかけた容器の中で腐敗させるべし。すべての湿りが乾ききるので、この容器の中に世界の苦しみがすべてあらわれる（註三九六）。

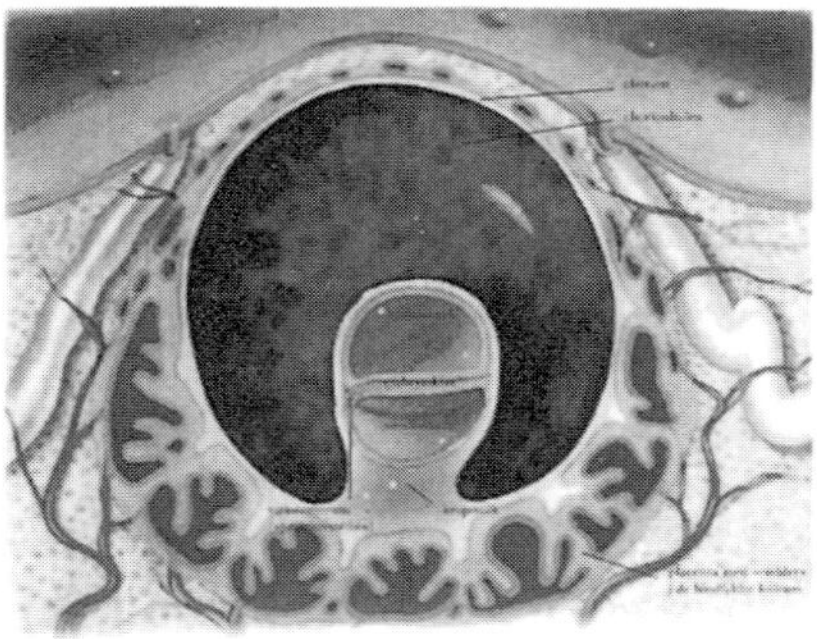

図222　個体が発達する胚盤はわずか４分の１ミリにすぎない。図223では胚盤胞としての最も初期の胚が示されており、これが小さな巣のようなものをつくりだしている。このプロセスは着床と呼ばれる。日を重ねるにつれ、胚はしっかりと子宮壁に根をおろす。

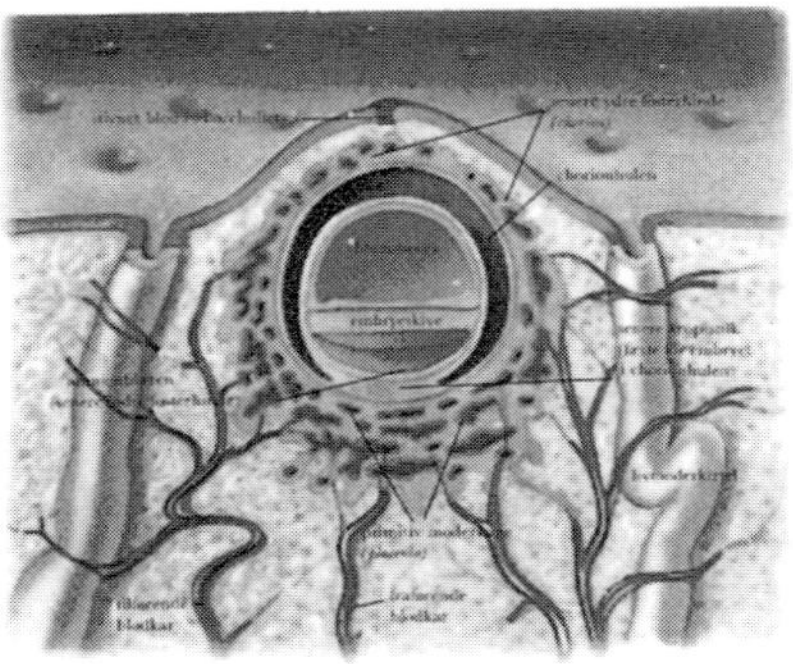

図223　胚の灰化段階

バシリウス・ウァレンティヌスの第五の鍵

図二二六はバシリウス・ウァレンティヌスの第五の鍵を示しており、土と灰に満たされた黒い容器によって灰化があらわされている。容器はウェヌスのものであり、ウェヌスの息としてあらわ

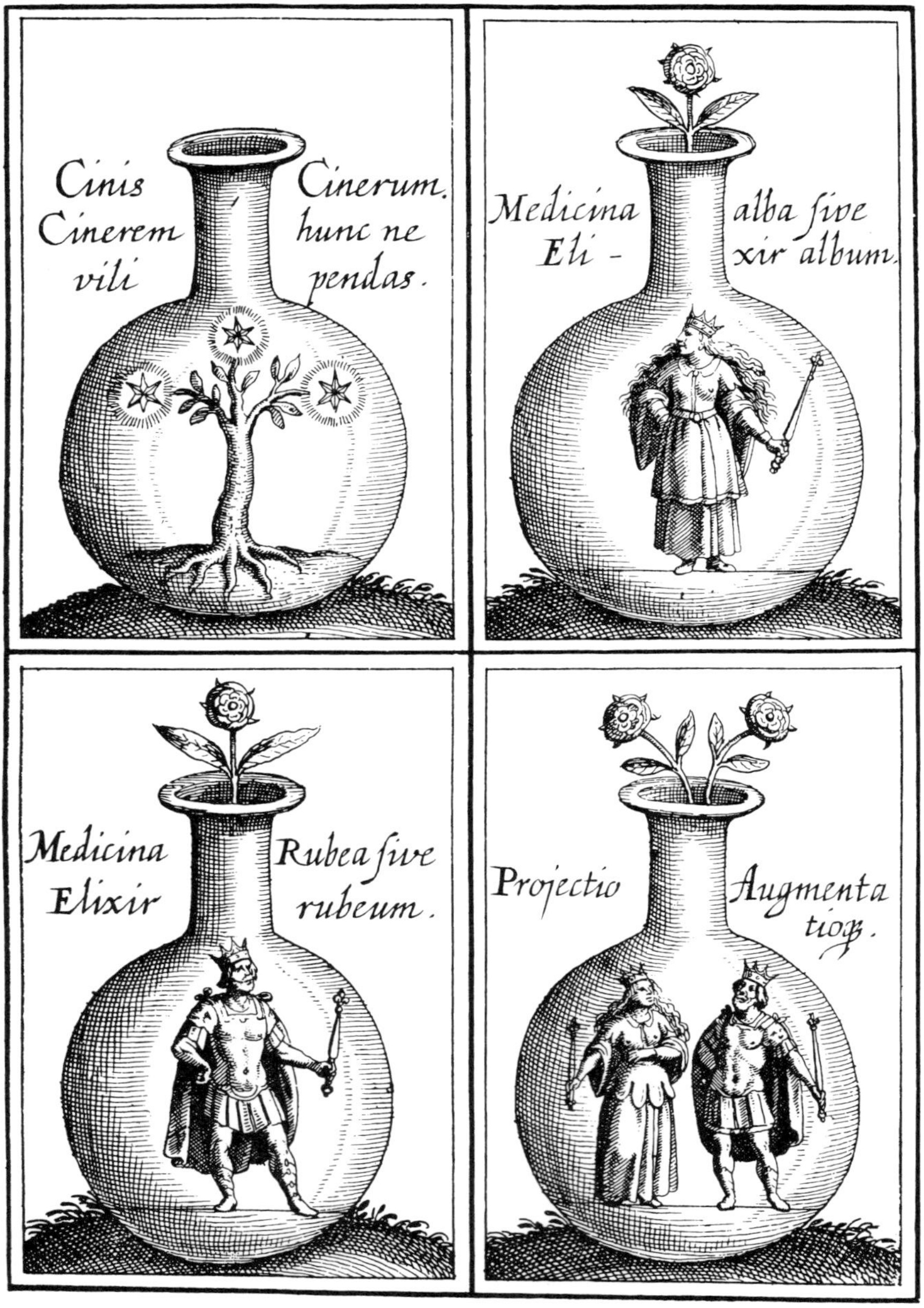

図224　母なる大地に根をおろして芽吹く哲学者の若木

れているので、「土の霊」への昇華を象徴しているのである。ウェヌスは右手で容器をもちながら、左手でアルベドの白薔薇を咲かせる心臓を差し出している。ウェヌスのパートナーであるウルカヌスが、炎の息を吐いていることからわかるように、同じ昇華された状態であらわれている。ウルカヌスはふいごを使い、両親に矢を向ける目隠しされたエロスと炉をあおっている。

バシリウス・ヴァレンティヌスの文書では、燃えあがった火と粉末にされた土の差し迫った結合が直喩となって、そのような作業の困難さを適切にあらわしている。

> 二つの対立する霊がともに住むが、容易に結合することはない。火薬を火にかければ、火薬をつくりだす二つの霊が多大な衝撃と音を放って猛烈な勢いでとびだすので、もはや二つの霊を見ることはできず、どこへ行ったかもわからないからである（註三九七）。

緊張をはらみながら、第五の鍵は霊的再誕の子をライオンの鉤爪と口の下に置く。ライオンと太陽のあいだに浮かぶ栄光の冠は前途有望な有翼の子供に死を告げるものである。本文は次のように説明している。

> まず、われらの物質は注意深く純化して、溶解し、破壊し、分解し、塵と灰になさしめなければならない。そして雪のごとく白い揮発性の霊と、血のごとく赤い揮発性の霊を用意するべし。これら二つの霊は第三の霊をはらむも、ただ一つの霊である。これが生命を保ち、生命を増やす、三つの霊である。それゆえこれらを結びつけ、肉をあたえ、自然が要求するものを飲ませ、完全な誕生が起こるまで暖かい婚礼のベッドにとどめるべし。
>
> 次に神と自然より汝に授けられた賜物の美徳を目にし、経験するであろう。これまでわたしがこの秘密を何人にも明かさなかったこと、そして神が自然の物質にたいていの者が容易に信じることのない力を授け給いしことがわかるだろう。神はわが口に封印をなされたが、愚か者どもが超自然的なものだと考える自然の素晴しいものについて、わたしのあとにつづく者が書きとめる機会があるやもしれない。自然のものがすべて超自然的な源までたどれるとはいえ、いまのままで自然の条件にしたがうことを、愚か者どもはわかっていないからである（註三九八）。

復活の死の風

図二二五は人間の塵あるいは土の霊と天の神の火の霊との結合を劇的にあらわす図版である。荒野の雲から突出す神の手が、灰化と死の苦しみを受ける錬金術師のさしのべる腕の脈をとってい

図226　灰と死の容器で結合を試みる親の霊

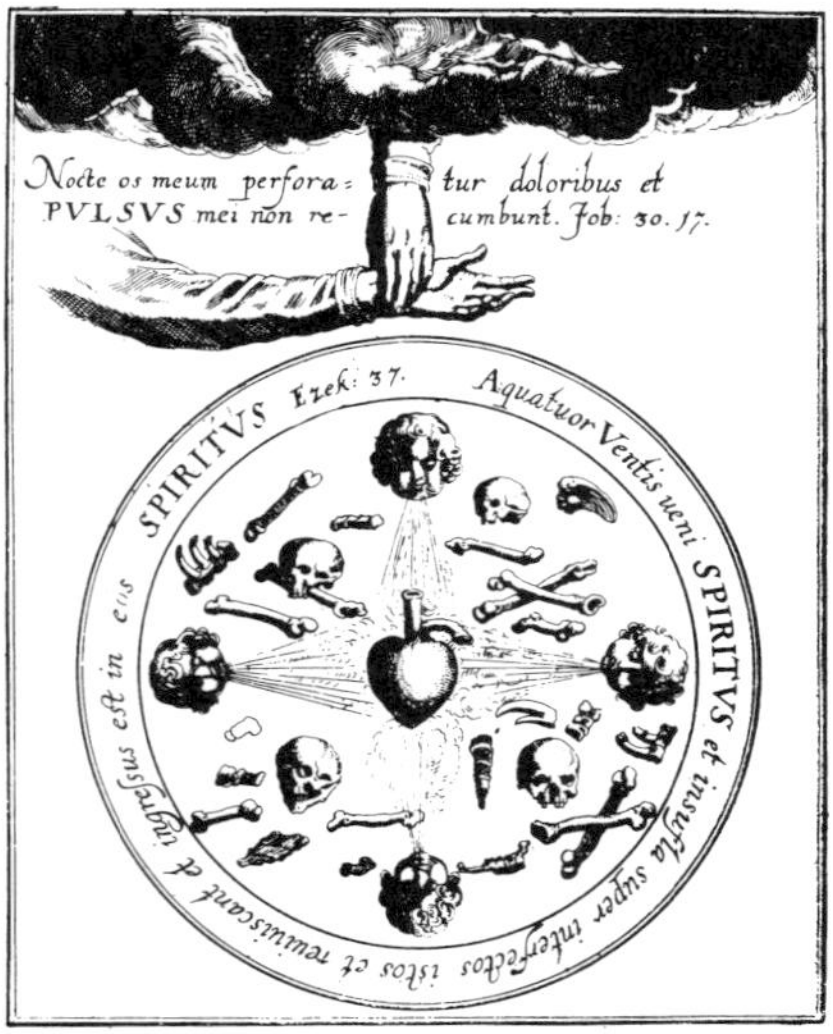

図225　人間の灰に生命を吹きこむ

図227　メルクリウスによって照らされる暗い景色

る。上部のラテン語は聖書における灰化の経験に苦しめられるヨブの引用である。

夜《よ》にいれば、わが骨刺されて身を離る。わが身を嚙む者ついに休むことなし。わが疾病《やまい》の大いなる能《ちから》によりて、わが衣服《ころも》は醜きさまにかわり、裏衣《したぎ》の襟のごとくに我が身に固く附く。神われを泥の中に投げこみたまいて、われは塵灰に等しくなれり。われ汝にむかいて呼ばわるに、汝答えたまわず、われ立ちおるに、汝ただ我をながめ居たまう。汝はわれにむかいて無情《つれなく》なりたまい、御手の能力《ちから》をもて我を攻撃《せめうち》たまう。汝われを挙げ、風の上に乗せて負去《おいさ》らしめ、大風の音とともに消《きえ》亡《うせ》しめたまう。われ知る、汝は我を死に帰らしめ、一切《すべて》の生物のついに集まる家に帰らしめたまわん……われ吉事《よきこと》を望みしに、凶事《あしきこと》来たり、光明《ひかり》を待ちしに、黒暗《くらやみ》来れり。わが腸《はらわた》沸きかえりて安からず。患難《なやみ》の日、われに追及《おいしき》ぬ。われは日の光を蒙らずして哀しみつつ歩き、公会の中に立ちて助けを呼びもとむ。われはドラゴンの兄弟となり、梟の友となれり。わが皮は黒くなりて剝落ち、わが骨は熱《あつき》によりて焚《や》け、わが琴は哀《かなしみ》の音となり、わが笛は哭《なげき》の聲《ね》となれり(『ヨブ記』第三〇章一七―三一節)

図二二五の大きな円の内部では、聖書および錬金術の主人公を包みこむ灰化の死の風の別の面を、象徴的な行為が際立たせている。円の銘刻文は風を『エゼキエル書』第三七章の復活と再誕の気息としている。

彼また我にいいたまいけるは、人の子よ、気息《いき》に預言せよ、人の子よ、預言して気息にいえ。主イェホヴァかくいいたまう。気息よ、汝、四方《よも》の風より来たり、この殺されし者等《ものども》の上に呼吸《いきふき》て是を生かしめよ。われ命ぜられしごとく預言せしかば、気息これに入りて、皆生き、その足に立ち、甚だ多くの群衆となれり。かくて彼われにいいたまう。人の子よ、是等の骨はイスラエルの全家なり。彼らいう、われらの骨は枯れ、われらの望みは竭《つ》く。われらは絶えはつるなりと。このゆえに預言して、彼らにいえ。主イェホヴァかくいいたまう。わが民よ、われ汝等の墓を啓《ひら》き、汝らをその墓より出《いで》きたらしめて、イスラエルの地に至らしむべし。わが民よ、われ汝らの墓を開きて、汝らをその墓より出きたらしむるとき、なんじらは我のイェホヴァなるを知らん。我わが霊《みたま》を汝らの中におきて、汝らを生かしめ、汝らをその地に安んぜしめん(『エゼキエル書』第三七章九―一四節)。

清めと近づく再誕

図二二七は『沈黙の書』の九番目の図版で、先の図版(図一四二)の結合のあと、苦行がはじまっている。図五二で錬金術師と

妹の集めた「五月の朝露」が、いまや黒くなった状態で落下し、恋人たちの広げたシートが嵐によって引き裂かれているようだ。錬金術の愛の噴水が秋と冬にかわり、天の露が黒い物質になりかわって、恋人たちが六枚の皿を地面に置いて集めている。

下段では、錬金術師と妹が作業の新しい過程、第一質料の浄化と昇華に携わっている。兄がデカンタを差し出す一方、謎めいた妹が皿の黒い内容物を錬金術の容器にそそいでいる。

彼らの作業が有望なものであることは、メルクリウス・フィロソフォルムの出現によってあらわされており、メルクリウス・フィロソフォルムが女の手から容器を受けとっている。メルクリウスの容器とその薬剤の結合した力は、図二五四として掲げた『沈黙の書』の次の図版で、錬金術師と妹によって調べられる。

第7章 第二あるいは月の再誕の精神外傷

図二二九は『哲学者の薔薇園』の九番目の図版であり、石棺で灰化された両性具有者が、ついにホムンクルスによって蘇生させられ、ホムンクルスは天からもどって死体に生命を吹きこみ、久しく待ち望まれた再誕を果たすのである。見出しは有翼の子供が帰還する魂であることを示し、この出来事は「魂の叫び、誕生、昇華」と呼ばれる。モットーはこうなっている。

ここに魂がいと高きところよりくだり、
われらが浄化の奮闘をおこなった死体を蘇らせる（註三九九）。

これまでの浄化、煆焼、灰化の結果、粗雑な体がついに「魂」と「霊」の形をまとい、コルプス・ムンドゥム（汚れなき体）となって、魂と霊をはらんだり引き寄せたりすることができる。本文では、ひからびた体がふる雨によって蘇生するとされており、「この聖なる水は天よりくだる王である」と記されている（註四〇〇）。換言すれば、ホムンクルスの姿で霊とともにもどる魂は両性具有者であって、アニマと霊の結合をあらわすのである。『哲学者の薔薇園』では、つづけてこう記されている。

彼（王）は魂をその肉体にもどす者であり、肉体は死の後に蘇る。彼によって蘇れば、もはや死はありえない。ロシヌスがいうには、魂が入るときに肉体は歓喜する。まさしく肉体は魂を所有し、魂をたやすく見つける肉体はすべて魂を所有するのである。心にとめておかなければならないのは、魂が肉体とともに罰せられ、肉体の中に閉じこめられ、肉体にかえられることである。ヘルメスがいうには、霊は魂を引出すもの、魂をもどすもの、すべての作業を改良するものであり、われらが求めるものはすべて霊の中にある（註四〇一）。

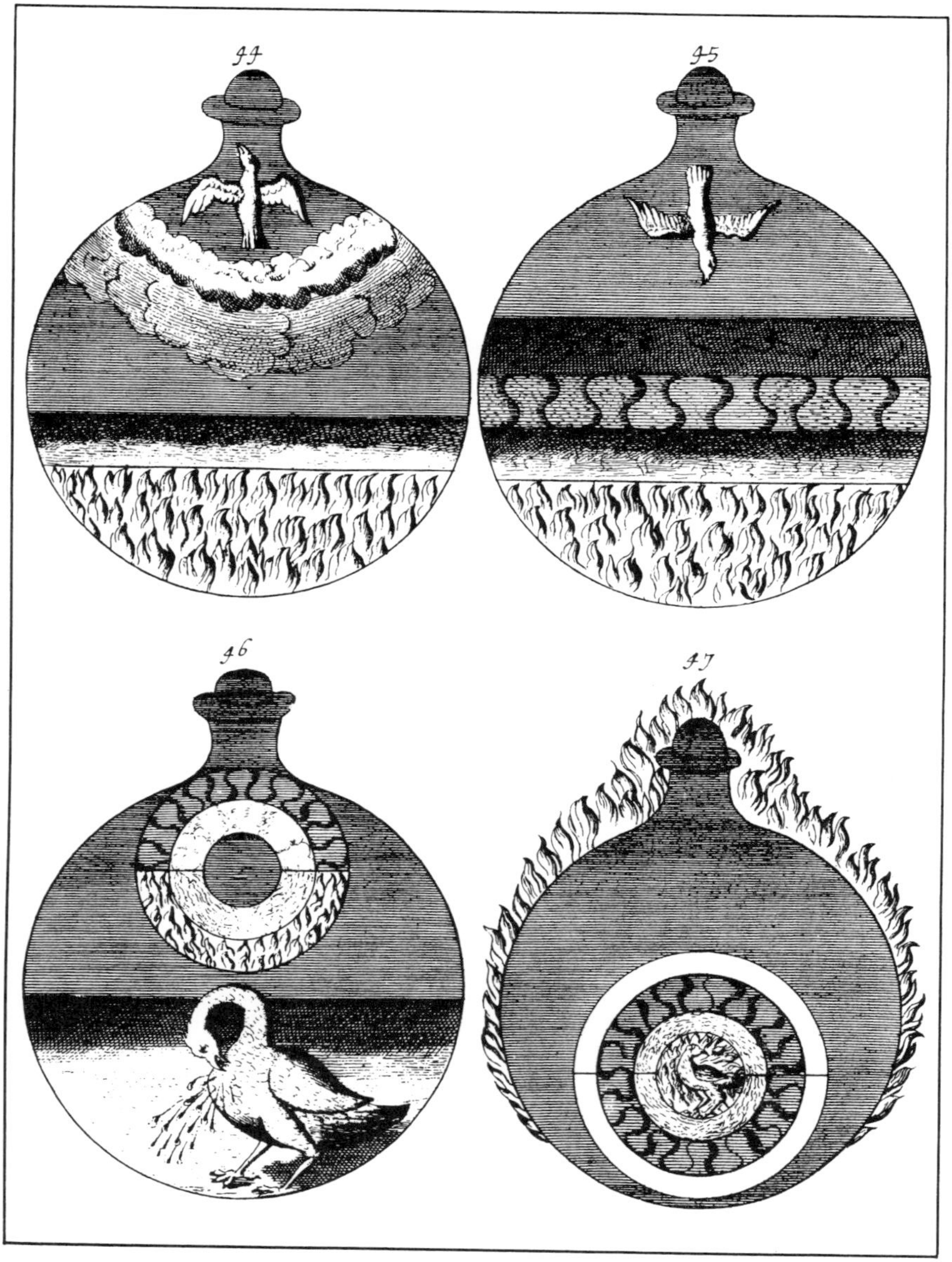

図228

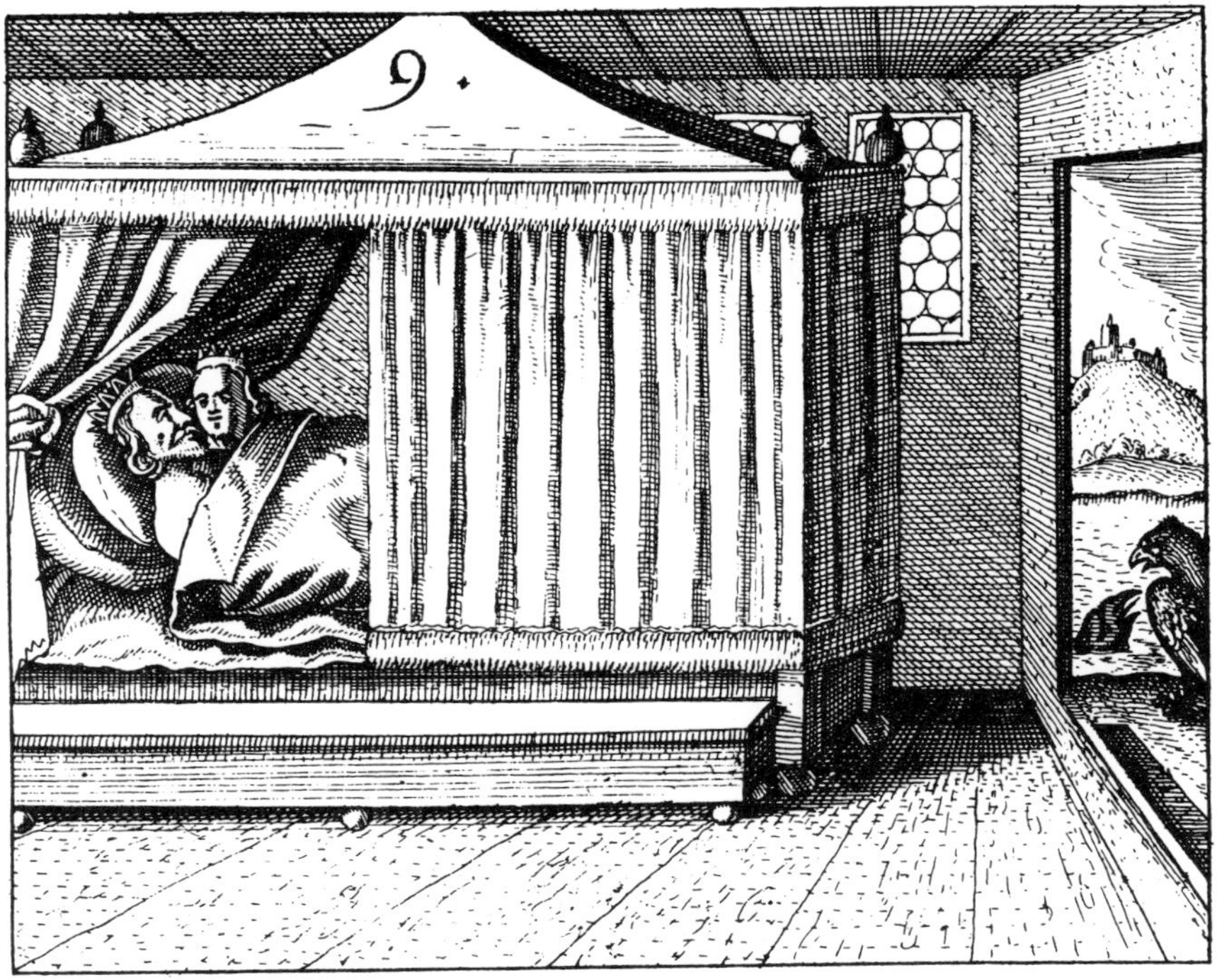

図230 「死んだ」王が
月の娘＝女王の帰還によって復活する

ANIMÆ IVBILATIO SEV
Ortus ſeu Sublimatio.

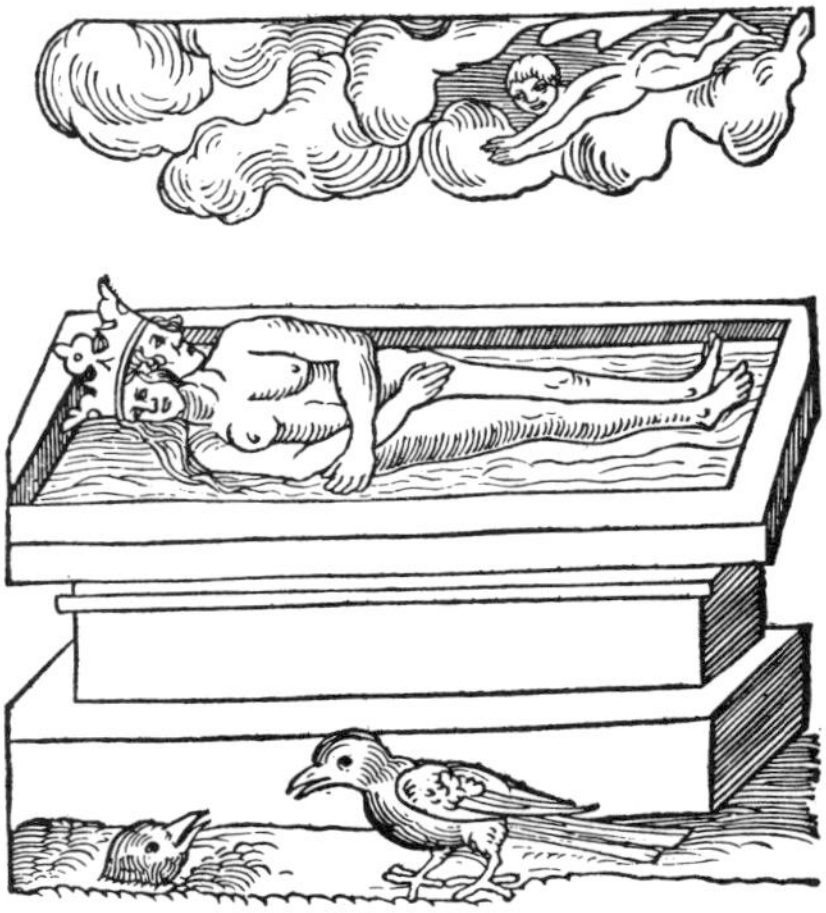

図229 昇華された性の驚異

王と女王の鳥のような性交

アルベドで試みられる結合は再誕にいたるが、さらに昇華された形だとはいえ、王が女王の井戸にくだることに似ている。王が鳥の姿で翼のない鳥である女王に近づき、女王は石棺の下の土の中に身を隠し、残忍なくちばしで性交のあいだに王をむさぼり食おうとする。翼のある鳥は明らかに降下する魂と霊を象徴し、埋もれた鳥は土の死体を象徴する。

二羽の鳥の求愛の儀式は、図二三〇として掲げた異版によって、人間の言葉に翻訳される。この図版は復活した両性具有者をあらわしており、その昇華された性が、背景で試みられる鳥のような性交によってあらわされ、『哲学者の薔薇園』で次のように説明されている。

われらの昇華は肉体の高揚にほかならず、すなわち肉体を霊に変容させることだが、穏やかな火によってしか果たせない。それゆえ司教に昇華されたというのは、高揚したということである（註四〇二）。昇華には二つの面がある。一つは余分のものをとりのぞき、純粋なものだけをのこし、元素の滓から免れて、第五元の特性をもつことである。いま一つの昇華は、肉体の霊への還元、すなわち身体の濃密さを霊の希薄さに変成させることである（註四〇三）。

鳥のような王と女王の実際の性交は、出産外傷の性質を帯びる。王と女王は噛みあい、食らいあって性交するのである。したがって王は血に変容し、翼はもとの母の巣にもどる。この恐ろしい再結合の行為については三三六―三三八ページで述べる。

灰化した肉体の鳥のような再誕

バルヒューゼンの四四番目から四七番目の図版（図二二八）は、『哲学者の薔薇園』の九番目の木版画とその本文を図解しており、本文はこのようにはじまる。

ここに第四の言葉がある。土とともにあった水が昇華によって濃密な凝結した状態になる。かくして土と水と空気が得られる。それゆえ哲学者がこう述べるのである。汝の求める霊があらわれるまで、熱い火で白色化して昇華させよ。これはヘルメスの鳥あるいはヘルメスの灰（四六番目の図版）と呼ばれる。モリエヌスがいうには、灰を蔑むなかれ。灰は汝の心臓の王冠であり、堪えるものの灰だからである。そして『賢者の群』には、白色化のあとは煆焼された土と呼ばれる灰化になるゆえ、火の支配を増すべしと記されている。それゆえモリエヌスがいうように、底には煆焼された土がのこり、これは火の性質をもつものなのである。

かくして先に述べた割合で四元素が得られる。すなわち、溶解した水、白色化した土、昇華された空気、煆焼された火である（四七番目の図版）。これらの四元素について、アリストテレスが原理の支配に関する書物でこう述べている。空気から水、火から空気、土から火を得れば、哲学者の術のすべてがおのれのものになる。モリエヌスがいうように、これが最初の合成の目的である。忍耐と時間がわれらの自然変成力には必要であり、急ぐ者は悪魔の徒党である。ヘルメスがいうには、死者が蘇り、病人が癒される。太陽のもとで粉砕することにより、肉体と魂を結びつけなければならない（註四〇四）。

再誕の雛をつくりだす

バルヒューゼンが『哲学者の薔薇園』の本文に磨きをかけ、強調しているのは興味深い。四四番目の図版は、反射炉の燃えあがる火の衝撃のもとで、元素が「白い空気」に変成することを示している。灰化の作業が四五番目の図版でつづけられ、容器の最後の元素の層が熱せられて昇華される。四六番目の図版では、四元素が容器の高みで舞う鳥になりかわっていることで、ついに求められる空気の性質を帯びている。変成の魔術でもって、ヘルメスの鳥と灰化された四元素が混ざりあい、一つの合成物になって、漂う虚ろな球としてあらわれる。この空気の灰の塊は昇華の至高の状態にある四元素から構成され、目には見えないながらも、ヘルメスの鳥の翼、あるいは純粋な霊の力を授けられている。

容器の上部で、この無重量のものが発達するのと同時に、第二の「鳥」が底にあらわれる。これは白鳥あるいは白のペリカンで、胸をくちばしで傷つけ、自らの血で雛を養う。鳥の行為の対象は、明らかに頭上に漂う虚ろな元素の塊である。この雛の球と母鳥との結合は、四七番目の図版に示され、第二の結合の火が容器の上部を包みこんでいるが、この突然の炎はペリカンの血みどろの胸に元素の球が「巣ごもる」ことを意味する。同時に、二羽の鳥の結合は、「第三の鳥」を生み出す。これが元素の球の中心に包まれる雛であり、いまや卵に変容して、煆焼された土の殻、白い空気の水、霊妙な火の卵黄を備えている。

受精した卵の着床

錬金術の「巣ごもり」の結合は、着床についての無意識の刻印が退行によって蘇ったことを象徴する。受精卵がゆっくりと子宮頸部を通過して子宮腔内に入ると、分裂する卵がおおよそ一五〇の異なった細胞に増加する。この過程で、胚盤の中央が窪む。これは胚盤胞と呼ばれる。そして六日目あるいは七日目に子宮内膜に着床する（図一三二およびバルヒューゼンの四六番目と四七番目の図版）。着床の際に、小さな血管が母親の組織に押し入って、着床した受精卵の成長する細胞の育成をおこなう。事実、植物が湿った土から養分を吸収するように、胚盤胞の細胞は子宮の栄養分を吸収する。

図232　巣ごもりという重大な作業にかかわるアルベドの王と女王

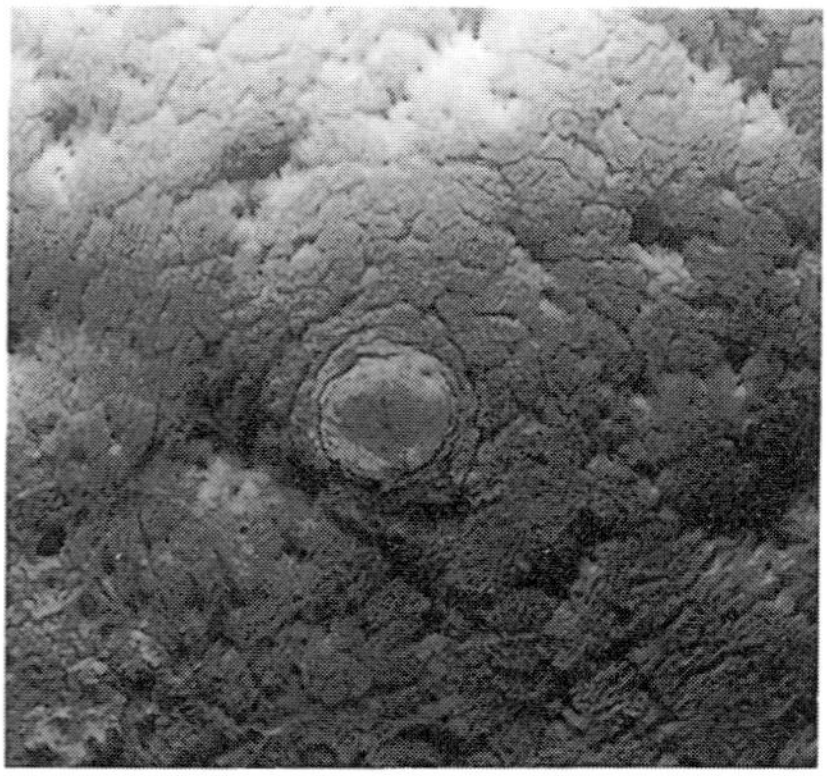

図231　子宮の土への卵の着床

図233　鳥の王が茨の王冠に巣ごもりして、自らを食らって変容する

図234　死と再誕の不気味な樹

一週目に母親の組織が癒えはじめ、細胞群の上にカプセル状の瘢痕をつくり、それによってさらに保護をする。カプセルの乳白色の壁の内部で、驚くべき変容が起こることになる。胚の細胞が着床して、子宮と結びつくと、細胞が数百から数千に増え、不断に変化しつづけ、まもなく人間へと変身するのである。

翼のある鳥と翼のない鳥

図二三二では、笏と剣をもつ王が女王に近づき、女王はアルベドの百合をもっている。王と女王の白い再結合は、燃える空気の霊と揮発性の土の霊をあらわす、翼のある鳥と翼のない鳥によって象徴される（バルヒューゼンの第五の鍵を見よ）。『哲学者の薔薇園』の二羽の鳥の意味するものは、錬金術の秘密の伝統の一部である。これは図二三四および図二三五として掲げた、『ラムスプリングの書』の二点の図版で明かされている。図二三四の「鳥のいる」死と再誕の樹にそえられた詩は、次のようになっている。

森の中にて巣が見つけられ、
その中でヘルメスの鳥が雛を抱いている。
一羽の雛は常に飛びあがろうとし、
もう一羽の雛はおとなしく巣にとどまることを喜んでいるが、
いずれもたがいにはなれることができない。
下にいるものが上にいるものを捕え、
巣から飛びたたせようとはしない。
家の中で妻とともにいる夫が、
結婚の絆に縛られているように（註四〇五）。

鳥のような恋人たちの精神外傷をともなう再結合

翼のある鳥と翼のない鳥の結合は、『ラムスプリングの書』でモチーフを図解する二番目の図版によって詳しくあらわされている。図二三五にそえられた詩を引いておく。

インドで美しい森が見つけられ、
そこでは二羽の鳥が結ばれていた。
一羽は雪のごとく白く、もう一羽は赤く、
二羽はたがいに嚙みつきあい、
そして食らいあって、
二羽が一羽の鳩に変容する（註四〇六）。

図版のモットーはさらに詳しく、「ここに気高い二羽の鳥がいて、肉と霊が食らいあう」となっている。明らかに『ラムスプリングの書』のモチーフは、白い夜明け、あるいは純化された肉体への魂と霊の帰還に結びついている。ペトルス・ボヌスの著作では、「魂の叫び、誕生、昇華」が次のように描写されている。

魂を保つものは肉体であり、魂は肉体と結びついているときにのみその力を示すことができる。それゆえ術者が白い魂が昇るのを見れば、たちまちそれをその肉体に結びつける。肉体なくして魂を保つことはできないからである……肉体の力は魂の力をしのぐが、肉体が魂とともに運びあげられるかわりに、魂が肉体にとどまるようにするべきである。それゆえ作業は成功をもって報いられ、霊が永遠に結びつく肉体と魂にとどまることになる。肉体が魂を完全なものにして保ち、魂と作業に真のものをあたえる一方、魂が肉体の中にその力をあらわし、これらすべてが霊の瞑想によって果たされるため、肉体と形態は同一物であり、他の二者が本質であるといわれるのである（註四〇七）。

死と再誕の血みどろの巣

王と女王の食らいあう結合は、死と再誕の古い結婚のパターン、いまや昇華されて「有翼」版としてあらわれているパターンを復活させる。最初の結合のドラゴンの女王が第二の結合の鳥の女王に変容したので、女王の井戸は血みどろの着床の巣になっている。図二三三はこのモチーフを変化させ、巣を茨の冠に似せて描き、この死のベッドは鳥が交接しはじめるや、鳥を引き裂くことになる。本文によれば、二羽の鳥のモチーフはセニオルに由来するという。セニオルは『錬金化学について』に地下の宝物庫で不思議な彫像を見たことを書きとめている（図二七七）。

膝に置かれた石板には……胸をあわせる二羽の鳥の絵があって、一羽は両方の翼を切り落とされ、のこる一羽は両方の翼を（無傷で）備えていた。それぞれ相手の尾をくちばしではさみ、相手とともに舞いあがりたがっているかのようでもあり、相手をひきとめたがっているかのようでもあった。たがいにつかみあう二羽の鳥は、円環のようでもあり、「二つにして一」のイメージのようでもあった。舞いあがっている鳥の上には円があり、二羽の鳥の上、彫像の指に近い石板の上部には、輝く月の姿があった（註四〇八）。

セニオルの解釈から明らかなように、二羽の鳥は太陽と月であり、鳥として満月の体で再結合に達しているのである。したがってセニオルは月の作業について、錬金術師たちにこう忠告している。

女を男の上に投げ、男を女の上に昇らせよ（註四〇九）。

この行為によって、雛が土から引出され、巣立ちのできる状態にひきあげられる。すなわち揮発性の特性を授けられるのである。この結合の結果は第三の鳥——『ラムスプリングの書』では鳩——によってあらわれており、これは再誕の白い作業の完了を示す。

飛べる鳥と飛べない鳥の結合は錬金術における古いモチーフである。二羽の鳥にふれた最も古いものとして、ゾシモスの曖昧な文章がある。

二が一にならないなら、すなわち飛べる鳥が飛べない鳥を支配しないなら、望みは無に帰するであろう（註四一〇）。

セニオルは同じモチーフを新しい有名な形であらわしているのである。

鳩はアルベドの象徴であり、帰還する女王と同一視されることもあれば、女王の中に再誕する王と同一視されることもある。『化学の劇場』には、「哲学者の鉛の中には、輝く白い鳩がいて、これは金属の塩と呼ばれ、その中に作業の教えがある。これは白いヴェールをまとう貞潔で賢明で豊かなシヴァの女王である」と記されている（註四一一）。

白の息子を象徴する鳩は『立ち昇る曙光』の有名な文章にあらわれる。

よく信じ、洗礼を受けた者たちの徴は次のようなものである。天の父が彼らを裁くとき、彼らはセルモンの雪でもって白くなり、鳩の翼のように銀と、鳩の尾のように白金とで覆われる。そのような者がわれらの子であり、人間の子よりも美しく、その美しさには太陽と月も驚く。彼の者は愛の力であって、人は彼の者を信じ、彼の者なくして何もできない。七つ（の金属）をつくり、これを七つの星に分け（そして七つの星に備え）、真珠のごとく見えるようになるまで九たび清めるべし――これが白色化である（註四一二）。

出産外傷の昇華

心理学の観点からいえば、錬金術の「巣ごもり」のドラマは、どん底に達して転換点に入った鬱状態の反応を象徴している。謎めいた金言、「灰を蔑むなかれ、汝の心の王冠なりせば」は、人格の鬱状態の「灰化」を指しており、これは同時に鬱状態の情緒不安定の癒しの幼芽をはらんでいる。既に見たように、魂の暗い夜を照らす白い「夜明け」は、自我にとって苦にがしい苦悶である再誕の行為を開始させる。鬱状態のこの最高点での不思議な激変は、最初のものの「有翼」版あるいは「昇華」版としてあらわれる、第二の出産外傷の層がさらけだされることを明らかにする。退行するリビドーの死と再誕の経験は、着床の精神生物学的力学を反映し、これは胚の進化において誕生と同じ程度の重大な作業をあらわす。

生物学に基づけば、着床は胚盤胞あるいは完全な形での受精卵を、そのような危険と醜い変容にさらすので、退行によるこの経

図235 「ここに気高い二羽の鳥がいて、肉と霊が食らいあう」(註413)

験は第二の出産外傷になる。子宮でのむさぼり食う「巣ごもり」の結合は、これら錬金術の図版の象徴によって正確にあらわされているのである。

誕生と死の月の石

図二三六では、灰化されて亡びた錬金術師が哲学者の石によりかかり、月の石の内部で結合して生まれ出ようとする二羽の鳥の神秘を経験している。錬金術師は月の樹の下で瞑想しているが、この樹の果実はいまだ照らされてはおらず、識別しがたい。背景で海を進む白い帆船が、錬金術師の目覚めつつある解放感、拘束からの脱出による超越をあらわしている。ここに描かれる状況は、『化学の劇場』の次の文章の図解とも受けとれる。

> 太陽と月とメルクリウスがわれらの物質の中にあるとき、彼らを抽出して、結合させ、葬り、殺し、灰となさしめなければならない。かくして鳥たちの巣がその墓となり、逆にいえば、鳥たちが巣を吸収して巣と堅固に結びつくのである。さすれば魂と霊と肉体、男と女、能動性と受動性がただ一つのものになり、容器に入れて彼ら自身の火で熱し、術の自然変成力により外部から維持すれば、いずれ（自由に）逃れ出すであろう（註四一四）。

図二三六の変成過程で引出される精神の特殊な状態について、錬金術の文書で描写されていることは、曖昧さ、謎、矛盾にあふれている。誕生と死の月の石のことが、ある文書では次のように記されている。

> ふさわしい家にて、空を飛ぶ鳥が生まれ、異質な家で色をかえる石が生まれる。二羽の鳥が卓と王たちの頭に跳びのる。翼のある鳥も翼のない鳥も、この術を（われらに）あたえてくれたうえ、人間の社会を捨てることができないからである。（術の）父が怠惰な者に作業を促し、親の奮闘に疲れはて、親の萎えた四肢を蘇らせて飾りたてる息子を、その母が養う。それゆえ家を倒し、壁を壊し、そこから血とともに純粋な液を抽出し、食べられるように火にかけよ。アルナルドゥスが『秘伝書』にこう記している。石を純化し、扉を粉になるまですりつぶし、牝犬をばらばらに引き裂き、柔らかい肉を選べば、最上のものが得られる。一つのものにすべての部分が隠されており、その中ですべての金属が輝く。これらのうち、二つは術者、二つは容器、二つは時間、二つは果実、二つは目的、一つは救済である（註四一五）。

煙を抱擁する母

図二三七は錬金術における不思議な女性、マリア・プロフェ

図236　瞑想する錬金術師が有翼の月の石の痛ましい誕生を経験する

図237　マリア・プロフェティサの白い植物が天と地の煙を捕える

図238　星を照らす「白色化」の月の女王＝母

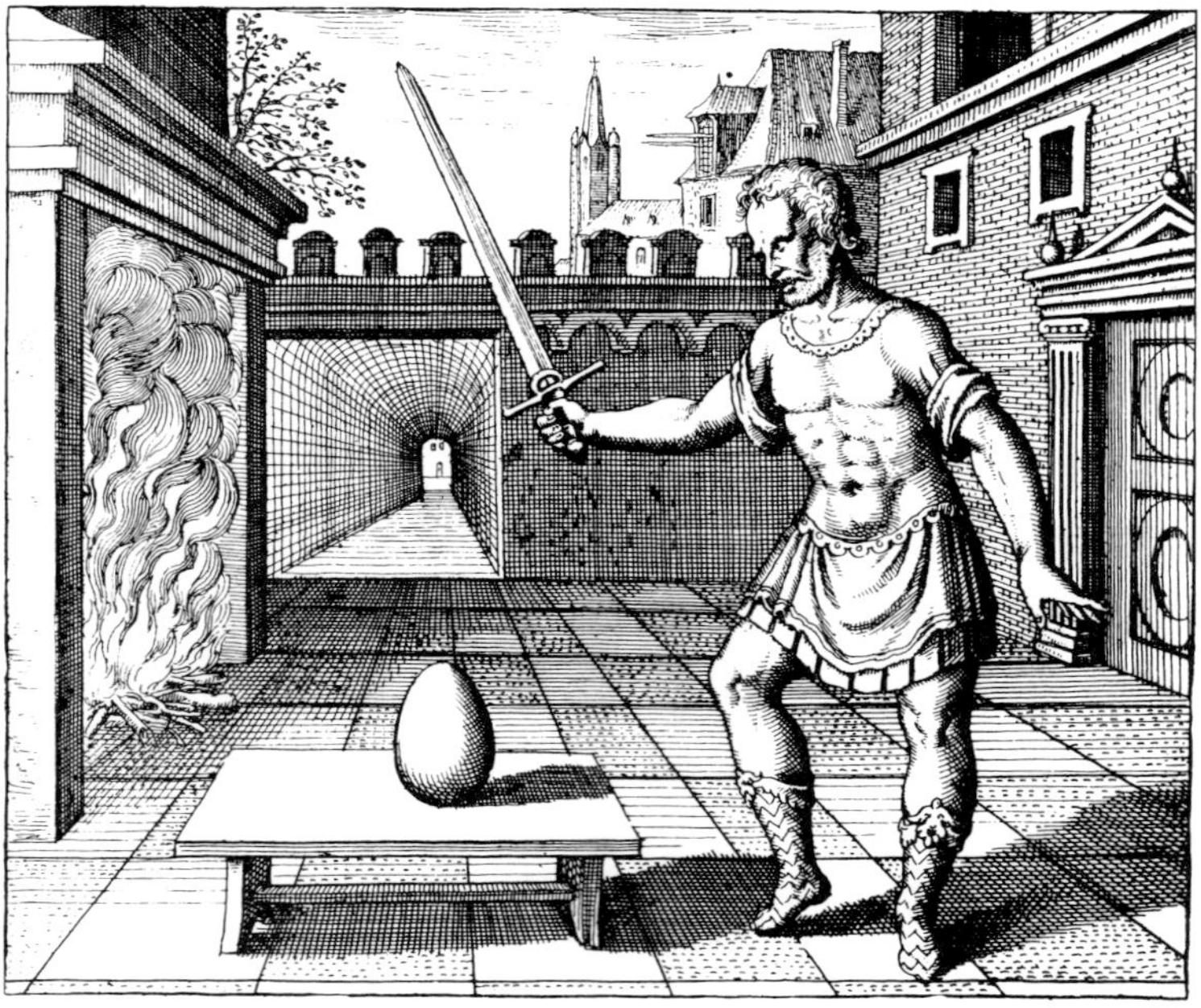

図239　白い石を切って再誕の有翼の生物を解放する錬金術師

ティサであり、ユダヤ女、モーゼの妹、コプト人とも呼ばれる。おそらくグノーシス主義に起源をもち、グノーシス主義の伝統におけるマリアと結びついている。このマリアは、キリストが脇腹から女を引出して山頂で交わった幻視を得たことで知られている。マリア・プロフェティサは錬金術の結婚の唱導者として、「真の結婚により、樹脂と樹脂を結びつけるべし」という有名な言葉を発したとされる。図二三七では、図二三六で試みられた結合の変種を指差している。二つの結びついた容器と融合しあう二羽の鳥のかわりに、この図版では二つの壺が向かいあって、たがいに吐きだす煙を混ぜあわせている。モットーは、「一つの煙がいま一つの煙を抱擁し、小さな山の頂きにはえるヘルバ・アルバ（白い植物）が二つの煙を捕える」である（註四一六）。

これは『哲学者の薔薇園』で引用される、白い誕生にかかわるセニオル（ヘルメス）の有名な金言を思わせる。

満月は……万物の根であり、そこから水が抽出されるのは、月が湿ったものすべてを支配する水の貴婦人だからであって、月から引出される二羽の鳥が、ヘルメスの述べる二つの煙である。ヘルメスがいうには、上の煙は下の煙へとくだり、一方の煙が他方の煙によって受胎する（註四一七）……すべてが凝結すると、これは賢者の海と呼ばれる。この土が驚異の母であり、二つの煙の母であり、そこよりすべてのものが得られる（註四一八）。

月が星を照らす

図二三八および図二三九は「白色化」の母をあらわす異版である。図二三八はバシリウス・ヴァレンティヌスの幻視をあつかい、アルベドの女王が最愛の兄＝王の頭に月の冠を授けている。『化学の庭園』には、月が七重の星を照らすことにまつわる、バシリウス・ヴァレンティヌスの長い詩の一部が収録されている。

美しい妹が蘇り、
最愛の兄に近づくとき、
ふたたび白く透明な器官を帯びる。
美しい妹は（星の）兄弟たちに不平をこぼし、
これまでは重荷である大地以外に、
何も愛したことはなく、
天のものすべてを蔑んでいたと告げる。
いまや美しい妹は自分をいましめ、
兄の星を勝ちとろうとする。
そして自分と兄たちの頭に、
新しい名誉の冠を置く（註四一九）。

母なる月の卵を割る

図二三九は「すべてのものが得られる」月の卵あるいは石としての「白い」母をあらわしている。これは第三の鳥が誕生するところであって、ついに錬金術師の剣によって生まれでようとしているのである。バルヒューゼンの四七番目の図版（図二二八）は月の卵を透視して、その中に包まれる雛を示している。モットーは、「卵をとりて、火の剣にて切るべし」と錬金術師に忠告する（註四二〇）。本文では白色化作業の最終的な合成段階での元素の循環が描写される。

> 外部の火が最初の原因となり、元素の循環と変成により、自然の導きのもとで新しい形相がもたらされる。水が空気に、空気が火に、火が土にかわり、すべてが交接するかたわら、星に発する明確な形のものが個体を創造し、これはある種の鳥であり、卵の中にあって精液が注ぎこまれる……バシリウス・ウァレンティヌスが記しているごとく、メルクリウスはマルスの命を受けたウルカヌスによって幽閉され、完全に腐敗して死にいたるまで解放されることはない。しかしこの死はメルクリウスにとって新しい生のはじまりであり、卵の腐敗あるいは死が新しい雛を生み出す……さらに述べておかなければならないが、白い石に由来する星のような素晴しくも白い粉末以外のものでは、（切る）道具はつくりだせない。そしてこの粉末は卵を切る適切な道具となるのである。しかしこれまで卵に名前をつけた者はおらず、卵の鳥を明かした者もいない（註四二一）。

この発言は必ずしも正確ではない。至高の秘密は『哲学者の薔薇園』の一〇番目の木版画で明かされており、錬金術師がアルベドの熟した卵を切って、完全な結合の月の生物を卵からかえしているからである。

第8章　第二の結合　月の再誕

図二四一は『哲学者の薔薇園』の一〇番目の木版画で、作業の第二の結合あるいは「白」の結合をあらわし、銀白色の再誕行為によって鳥のような結合の精神外傷を解消している。月の卵からかえった雛が、有翼のレビス（両性具有者）として、満月の上で勝ち誇り、天使の交接の恍惚に身を震わせる。復活した両性具有者は翼をはためかし、受精の運動によってからみつくメルクリウスの蛇に活気づけられている。蛇たちがきらめく卵のように輝く月の樹の果実とともに発達する。この図の異版（図二四二）では、高貴な両性具有者が、右手に鳥のような交接をあらわす結合した生物をとまらせているが、木版画では結合した王と女王の足もとに両性具有の鳥が休んでいる。鳥は両性具有者に、霊的な愛や大地から昇って飛ぶ能力を授ける。『哲学者の薔薇園』の本文はこうなっている。

ヘルメスがいうには、噂を探る者よ、知恵の子らよ、山頂に住む禿鷲が大声でこう告げた。われは白くて黒く、赤くて黄色い（図二七八）。われはいかにも真実のみを告げ、嘘はつかぬ。アルフィディウスがいうには、その黒いものから抽出した水銀は、湿りを帯びて白くて汚れておらず、消滅することがない。モリエヌスがいうには、白い煙が溶解したものの魂と霊であることを知るべし（図二三七）。いかにも白い煙が存在しなければ、錬金術の白い金も存在することはない。ロサリウスがいうには、これこそわれらの気高きメルクリウスであり、空の下、理性ある魂のかたわらで、神もこれより気高きものを創造されることはなかった。プラトンがいうには、これがわれらの質料、われらの秘密である。オルトラヌスがいうには、かくしてよく洗われ温浸された二つのものより、真のメルクリウスが抽出される。神に誓って、これ以外にメルクリウスは存在せず、すべての哲学がこれに依っているのである。それ以外のことを告げる者は嘘を語っているにすぎない（註四二二）。

再誕の白い月の石

図二四〇は『哲学者の薔薇園』の一〇番目の木版画を基にしたバルヒューゼンの異版である。灰化された元素が四六番目の図版で虚ろな球の中に収縮し、つづく図版で白鳥あるいはペリカンの血みどろの胸に雛のように巣ごもりしたあと、ついに四七番目の図版で完全な月の卵＝石として上昇する。石は月の結合の火に包まれ、「浄化灰化された白い石、白い太陽、満月、多産な白い土」としてあらわれる（註四二三）。四九番目の図版では、月の結合の火が卵からはなれ、物質を裂く同心の円によって卵が急に損なわれる。容器の首が砕かれたようで、明らかに容器への卵の侵入に関係した破片が割れ目にのこっている。

銀の婚礼と一族再会

『哲学者の薔薇園』の木版画にはドイツ語の長い詩がそえられ、翻訳すればこのようになる。

ここにあらゆる名誉をもつ皇后が生まれ、
哲学者たちは娘と呼ぶ。
皇后は何度も子を生み、
子らは清らかで汚れ一つない。
女王は死と貧困を憎み、
金や銀や宝石にまさり、
あらゆる薬剤をしのぐ。
この世に女王に匹敵するものはなく、
このためわれらは天の神に感謝する。

ああ、裸形の女なるわれを拘束する力よ（女王の言葉）、
はじめて生を受けたとき、
わが体は神の恵みを受けていなかった。
わたしが母になったのは、
新たに生まれかわってからのことだった。
そのときわたしは草の葉や根の力をもち、
すべての病を癒した。
そしてはじめて息子を知り、
わたしたち二人は一つになった。
わたしは息子によって妊娠し、
不毛の土地で出産した。
わたしは処女でありながら母となり、
そのように定められた。
神が自然にのっとって定められたように、
わたしの息子はわが父でもある。

図240

図242　夜から光へ　再誕の月の生物の最終的な孵化

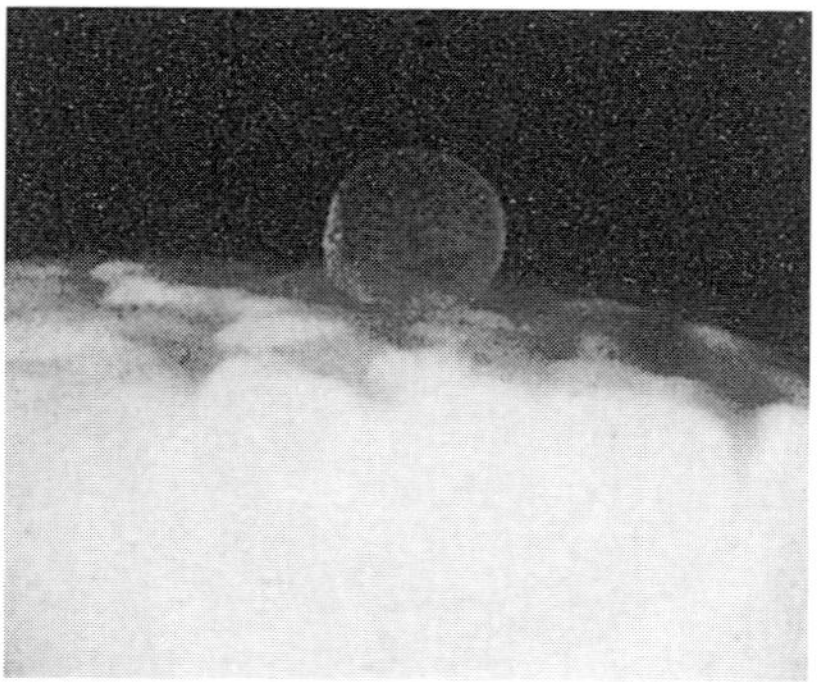

図243　胚盤胞の着床

図241　銀の卵の素晴しい孵化

われはわれを生んだ母をはらみ（王の言葉）、
われを通して母がふたたびこの世に生まれた。
自然がめあわせて一つになしたものは、
われらの山に最も巧みに隠されている。
われらのこの自然変成の石により、
四人が一人としてやってきた。*
三位一体として見たときに、
六が本質的な結合をなす。
これらのことについて正しく考える者には、
神が力を授けたまい、
金属と人間の体にかかわるすべての病を追いはらわせる。
神の助けなく、これをおこなえる者はなく、
自分自身を見つめることによってのみである。
わが土より泉が湧き出し、
二つの川となって流れる。
一つは東方に流れ、
いま一つは西方に流れる。
二羽の鷲が羽根を燃えあがらせて飛びたち、
裸形となって地に落ちる。
しかしすぐに羽根をまとって舞いあがる。
その泉は太陽と月の主である。

ああ、イエス・キリストは、
聖霊の恩寵により、賜物を授けられ、
まことに恩寵をあたえ、
達人の言葉を完全に理解されたまう。
来世では肉体と魂が結ばれ、
父の国へとひきあげられるが、
それこそわれらの術である（註四二四）。

＊これらは最初の同一化の自己を生み出す周期で結合した、エディプス的な父と母と娘と息子をあらわしたものである。詩の矛盾した結合パターンにおいては、胎児の息子が妊娠した母あるいは妹と結ばれ、母あるいは妹は自分をもうけた父あるいは兄あるいは子宮の果実と結ばれる。第二の結合におけるエディプス・コンプレックスの昇華が翼を備えた両性具有者によってあらわされる。「三位一体として見たとき」の六の結合とは、男性的な三角形と女性的な三角形が交差するソロモンの印を指している。

胚盤胞、卵が完全になる段階

第二の結合の月の卵＝石は、退行によって胚盤胞の段階、すなわち受精卵の最後の完全な段階にあるリビドーに復帰することを象徴する。このリビドー形態は図二四三に描かれる状況によって達せられる。子宮壁と結合した状態にある胚盤胞は、子宮との融

合によってはじまる醜い変容にまだ乱されていない。

図二四三の重大な瞬間が劇的な発達に終止符を打つ。排卵された卵は、卵巣（母の果樹）からはなれて地面に落ち、男の蛇、すなわち精子によって受精する。「翼をもつ」飛行のあいだ、受精卵は子宮頸部を通過しつつ、ゆっくりと桑の実状の細胞群に変容するが、これは桑実胚と呼ばれる。子宮頸部から子宮腔に入ると、桑実胚は液体に満ちた窪みを得て、胚盤胞になる。子宮内に到着してから三日のあいだ、胚盤胞は自由である。しかし着床によって卵と子宮の親密な関係が確立されるまで、それ以上の発達はさまたげられる。

図二四三はこの生命維持の結合が起こった瞬間を示している。胚盤胞はこれ以後、胚、胎児、人間へと成長することができる。この将来の創造の全プランがDNAとRNAの暗号によって胚盤胞の数百の細胞に蓄えられている。卵としてのこの最後の完全な段階で、その「高貴なゼリー」は潜在的に創造の全計画を含んでいるのである。これが創造の灰からつくられる錬金術の白い月の石のゼリーにほかならない。

中年における銀色の再誕

心理学の観点からながめれば、錬金術において黒いものを銀の光を放つものに白色化することは、鬱状態をゆるやかに再誕と新しい生の段階にかえることを象徴する。個性化過程において、三〇代から四〇代にかけて起こる中年の鬱状態というニグレドは、中年における銀色の再誕によって解消されるのである。

人格の昇華

中年における人格の心理的統合と成熟は、人生のありふれた現象であり、創造力のある芸術家の伝記をひもとけば、たやすく見いだせる。シェイクスピアは個性化のこの段階を次のように結論づけている。

人間はこれまでのことはおろか、これから先のことも堪え忍ばなければならない。熟することこそすべてなり。

『リア王』第五幕第二場

小作業のあいだの錬金術の手順——黒いものの清め、肉体の霊への変成、土のものの昇華、月による現実世界の照明——は、鬱状態の精神力学によって説明づけられる。鬱状態によって人生と環境のすべてが暗黒化して、人生にもたらされるものの喜びがすべて消えうせたあと、物質世界とその営みは、鬱状態におちいった者がふたたび人生に復帰したとき、「透明な」光に包まれてあらわれる。しかしバート・カプランはひどい中年の鬱状態から回復したことを次のように描写している。

そうした歳月をふりかえれば、自分の存在が丘の麓で道に迷った旅人の見る夢のように思える。そして人生に復帰して、自由に晴れやかに人生に乗り出したあとでさえ、わたしは自分のそばに深淵があるのを意識しつづけた。冷ややかで黒い空虚が目の端にとまり、自分がその縁に立って理性の危機にさらされているような気がしたものだ。いまではごく稀にしか起こらないが、わたしはこの虚無を垣間見たことで、結局は自分の危機がかけがえのないものだったと思う。友人の一人は、わたしのようにどん底に落ちて、それ以来ひたすら登りつづけて、ひどい虚脱状態にあったことを「まったくの罪障消滅」だったと思っているが、わたしもそう思う。彼がわたしに手紙をよこし、「夢にも思ったことのない新しいエネルギーの泉を見つけるはずだよ」といってきたが、最良の日々がまだ先にあるという思いを胸に、ようやく愛と仕事に復帰したとき、友人の予言がまさしく正しかったことが証明された。存在の見せかけの歓喜の表面下にあるものを知りたいのなら、必ずくだらなければならない暗い洞窟について、ホーソーンが語っている。いまわたしはホーソーンのその言葉が理解できたように思う（註四二五）。

月で闘う鳥

図二四四として掲載した『パンドラ』の木版画は、円環のようにあらわれる翼のある鳥と翼のない鳥の殺意ある交接を示している。セニオルの有名な満月のもとでの幻視の描写によれば、二羽の鳥は「二つにして一つ」のイメージのようにあらわれる（註四二六）。

　これは彼らの根であり、そこから発するのは、これ（月）が全体であるとともに全体の一部であり、これから二つの煙が発し、一方の頭が他方の尾に結びついているからである（註四二七）。

　Cの説明によれば、翼のある生物は「二羽の鳥、あるいは万物の親、男と妻」をあらわす（註四二八）。二羽の融合する体から引出された第三の鳥がBとしてあらわれ、この禿鷲に似た鳥は「われらの石から抽出された魂の鳥」をあらわす（註四二九）。Aの解かれた巻物には、「封印された城を開きたいなら、細心の注意をはらい、頭に尾を加えれば、すべての術が見いだせる」と説明されている（註四三〇）。Dは鳥の交接を人間の言葉に翻訳して、マルスとウェヌスが両性具有のメルクリウスに変容するありさまを示す。

　図二四七として掲げた『パンドラ』の木版画は、『哲学者の薔薇園』のドイツ語の詩を図解しており、一〇番目の図版の異版になっている。両性具有者が銀の果実をつける月の樹の男性的な幹を構成する裸の女王によってあらわされている（A）。女王は

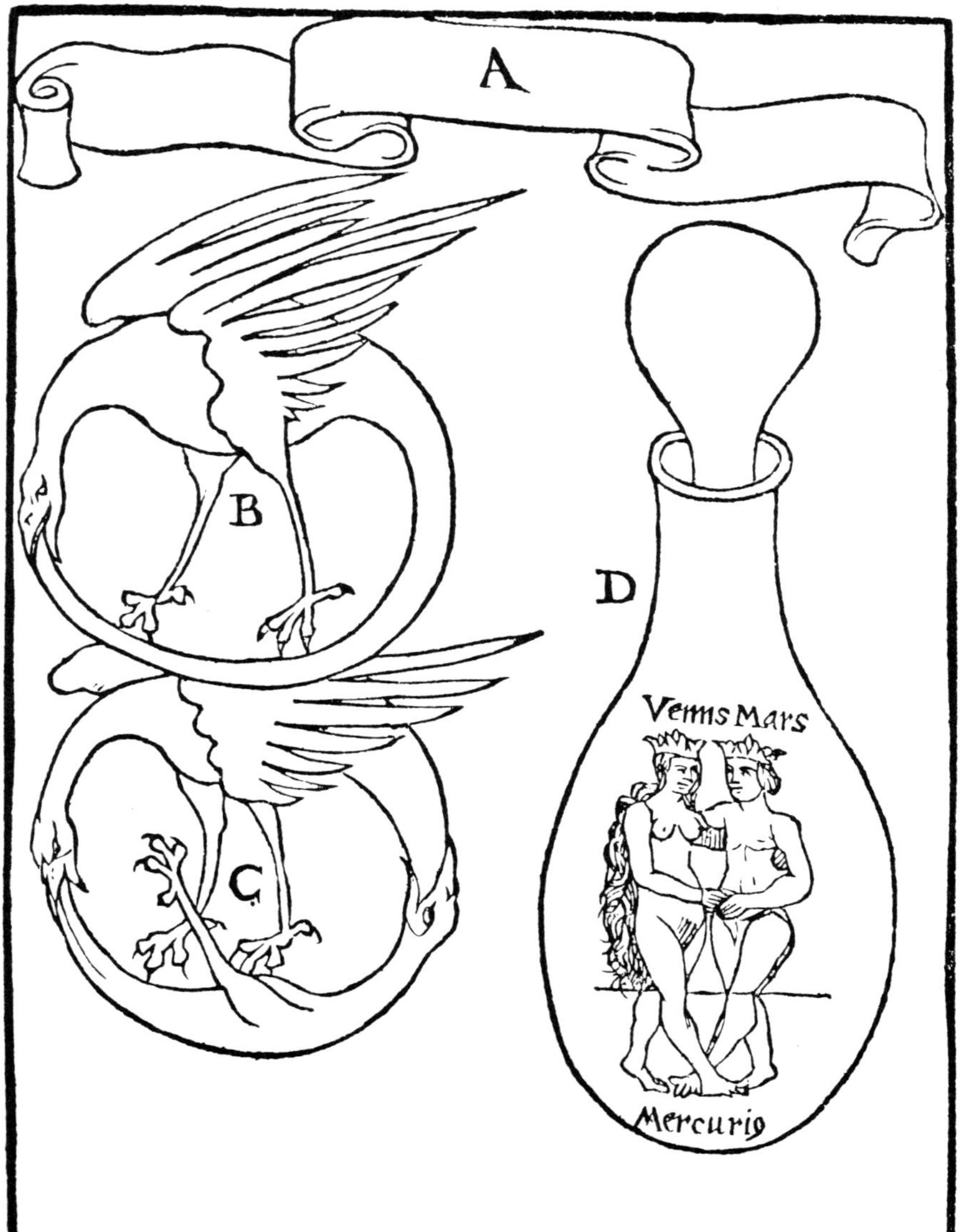

図244　殺意をもつ両親の結合（C）からあらわれる月の驚異の鳥（B）

図245　石棺をはなれる王

『哲学者の薔薇園』の「太陽と月の噴水」に乗っているが、ここでは噴水が「太陽の蒸留」(F)と「月の蒸留」(G)から構成されている。木の女王が結合した太陽と月の松明で夜を照らす(BとC)。女王は十字架と冠を身につけ、その冠に結合の鳥が巣ごもりしている。本文は次のように二羽の鳥の交接を変化させている。

木は男と女の種子から生じる。種子が土の中で死ぬや、すぐに土から伸びて、神々しい果実に満ちて数多くの効能をもつ木になる(註四三一)。

『哲学者の薔薇園』の詩で「羽根を燃えあがらせて飛びたち、裸

図246　……そして再び天の玉座につく

形となって地に落ちる」二羽の鷲が、DおよびEとして、舞いあがったり舞いおりたりする鳥であらわされている。飛びたとうとする両性具有者の翼のはためきを象徴しているのである。明らかに新しく孵化した鳥は翼の使いかたを知らないか、飛行の危険に対して身を守っている。本文ではこう説明されている。

D―鳥は太陽の種子であり、月の山に舞いあがり、天の高みに行き、羽根を噛んでからふたたび山にもどり、そこで白の死を迎える。E―鳥は月の種子であり、父と母の山に舞いあがり、天の高みに行き、太陽の輝きを帯びて、透明になって黒の死を迎える(註四三二)。

図247　舞う鳥に満たされるメルクリウスの結婚の月の樹

王の復活

図二四五および図二四六は『新しい貴重な真珠』で描写される小作業の最終段階を示す。先の木版画（図二二二から図二二六）でおこなわれた煆焼の後、王がついに図二四五で石棺から復活し、図二四六で玉座につく。七重の星が新たに燃えあがるなか、王が勢ぞろいした星の僕たちの頭に冠を置く。星の僕たちは五人しかおらず、二人が玉座にいることを意味している――すなわち太陽と月は王の両性具有の体の中で結合しているのである。本文にはこう記されている。

そのとき王が墓より立ち、神の恩寵にみなぎり、まったく霊的につくられ、僕たちをすべて王となす大いなる力と能力をもつ。ついにその力を息子と僕たちに示し、神に大いなる力と威厳をあたえられていれば、それぞれの頭に金の冠を置いて王となす。詐欺師や強欲者や冒瀆者が不純な手でこれをおこなうことはない。魂が敬虔にして賢明であり、事物の原因とともに（錬金術の）教えを理解する者のみが果たしうるのである（註四三三）。

ジョージ・リプリイのカンティレーナ

イギリスの錬金術師でありブリドリントンの律修司祭であるジョージ・リプリイ卿（一四一五―九〇年）が、ニグレドとアルベドの素晴しい研究を、有名な『カンティレーナ』でおこなっている。このラテン語の詩はメルクリウスの結婚と容器の中でのホムンクルスの誕生を描写しており、この出来事のあとにはすぐにホムンクルスの死と腐敗がつづく。この腐敗の理由は、王が自分自身を対象とする産出の行為において生殖力を失っている事実によって説明される。たとえ話の小麦のように、王は自分自身を犠牲にして死なないかぎり、生まれかわれないことが運命づけられている。夢のようにイメージが重なるなか、『カンティレーナ』の瀕死の王は苦しむ女王と区別不可能で、王は性交によって女王と一つになるが、リプリイはこれを神学の養子論の形をとって、あたりさわりなく巧みにあらわしている。

王と女王がともに溶解するときに、奇蹟めいたことが起こる。物質の溶解が土の重さを失い、溶剤と溶質がともに高度な状態になって、すぐそのあと「孔雀の尾」、すなわちアルベドが起こり、月が「赤い子」と夫である王を生むのである。小作業についてのジョージ・リプリイの話はここで終わる（註四三四）。

カンティレーナの高貴な変容

見よ、このカンティレーナによって、
哲学の隠された秘密を知るがいい。
このようなダルシマーの調べによって、

元気づけられる陽気な気分の喜びはいかばかりか。

かつてわたしが足をのばしたローマの田舎では、
メルクリウスの婚礼が祝われ、
(花婿の勘定で)たっぷりの料理が出され、
わたしはこれまで知らなかった新しいことを学びとった。

生まれつき子種のない王がいた。
最も気高い純粋な土からつくられ、
快活にして敬虔でありながら、
自らの支配について嘆き悲しんでいた。

なにゆえ我は王であり、
この世の万物の頭なのか。
我には子種がないとはいえ、
天と地が我に支配されることを否定しはせぬ。

しかし自然の原因か、
何らかの欠陥があるにちがいないが、
我は腐敗なくして生み出され、
太陽の翼のもとで育まれた。

大地からあらわれる植物はすべて、
自らの種子より育つ。
動物は季節季節に果実とともにおびただしく、
増えまさるように見える。

ああ、自然の恵みはわが身にはおよばず、
わが体より流れでる精はない。
それゆえわが体は子をもうけられないのだ。
わが子をつくることがかなわない。

わが体は不変のものよりつくられ、
きわめて繊細でありながらも、十分に屈強である。
されど火がわが霊を試すときには、
軽い穀粒ほどの重さもない。

わが母は天球層で我を生み、
我は天球のことを想う。
我は他のものにまして純粋であり、
まさしく威風堂々とした王の中の王である。

しかし悲しいことに、求めてやまないものを
食らわないかぎり、子をもうけることはできない。
驚くべきことに、わが最期は迫っている、
日の老いたる者よ。

青春の花は散りはて、
わが血管には死のみが流れる。
不思議にも高みより、キリストの声が聞こえ、
いかなる愛によってかはわからねど、我が再誕すると告げた。

そうせずして、神の国に入ることはかなわず、
それゆえ我はふたたび生まれるため、
従容として母の胸に入り、
わが第一質料に溶けこんで休もう。

かくして母が王に生命を吹きこみ、
王を胎児となして、
王にふたたび肉体をまとわせるまで、
自らの体内に王を隠した。

恩寵により、この自然の結合が
ただ一度の抱擁でなされるのは、素晴しいことである。
両性の結びつく絆は、
丘と丘を包む大気に似ている。

母は簡素な部屋に行き、
名誉のベッドに疲れた体を横たえ、
雪のように白いシーツに包まれて、
近づく悲哀の徴をつくる。

死せる男に発する腐敗の毒が、
母の東洋的な顔を汚してやつれさせ、
母は異邦人をことごとく立ち去らせ、
部屋を封印して、ただ一人横たわる。

母は孔雀の肉を食べ、
素晴しい肉とともに緑のライオンの血を飲むが、
これは情熱的なメルクリウスが、
バビロンの黄金の杯に入れて届けたものである。

母は九ヵ月にわたって苦しみ、
愛する子のために流した涙で沐浴する。
いまや緑のライオンが吸う乳によって、
子は育ち、母から分離しなければならない。

母の肌はさまざまに色がかわり、
黒、緑、赤、白へと変じる。
しばしば母はベッドで半身を起こし、
痛む頭をふたたび枕におろす。

鳥の精神外傷をともなう変容

図250　死の容器における有翼のドラゴン

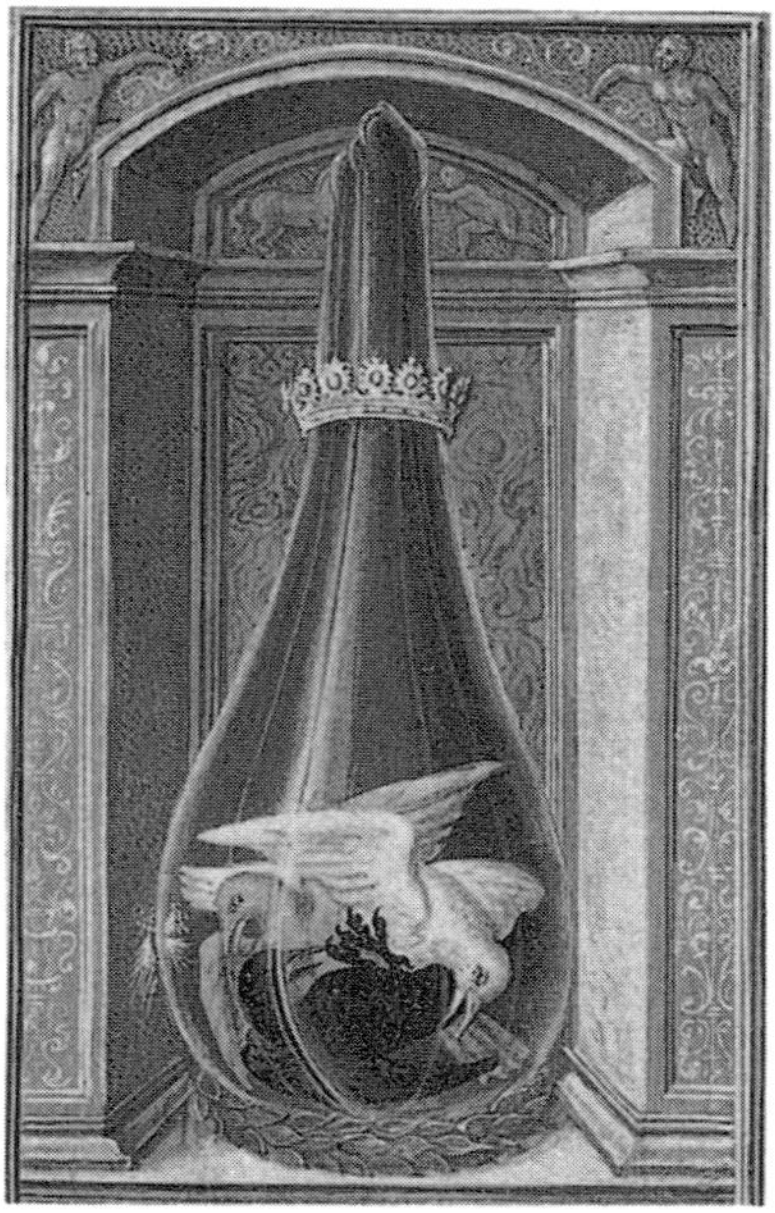

図248　鳥の殺意ある交接

死と再誕の容器の彩色画

図251　救済の孔雀の尾

第三の鳥に融合する二羽の鳥

図249　再誕の雛を生む

一五〇日のあいだ、母は悲痛な思いで横たわり、
嘆きながら多くの日々をすごす。
さらに三〇日を経て王が蘇り、
その誕生は桜草の花のようにかぐわしい。

よく形の整っていた母の子宮が、
いまや千倍の大きさになり、
王の創造の証しとなって、
火による誕生が証明される。

母の部屋に角はなく、
壁は母の伸ばした手にあわせてつくられている。

容器内での女王の銀の婚礼
図252　太陽の容器における白の女王

さもなくば、熟した子宮の果実が損なわれ、
母の苦しみに報わない病んだ子が生まれる。

燃えあがる炉がベッドの下に置かれ、
ベッドの上にも置かれる。
術によりごく穏やかに温められる。
母の四肢が熱を失って凍えないように。

部屋の扉が鎖され、
誰も母を悩ますことがない。
炉の口も閉ざされて、
蒸気がもれることはない。

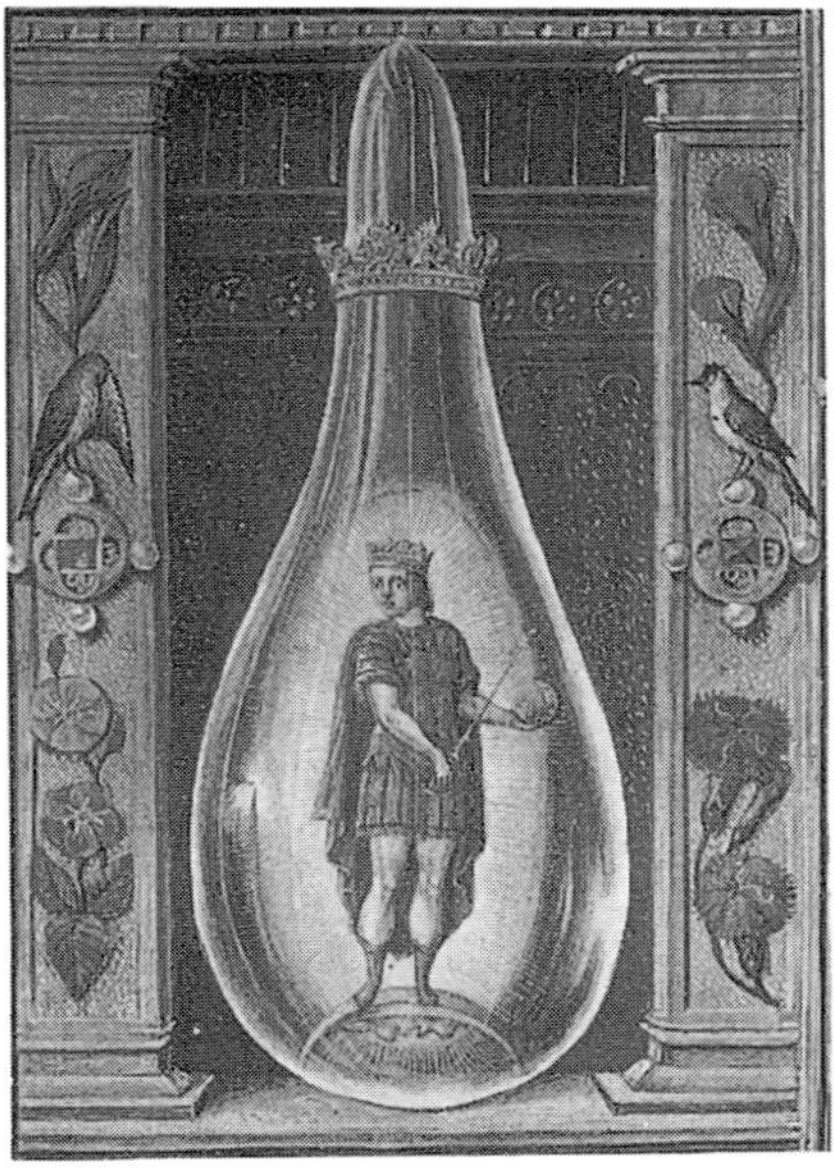

容器内での王の銀の婚礼
図253　月の容器における赤の王

そして子の四肢が腐敗して、
肉の不浄さがとりのぞかれると、
母は月のごとく美しくなり、
太陽の光輝に近づく。

しかるべき時が訪れ、かつて孕まれた子が、
ふたたび母の子宮から生まれる。
そして子は王の姿をなし、
天の慈悲深い運命を備える。

四角形であった母のベッドが、
まもなく球形になる。
シーツも球形をなし、
月の輝きに満ちる。

かくして四角形から球形のベッドがつくられ、
真黒きものから純白のものがつくられる。
ベッドから子があらわれ、
王の笏をつかみとる。

これはラテン語の詩を一六世紀に『ジョージ・リプリイの歌』として英訳したものであり、翻訳者の名前はわからない。

死と再誕の「白」のつながり

図二四八から図二五三にいたる『太陽の光彩』の六点の絵は、アルベドの最終段階と高貴な結合の頂点をあらわしている。図二四八は交接する親の巣から鳩を生み出す奮闘を示す。図二四九は「三位一体の」鳥の不安定な形成をあらわし、図二五〇は精神外傷をともなう再誕をあらわす。図二五一は夜明けと魂の帰還を告知する孔雀の尾の多彩な色を示す。図二五二および図二五三は再誕の容器を描いており、月の女王が太陽の顔と、太陽の王が月の顔と結ばれる。

これらの図に付された詩はこのようになっている。

重いものは軽いものの助けなくして軽くはなれない（註四三五、図二四八）。

熱が不浄なものを清める。
熱が鉱物の不純物と悪臭を発散させ、
霊薬を再生する（註四三六、図二四九）。

哲学者たちがいうには、
隠されたものを明るみに出す者は、
術をきわめた者である。

モリエヌスはまさしく同じ意味をこめ、
魂を蘇らせる者は経験を得るであろうと述べている（註四三七、図二五〇）。

土の中で強められる火の熱により、
土の凝縮した部分が軽くなって溶け、
他の元素をしのぐようになる（註四三八、図二五一）。

七たび蒸留すれば、
破壊的な湿りをとりのぞけるだろう（註四三九、図二五二）。

図二五三で王を照らす月の火は、人馬宮の火であるとされ、火は「熱く燃えてはおらず、空気の支配のもとにあるか、安らぎの状態にある」という（註四四〇）。

デナリウスの高度な結合

図二五四は『沈黙の書』の一〇番目の図版であり、錬金術師が赤の容器と白の容器の内容物を天秤の皿に入れ、月の星と太陽の花を同じ重量に分けている（上段左）。天秤の皿に入れられたものを、妹が先の図版（図二二七）でメルクリウスからあたえられた結合の容器に移す。兄は溶剤に何らかの液体を加えているらしく、おそらく結合を完成させるために必要な永遠の水だろう。中段では、錬金術師がガラスを吹いて、容器の首を閉じ、これが坩堝に入れられ熱せられる。下段では結合がおこなわれ、球あるいは円に包まれる灰化された四元素からなる的（左端）を、カップルが見事に射抜く。結合に復帰したことで、兄と妹は太陽と月という天上の姿で10の印によって新たに結婚する。

この数（二人の足もとに記されている）は神秘的なデナリウス、10という完全数を指しており、これが『哲学者の薔薇園』の一〇番目の木版画を「支配」しているのである。錬金術においては、この数は高度なレヴェルでの結合への復帰を象徴する（1＋2＋3＋4＝10）。ピュタゴラス学派のように、錬金術師たちは10をモナド――すべての数のはじまりにしておわり――とみなす。この考えは『賢者の群』によって錬金術師たちに伝えられたが、同書ではピュタゴラスが次のような教えを説いている。

> 10は完全数である。1＋2＋3＋4＝10　10は4と分離することができず、10は4によってのみ完全になる。これ以外に知るべきことはない（註四四一）。

マリア・プロフェティサの公理（図二三七）はピュタゴラスの教えの有名な変種であって、同じ数の連続によって高度なレヴェルでの結合に達する。

> 1は2になり、2は3になり、三番目のものから四番目のも

のがあらわれる（註四四二　1+2+3+4=10）

デナリウスは錬金術において、そこから先は増殖による以外に進めない作業の頂点を形成する。デナリウスは高度な段階の結合をあらわしながらも、1の倍数をもあらわす。したがって、一〇、一〇〇、一〇〇〇、一〇〇〇〇といったふうに無限に増殖させることができる。このため両性具有のデナリウスは、キブス・セムピテルヌス（永遠の食物）、あるいは自ら満たされる白の薬剤と呼ばれる（註四四三）。

バシリウス・ヴァレンティヌスの第六の鍵

図二五六はバシリウス・ヴァレンティヌスの第六の鍵で、白の衣服をまとう司教としてあらわれたメルクリウス・フィロソフォルムによって、浄化された王と女王がふたたび結婚させられる。白鳥（背景）と同じくアルベドの表象としての白の司教は、『哲学者の薔薇園』で次のように描写されている。

> われらの昇華は肉体の高揚にほかならず、すなわち肉体を霊に変容させることだが、穏やかな火によってしか果たせない。それゆえ司教に昇華されたというのは、高揚したということである（註四四四）。

第六の鍵の本文では、高貴な結合に先立つ鳥の交接について記されている。

> 女のいない男は体が半分であるとみなされ、男のいない女は完全とはみなされない。いずれの場合も、一人でいるかぎり、果実を結ばないからである。しかし男と女が結婚によって結ばれれば、完全な一つの体になり、彼らの種子は豊かな状態に置かれる。それゆえネプトゥーヌスが水槽（前景右）を用意したとき、永遠の水の量を多からず少なからず正確に計るべし。
>
> 二重の火の男（前景左）に雪のように白い白鳥を食べさせ、たがいに殺しあわせ、それぞれの生命を保たなければならない。そして世界の四方の空気で、幽閉された火の男の部屋の三つの部分を満たせば、白鳥の死の歌がはっきりと聞こえる。次に焼かれた白鳥が王の食事となり、火の王は大いなる愛によって女王の美しい声に引き寄せられ、女王を抱きしめる歓喜に心満たされて、二人は消えて一つの体に合体する（註四四五）。

薄い空気の中で生まれる雪の石

図二五七では、ヘリコーン山の雪をかぶる頂きで白い石が生まれている。本文はこうなっている。

図254　10の印のもとで結合する太陽と月に照らされる錬金術の実験室

図256　復活した王と女王の銀の婚礼を祝福する白の司教

図255　白鳥の翼による上昇

ニグレドとはサトゥルヌス（鉛）のことであり、サトゥルヌスは真実の試金石であって、ユーピテルになりかわり石を食らった……この石は白くなったときにサトゥルヌスが吐いたものであり、ヘシオドスが記しているように、人間の記念碑としてヘリコーン山の頂きに置かれた。真の白は黒の下に隠され、その腹、すなわちサトゥルヌスの小さな腹から取り出されるからである。それゆえデモクリトスがいうように、特別な清めによって鉛を浄化し、黒さと闇をとりだせば、その白さがあらわれるのである（註四四六）。

哲学者の白鳥

バシリウス・ヴァレンティヌスの第六の鍵では、翼のある鳥と翼のない鳥の交接によってあらわされる死と再誕のテーマを、死にゆく白鳥の歌が変化させている。彼らの結合からあらわれる魔力ある鳥は、しばしば白鳥（あるいは鳩）としてあらわされる。白鳥はその翼と白さによってアルベドの古典的な象徴である。レダと白鳥の伝説におけるように、聖なる結合の象徴でもある。白鳥は結合の意味をもっていることに加えて、その霊性と超越性は天に飛ぶ翼と聖なるさえずりに明らかである（図二五五）。古代においては、音楽と精神と美の神アポロンの聖なる鳥として称えられた。

ある錬金術師は次のように記している。

年老いた錬金術師たちは自分たちの作業を、白鳥、白色化、昇華、蒸留、循環、浄化と呼ぶのが常だった（註四四七）。

白鳥の上昇の翼

復活した両性具有者の獲得した強力な翼は白鳥の翼である。すぐに使用され、レビス（両性具有者）は翼を広げて舞いあがる。これが起こると、アルベドと小作業が完了して、作業の新しい段階が開始される。これは大作業と呼ばれ、キトリニタス（黄色化）の段階でもってはじまり、両性具有者が太陽に向かって飛ぶ。レビスはこうすることにより、月の光を照明と栄光の大いなる力をもつ太陽の光にかえる。このイカロスの飛行の危険と驚異は第九章であつかう。

錬金術の白のミサ

図二五八では、アルベドの白の司教に変容した錬金術師が、祭司としてあらわれ、キリストの像が月の石の光に照らされている。錬金術の祭司は自らをミサの犠牲にすることで、体を砕かれ、血を流し、この血が聖母（左）の子宮における復活と再誕を果たす。錬金術師がひそかにキリストの像と同一視されていることは、上

図257　銀の再生の石を吐き出す鬱状態の鉛の神

図258「この晨光《しののめ》のごとく見えわたり、月のごとくに美しき者は誰ぞや」（註448）

図259　聖なる子の白い誕生

祭服の背中に刺繍された救世主の像と、磔刑にされたキリストの腕を真似る降伏の仕草によってあらわされている。

この図版は、錬金術師の変容の過程がカトリックのミサの形で述べられる、メルキオル・キベネンシスの有名な論文を図解している。キリストのように、ニグレドとアルベドの錬金術師は、自らのパン、すなわち肉を食べ、自らのワイン、すなわち血を飲まなければならない。このようにして錬金術師はキリスト教の贖罪と復活の秘儀にあずかる。このようにして錬金術師はキリスト教の贖罪刑の犠牲者が霊を放棄することが、左の再誕の行為を開始させる。図二五八において、主の祭壇の前で磔茨の冠をかぶり、ゴルゴタの巣で血を流して死んだ後、錬金術師は光の冠をかぶってベツレヘムの巣で再誕する。錬金術の白のミサはメルキオル・キベネンシスが次のように記している。

入祭文　術の根本は肉体を溶解することなり。
主への求憐誦　主よ、善の泉よ、聖なる術の霊感を授けたまう者よ、善なるもののすべてを信者にほどこしたまう者よ、われらを憐れみたまえ。
キリストへの求憐誦　キリストよ、聖なる者よ、学智の術の祝福された石よ、世界の救済のため学智の光をもたらしたまう者よ……われらを憐れみたまえ。
神の火への求憐誦　主よ、聖なる火よ、われらが汝を称え、術の秘蹟を世に広めんがため、われらの心に助けをほどこしたまえ。われらを憐れみたまえ。
大頌栄
集禱文
書簡朗読
応答歌　起これ、北風よ、来たれ、南風よ、わが庭を吹き抜け、庭のかぐわしき薫りを流したまえ。
詩篇　彼の者、雨のごとく羊毛にくだり、驟雨のごとく地に落ちぬ。ハレルヤ。祝福されし大地の創造者よ、雪よりも白く、このうえなく甘く、容器の底にて香膏のごとくかぐわしき者よ、人間のためになる医薬よ、肉体の弱きところを癒す医薬よ、真の生命の水を信者の国にそそぎこむ荘厳な泉よ。
祝詞　海の輝ける星、マリアよ、もろもろの国の民を照らすべく神によりて生まれし者よ……
処女よ、世界を飾る者よ、
天の女王よ、太陽のごとくすべての上に立てられし者よ、
月の光のごとく麗しき者よ、荒野の岩より湧きいづる甘き水を、
篤き信仰をもつ我らに飲ませたまえ、
海に洗われたる我らの腰に、
十字架にかけられたる真鍮の蛇をつけ、
これをながめることを許したまえ。
処女よ、聖なる火と父の言により、
燃える茨のごとく、聖なる火と父の言を宿して、

図260　地球を月に変成する　月の状態へと物質を高める

図261　二つの三位一体の世界を燃えあがらせて結合させ、ソロモンの印に融合する

母となりたまはしい者よ、
家畜のごとく、斑紋、斑点、発疹のあるわれらが、
足と清き唇と心をもって、汝に近づくことを許したまえ
（註四四九）。

メルキオル・キベネンシスはこの讃歌に重要な発言を加えている。

祝詞は歌わなければならない。化学の術のすべてが比喩に隠されているので、祝詞は「術の聖書」と呼ばれるだろう。この続唱を理解する者は祝福される（註四五〇）。

処女の白の薬剤を食べる

図二六一は図二五八で生み出された石の変種を示している。石の燃える三角形の中で、底に描かれて、哲学者の息子のキバティオ（授乳）によってあらわされる白の結合に、太陽と月が入っている。いずれの図版でも、哲学者の息子は月の処女の胸から流れるティンクトゥラ・アルバ（白の薬剤）を吸っている。図二五八のモットーは、「石は幼児のごとく処女の乳にて養わなければならない」である（註四五一）。

図二六一の三角形に包まれる有翼のドラゴンは再誕の精神外傷をあたえるが、これはメルクリウス・フィロソフォルムの顎によって砕かれて灰化されるときの骨の苦悶である。燃える三角形の上では、アルベドの三羽の鳥が誇らしげに翼をはためかしている。太陽の上にいる鳥は太陽の霊をあらわし、反対側の鳥は月の霊をあらわす。二羽の子は両親のあいだで翼を広げ、その象徴——太陽と月を処女の子宮で結合させる哲学者の息子——の上にいる。

下の三位一体は授乳する母の寓意画だが、自然と本能の世界をあらわしており、ドラゴンと悪魔の領域にひとしいと考えられる。翼のある生物の三位一体は、男の霊の世界をあらわし、明らかにキリスト教の三位一体を含んでいる。これら対立する三位一体の世界が燃えあがり、ソロモンの印、あるいは哲学者の石に溶けこむことは、中世の人間にとって衝撃的な意味——デウス・クィド・エスト・ディアボルス（神は悪魔でもある）——をもつ（註四五二）。この途方もないコニウンクティオ・オポシトルム（対立物の合一）は、図二五八および図二六一の月の石によって結ばれており、前者はゴルゴタとベツレヘムを、後者は聖なる三位一体と悪魔を結ぶ。

月の再誕のメルクリウスの子供

図二五九は『沈黙の書』の一一番目の図版であって、錬金術師と妹が白の再誕を迎えている。二人の天使がもつ容器の中では、メルクリウスの少年が太陽と月の上に立っている。この図版は

『沈黙の書』の八番目の図版の正確なコピーであり、これは最初の結合をあらわしたものである（図一四一）。二点の図版を比較すれば、第二の結合の月のような天上の性質が強調されていることがわかる。

月の昇華された愛の光

図二六〇では月が息子であり夫である者を白い液で養っている。母なる月の足は、再誕に不可欠の元素を含む川あるいは泉に沈んでいる。アルベドのこの特徴について、セニオルはこう記している。

> 満月は……湿りと……完全な球の石と海の女王であり、わたしは月がこの秘められた学問の根源であるわけを知っている。満月から二羽の鳥があらわれることをも知っているのは、哲学者が（月で）結合されると述べているからだ（註四五三）。

第二の結合の近親相姦の特徴は、地上のものを亡霊じみた透明なものにする月の銀色の輝きによって和らげられる。月光をあびるもののこの世のものならぬ性質は、アルベドで達せられる昇華をあらわし、かつての黒い土、あるいは汚染された肉体が、セニオルが次のように述べる状態であらわれるのである。

> 白い薄層からなる土は勝利の冠であり、灰からとりだされた灰であって、彼らの第二の肉体である（註四五四）。

月が大地母神としてあらわれ、「白い薄層からなる土」が月の表面としてあらわれるとき、地球と月はアルベドで同じ空間を占める。したがって『哲学者の薔薇園』ではこう記されているのである。

> 土を純白の雪として見るとき……灰が灰と土からとりだされ、昇華されて称えられ……白い薄層からなる土が求められるものである（註四五五）。

図二六〇の背景は結合の二つの山の頂きのあいだで起こる深遠な変容を示している。左の山頂の火の中で戯れる星の模様のあるサラマンドラは、壮大な物質的光輝にある最初の結合をあらわす。反対側で、血みどろの巣にいる翼のある鳥と翼のない鳥は、無重量の揮発性の美にある第二の結合をあらわす。アルベドの照明は当然ながらプレニルニウム（満月）であって、その光に乗って魂がメルクリウスの処女として天からくだる。これが祝福された妹および聖なる母の姿に変容したアニマである――大地、海、両性間の愛の霊としてのアニマである。アルベドにおけるアニマの融合する性質は、自我を自己と結合させるが、これは有翼あるいは霊的なレヴェルで経験される。

第9章　キトリニタス「黄色」の死と腐敗

メルクリウスは自然によって、自然の子および液体の元素の果実としてはらまれる。しかし人間の子が哲学者によってもうけられ、処女の果実として創造されるときでさえ、彼の者（メルクリウス）は土から育て、土のものすべてを清めなければならず、彼の者は空気の中に昇り、霊に変化する。彼の者は大地より天に昇り、天と地の力を受け、地上の不純な性質を脱ぎすて、天上の性質をまとう（註四五六）。

『化学の劇場』

図二六三は『哲学者の薔薇園』の一一番目の図版で、白の結合の結果をあらわしている。有翼の両性具有者が大地から舞いあがり、いまや光輝な白鳥として空高く昇っている。雲に包まれ、眼下の地上と海を見おろしながら交接する両性具有者は、フェルメンタティオ（醱酵）の状態にある天使としてあらわされる。月の体の上でのオルガスムスの至福を得た後、王の融合体験は終わり、女王が足を閉じ、王の硬直した器官を子宮から引き抜く。そして女王の膝が王の墓となり、王はいまや「醱酵」の状態でメルクリウス・フィロソフォルムに満たされる。モットーはこうである。

ここに太陽は葬られ、
メルクリウス・フィロソフォルムにあふれる（註四五七）。

本文によれば、この性交の奇妙な形態は、石とその醱酵体との結合と呼ばれる（註四五八）。『哲学者の薔薇園』ではヘルメスを引用して、こう記されている。

煆焼によって赤あかと輝き、霊妙な空気のごときものになった白い薄層からなる土に、汝の金（太陽）を蒔くべしという。それゆえわれらはその土に金を蒔き、そこに金の液を入れるのである。金は自ら以外に他のものを完全に染めることはで

図262

図264　巣ごもりの降下のために準備された大地をはなれる有翼の両性具有者

図263　舞いあがる高貴な白鳥

きず、これは術によるのみであるからだ。金は作業の醱酵体であり、それなくして何ものも完全にはならない、小麦粉の生地の醱酵体、あるいはチーズにおける乳の凝固剤、あるいはかぐわしい香における麝香のようである。これによって大いなる霊薬の成分がつくられるのは、成分を軽くして、焼けこげるのを防ぐからである……

完全な凝固あるいは溶解のあとには、作業が完了するまで、醱酵体と結合する石の養育がつづく。自然の意図するところではないので、これはすぐには起こらないが、交合によって少しずつおこなわれ、凝固によって真の均一な薬剤がつくられる。それゆえこの交合は(石の)霊妙な部分によって起こり、霊的な形の本質へと変容するのである(註四五九)……そして知性でもってこれが把握できるようになるのは、そのものが透明になり、濃度がかわることなく、(石の)複数の部分の結合あるいは和合によって統一され、(ついに)そのすべての部分によって透明なものを形成するときである(註四六〇)。

鳥の「巣」からの分離

図二六四は『哲学者の薔薇園』の木版画の異版である。翼のある両性具有者は性交の恍惚が終わり、男と女に分かれながら、結合の際に巣ごもりしていた肥沃な土壌をはなれる(背景)。王は女王と分離して、性交を意味する仕草でもって、自分の二本の指のあいだにはさまった女王の指を熱い目で見つめる。二人の体の霊的な性質は、キリストのように水面を歩いていることによって示され、この重力からの解放はアルベドの成長しきった鳥の翼を獲得したことによる。背景で種を蒔く者はヘルメスの金言、「白い薄層からなる土に汝の金を蒔くべし」を具体的にあらわしている。

図二六四の異版が図二六五で、白の結合の天使めいた王と女王が高貴な巣にいる。女王のもつ成長しきった鳥は王の体にも翼を広げており、二人のもつメルクリウスの杖は二人の結合をあらわしている。しかし分離の残酷な媒介、マルスの剣によって、王と女王は巣から切り離されることになる。

裂開による石の醱酵

図二六二は『哲学者の薔薇園』の一一番目の木版画を基にしたバルヒューゼンの異版である。四八番目の図版で燃えあがる第二の結合の火が、つづく図版では容器から消え、月の卵が燃える巣からはなれ、「白い薄層からなる土」として浮かびあがりはじめる。月の土の驚くべき表面は「醱酵」の状態をあらわしており、これは中心から広がって物質を変容させる同心円によって示されている。同時に、容器の首が飛ぶ球によって破壊されたらしく、この球が容器の暗い窪みに入りこんだことによるものらしい。

五〇番目の図版の管の象徴は、容器の首が栓をのぞいて修復されたことを示している。この特徴があらわしているのは、漂って醗酵する卵が容器の管の部分に入り、巨大な蛇に襲われていることだろう。*

*卵は五八番目と五九番目の図版（図二八七）で底に達しているので、介在する図版は卵が管を横断していることをあらわしていると解釈できる。

五一番目の図版では、哲学者の卵がメルクリウスの蛇に突入され、この蛇はつづく五二番目から五六番目までの図版で、猛烈な体の動きによって卵を割ろうとしたり、締めつけようとしたりする。蛇は石とその醗酵体との結合をあらわしており、バルヒューゼンはこの変成過程を、裂開による醗酵として解釈している。

凝固した石の溶解

新しくはじまった分離、埋葬、腐敗、醗酵は、キトリニタス（黄色化）の開始期を構成する。遙かな目的は「白い薄層からなる土」を黄色くすることであり、この「白い薄層からなる土」を月から太陽の状態、すなわち銀の状態から金の状態にかえなければならない。セニオルはこう記している。

これは変化と分割と呼ばれる調整であって、この調整により、弱いものから強いもの、おおまかなものからすぐれた霊妙なものへと変化する。このようなやりかたで、精液のみが自然の調整の母体の影響下で変化しつづけ、ついには精液より完全な人間がつくりだされるので、精液は人間の根源であり始まりである（註四六一）。

では、キトリニタスの神秘や矛盾をあらわす錬金術の用語、翼ある溶解、醗酵する性交、腐敗する栄光について吟味することにしよう。

黄色の死と黄金の醗酵

人の子の栄光を受くべき時きたれり。誠にまことに汝らに告ぐ、一粒の麦、地に落ちて死なずば、唯一つにて在らん。もし死なば、多くの果《み》を結ぶべし。

『ヨハネ伝』第一二章二三―二四節

この混合あるいは結合は変成なくして起こりえず、肉体が昇華して、霊的形態にいたらなければならないのである（註四六二）。

母は月のごとく美しくなり、

図265　月の結合の翼ある巣からはなれる王と女王

図266　種を蒔く錬金術師が醱酵する金貨でもって天の土を黄色くする

図267　天と最後の審判の日に向かって蘇る太陽と月の醱酵する体

太陽の光輝に近づく。

リプリイ『カンティレーナ』

種蒔きの白い金の犠牲

図二六六では、種蒔きとしての錬金術師が、アルベドで獲得したばかりの宝をばらまき、白色化した土の「雪のように白い畑」を整えている。これは葉の集まりほどの重さもない天上の体へと変容したことにより、重力の法則を脱した土である。図版に付された詩はこのようになっている。

農夫が根掘りぐわで掘り返したあと、
肥えた土に種を預ける。
哲学者たちの教えによれば、
軽い葉ほどの重さもない、
雪のように白い畑に、
金を蒔かなければならないという。
これをおこない、よく注意していれば、
鏡に映るかのごとく、
小麦より金が芽を出す（註四六三）。

モットーはヘルメスの金言の引用であって、「白い薄層からなる土に汝の金を蒔くべし」である（註四六四）。これはかなり古いものであって、月の白色化された土に関連したセニオルの文章にあらわれている。

葉のある水は哲学者の金であり、ヘルメスはこの卵を数多くの名前で呼んだ。下位の世界は肉体と焼けた灰であり、尊ぶべき魂がここに還元される。そして焼けた灰と魂は賢者たちの金であり、賢者たちがこれを土に蒔くと、土の中で星とともに分散して、葉状化して祝福され、渇くようになり、ヘルメスはこれを葉の土、銀の土、金の土と呼んだ（註四六五）……それゆえヘルメスがこう述べるのである。金を白い薄層からなる土に蒔くべし。白い薄層からなる土は勝利の冠であり、灰からとりだされる灰であるからだ（註四六六）。

ヘルメスの醗酵の力によって昇る

「醗酵」という題のつけられた図二六七は、ヘルメスの金言をあらわす異版で、太陽と月が錬金術師によって白い土に蒔かれた麦として醗酵している。太陽と月の体が起きあがろうとする姿勢をとっていることは、土の高まる力、すなわち金の醗酵のふくれあがる特性を示している。ことにこの特徴は、右側で笏をもち、ラッパで死者の復活と最後の審判の日を告げる天使によって象徴化されている。

種蒔きが象徴する、喪失によって獲得するという矛盾したパターン、すなわち埋葬による繁殖力は、キトリニタスの本質をあらわす。この段階において、月の卵あるいはレビス（両性具有者）は、醱酵し、分裂し、死に向かいながら、太陽の光輝に向かって進むのである。

胎児の腹に母を封じる

『開かれた門』では、黄色化の過程が次のように描写されている。

マルスの治世（図二六五）は淡い黄色、あるいは汚れた茶色でもってはじまるが、最後に虹や孔雀の尾のうつろいやすい色を示す。この段階で合成物はさらに乾き、さまざまな形のものに変化するのが見える。このとき合成物は金の色を帯びる風信子鉱のように見えることが多い。

母がいまや胎児の腹に封じこめられ、ふくれあがって浄化されるが、合成物の清らかさのために、この養育では腐敗は起こりえず、ぼんやりした色があらわれては消え、目を楽しませる。心にとめておくべきは、われらの処女の土が最後の培養の段階にあり、太陽の果実が蒔かれて熟すことである。これからは穏やかな温度を保たなければならない。そうすれば、およそ三〇日目に黄色があらわれ、それから二週間以内に全体がオレンジ色に染まるようになる（註四六七）。

錬金の作業の高貴な術

錬金術師がアルベドで得た貴重なものをキトリニタスで犠牲にすることは、錬金術の変成の苛酷な過程を反映し、錬金術師に新たな調整、未調査の処置、未知の態度を強要する。図二六六の種を蒔く錬金術師は、穏やかに苦悶を忍びつつ、多大な労苦と困難の後に得た白い金の死と醱酵を要求する、謎めいた力と強制的な展開に従う心がまえを示している。

さまざまな錬金術の文書では、錬金術師が貪欲と利己心を蔑し、自分をまわす車輪を常に自分からまわさなければならないことが強調される。そうすることによってのみ、ロタ・フィロソフィカ（哲学の車輪）の運動が維持され、完全な運動をおこなう車輪がオプス・キルクラトリウム（循環の作業）の最終目標に達するのである。したがって結合の行為で獲得したものは、ひきつづく腐敗において必ず放棄しなければならず、こうして作業は遂行され、高貴な術が透明な高みへと至り、錬金術師は自分自身を超越して、純粋な媒体となるのである。

錬金術師たちは自分たちの作業を画家の作業にたとえ、変成の過程を絵画の発達にたとえる。これが興味深いことであるのは、偉大な絵画が数多くの特性を備え、絶えず向上して、洗練と深みをきわめるという驚くべき特徴を示しているからだ。錬金の作業の諸段階のように、画家の成長の諸段階はそれぞれ異なっており、この相違は下降するものではなく、しだいに向上して超越するも

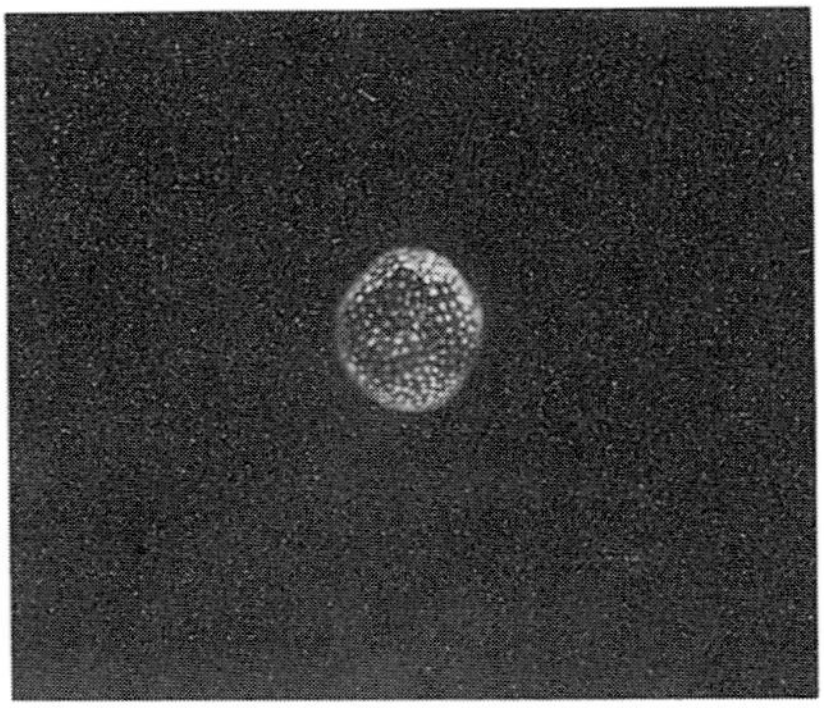

図270　月を目差す宇宙カプセル

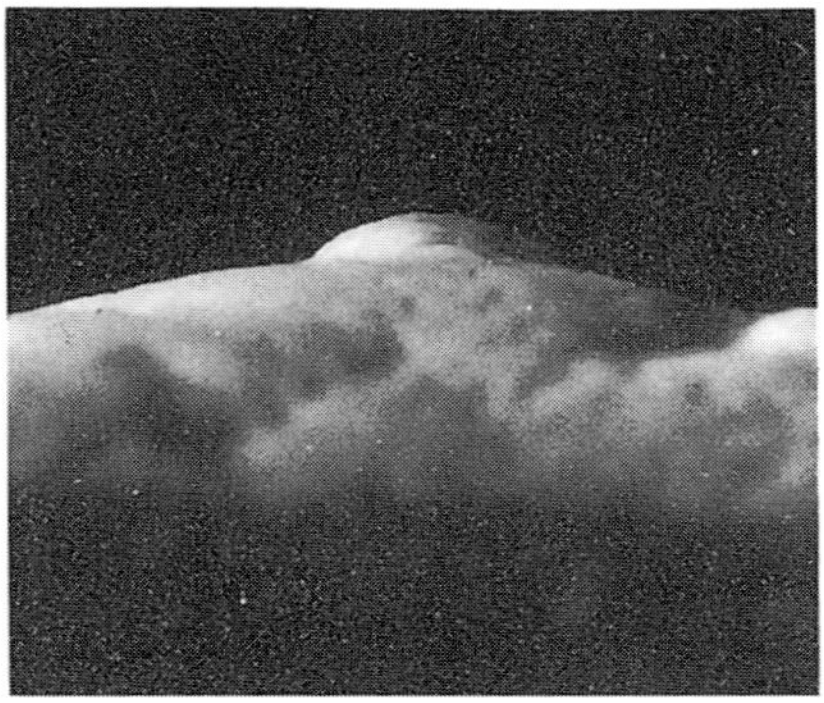

図268　自由に漂っていた胚盤胞が、「月の土」と融合して、栄養分に富む子宮の海綿状の層に入りこむ。そこにしっかり根をおろすと、母の組織が成長して、カプセル状のものを形成するので、全体が小さなドームのように見える。この自然の展開を逆転させると、「巣ごもりした胚」が母の土をはなれ、「飛行する」胚盤胞として上昇することになる。

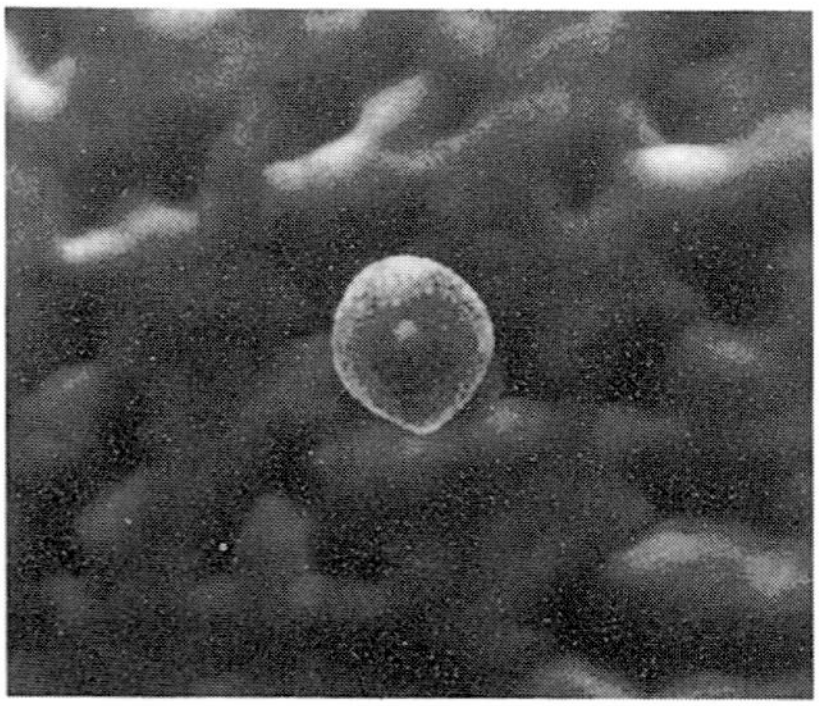

図269　胚盤胞が「月」への着地に備え、子宮の表面の上に浮かんでいる。受精卵が退行による宇宙旅行をはじめると、ゆっくりと桑実胚へと変化していく。この変身が錬金術の図版で象徴的にあらわされており、そうした図版では、上昇する月の卵が鳥や剣や蛇によって割られることが示される。

「着床」の映画を逆に上映する

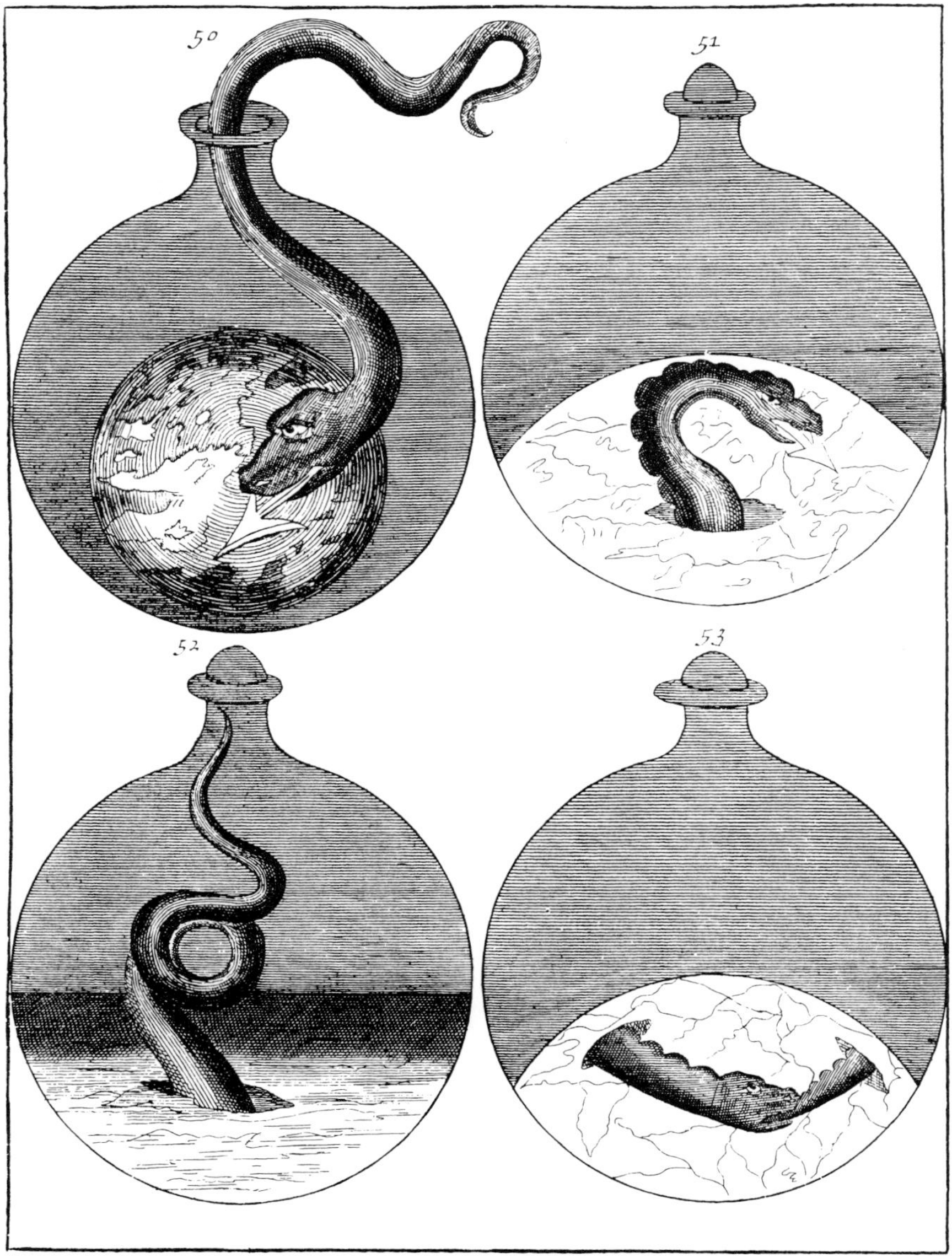

図271　容器の管の部分でメルクリウスの蛇によって分割される月の卵

のである。
錬金術や絵画や神秘主義にあらわれるこの個性化過程における成長パターンを、十字架の聖ヨハネが次のように述べている。

> 絵画の細部を学びとる者は、以前の知識にとらわれず、常に闇の中を前進する。以前の知識を捨てなければ、解放されることがないからである（註四六八）。

この文章はキトリニタスの初期段階のイメージを適切にあらわしており、画家は聖なる絵画の細部を学びとるため、獲得したばかりの技術を捨てさるのである。太陽の照明というつのりゆく光が画家を助け、月の不完全さがはっきり見えるようにしてくれる。

胚盤胞に進化する受精卵

キトリニタスを開始する錬金術の行為は、退行によって胚盤胞の着床と成長を無意識に再生することを象徴する（図二六八から図二七〇）。以前の桑実胚の段階から発達して、胚盤胞の細胞分裂が起こることは、まさしく「醗酵」の過程と呼べるだろう。分裂をつづける受精卵は、子宮頸部を通って子宮腔に向かっているあいだ、その「白い部分」に蓄えられる後形質の微粒を糧とする。後形質の微粒がとぎれることのない細胞分裂を維持し、受精卵はついに胚盤胞へと変容するのである。卵が完成されるこの最後の段階（図二六九および図二七〇）では、粘着性の表面をもつ栄養芽層と呼ばれる殻が形成され、やがてこれによって子宮のスポンジ状の内壁に付着する（図二六八）。

桑実胚から胚盤胞への変化は、「醗酵する」卵が子宮腔に入ろうとするときに起こる（図二六二におけるバルヒューゼンの四九番目および五〇番目の図版）。桑実胚はびっしりかたまった三二の細胞からなる球で、受精卵が子宮頸部をゆっくりと通過するあいだに起こる、五回の卵割の結果として発達したものである。受精した卵子は卵割をはじめ、二、四、八、一六、そして三二の細胞になる。

卵割を逆にながめれば、しだいに最初の未分割の統一体へともどる、一連の卵割を目にすることができる。これこそが「黄色化」から太陽の成熟にいたる哲学者の卵あるいは哲学者の石の運命なのだ。これ以後は、メルクリウスの暗く狭い管に入り、卵割による統一、あるいは腐敗による完全性を果たすことになる。

翼をもつ者の死

図二七四は『哲学者の薔薇園』の一二番目の木版画で、イルミナティオ（照明）の段階をあらわしている。以前の木版画の石棺と見分けのつかない狭い井戸あるいは水槽に、翼をもつ太陽がくだろうとしている。モットーは暗い未知の井戸に入りこむ太陽の死の運動を強調する。

ここに太陽はふたたび消え、
メルクリウス・フィロソフォルムの中で溺れる（註四六九）。

太陽が鬱状態におちいって輝きを失っているにもかかわらず、木版画は錬金術師の「照明」体験をあらわしているのである。このような矛盾したパターンは、太陽の天球層に昇ることによって白い石あるいは月の両性具有者の色づけを目指す、「黄色化」作業の力学によって説明づけられる。『哲学者の薔薇園』の本文では次のように説明されている。

ライモンドゥスがいうには、われらの石がいまや自然の色を大量に含もうとも、完全な苦土となっているため、術あるいは作業による以外、それ自体ではいかなる運動もしない（註四七〇）。

白い薄層からなる土に蒔かれた金が醗酵しはじめると、銀色の月が黄金の上昇によって太陽のほうに昇りだし、月の銀を太陽の金に変成することによって、胚を向上させる。『哲学者の薔薇園』では、ゲベルを引用して、「照明」の作業が説明される。

最も貴重な金属は金であって、金は霊を不完全な体に結合させる魂である。魂がなければ人間の体が死ぬように、（石の）不純な体は、土のものでもあり植物のものでもある魂という醗酵体なくして生きることはない。すべての体を変容させるのは赤の薬剤であり、すべてを本来の性質にかえるのは醗酵である。太陽と月が他の星を支配するように、これら二つのもの（金と銀）が他の金属を支配し、他の金属はこれら二つの性質に変成される。それゆえ醗酵と呼ばれるのであり、醗酵なくして卵は向上することがない。わずかな醗酵が全体を腐敗させるように、すなわち全体を変成して高めるように、われらの石によってこれが起こるのである（註四七一）。

卵を割るメルクリウスの蛇

図二七一は『哲学者の薔薇園』の一二番目の木版画を基にしたバルヒューゼンの異版である。五〇番目の図版では、容器の管の部分で、飛行する月の卵とメルクリウスの蛇が出会い、つづく五一番目の図版では、蛇が卵を襲っている。矢のような舌でもって、蛇は卵を縦方向に貫き、いまや「完全な苦土」になっている哲学者の卵の頂点から頭を出している。

五二番目の図版では、蛇のしなる尾が、先の図版で開けられた穴に見える。明らかにメルクリウスの蛇は卵を縦方向に割ろうとする試みを繰返している。五三番目の図版では、蛇が垂直にではなく水平に、卵を分割するか締めつけようとしており、尾と頭が哲学者の卵の上部でしっかりと結ばれている。

神の照明の貫く光線

図二七三は『哲学者の薔薇園』の木版画の異版である。翼を授けられた太陽が狭い水槽あるいは管にくだる一方、月が矢で夫を射抜こうと狙っている。この版画はバルヒューゼンの五〇番目から五三番目の図版を敷衍したものであって、醱酵する石あるいはレビス（両性具有者）の翼による飛行を、分割による死の苦しみと解釈しているのである。

女王に抱擁される王がまたしても、愛する母という蛇によって残忍に殺されるか、愛の矢に射抜かれる。『ロシヌスよりサラタンタ司教へ』では、両性具有者がヘルメスによって殺されたことを語り、次のように述べている。

> メルクリウスはわれらの矢筒の矢をすべてあわせ、それを一本になして、わたしを亡きものにした……すなわち水銀と愛する月を所有するわたし……月の湿りと結びついて太る太陽を殺したのである（註四七二）。

バシリウス・ヴァレンティヌスの第七の鍵

図二七二はバシリウス・ヴァレンティヌスの第七の鍵であり、正義の女神が剣と天秤でもって、丸い容器に包まれる石を裁いている。シギルム・ヘルメティス（ヘルメスの印）の刻まれた容器の首は石の一部であって、石が球形であることは、『哲学者の薔薇園』の一二番目の木版画の説明文で次のように強調されている。

> わが子よ、単純な球形のものをとり、三角形や四角形のものをとるなかれ。丸いものをとれというのは、球形が三角形よりも単純だからである。単純なものには角がないことをも心にとめておくべし。球形のものは星たちの中の太陽と同じく、惑星の中で最初にして最後のものだからである（註四七三）。

バシリウス・ヴァレンティヌスの石が哲学者の卵に似ていることは、外側の二重の線によって強調されており、その中でバシリウス・ヴァレンティヌスの第九の鍵（図二九六）が哲学者の卵をあらわしている。醱酵する卵の外側の層は「混沌」と呼ばれ、四つの季節、哲学者の塩、水の三角形を包んでいる――すべてが卵＝石のもつ、生命をあたえる宇宙的な性質をあらわしている。正義の女神のふりあげた剣と女神のほうに傾く天秤は、刺し抜くか断ち切ることによる罰をほのめかす。

太陽による天の土の清め

第七の鍵の本文はきわめて曖昧なものだが、「黄色化」の作業とその「照明」段階に関する象徴的な行為だけははっきりしている。石は「哲学者の土」となり、貴重な「霊の水」が浸透して、

図273　太陽の容器の首にいる翼ある夫が残忍な月に射抜かれる

図274　太陽の体の痛ましい照明

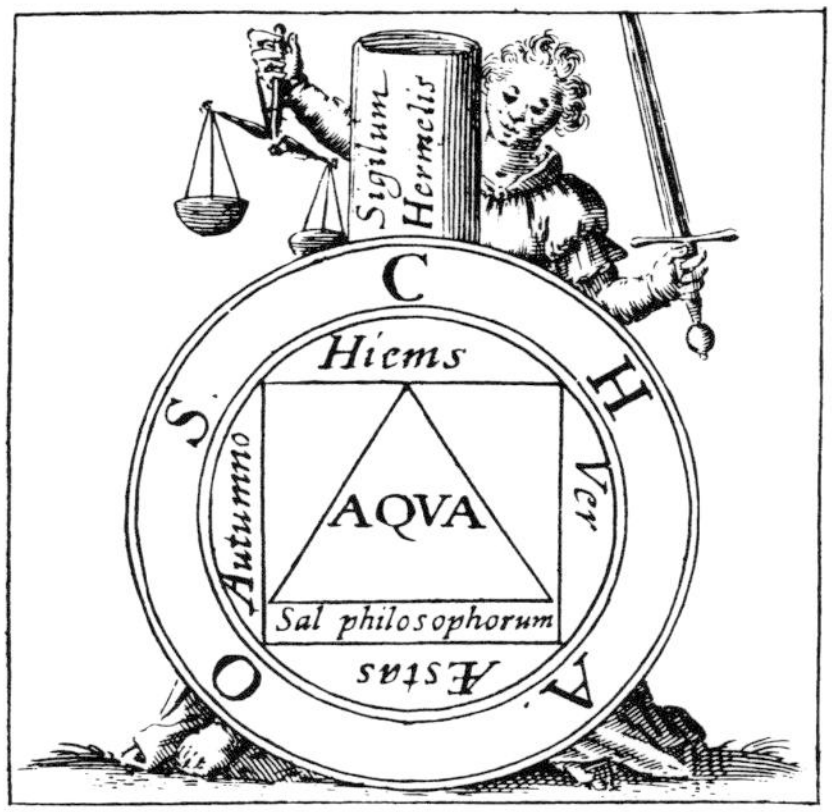

図272　正義の女神が「混沌」の卵を罰する

図275　襲いかかる牡牛が不安、苦しみ、変成の新しい段階を開始させる

いまや高められた姿で天の都としてあらわれる——しかし「土の敵」におびやかされており、これは蛆や爬虫類であるとされる。湿った土の体の火による清めは、ゆるやかな乾燥と高揚を果たし、土は乾燥した天使の領域と神の照明の火の領域になる。

賢者の土はあまりにも早く溶かしてはならず、そのようなことをすれば、汝の水の健全な魚が蠍に変じてしまう。われらの作業を正しくおこない、霊がはじめから存在する霊の水をとり、密封された城の中に保つべし。天の都が土の敵に包囲されようとしているので、汝の天はよく防備された乗りこえられない三つの壁によって要害堅固にし、一つの入口をよく守らなければならない。

これらが完成すれば、知恵のランプを点し、それによって失われたコインを探し、必要とされる光によってのみ照らすべし。蛆や爬虫類はその特性によって冷たく湿った土に住み、人間は緩和され混合された特性でもって大地の表面にふさわしく住むことを、汝は心得ておかなければならないからである。一方、天使の霊は、地上のものではない天使の体を授けられ、人間の罪ある肉体をまとうことはないので、高みに住まいし、上方あるいは下方のいずれにおいても、炎や寒さに堪えることができる。人が天の栄光を授けられると、その体はこの点において天使の体のようになる。神が天においても地においても支配し、すべてをつかさどるからである。われらの魂の生命を注意深く陶冶すれば、われらは神の子や神の継承者になって、いまは不可能に思えることができるようになる。しかしこれが実現するのは、すべての水を乾燥させ、天と地とすべての人間を（太陽の）火でもって清めてからのことである（註四七四）。

蘇る哲学者の卵

太陽の火と作用しあう霊の水の高揚の効果について、別の錬金術師は次のように述べている。

卵の殻に包まれる五月の朝露が卵やその内容物をつくり、太陽の熱によって天に昇るように、雲の水あるいは露は、哲学者の卵を上昇させ、昇華し、高揚し、（卵を）完全なものにさせる。この水は最も強力な酢であり、肉体を純粋な霊にかえる（註四七五）。

白の再誕の溶解

図二七五は『沈黙の書』の一二番目の図版で、先の図版（図二五九）の白の再誕につづく新しい苦行のはじまりを示している（同じ展開を示す図一四一の八番目と九番目の図版と図二二七を見よ）。ふたたび突進する牡牛が新しい変成の過程を開始させ、ふたたび錬金

術師とその妹が、作業の第一質料あるいは五月の朝露を、地面にならべた皿で集めている。下段では、兄がデカンタを差し出し、謎めいた妹がそこに朝露を注いでいる。二人の作業が有望なものであることは、またしてもメルクリウス・フィロソフォルムの出現によってあらわされており、メルクリウス・フィロソフォルムが妹の手から容器を受けとっている。この容器と液体の結合した力は、図三二五として掲げた『沈黙の書』の次の図版で調べられることになる。図版の澄明な景色が近づきつつある太陽の照明にふさわしい。

図276　蘇る白鳥が卵を黄色化する

白鳥の翼によって天に昇る

石の高揚とレビス（両性具有者）の翼による上昇があることで、キトリニタスでは鳥が目立った役割を演じる。図二七六の二つのメダルは、月の土が白い鳥の翼によって天へ飛行することを示している。左のメダルでは、成長しきった鳥、白の女王、結合の白百合とともに月の卵を背に乗せて、白い鳥が大地をはなれている。上昇する鳥は銀の海に乳のような液体を吐き、さらに高い目標を目指して飛ぶ。

　作業の大いなる記念碑（図三九九）において、このモチーフは次のように説明されている。

図277　頭巾をかぶる師を刺す輪光

純銀の海は薬剤を結合させる水銀をあらわす。白鳥は海で泳ぎ、そのくちばしから乳のごとき液体を吐く。この白鳥は白の霊薬、白亜、哲学者の砒素、二つの醱酵体に共通するものである（註四七六）。

月の白鳥の上で燃えあがる太陽の不死鳥の巣は、「黄色化」の過程を示している。銘刻文は、「白い色を目にすれば、作業を冷やすことによって、月から太陽の色にいたるだろう」となっている。右のメダルは同じ変化をあらわしている。上昇する白鳥の背で休む哲学者の卵が、太陽の赤いエネルギーの象徴であるペリカンの血と不死鳥の火によって、内部からしだいに赤くなる。銘刻文は、「金を生み出す薬剤は大いなるかな」である。

太陽の上昇、ガニュメデスの略奪

図二七八では、錬金術師の山の頂きに錬金術の鷲あるいは禿鷲がとまり、「われは黒く、白く、黄色く、赤い」と、作業の四つの段階を宣言している（麓にいる飛べない鴉はニグレドをあらわす）。白鳥の翼が石をそれ以上天に運べないときに、鷲が「黄色化」あるいは「赤色化」の手段としてあらわれる。ある錬金術師によれば、「鷲は雲に昇り、その目に太陽の光を受ける」という（註四七七）。

図二七九では、ガニュメデスとして鷲の背に乗って上昇する錬金術師が、「神に歓喜」している。ゼウスの鷲によるガニュメデスの略奪は、舞いあがる両性具有者がキトリニタスの太陽の光と稲妻に貫かれて色をかえる寓話である。ギリシア伝説によれば、ゼウスはみずみずしい（両性具有者めいた）美しさのゆえに、ガニュメデスを恋した。自ら鳥に変身して稲妻の杖をもち、若者に急降下して鉤爪で捕え、力強い翼に乗せて、太陽の光輝とオリュンポスの栄光へと運んだ。この伝説は霊的高揚と太陽による変容の苦悶をあらわしているので、錬金術でこの伝説がよく利用されるのも当然だろう。

鷲の黄色の後光

図二七七では、錬金術の太陽の鳥が興味深い状況のもとであらわれている。この木版画は錬金術の神とその秘典にまつわるセニオルの幻視をあらわしたもので、秘典の開かれたページは白から赤への変化を示している。これはアーチ状にならび、頭巾をかぶる師を矢で刺そうとしている鷲によってあらわされ、師は青ざめながらも見かけは平静さを保ち、天の運命を待ちかまえている。セニオルは幻視を次のように述べている。

わたしと顎鬚をたくわえたオボエルが地中の家に入り、やがてわたしとエラサムはヨセフの牢獄で宇宙の七番目の燃えあがる天球層を目にし、わたしは家の屋根に、飛んでいるかのように翼を広げ、鉤爪を開いて描かれている九羽の鷲の絵を見た。それぞれの鷲の鉤爪の中には、射手のもつ弓のようなものがあり、家の入口の左右両側の壁には、人間の像がいくつもあって、さまざまな色の衣装をまとい、家の内部に向かって手を伸ばしていた。家の中では……医者の使うような椅子に座す彫像があって、その彫像と椅子は別個につくられていた。彫像は両手を膝に置いて石板を支えているが、この石板も彫像とは別個につくられており、長さはおおよそ一腕尺、幅はおおよそ一掌尺だった。彫像の両手の指は石板をもっているかのように曲げられている。石板は開いた書物のようで、家に入った者が見るべきものであるかのように展示されていた。そして彫像が位置する広間の一部には、さまざまなものの絵や象形文字があった（註四七八）……

彫像をつくった賢者がその家に隠したものについて、これからお知らせしよう。いうならば学問のすべてを彫像によってあらわし、智恵を石板によって教え、洞察力ある者に明かしているのである（註四七九）。

図二七七の開かれた秘典はオプス・アド・アルブム（白の作業）とオプス・アド・ルベウム（赤の作業）をあらわしている。左のページでは、太陽と月が交接の闘いをおこなうかたわら、翼のある鳥と翼のない鳥が満月（左上）を生もうと奮闘している。セニオルによれば、「たがいに結びつく二羽の鳥は円環のようでもあり、二つにして一つのイメージのようでもあった」という。飛んでいる鳥の上には円があり、石板の彫像の指に近いところには輝く月があった（註四八〇）。

右のページでは、太陽の円がオプス・アド・ルベウムを示している。セニオルによれば、上部の二つの円は、（一）二本の光線を発する太陽、（二）一本の光線を下に向ける太陽を示している（註四八一）。太陽の三本の光線は「円形に三分の一と三分の二に分割される黒い円」を指している（註四八二）。さらに説明されていることだが、一番内側の円は月である。二番目は「二つにして一つ」と呼ばれる結合の抱擁によって月を包む黒い円である（註四八三）。三番目は単一の太陽で、「二つにして一つ」と呼ばれる（註四八四）。この円は月とその黒い結合の母体を包む太陽を形成するので、大きな輝く円は作業の太陽の段階での太陽と月の結合を意味する（四三七―四三八ページを見よ）。

銀色のページから金色のページへの移行は「黄色化」の段階を示しており、これはアーチ状にならぶ鷲によってあらわされている。この推移の象徴がキトリニタスの剣、矢、蛇、光線に別のイメージを加えているのである。

黄金の醗酵を糧とする

図二八一は『哲学者の薔薇園』の一三番目の木版画で、両性具

図278　錬金術の色の変化を宣言する禿鷲

図279　光の源へと舞いあがる

有者が石棺で焼け死んでおり、舞いあがるための翼が心臓の形をとっている。モットーはこうなっている。

ここに太陽は黒く変じ、メルクリウス・フィロソフォルムとともに一つの心臓になれり（註四八五）。

この状態はヌトリメントゥム（養育）と呼ばれる。本文で示されているように、この用語は清めの後に赤い硫黄が銀の月に消化されることをあらわす。養育によってゆっくりと黄金の体に変容するのである。

先に述べたように、金が赤い硫黄を含むがごとく、月が白い硫黄を含むとしても、その白さの下になおも火の種族を隠している。それゆえすべての銀から金をつくることは可能であり、哲学者が次のように述べるのである。かつて銀でなかった金はない。銀は粗雑な性質をもち、術によって清めることができる。さすれば凝固したメルクリウスとなり、金の性質に近いものとなる。哲学者の赤い硫黄を加えて温浸することで、金のもつ性質のすべてをはらむようになるからである。同じ性質のものなので、完全な体を加えると、黄色化が起こる。しかしそれ（銀）と同じ純粋な性質のものではないため、他の（金属の）体を加えても、こうすることはできない。それらは生みだされたときに、燃えあがって悪臭を放つ硫黄によってこれをさまたげられ、メルクリウスの性質をもたないからである。これに関して、錬金術師がこう述べている。媒介なくして極端から極端へ移ることはできない。かつて銀でなかったのなら、メルクリウスから金は生じない（註四八六）。

図二八〇は図二八一の異版であって、焼けこげた両性具有者が木陰で墓石によりかかっている。翼のある錬金術の神があらわれ、哲学者の薔薇園（背景）に向かう天の飛行のあいだ、レビス（両性具有者）の導き手となる。『化学の庭園』では、図二八〇の行為が、飢えた鷲（ガニュメデスのモチーフ）としてあらわれるメルクリウスによる両性具有者の誘拐と解されている（註四八七）。

デューラーの『メランコリア』の謎

アルブレヒト・デューラーは有名な『メランコリア』（図二八二）を描いたとき、錬金術の秘密の教えについてあらわしたのだろうか。『メランコリア』はヘルメス学の象徴や意味にあふれているので、この疑問は正当なものである。ヘルメス学に通じていない者でも、この版画の中心人物に首をひねることだろう。人間なのか天使なのか、鬼神なのか巨人なのか、男なのか女なのか。答はすべてである。なぜなら憂いに沈む人物はキトリニタスの翼ある両性具有者であり、錬金術の実験室に坐り、錬金術の象徴にとりまかれているからだ。

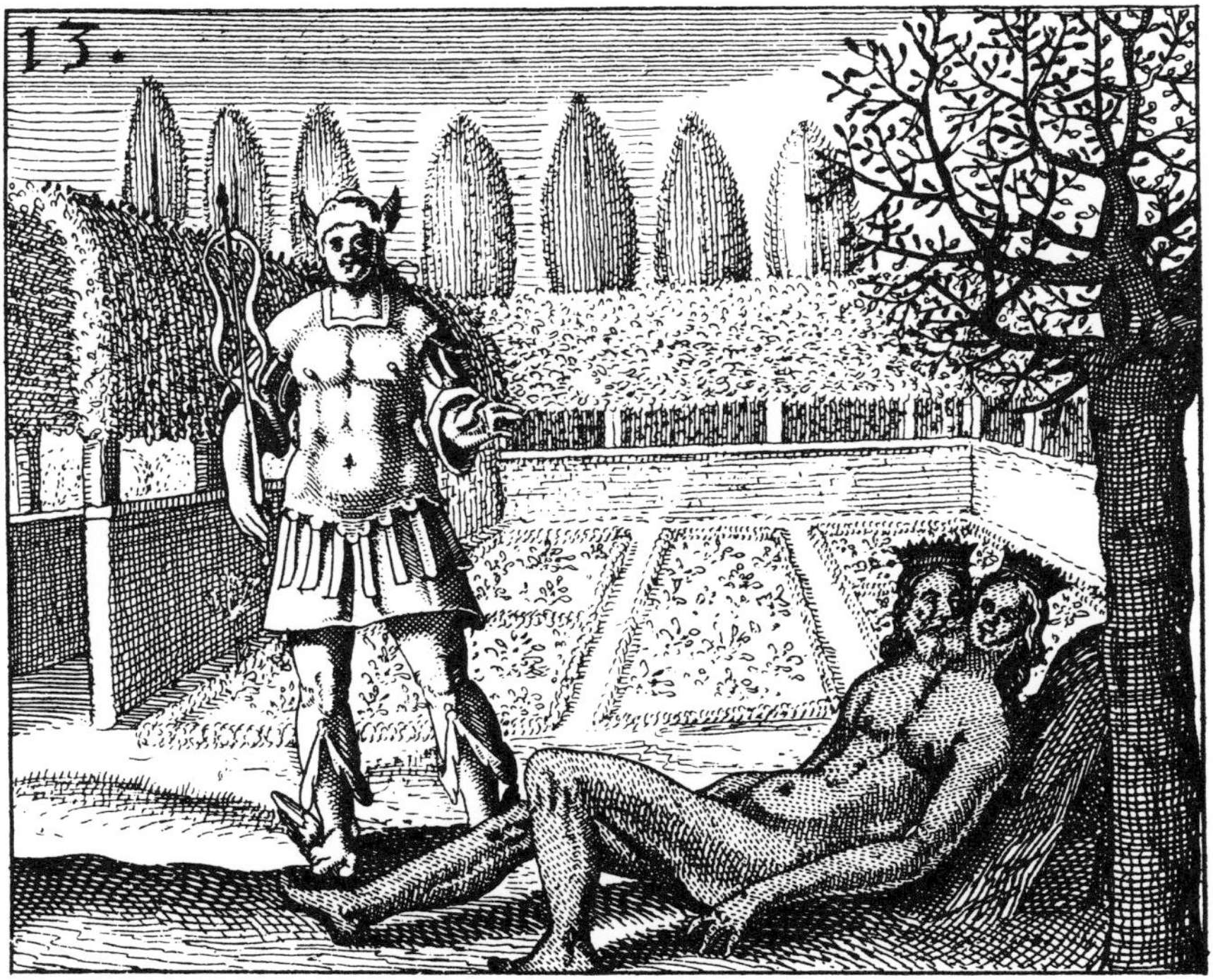

図280　導き手メルクリウスの翼に乗って哲学者の薔薇園に昇る

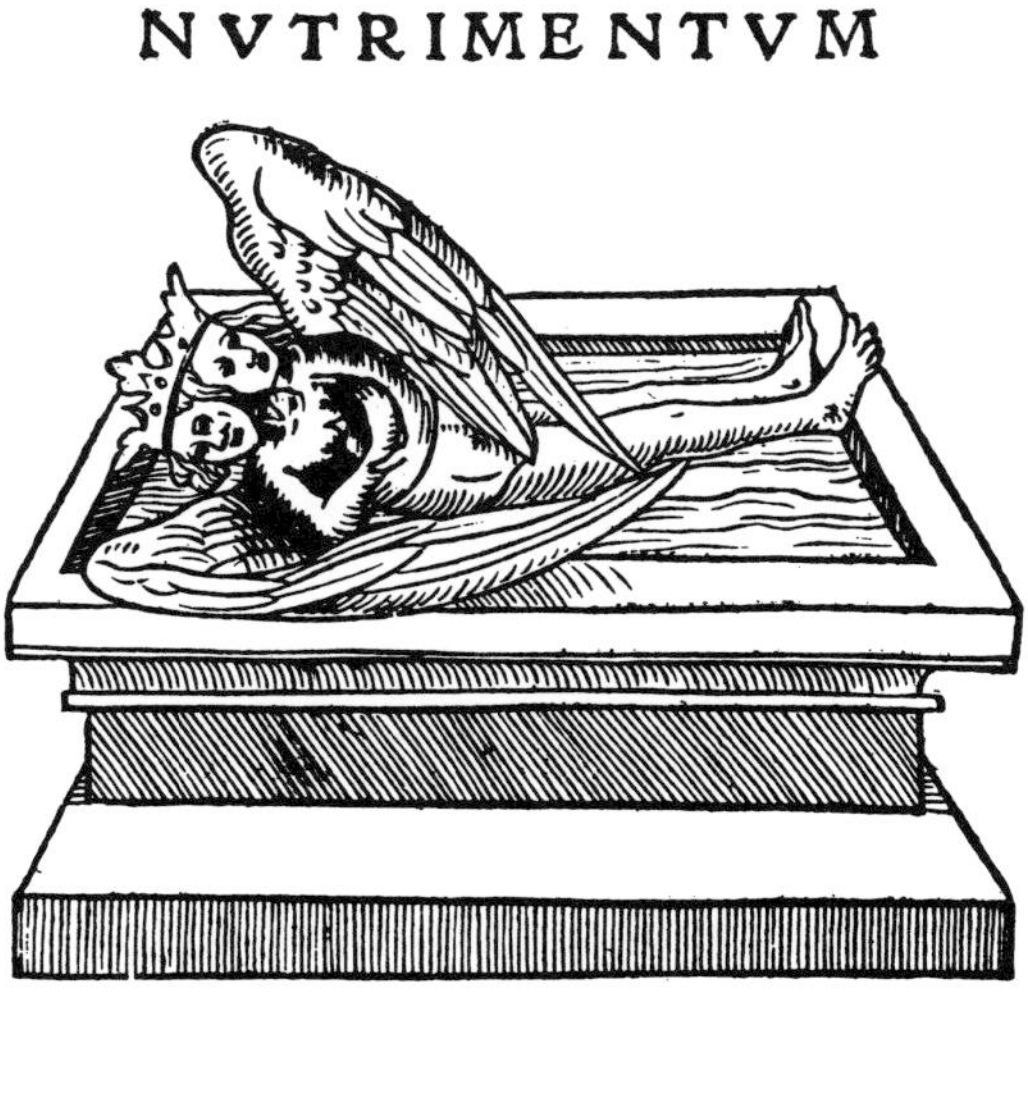

図281　空飛ぶ棺で焼けこげたレビス

図282　デューラーの無力な両性具有者の上にある魔方陣は、四方陣と呼ばれるもので、1から4の二乗までの数字が使われ、いずれの方向の和も一定になる。縦・横・斜め、いずれの列の数を合計しても、答は常に一定の数、34である。石にはこのような不思議な謎があふれている。

背景左において、石炭で熱せられる錬金術師の坩堝は、プラトン立体としてあらわれている哲学者の石に半ば隠されている。石と眠る犬の下には球があるが、これも石あるいは哲学者の卵の象徴である。プラトン立体の背後にある七段の梯子は、よく知られた錬金術の象徴で、スカラ・フィロソフォルム（哲学者の梯子）の段は七つの金属とそれに関連する惑星の神をあらわす。梯子の前に吊られている天秤と砂時計は、錬金術の工房の古典的な道具である。さらに天使のスカートにほとんど隠されているが、ふいごが認められる（右下）。

覆いをかけられた臼石の上の哲学者の幼児は、目覚めつつある「メランコリア」の再誕を象徴しており、これはとりわけ背景の景色によってあらわされている。蝙蝠は夜に飛び、昼に眠るので、金切り声をあげる蝙蝠は「メランコリア」の夜の状態をあらわす。しかし禁欲的な天使の闇は、超越的な光の源に照らされて養育されてまれるべく奮闘する、太陽の月あるいは月の太陽として生まれるべく奮闘する、超越的な光の源に照らされて養育されている。これはデューラーが夜の景色に描いている虹と同様に、天におけるキトリニタスの象徴である。

二人の人物、活動的かつ創造的な幼児と、受動的かつ絶望的な成人の心を占める謎めいた問題にさえ、錬金術の観点から答が得られるかもしれない。両性具有者が魔方陣の下に坐って考えこみ、コンパスをもつ手を書物に置いているのは、解けない数学の問題があることをほのめかす――おそらく錬金術の考察の古典的な対象、円と同じ面積の正方形を求めるための円積法だろう。

中年後期の鬱状態

魔方陣の下段の中央の二つの枡には、この版画の作成された年――一五一四年――が記されている。これは右下のデューラーの署名のそばにも記されているが、この年デューラーは四三歳だった。これによって、『メランコリア』とキトリニタスが象徴する分離・苦行・埋葬・腐敗の対応が、ごく自然に説明づけられる。デューラーの作品もキトリニタスの作業も、ともに人間の中年後期の鬱状態の元型的な経験を反映しているのである。刺し貫かれるような苦悶の本質は、自我の生物的および心理的衰えの経験にほかならない（中年と中年後期は鬱状態の反応が最もよく起こる時期である）。

誰もが知っているように、人間の体は疲れきるよりもはるかに早く、活力がおとろえはじめる。生物的な有能さが次第におとろえることからは誰も逃れられない。四〇代や五〇代の者は、以前よりも簡単に疲れ、快復が遅くなったことに気づく。内臓退行性の変化もあって、目に見えるものではないが、内臓機能の生理的な変調としてあらわれることもある。胃腸、泌尿器、性器の変調が最もありふれている。血管が弾性を失い、肌に皺ができ、乾燥して変色する。ホルモンの変化が全身に影響をおよぼし、閉経として劇的にあらわれる。自律的な自我の機能、すなわち自動車の

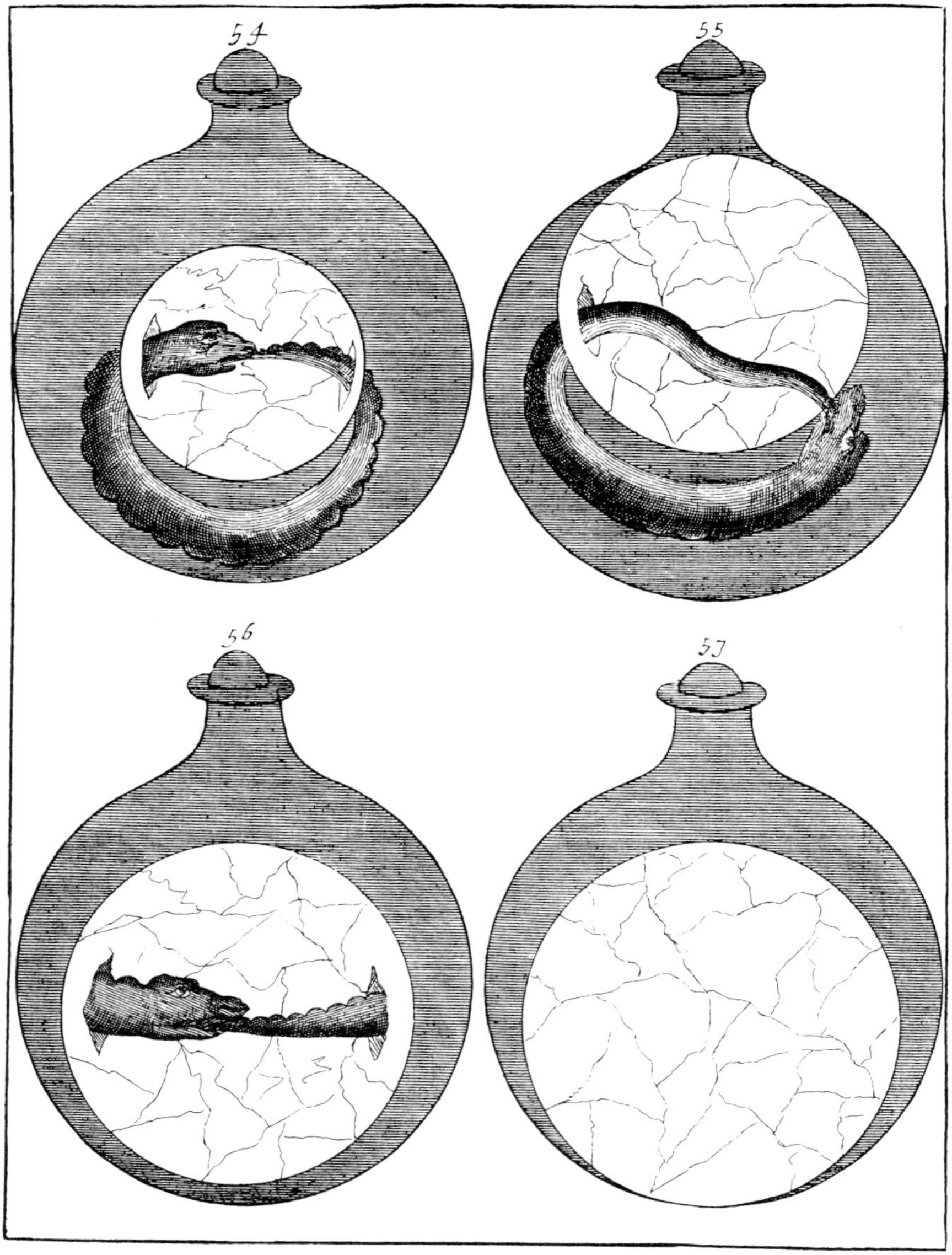

図283　黄色化の腐敗の作業　卵の分割による

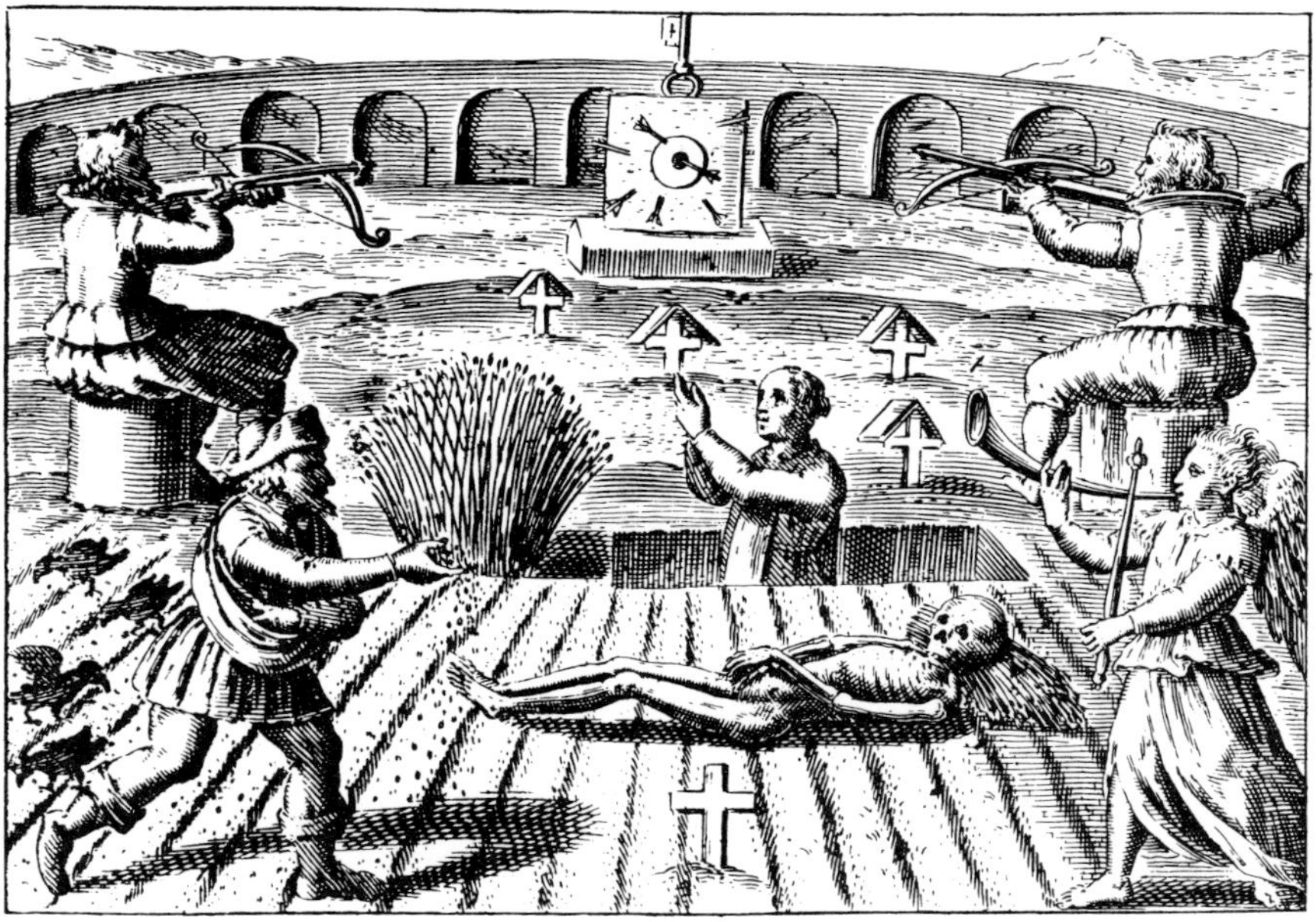

図285　腐敗する肉体を天使や熾天使に変容させる天の教会墓地

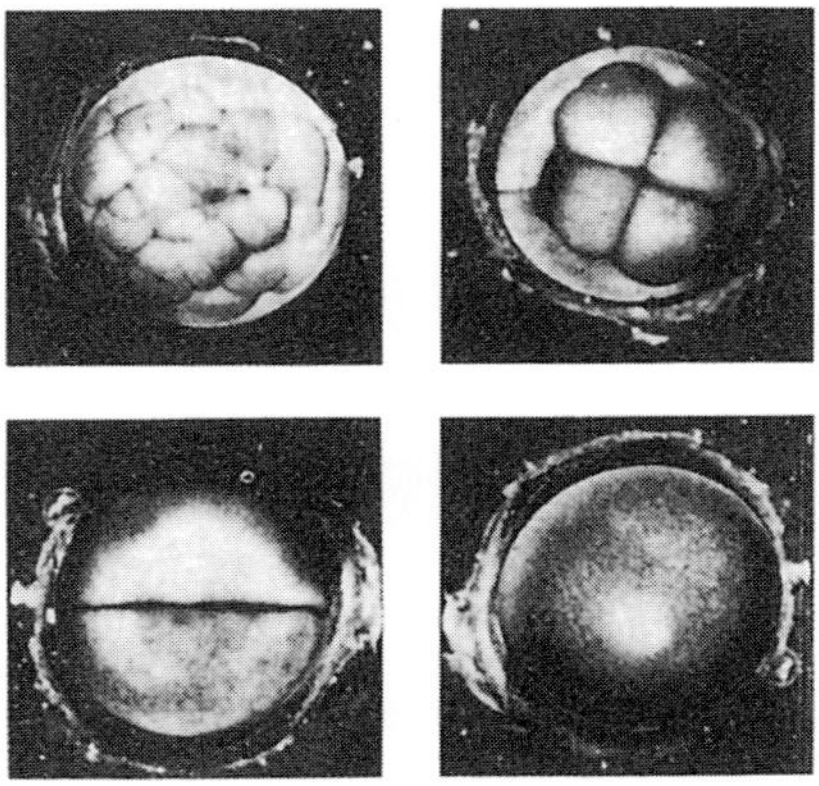

図286　受精卵

図284　物質を霊に変容させる

運転や知覚による把握や新しい学習が悪化を示す。たいていの人が感覚の鋭敏さや適応性を減じる。こうしたものをはじめとする多くの変化は脳の機能にかかわっており、脳の機能も中年の全般的な衰えをともにする。

すべてに浸透する衰えの経験は、自我が差し迫る死を意識するのを強める。『メランコリア』では、画家がこの考えにとりつかれていることがさまざまな特徴によってあらわされている。砂が半分まで落ちた砂時計がそうした徴の一つである。もう一つの徴が、砂時計の上にある日時計で、針が三時と四時のあいだを指している。三番目の徴が魔方陣の上にある死を報じる鐘で、いまにも紐が引かれようとしている。

中年後期において、老い先短いことを自我が意識することには、自然の年齢や宇宙の広大さにくらべて、人間の行為や野心が無意味であるという認識がともなう。この有限と無限、人間と宇宙の対峙――『メランコリア』の前景と背景によってあらわされる――によって、中年の危機の引金が引かれる。人生が難問になり、仕事が虚しいものになる。この気分が『メランコリア』において、床に散乱するさまざまな道具によって巧みにあらわされている。

中年後期は憂鬱と絶望に悩まされるとはいえ、内なる光が強まって自己認識が深まる時期でもあり、この特徴もまた、『メランコリア』とキトリニタスが埋葬と神秘的照明の二重の意味でもってあらわしている。キトリニタスにからめて、メランコリア（憂鬱）とコンソラティオ（慰め）のこの結合を考察することにしよう。

月の卵の上昇

図二八三は『哲学者の薔薇園』の一三番目の図版を基にしたバルヒューゼンの異版で、ここではメルクリウスの蛇によってあらわされる、埋められた金あるいは赤い硫黄による月の「養育」を示している。五四番目の図版では蛇が卵を水平に分割しようとし、つづく五五番目の図版では蛇が妙な動きをしている。新たな角度から卵を分割できるように、蛇が自分の体で卵を回転させようとしているのかもしれない。したがって五六番目の図版で形成される蛇の軸は、回転させた卵を先の図版よりも正しい角度で分割しようとする、新しい分割面を示しているのである。五七番目の図版では、締めつける蛇によって形成された分割軸が消え、月の卵が安らかな統一の状態にある。分割のドラマが終わると、月の卵は変容の次の段階――分極化と醱酵――に入る準備をする（四〇九―四一三ページ）。

バシリウス・ヴァレンティヌスの第八の鍵

図二八五はバシリウス・ヴァレンティヌスの第八の鍵を示し、正義の女神の剣（図二七二）が醱酵の法則に従って錬金術師に罰を

くだしている。これをあらわしているのが、白い薄層からなる土に金を蒔く種蒔きと畑で腐敗する死体であり、死体は刈りとられた小麦の束に頭を乗せている。種蒔きの背後で種をついばむ黒い鴉は、苦行と苦しみの象徴である。墓場は陰鬱なものでありながらも、肥沃な畑としてあらわれ、新しい収穫と死者の復活の見こみがある——新たな収穫と死者の復活は最後の審判の天使が予告している。蘇った錬金術師の墓から育つ小麦は、この勝利の瞬間を植物のイメージによってあらわしたものである。

「鍵」の背景は耕されていない教会墓地で、二人の射手が鍵に飾られる的を狙っている。矢を射ることは、遠景の的を刺すことと、金の徴である的の中心を射抜くことをあらわす。射手の「黄色化」の作業は、最後の矢が放たれようとしていることからわかるように、うまく進んでいるようだ。本文はこうなっている。

人間の体も動物の体も、腐敗なくして増殖することも繁殖することもない。穀物や植物の種はすべて、土に蒔かれると、ふたたび芽を出すまえに腐敗しなければならない……簡単に要約しよう。(アルベドの)産物は天で生まれたものであり、その生命は星たちによって保たれ、四元素によって育まれる。そのあと死んで腐敗しなければならない。ふたたび四元素によって作用する星たちの影響により、蘇って天上のものになり、天のいと高きところに住まいする。これが完了すると、地上のものが完全に天上のものに食われ、地上の体が天上のものに変化していることがわかるだろう(註四八八)。

錬金術においては、地上のものが天上のもの、自然のものが霊的なものへと、ゆるやかに痛ましく変容することは、占星術の磨羯宮で起こる。

磨羯宮、霊の上昇

黄道一二宮の一〇番目の宮は、土星によって支配される基本相の土の宮で、一二月二二日から一月二〇日まで、すなわち冬至の期間をつかさどる。磨羯宮は根気強い、物思いに沈んだ、悩める宮で、ゆっくりと我慢強く一心不乱に山を登るシロイワヤギから特徴を得ている。常に山頂を目指しながら峡谷の危険に用心おこたらないことで、磨羯宮は占星術の上昇の象徴となっている。山羊はそのエネルギーによって、地上から山の頂きに登るので、霊性によって物質性を克服する象徴になった。

ちょうど反対側にあって、自然との融合をうながす巨蟹宮にくらべて、磨羯宮は自然を征服する衝動、自然の法則を霊の支配に置く欲求を具現する。山羊の努力に比較して、山はあまりにも大きいため、山羊による自然の支配は忍耐と苦しみの難儀であり、労苦と奮闘の難儀である。したがって山羊の登攀は、熱意と勤勉、鍛練と自制、忍耐と根気を要求する冬の奮闘をあらわす。山羊にとっては、行動が苦しみであり、苦しみが行動であるからだ。

保守的傾向と一意専心が山羊座生まれの人の心理の特徴であり、これによって物質を高め、昇華の作業を霊的完全さの頂点にもたらそうと奮闘する。モリシュにとっては、磨羯宮は霊的生活の門であり、達人が霊によって肉体を支配する「ヨーガの宮」である(註四八九)。

生物学の教科書における養育

受精卵は自ら繁殖する能力をもち、一つの細胞から二つの細胞、二つの細胞から四つの細胞、そして四つの細胞から八つの細胞へと増殖しはじめる。染色体には生命の暗号表があって、これが細胞に指示を出し、細胞を心臓の筋肉や腎臓や目にかえる——そうしてそれぞれ独特の目の色、顔の特徴、体つき、知性を備えた人間が生み出されるのである。卵の内部には、あまりにも小さすぎて写真ではとらえられないが、バターの小片のような数多くの脂肪の粒や、生命を養って維持することを助ける他の物質がある。これらは必要不可欠のものである——卵が成長しはじめると、それ自身で生きるからだ。まだ子宮頸部にあって、子宮頸部は受精卵を子宮腔へと進めるが、安息所を提供することもなければ養育することもない。数日が経過して、子宮腔という聖所に到着してはじめて、受精卵は新たな供給の源を見いだす。それまでは、自分が携えている食糧によってのみ生命を維持する、宇宙飛行士のようなものである。

アーネスト・ハヴマン『受胎調節』(註四九〇)

第10章　第三あるいは太陽の再誕外傷

図二八八は『哲学者の薔薇園』の一四番目の木版画で、黄色化《キトリニタス》の変容過程の固定をあらわしている。埋葬された両性具有者の翼が消え、天に登る裸の女にあたえられている。モットーはこうなっている。

ここで月の生が完全に終わり、
霊が天に昇りゆく（註四九一）。

天に向かう霊の上昇に関連して、両性具有者の「月の生」が「完全に終わる」ことは、木版画の題が示しているように、太陽の生の始まりを意味する。キトリニタスの流れるような変成の過程が「固定」の段階に達すると、変化しやすい銀が金の不変さを得て、月の光が太陽の光の永遠さを得る。本文では次のように薬剤の「固定」と石の「赤色化」が述べられている。

ライモンドゥスがいうには、溶剤あるいは溶剤を含む空気の固定について述べるが、これは煆焼によって起こるものの、その様態についてはふれずにおく。哲学者リリウスがいうには、最後に汝の王は王冠をかぶり、太陽のごとく輝き、柘榴石のごとく透明で、蠟のごとく流れ、火に堪え、水銀に浸透して水銀を保つ。アルノルドゥスがいうには、血は肝臓においてたゆまず熱にさらされなければ、人間の体に生み出されないように、赤の色は温浸によってつくりだされる。それゆえ朝に尿が白ければ、ほとんど眠っていないことがわかる。そのときはふたたび横になって眠り、しばらくして温浸という消化が完了すれば、尿は黄色になるのである。このように、煎じ出しと火によってのみ、白いものが赤くなるのである。われらの白い鉱石をたゆまず熱にさらせば、最上のやりかたで赤くなるため、乾燥した火と煆焼によって、辰砂のように赤くなるまで煎じ出さなければならない。完全な赤になるまで、これに他のものからとった水や他のものを加えてはならない（註四九二）。

この文章の根底には、精錬とは石から「水」の要素をとりのぞくことであるという錬金術の信念がある。湿った月の形態にある石は、乾燥した太陽の形態にある石よりも、精錬の点で劣る。湿りと土および不完全さの結びつき、そして乾燥と天および完全さとの結びつきが、火による石の向上と固定の決定要素である。『ホメロスの黄金の鎖』には、「増えまさる湿りにさまたげられないかぎり、中心に近づくにつれ、ますます強く固定される」と記されている（註四九三）。この考えによって、錬金術師が石を絶え間なく熱し、煆焼し、煎じるわけが説明づけられる。

上昇するガニュメデスの点火

図二八九は『哲学者の薔薇園』の木版画の異版であって、襲いかかる鷲と、攻撃の対象である埋葬された両性具有者を指差す天使によって、「天に昇りゆく霊」があらわされている。モチーフは明らかにガニュメデスの強奪を含み、錬金術においては、赤色化をあらわすものである。若者は鷲に捕えられて、太陽の「固定」の領域に運ばれ、そこで火にかけられる。

図二八九では、焼けこげた両性具有者の点火は、その頭が光を放ち、『哲学者の薔薇園』で記されているように、「太陽のごとく輝いている」ことによって示される。ガニュメデスの神話によってあらわされる、霊の向上と太陽の変容の核心は、ダンテが『煉獄篇』でこのモチーフに磨きをかけて巧みに描写した。

わたしは夢で、羽根がすべて金色の一羽の鷲が、
翼を広げ、いまにも降下しようとするかのように、
中空にとどまっているのを見た。
どうやらわたしのいるところは、
ある日ガニュメデスが困惑する仲間をあとにして、
天上の神々の広間へとさらわれていった場所であるようだ。
わたしは思った。おそらくこの鷲は、
いつもここだけで獲物を襲い、
その誇り高い脚は、
他の場所で獲物を採るのを潔しとしないのだろう。
やがて夢の中で、この鷲はしばし旋回したあと、
稲妻のように、恐ろしくも素早い急降下をなし、
わたしを捕えて火の領域へと運び、
そこで鷲とわたしは炉のような熱風の中で燃えあがった。
夢の火はわたしを烈しく焼き、
わたしは眠りを乱されて、夢を断ち切られた……
「恐れることはない」ウェルギリウスが告げた。
「心安らげよ。万事は順調に運んでいる。

図287

図289　月の生の終わり　ゼウスの舞いあがる鷲と稲妻による受胎

図290　焼けこげた太陽の月

FIXATIO.

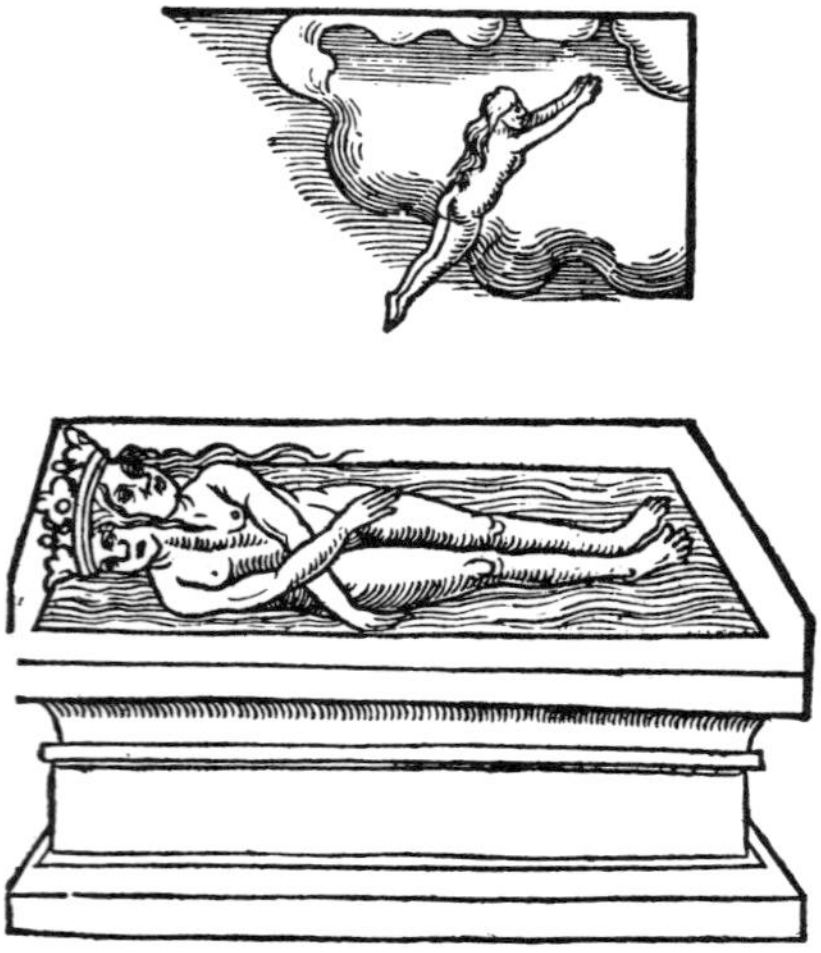

図288　霊の昇天

気おくれすることなく、さらに慎重になるように。
きみは煉獄に来ているのだから……」（註四九四）

太陽の受胎の火

月の体の太陽による変容は、『哲学者の薔薇園』の一四番目の木版画についてのバルヒューゼンの解釈に明らかである（図二八七）。五八番目の図版では、月の生を完了させようとするメルクリウスの蛇によって、月の卵が容器の管の部分に誘いこまれる。五九番目の図版では、卵の極地が容器の首の開いた部分に示され、ドラゴンと化した蛇が管にすべりこみながら、卵の極地を覆う火を食らっている。

六〇番目の図版からわかるように、この太陽の稲妻が卵に火をつける。月の体が燃えあがる薔薇に変容して、メルクリウスの蛇によって受精し、メルクリウスの蛇はウロボロスとして自らの尾を嚙み、受胎させ、自らを食らって殺し、『哲学者の薔薇園』に記されているように、「自らを高みにあげる」のである（註四九五）。尾を嚙む行為は六〇番目の図版で終わり、後退する蛇の吐く火が燃えあがる虹としてあらわれ、孔雀の尾の色で容器を照らす。

キトリニタスの作業における太陽の月の出

図二九〇は『太陽の光彩』の一九番目の絵であって、図二五二および図二五三における太陽と月の体の結合の結果を示す。月の上部が太陽の火に焼かれ、太陽の硫黄あるいは金の醱酵体との結合によって、月の体は「腐敗」する。本文ではこう説明されている。

水銀を加えれば硫黄が溶け、その溶解によって湿りは乾きに支配され、実際には腐敗を起こし、物質を黒くする（註四九六）。

キトリニタスのアウロラ・コンスルゲンス（立ち昇る曙光）は、錬金術文書の中で最も重要なものの一つにおいて、次のように述べられている。

本書の標題は『立ち昇る曙光』であり、これには四つの理由がある。第一に、黄金の時がこう呼ばれることがあり、錬金術は黄金の時を迎えて作業を正しく果たすのである。第二に、曙光は夜と朝のあいだに位置し、二つの色、すなわち赤と黄色で輝く。同様に、錬金術は黄色と赤の二つの色を、白と黒の色のあいだに生じさせる。第三に、曙光のさしそめるときには、夜の困苦のもとで働いていた者たちが解放されて休むので、錬金術の曙光のさしそめるときには、「夕べに嘆き、朝には喜び」といわれるように、作業をおこなう者の精神に影響をおよぼす悪しき臭いや蒸気が、すべて薄れて弱まる。

第四に、曙光は、夜の終わり、朝の始まり、太陽の母とも呼ばれるので、赤の色がきわまる錬金術の曙光は、すべての闇の最後であって、夜が終わり、細心の注意をはらわないかぎり挫折する長い冬の道程に終止符を打つのである。次のように記されている。

夜は知識を示し、朝は言葉を発し、夜はいずれ光をもたらして、朝は光の喜びに包まれる（註四九七）。

醱酵の火の雨

図二九二は『哲学者の薔薇園』の一五番目の木版画であり、ムルティプリカティオ（増殖）の雨が天からふって、埋葬された両性具有者に生命をあたえている。雨の醱酵の働きは標題と次のモットーによって強調されている。

ここに水がくだり、
ふたたび土に飲むべき水をあたえる（註四九八）。

本文においてこのモチーフは、太陽の硫黄の繁殖力としてあらわされており、太陽の硫黄はもはや石の中で「醱酵」せず、石を「照明」することも「養育」することもなく、土の中で増殖することによって石を「固定」するのである。本文はゲベルを引用して、次のようにはじまる。

太陽の薬剤を準備するにあたり、完全に処理した不燃性の硫黄を、固定と煆焼のやりかたで加え、増殖の溶剤を使用して、それ（太陽の薬剤）が純化されるまで繰返さなければならない……このやりかたで完了するのが最も重要な術であり、これはこの世の学問のすべてをしのぐ術であり、くらべるものとてない宝である。最大の労力をそそぎ、瞑想をおこたらずしてなさねばならない。これによって得られるが、これなくして何も得られぬからである。
細心の注意をはらってこの薬剤の処理を繰返せば、石の準備が整うが、水銀がその増殖によって変化し、無限に太陽をつくり真に月をつくる物質となるまで、石は完成することがない*。

*錬金術においては、増殖は錬金術師が太陽あるいは金の薬剤を白い銀に「投入」し、薬剤の増殖の結果として、白い銀を金色に染めるか金めっきすることを指す。「太陽の薬剤」の製法についてのゲベルの指示は、化学用語に翻訳することはできない。エルンスト・ダームスターデルによれば、「太陽の薬剤に関するゲベルの言葉は……謎に包まれているので、わざと曖昧に述べていると考えざるをえない」のである（註四九九）。

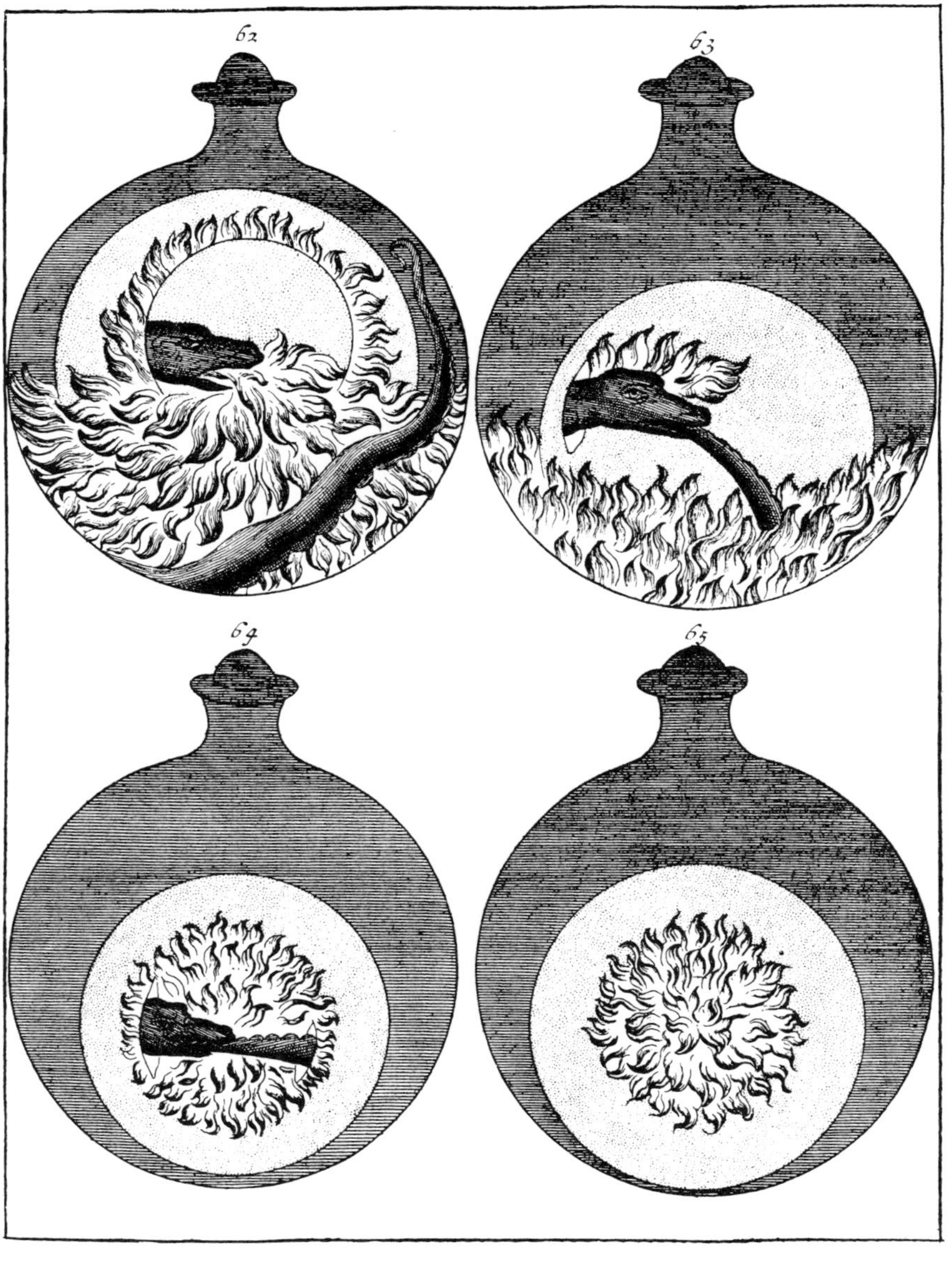

図291　醱酵する蛇が哲学者の卵の内部に入りこむ

図293　父の醱酵の雨に打たれる
大地母神とその子供たち

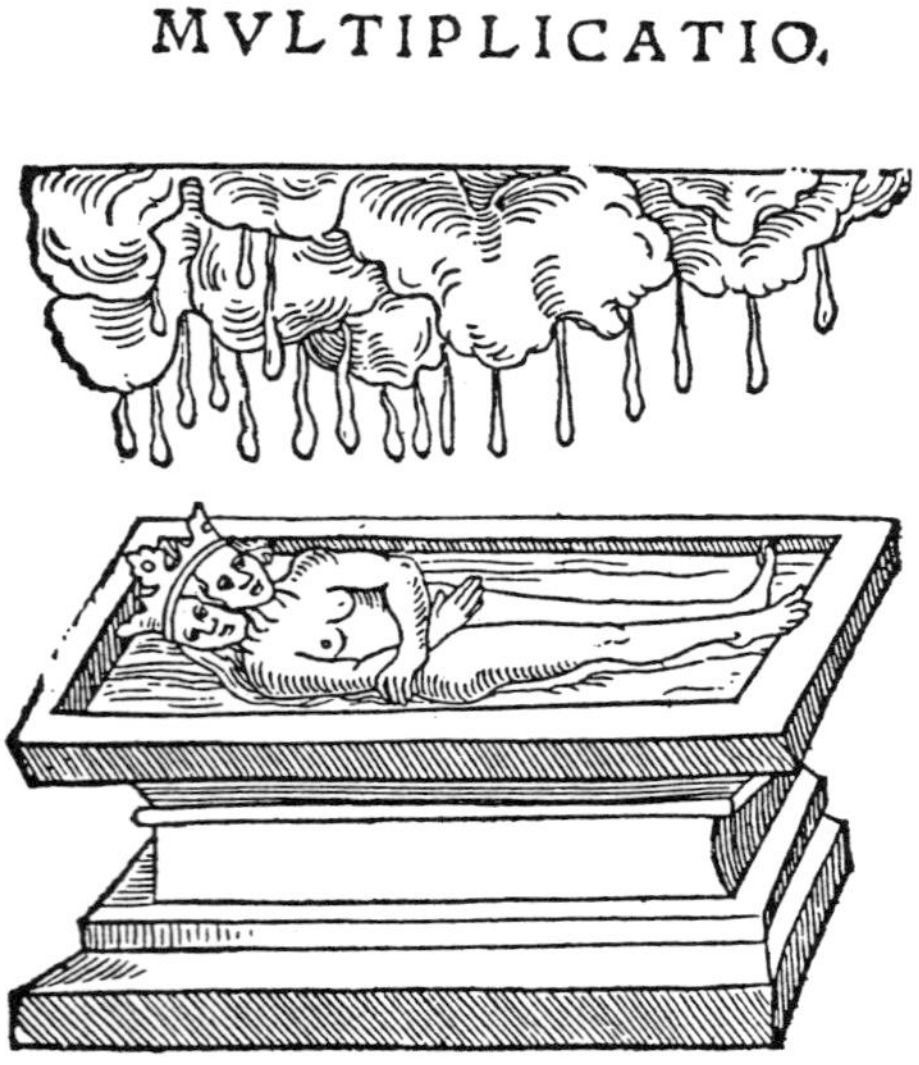

図292　「増殖」を果たす醱酵の雨

秩序の洞察により、すべての薬剤の位階と関係を明かしたまう、万物の創造者、至高の輝しき神は誉むべきかな。これはわれらの調査と忍耐強い労苦により、われらの目でもってながめ、手でもってふれることで果たされたのであり、われらの術により完成がきわめられるのである（註五〇〇）。

メルクリウスの蛇の征服

図二九三は異版であり、先の図版（図二八九）の天使が大地母神としてあらわれ、「増殖」の雨に打たれている。大地母神が手をつなぐ太陽と月は、大地母神の子供として蘇り、若返った姿で石棺をはなれている。

図二九一は『哲学者の薔薇園』の一五番目の木版画を基にしたバルヒューゼンの異版で、『哲学者の薔薇園』の木版画における「増殖」の雨が、本文に従って、石を醱酵させながら「増殖」する太陽の硫黄と解されている。太陽の硫黄はなおも火を吐く蛇としてあらわされ、蛇が後退して尾を食らいながら自殺する行為が、六四番目の図版で頂点に達する。自分が生み出した火に呑まれ、尾を食らうものは六五番目の図版で完全に消え、太陽の硫黄が燃えあがって、メルクリウスの卵の内部を染めている。錬金術師がメルクリウスの蛇を征服したことにより、哲学者の卵は黄金の完全な状態に復帰し、太陽の再誕を迎える準備が整うが、これはこのあとにつづくバルヒューゼンの図版であらわされる（図三〇六）。

これらの図版は『哲学者の薔薇園』の一七番目の木版画をわかりやすく図解しており、もとの木版画では、太陽における新しい誕生と太陽の丘での両性具有者の復活が描かれ、丘の麓では三つの頭をもつメルクリウスの蛇が倒れている（図三〇七）。尾を食らうもののこの変種は、蛇殺しをあつかう錬金術のさまざまな図版にあらわれる。『哲学者の薔薇園』がこの出来事を第三の結合の輝しい実現にひとしいとみなしている事実によって、これに先立つ二点の木版画、すなわち図二九二および図三〇〇における、両性具有者と蛇の闘いに内在するモチーフが判明する。バシリウス・ヴァレンティヌスの第九の鍵（図二九六）とその異版（図二九五および図二九七）は、『哲学者の薔薇園』の一五番目、一六番目、一七番目の木版画を巧みに合成することにより、この関係を明らかならしめているのである。『哲学者の薔薇園』の再誕外傷の変種をあつかうまえに、メルクリウスの蛇を殺すことを描いた最も興味深い文献の一つを紹介しておこう。

太陽のドラゴンを殺す

『ラムスプリングの書』では、尾を食らうものの寓意画に短い詩がそえられ、太陽の薬剤の準備が次のように指示されている。

残忍なドラゴンが森に住み、

その悪意甚だしいものであった。
ドラゴンは太陽の光とその明るい火を見て、
おのれの毒を撒き散らし、
猛だけしく舞いあがったので、
ドラゴンの前に立ちはだかる生物となく、
バシリスクさえ太刀打ちできない。
賢明にドラゴンを殺す技をもつ者が、
すべての危難をまぬかれた。
ドラゴンが死ぬときに、
ドラゴンの色がことごとくあらわれ、
その毒が最良の薬となる。
ドラゴンはおのれの毒ある尾を食らうため、
速やかにおのれの毒を食いつくす。
これらすべてはドラゴンの体にて果たされ、
ドラゴンの体より、奇蹟的な効能をもつ、
栄光の油が流れだす。
ここにおいて賢者たちは声をあげて喜びをあらわす（註五〇一）。

『ラムスプリングの書』のドラゴンはエレアザルの『太古の化学作業』のドラゴンに相当し、同書において、火を吐きながら空を飛ぶドラゴンは、「万物の始原……古ぶるしい父……ピュートーン」とされている（註五〇二）。

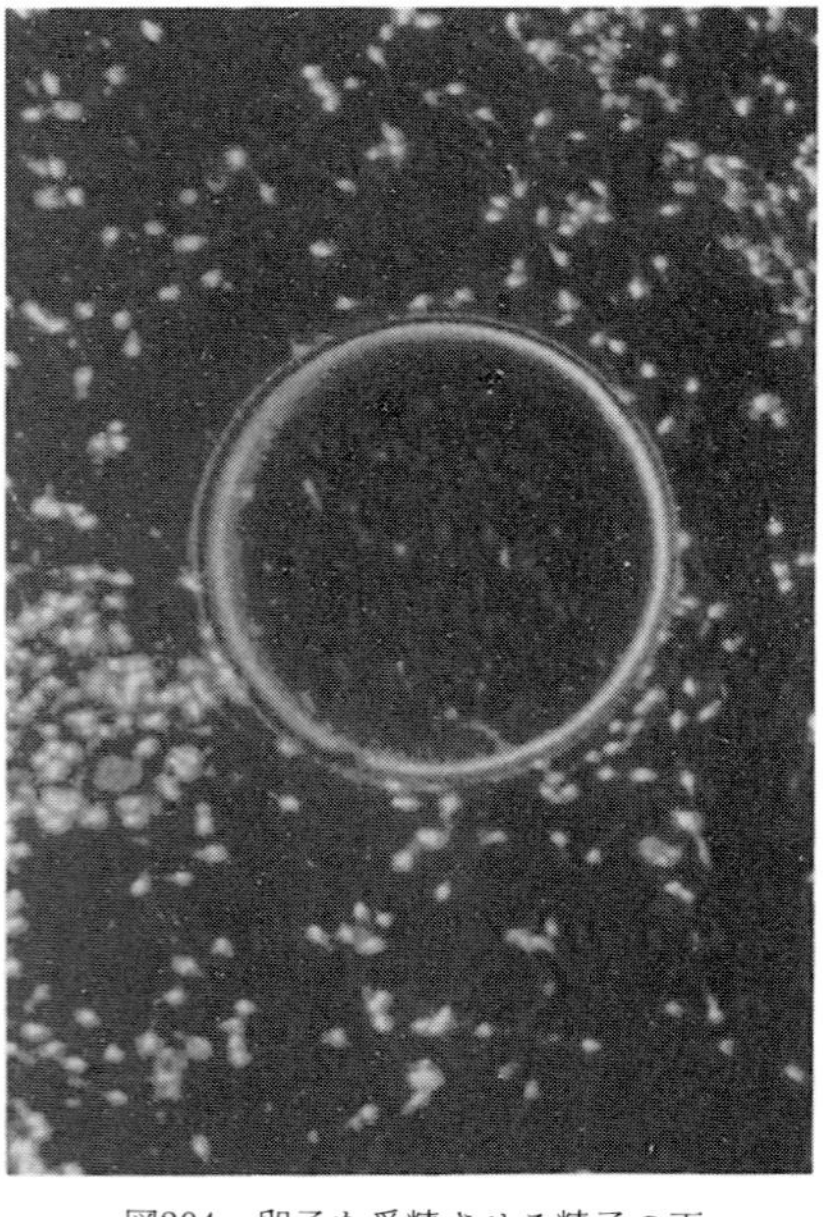
図294　卵子を受精させる精子の雨

排卵、受精、分裂

錬金術のフィクサティオ（固定）、ムルティプリカティオ（増殖）、レウィフィカティオ（復活）は、排卵と受胎の無意識の痕跡を逆に再生することをあらわしている。図二九四の写真は精子が入りこんだ直後の卵子を示しており、卵子の中に入った精子（右上の黒い点）がゆっくりと進み、卵核（左上の黒い点）に近づいている。排卵されたばかりの卵子は子宮頸部の上部を漂いつづけ、急速に近づいてくるオタマジャクシに似た精子の大軍と出会う。写真が示す出会いでは、醗酵の雨のようなおびただしい精子の群に卵子がとりまかれている。

精子が卵子の表面を貫通すると、卵子が活発な活動をはじめる。精核と融合するために卵核が形成され、細胞の塊が縮んで、分厚い受精膜の内側に広い空間をつくりだす。この空間に極体が発達する。この最初の極体が卵子の四六の染色体の半分を吸収するので、のこる二三の染色体が精子の二三の染色体と融合し、四六の染色体をもつ新しい細胞を生み出す。四六の染色体は普通に発達する細胞が必要とするものである(受精の直後に形成される第二の極体には他の余分の細胞物質が含まれる)。この過程は受精卵の分極化と呼ばれる。

この出来事を象徴しているのが、図二八七—図二九〇であり、これらの図版は受精の行為を逆にあらわしているのである。精子が卵子から「抜け出す」ことが、尾を食らうものの運命と錬金術師が蛇を征服することを説き明かす。同様に、それにつづく図版とその不思議な象徴的行為は、排卵(射精)を逆転させたものであって、卵子(精子)が卵巣内の卵胞(精巣内の精細管)にもどることをあらわしているのである。この生物学的連鎖が錬金術の第三の結合の表現手段となっている。*

*この進化の映画は実際には二つの異なった部分、すなわち卵形成と精子形成に分かれているので、個人がいかにして進化の映画を受精以前にまでさかのぼれるのかと問われるかもしれない。しかしこれは可能なのである。事実を述べれば、個人の卵子と精子には、相似する進路に沿って相同器官で起こる発達前史がある。個人の誕生の映画を逆に再生することにより、たとえ受精のあとで卵形成と精子形成の連鎖に分かれようとも、これら二つの連鎖の根本的な生物学的パターンは同一なのである。卵形成と精子形成は類似しており、二つの生殖細胞は相同器官、すなわち卵子は卵巣の卵胞、精子は精巣の精細管に発する。これらの器官における成熟過程は成長する卵子と成長する精子にとって同一である。両者とも同じ減数分裂のプロセスによって形成され、いずれの細胞も同じ始原生殖細胞の状態から発生する(図三五二)。したがって第一と第二の映画のどちらを上映しようと、同じものを目にすることになる。LSDによって引き起こされる退行には、こうした細胞にまつわる無意識の領域の驚くべき体験がある。

黄色の再誕外傷

図二九六はバシリウス・ヴァレンティヌスの第九の鍵であり、太陽と月がレウィフィカティオの上昇気流に乗って天に向かいながら、結合を試みようとしている(これは図三〇〇として掲げた『哲学者の薔薇園』の一六番目の木版画があらわす段階である。レウィフィカティオは復活を意味する)。ガニュメデスのように頭をつかんで飛ぶ鷲によって上昇し、王は不思議な回転によって裸の女王のもとにもどり、王は女性器から追い払われているようにも見える。

図295　父とその精子を征服する　生殖原理の最終的な死

図297　受精の蛇に飾られる高貴な卵の玉座につく太陽と月

図296　キトリニタスの再誕という排卵のドラマ

回転運動をもたらすのは、三つの頭をもつメルクリウスの蛇であり、哲学者の卵の内部で、中心にある三つの心臓を貫こうとしているか、醱酵させようとしている。その位置から明らかなように、女王は孔雀の尾の輪に足を置き、体を前にかがめることで、受精卵の回転の効果を消そうとしている。孔雀はキトリニタスの鳥であり、本文によれば、惑星の神々の素晴しい行列として尾を広げ、神々は華麗な色の衣服をまとい、美しく彩られた寓意画の旗を示すという。

女王の頭にとまる白鳥はアルベドをあらわし、王の足の鴉はニグレドを、王の頭の鷲は「ルベド」の赤色化過程をあらわす。このように四羽の鳥は錬金の作業の四つのレギミニア（処理）をあらわしているのである。

第九の鍵の本文では、「最初の母と結ばれる」ために、諸惑星が至高の星を目指して急上昇するありさまが描かれている。土星がこのレースの勝者としてあらわれ、「あらかじめ定められた完成への大いなる石の上昇」としてもあらわされる。

バシリウス・ウァレンティヌスの第九の鍵

諸惑星の中で最大のものと呼ばれるサトゥルヌス（土星）は、われらの自然変成力の権能を有さないとはいえ、術全体の主要な鍵でありながら、最下の最も卑しい場に定められている。速やかな飛行により、他のすべての星を越えて最も高いところに昇るが、その羽根を切られ、最も低いところへと落下し、腐敗によってその向上に達する。かくして黒は白に変じ、白は赤に変じ、この世の色のすべてを経ながら他の星を超越し、ついには誇らしげな王の至高の色に達する……サトゥルヌス（鉛）を準備する際には、さまざまな色があらわれる。黒、灰、白、黄、赤、その他さまざまな色を目にすることになる。同様に、賢者たちの物質はいくつかの色を経た後、大いなる石は高められ、あらかじめ定められた完成に達する。新しい門が開かれ、新しい衣服を勝ち取っていくため、貧しい者さえ大いなる富に達し、もはや借金する必要とてないのである。個々の星が他の星にとってかわり、その栄光、役目、支配地、権力を奪うべく奮闘して、ついには最高のものが最高の場（太陽）に達し、永遠の色をまとい、最初の母――生来の頑なさのゆえに愛と友情において勝ち誇って上位に立つ最初の母――と結ばれることを理解せよ。現在の状態が終われば、新しい世界が創造されはじめ、一つの星が他の星を霊的にむさぼり食い、ついには最強のものだけが生きのこって、二と三が唯一者に征服される。

最後に申しておくが、天の天秤の皿に白羊、金牛、天蠍、磨羯を入れなければならない。他の天秤の皿には、双子、人馬、宝瓶、処女を入れなければならない。そして金の獅子が処女の膝に跳びのるようにいたせば、他の皿が揺れる。そこで黄道一二宮をプレアデスの反対側に入れ、この世のすべての色が示されれば、最大のものと最小のもの、最小のものと最大のものが結ばれることになる。
全世界の本質が
一つの形象の内に見え、
術によってあらわれるものが何もないなら、
宇宙に素晴しいものは何も見いだされず、
自然は語るものをもたないだろう
そのことで神を讃美せざるをえない（註五〇三）。

受精卵に乗って

図二九七はバシリウス・ヴァレンティヌスの第九の鍵の異版である。太陽と月が月の卵の上で、卵の殻の中にいる三つの頭をもつメルクリウスの蛇によって、受精の瞬間を体験している。太陽と月は四つの処理を示すヘルメスの壺をあらわしている。

メルクリウスの蛇を殺す

図二九五は第九の鍵のいま一つの異版であり、第九の鍵と同様に、『哲学者の薔薇園』の一六番目と一七番目の木版画（図三〇〇および図三〇七）を結びつけている。降下する「復活」の天使は、天より晴れやかに輝かしくあらわれて、王を復活させる魂であり、王はいまや刺し殺された蛇の上で勝ち誇っている。太陽の山の張り出す崖に横たわる怪物の傷口から、小さな蛇がおびただしくあらわれている。深淵への落下という死にさらされる、この危険な立場に身を置いて、王はめまいをおぼえつつ、太陽の戴冠の形をとって、勝利の花冠を受けている。本文によれば、太陽の冠は、「鉱山の金よりも純なる哲学者の金の復活と、哲学者の石の増殖に先立つ蘇生を意味し、これは錬金術師がその術により至高の光輝へと高めた石」なのである（註五〇四）。

増殖の原理の征服

『哲学者の薔薇園』の一七番目の木版画やその異版において、妙に念入りにあらわされているメルクリウスの蛇は、霊的な面におけるメルクリウス・フィロソフォルムを象徴している。ユングはメルクリウスの霊の三位一体のあらわれを次のように要約した。

メルクリウスの三様の性質は、キリスト教の教義ではなく、さらに古い時代に発している。三つ組はゾシモスの論文、『錬金術とその解釈について』と同じくらい古い。この論文には次のように記されている。

構成の統一は分割不可能の三つ組（を生み出し）、別個の元素から構成される分割不可能な三つ組は、創造の原困であり造物主である最初の創造者の深慮により、宇宙を創造する。しかるがゆえにトリスメギストスと呼ばれ、創造されるとともに創造するものと考えられるのである（註五〇五）。

マルティアルはヘルメスをオムニア・ソルス・エト・テル・ウヌス（全と三なる一者）と呼んだ。モナクリス（アルカディア）では、三つの頭をもつヘルメスが崇拝され、ガリアでは三頭のメルクリウスがいた。このガリア人の神は魂を冥界に導くものでもあった。三様の性格は冥界の神々の属性である……クンラートはメルクリウス・トリウヌスおよびメルクリウス・テルナリウスと呼ぶ。ミュリウスは（バシリウス・ヴァレンティヌスや『哲学者の薔薇園』にならって）メルクリウスを三つの頭をもつ蛇とした（図二九七、註五〇六）。

換言すれば、メルクリウスの霊の三位一体の蛇の姿は、造物主の増殖の原理をあらわしているのである。これは精神分析において蛇の元型が父親のペニスの象徴とされている事実に合致する。したがってメルクリウスの蛇あるいはドラゴンを殺すことは、錬金術師が不純な形でのリビドーを征服すること、すなわち抑えがたい性の欲求と子供をもうけたい欲求を乗りこえることをあらわすのである。

三つの頭をもつ精子の征服

図二九九は謎めいた錬金術のモチーフをあらわしており、おそらく三つの頭をもつ蛇の征服に関係している。大地に生まれた星空の巨人オリオンが、自分を生み出した三つの頭をもつ精子を引き抜いている。巨人のモチーフが指し示しているのは、錬金術師によって天と地が結ばれ、それによって錬金術師の姿が雲をつく大きさになる、キトリニタスの最終段階である。「哲学者の幼児」（左端）および巨人のオリオン（右端）という二重の姿で再誕した錬金術師は、自分の三人の父親、すなわちアポロン（太陽）、ウルカヌス、メルクリウスとしてあらわれる錬金術の人物たちに取り巻かれている。これらの人物は自分たちの精子にあふれた牡牛の皮を切り開いている。この皮から一〇ヵ月を経て、オリオンが生まれたのである。モットーによって説明されているように、「哲学者の幼児はオリオンのように三人の父を認める」のである（註五〇七）。天の再誕の象徴として、このモチーフは本文によってさらに詳しく説明され、本文では若返った錬金術師の繁殖の積極的原理の征服があらわされ、三つの頭をもつオリオンの精子が太陽の光の醗酵して色を染める力にひとしいとされる。

オリオンの受胎は……その根源に自然の秘密がなかったとしても、恐ろしくも法外なものである。ルルスは『遺言』において、同じ父親たちを哲学者の息子、すなわち太陽であると

図298　帰還する魂によって蘇生させられる年老いた鬱状態の男の霊的再誕

図299　受精の媒介をさらけだす

図301　ペリカンの死と再誕の血によって
赤く染まる井戸をはなれる

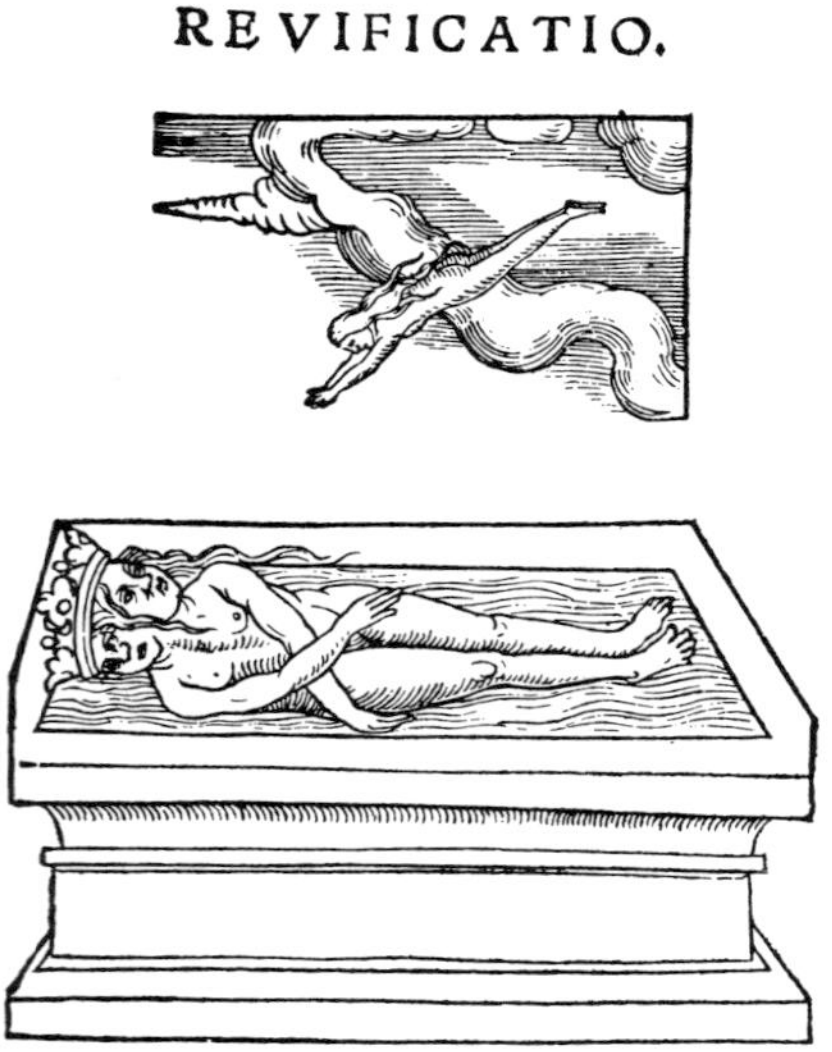

図300　天に近づく空飛ぶ棺

したが、これはオリオンの誕生の第一原因としてのアポロン、あるいは天の太陽と同一である。名状しがたい力でもって、謎めいた秘密のやりかたにより、太陽は哲学者たちの知る物質に影響をおよぼし、物質が女の胎にあるかのようなやりかたでそうするのである。このやりかたでもって、太陽は自分にひとしい息子ないしは胎児をつくりだし、やがて父としての権利によって、その子に自分の武器、権力の印を手渡す。すなわち、未熟なものを成熟させ、色のない不純なものを色づけ純化する力である（註五〇八）。

両性具有者の「復活」

図三〇〇は『哲学者の薔薇園』の一六番目の木版画であり、復活あるいは蘇生の段階を示す。魂が裸の女の姿で天よりもどると、両性具有者の体は石棺の中で復活する。モットーはこう説明している。

魂が晴れやかに輝かしく天より来たりて、
哲学者の娘を復活させる（註五〇九）。

空から降下する女は、哲学者あるいは王の女のかたわれを復活させ、そうして哲学者あるいは王の死んだ両性具有の体における男のかたわれを復活させると考えられる。本文では石の「三つの準備段階」をあつかうゲベルの『金属大鑑』の最終章が引用されている。いまや第三の段階が次のように達せられた。

昇華の技法によって、既に凝固した石を揮発させ、揮発したものをまた凝固させ、凝固したものを溶解し、さらに溶解したものを揮発させ、揮発したものを凝固して、石を真に太陽と月をつくる美しい物質になさしめよ。第三段階の準備をこのように繰返すことにより……このやりかたによってさえ、薬剤の精錬効果が増加する。この薬剤から、それぞれの場合に応じて、七倍、一〇倍、一〇〇倍、一〇〇〇倍、あるいは無尽蔵の月をつくり太陽をつくる物質が生じ、体を完全なものにする（註五一〇）。

さらにこのあとでは、石の第三段階の準備が、「哲学者たちの金言より得られた秘法によって、肉体を霊にかえること」を果たすものだとされている（註五一一）。同時に、この行為は「完全な向上を果たす」ものだとされる（註五一二）。『哲学者の薔薇園』の木版画は、帰還するアニマが埋葬された両性具有者を復活させながら、第三の結合の準備をおこなうことを示すことにより、「肉体の完全な向上」を図解しているのである。

図三〇一は異版であって、図二七三でくだりはじめた井戸あるいは管の上端に太陽と月があらわれている。太陽と月が井戸の上端からあらわれることは、二人が井戸あるいは容器の首にある〜

リカンの血の風呂からあらわれることをあらわす。ペリカンは古典的な姿勢をとって描かれ、胸を引き裂いて、自らの血で雛を養おうとしている。ペリカンの自己犠牲の血は、赤の薬剤、太陽の薬剤、殺された蛇の毒を象徴する――すべて石をあらわすものである。

太陽と月の血の風呂

いま一つの異版が図三〇二で、これはアブラハム・エレアザルの『太古の化学作業』に収録されている。井戸からあらわれる太陽と月の血の風呂は、ヘロデ王の幼児虐殺と同一視され、このモチーフは錬金術師とその妹の昇天をあらわすニコラ・フラメルの墓石に由来する（図三二四）。

アブラハム・エレアザルの異版では、容器の首における高貴な風呂が、血と落下する幼児たちの体によって赤く染まり、次のような詩がそえられている。

王と女王を子供たちの赤い血に溶かせば、
太陽と月がそこで血をあびるであろう。
この井戸は無尽蔵であるからだ（註五一三）。

本文では図三〇二の行為が説明される。

王が抜き身の剣をもって立つかたわら、兵士たちが無垢な子供たちを殺し、その血を集める。兵士たちは色を強めるために、既に血に満たされている井戸に子供たちを投げこむ。太陽と月がこの井戸で血をあびる（註五一四）。

本文では、錬金術師とメルクリウスの蛇との闘いに関連づけて、血の風呂の精神外傷的な性質が説明される。

それゆえ彼らが太陽と月の羽根をもつ飛ぶ鳥たちをピュートーン（メルクリウスの蛇）に注ぐと、ピュートーンが再びこれらの鳥たちの中に融ける。次に彼らは透明な溶剤をつくりだし、これを新しいピュートーンに注いで、油分の多い重い液体を得る。そして王と女王を結合させ、二人をともにするのである（註五一五）。

オリュンポス山での霊的性交

図二九八では、キトリニタスの「増殖」と「復活」の段階と、巨人のモチーフと、ガニュメデスの太陽神話が合成されている。錬金術師はゼウスの鷲によってオリュンポス山におろされ、ガニュメデスおよびウルカヌスの二重の姿で神々の父に近づく。斧でもってゼウスの頭を断ち割り、そうすることでパラス・アテーネー、すなわち哲学者の娘の「霊的」誕生を助ける。哲学者の娘

図303　石が朝の太陽に染まり、薔薇園の池に映る

図302　子供が落とされる血みどろの井戸

図305　非存在と存在のあいだの石に鎖で繋がれる太陽と月
回転する世界の静止点における神秘的結合

図304　第一の門を抜けて生に入る

が陰気な老人の体にもどることで、レウィフィカティオ（復活）の本質がもたらされる。背景では、ムルティプリカティオ（増殖）の雨が、復活する太陽と月（ウェヌス）の結婚のベッドにふりそそいでいる。

愛しあう両親のすぐうしろにあらわれる哲学者の息子は、天に達する黄金の超人（背景左のロードス島のアポロン巨像）と同様、再誕の象徴である。超人の輪光はキトリニタスの最後に錬金術師が征服する太陽の力をあらわす。太陽と月（ウェヌス）の性交と、父の頭からのアテーネーの誕生がひとしいものとされていることにより、いまおこなわれている黄金の結合の霊的性質が示される。繁殖の自然の行為がいまや霊的な行為、脳における受胎になっているのである。

本文ではロードス島が蛇と花にあふれる島とされ、図版をキトリニタスの蛇のドラマに結びつけている。この関係は、パラス・アテーネーの勝利の表象、蛇に覆われたメドゥーサの首に言及されることによって、さらに確かなものになる。

ペルセウスがパラス・アテーネーにあたえたメドゥーサの首は、石化の効果をもち、見るも恐ろしく、その頭は髪のかわりに蛇で覆われているのである。アテーネーが（恐れる）……このメドゥーサの首は、三頭三体のゲリュオンの父であるクリュサオルを、石化するゴルゴーンの血によって生み出したものと同じ物質であり、哲学者の石の薬剤にほかならない（註五一六）。

排卵と受胎の精神外傷

蛇に覆われるメドゥーサの首を「石化するゴルゴーンの血」とともに征服することは、『哲学者の薔薇園』、バルヒューゼン、バシリウス・ヴァレンティヌス、アブラハム・エレアザルのあらわす、蛇のドラマと石あるいはレビス（両性具有者）の血みどろの「赤色化」にふさわしい。すべてが「黄色」の再誕外傷の表現であって、精神生物学的にながめれば、排卵と受胎の精神外傷をあらわしている。卵子（あるいは精子）が非存在あるいは未顕在の領域から落ちて、存在あるいは顕在の領域に入るのである。

血みどろになって世界に入る

錬金術において、楽園から地上、あるいは霊的存在から肉体的存在に移行することは、殺された蛇の血と落下する子供たちの刺し殺された死体の血でもって赤く染まる、ペリカンの首という無尽蔵の井戸によってあらわされる。

ニコラ・フラメルの墓石（図三二四）では、図三〇二の血みどろの井戸に投げこまれる子供たちは、哲学者の薔薇園の子供たちである。この園では、薔薇が子供であり、子供が薔薇なのだ。これは天の母の庭園でもあり、図三〇二の子供たちは残忍な王の剣によって天の母の保護を断ち切られる。これら無垢な子供たちは深く不気味な井戸に投げこまれ、非存在の「死」と存在の「誕生」に苦しむ——この精神外傷をともなう移行あるいは「落下」を、錬金術師たちはメルクリウスの蛇の誘惑する声に結びつけるが、これはバルヒューゼンの五八番目の図版（図二八七）で正確にあらわされている。

薔薇園の黄金の池

キトリニタスの再誕外傷が復活したあと、錬金術の変成過程は不思議な聖なる回転をつづけ、苦悶から至福を、落下から上昇を生み出す。レウィフィカティオ（復活）の強力な気流に乗って、哲学者の卵は天に昇る。

図三〇三では、翼のある哲学者の卵あるいは哲学者の石が、いまや朝の太陽のように輝いている。哲学者の薔薇園の上空にとどまったあと、その輝く池に降下する。翼のあるものが池に映り、そのアウルム・アウラエ（金の金）は太陽の光の水からつくられている。壁にかこまれた薔薇園は、惑星の山や杉や薔薇の葉を収めた大鉢にとりまかれている。右上では、錬金術師が薔薇園の門の前で待ちかまえ、謎めいた妹が薔薇園の鍵をもって駆け寄っている。

図版の筒状の開口部にあらわれているのは、天と地の結合であり、これが池の金の鏡によって逆に見えている。これが指し示しているのは、『エメラルド板』の有名な教えであり、それによれば、上なるもの（スルスム）は下なるもの（デオルスム）に似て、退く運動は（セオルスム）近づく運動（ホルスム）に似るのである。

同じ考えが飛行する太陽の内部にあるソロモンの印によってあらわされている。対立物の合一の表象であるこの印は、池に映る太陽の姿の中できらめき、魔力ある姿が天の元型の鏡像としてあらわれている。ソロモンの印は地上の太陽と月の三角形から構成され、星たちとともに、天の元型の鏡像として見える。このように下なる地上の現実と七つの金属は、上なる天の現実と七つの金属の反映なのである。

この図版の鏡による象徴主義は、霊妙かつ神秘的な性質のものである。錬金術師と妹がアウルム・アウラエ（金の金）の黄金の池をのぞきこもうと、薔薇園の小道を歩くとき、二人は太陽そのものとその鏡像を識別する手段を奪われる。光の中心から輝く魔法の池は、鏡のように逆に映される上なるものと下なるものをあらわす。池の水面に降下する太陽は水面に浮上する太陽と区別できない。薔薇園におけるこのような上なるものと下なるものとの一体性は、時間のない瞬間をあらわし、静止しながら動く白い光の中で、対立物のすべてが結ばれるのである。

哲学者の薔薇園

図三〇四は異版であって、哲学者の卵あるいは哲学者の石が最初の世界に「巣ごもり」しようとしている。図版では、翼のあるものが最初の門を抜け、薔薇園に通じる扉に向かっている。あたりには蜂が群がり、七つの金属のうち四つが、「アンチモニー質」の太陽とともに薔薇園の通路を進んでいる。

図三〇五の宇宙の円は、哲学の車輪（鳥の象徴をともなう）、太陽の樹の回転する樹冠、哲学者の卵あるいは哲学者の石の複合イメージである。このイメージは天をはなれて地に入ったオウム・フィロソフォルム（哲学者の卵）としての世界卵の誕生をあらわす。その殻には星が散りばめられ、その卵白と卵黄は、黄道一二宮、惑星、錬金術の領域から構成される。これらはメルクリウス・フィロソフォルム、あるいは哲学者の石の印を中心にしている。中心そのものは、スキンティラ（小さい火花）あるいはプンクトゥム・ソリス（太陽の小点）であって、そこに宇宙全体とその対立物が集まっている。これは魔力ある点であり、統一、発生、中心をあらわす。錬金術師は回転する世界の静止点に達したあと、自らの存在の中心に浸かり、ここで窮極の現実、あるいはメルクリウス・フィロソフォルム——宇宙を動かす不動の原動者——の本質の聖なる光を理解する。

全体性のいま一つの象徴が、星の散りばめられた衣服をまとい、結合したライオンに乗り、斧を二本もって勝ち誇る両性具有者である。この両性具有者が図版を十字に区分しており、図版が水平に天と地、垂直に昼と夜に分けられている。ライオンは硫黄と水銀の象徴であり、ライオンの尾のすぐうしろにある炎および泉として大地からあらわれる。裸の男女としてあらわれる太陽と月を象徴してもいる。裸の男は太陽にしてライオンであり、裸の女は月にして夜である。月は葡萄の房をもち、豊かな胸から銀河が流れ出している。ヘルメスの川に立つ月の美しさを讃美しているのは、裸で水浴びするアルテミスをながめた罰として鹿に変身させられた猟師、アクタイオンである。

不死鳥および鷲の上で平衡を保つ太陽と月は、回転する宇宙に鎖で繋がれている。回転する宇宙は太陽の樹の回転する樹冠でもあり、この樹は太陽の山あるいは太陽の丘にそびえる。宇宙全体が樹冠の中で回転しているので、太陽の樹は車軸＝樹および世界樹として描かれている。太陽の車軸＝樹の両側に、他の惑星の神々あるいは金属の樹が広がっている。一二本の小さな樹にはそれぞれ一二の最も重要な金属の印がある。

不思議な庭園の木々の上で、哲学者の卵が回転しながら世界に入ろうとしており、地上の半分は星に飾られ、天上の半分は天使の頭と三位一体の象徴に飾られている。哲学者の卵が顕在する存在の世界に入ることは、未顕在の存在の世界（あるいは楽園）からの追放と同時に起こる。裸形のアダムとエヴァの鎖は、哲学者の卵の誕生めいた運動、聖書が人間の堕落としてあらわす運動との緊密な結びつきを示す。

明らかに鎖はアダムとエヴァを、創造、二元性、抑えがたい性の欲求の世界に縛りつけている——図版の上部にある、非創造、三位一体の統一、霊的至福の世界と截然と分かたれる存在レヴェルである。これが天の子供の園、あるいは哲学者の薔薇園によって象徴される楽園である。*

*卵巣の生殖上皮における濾胞は子供の園でもある薔薇園に似ている。五〇万の卵がこの土壌に埋まっているのである(図三五一)。排卵時に、濾胞は液体に満ちて卵巣の表面に向かって進み、表面で破裂して、卵を放出する。液体がなくなったあと、破裂した濾胞はにじみでた血に満たされ、黄色の細胞組織——黄体——が形成される。これが黄体ホルモンを生み出し、このホルモンが受精卵の発達のために子宮壁の条件を整える。図三〇三—図三〇五は排卵の行為を逆の順序であらわしたものである。退行するリビドーの翼に乗って、哲学者の卵は破裂する濾胞の「池」にもどり、そこで卵巣、すなわち哲学者の薔薇園と結合する(正確に同じ連鎖が精巣の生殖上皮に「帰還する」精子にあてはまる)。

薔薇園の花は天の天使団、あるいはいまだ生まれぬ子供たちの霊にひとしい。これら天上のものたちを創造したものが、至上者の名前、羊、鳩によって象徴される、父・子・聖霊の聖なる三位一体としてあらわれる。

第11章　第二の結合　太陽の再誕

図三〇七は『哲学者の薔薇園』の一七番目の木版画で、第三の結合、すなわち太陽における新たな誕生をあらわす。先の木版画(図三〇〇)で天から帰還する魂が、霊とともに実体化して、そうすることによって太陽の丘あるいは山で両性具有者の体を復活させる(註五一七)。勝利の仕草として、レビス(両性具有者)は落下(メルクリウスの井戸への降下)のための大きな蝙蝠の翼を広げる。

王と女王の性交は月での先の誕生に似ている(図二四一)。三匹の蛇が王の掲げる杯の中で蠢き、四匹目の蛇が女王の腕にからみつき、首を女王につかまれている。太陽の丘の麓で死にかけている三頭の蛇は、いまなお両性具有者の体を這いまわりながらすぐにふりはらわれる蛇の死をあらわす。

誇らしげなカップルは、太陽の果実でもって輝くアルボル・ソリス(太陽の樹)の光に照らされている。反対側では、ペリカンが自分の血で雛を養い、死と再誕の色でもって山を「赤色化」している。太陽の結婚の近親相姦的な面が両性具有者の背後にあらわれている。すなわち、完全さを示す天上の結合の輝きの中にたたずむ赤いライオンである。本文はこのようになっている。

石を純化して、腐敗する要素をすべて完全に取り除き、醱酵させたあとは、容器をかえる必要も蓋をとる必要もなく、神が石を守り、石を壊すことがないようにと祈るだけである。それゆえ哲学者たちは自然変成のすべてが一つの容器で完成するというのである。白色化の作業が石の純化のあと四〇日を費やして完了することを心得ておかなければならない。純化については、熟練した錬金術師でないかぎり、日を定めることはできない。次に赤色化の作業は九〇日を費やして完了する。これは純化の後に起こる凝固に必要な正しい日数であり、純化は腐敗および肉体を純粋な霊にかえることなく起こりえない。これを果たせば、神を讃美すべし（註五一八）。

『哲学者の薔薇園』は錬金術の結合をあつかう最も古くて有名な文章の一つ――セニオルの『太陽と満ちゆく月の書簡』――を引用している。

（月が語る）われは湿った冷たい満ちゆく月であり、そなた、太陽は暖かいか、湿っている（さもなくば乾いている）。そなたとわれがわれらの家で等しい位で交わると、これは強い（火を）はらむ穏やかな火なくしては起こりえないことではあるが、われらはここに巣ごもりして、気高い血筋の女と夫のようにならなければならない。閉ざされた家の胎にとどまるため、われと太陽が結ばれるとき、そなたが親密さよりわが美しさと麗しい姿をおのれのものとするなら、われは甘い言葉によってそなたの魂を迎え入れるであろう。そしてわれらは霊の高揚に胸ときめかせ、上位者の位階に昇る。そなたの光がわがランプにそそがれ、そなたとわれは葡萄酒と甘い水のように結ばれる……

（太陽が応えて月に語る）汝がこれをいたして、われを害することなければ、わが体は再び変化する。そしてわれは汝に新たな浸透の力をあたえ、汝はその力により、液化と浄化の火の闘いにおいて強くなるであろう。そして汝は銅と鉛のごとく、減少することもなければ闇にさらされることもなく、ここから抜け出し、謀叛の心なければ闘うこともなし（註五一九）。

王と女王の謎の寓意画

図三〇八は異版であって、両性具有者の女のかたわれが赤いライオンを鉄の鎖で引いている一方、男のかたわれが棒でセルペンス・メルクリアリス（メルクリウスの蛇）を襲っている。もとの『哲学者の薔薇園』の木版画にはドイツ語の詩がそえられている。

王の謎

ここにあらゆる名誉をもつ皇帝が生まれる。
術によっても自然によっても、
いかなる生物によっても、
皇帝より気高いものは生まれない。
哲学者たちは皇帝を息子と呼び、
彼らが皇帝によっておこなうことはすべて果たされる。
人間が望むものを皇帝はあたえる。
長年にわたる健康、
黄金、銀、宝石、
権力と若さ、美と純潔を。
怒り、悲しみ、貧困、病を、
皇帝は追いはらう。

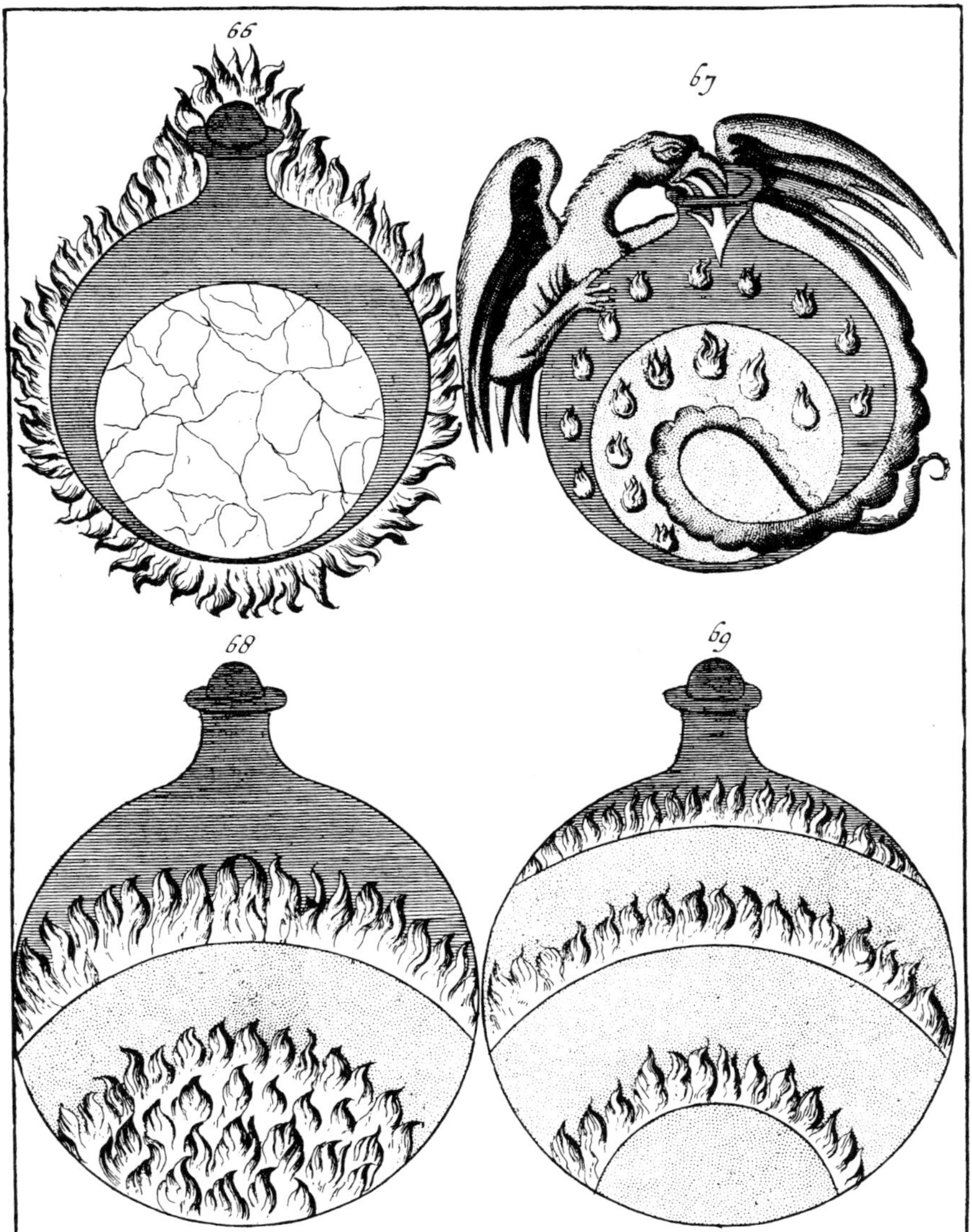

図306

図308　太陽の丘で蛇を滅ぼし、性の強迫観念を克服する

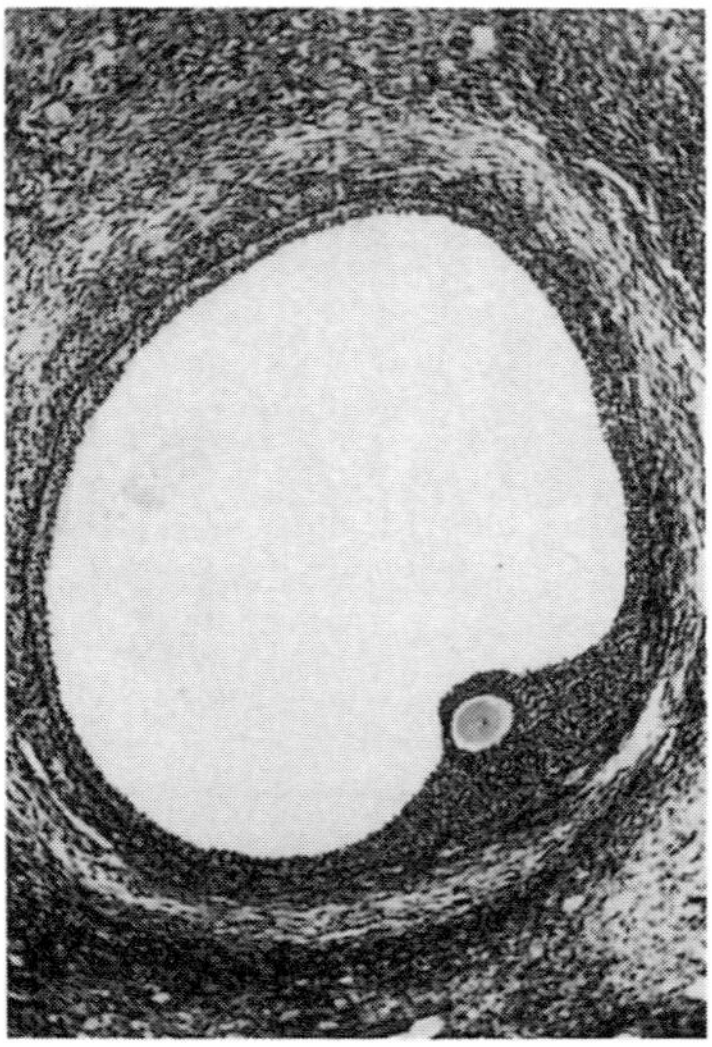

図309　濾胞の丘に「巣ごもり」する卵

図307　天における「完全さの顕示」

神によりこれをあたえられる者は幸いなるかな。

月の女王の返答

ここにあらゆる名誉をもつ皇后が生まれる。
哲学者たちは皇后を娘と呼び、
皇后は子供たちを次つぎに身ごもる。
子供たちは至純にして汚れ一つない。
皇后は死を征服し、貧困を憎み、
富、健康、名誉、善をほどこし、
黄金、銀、宝石はもとより、
あらゆる医薬をしのぐ。
この世に皇后にかなうものはなく、
天の神に感謝しなければならない（註五二〇）。

白い卵を金色にする

図三〇六は『哲学者の薔薇園』の一七番目の木版画をバルヒューゼンがわかりやすく図解したものである。六六番目の図版では、破裂した月の卵が火の海に包まれ、第三の結合、キトリニタスの最終段階に達したことをあらわしている。六七番目の図版では、翼のあるメルクリウスの蛇が容器の開口部で死にかけながらも、むなしく矢のような舌で卵を襲おうとしている。燃えたつように赤い血のしたたりがふりそそぎ、太陽の薬剤、赤の溶剤、あるいはペリカンの血でもって卵を色づけるか満たしているなか、黄金の形態に変容した卵が容器内に消える。六八番目および六九番目の図版では、太陽の火が卵の微粒状の物質を燃やし、いまや微粒状の物質は聖なる愛の高まる波によって大きく燃えあがっている。

成熟した濾胞への着床

図三〇六―図三〇八の象徴的行為は、無意識における受胎と排卵の逆戻しを完了させ、卵が卵巣内の濾胞の「巣」あるいは「池」に植えこまれるありさまをあらわしている。この母体との「高度な」再結合の近親相姦的な面は、赤いライオンと復活した両性具有者の「高みの性交」によってあらわされる。その力強い蝙蝠の翼はメルクリウスの井戸、すなわち子宮頸部を降下する力を示す。

ペリカンの血みどろの巣は、破裂している濾胞、すなわち成熟した濾胞内の戴卵丘を象徴する（図三〇九として掲げた顕微鏡写真は、濾胞液に包まれる戴卵丘を示している）。濾胞と卵が成熟すると、戴卵丘がさらに上昇して下から切りとられ、ついには卵が顆粒膜細胞層によって支えられ、排卵時に濾胞液の中にたやすく放出される。

太陽の丘の麓で死にかけているメルクリウスの蛇は、卵子が存在しない場合、子宮頸部で精子が死ぬことを象徴する。同様に、太陽の樹は数多くの「果実」をもつ卵巣という「樹」の象徴である。卵巣の生殖上皮を通して輝く数多くの小胞を目にすることができるが、この中には卵母細胞が包埋されている（図三五一）。月の樹の果実が地上に「創造された」形態の卵を象徴するように、太陽の樹の果実は、地上の創造の痕跡に汚されていない、本来の天上の形態での卵をあらわす。

生物的発達の昇華

三段階の結合における石の昇華は同じような生物的発達の「向上」をあらわしている。（一）最初の結合の物質的輝きは、新生児と妊婦の子宮との結合を反映する。（二）第二の結合のこの世のものならぬ美しさは、受精卵と子宮壁との結合を反映する。（三）第三の結合の霊的性質は、まだ受精していない卵と卵巣との結合を反映する。

創造の神秘を再現する

図三一〇―図三一九は、太陽の容器内の錬金術師によって再体験され、再現される、世界あるいは石の創造をあらわす。ある錬金術師はその神秘を次のように述べている。

聖別された赤葡萄酒を一滴とり、（哲学者の）水に投ずれば、たちまち最初の創造のときのように、水の表面に靄のような黒いものがあらわれる。二滴目を投ずれば、闇より光が発する。七分三〇秒ごとに三滴目、四滴目、五滴目、六滴目と投じ、それ以上投ずるのをひかえれば、水の面に次から次へとあらわれるものにより、神がいかにして六日で万物を創造したかが目のあたりにできるが、そのような秘密は語るべきことではなく、わたしもまた明かす力をもってはいない。この作業をおこなうまえには跪拝すべし。おのれの目で判断すべし。このようにして世界が創造されたからである。そのままにしておけば、半時間の後に消えるであろう。これによって、いまは汝に隠されている神の秘密がはっきりとわかるようになる。アダムとエヴァが堕落前と堕落後にいかなる体を有していたか、蛇、樹、樹の果実がどのようなものであったかを理解することになる。楽園がいずこにあって、いかなるものであるか、義人がいかなる体で蘇るかがわかる。それはわれらがアダムから受けたこの体ではなく、われらが聖霊によって達する体、すなわち救世主が天より受肉したような体である（註五二一）。

四四三―四四五ページに掲げた錬金術の図版は、『万有知識の門番』の宇宙の一部である（図三〇五、図三三九、図三七九も同様）。これら一連の図版は太陽と月の昇天をあらわし、図三〇五で示さ

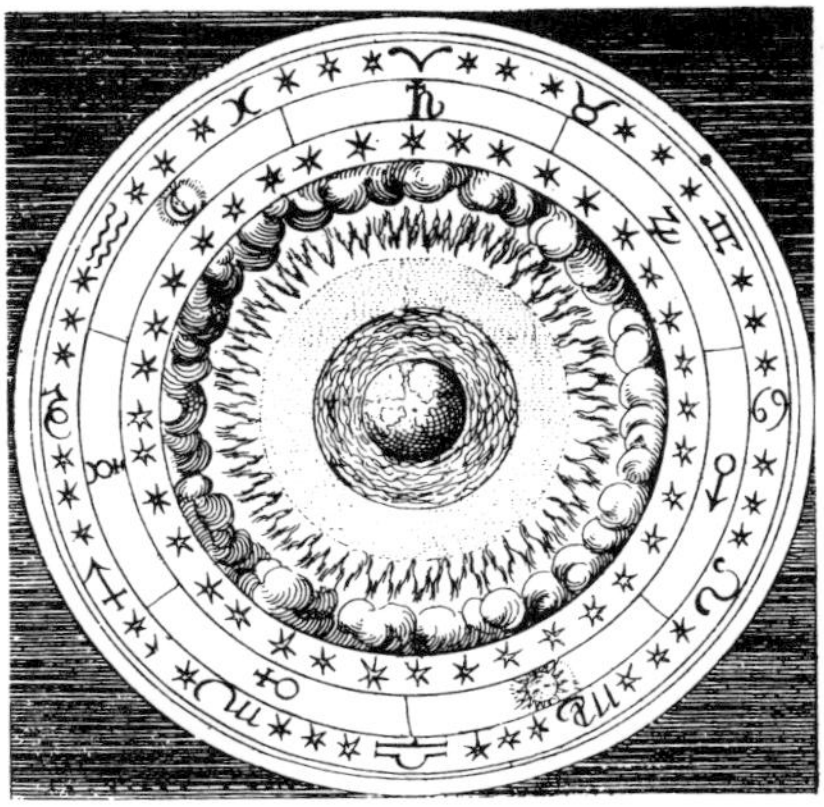

図312　神言いたまいけるは、天の穹蒼《おおぞら》に光明《ひかり》ありて、昼と夜とを分かち、また天象《しるし》のため、時節《とき》のため、日のため、年のために成るべし……また星を造りたまえり……夕あり朝ありき。これ四日なり。（『創世記』第１章14—19節）

図310　神その像《かたち》のごとくに人を創造《つくり》たまえり。すなわち神の像のごとくにこれを創造り、これを男と女に創造たまえり。神かれらを祝し、彼らに言いたまいけるは、生めよ、繁殖《ふえ》よ……夕あり朝ありき。これ六日なり。（『創世記』第１章27—31節）

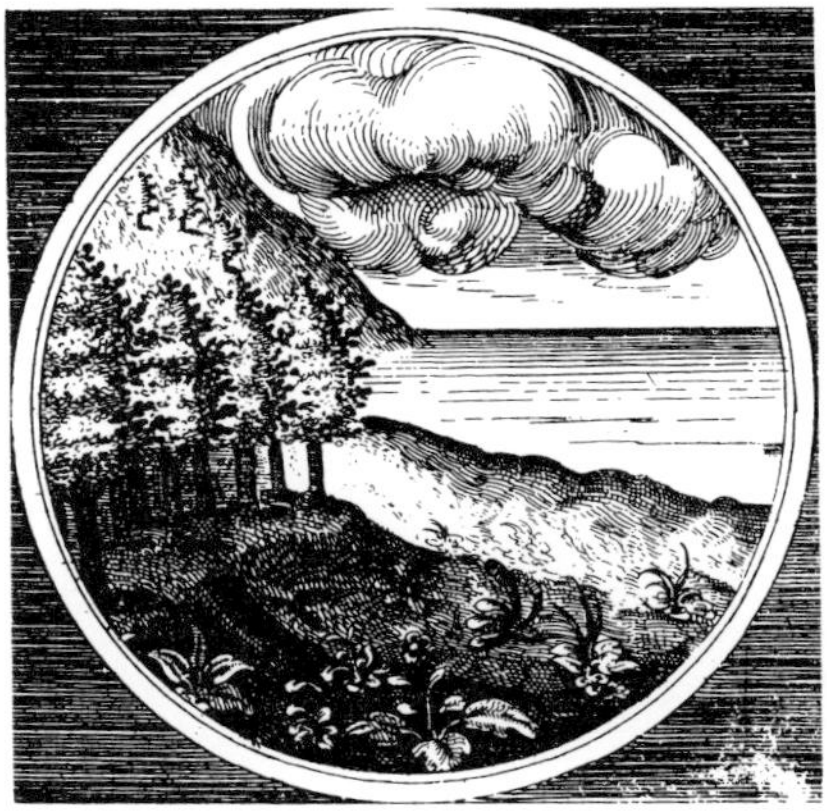

図313　神言たまいけるは、天の下の水は一　処《ひとつところ》に集まりて、乾ける土顕《あらわる》べしと……地、青草とその類に従い実蓏《たね》を生ずる草蔬《くさ》と、その類に従い果を結びて、みずから核《たね》をもつところの樹を発出《いだ》せり……夕あり朝ありき。これ三日なり。（『創世記』第１章９—13節）

図311　神云たまひけるは、水には生物饒《さわ》に生じ、鳥は天の穹蒼《おおぞら》の面《おもて》に地の上に飛ぶべしと……神これを祝して曰く、生めよ、繁息《ふえ》よ……夕あり朝ありき。これ五日なり。（『創世記』第１章20—23節）

図316　神、光あれと言たまいければ、光ありき。神、光を善《よし》と観《み》たまえり。(『創世記』第1章3—4節)

図314　神言いたまいけるは、水の中に穹蒼《おおぞら》ありて、水と水とを分かつべし。神、穹蒼を作りて、穹蒼の下の水と穹蒼の上の水とを判ちたまえり……夕あり朝ありき。これ二日なり。(『創世記』第1章4—5節)

図317　神の霊、水の面を覆いたりき。(『創世記』第1章2節)

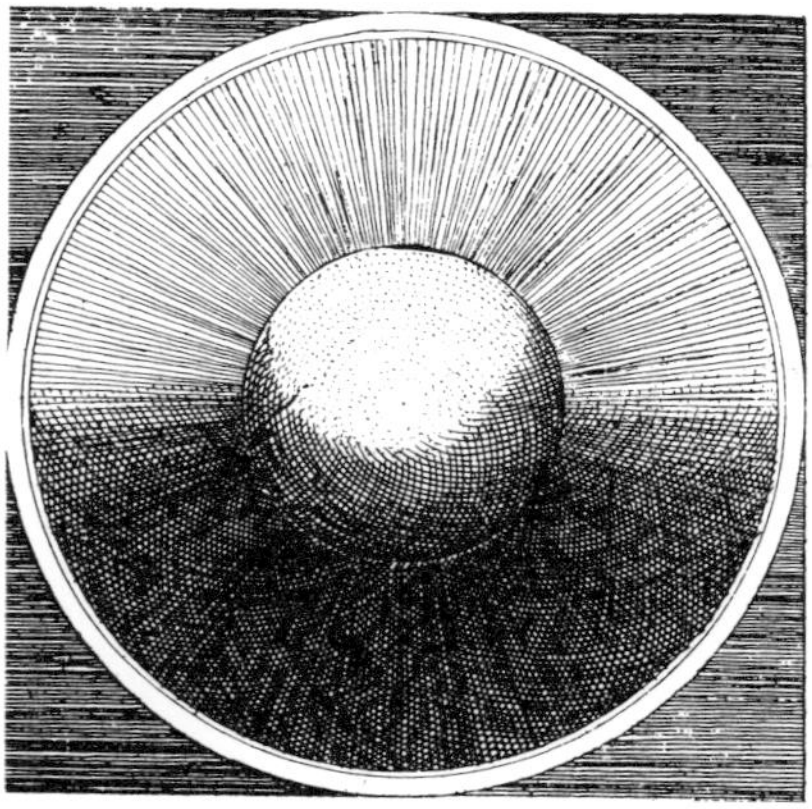

図315　神、光と暗《やみ》を分かちたまえり。神、光を昼と名づけ、暗を夜と名づけたまえり。夕あり朝ありき。これ首《はじめ》の日なり。(『創世記』第1章4—5節)

図320 哲学者の薔薇園で咲く七枚の花弁のある「神秘の薔薇」には、「薔薇はその蜜を蜂にあたえる」との銘刻文がある。蜂による受精は作業の黄金の段階で達せられる性衝動の昇華をあらわす。このイメージはダンテの『天国篇』で「三位一体の光」に満ちると描写される天上の薔薇に似ている（註525）。

図318 地は定形《かたち》なく昿空《むなし》くして、黒暗《やみ》、淵《わだ》の面にあり。（『創世記』第１章２節）

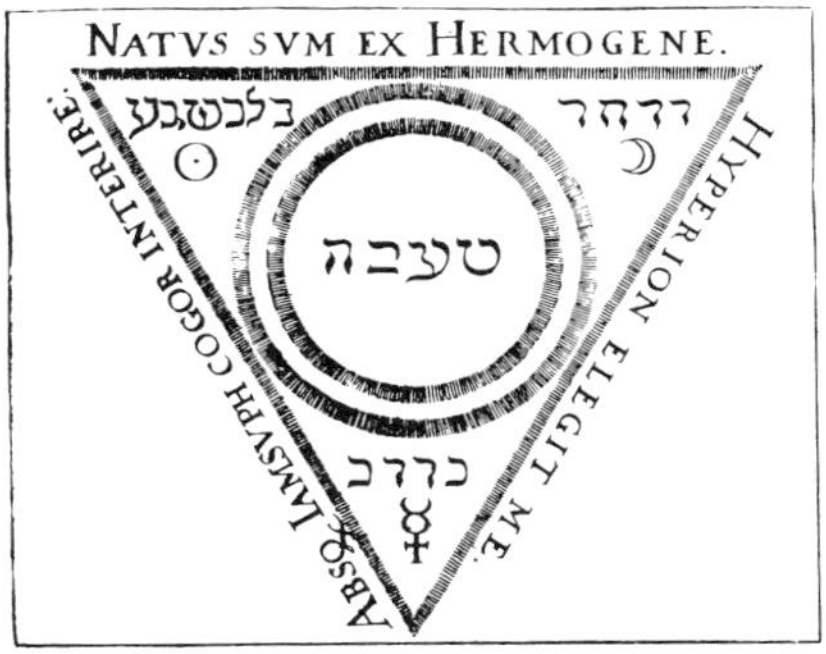

図321 「ヤムスフなくして、われは死なざるをえない」とは、ほとんど理解不可能な発言だが、おそらくバシリウス・ウァレンティヌスの第10の鍵の復活の行為を維持する、何らかの未知の物質あるいは酸を指しているのだろう。

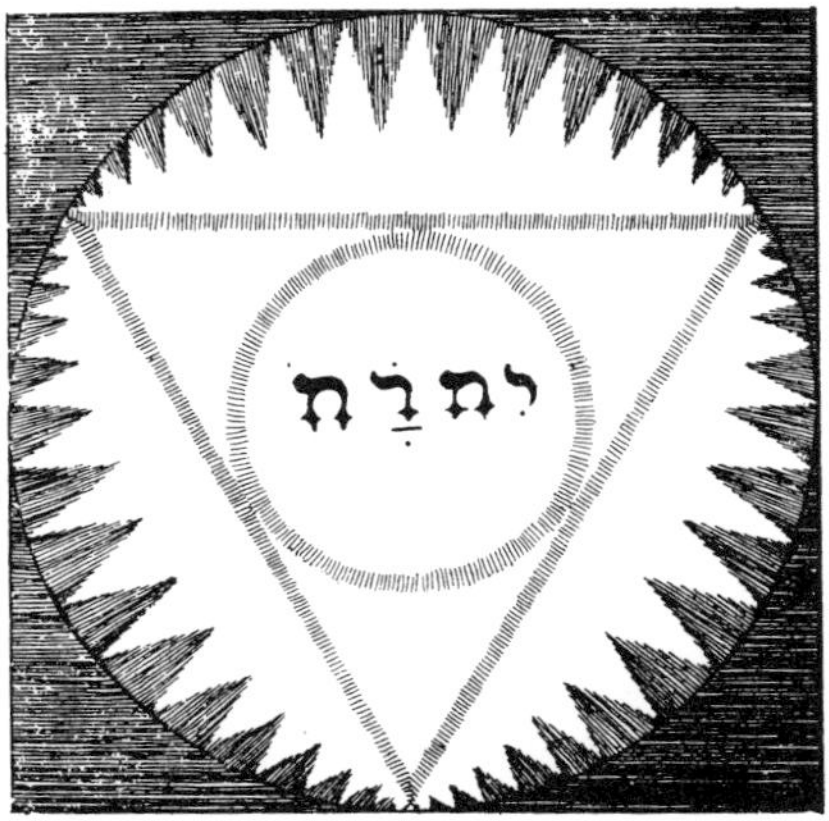

図319 「アルファとオメガ」（註524）『万有知識の門番』の最後の寓意画はバシリウス・ウァレンティヌスの第10の鍵（図321）に似ている。いずれも創造の世界に落下する前の哲学者の卵あるいは哲学者の石をあらわしている。

れる行為を再現している。どの図版でも、カップルの上昇は卵あるいは石の昇天と同時に起こっており、これは図三一〇—図三一九の『創世記』の創造ドラマと同一の出来事である。さらに図版は、創造された世界を神の心の内部の抽象的パターンにもどす、哲学の車輪の昇華作用を図解している。これは伝統的に宝瓶宮のものとされる作用であって、第三の結合はこの宮で起こるのである（図三二三）。

バシリウス・ウァレンティヌスの第一〇の鍵

図三二一は第三の結合と石の製造をあらわすバシリウス・ウァレンティヌスの寓意画である。三位一体の図案は、メルクリウス・フィロソフォルムの印（下端）において太陽と月（上部両端）を合体させている。三位一体には第九の鍵（図二九六）を繰返す輝かしい二重の円が描かれて、哲学者の卵を象徴している。哲学者の卵の天における「巣ごもり」は、石の中央に記された至上者の名前によってあらわされる。

ラテン語の銘刻文は、「われはヘルモゲネスより生まれた。ヒュペリオンがわれを高めた。ヤムスフなくして、われは死なざるをえない」となっている。ヘルモゲネスは「ヘルメスから生まれた」を意味するヘルメスとゲネシスの複合語であるか、あるいは「神は共存する邪悪な物質より万物を創造した」という異端の教えを説いたグノーシス主義者、ヘルモゲネスを指しているのだろう（註五二二）。ヒュペリオンによって高められることは、太陽の再誕を指しており、ヒュペリオンはギリシア神話において太陽の父をあらわす。本文は次のようになっている。

わたしやわたしに先立つ者たちによってつくられた我らの石には、すべての元素、すべての鉱物と金属形態、そして全世界のよろずの特性と属性が含まれている。石の中には最も強力な自然の熱があり、それによってサトゥルヌス（鉛）の冷たい体が穏やかに最良の金へと変容される。石には最高の度合の冷たさもあって、ウェヌス（銅）のすさまじい熱を支配し、生けるメルクリウス（水銀）を凝固させ、メルクリウスを極上の金にかえる。すべての属性が自然によって我らの大いなる石に注ぎこまれ、自然の火の穏やかな熱によって発達させられ、純化され、成熟させられて、ついには最高の完全さに達するからである……王の腕がそれ以上の高さに伸ばせないとき、世界の栄光が達せられる。王は不滅の凝固に達して、征服あたわざるものになっているため、もはやいかなる危険や傷害にもさらされないからである。
わたしの意味するところを異なったやりかたで述べておこう。汝の土を汝の水で溶かし、水自身の火によって水を乾かすべし。空気が新しい生命を吹きこんで、この生命がふたたび体に入れば、誰も所有することのできない物質が得られる。霊的なやりかたで人間にも金属の体にも浸透する大いなる石は、

図322　太陽の丘の窪みに包まれて、天球の調和を知る

普遍の完全な薬剤であり、悪しきものを追い払い、良きものを保ち、不完全なものや病んだものを必ず腐食させる。この薬剤は透明な赤と褐色、あるいはルビーとザクロの中間の色をして、はなはだ重い。この石を所有する者は天上の軟膏を手に入れたことで至高の神に感謝すべし。この涙の谷や永生を得る来世において、自分自身や隣人たちのために使用できるよう、神に祈らなければならない。これはかけがえのない神の賜物にして恩寵なれば、神は永遠に誉むべきかな（註五二三）。

太陽の洞窟でのアポロンの再誕

図三二二では、アポロンとして再誕した錬金術師が、太陽の丘（あるいはオリュンポス山）の窪みでリラを奏でており、その前には図三〇一および図三〇二で太陽と月が昇った筒状の井戸がある。錬金術師のまわりと上には九人のムーサがいる。図版における神聖化は、物質を調和的パターン、抽象的形態、健全な美に霊化するキトリニタスにいかにもふさわしい。音楽は天上の再誕の象徴であり、ムーサたちの輪光あるいは太陽の戴冠によってあらわされている。

　太陽の丘の上にいる三人のムーサのうち、二人は火と水の三角形をもち（これらの三角形は上なるものと下なるものをあらわしてもいる）、のこる一人がソロモンの印によって二つの三角形を結合させている。この女性は哲学者の娘、哲学者のムーサ、王の妻、天の処女をあらわす。意味深いことに、太陽化した錬金術師はこの女性の真下、すなわちこの女性の樹の根があるところにいる。天と地の結婚が筒状の開口部によってつくりだされる輪によっても示されている（図三〇三を見よ）。下半分は物質的肉体としての地上の領域における太陽と月と星を示し、上半分は霊的肉体、元型的イデア、抽象的「暗号」としての天の領域における同じ星たちをあらわし、これは後に創造の命令によって物質化することになる。隅にある寓意画は、下なる領域をあらわす土と水、上なる領域をあらわす火と空気の四元素を意味する。図版には次のような詩がそえられている。

上なる領域にあるものは、
下なる領域にもある。
天が示すものは、
地に見いだされることが多い。
火と流れる水は対立するものであり、
両者を結合できる者は幸いなるかな（註五二六）。

宝瓶宮、霊性

上なるものと下なるものの黄金の結合は宝瓶宮で起こる（図三二三）。黄道一二宮の一一番目の宮は土星によって支配される不

図324　最後の審判の日にキリスト教の王により開かれる哲学者の薔薇園への危険な上昇

図323　上なるものと下なるものを結びつける巨人

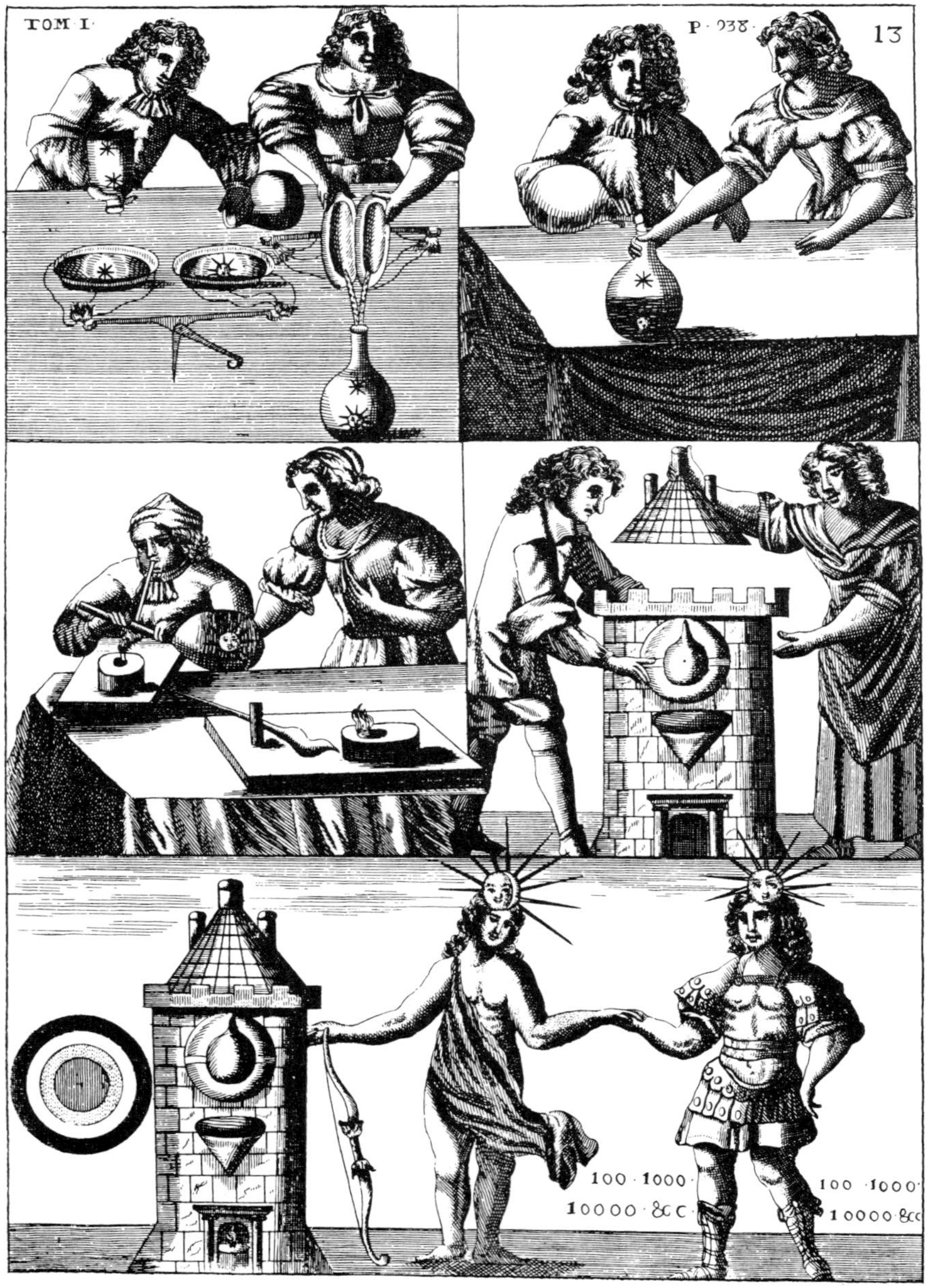

図325　無限の増殖と受精の宮で太陽と月が新たに結婚する

図326　黄金の玉座につく赤の王

変相の空気の宮であり、厳冬期の一月二一日から二月一九日にわたる。宝瓶を掲げる者はオリオンのような巨人で、空気の水あるいは霧雨を宝瓶から注いで天と地を結びつける。宝瓶宮は占星術における霊化の象徴であって、あらゆる過程や周期にある物質的形態の溶解と分解をあらわす。この霊化の水、あるいは普遍の溶剤でもって、宝瓶宮は被造物の構成要素を結びつける絆を解き、現象世界を精神世界に吸収する。比喩を用いて述べれば、宝瓶宮はすべての生物をその卵の状態にもどすのである。心理学の観点から述べれば、宝瓶宮はヨーガ行者の超越的レヴェルでの覚醒の瞬間をあらわす。

水瓶座生まれの者は、「夢と同じもの」でつくられており、環境に働きかけることがなく、成りゆきを見まもり、ぼんやりとして、直観的である。水瓶座生まれの者は純粋な霊的レヴェルで行動する。通常は「宇宙的な性質」をもつ観念をめぐらしたり、抽象思考をおこなったりする才能を生まれつき備えている。真の科学精神をもって、自然の法則や原理を発見することに最大の興味をもち、この点において、ダーウィンやガリレオが典型的な水瓶座生まれの人物である。この傾向のために、水瓶座生まれの者は現代の思想の潮流やあらゆる面での新しい発明に心ひかれる。

ニコラ・フラメルの拱廊

図三二四はフランスの錬金術師ニコラ・フラメル（一三三〇—一四一八年）が一四〇七年に彫刻させた「ユダヤ人アバラハム」の像である。イノサン墓地の拱廊には彫像の現物があって、後世の錬金術師たちの聖堂となっていた（註五二七）。拱廊は一七九七年にサン・ジャック・ラ・ブーシュリ教区の教会が取り壊されるまで存在していた。この拱廊をあらわした図版は、下段に次の銘刻

文がある。

ニコラ・フラメルとその妻ペルネル
無垢な者たちがヘロデ王の命によりいかに殺されしか

二つの銘刻文のあいだにはさまれた三点の絵がこの出来事をあらわしている。

その上に帯状に配置された絵では、翼のあるドラゴンと翼のないドラゴンの絵〔2〕につづいて、年配の男女が描かれ、「人間は神の審判のもとにあらわれる。その日はまことに恐るべきかな」と予言している〔3〕。つづく絵は、二人の男と一人の女の復活、最後の審判の日を告げる二人の天使、横たわった男に力づくで押さえこまれる有翼のライオンであり、ライオンが「死者が蘇って主の最後の審判のもとにあらわれる」と告げている〔5、6、8〕。アーチによって象徴される天の穹窿には、飛行する天使、三位一体を構成する聖人めいた人物たちがいる。剣をもつ聖パウロが、ひざまづくフラメルの守護者としてあらわれ、フラメルは「わたしのなした悪を消したまいかし」と告げている〔4〕。鍵をもつ聖ペテロはペルネルの守護者であり、ペルネルは「キリストの憐れみのあらんことを」と祈っている〔7〕。救世主が中央にあらわれ、三位一体の印をつくり、宇宙の支配をあらわす球体を示している。救世主を支える二人の天使は、死者を目覚めさせる天上の音楽を、リュートとバグパイプで奏でている。救世主の頭上で舞う天使たちは、救世主を讃美して、「全能の父よ」、「善なるイエスよ」とうたっている〔5〕。下の隅の天使たちも、この歌に加わり、「永遠の王よ」、「幸いあれ、天使たちの主よ」とうたっている。

図版からはっきりとわかるように、哲学者の薔薇園（図版III）の入口は最後の審判の日の天の門と同一である。フラメルによれば、図版IIIが示しているのは、「かぐわしい薔薇園で咲く美しい薔薇の樹であり、虚《うろ》のある樫を背景にしてそびえ、その下では最も白い水の泉が湧き出して、深い穴に流れ落ちていき、土を掘りながらこの水を探し求める無数の人びとの手を経るが、彼らは目が見えず、その重さを考慮する者以外、求める水であることがわからない」ありさまである（註五二八）。上段の図版I—VIIは、天と哲学者の薔薇園の門に向かって上昇するニコラ・フラメルとペルネルの苦しんだ再誕外傷を象徴する。泉の水の流れは図版VIIによって調べられており、フラメルはこれが「砂漠あるいは荒野の只中であって、数多くの美しい泉が湧き出し、そこからおびただしい蛇があらわれて、あちこちを這いまわっている」としている（註五二九）。蛇の行為は図版Vによって示され、フラメルによれば、「処女と処女を呑みこむ蛇」である（註五三〇）。図版IIを説明する文章も不気味なもので、「きわめて高い山（モンス・ソリス）の頂きに美しい花が咲き、北風に痛めつけられているが、茎は青く、花は白と赤で、葉は純金のように輝き、そのまわりには北のドラゴンとグリフィンがいて、巣をつくって住みついている」という（註五三一）。

図版Ⅰは手足切断の恐怖をあらわし、次のように描写されている。

踝に翼のある若者が二匹の蛇のからみつくカドゥケウスの杖をもち、その杖で頭を覆う兜をたたいている。わたしが慎ましやかに判断するに、この若者は異教徒たちのメルクリウス神であるようだ。若者の背後には、翼を広げて飛ぶ偉大な老人がいて、頭に砂時計を縛りつけ、死神のように鉤（あるいは大鎌）をもち、恐ろしくも残忍なやりかたで、この鉤でもってメルクリウスの足を切断しようとしている（註五三二）。

死のいま一つの象徴が図版Ⅳにあらわれており、フラメルは次のように説明している。

大きな彎刀をもつ王が、兵士たちに多数の幼児を殺させ、母親たちが無慈悲な兵士たちの足もとで泣きくずれている。他の兵士たちによって幼児の血が集められ、大きな容器に入れられて、そこに太陽と月が血を浴びにくる（図三〇二）。この物語はヘロデ王に殺された幼児の話をほぼあらわし、わたしはここから術の大部分を学びとったので、この秘密の学問のこれら象形寓意の像を教会の拱門に備えさせたのである（註五三三）。

ユダヤ人アブラハムの黄色化の彫像群は太陽の山でのメルクリウスの蛇の殺害を含んでいる。この出来事は図版Ⅵに描かれており、フラメルは「蛇が磔刑に処せられた図」としている（註五三四）。

太陽の容器での天上の再誕

図三二五は『沈黙の書』の一三番目の図版で、錬金術師と妹が、先の図版（図二七五）でメルクリウス・フィロソフォルムに手渡された容器を使い、月の薬剤と太陽の薬剤を融合させようとしている。兄と妹は薬剤を計量して混ぜあわせ（上段）、いまや太陽の薬剤によって照らされる容器を封印する。容器は炉に置かれ、その火によって熟成させられる（中段）。黄金の結合が下段で実現され、錬金術師と妹は弓で的（左端）を射抜いている。的は球あるいは輪に包まれる四元素から構成される。中心の結合に復帰したことにより、兄と妹は太陽と月という天上の姿で新たに結婚する。

月の結合をあらわす『沈黙の書』の一〇番目の図版（図二五四）とくらべれば、この図版が次のような進展をあらわしていることがわかる。（一）葉の散らばった地面が輝かしいものになって、天の床を象徴している（下段）。（二）デナリウス（一〇の数）が無限に増殖して、太陽と月の無限の生殖力を示している。

図327　太陽の火に熱せられる丘での惑星の神々の黄金の結合

図328　サトゥルヌスがキトリニタスの光輝を制して最後の腐敗を開始させる

玉座で「赤色化した」王

図三二六は「赤色化した」王にまつわるバシリウス・ウァレンティヌスの幻視をあらわしている。天と地の再結合をあらわす巨人が玉座で新たに復活し、ソロモンの印を示しながら、惑星の兄弟たちに冠をさずけている。この出来事があらわしているのは、太陽の光輝の内に七つの惑星が輝いていることである。本文では、王が玉座から次のような謎めいた発言をする。*

われはなべての敵を征服し、
われより天の栄光が輝く。
一より多、多より一が発し、
われは最下位より最高位へと昇る。
世界の深奥の力は、
至高のものと結ばれ、
われは一者にして多者であり、
一〇ずつ増殖する（註五三五）。

*実際には錬金術の赤色化には二つの異なった段階があり、一つはキトリニタス、いま一つはルベドで展開する。二つの段階は黄金の朝の太陽と燃えあがる真昼の太陽、ペリカンの血みどろの巣と不死鳥の燃えあがる火葬の薪、鷲と双頭の鷲、王と皇帝によって象徴される。同様に、二つの天上の結婚があるように、ムルティプリカティオ（増殖）にも二つの様態がある。二つの段階はよく混同され、ルベドの名称によって一括されることが多い。本書ではキトリニタスとルベドを区別しており、前者は銀の月を朝の太陽あるいは黄金の石の「赤さ」に色づけすることであり、後者は朝の太陽を真昼の灼熱の太陽の「赤さ」に色づけして、黄金の石を天の黄金の石にかえることである。

天球の調和

図三二七は惑星の太陽の輝きをあらわす異版である。めらめらと燃えあがる火の塊に熱せられる太陽の丘の内部に、占星術の七つの星の神が集まっている。集まった神々は黄道一二宮の印を帯びて、伝統的な品物をもっている。この安らかな集会は対立物の解消、すなわち宇宙的結合における三角形と正方形の解消を反映しており、音楽が天球の調和を象徴している。

図三二八では、不自由だった足の癒えたサトゥルヌスが、太陽の花、月の花、ソロモンの印の花を刈ろうとしている。破壊されようとしているのは、太陽の丘の頂きの太陽の樹の下で祝われる、キトリニタスの天上の結婚である。王が笏と火の鷲を示し、女王が銀の白鳥を示しているが、これらは愛の「昇華」をあらわし、白鳥は霊的な愛、鷲は愛の精神を示す。女王が指差しているのは哲学者の石で、太陽の丘の内部で燃えあがり、赤いライオンを染

めている。景色が陰気に黒ずんでいき、新たな苦行がはじまって、有翼の両性具有者、太陽の石、太陽の樹、太陽の丘、哲学者の薔薇園は破壊されることになる。

中年後期における再誕

個性化の過程においては、第三の結合は中年後期における再誕を象徴する。これは人生の普通の現象であって、創造力ある芸術家すべての伝記に見いだされるだろう。ゲーテの『ファウスト』、ヴァーグナーの『マイスタージンガー』、ベートーヴェンの『第九交響曲』の「喜びの歌」はこの範疇に属する。T・S・エリオットの場合は、詩人の成熟期の黄金の秋の体験は、二つの四重奏、『バーント・ノートン』と『イースト・コーカー』にあらわされている。

実際的な欲望からの内なる解放、
行為と苦しみからの解放、
内部と外部の強迫観念からの解放、
それでもまだ包まれている。
感覚の恵みにより、静止しながら動く白光、
動くことのない高み、
削除なしの集中、新しい世界と
古い世界の双方が理解された。

パール・S・バックは人生のこの段階の愛の昇華を次のように描写している。

若いころにおぼえる愛や、中年で感じる愛ではなく、きわめて特別な価値ある愛、あたえながら何も求めず、純金のみがもどってくる愛。

夕日の輝き、あるいは老いていく人格は、自己をますます透明にさせ、内部から自我を照らし、個性化の花を開かせる。これが晴れやかな人格、老賢者である。

第12章　ルベド　「赤」の死と腐敗

図三三〇は『哲学者の薔薇園』の一八番目の木版画で、ルベドと呼ばれる錬金術の最終段階を開始させている。錬金術のすべての段階は、腐敗にはじまって結合がつづくので、錬金術師たちは「赤」の腐敗を、錬金術という城の最後にして最も困難な迷宮の扉を開けるものとして、歓呼して迎える。

> われらのメルクリウスは太陽をむさぼり食う緑のライオンである（註五三六）。

自らの内部にひきこもり、最後の謎めいた憂鬱と死を激発させる霊妙な物質について、『哲学者の薔薇園』では次のように述べられている。

> われは紛れもなき緑と黄金のライオンであり、
> われの内に哲学者の秘密のすべてが隠されている（註五三七）。

本文はこのようにつづく。

> メルクリウス（水銀）は同一のものであり、メルクリウスが冷たく湿っていること、そしてメルクリウスからあらわれる神がすべての鉱物を創造したことを知るがいい……それゆえメルクリウスはアルベドとルベドの霊薬であり、永遠の水であり、生と死の水であり、処女の乳であり、清めの薬草であり、飲む者が死を免れる生ける泉である。メルクリウスは色をまとい、彼らの医薬であって、彼らに色をつけ、彼らを苦しめ、乾燥させ、湿らせ、暖め、冷まし、作業の手順に従って逆のこともする。生きているときはある種の作用をなし、死んだときは別の作用をなす。昇華の状態にあるとき、他のものも昇華させ、溶解の状態にあるときは、他のものも溶解する。メルクリウスは自らと結婚して自らを妊娠するドラゴ

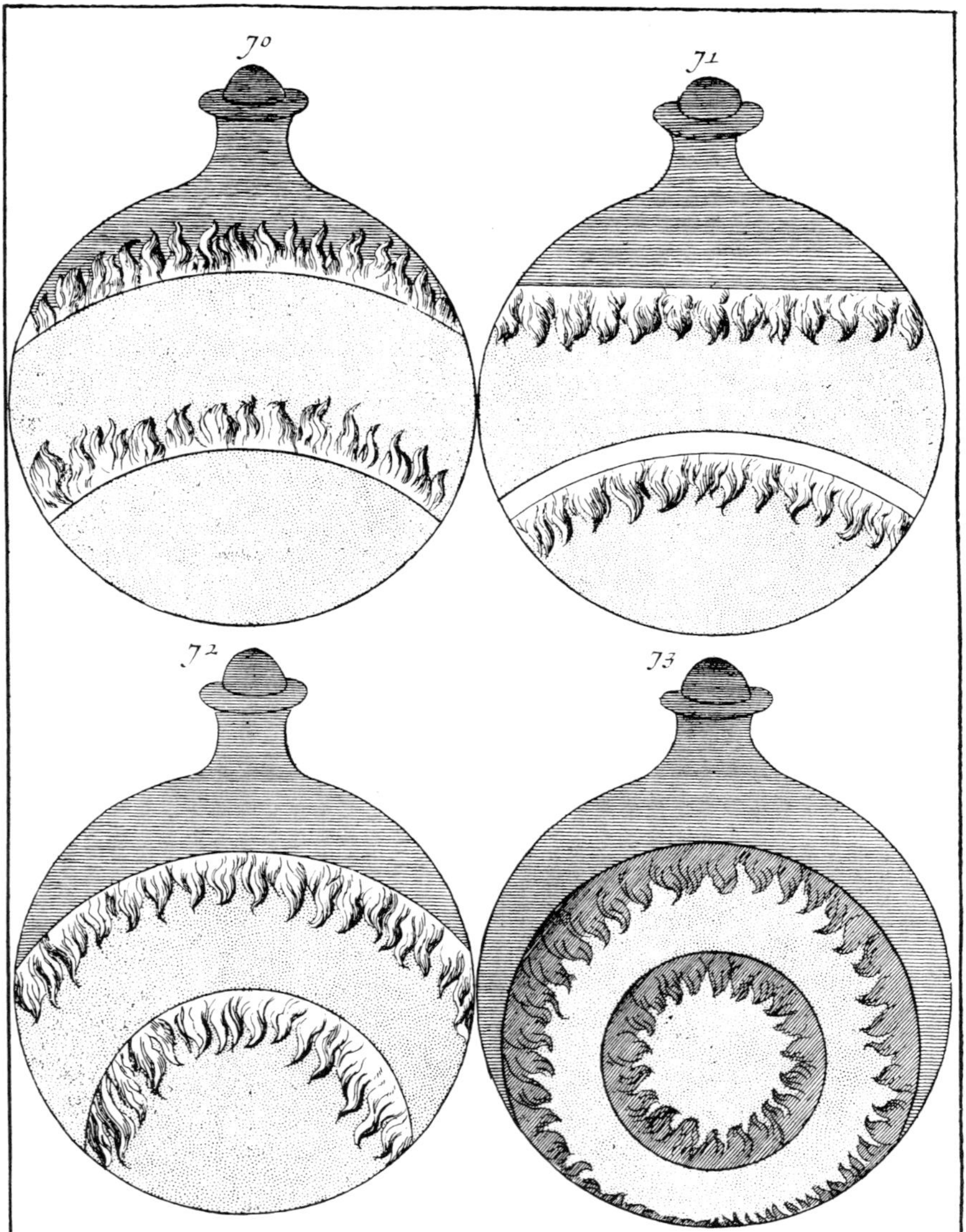

図329

図331　緑のライオンによって黒ずんで死にいたる天上の結合の火

図330　天上の結婚を制する

ンであり、月満ちて自らを生み、自らの毒によって生けるものすべてを殺す（註五三八）。

緑と黄金のライオンとの結合

図三三一は異版であって、黄金の両性具有者に繋がれていたライオン（図三〇八）が、急に途方もない大きさに巨大化している。天上の近親相姦の結婚を象徴する星のライオンによって、太陽と月はむさぼり食われ、宇宙的生物の体内で分離して死ぬ。

図三二九は『哲学者の薔薇園』の一八番目の木版画に基づくバルヒューゼンの異版である。七〇番目の図版では、太陽の火が波となって昇りつづけ、容器に包まれる哲学者の卵の顆粒状の内部を暖めつづける。七一番目および七二番目の図版では、火がそのエネルギーを逆転させ、反対方向に燃えあがっている。七三番目の図版では、爆縮のように火が哲学者の卵に迫り、炎が黒くなって消えかけている。

老年期におけるリビドーの衰退

緑のライオンが黄金の両性具有者を苦しめることは、老年期という個性化過程の重要な段階を象徴している。回転する錬金術の作業が最後に近づくにつれ、生命の周期も最後に近づく。

この不思議な波瀾の物語を締めくくる最後の情景は、
第二の子供っぽさと単なる忘却で、
歯なし、目なし、味もなければ、何もなし。

『お気に召すまま』第二幕第七場

老年期の肉体的な特徴は、やせること、萎縮、肌の皺、白髪、筋肉組織の消耗、筋肉の軟弱化であり、体が震え、姿勢や体つきが変化し、視覚、聴覚、味覚、嗅覚、記憶、想像力が衰える。

心理学の観点においては、「自らの毒によって生けるものすべてを殺す緑のライオン」は、同じような痛ましいやりかたであらわれているのである。陰気さは老年期を特徴づける気分である。歴史を通じて、老人の憂鬱、悲しみ、気むづかしさによって、老年期はあらわされている。キケロは老人を、「気むづかしく、うるさく、不機嫌で、喜ばせるのがむつかしい」と描写した。

深層心理学者によれば、心的変化の可能性はいかなる時期よりも老年期が最も高く、内省と引きこもりが強まり、肉体に対する気づかいが高まり、世間に対する関心がなくなっていくことで、重大なアイデンティティ危機がつくりだされるのだという。

このような精神生物学的変化の結果は、いわゆる「老人性鬱病」の発作であって、若い頃からの鬱状態のすべてがあらわれる。しかし生物レヴェルで進行する老人性萎縮は、老年期の鬱状態に特殊な色づけをして、痛ましい最後の特性を獲得し、自我の適応機能を極限まで締めつける。

卵の最初の成熟分裂

遺伝子過程においては、赤の腐敗は退行によって無意識における減数分裂の痕跡が復活することを象徴する。減数分裂とは、生殖細胞に関係して起こる特殊な形態の細胞分裂である。この重要な変容過程によって、卵子あるいは精子は排卵あるいは射精に向けて成熟する。減数分裂においては、ありふれた体細胞が最初の成熟分裂によって、卵子や精子に変化する。このプロセスの特異な性質を理解するには、通常の細胞分裂、すなわち有糸分裂を考察しなければならない。

生殖細胞の分裂

細胞はすべての生物の土台であり、一つの細胞がまったく同一の二つの細胞に分裂することは、すべての生命の再生を確かなものにするプロセスである。通常の細胞分裂では、核内の染色体が倍化し、対合して分離することで、もとの細胞の四六の染色体を伝達する。新しい二つの細胞はもとの細胞の染色体の完全なコピーとなる。

減数分裂では、卵子の染色体が対合することによって半減する。この卵子（精子）の分裂は、卵子と精子の融合によって九二の染色体をもつ「怪物細胞」をつくりださないために必要なプロセス

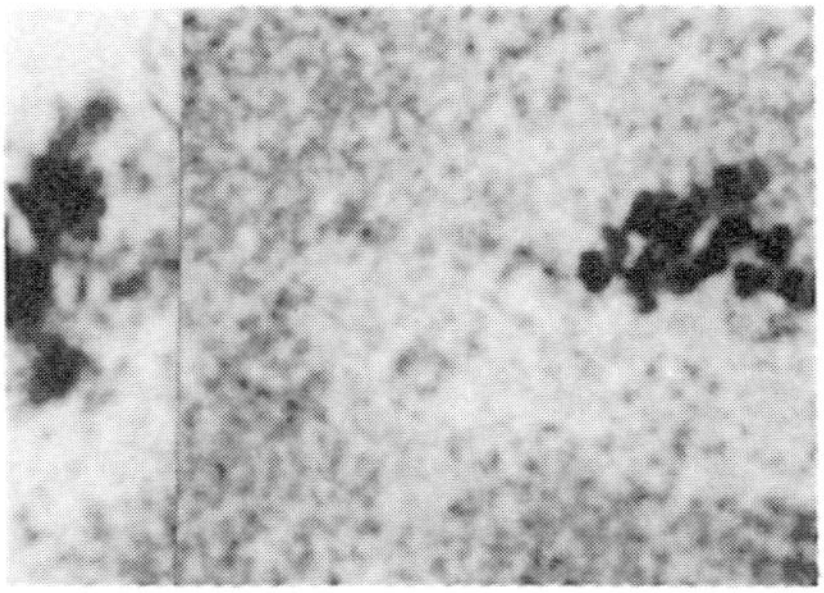

図332　フィルムを逆転させた減数分裂

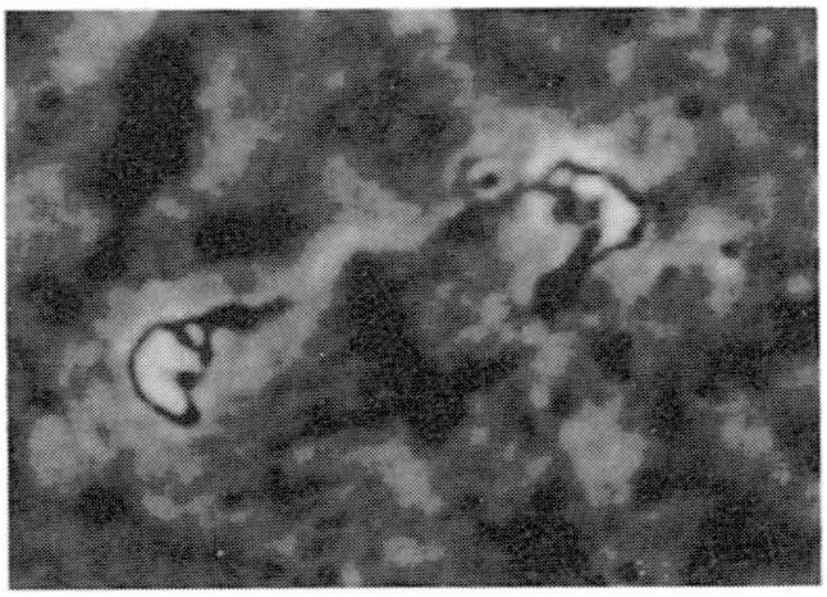

図333　分裂による生殖細胞の創造

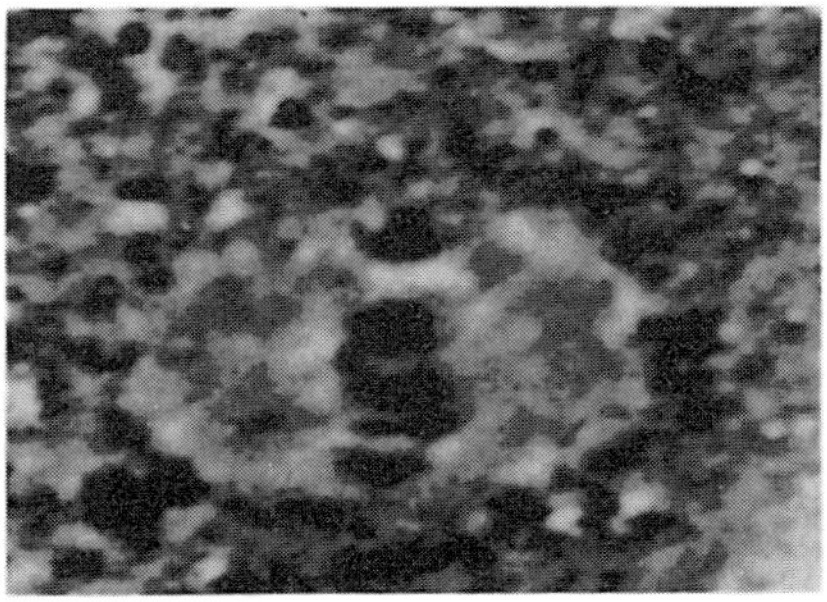

図334　細胞分裂の準備

である。図三三二―図三三四は、もともと性のない生殖細胞の「性化」を示している。(一)染色体が紡錘体赤道面に沿って対合し、分裂の準備をする(図三三四)。(二)細胞の相同染色体が対合面から分離する(図三三三)。(三)二三の染色体が星状体として極に移動する一方、二三の染色体がその場にとどまり、卵子の核を形成する*(図三三二)。

*最初の成熟分裂(減数分裂)の後、二つの新しい細胞はふたたび第二の成熟分裂をするが、これは通常の有糸分裂であって、二つの細胞が四つの生殖細胞になり、すべてが半減した染色体を備えている。男の場合は四つの精子となり、女の場合は三つの星状体をもつ一つの卵子になる。

逆転されてもとにもどされる性の極性

減数分裂時の染色体の分離によって、細胞が極性に支配される生殖細胞にかえられるのなら、このプロセスの逆転は、性の極性を取り消すことを意味する。このような仮想のプロセスは、未成熟な卵子や精子において、リビドーの最初の「無性化」状態を再確立することだろう。卵形成あるいは精子形成のこの段階では、細胞はその核に体細胞や成熟していない生殖細胞と同じ数の染色体をもっているので、最初の休眠期にあるのである。

リビドーの最後の変化

太陽をむさぼり食う緑のライオンは、逆転した減数分裂と萎縮して老年期に入るリビドーの双方を象徴し、いずれのプロセスも、退行する無意識が生の周期と個性化を終結する最後の運動と同時に起こる。

天上での魂と霊の抽出

図三三六は『哲学者の薔薇園』の一九番目の木版画で、トリア・ウヌム(聖なる三位一体)と結びつくマリアの被昇天および戴冠として、魂の死が描かれている。聖なる三位一体は死んだ霊をあらわし、その結婚は「天における」魂をあらわす。地上には死体がのこされ、キリストの墓で腐敗し、復活の朝を待っている。宙に舞う巻物はこの情景に含まれる死の意味をあらわすとともに、キリスト教の人物たちを錬金術の主要人物と同一視している。

まことに月は母であり、父によって子は創造された。その父は太陽である。

ドラゴンはその兄と妹なくして死ぬことはなく、いずれか一方だけでは死なず、二人そろってはじめて死ぬのである。

この図版の異版（図三三八）では、高貴な両親のあいだに立つ哲学者の息子が、小さな頭に大きすぎる冠をさずけられている。父と母と分離した子は、魂（女王）と霊（王）の死を象徴し、復活の行為によって萎縮した体に復帰しなければならない。これが意味するのは、息子が成長して親と同じ背丈になり、両性具有者の冠を勝ち取ることであって、一人の両性具有者となった親としての王と女王と、最終的な再結合をすることにひとしい。

天の結婚の準備

『哲学者の薔薇園』の木版画を説明する本文では、「赤」の腐敗の舞いあがる気分が描かれ、恍惚とした再誕の幻想が述べられて、いささか混乱した「三位一体」を構成する哲学者の息子とその両親の声が次のように告げる。

> 魂が肉体よりはなれ、天に昇らないかぎり、この術を進めることはできない。白の薬剤に関するセニオルの譬話がある。わが愛する両親が生を味わい、純粋な乳で育まれ、わが白い物質に酩酊して、わがベッドで抱きあえば、彼らはすべてに立ちまさる月の息子をもうけるだろう。わが愛する者が赤い岩の墓で、婚姻の母なる泉を味わい、わが赤い葡萄酒を飲み、わが友情のベッドでわれとともに横たわれば、彼を愛するわれは彼の種を受けて受胎し、月満ちてたくましい子を生み、わが子はこの世のよろずの王や君主を支配し、永久《とこしえ》に支配する至高の神より、勝利の黄金の冠をさずけられるだろう（註五三九）。

魂と霊の最後の昇華

この文章と木版画から、処女の被昇天が月あるいは魂の上昇であることがわかる。月あるいは魂は天に向かって舞いあがり、息子あるいは父、すなわち太陽、あるいは抽出された霊と、近親相姦の結婚をするのである。この昇華の運動の窮極の目標は、哲学者の息子の完全な受胎であり、哲学者の息子はその成長した姿において、復活したキリストにひとしい（図三五四）。

図三三七は『哲学者の薔薇園』の異版で、もとの木版画と同じく、処女の被昇天と戴冠を、天において哲学者の息子の完全な受胎と復活の準備をおこなう太陽と月の昇天に結びつけている。

> まことに月は母であり、父によって子は創造された。その父は太陽である。

> この世のものではない体で水面を歩きながら、太陽と月は処女マリアを崇拝し、処女マリアとともに地上より天にひきあげられる。

図335　発達する世界卵で哲学者の息子を孵化させる黒い火

図337　天の処女とともに昇天する魂と霊の最後の昇華

図336　天で結びつく魂と霊

世界＝卵を発達させる

図三三五は『哲学者の薔薇園』の一九番目の木版画に基づくバルヒューゼンの異版である。七二番目の図版で火の流れが逆転し、七三番目の図版では逆転した炎が黒くなったあと、七四番目および七五番目の図版で炎が脈動する。七五番目の図版では、黒い火葬の火がついに哲学者の卵をかえす。哲学者の息子はひきつづき宇宙の支配者として成長することになるが、いまは成熟していない卵における未熟なホムンクルス、あるいはまだ両性具有者になっていないホムンクルスにすぎない。この卵を成熟させる火は第四段階のものであり、太陽の熱にたとえられることもある。

ある錬金術師はこの段階の作業を次のように述べている。

いまだ欠陥のある薬剤が完全な誕生に達しないため、（錬金術師は）心痛にさいなまれる。自然の特性をもつ神が人間になりながら、自然の特性をもつ人間がまだ神にも聖なるものにもなっていないのである。生命の霊薬にはまだ聖霊の霊が欠けている。これを勝ち取るためには、太陽の特性の内に凝固に向かって奮闘しなければならない。太陽が薬剤に、霊、色、凝固、完全性をあたえるからである。太陽によってあたえられる色は赤みがかった紫、あるいはザクロのような蘇芳色である。これが不変かつ永遠の色にほかならない（註五四〇）。

「大宇宙の息子」の誕生

作業のこの段階で孵化した哲学者の子供はフィリウス・マクロコスミ（大宇宙の息子）と呼ばれることもある（註五四一）。図三三九は世界＝卵における大宇宙の息子の誕生を示し、二人の天使がつきそっている。図三三五および図三三八における哲学者の息子のように、成育しはじめる赤の結合――大いなる石、宇宙的両性具有者、いまだ成熟していない宇宙的人間――をあらわしている。「大宇宙の息子」のまわりには次のような銘刻文がある。

その誕生より、守護の天使に守られるのは、信仰篤い魂の大いなる名誉である。

大宇宙の息子は、人間が大宇宙すなわち神を反映する小宇宙であるという観念をあらわす。したがって「大宇宙の息子」の卵は、宇宙の法則を把握しうる息子の人間の知性内に反映点があるため、全宇宙を含む。それゆえ上なるものは下なるものに似るのである（『エメラルド板』）。大宇宙の息子におけるこの神と人間の照応によって、『万有知識の門番』の本文における霊的恍惚が説明づけられる。宇宙卵の「卵黄」内にいる大宇宙の息子は、いまだ創造されない段階にとどまる全知の精神の象徴なのである。

図338　両親の二重の冠と帝国を求める哲学者の息子

図339　卵の殻の中の全宇宙
発育しはじめる石、すなわち人間の卵のＤＮＡに宇宙の全体図が暗号化されている

Lapidis multiplicativa Auri.

Projectio	I.	1000
	II.	10000
	III.	100000
	IV.	1000000
	V.	10000000
	VI.	100000000
	VII.	1000000000
	VIII.	10000000000
	IX.	100000000000
	X.	1000000000000
	XI.	10000000000000
	XII.	100000000000000

Centum milliones millionum tingunt.

図340

（一）神は永遠の存在、無限の一者、万物の根本原理である。神の本質は無限の光である。神の力は全能であり、神の意志はまったき善であり、神の願いは窮極の現実である。われらが神に思念をめぐらそうとすれば、われらは沈黙の深淵、無限の栄光の深淵に入りこむ。（二）多くの賢者の主張するところによれば、感覚界よりも遙かに早く元型的な世界が存在し、元型的な光が自ら展開して、神の心の片割れを理想の世界として設けたという。この信仰はヘルメス・トリスメギストスの言葉によって裏書きされており、その言葉によれば、神が姿を変じたときに、宇宙が突如としてあらわれ、現実の光に包まれたという——この世界は隠れた神の目に見える像にすぎない。パラスはウルカヌス（あるいは聖なる光）の助けによって、ユーピテルの額より完全な姿であらわれたと、古代の人びとが告げるのは、これを意味してのことである。（三）万物の永遠の父は賢明かつ強力に世界を創造して配置し、ひそかな影響力と相互の主従関係によって全宇宙を結合させ、上なるものが下なるものに、下なるものが上なるものに類似するようにした。それゆえ宇宙の両端は自然の結合の真の絆によって結ばれている。それゆえヘルメスは、上なるものは下なるものに、下なるものは上なるものに似ると述べるのである。（四）自然を神の意志の絶えざるあらわれと見る者は無神論者である。大宇宙のすべてはごく小さな部分にいたるまで、聖なる支配者の霊によって不断に生気を吹きこまれて保たれており、神の意志からはなれて存在する生命はない。はじめに水の面を覆って、可能態の混沌より現実態を生み出したのは、神である（註五四二）。

最初の卵母細胞あるいは精母細胞

赤の苦しみが最初の成熟分裂（減数分裂）の流れの逆転を象徴するのなら、成育しはじめる再誕の人物は、最初の卵母細胞（精母細胞）、すなわち最初の成熟分裂に先立つ生殖細胞の段階に達したことを象徴することになる。この細胞の驚くべき特性は、自らを「投影する」ことによって「増殖する」能力である。哲学者の卵あるいは石がルベドの熱い火の中で成熟すると（図三四〇）、この特性を発達させる。

投入と増殖

図三四一は増殖の赤いライオンに乗るルベドの女王である。女王は誇らしげな仕草で、ペリカンの血に染められた哲学者の卵を示している。腹をすかせた仔らに自分の血と肉をあたえるライオンが、赤の薬剤の表象としてのペリカンの血を再現している。増殖のこの二重のイメージは、ムルティプリカティオ（増殖）およびプロイエクティオ（投入）と呼ばれる錬金術の二つの最終操作を指す。プロイエクティオは、『哲学者の薔薇園』の一五番目の

木版画（図二九二）におけるキトリニタスの増殖に関連して、既にとりあげている。『哲学者の薔薇園』の本文にはこう記されていた。

> 細心の注意をはらってこの薬剤の処理を繰返せば、石の準備が整うが、水銀がその増殖によって変化し、無限に太陽をつくり真に月をつくる物質となるまで、石は完成することがなく、すべては増殖にかかっている。

この文章を理解するには、錬金術における投入と増殖の意味を頭に入れておかなければならない。これらの操作は、金造り師が太陽の薬剤あるいは黄金の薬剤を白い銀に「投入」して、薬剤そのものの「増殖」によって白い銀を染めるか金めっきすることを指しているのである。この作業には二つの段階、黄色化の作業と赤色化の作業がある。銀の石が増殖の薬剤によって金めっきされたキトリニタスの増殖の作業、すなわち銀の石が単に黄金の葉あるいは金色の塗料によって覆われたにすぎないキトリニタスの増殖の作業については、既に本書で考察した。ルベドの増殖の作業では、薬剤が無限の増殖力を発揮するまで改良される。この段階に達するまで、錬金術師は石の水銀を完全に金にかえることはできない。したがって錬金術師は火を最高度に強め、それによって薬剤が成熟し、真に色を変化させる特性を生み出すのである。

図三四〇として掲げた錬金術の表は、作業の最後の二つの操作を数値によってあらわしたものである。（一）黄金の石の増殖……百兆倍の染色。（二）「投入」の行為によって、I—XIIの果てしない増殖となる。『改革された哲学』では、次の規則を定めている。

> その溶剤は二倍に増殖するので、望むだけの量を投入せよ。最初にその一部がそのものを百倍にするなら、二番目には千倍、三番目には一万倍、四番目には一〇万倍、五番目には一〇〇万倍となって、ついには太陽と月をつくりだす物質となる（註五四三）。

バシリウス・ヴァレンティヌスの第一一の鍵

図三四二はバシリウス・ヴァレンティヌスの第一一の鍵であり、その主題は石の増殖である。先の鍵（図三三二）で生み出された天の石の犠牲でもってはじまる。二頭のライオンの調教者あるいは双子の姉妹の掲げる二つの心臓から伸びる太陽と月の花を、マルスが刈りとろうとしている。同時に、二頭のライオンはたがいに嚙みあって、血を流している。ライオンは鍵のオルペウスとエウリュディケーを象徴し、二人はこの行為によって赤の薬剤あるいは「生命の霊薬」を生み出すのである。これは右のライオンの足もとで増殖するライオンの子によって象徴化されている。本文はこのようになっている。

図341　増殖の赤の薬剤に染められる哲学者の卵あるいは哲学者の石

図342　増殖の赤の薬剤あるいは生命の霊薬を犠牲によって準備する

生命の霊薬をつくりだす

われらの石の増殖の知識にかかわる一一番目の鍵は、譬話によって伝えよう。東方にオルペウスと呼ばれる素晴しい騎士がいて、莫大な富をもち、望むものはすべて手に入れていた。オルペウスは自分の妹エウリュディケーを妻となしたが、エウリュディケーは子をなさなかった。オルペウスはこれを妹

図343　最長の川の源にて　永遠さをとりもどした薔薇園

図344　果てしなく増殖する金をばらまく天の女王

と結婚した罪の罰であると考え、恩寵を恵んで祈りをかなえたまえと、昼も夜も祈った。

ある夜、深い眠りについていると、夢の中にポエブスという有翼の使者があらわれ、ひどく熱くなっていたオルペウスの足にふれていった。「汝、気高い騎士よ、汝は数多の都市や国を巡り、海や戦いで多くの苦しみを忍び、やんごとない淑女たちより賞讃を受けたがゆえに、天の父は祈りをかなえるための手段を知らせることを許したまわれた。汝の右の脇腹と妻の左の脇腹より血をとるべし。これらの血は汝らの親の心臓の血であり、二つのものに見えようとも、ただ一つのものなり。これらの血を混ぜあわせ、七人の賢者の球体に密封すべし。そこに発生するものが自らの肉と血に育まれ、汝が正しくおこなうなら、汝は多くを受け継ぎ、汝自身の体からおびただしく生み出すであろう。しかし汝がつくられた最後の種あるいは最初の種は、月が八番目に変化するときに、成長の流れをまっとうすることを心得ておかなければならない。これを何度も繰返せば、汝は子の子を目にするであろうし、汝の体の子が世界を満たし、神が天の国を完全に所有することになろう」

ポエブスはそう述べたあと、空に舞いあがり、騎士は目覚めた。朝になると、騎士は天の使者のいいつけどおりにした。そして神は騎士と妻に数多くの子供をさずけ、子供たちが何世代にもわたって、父の名と栄光と富と騎士の名誉を引き継いだ。

わが子よ、汝が賢明なれば、この譬話がわかるだろう。理解できないなら、わたしのせいではなく、汝自身の無知のせいであると知れ。わたしは城の扉をさらに開けることを禁じられているため、ここで口をつぐまねばならない。神に許された者には、ほとんど何人も信じぬほどにはっきりと了解できることだろう。わたしは誰よりも明晰に述べたからである。わたしは何も隠してはいない。汝が無知の帳を目よりとりはらいさえすれば、数多くの者が探し求めながらほとんど誰も見いだしていないものが見えることだろう。わたしはすべてを汝に明かしたのである（註五四四）。


傷ついたオルペウスとエウリュディケー、そして血を流すライオンから得られた血については、別の錬金術文書の「生命の霊薬」の描写によって、さらに詳しいことがわかる。

ごくわずかな者だけが知っていることだが、人間の体には天の性質を備えた物質が隠されており、これは薬剤を必要とせず、それ自体が不滅の薬剤なのである……この霊妙な物質は体の他の根源的な部分を守って生かしつづける……この要塞には真の宝があって、虫に蝕まれることなく、盗賊に掘り出されることなく、永遠にとどまりつづけ、死後にとりだされる（註五四五）。

薔薇園の増殖する富

図三四三では、ヘルメスの川を源までたどった錬金術師が、哲学者の薔薇園に到着している。踏破した距離が背景にある太陽の丘によってあらわされ、太陽の丘では九人のムーサが詩歌の道にいそしんでいる。モットーは、「鍵なくして哲学者の薔薇園に入りたがる者は、足なくして歩きたがる者のごとし」である（註五四六）。薔薇園の入口は厳重に鎖され、復活した永遠の状態で薔薇園に近づくことを可能ならしめる、錬金術の一二番目の鍵によってしか開けられない。

図版を説明する本文によれば、薔薇園の門を開けて「赤と白の薔薇を摘む」ための魔法の鍵は（註五四七）、「オレステースの骨が見いだされるところ、すなわち風と殺人と影と人間の破滅が見いだされるところ」に埋められている（註五四八）。これらはルベドのはじめに起こる「死」の象徴である。

復活した薔薇園の魔力は、哲学者の金の果てしない鋳造と哲学者の石の無限の増殖である。すなわちあふれんばかりの子供たちあるいは薔薇、小麦が目を出す畑、果てしなく肥沃な土壌である。図三四四は哲学者の薔薇園におけるレギナエ・ミュステリア（女王の神秘）を示している（註五四九）。女王はテーブルについて、鉢をもって近づいてくる乞食に増殖する金をばらまいている。図三四六では錬金術師が増殖の炉について、金の棒からおびただしい金貨をつくっている。

自然の増殖する石

図三四五では、哲学者たちの石が世界じゅうに増殖しながら、自然の建築用の石の機能を帯びている。モットーは、「この石は大地に投げだされ、山にもちあげられ、大気中に住み、川で生きるメルクリウスなり」である（註五五〇）。本文ではモチーフがさらに詳しく説明されている。

哲学者たちの石とその力について耳にしたほぼすべての者が（まことに疑い深い者は別として）、どこで見いだせるのかとたずねる……哲学者たちはこれに二つのやりかたで答える。第一に、アダムが楽園をはなれる際に石を携え、石はいまやあらゆる者の中にあり、遠方から来る鳥も帯びていると答える。第二に、大地や山や大気や川の中で見つかると答える。どちらの答に従えばいいのか。わたしの考えでは両方だが、いずれもそれなりのやりかたがある（註五五一）。

増殖する石を見つける

錬金術師は人間や自然の中に石を探し求めるが、モットーの典拠――『ロシヌスよりサラタンタ司教へ』――によれば、これは石でありながら石ではないという。

この石は、石ではなく、さまざまなものの中に投げこまれ、山の中で強められる。大気中に住み、川の中で生き、数多くの名前をもち、山の頂きで休む（註五五二）。

『賢者の群』は石の素晴しい増殖の力を次のように描写している。

前記のものはあらゆるものに入りこみ、いたるところで見いだされ、石であって石でない。ありふれていて貴重なもの、

図345　自然の増殖する石——細胞——に驚く哲学者

図346　おびただしい量の貨幣を鋳造する錬金術師

図347 「赤色化した」魂の状態　子供たちが太陽の光をあびて増殖して遊ぶ

隠されていながら誰もが知るもの、一つの名前で呼ばれることもあれば、多くの名前で呼ばれることもあり、月の泡である。それゆえこの石は、石よりも貴重なゆえに石ではない。これなくして自然は何も起こさない。名前は一つだが、その性質がすぐれているために、数多くの名前で呼ばれる（註五五三）。

死と増殖の園

『太陽の光彩』の一二番目の絵（図三四七）は、「溶解」のあとにつづく「凝固」をあらわしている。先の状態では、水銀が受動的で、硫黄が能動的だったが、今度はそれが逆転する。本文では最後にこう記されている。

このため、上にいた子供が次には下にいるという子供たちの遊びに、術はたとえられる（註五五四）。

いま達成されている「凝固」の段階は、ルドゥス・プエロルム（子供の遊戯）によって象徴され、作業が子供の遊戯のようにたやすいものになることをあらわす（註五五五）。子供たちがたくさんいることは、このモチーフをムルティプリカティオ（増殖）の生殖力の象徴や若返りおよび再誕に結びつける。

図三四八では、アエストゥス・グラウェス（烈しい熱）で堅くされた石が、いまや錬金術師の炉を支配している。本文ではこのプロセスが、ケレース（デーメーテール）とテティスによって、体を不死身のものにするため、トリプトレモスとアキレウスが火に投じられたことにたとえられている。エピグラムはこうなっている。

トリプトレモスとアキレウスが、
母親たちの指示によって、
烈しい熱に耐える術を学びとり、
戦いにおいていかに強くなったかを知れ。
聖なるケレースが前者を、
テティスが後者を、
昼には胸から豊かな乳をあたえ、
夜には火に入れて強くした。
至福をもたらす哲学者の薬剤を、
子供が乳房に親しむようなやりかたで、
火になじませれば、
火を楽しむようになる（註五五六）。

本文にある「烈しい熱」は、図三四八で火葬の火として示されている。アキレウスが戦場で殺された戦士としてあらわれ、母親によって死体がひきずられ、火葬の火に焼かれる。燃えあがる火が死の意味をはらんでいることは、おそらく死の神サトゥルヌス

図348　小麦畑で哲学者の息子を生む火葬の火

図349　サトゥルヌスが愛の園で増殖する太陽の花と月の花にみずやりをする

図350　分離した体が最後の結合の神秘によって一つの体になる

であろう岩場の老人によって強調されている。テティスがおおげさな仕草をして背景にあらわれ、画面の左半分に注意をひいている。ここではアキレウスに対応するトリプトレモスが、小麦畑で母親に抱かれて乳を吸う幼児としてあらわれている。植物の女神の頭には、増殖を象徴する小麦の穂がある。火葬と授乳、死滅と増殖をあらわす二人の女性は、ルベドの主要なモチーフ――死と愛――を擬人化した存在なのである。

図三四九では、いまや永遠の不滅の姿で復活して、増殖する太陽と月の花に照らされる、錬金術師たちの約束の地――哲学者の薔薇園――で、サトゥルヌスが変容している。モットーは、「太陽と月の花が咲く土地にサトゥルヌスが水をやる」である（註五五七）。哲学者の薔薇園の豊かな土壌――果てしない発芽、成長、豊作の力――については、ニコラ・フラメルが『錬金術摘要』で説明している。太陽の沈むことのない幸福な王国、すなわち錬金術の夢の園に哲学の樹を移植することを、フランスの錬金術師はこのように述べているのである。

> 生ける果実――真の生ける金と銀――を樹に探し求めなければならない。自然の可能性に従い、その樹においてのみ育ち、増殖するからである。その果実を集めることなくして、この樹を日のよくあたる豊かな土壌に移植することはかなわない。移植すれば、以前の不毛の土壌で百年かけて得たよりも多くの養分を、一日で得ることだろう。理解しておかなければならないが、最もすぐれた樹にして溶解できない金と銀を含むメルクリウスをとり、太陽、すなわち金に近い土壌に移植すれば、たっぷりの水を得て素晴しくも成育する。移植するまえには、風と霜にさらされて弱っているので、ほとんど果実は期待できない。果実を結ばない期間が久しくつづく。しかし哲学者の薔薇園では、太陽が朝に夕に、昼に夜に、絶えず快適な作用をおよぼしてくれる。そこではわれらの樹は貴重きわまりない露を得て、果実が日ごと大きくなって熟す。わずか一年の内に、以前の不毛の土壌で千年かけて成育したよりも大きくなるのである（註五五八）。

増殖の驚異の同じような描写は『立ち昇る曙光』にもあって、錬金術の黄金の畑の女王がこのように述べる。

> わたしは乳と蜜が流れ、最も甘い果実を季節ごとに結ぶ、あの聖なる約束の地である。しかるがゆえに、すべての哲学者がわたしを誉めたたえ、金や銀や燃えることのない穀物をわたしに蒔く。そうした穀物が死ななければ、そのままであるが、死んだ場合には、三倍の果実を結ぶ。良き真珠の土に蒔かれれば、果実は素晴しいものになる。葉（銀）の土に蒔かれれば、果実は同様に素晴しいものになる。最上の金の土に蒔かれれば、千倍の果実が結ばれる（註五五九、図三四四）。

作業の最後の操作

『世界の栄光』では、錬金術師に対して次の指示が記されている。

園を開けて輝かしい薔薇を見る方法、薔薇が増殖して千倍の果実を結ぶありさま、さらには死体をふたたび出現させ、不完全な体に入りこみ、その体を浄化させ、完全な永遠のものにする力によって、不死の生をあたえる方法（註五六〇）。

最後の操作はプロイエクティオ（投入）、すなわち錬金術の最後の作業を指している。

プロイエクティオは素晴しいムルティプリカティオ（図三四〇）を開始させる行為である。

その溶剤は二倍に増殖するので、望むだけの量を投入せよ。

増殖をその源までたどることにより、錬金術師は次第に多から一へと入っていく。増殖する石のピラミッドを登り、ついには自らを「投入する」一者の分離に行きつくのである。したがって投入は錬金術師が最初の石、作業の目標を新たに見いだす手段である。この出来事は図三五〇に描かれており、石あるいは赤の王が投入によって誕生している。

投入によって大いなる石を新たに見いだす

棺の「緑色化する」闇の中で（図三五〇）、錬金術師の死体が再びあらわれ、死体から永遠のかたわれを解放する分離過程によって、「不死の生」をあたえられる。霊的な体は昇天しながら、天の門で自らの天のかたわれ、一者と出会う。これが作業全体の中で最も不思議なプロセスである。最後の結合の神秘において、一者が分割によって回復され、分離した体が最後の投入の行為によって一つの体になるのである。

絵の下段で、石棺の四本の管から流れる赤の薬剤あるいは生命の霊薬により、錬金術師と妹が太陽および月として結合することによって、この出来事の性的な意味合いが示されている。この薬剤は婚礼の棺で傷ついて出血死した錬金術師から採られたものなのである。ルベドの死の結婚と新イェルサレムでのキリストの結婚という類似した表象が、月にしたがう動物によって象徴化されている。赤いライオンは太陽に属し、ルベドをあらわす。

死の部屋から伸びる生命の樹が、死体の霊を赤の王、宇宙の皇帝、蘇ったキリストとして投入する。この人物が樹の下にいる見習い錬金術師の狙う的であり、錬金術師は死の媒介としてあらわれている。完成された作業の鍵は、死において永遠の生によって結ばれ、新しく結婚したカップルがもっている。

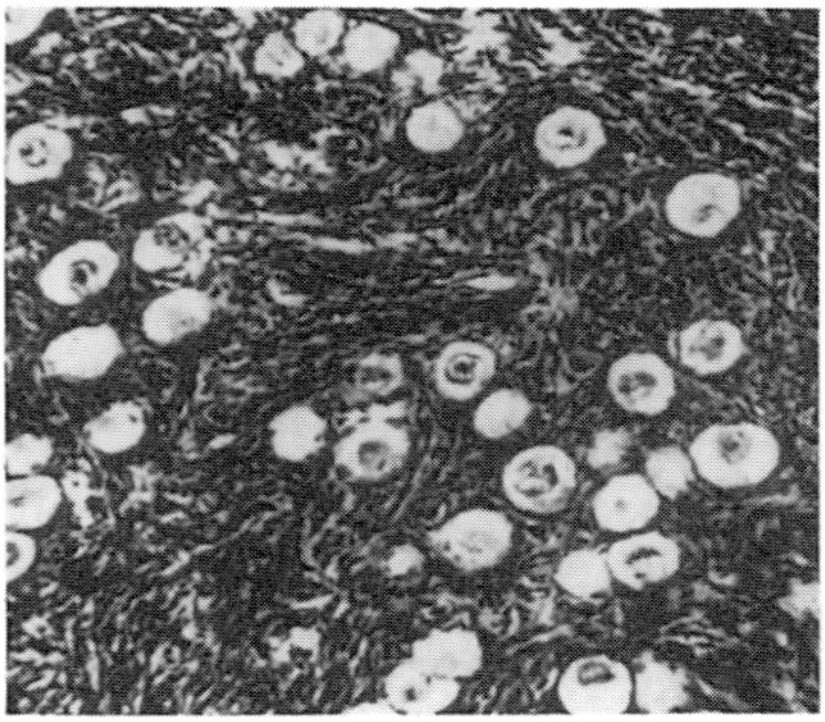

図351　卵巣の豊かな土壌

始原生殖細胞

図三五二として掲げた図は、左右対称に分かれて、卵形成と精子形成の重要な諸段階をあらわしており、これらは相同器官、すなわち卵巣と精巣で起こる類似したプロセスである。男と女の生殖細胞の進化を逆にたどれば次のようになる。（一）新しい個体は、（二）卵子と精子を融合する受精の行為によって生み出される。（三）第二の成熟分裂（有糸分裂）によって、それぞれの生殖細胞は四つの複製に分かれる。四つの精子が同じ大きさと機能をもつのに対し、四つの卵細胞は一つの大きな卵子と三つの小さな星状体に分かれ、星状体は消えることになる。いまや卵子は精子と融合することができる。（四）最初の成熟分裂により、生殖細胞が減数分裂をして、染色体を半減させる。完全な数の染色体をもっていた精母細胞と卵母細胞が、こうしてそれぞれの生殖細胞に変容する。*

*それぞれの細胞の染色体は相同の対になる（2nで示される）。それに対して、生殖細胞は半分の数の染色体しかもっていない（nで示される）。

（五）始原精母細胞と始原卵母細胞がそれぞれ精巣および卵巣の生殖上皮に着床する（図三五一）。これらの環境で生殖細胞になるとしても、完全な数の染色体をもっているので、減数分裂以前の精母細胞と卵母細胞は通常の体細胞に相当する。その結果として、通常に増殖し、有糸分裂によって自らを複製に投入する。

（六）個体の精子と卵子を発生の源にまでさかのぼるなら、精母細胞および卵母細胞としての増殖は始原生殖細胞にまで行きつく。この重大なプロセスによって、始原生殖細胞は最初の複製を投入するのである。

始原生殖細胞の実際の「誕生」は個体の両親の胎児期の組織で起こる（すなわち個体の祖母の子宮内で起こるのである）。始原生殖細胞と体細胞の分離は、細胞が卵黄嚢壁から、胚に形成されはじめる性器、すなわち精巣および卵巣の生殖上皮へと移動することで起こる。個体の最初の誕生をあらわすこの移動を果たす際に、細胞は「死から永遠の生」、すなわち通常の細胞の「死」か

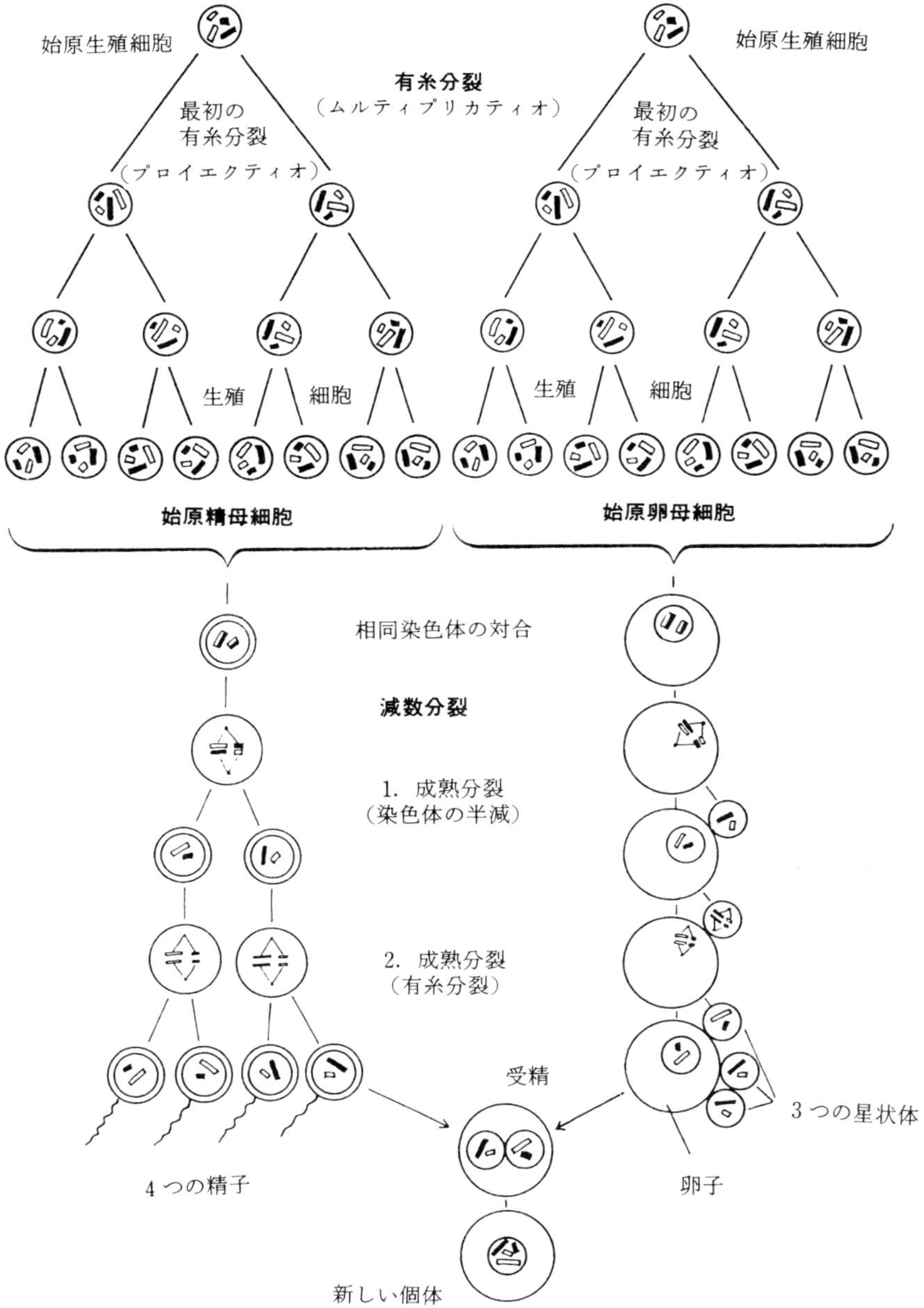

始原生殖細胞
有糸分裂
（ムルティプリカティオ）
始原生殖細胞
最初の
有糸分裂
（プロイエクティオ）
最初の
有糸分裂
（プロイエクティオ）
生殖
細胞
生殖
細胞
始原精母細胞
始原卵母細胞
相同染色体の対合
減数分裂
1. 成熟分裂
（染色体の半減）
2. 成熟分裂
（有糸分裂）
受精
3つの星状体
4つの精子
卵子
新しい個体

図352

ら無限の生命の連鎖をつづける可能性のある始原生殖細胞の「永遠の生」へと移行する。

始原生殖細胞は完全な数の染色体を備えた細胞なので、父親と母親から引き継がれた四六の染色体は、有性生殖を、衝動としてではなく、可能性として含んでいるにすぎない。リビドーは性的無関心の状態にあるのである。

細胞の最初の有糸分裂は創造に向かう道の第一歩をあらわしている。一九六〇年代の生物学の革命によって、このプロセスの内部メカニズムが明らかになった。細胞の核の内部で、DNA分子の螺旋が二つに分かれ、遺伝子暗号を含む元の螺旋を複製するのである。(最初の)有糸分裂の根本的な遺伝子の秘密は、DNA螺旋の特異な偉業、自らを二つに複製することにある。

卵巣という薔薇園

図三五一は卵巣の生殖上皮の濾胞に埋もれる始原卵母細胞の顕微鏡写真である。この「薔薇園」の土壌ははなはだ肥沃であって、五〇万の未成熟の卵(始原卵母細胞)を含むが、そのうちおよそ四〇〇の卵が排卵されるにすぎない。卵巣(および精巣)の生殖上皮は「永遠の生命の泉」でもあり、この星にはじめて誕生した生命にまでさかのぼる連鎖の一部を構成している(図四〇二)。錬金術において、退行によってこの無意識のリビドー体制に達することを象徴するのが、ロサリウム・フィロソフォルム、すなわち太陽の花、月の花、増殖する薔薇、卵=石、天使の子供たちに満ちあふれた、果てしない発生の園である。

永遠の生の棺

錬金術師は哲学者の卵あるいは石の増殖をさかのぼることにより、その窮極の投入、すなわち最初の石の誕生に遭遇する(四八七ページ)。遺伝子過程の用語を用いれば、この出来事が象徴しているのは、退行によって最初の有糸分裂の無意識における痕跡が復活して、始原生殖細胞の「門」が開いたことである。投入がこのプロセスを反映しており、分裂によって、大いなる石あるいは窮極の自己をさらけだし、最後の結合の神秘でもって分離した体が一つの体になる。

個性化過程の観点からながめれば、投入があらわしているのは、最初の有糸分裂にパターン化された死の精神外傷であって、これは自己を複製する分離過程をもあらわす。したがって投入は、最初の有糸分裂の逆転した流れと死の精神外傷におけるリビドーの死滅という、二重の象徴としてあらわれるのである。いずれのプロセスも、生と個性化の周期を終了させる退行する無意識の最後の運動と同時に起こる。

この背景によって、錬金術師を死と最初の誕生の窮極の結合という、矛盾した神秘的な経験にかかわらせる最後の作業が説明づけられる。錬金の作業が終了すると、終わりが始まりとなり、死の行為が最初の受胎の行為になるのである。この経験を象徴するものが永遠の生の開かれた棺である。

第13章　死の精神外傷　第四の結合

図三五四は『哲学者の薔薇園』の一二番目にして最後の木版画であり、キリストが朝に墓から蘇っている。父と子を結びつける聖霊として霊がもどり、子と母を結ぶ天の女王として魂がもどることで、両性具有者の体はキリストの不滅の栄光の体という最後の姿で復活する。輪光に包まれた救世主が、勝利の旗をふり、三位一体の印を示して、朝日とともに昇るのである。

あまたの苦しみと受難の後、
すべての汚れから解放され、
われは変容した姿で蘇る（註五六一）。

「変容」とは救世主のコルプス・グロリフィカトゥム（栄光の体）を指し、錬金術師たちによれば、堅くて透明、水晶のように清らか、火のような赤い色を帯びているという。溶化の産物である最後の復活のガラス状の体は、熱烈に求められた不滅の体であり、死を克服して不死を獲得するものである。本文ではこの出来事を、ルベド、すなわち赤の石、赤の薬剤、赤の王の火による誕生にからめて説明している。

ヘルメスがいうには、魂の色は赤（に変じている）。白が赤色化を望む。アルベドが（いまや）われらのルベドとなる。われらの石は火よりつくられ、火にかわる火である。その魂は火の中に住む。赤の薬剤に関する錬金術の謎はこうである。われは王冠によって飾られ、王の衣服をまとい、肉体に入って楽しむ。ヘルメスは第三論文で次のように述べている。知恵の子らよ、ここに来たれ。死の支配が終わり、息子が支配することを喜ぼうではないか。息子は赤の衣服をまとい、紫をはおる。高貴な生まれのわれらの息子は、火より色を得て、死と闇と水が逃げだした。亀裂をながめるドラゴンが、太陽の光から逃れ、われらの死んだ息子は生きることになる。王

図353

図355　蘇った王が死と再誕の始原細胞、あるいは「狭い部屋」を開ける

図354　栄光の体での復活

が火よりあらわれ、結婚を喜ぶ。隠された宝が開かれ、われらの息子は既に蘇り、火の戦士となって薬剤をしのぐ。

哲学者ベリーニの太陽にまつわる喩話はこうである。わが父なる太陽がよろずの力にまさる力をわれにあたえ、栄光の衣服をわれにまとわせた。われが至上者なりせば、全世界がわれを熱望して追い求める。いまやわが美徳と偉大さが認められたり。われは一者にして、恩寵によって力をあたえる一者なる父にたとえられる（註五六二）。

ボローニャの謎、棺での再誕

図三五五は異版であって、蘇ったキリストが両性具有の王としてあらわれ、再誕の始原細胞と化した棺で笏を示している。ある錬金術師によれば、「神に敬意を表し、化学の術を称えて、古代の錬金術師が書きあげた」（註五六三）という、有名な『ボローニャの謎』では、神聖な神秘にふさわしい言葉で最後のコニウンクティオ・オポシトルム（対立物の合一）が描写されている。

アエリア・ラエリア・クリスピス、男、女、混血児、下女、少年、老婆、処女、娼婦、淑女のいずれでもなく、そのすべてである。飢え、剣、毒によって死ぬことなく、そのすべてによって生命を落とす。天、地、水の中になく、よろずの地が休みどころである。ルキウス・アガト・プリスキウス、夫、愛人、親類にあらず、嘆き、喜び、悲しみにあらず、塚、ピラミッド、墳墓にあらず、そのすべてである。成長して何になるかを知り、かつ知らない。これはいかなる死体も埋葬されない墓である。これは墓のない死体である。しかし死体と墓は同一物である（註五六四）。

図三五三は『哲学者の薔薇園』の一二番目の木版画に基づくバルヒューゼンの異版である。七四番目の図版で燃えあがり、七五番目の図版で哲学者の息子を孵化させた火葬の火が、七六番目の図版で成熟の効果をおよぼし、子供が大宇宙の両性具有者となる。結合の火が最後に容器を包むと、哲学者の卵＝石が太陽に変容する。『自然の王冠』では、七五番目の図版の哲学者の息子が「玉座」、七六番目の図版の両性具有者が「智天使」——神に対面して至上者の冠をもつ天使——と同一視されている（註五六五）。この人物は、純粋なエネルギーのオーラに包まれて火の霊としてあらわれる、メルクリウス・フィロソフォルムでもある。七七番目の図版では、「いと高きところにいます神に誉《ほまれ》と栄光と尊貴《とうとき》あれかし」と歌う天使によって、この出来事が祝われている。

バルヒューゼンの最後の図版は死の精神外傷を描いているのである。死神が砂時計と矢を帯びて、棺のそばの地面に横たわる錬金術師を貫く。魂と霊の旅立ちを象徴する二人の天使が、宝の宝に満ちた錬金術師の聖遺物入れ箱を運びながら昇天する。この聖遺物入れ箱は、「神を称えて（建てられた）城」にもどされる。これは至上者の名前の記された輝く雲としてあらわれている。錬金術師は生きているうちに聖なる支配者に吸収され、その純化された体、霊、魂は死の際に光の源と結合する。

死んだ肉体と自己の復活

図三五六では、錬金術師が自らの死体を永遠の生に蘇らせる作業が示されている。錬金術師は城の最後の部屋の扉を開き、自分自身が入っている棺の蓋を開ける。二重の役割を演じて、棺の闇の中に自分の姿を見いだす錬金術師の表情に、不気味な瞬間があらわされている。意味深くも、自分自身の投影された自己が、自分と同様の不思議さと驚きの表情を浮かべて見つめ返している。死の精神外傷は背景でも繰返され、テュフォン（セト）がオシリスを切断し、イシスが手足を集めている。投入する錬金術師によって獲得されるオシリスの不死の体は、キリストの「栄光の体」をあらわす。この図版は『哲学者の薔薇園』における赤色化した王の話に関係している。

> わたしはすべてに立ち勝り、あらゆるものを高めも低めもする者であり、わたしに対立する定めの者をのぞいて、わたしをしのぐ者はいない。その者がわたしを滅ぼすが、わたしの本質を滅ぼすことはない。その者はサトゥルヌス（＝テュフォン＝死神）であり、わたしの手足を切断した。しかしその後わたしは母（＝イシス）のもとに行き、母が散乱した手足を集めてくれる。わたしは万物の光であり、わが父なるサトゥルヌスの内より公然と光を出現させる（註五六六）。

自己の朦朧とした体を蘇らせる

図三五七はプロイエクティオ（投入）と二重のアイデンティティ（自我と自己）の征服をあらわしている。夢のような都市の無人の通りを歩く錬金術師が、突如として自分の投入された姿、すなわちドッペルゲンガーに出会う。錬金術師の荘厳な表情はこの出来事に受肉の意味が含まれることをあらわしている。この聖なる霊体は錬金術師がいまその姿をまとっているメルクリウス・フィロソフォルムである。錬金術師たちはこれにふれて、「この霊は肉体からはなれて霊となった後、ふたたび肉体をまとうようになる霊である」と述べている（註五六七）。

神聖化された霊体が坐っているそばでは、火が燃えあがり、この世話をしている第三の人物が図版のモットーを演じている。

> 火に火をあたえ、メルクリウスにメルクリウスをあたえれば、汝の心は満たされるであろう（註五六八）。

この不思議な助言の意味は、投入をおこなう錬金術師が、ある

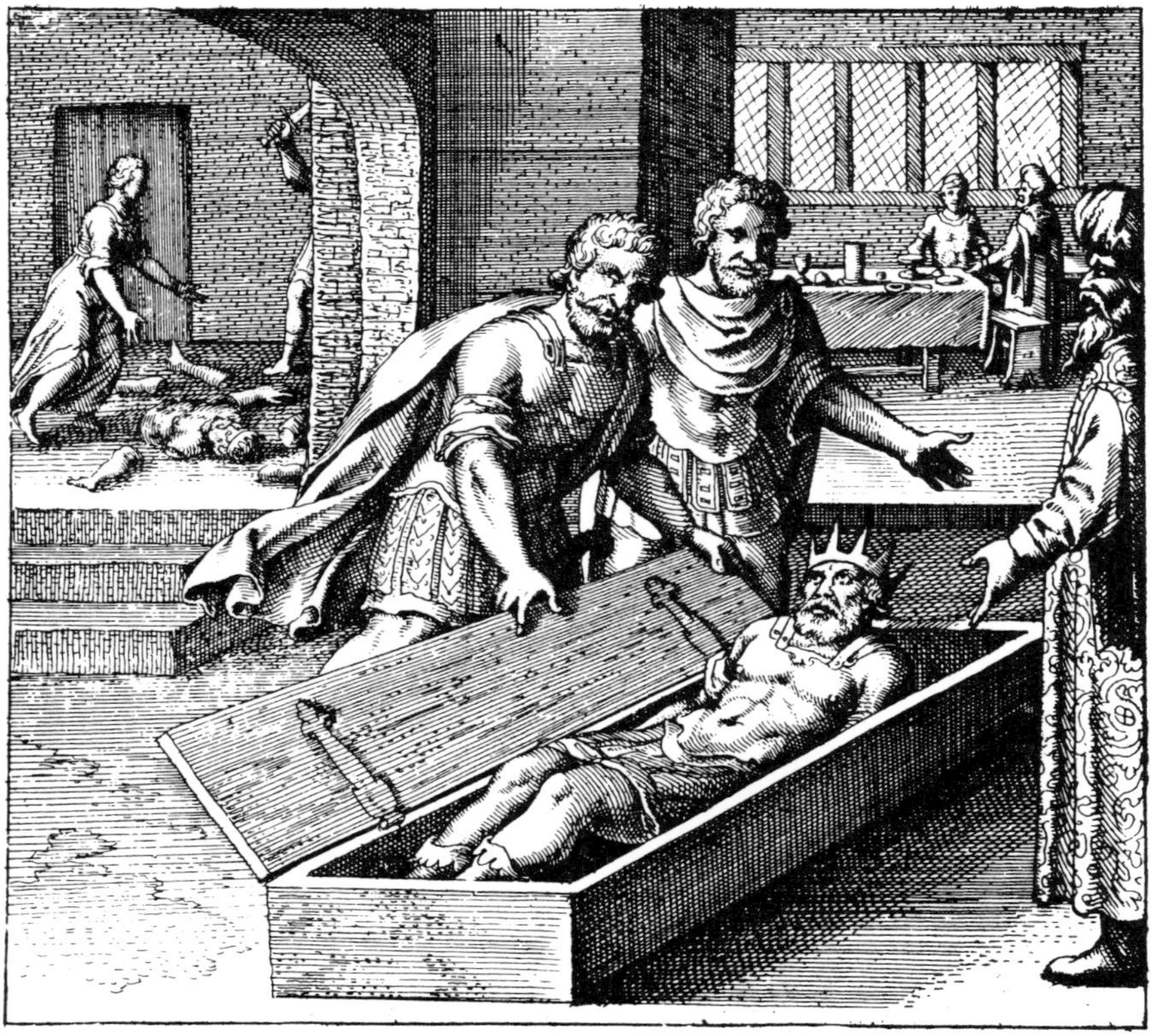

図356　開かれた棺の不気味な謎　自らを複製するために二つに分離する

図357　錬金術におけるメルクリウス・フィロソフォルムの探求が自己の探求であることがわかる

図358　薔薇園での不気味な出会い

ものを、それによく似たものに加えなければならないということである。錬金術師の場合は、自分に自分を加えることになる。*

*この図版は精神分裂症の根本的なイメージをあらわしたものとして見ることもできる。精神分裂症は急速な悪性の個性化過程であって、自己による決定的な自我の「統合」にいたる。錬金術によってあらわされるような通常の形態では、個性化過程は自我による自己の統合にいたるのである。

図三五八も投入をあらわしたものである。作業を終えた錬金術師が、実験室をはなれて散歩にでかける。庭に入ったとたん、自分そっくりの死者が開けた自分自身の墓を目にする。死と生の交差点で錬金術師に出会うために蘇生した霊体は、神秘的なイメージによって内部から照らされる背景の景色を指差す。天と地を結ぶ梯子が十字架を構成している。墓石の銘刻文は錬金術師の投入されたイメージが発する言葉をあらわす。すなわち、「われは汝に死にかたを教える」である。

図三五九では、錬金術の両性具有者がローマの衣装を身につけ、作業の最後に自らを投入するヤヌスとしてあらわれている。ドッペルゲンガーは宇宙の支配を示す笏と、作業の終了を示す鍵をもっている。作業の終了は、最後と最初を結びつけて最後の回転をおこなう、自らの尾を食らうものによっても示される。この情景は投入された太陽の目もくらむ光に照らされている。

肉体離脱体験

錬金術のプロイエクティオ（投入）は肉体離脱体験として知られるオカルト現象も含む。この用語は使徒が特別な性質の神秘的な体験を語る『コリント人への第二の手紙』に発している。

茲に主の顕示《しめし》と黙示とにおよばん。我はキリストにある一人の人を知る。この人、一四年前に第三の天にまで取り去られたり（肉体にてか、われ知らず、肉体を離れてか、われ知らず、神知り給う）。われ斯くのごとき人を知る（肉体にてか、肉体の外《ほか》にてか、われ知らず、神知り給う）。彼パラダイスに取り去られて、言いえざる言《ことば》、人の語るまじき言を聞けり。
『コリント人への第二の手紙』第一二章一—四節

この現象はほかにもさまざまに、移動透視、ＥＳＰ投影、自己投影、バイロケイション（同時に二ヵ所に存在する能力）、超常旅行と呼ばれている。オカルトの著作家たちはたいてい、星気体投影、霊体投影、星気体旅行という用語を用いる。ユングは『シンクロニシティ』（一九五二年）で一度だけ肉体離脱現象をあつかったことがある。

肉体離脱体験を専門用語としてはじめて使用したのは、オリヴァー・フォックスで、著書『星気体投影——肉体離脱体験の記録』

（一九二〇年）で描写した。一九二九年には、同じオカルト現象をシルヴァン・マルドゥーンが『星気体の投影』であつかった。この体験は自分の体を体外の視点から見るものであって、ベッド脇からベッドに横たわる自分を見たり、空中から自分を見たりする。肉体離脱体験は、通常の時空連続体の法則を越えた超物理的領域を、星気体によって旅をするという、神秘的な感覚にかかわっている。具体的に記すなら、自分の星気体が浮かんで、壁や堅いものを通り抜けたり、重力の法則や光の速度を超越して、地球を跳びまわったりするのである。

肉体離脱体験と神秘体験には明白な関係がある。シーリャ・グリーンが『肉体離脱体験』（一九六八年）で分析した被験者たちは、神秘家たちと同じような主張をしている。彼らは肉体離脱体験の楽しい性格や「解放感」や「完全なものになった」という感じを強調する。一部の者はさらに、「すべてを知るとともに理解できる」という感じを受けたり、すべての疑問の答が得られるという確信を得たりしたと主張する。神秘家たちもよく同じような発言をする。シーリャ・グリーンは次のような典型的な例を紹介している。

現実は浮かんでいるわたしの自己であって、下にあるものはすべて、浮かんでいるわたしには影のようなものに思えました（註五六九）。

一五フィートの高さに浮かんでいる体に「生命」があった。どちらも同じ服を着て、見かけはそっくり同じだったが、地上の体には生命力がなく、生きているように見える人形のようだった（註五七〇）。

体からはなれて、すべてを知るとともに理解する意識のようだった（註五七一）。

精神的に自由で、どこにでも行けるかのようでした……望めば、どこにでも行けるんです（註五七二）。

何も見えなかったし、聞こえなかったわ。でも、一瞬の内に、何百万マイルも旅をしたような気がしたの（註五七三）。

意識が分離した体の中にあって、体重がなくなって自由になれたのがうれしかった（註五七四）。

何もかも簡単にできそうに思えました（註五七五）。

やがて急にこのうえもない喜びと幸せを感じたんです。生まれてはじめて巣をはなれた鳥のような、すごい自由を感じました（註五七六）。

ＬＳＤにおける増殖と投入

肉体離脱体験とＬＳＤの「ハイ」体験には驚くべき類似性があり、後者は比類のないやりかたで錬金術のムルティプリカティオとプロイエクティオを再現する実例となっている。マスターズとヒューストンの報告を紹介しておこう。

幻覚剤の常用者の中には、故意にかひとりでにか、直接の観察や反射するものを見るという手段によらず、自分自身の体を見る者がいる。自分自身の体のイメージを壁や水晶に投影する者もいれば、目をつぶって自分自身の体のイメージをありありと思いうかべる者もいる。壁に投影されたイメージはたいてい絵のように平板なものであり、水晶に投影されたイメージは深みのある立体として見える。目をつぶったときに見えるイメージは、平板なものか立体的なもので、どちらなのかが本人にもよくわからないことが多い。ごく一部の者はひとりでに空間にイメージが見えることがあり、空間にイメージを投影できるのだと主張する――たとえば、自分のそばや正面に自分自身の体のイメージがあって、ある程度の堅さを備えていることもあれば、備えていないこともあるという。ある人物は数回にわたって自分自身を「増殖」させ、視野の中ではっきりした位置を占める自分自身の複製あるいはダブルを、同時にいくつも目にすることができると主張した。かなりありふれた経験として、意識を体から分離して、そばにいるか上にいるかのように、自分自身の体を見ることができるというものがある。オカルティストたちのいう「星気体」のようになって、「物質的な体」をはなれたと主張する者もいる。この星気体は半透明で、完全ではないにせよ、ほぼ非物質的である。「エネルギー」や「電気のインパルス」などから成り立っているという。この星気体を、以前に自分の体から放射されるといった「オーラ」、体を包みこむ「エネルギーの力場」と同一視する者もいる。幻覚剤常用者がオーラを知覚するのはきわめてありふれたことである……遠くからながめているかのように自分の体を見る体験は、麻薬中毒者にもよく見うけられる……この体験は自己のイメージの連なりにかかわっており、自分の体が次つぎに見える。鏡を向かいあわせることによって生じる、絵の中にある絵の中に絵があるという、お馴染みの効果である（註五七七）。

キリストの「赤」の死の結婚

『聖なる三位一体の書』では、石が次のように描写される。

赤い石を手にもつと、姿が見えなくなる。体を暖めるためには、石を布で体に縛りつければ、空に舞いあがって望む場所に行くことができる。再び地上におりたい場合は、石を体か

図359　錬金術師たちは「自然は自然を征服する」と主張する（註578）。人生で最後にして最大の精神外傷を受ける変化のあいだ、自然が死の恐怖をやわらげるために魔法をかける。自然が終わりを始まりに結びつけ、最初の有糸分裂、個体の「完全な受胎」、最初の細胞の分離＝誕生のパターンに従って、死の精神外傷を構造化する。死を迎える者は死すべき肉体と不死の「星気体」が切り離され、無意識に導かれて、最後の旅を最初の旅、埋葬を天上の結婚、死を再生の始まりとして経験する。死と再誕の観念のすべては無意識のこの最終段階に発しており、ここでは昇りゆく太陽と沈みゆく太陽が目もくらむ光の内に同一化される。

図360　血を流すキリストが
死の十字架の双頭の鷲のもとで分離する

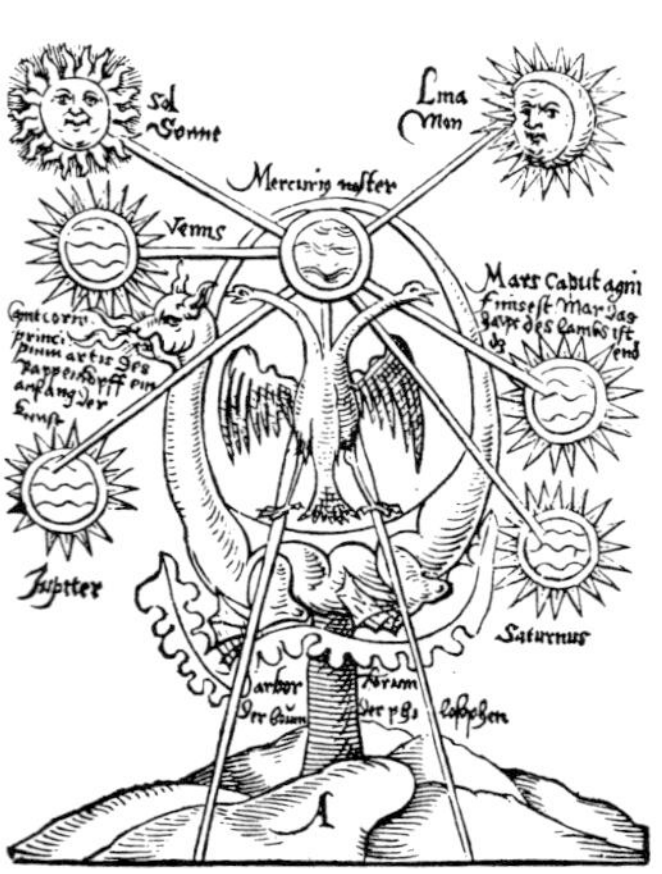

図361　尾を食らうものが作業を完了させる

らはなせばゆっくりと地上におりられる（註五七九）。

赤い石は同じ文書で、図三六〇および図三六三のように、キリストの姿で描かれている。これらの図版は有名な石とキリストの対応を示すものであり、錬金術の作業を神の救いの行為としてあらわしている。棺で再誕する赤の王が、十字架上で息をひきとりながら、天上でマリアおよび聖なる三位一体と結びつくキリストと同一視される。分離した体が一つの体になり、図三六〇の救世主は投入の産物としてあらわれるのである。足が父と聖なる三位一体をあらわす分離した体の上にある。これらの人物と一者における二重の結合は、救世主の衣装を構成する双頭の鷲によってもあらわされている。

プロイエクティオ（投入）の古典的な表象として、双頭の鷲は王冠、ないしは宇宙の支配の徽を帯びている。図三六二では、双頭の鷲が、「われは果てしない帝国を授ける」と叫んでいる。図三六一では、双頭の鷲が最後の惑星の結合を形成する「われらがメルクリウス」と「哲学の樹」に同一視される。尾を食らうものが哲学の樹の「樹冠」をつくりだし、その最後の回転をおこなうことで、「鴉」の頭、すなわち作業のはじまりが、「羊」の頭、すなわち作業の終わりと一致することになる。

後者は太陽と月の最後の結合のいま一つのモチーフ、キリストの結婚を指している。この出来事は『聖なる三位一体の書』から採られた図三六三に描かれている。この絵では大胆なやりかたでもって、キリスト教の人物がルベドの高貴な人物に融合され、キリストは羊であってマリアと結びつく太陽であり、マリアは『黙示録』の女であって月である。この神学的錬金術の融合した聖書のくだりを引用しておこう。

さてイエスの十字架の傍らには、その母と母の姉妹と、クロパの妻マリアとマグダラのマリアと立てり……イエスその葡萄酒をうけて後いい給う。「事終わりぬ」遂に首をたれて、霊をわたし給う。　『ヨハネ伝』第一九章二五―三〇節

すると天に驚くべきことが起こる。

日を着たる女ありて、其の足の下に月あり、其の頭《かしら》に一二の星の冠冕《かんむり》あり。かれは孕《みごも》りおりしが、子を産《うみ》まんとして産の苦痛《くるしみ》と悩とのために叫べり……女は男子を産めり。この子は鉄の杖もて諸種《もろもろ》の国人を治めん。かれは神の許に、その御座《みくら》に挙げられたり。　『黙示録』第一二章一―五節

ハレルヤ、全能の主、われらの神は統治《すべし》らすなり。われら喜び楽しみて、之に栄光を帰し奉《まつ》らん。そは羔羊《こひつじ》の婚姻の期《とき》いたり、既にその新婦《はなよめ》みずから準備《そなえ》したればなり。　『黙示録』第一九章六―七節

図363　天における赤の死の結婚

図362　宇宙を支配する鳥

図364　永遠の生の噴水

められる。

石とキリストの対応

石とキリストの一致を告げる最も古い文章は、一三三〇年頃にフェルラーラのペトルス・ボヌスの著わした『貴重な真珠』に認められる。

この術は一部は自然のものであり、一部は聖なる超自然のものである。昇華が終わると、霊の瞑想により、輝く白い魂が生まれ、霊とともに昇天する。これこそ紛れもない石である。これまでの作業は驚くべきものではあれ、まだ自然の枠組の中にあるものであった。しかし昇華の最後における魂と霊の凝固と永続についていえば、秘密の石が加えられたときに起こるのであって、これは感覚では把握できず、霊感、あるいは神の啓示、それとも師の教えにより、知性によってのみ把握できることとである。アレクサンドロスがいうには、目で見ることと、心で理解することとの二つの範疇がある。この秘密の石は神の賜物である。この石がなければ錬金術はおこなえない。金の心にして薬剤であり、ヘルメスはこれにふれ、「哲学者の言葉によれば、世界の終わりに天と地は結ばれねばならない」といっている。ピュタゴラスもまた、『賢者の群』において、「世界が破壊されることのないよう、神がこれをアポロンから隠した」と述べている。

それゆえ錬金術は自然を超越した聖なるものである。作業の困難さはすべて石にある。知性ではこれを理解することはできず、神の奇蹟やキリスト教の信仰の土台のように、ただ信じなければならない。それゆえ神のみが行為者であり、自然は受け身でありつづける。古代の哲学者たちは術の知識によって、世界の終末と死者の復活の到来を知っていた。そのとき魂は永遠に本来の体と結ばれるのである。体は完全に変容して、不滅のものとなり、信じられないほど霊妙化して、あらゆる堅いものに浸透する。その性質は霊的であるとともに物質的である。石が墓の中の人間のように分解して粉になると、神が石に魂と霊をもどされ、不純さをすべてとりのぞかれる。こうして石は、復活した者が以前よりも若く強くなるように、強められ高められるのである。

石の中で魂が本来の体と結ばれ、永遠の栄光の至福にあずかることになるため、この術における最後の審判、すなわちこの石の誕生と成育における最後の審判を、古代の哲学者たちは知っていた。この術では、石が自らを孕んで出産するため、錬金術師たちは処女が妊娠して出産しなければならないことを知っている。そのようなことは神の恩寵によってのみ可能である。それゆえアルフィディウスが石にふれて、その母は処女であり、その父は女を知らないというのである。この術の最後の審判で、作業が完了したとき、神が人間になることも知られていた。そして孕むものと孕まれるもの、老人と息子、父と子が一つになるのである。姿が似てはいないため、人間以外の生物は神と結ばれることがなく、神は人間と一つにならなければならない。そしてこれがキリストと聖母マリアによって果たされたのである（註五八〇）。

リプリイの『カンティレーナ』の大団円

リプリイの『カンティレーナ』の最後は、『聖なる三位一体の書』でおこなわれているようなやりかたで、キリスト教と錬金術の人物を融合させている。王の神格化が処女の戴冠と天上の結婚の枠組の中で果たされる。

ここに神が楽園の門を開き、
彼を月のように荘厳な場にひきあげ、
彼を昇華して天に迎え入れると、
太陽にひとしい栄光の冠を授けた。

四元素、輝く華麗な鎧を、
神が授け、その中には、
神秘の第五圏に入る定めの、
冠をつけた処女が住んでいた。

血まみれの生理から清められ、
処女は軟膏のすべてを流し、
その顔容《かんばせ》は明るく輝き、
あらゆる宝石でもって飾られた。

緑のライオンが処女の膝に住み、
（鷲に嚙まれて）脇腹より血を流すと、
処女はメルクリウスの手を杯にして、
その血を飲みほした。

胸からほとばしる素晴しい乳を、
処女は飢えた野獣に授け、
乳によってよく湿らされる海綿でもって、
野獣の毛深い顔をふいてやった。

処女は頭に冠をかぶり、
火のように赤い足で宙に進み、
黄金のローブをまとって勇ましく輝き、
天球の只中に自らの場を定めた。

暗雲が晴れると、処女はその場にとどまり、
髪に星と時間と黄道一二宮を、
網の目のように織りあげ、
喜びに目を輝かせる王が従った。

かくしてすべての勝ち誇る王たちの王が君臨し、
病んだ体には大いなる快方のみがある。
そのような欠陥を一掃する者として、
彼は王と庶民の双方から崇拝される。

彼は君主や僧侶に光彩をそえ、
病人や貧者に慰安をあたえる。
すべてを祓うこの薬剤により、
至福の得られない者がいようか。

それゆえ、神よ、われらにこの安らぎをあたえたまえ。
この石が自らを高めることにより、
術は再開され、死すべき人間が
三倍甘い果実を楽しめるゆえに。
アーメン（註五八一）。

バシリウス・ウァレンティヌスの第一二の鍵

図三六七はバシリウス・ウァレンティヌスの第一二の鍵で、城の最後の部屋が開かれている。錬金術師が太陽と月に照らされ、第四段階の火が燃えあがる炉をながめている。開けはなたれた窓の下では、石の鉢から金の花が育ち、メルクリウス・フィロソフォルムの印のもとで花を咲かせている。錬金術師のそばでは、ライオンが身をくねらせる蛇を食べ、揮発性物質に対する固定の原理の勝利、あるいは凝固または溶解の終了を確かなものにしている。蛇が凝固した石を溶解させようとしても無駄である。再誕外傷をともなう四回の再誕の後、錬金の作業とその一連の変容はついに終了したのである。本文では最後の作業のプロイエクティオ（投入）とその驚異が次のように描写されている。

一二番目にして最後の鍵によって、本書は完結する。作業のこの部分をあつかうにあたり、象徴的な喩話を述べることで、知らせてもよいことを明かすとしよう。したがってわたしの話によく耳をかたむけるがいい。賢者たちの薬剤と石を真の処女の乳より完全につくりだしたなら、アンチモンをそそがれた極上の金を一部とり、その三つの部分を清めるべし。これの金を打って可能なかぎり薄い皿をつくり、すべてを溶融の壺に入れ、一二時間にわたって穏やかな火にかけよ。さらに三日にわたって溶かすべし。こうすれば、清められた金と石が霊性と浸透の特性をもつ至純の薬剤に変容する。金を醱酵させることなく、石をつくり、色をかえる特性を高めることはできない。自らに似たものと醱酵することによってこそ、霊性と浸透の特性を得るからである。かくしてつくりだされた薬剤は、他の体に入って、その体内で作用する力をもつ。次につくりだされた薬剤の一部をとって、溶けた金

図365　「赤」の神秘　復活の太陽のもとでの錬金術師の受肉

図366　聖書の光輝によって再創造された天の都、あるいは天の石

図367　錬金術の城の最後の部屋で、最後の結合の火によって金に変化する

属の千の部分を染めれば、素晴しい金に変化することが目のあたりに理解できるだろう。一つの体が他の体を所有するからである。たとえそのものに似ていなくとも、それに加えられた力と潜在力により、同じ結果にならざるをえない。これを媒介として用いる者は、宮殿の控の間がどこに通じているかを知り、その霊妙さに匹敵するものがないことがわかるだろう。かくしてすべてをおのれのものとなし、日のもとで可能なことのすべてができるようになる。ああ、大原理の原理よ、その最後を考えるべし。ああ、最後の最後よ、その始まりを考えるべし。この媒介が敬虔な汝に委ねられれば、父なる神、子、聖霊もまた、汝が魂と霊に必要とするものを授けるだろう（註五八二）。

『太陽の光彩』の最後の栄光

図三六五は『太陽の光彩』の最後の絵であり、石が太陽として昇っている。六六六ページの図二一として掲げた絵では、九人の洗濯女が衣服を乾かしており、本文によれば、土の元素を第五元の「霊」にかえる最後の昇華を象徴している。第五元の霊は、薬剤、醱酵体、アニマ、油とも呼ばれ、哲学者の石に次ぐものである（註五八三）。図三六五の本文では、「石の完成」が最後の作業の合成の結果として説明される。

自然のものがすべて一つの体にまとまるのは、結びつく性質があるからである（註五八四）。

絵のモチーフは『哲学者の薔薇園』の二〇番目の木版画に関係しており、復活した王がこのように述べる。

われはわが光により空気を照らし、わが熱により土を暖める。自然のものや石や植物を生み出して育む。わが力によって、夜の闇をはらい、昼をつづけさせる（註五八五）。

錬金術と聖書における石の象徴

われは海にて船を導き、大いなる都を築く（註五八六）。

『哲学者の薔薇園』の最後のページで、太陽と化した全能の錬金術師は、このように歌う。図三六六では、錬金術師がコルプス・コエレステ（天上の体）をまとい、有名な夢の都――『黙示録』で描写される天の都あるいは新イェルサレム――を訪れている。このモチーフが錬金術で多用されることは、聖書の幻視がルベドの象徴をすべてとりこんでいるからである。すなわち、輝く石あるいは聖なる都、（キリストの）天上の結婚、父の受肉の神秘、死の征服、生命の水と生命の泉（図三六四）、生命の樹とその果実、始まりと終わりの神である。

「来たれ、われ羔羊《こひつじ》の妻なる新婦《はなよめ》を汝に見せん」御使い、御《み》霊《たま》に感じたる我を携えて、大いなる高き山にゆき、聖なる都イェルサレムの、神の栄光をもて神の許《もと》を出でて天より降るを見せたり（図三六六）。その都の光輝《かがやき》はいと貴き玉のごとく、透徹《すきとお》る碧玉《へきぎょく》のごとし。此処に大いなる高き石垣ありて一二の門あり。門の側《かたわ》らに一人ずつ一二の御使いあり……都は日月《じつげつ》の照らすを要せず、神の栄光これを照らし、羔羊はその燈火《あかり》なり……御使いまた水晶のごとく透徹れる生命《いのち》の水の河を我に見せたり。この河は神と羔羊との御座《みくら》より出でて、都の大路の真中《まなか》を流る。河の左右に生命《いのち》の樹ありて、一二種の実を結び、その実は月ごとに生じ、その樹の葉は諸国の民を醫すなり……「今よりのち、死もなく、悲嘆《かなしみ》も號叫《さけび》も苦痛《くるしみ》もなかるべし。前《さき》のもの既に過ぎ去りたればなり」かくて御座に座し給うもの言いたまう。「視《み》よ、われ一切《すべて》のものを新たにするなり」また言いたまう。「書き記せ、これらの言《ことば》は信ずべきなり、真《まこと》なり」また我に言いたまう。「事すでに成れり。我はアルファなり、オメガなり、始めなり、終わりなり。渇く者には価《あたい》なくして生命の水の泉より飲むことを許さん。勝を得る者は此等のものを嗣《つ》がん。我はその神となり、彼は我が子とならん。

『黙示録』第二一章九―二三節、第二二章一―二節

霊・体の聖なる力

第一二の鍵において、「日のもとで可能なことのすべてができるようになる」とされる錬金術師は、肉体離脱状態に関係する特徴によって光彩をそえられている。シーリャ・グリーンによれば、この状態の特色は次のようなものである。（一）太陽の幻視――堅い障害物が透明になって、これを通して見ることができる。（二）不思議な移動能力――壁や扉を通り抜けることができる。（三）テレパシーのような超感覚――明らかに超常的な手段によって他人にメッセージを伝えることができる。そうして得られたり伝えられたりする情報は、事故や病気の際に効果的な行動を引き起こすのに役立つ。（四）予知――目にしたものがその後に実生活で再現される。あるいは夢の体で将来の出来事を演じる。（五）透視――空間をよぎって遠くの場所に行ったり、通常の手段では得られない遠隔地の事件についての情報を得たりすることができるらしい。（六）星気体旅行、あるいは不思議なやりかたで相対化された時空連続体への完全な適応。地球をはなれて他の星を訪れたり、他の銀河を旅したりするという。（七）自動筆記、霊の憑依、死者との会話といった、霊媒のような現象。（八）さまざまな実体との出会い――これらの実体は超人的な霊的存在であって、デーモンや守護者や導きなのかもしれない（註五八七、図三三九、図三六六、図三七八、図三八四）。意味深いことに、これらは臨死体験に密接に関係している（註五八八）。

図368　占星術の投入の象徴
終わりと始まりの魚

図369　投入の鷲

双魚宮、大洋との融合

図三六八の二匹の魚は双魚宮に属するものであり、双魚宮は黄道一二宮の最後の一二番目の宮である。錬金術においては、双魚宮はプロイエクティオ（投入）と結びつけられる。二匹の魚はたがいに反映しあい、一方が死あるいは終わりをあらわし、もう一方が誕生あるいは始まりをあらわす。『ラムスプリングの書』では、この図版に詩がそえられている。

図370　双魚宮の再誕の神秘　処女の子宮という広大な海での溶解

図371　黄道一二宮の最後の宮での太陽と月の最後の結合

すべての賢者が告げることだが、
われらの海にいる二匹の魚は、
肉もなければ骨もない。
彼らの水を火にかければ、
筆舌につくしがたい、
広大な海になる。
賢者たちはこう告げる。
二匹の魚は二つにあらずして一つであり、
二つでありながら一つであって、
三つのもの、体、魂、霊が
すべてその中にある。
嘘偽りなく述べるなら、
これら三つをともにすれば、
広大な海になるのである（註五八九）。

双魚宮は木星に支配される変動相の水の宮で、古い周期が終わるとともに新しい周期が準備され、春の種子が不思議にも冬の灰から育つ冬の期間、二月二〇日から三月二〇日にわたる。双魚宮は二匹の同一の魚からつくられ、それぞれ向きを逆にして並行に配置される。下の転倒した魚は、退化あるいは世界の周期の終わり（死）を象徴する。上の魚は進化あるいは新しい世界の周期の始まり（誕生）を象徴する。双魚宮におけるこれらの宇宙原理の一致は、始まりを終わり、終わりを始まりとして具現する。この宮は対立物をその最も不思議かつ霊妙な形態、すなわちニルヴァーナ（対立のなくなる地点）において共鳴しあう対極の力として結合させる。

双魚宮は宝瓶宮よりも強力に、分解、溶解、解放の水の力を意味する。被造物を普遍の溶剤に復帰させることによって果たされる、大いなる解放は、この宮によってあらわされる。天の海を探ることで、古い周期の完全な溶解と、古い周期で創造された形態の全面的な破壊を引き起こす。したがってこれらの形態に蓄えられた力が、溶ける氷山から解放される水のように、純粋な宇宙的力として解放されるのである。

魚座生まれの者は「大洋の感情」と自然のすべてを神とする汎神論に支配される。感受性、直観、霊性にすぐれ、無意識に超越的な世界にのめりこみ、その底知れない深みはインド人めいた風貌にあらわれる。ある種の憂鬱や悲壮感が心に根深くしみこんでいて、双魚宮における愛と死、エロスとタナトス、春と冬の融合を反映する。梵と合一したヨーガ行者は双魚宮の「大洋の感覚」とその完全な結合――海とまざりあう一滴の水――を体現する。

最後の出産と再誕

図三七一では、占星術師としての錬金術師が天球儀の前に坐り、双魚宮を指差している。年老いた哲学者はこの宮に、作業の最後に燃えあがって天を照らす、太陽と月の最後の結合の輝きを見る。

図三七〇では、錬金術師の謎めいた妹が湯を沸かし、桶で泳ぐ占星術の魚を溶かそうとしている。この図版はラムスプリングのモチーフと有名な金言に関係している。

石は……その白さの中にある赤さが最後の火の過程で取り出されるため、妊婦と呼ばれる（註五九〇）。

この女が出産すると、錬金術師たちは次のように述べる。

いまや石が形づくられ、生命の霊薬が準備され、愛の子が生まれ、新しい誕生が終わり、術はまっとうされた。ああ、驚異の驚異よ。汝は三つの本質あるいは特性をもつ処女の真珠を染めた。肉体、魂、霊があり、火と光と喜びがあり、父の特性と子の特性と聖霊の特性があり、これら三つが一つの永遠の本質および存在とあいなった。これが処女の息子であり、処女の初子であり、気高い英雄であり、蛇を踏みつぶす者であり、（死の）ドラゴンを倒して踏みにじる者である……いまや楽園の者は透明なガラスのように透きとおり、染み一つない完全無欠の純粋な明るい金のように、聖なる太陽が透明な体を通して輝く。これ以後、魂は最も力ある熾天使となって、医師、神学者、魔術師になることができ、望み通りの姿になって、望むままにおこなえる。ただ一つのものを除くすべての特性が調和しているからである。ただ一つのものとは、神の不可謬の永遠の意志であり、これ以後、聖なる者はその本質によって神と一体になる（註五九一）。

近親相姦の至高の昇華

最後の近親相姦の結合をあらわす大いなる錬金術の象徴は、聖なる三位一体による処女の戴冠、天上の結婚、無原罪懐胎である。三者と一者の結合が、円に等しい面積の正方形を求める錬金術師の作業（図三八二）の一部を構成し、四人の人物が天上の結婚の冠のもとで融合する。最後の錬金術の操作では、キリスト教の驚くべき四位一体が伝統的な三位一体の上に生み出される（聖母マリアの被昇天が一九五〇年まで教義として採用されなかった事実によって、錬金術のこの操作の革新性が裏書きされる）。無原罪懐胎によって、近親相姦の結合は地上の最後の名残りを一掃して、錬金術師が「その母は処女であり、その父は女を知らない」といえる程度まで霊化される。*

＊オプス・アルキュミクムの光に照らせば、エディプス・コンプレックスの退行的な精神力学は個性化過程の「燃料」であると考えることができる。さらに、この過程はエディプス・コンプレックスの昇華にかかわっており、エディプス・コンプレックスは一連の結合を経て、次第に「清められ」、「昇華され」て、ついには聖霊によって父に受肉した息子が処女

なる母と結ばれ、母の子宮で再誕するのである。

この作業について、哲学者ペノトゥスは次のように述べている。

人間の子をつくりだし、処女の果実を生み出す方法については、まず土より抽出して、土のものをすべて除去する必要がある。やがて彼は宙に昇り、霊に変化する。かくして哲学者たちの言葉は成就するのである。彼は地より天に昇り、上なるものと下なるものの力を帯び、土の不浄な性質を投げ捨てる（註五九二）。

誕生と死の高貴な鷲

図三六九では、王の鷲がそれぞれ反対方向への飛行を終えた後、王の手にもどっている。この出来事によって、王の島デルポイが大地の臍であることがわかる。モットーによれば、「二羽の鷲は、日の昇るところと日の沈むところから共に来た」という（註五九三）。王の鷲によって結ばれた対極は、東と西、上昇と下降、誕生と死である。この関係によって、鷲は双魚宮の変種でもあり、錬金術の投入の象徴――冠をかぶる双頭の鷲――の変種である（図三六〇―図三六三）。

死の精神外傷の復活

第一二の鍵の「最後」、世界の周期を終結させる双魚宮、「日没」の鷲、サトゥルヌス、テュフォンとドラゴン、「ボローニャの謎」の墓、自らの血で石を染める磔刑にされた救世主と赤の王の棺、これらすべてが死の精神外傷の象徴的な表現である。死の精神外傷が意味しているのは、死の苦しみにともなう最後の変化と原不安という、元型的な出来事である。通常これは深い無意識の一方通行の体験である。死から蘇ってその体験を報告する者はいない。しかしほとんど死に近い状態になった個人の報告から、人生最後の瞬間や無意識の死のパターンを学びとることができる。『精神医学』誌に掲載された「臨死体験」（一九七二年）という記事を見ると、スイスの地質学者アルベルト・ハイムが報告して、長いあいだ無視されていた現象を、ラッセル・ノイズ・ジュニア医師が調べている。アルベルト・ハイムの報告（一八九二年）はおそらく臨死体験を集めた最上のものであって、ハイム自身がアルプスで転落してほとんど死にかけたあと、同じような事故にあって生きながらえたおよそ三〇名の人物に面談して、その結果を詳しく伝えたものなのだ。ノイズ医師はこれに加えて、一九世紀および二〇世紀の同様の事故も分析した。

ノイズによれば、ほとんど死にかけたか、おそらく死に近い状態におちいった体験には、しばしば三つの段階が含まれており、ノイズはこれらを抵抗、人生の回顧、超越と呼んでいる。第一の

図372
聖霊の鳩が終わりを「フィアト」（創造の始まり）に曲げることで循環作業を終了させる。尾を食らうものはこの変種である。

図373　ゆるやかながらも永遠に燃える棺の火

段階では、歴然とした急死の確実さに直面して、外的な危険（たとえば泳いでいるときに押し流されてしまう急な流れ）や、その危険に屈して死んでしまいたいという不思議な願いに対して、狂乱した奮闘をする。

一方、「人生の回顧」があって、生々しさと比類のない視点によって驚くべきものである。ハイムはこれを、「映写機の中でゆるんだフィルムの画像や、急速に変化しつづける夢のイメージ」のようだと述べている（註五九四）。人生の回顧がつづくにつれ、個人は次第に遠ざかっていく視点から、人生全体とその細部のすべてを同時に見ることになる。そうして自分の良い性格や悪い性格を印象づけられることもある。しかし最後の段階に入ると、こんなふうに見るのをやめ、新たなやりかたで自分を体験するようになる。そうすることで、ノイズが「意識の神秘的状態」と呼ぶ領域か次元に入りこむ。

恐怖が安らぎにかわり、積極的な支配が降伏にかわると、たちまち自己と肉体の奇妙な分離が起こる。超心理学の研究者たちが肉体離脱現象と呼ぶものであって、この分離現象の実例は興味深い死の否定をあらわしている。自分の体が死に近づいていると正しく理解しながらも、その肉体の外にいて、まったく無関心にその情景をながめるのである（註五九五）。

死の顎による分離

絶壁の縁から転落したあと、安全なところまで登りきった優秀な登山家が、肉体離脱体験を次のように報告している。

気がつくと、ロープに吊られた格好で、尾根の数フィート下にぶらさがっていた。向きをかえ、岩をつかんで這い登った。二〇フィート近く落下したのに、ロープが……もちこたえたのだ……こんなふうにしているあいだ、妙な堅さというか緊張が、精神的にも肉体的にもわたしの全存在をとらえていた……圧倒的な感じで、いままで経験したことのないものだった。まるで生命力のすべてが、何か根本的な進化上の変化、死と呼ばれる変化を受けているようだった……いまのわたしは死が恐れるべきものではなく、人生のあっけない終わりでもなく、至高の体験であり、人生のクライマックスであることを知っている。

どれくらいこの力のみなぎりを経験したのかはわからない。もはや時間は時間として存在しなかった……やがて突然、完全な無関心と超絶感が生まれ、肉体がどんな状態にあり、これからどうなるのかといったことが、まったく気にならなくなった。わたしはこんなふうに思った。落下が可能な世界にいるのではないのだから、わたしは落下しているのではない。わたし、すなわち、わたしの意識は、肉体とははなれていて、肉体にふりかかったことには何の関係もなかった……死によってしか証明できないものを議論するつもりはないが、わたしにとってこの体験は、意識が死を超越することを確信させてくれるものだった（註五九六）。

ノイズによれば、この種の体験は、ときおりLSDによって引き起こされる意識の神秘的状態と似ていなくもないという。したがってノイズは、死がどのようなものであるかを学びとるには、ドラッグを服用して起こるものを調べなければならないと提案するのである。

LSDと死の体験

臨死体験はLSD体験で再現されるのか、そしてこれは超越的な性質をもつ肉体離脱体験を引き起こす分離過程に合致するのか。マスターズとヒューストンは、LSDによる「星気体」の投影と投影された星気体の超自然的な性質を認めている（五〇〇ページ）。この分離過程と死の精神外傷をともなう不安の等式は、LSDに関するリチャード・アルパートの研究（一九六六年）によって見いだされた。アルパートはLSD体験を地球からはなれる決定的な段階のある宇宙旅行にたとえた。LSDのトリップの決定的な局面は、肉体をはなれることである。

「脱け出す」のが困難なのは、準備がまずかったり、導き手に対する信頼が欠けていたり、まわりの環境に安心感が得られなかったりする結果であることが多い。たいてい最初の一、二時間に起こり、不安や吐き気や極端な恐怖あるいはパニックをともなう……これは心理的な死の瞬間である（註五九七）。

W・V・コールドウェルはその著書『LSD精神療法』で、幻覚剤による治療を精神分析と比較して、次のように述べている。

たいていのことは長期間にわたる精神分析によって明らかにされるが、精神分析によってさえ明らかにできない分野がある。たとえば死の体験は幻覚剤を用いる精神療法ではありふれたものである。精神分析ではまず起こらない。幻覚剤を服用した患者が死を体験すると、きわめて心騒がされる経験になる。療法士もこれに堪えてようやく、その意味や進む方向をつかめるのである（註五九八）。

死の際にダブルを投影する

ラッセル・ノイズ・ジュニア、リチャード・アルパート、W・V・コールドウェルの結論は、シルヴァン・マルドゥーンの提出した観察報告によって詳しく説明づけられるかもしれない。マルドゥーンは「星気体投影」のテクニックを高め、自在に自己を分離させられるようになった結果、そうして観察したものを報告したのである。

星気体を体外に出すことは、誰もがいずれ入らなければならない、死と呼ばれる神秘の領域への第一歩である。したがって、読者よ、あなたがこの暗い現象に興味をもち、棺の前に立って冷たい亡骸を見つめながら、畏敬の念に打たれてものもいえず、ついさっきまで生きていた者――あなたと同様に知性をもって動き、考え、しゃべっていた者――が、どうして生命のない冷たい死体になりはてたのかと考えこみ、いずれ自分もこうなるのだと思って震えあがったことがあるなら、その場合には、あなたは星気体投影に興味をもつことだろう。星気体投影と死は似ていなくはないからだ……体の「中心から分離する」という感じが、わたしの思いつくどんな言葉よりも、（肉体離脱体験の）苦悶をよくあらわしている。数回にわたって急な苦痛に襲われ、鋭い刃のついたもので全身が切られたような感じがするのである（註五九九）。

ここに紹介した発言や観察が指し示す結論は、肉体離脱体験における人格の分離が死の精神外傷をともなう無意識の精神力学の活動化を意味するということであって、これは精神外傷をともなう誕生の不安、すなわち分離で出会ったのと同じ防衛機制にパターン化されている。精神外傷をともなう死の恐怖をあつかった箇所で、われわれはこの機制を原分離と呼んだ。この原分離と錬金術のプロイエクティオが生み出す分離に関係があることは、後者が棺か墓の中で起こり、ノイズ医師の報告する死のありえない不死の感覚に一致する、超越的な状態に至るという事実によって裏書きされている。

図374　太陽と月の結婚の蠟燭のあいだで、尾を食らうものが始原細胞の中にいて、王の鷲と七つの惑星の徴のもとで、錬金の作業を終了させている。ある錬金術の文書では、循環作業が、「蛇のように頭で尾をくわえて完成する」黄道一二宮の一年の運行にたとえられている（註600）。完成された作業をあらわすウロボロスの象徴はルベドでよく用いられる。

第14章 大いなる石あるいは宇宙の石の再生

太陽とその影が作業を完成させる（註六〇一）。

このモットーがそえられた図三七五は、宇宙的な規模にわたる錬金術のプロイエクティオ（投入）を示している。不気味かつ有害なウンブラ・ソリス（太陽の影）のモチーフは二つの典拠に発している。一つはヘルメスの古典的な発言、「光よりその影を引出すべし」（註六〇二）であり、いま一つは同じように有名な『賢者の群』の文章である。

太陽より尊く純粋なものはなく、太陽とその影なくして色をかえる毒が生み出されないことを知るがいい……賢者の毒を太陽とその影で染める者は、大いなる秘密に達するだろう。銀は赤くなったときに金と呼ばれることも知っておかなければならない（註六〇三）。

図三七五では、太陽とその影が、太陽と月の天上の結婚（図三八一）を象徴する星の黄金の輪で結ばれている。二つのモチーフが混ざりあっていることで、死の結婚としての天上の結婚が明らかになる。『哲学者の薔薇園』では、「太陽とその影、すなわちその妻なくして、色をかえる毒は生み出されない」とされている（註六〇四）。図三七五の影の領域における月の位置は、この点を明らかにしている。中央の地球は「賢者たちの毒で染められた」石としてあらわれている。

図三七六は同じモチーフの興味深い異版である。モットーは、「天の動きによって、神秘的な天の影を見よ」である。年老いた錬金術師が大地をはなれ、太陽のオーラに包まれて輝きをあたえられながら、地球に亡霊のように立つ自らの「神秘的な天の影」を見て、恐怖におびえている。

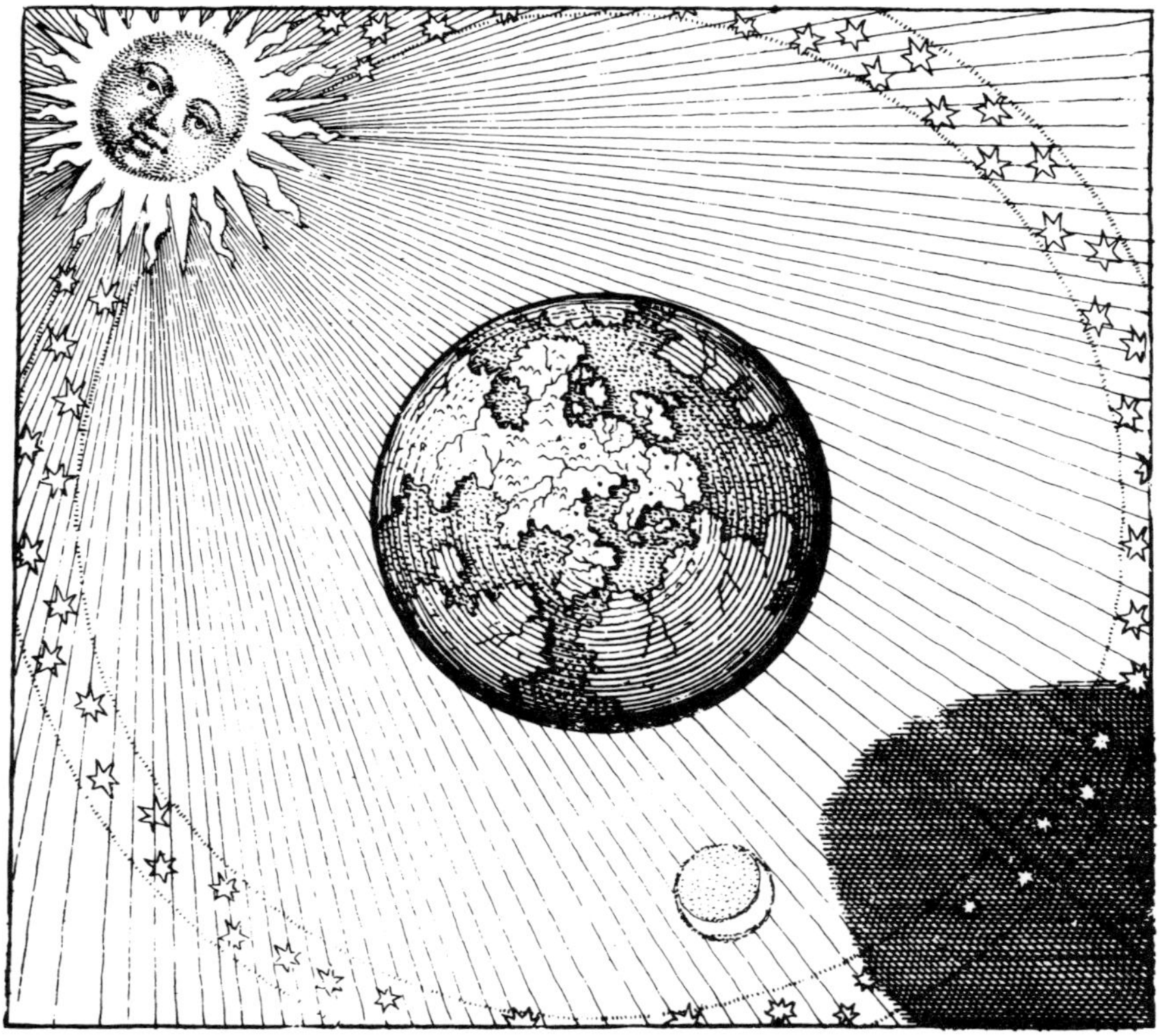

図375

図376　旅立つ錬金術師のオーラ

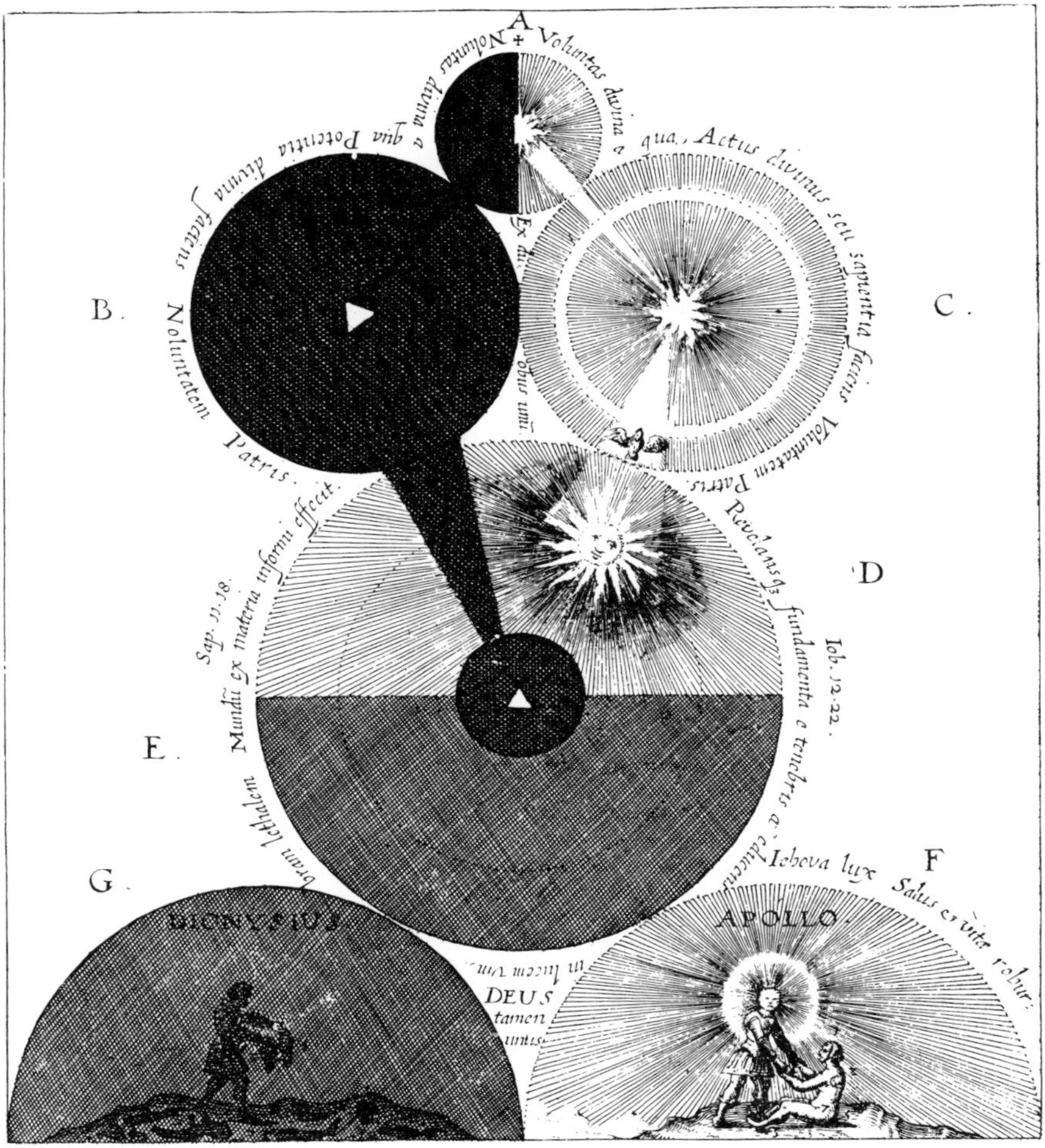

図377　光から影を取り出す　生と死の最後の結合を明らかにする

光からその影を取り出す

図三七七で図解されている操作によって、錬金術師は「光からその影」、あるいは「太陽からその影」を取り出す。太陽の光はCとD、その影はBとEによってあらわされている。光の領域と闇の領域は、「アポロン」の世界と「ディオニュソス」の世界を示すFとGによって詳しくあらわされている。太陽＝神が「イェホヴァは光なり、救世主なり、生命の樹なり」のモットーのもとで、錬金術師を蘇らせて永遠の生を授ける。ディオニュソスが太陽の影としてあらわれ、テュフォンやサトゥルヌスのやりかたで、錬金術師を殺して手足を切断する。

生命の神と死の神によって生み出される石がAにあらわれる。

図378　太陽の石を明らかならしめる死神

「太陽とその影に染められた」一番上の球体は、「神の意志と神の不本意さ」、存在と非存在、誕生と死をあらわす——分離した体が一つになるこのイメージを、銘刻文が「ドゥアブス・アブ・ウヌム」（二からの一）と説明している。「二」とは、球体Bと球体Cであり、前者は「聖なる力によって父の不本意さを実行する神の不本意さ」をあらわし、後者は「聖なる知恵の行為によって父の意志を実行する神の意志」をあらわす。「デウス・タメン・ウヌス」（されど神は一つなり）と、GとFのあいだにある銘刻文が繰返している。

図版の下に印刷された聖書からの引用が二重の一者の特徴を際立たせている。

殺すこと、活《いか》すこと、撃つこと、癒すことは、凡て我これをなす。わが手より救い出すことを得る者あらず。

『申命記』第三二章三九節

神は傷つけ、また裹《つつ》み撃て痛め、またその手をもてよく醫《いや》したまう。

『ヨブ記』第五章一八節

汝は命と死の上に力をもち、人びとを陰府《よみ》の門まで導きくだり、また導きのぼりたまう。

『ソロモンの知恵』第一六章一三節

図三七八は闇の中で輝く太陽の石をあらわしている。石はメルクリウスとサトゥルヌスによって見いだされるが、サトゥルヌスは翼を授けられ、死の天使としてあらわれている。

栄光の体のオーラあるいは輪光

影、月の妻、死の花嫁と結ばれた太陽は、太陽の輪光に包まれる日蝕としてあらわれる。オーラないしは輪光がルベドのすべての人物を飾る（図三七六、図三七七、図三五三、図三五四、図三六〇、図三六三、図三八〇、図三八七、図四〇〇）。オーラや、聖人の輪光や、仏陀の光輪には、長い歴史的な伝統がある。多くの文化圏で人間の内にあって不滅のものだと考えられている霊体は、太陽の光の体である。エジプトのバの概念、すなわち人間の魂のイメージは、霊的なダブルのイメージであった。バは不死で、その神聖文字は星である。内的な霊体の同じ概念として、ギリシア人のプシュケー、ローマ人のゲニウス、ペルシア人のフラウァウリがある。パラケルススは投影されたダブルについて、錬金術の観点から考察を押し進め、半物質的な体、すなわちパラケルススのいうところのコルプス・アストラレ（星気体）が、肉体のかたわらで生きており、肉体の鏡像であると述べている（註六〇五）。

死者のオーラと輪光

驚くべきことに、肉体離脱体験やＬＳＤ体験や臨死体験の特徴として、オーラがあらわれる。シーリャ・グリーンは次のような典型的な例を報告している。

わたしの「霊」が次第に肉体からはなれて、ベッドの上に浮かびました。わたしの「霊」からぼんやりした光が輝いて、たぶん一二秒くらいのあいだ、ベッドで眠っている自分の姿が見えました（註六〇六）。

マスターズとヒューストンは、「幻覚剤常用者がオーラを知覚するのはきわめてありふれたことだ」と述べている（五〇〇ページを見よ）。ユングは『自伝』で、一九四四年三月に瀕死の状態にあったとき、自分のオーラを看護婦が見たと語っている。ジョイ・スネルの『天使たちの奉仕』によれば、数多くの看護婦が死の床で輪光を見る体験をしているという（註六〇七）。

オカルトの書物でよく引用されるのが、一九二二年にミス・ドロシー・マンクが報告した、いわゆる「マンク事件」である。八人の人物が死の床で輪光を目にしたのだ。

最愛の母の死の床で、わたしたち家族は異常な現象を目撃して、深い感動をおぼえました……母は原因不明の下痢が悪化して、長い闘病生活をつづけたあと、心不全で亡くなったのです……わたしたちは臨終の母の下顎がゆっくりと開いていくのを見ました。数時間にわたって、この現象には目立った変化はなく、ただ苦しむ母の頭のまわりに輪光のような輝く黄色の光があったのです……真夜中ごろにすべて消えてしまいましたが、母が息をひきとったのは午前七時のことでした（註六〇八）。

オーラや輪光は自己の発達、すなわち全人格を結びつける無意識の強力なコンプレックスに関係するエネルギー現象と解釈してもよいかもしれない。

真空の澄みきった光を知覚する

「太陽とその影」は錬金術のテーマの中で最も理解しがたいものに属する。「太陽とその影に染められる賢者の毒」は、明らかに死の毒杯を指している。しかしこれは同時に生命の霊薬を含んでおり、この驚くべき矛盾によって、ウンブラ・ソリス（太陽の影）は「最大の秘密」にかわってしまう。プロイエクティオ（投入）は錬金術師に溶剤をもたらす。太陽は死体あるいは「影」から蘇った「栄光の体」をあらわし、分離した体が「天上」の太陽と月の死の結婚によって一つの体になる。

ウンブラ・ソリスが、投入をおこなう錬金術師の最初の誕生と一致する最終的な死の体験をあらわすのなら、モチーフもまたその宇宙的規模におけるこの体験、すなわち真空――未顕在の形態における宇宙（図三七七）――として経験される窮極の死をあらわしていることになる。投入をおこなう錬金術師は光の体に受肉して、創造そのものの過程に入り、非存在と存在、闇からの光の誕生、宇宙、エネルギー、物質、存在への真空の転換について、その秘められた関係を示されるのである（図三七七、球体A）。

この窮極の受肉の際に、錬金術師は二重の一者の神秘と矛盾をはらむ。純粋な存在と無、真空の澄みきった光、意識の停止における意識の極致（ニルヴァーナ）と同じものになるのである。この超個人的な状態に達すると、最後の窮極の形態におけるコニウンクティオ・オポシトルム（対立物の合一）を悟ることになる。

C・G・ユングの一九四四年の臨死体験

錬金術のプロイエクティオ（投入）の体験、「太陽とその影に染まる」大いなる石、そして天上の結婚は、ユングが体験した最終段階の個性化過程によって、詳しく説明できるかもしれない。意味深いことに、ユングの肉体離脱体験は、一九四四年三月にユングの死の精神外傷の苦しみと関係して起こった。ユング本人に語ってもらおう。

一九四四年のはじめに、わたしは足を骨折し、この災難につづいて心臓発作を起こした。意識を失って譫妄状態におちいり、さまざまな幻視を体験したが、死の瀬戸際にあって、酸素吸入やカンフル注射の処置を受けていたときにはじまったにちがいない。イメージが途方もないものだったので、わたしは死が近いのだと思いこんだ。あとになって、担当の看護婦が、「明るい輝きに包まれてらっしゃるようでしたわ」といった。その看護婦はこの現象を危篤におちいった患者にときたま見かけたことがあるという。わたしはあのとき死の瀬戸際にいたが、自分が夢を見ていたのか、恍惚としていたのかはわからない。ともかくきわめて不思議なことがわたしの身に起こりはじめていたのだ。

どうやらわたしは宇宙の高みにいるようだった。遙か眼下に、輝かしい青の光を浴びる地球が見えた。わたしは紺碧の海と大陸を見た。足の遙か下にセイロンがあって、その遙か前方にインド亜大陸があった。わたしの視野には地球全体は入らなかったが、球形であることははっきりとわかり、その輪郭が素晴しい青の光を通して銀色にきらめいていた。地球の多くの場所に色がついていて、燻し銀のような濃緑色に染まっていた。左手の遙か彼方には広大な広がりがあった——赤みがかった黄色のアラビア半島の砂漠だった。銀色の大地がそこだけ赤みがかった金色を帯びているかのようだった。そして紅海があり、その遙か後方——地図でいえば左上にあたるところ——に、地中海がごく一部だけ見えた。わたしの視線はもっぱらその方向に向けられていた。それ以外のものははっきりと見えなかった。雪を戴くヒマラヤ山脈も見えたが、その方角は霧か雲が立ちこめていた。右のほうはまったく見なかった。わたしは自分が地球からはなれようとしているのだと思った。

このような視野を得るには、どれほど高く登らなければならないのかは、その後になってわかった——およそ千マイルの高度に達しなければならないのだ。この高度からの地球の眺めは、これまでに見たことがないほど輝かしいものだった。しばらく地球をながめつづけたあと、わたしは向きをかえた。

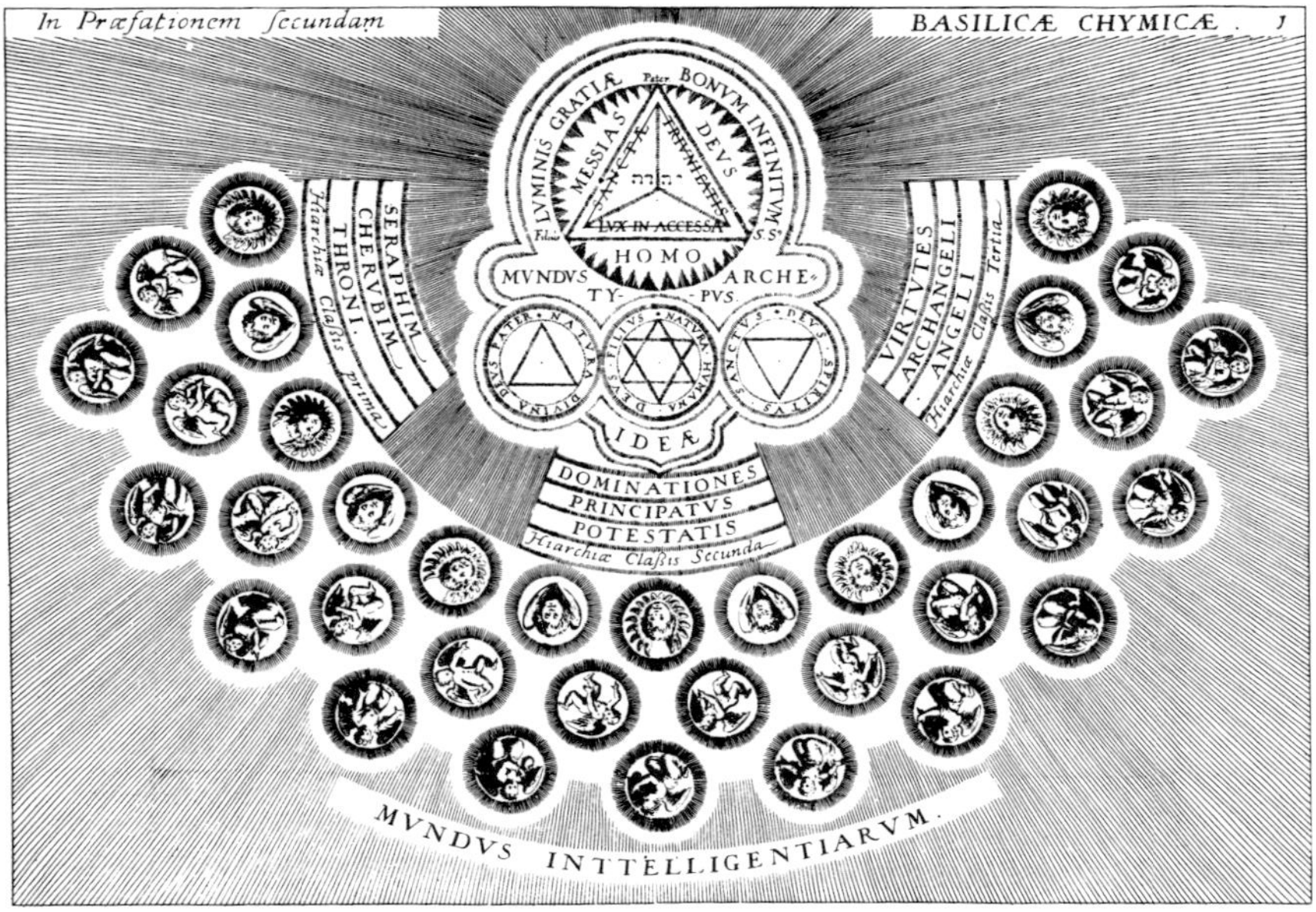

図379　この図は大いなる作業の最後に錬金術師が征服する天の石をあらわしている。三位一体の神が処女の戴冠の冠、あるいは天の子供たちの卵を包む処女の円に取り巻かれている。「神・人間・救世主」を包みこむ「三位一体の得がたい光」が、「元型の世界」あるいは「神の観念の領域」を包む「恩寵の光の無限の善」と融合している。太陽の石の内部の小さな円は、「父なる神、神の本質」と「聖霊なる神」をあらわし、いずれも「神の子、人間の本質」をあらわすソロモンの印と結ばれている。天の玉座は「天の三つの位階」、すなわち天使団に包まれている——錬金術師の登る天の梯子での肉体の昇華の象徴である。哲学者の薔薇園は大空で魂の火花としてきらめく、まだ生まれていない子供たちの「銀河」によってあらわされる。この下に、「理性ある生物の世界」、すなわち創造された現実が広がっている。

図380　太陽の石における赤の受肉

図381　黄金の星の結婚指輪に結ばれる太陽と月の天上の結婚が示されている。無重量の状態で浮かびながら、太陽と月の星気体は、地球、あるいは「太陽とその影」に染められる大いなる石と融合する。その幾何学図形は、円に等しい面積の正方形の求めかたをあらわす図382で説明される。

インド洋を背にして、北に顔を向けたのだ。そのときは南に顔を向けたように思っていた。やがて新しいものが視野に入った。少しはなれたところに、隕石のような大きな黒い石塊が見えた。わたしの家くらい、いやそれよりもさらに大きなものだった。それは宙に浮かんでいて、わたし自身も同じように浮かんでいた。同じような石をいくつもベンガル湾沿岸で見たことがある。それは黄褐色の花崗岩の塊で、いくつかは中をくりぬいて神殿にされている。わたしが見た石はそのような巨大な石塊だった。入口は小さな控の間に通じていた。入口の右側では、黒い髪のヒンドゥ人が、石のベンチで蓮華座の姿勢をとり、無言で座していた。男は白の長衣をまとっており、わたしを待ちかまえていることがわかった。

天の石あるいは浮遊する神殿で蓮華座の姿勢をとるヨーガ行者の正体は、ユングがこうした幻視を経験した直後に見た夢で明かされた。この夢はプロイエクティオ（投入）の精神力学をはっきりあらわして、ユングの幻視の肉体離脱体験を裏書きしている。ユングは夢の中で、小さな丘陵の側面にある礼拝堂に入り、祭壇に聖母の像がなく、そのかわりに素晴しい花があるのを見て驚いた。祭壇の前ではヨーガ行者が瞑想しており、その顔はユング自身のものだった（図三五七を参照せよ）。ユングはこのうえもない恐怖にとらわれて、目を覚まし、「わたしを瞑想している男というわけか。彼は夢を見ていて、わたしがその夢なのだ」と思った。そしてまた、「彼が目を覚ませば、わたしは存在しなくなるだろう」と思った（註六〇九）。

二歩進んでこの控の間に入ると、その内部は、左手に神殿の入口があった。数えきれないほどの小さな壁龕がならび、そのそれぞれに皿のような形の窪みがあって、ヤシ油が満たされ、小さな灯心に火が点じられ、明るい炎の輪で扉を包みこんでいた（註六一〇）。

その数週間は不思議なリズムで生きていた。昼間はたいていふさぎこんでいた。衰弱して、ひどく気分が悪く、動こうという気にもならなかった。「やれやれ、こんなさえない世界にもどらなければならないのか」と、陰鬱に思ったものだ。夕方になると眠りこみ、真夜中まで目を覚ますことがない。そうして本来の自分にもどり、一時間ほど眠らずに横たわっているが、その間はまったく異なった状態にあった。法悦の状態にあるかのようだった。宙に浮かんで、宇宙の中で安心しきっているかのようだった——そこは途方もない虚空だが、考えられるかぎりで最高の幸福感に満たされていた。「これが永遠の至福だ。言葉ではあらわせない。あまりにも素晴しすぎる」わたしはそんなふうに思った。わたしを取り巻くもののすべてが魔力あるもののようだった。

夜のこの時間には、看護婦が食事を暖めてもってきてくれた――わたしはこのときだけ食事をすることができたからだ。わたしは料理を口にして食欲を満たした。そんなあいだ、看護婦が実際よりも老けこんだユダヤの婦人のように見え、わたしのために律法にかなった儀式用の清浄な料理をつくってくれているように思えた。そして看護婦を見ると、頭のまわりに青い輪光があるように思えた。わたし自身もパルデス・リモニム、すなわちザクロの園にいるようで、そこではティフエレト（美）とマルクート（王国）の結婚がとりおこなわれていた。というよりも、わたしは律法学者のシモン・ベン・ヨハイで、来世での結婚が祝われていたのだ。カッバーラーの伝統にのっとった神秘的な結婚だった。どれほど素晴しいものであったかは、とてもいいあらわせない。わたしはただ、「これがザクロの園なのだ。これがティフエレトとマルクートの結婚なのだ」と思いつづけるだけだった。わたしがどんな役割を果たしていたのかはわからない。実際には結婚はわたし自身だった。わたしが結婚だった。そしてわたしの至福は幸福に満ちた結婚の至福だった。

次第にザクロの園が薄れていって変化した。そのあとにはにぎやかに飾りたてられたイェルサレムでのキリストの結婚があった。それがどのようなものであったかは、詳しく描写することはできない。いいようのない歓喜にあふれていた。天使たちがいて、天使たちは光だった。わたし自身が「キリストの結婚」だった。これも消えると、新しいイメージ、最後の幻視があらわれた。わたしが広い谷を奥まで歩いていくと、なだらかな丘陵が連なりはじめた。谷の奥は古代ローマの円形劇場になっていた。緑したたる景観の中に堂々と建っていた。そしてこの劇場ではヒエロスガモス（聖婚）が挙行されていた。男女の踊り手が舞台にあらわれ、花に飾られた寝椅子では、『イリアス』で描写されているように、万物の父ゼウスとヘーラーが床入れによって神秘的な結婚を完了していた。これら体験のすべてが壮麗だった。わたしは夜ごと、至純の至福に包まれて漂い、「被造物すべてのイメージに取り巻かれ」た……こうした幻視を体験しているときの強烈な感情や美しさは、とても言葉ではあらわせない。これまで経験したことのない途方もないものだった（註六一一）。

そのほかに、はっきり思いだせることがある。最初、ザクロの園の幻視を体験しているとき、わたしは看護婦に、傷つけるようなことがあれば許してほしいといった。部屋にはこのうえもない神聖さがあって、それが彼女に害をおよぼすかもしれないからだ。もちろん彼女はわたしの言葉をとりあわなかった。わたしにとって、神聖さの存在には魔術的な雰囲気があった。他人には堪えられないかもしれない。そうしてわたしは、神聖さの匂い、聖霊の「甘い香り」について語られるわけを理解した……幻視と体験はまったくの現実であって、想像の産物ではなかった。主観的なものは何もない。すべてに絶対的な客観性の特質があった。われわれは「永遠の」世界にしりごみするが、わたしの経験は、現在と過去と未来が一つになった、時間のない状態の法悦であるとしかいいようがない(註六一二)。

錬金術によって円と同じ面積の正方形を求める

図三八二では、錬金術師が円と同じ面積の正方形を求めながら、二つの性を一つにしている。モットーは『哲学者の薔薇園』の引用である。

男と女から円をつくり、その円から正方形をつくり、その正方形から三角形をつくり、さらに円をつくれば、哲学者の石が得られる(註六一三)。

本文によれば、三角形は肉体と魂と霊の統一を示す。ペトルス・ボヌスはこの作業について、こう述べている。

この復活の結合において、肉体は魂そのもののように完全に霊的なものになり、水が水と混ざるように、三者が一つにされて、それ以後は永遠に分かれることがない。それらに多様性はなく、統一と一致があるからであり、霊と魂と肉体は永遠にはなれることがないのである(註六一四)。

図三八二の本文によれば、正方形は四元素の合成をあらわし、円が意味するものは、石が「永遠の赤へと変容すること」であり、「この行為によって、女は男にかわり、二人は統一され……憩いと永遠の安らぎがある」という(註六一五)。この文章は第四の結合における性の至高の昇華を反映している。「女が男にかわり、男が女にかわる」ように、石は対立する性を混ぜあわせて、「静止する統一と永遠の安らぎ」に入れるが、これは始原生殖細胞の象徴である大いなる石における、リビドーの中立の立場を意味する。

大いなる解放の中立性

感情面での無関心が肉体離脱体験の特徴である。シーリャ・グリーンがあつかった体験者のほぼ全員が、葛藤のない感情や、体験に必要な「空白になった心」の重要性を強調している(註六一六)。感情の乱れや葛藤はたいてい肉体離脱の状態を終了させることになる。たとえば恐怖は体験をきわめて陰気なものにかえてしまう。体験者が強調するのは、恐怖——いまの状態を終えることができないのではないかという恐怖や、「体にもどれない」のではないかという恐怖——が生じるまで、体験が陽性のものであることだ(註六一七)。我欲や色欲も肉体離脱体験に干渉して、否

Here followeth the Figure conteyning all the ſecrets of the Treatiſe both great & ſmall

図382　大いなる石ないしは最初の石の「無性の」核における性の統一

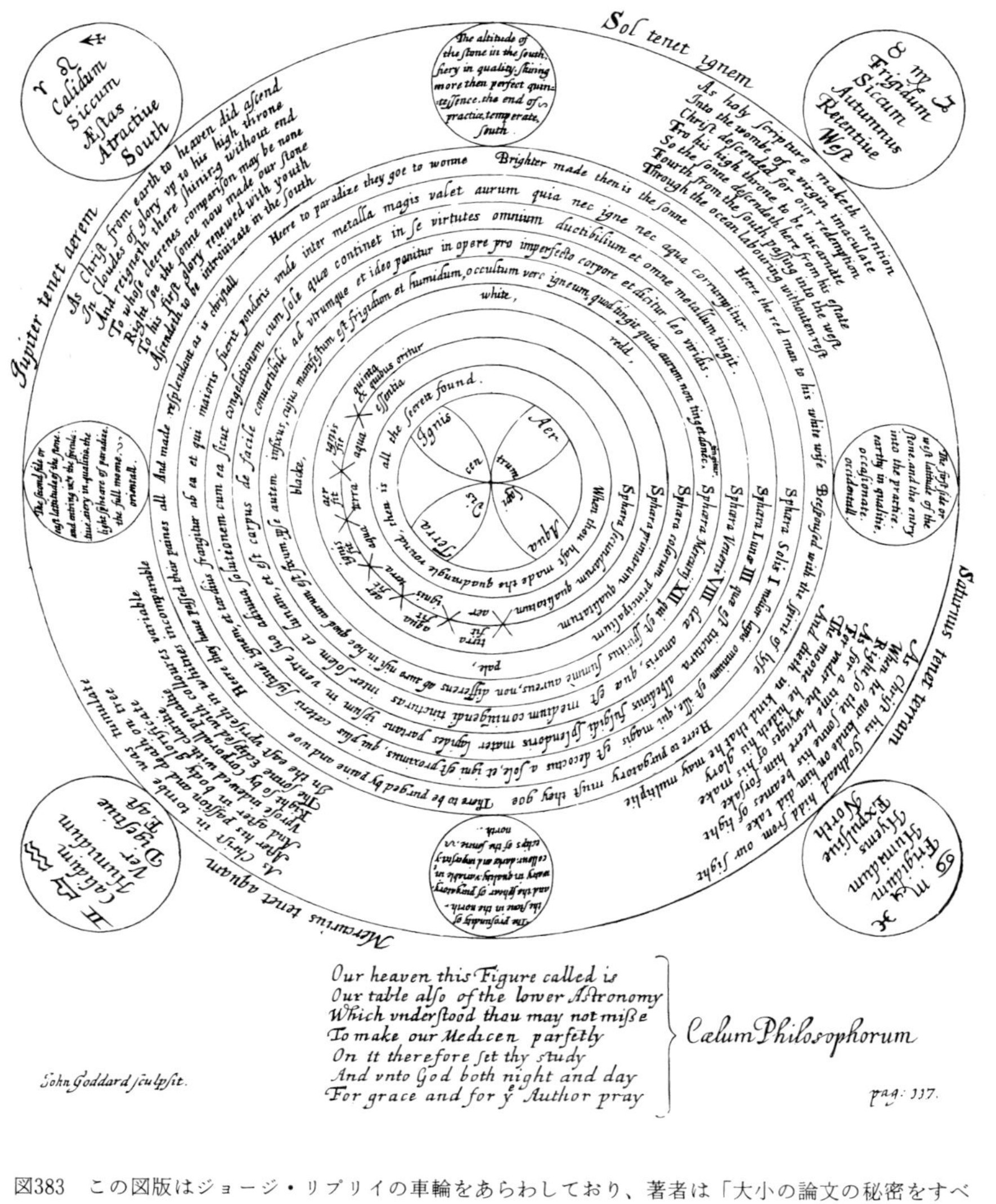

図383　この図版はジョージ・リプリイの車輪をあらわしており、著者は「大小の論文の秘密をすべて含む」（図382の見出し）と描写している。図は曼荼羅として描かれ、12の領域が四隅の円によって十字に区分されている。これらはテトラメリア（四分割）をあらわし、循環作業のモデルである、一年の周期の四季による分割を反映する。挿入された四つの小さな円は、太陽とともに循環する石のさまざまな位置を示す。内側の領域は最も重要な星ないしは金属とその働きをあらわしている。主要な色は青、黒、白、赤であり、第１と第２の特性が四元素（中心から２番目と３番目の領域）の循環蒸留にあずかり、そこから第五元があらわれる。最後の領域には「正方形を円にすれば、すべての秘密が見いだされる」と記されている。作業は中心の領域でおこなわれ、その第五元の花の曼荼羅が四元素を「石の中心」で溶かす。

定的な方向に向かわせる。オリヴァー・フォックスが示唆するところでは、「星気体投影」のモットーは、「わたしは見るが、あまり興味はもたず、さわりもしない」であるべきだという（註六一八）。マルドゥーンとキャリントンも同じ点を強調している。

性は「ストレス」であって、星気体投影に関するかぎり、体験をさまたげる作用をする。そのような欲望は感情的になって……あげくには星気体が投影されなくなってしまう。事実、星気体が肉体に強く引きこまれ、静穏な領域から外に出られなくなる（註六一九）。

動機づけの変化は、大いなる「超絶」、「感情の欠如」、「客観性」の方向にある（註六二〇）。体験者の大半が、穏やかに、くつろいで、何ものにもとらわれることがなかったといっている。

完全な超脱の感じは、いくら強調しても強調しすぎることはありません。失礼、「超脱」というのは正しくありません。たぶん無関心というほうがいいでしょうね（註六二一）。

肉体に関して、何よりも無関心が感じられるのである。シーリャ・グリーンが報告した体験者の多くは、自分の肉体との関係を、頭では意識していながら、感情の面では意識することがなかったと語っている。

ベッドに横たわっているのが自分だとわかっていながら、他人を見ているような気がしました。

関係していることが頭ではわかっても、肉体や感情の上での繫がりはなかったんです。

自分の体だとわかってはいても、自分のものだとは思えなかった。

まったく心が安らいで、無頓着になっていました……自分の体が誰かの体か物体であるかのようで、それくらい何も気にならなかったのです（註六二二）。

シーリャ・グリーンは肉体離脱体験をこのように要約している。

共通する主要な特徴は感情の葛藤からの解放である（註六二三）。

ウニオ・ミュスティカ（神秘の合一）を体験した際の心的状態についてふれるユングの文章も、同じことをあらわしている。

わたしが……幻視で経験した客観性は、完成された個性化の一部である。これはあらゆる価値観や感情的な絆と呼ばれるものからの脱離を意味している。一般に、感情的な絆は人間にとってきわめて重要なものである。しかしこれは投影を含んでおり、自分自身や客観性に達するためには、こうした投影を取り消さなければならない。感情的な関係は、強制と束縛に染まる欲望の関係である。他人から何かを期待され、そのために他人も自分も不自由になる。客観的な認識は感情的な関係の背後に隠れ、中枢的な秘密になっているようだ。客観的な認識によってのみ、真の結合が可能なのである（註六二四）。

仏陀の涅槃の概念

もちろん無関心は仏陀の涅槃、すなわち利己的な欲求や自分本位の欲望からの最終的な解放を意味する「無対立」の鍵になる概念である。

僧侶たちよ、これが苦痛の停止という尊い真理であり、欲望をすべて断ち切り、よろずのものを放擲し、なにものにもとらわれずにいれば……悟りと知恵が生まれ、さらに大いなる知恵と悟りと涅槃が得られるであろう（註六二五）。

四元素の循環蒸留

リプリイの車輪の内部の円によってあらわされる四元素の循環蒸留は、最後の作業の別のモチーフになっている。この作業によって、「第五元」がつくりだされるのである――四元素は最初の統一による合成された形態で第五元に含まれている。第五元はエーテル体の同義語であり、錬金術師の「栄光の体」と「循環蒸留」の体験をあらわす図三八四および図三八五によって、その関係が示されている。年老いた錬金術師は眠りと覚醒のあいだの時間に入りこみ、生々しい夢で自分の姿を見て、「烈しい恐怖」にとらわれる（図三八四、註六二六）。錬金術師はこの体験を次のように語っている。

遙か彼方にかすかな光があって、それが次第に近づいてくるのが見えた。わたしは全身の力が萎えてしまい、それでも前方に目を向けつづけ、空気と同じ材質の輝かしい透明な男を見た。男は星に満ちた冠をかぶっており、素晴しくも内臓のすべてがはっきりと見えた。脳は澄みきった水のようで、絶えず雲のように動いていた。胸にはルビーのように見える心臓があった……白い亜麻の外套をはおり、これには多彩な色の花が散りばめられ、内側は緑色をしていた。しかし心臓から頭まで、頭から心臓まで、絶えず蒸気のようなものが動いているのが見えた。幽霊じみた男は手で壁をたたいて大きな音をたて、そのあと姿を消してしまった（註六二七）。

聖霊は「錆だらけの小さな鉛の箱」をのこしていった（図三八四では錬金術師の膝に置かれている）。

箱の中には一冊の本があって、たいそう古いものなので、紙のかわりにブナの樹皮が使われていた。老いたアダムに関する古い詩と寓意図があった。何日もかけてその本を調べていると、思いがけずもすべてが理解できるようになった。そうして読んでいるうちに、多くのことがわかるようになった。昼にアフリカにいるかのように火のライオンを目にし、真夜中には北極星の下に熊を見たからだ。そしてわたしは素晴しい御業をおこなわれる永遠の神に感謝し、封印された『自然の書』の目標に達したのである（註六二八）。

図三八五は自然の対立物の合一にまつわる錬金術師の幻視をあらわしており、北極星・アフリカ・真夜中・真昼・火のライオン・北極熊といった対立物が、謎めいた妹のおこなう四元素の循環蒸留に結びつけられている。この作業について、ある錬金術師はこう述べている。

四元素の車輪のような回転、あるいは循環蒸留により、単子《モナド》の最も高度で純粋な単純さにもどることになる……粗雑で不純な一者からきわめて純粋で霊妙な一者が生じるのである（註六二九）。

錬金術の赤のミサ

栄光の体の別のイメージが図三八六にあらわされており、これはシュテファン・ミヒェルシュパッハーの『錬金術秘法、術と自然の鏡』の四番目にして最後の図版である（これに先立つ三点の図版は図五、図八一、図一六七として掲げてある）。題は「四、最後—増殖」となっており、五人の惑星の神々が錬金術師の山の頂きに集うありさまが描かれ、神々のふりあげるふいごが作業の完了を示している。神々の上では、二本の交差する火の剣が天の屋根を切り裂いて、光をほとばしらせている。二本の剣は、のこる二つの星、太陽および月と、天あるいは哲学者の園への太陽と月の上昇をあらわしている。雷雲の上に天と地を結ぶ巨大な虹が生まれ、超越的な世界を照らしている。

王と女王が五つの星の冠にとりまかれ、哲学者の薔薇園にあるキリストの祭壇の前で祈っている。祭壇はメルクリウスの噴水の土台となって、「生命の井戸」をあらわしてもいる。冠をかぶった人物は赤の王ないしは復活したキリストで、錬金術の赤のミサをとりおこなっており、『化学の劇場』では、「いまや王は赤い血を流す肉体をわれらすべてが食べられるように差し出す」とされている（註六三〇）。救世主の体は三位一体の下の角をつくりあげている。三位一体の二つの側面は、輪光のある二羽の鳩の引く光線によってつくられ、一つは磔刑にされた子（右上）が手離した聖霊を象徴し、いま一つは太陽の父（左上）から発する聖霊を象

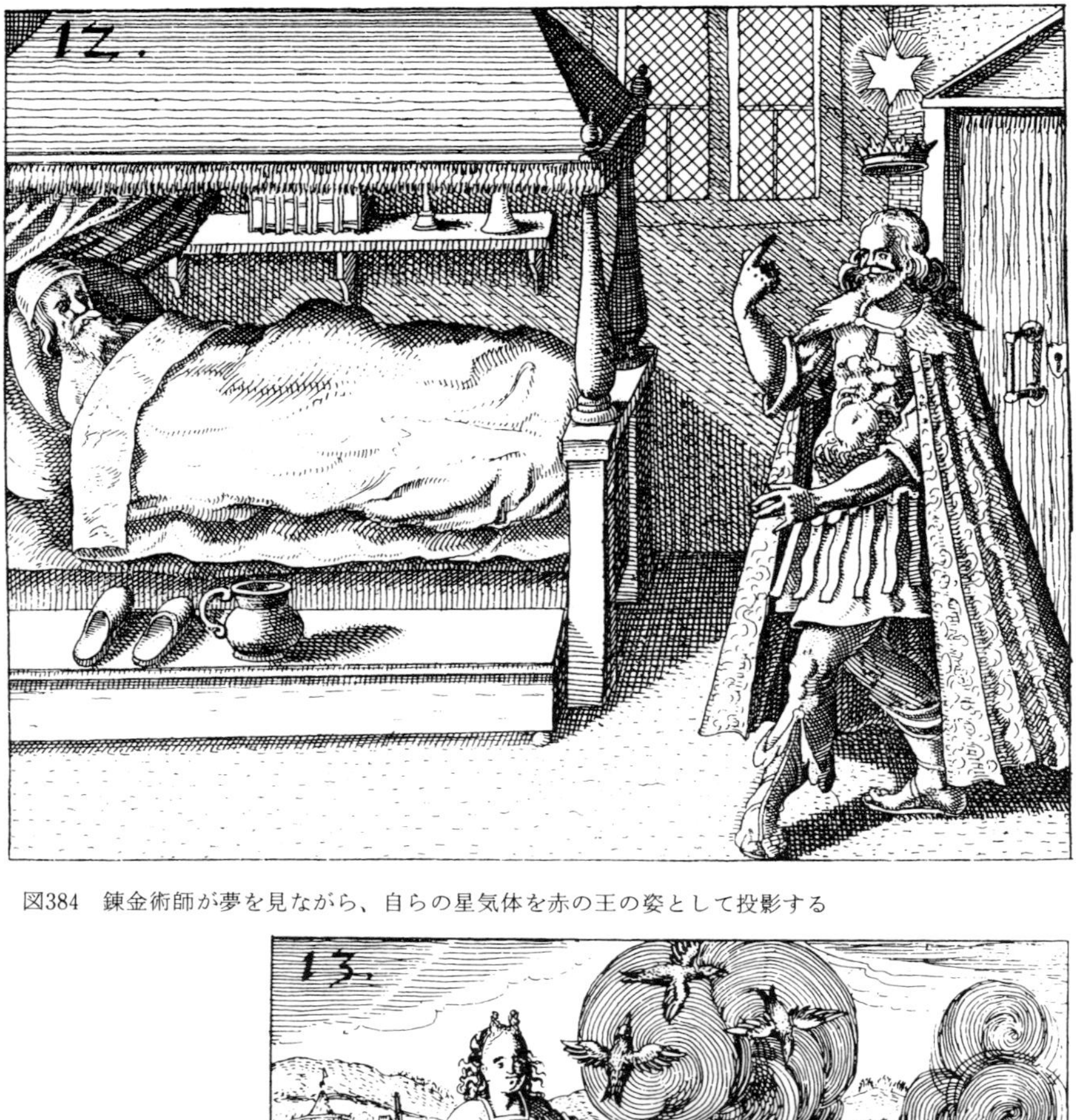

図384　錬金術師が夢を見ながら、自らの星気体を赤の王の姿として投影する

図385　循環蒸留をおこなう

図386　ルベドの祭壇の前にひざまづく「いまや王は赤い血を流す肉体をわれらすべてが食べられるように差し出す」

徴する。十字架とともにあるキリストを包みこむ葡萄絞り器から流れる血の川によって、三番目の側面はつくられている。天使が心棒をまわすことで絞りあげられ、救世主の体は血を流しつづけ、これが王の右の脇腹の傷からほとばしる血となっている。血は赤の薬剤の表象であり、キリストが二つの聖杯で太陽と月に差し出している。

赤の王あるいは復活したキリストは、しばしば第二のアダム、「天よりいでたる者」(『コリント人への第一の手紙』第一五章三五—五五節)にたとえられる。最初のアダムが腐敗しやすい四元素からつくられたのに対し、第二のアダムは循環蒸留の産物であって、腐敗することのない純粋な第五元からつくられている。『立ち昇る曙光』にはこう記されている。

第二のアダムは哲学者と呼ばれ、純粋な元素から永遠のものとなった。したがって単純かつ純粋な本質からつくられているため、永遠に生きるのである。セニオルは次のように述べている。体が最後の復活によって栄光のものになると、絶えず増殖するために死はなく、それゆえ教義が死後の肉体の復活と永遠の生を証すのである。第二のアダムは最初のアダムとその子らに、こう告げる。来たれ、わが父に祝福された者たちよ、作業のはじまりより準備されていた永遠の王国を手に入れ、おまえたちのために用意したものなれば、わがパンを食べ、わたしがおまえたちのために混ぜた葡萄酒を飲むがよい。耳をもつ者は聴き、教義の霊が天と地のアダムについて修業の子らに語ることを聴くがよい。哲学者たちはこう述べている。土より水を、水より空気を、空気より火を、火より土を得る者は、われらの術を完全におのれのものになすなり(註六三二、図三八三)。

皇帝の死の復活

図三八七はトゥルンアイサーの『第五元』の図版であり、錬金術の城の最後の部屋と、その聖なる住人をあらわしている。皇帝の冠に飾られ、太陽の輪光に照らされる、大いなる両性具有者である。両性具有の皇帝が腰をおろす大箱は膨大な富にみなぎり、重おもしい錠に守られており、その鍵は皇帝がもっている。皇帝の左腕が置かれている大冊には、『ヘルバリウム(本草目録)』と書名が記され、錬金術と本草学の関係を示している。*

*化学薬品がオプス・アルキュミクムの鍵であり、その魔力ある薬品——生命の霊薬——の製法は、錬金術の伝統や術のすべての秘密とともに失われた。

のこりの書物は『ムタティオ(変化)』、『クィンタ・アエセンティア(第五元)』、『ミュステリウム・アエテルニタティス(永

図387　太陽化した皇帝の魔力 「彼は死者より生者をつくる」(註632)

遠の神秘)』、『ナトゥラ・レルム(事物の本質)』といった関連する主題をあつかったものである。のこる二冊は錬金術文書の極北、『アルキドクサ(至高の教義)』と『ビブリア(聖書)』である。図三九〇もトゥルンアイサーの『第五元』の図版であり、「太陽と月の噴水」における太陽と月の結合をあらわしている。この行為は有翼のドラゴンの残忍な羽ばたきと同時に起こり、ドラゴンは骸骨の姿をした皇帝に殺される。死神と大いなる両性具有者が同一人物であることは、骸骨のふりまわすもの――太陽と月の結婚の花束――によって明らかである。さらに、骸骨は結合した太陽と月の光に照らされている。死神とドラゴンが永遠の生をもつものに変容することは、詩によって次のようにあらわされている。

ドラゴンは戦うことなく死に、
大きくふくれあがって、
硫黄の蒸気を発し、
海綿のように、液汁を生ぜしめ、
その肉には銀と金の力がある(註六三三)。

ドラゴンの血が太陽と月の噴水に流れこむと、ラピス、アクアと呼ばれる二つの容器に赤の薬剤が集められる。白の薬剤が「術により(得られた)乳」としてあらわれ、皇帝=死神が血をほとばしらせるドラゴンの胸に差し出す鉢によって集められる。

図三八八および図三八九として掲げた四つのメダルは、古代の錬金術の金言、「死者の復活を否定するなかれ」をわかりやすくあらわしている(註六三四)。図三八八の左のメダルでは、「われは惜しみなく分解する」と述べる神によって、錬金術師が復活している。これは「腐敗によって肉体は死に、新しい霊的な体が生まれる」という銘刻文によって強調されている。右のメダルでは、謎めいた妹が剣をもって、最後の回転をおこなう尾を食らうものを殺している。銘刻文は「彼のものは死をあらわすゆえ、賢明なやりかたで殺すべし」と説明している。

図三八九の左のメダルでは、ルベドの天の海に浮かぶ火を吐くドラゴンの三位一体を、太陽が照らしている。これは双魚宮によって象徴される宇宙の海であり、錬金術師たちには大いなるアルカヌム(秘密)、「赤い海」、「生命の霊薬」、「永遠の水」として知られている。ハリドの『三語の書』では、この物質についてこう記されている。

秘められた哲学者の酸、浸透性の溶液であり、色をかえ、増殖し、復活して、死んだものすべてを清めて照らし、ついには蘇らせる(註六三五)。

銘刻文も同じように、「いまこそ死者を生かしめ、病人を癒すときなり」となっている。

最後のメダルは『パンドラ』の木版画(本書には再録されていない)のコピーであって、尾を食らうものが最後の回転をおこないながら、皇帝の戴冠式の台になっている。「男と女の種」が皇帝の冠のある台の中央に流れこむ（冠は『パンドラ』の木版画では最初の卵を飾るものになっている）。銘刻文は、「いまや死が征服され、われらの息子が銀と肉を授けられて統治する」である。

死の床の幻視について

こうした錬金術の図版は、「死者を生かしめる」とか、「死体を蘇らせる」といった、ルベドの不思議なモチーフをあらわしている。このモチーフは死の心理によって説明できるだろうか。事実、できるのである。一九六〇年代のはじめに、アメリカの医師カーリス・オウシスが死ぬ間際の幻視や幻想についての調査をおこなった。六四〇名の医師や看護婦に質問表が送られ、八八四名におよぶ人物についての回答が寄せられたのだ。結果はコンピュータで集計され、『医師と看護婦による死の観察』（一九六一年）として出版された。主要な結果を紹介しておこう。

図388　死の秘密の啓示

図389　死者を蘇らせる作業

驚くべきことに、医師および看護婦の見解によれば、瀕死の患者を支配する感情は恐怖ではないのである。もっともありふれた感情として、死にさらされた患者は不快や苦痛を示す。回答者の三分の二は恐怖よりも無関心が顕著であるといっている。もちろん一番驚かされるのは、多くの患者が死にぎわに気分を高揚させるということである。これは末期的患者によく認められる。当然ながら例外はあるものの、人生で最も恐ろしいときに気分を高揚させる者の比率は高い。これは心理的な意味をもつ現象であって、綿密な調査をおこなう価値があるだろう。何が人生最後のときに気分を高揚させるのか。パニックにおちいって死ぬ者と安らかに死ぬ者のちがいは何か（註六三六）。

LSDによる死の幻視

超越的な存在にかかわる非人間的な内容の幻視や幻覚が多数報告されており、その観察結果は八八四例におよぶ。これは前章で議論した二つの調査の母集団よりも、死の事例に頻発

図390　錬金術における死の征服　死の精神外傷の心的統合

する。比率は一対一〇であり、注目すべき数値である。末期的患者が幻覚をおぼえるとしても、健康な者の一〇倍も幻覚をおぼえるのはなぜなのか。死の状況に幻覚で順応しているにすぎないのか、それともこれは現実の別の様相を反映しているのか。追跡調査をした事例によって、年齢、性、体温、投与された薬物、意識障害のいずれも、末期的患者における幻視の発生に顕著な関係がないことが判明している。同じことは末期的状態にはない患者にもいえるが、ただしそうした患者の大半は、意識に障害があって、現実とふれあうことのできない状態にあった（註六三七）。

興味深いことに、末期的状態ではない患者の九人に五人は、幻視をおぼえているうちに意識が混濁してしまった。末期的患者の場合は、一五人に二人が意識を混濁させたにすぎない。明らかにこの相違は、患者が死にかけているか、快復に向かっているかに関係している。一般に死の床についた者ははっきりした意識をもって幻視を体験する（註六三八）。

追跡調査によって、数多くの幻視の内容がわかった。天に関する伝統的な宗教イメージに沿うものもあり、一般開業医が次のような報告をしてくれた。

「女性の患者が甲状腺を切除され、数時間にわたって意識を失いました。そして意識をとりもどすと、分水嶺のような高い山にいて、約束の土地を見おろすことができたといったのです。うまく言葉であらわすことはできないが、とても美しく、あまりにも美しいために、山を越えるのがこわかったそうです」

伝統的な天の都のイメージも報告されている。たとえば、ある観察者は、「たとえようもないほど美しい都」に行ったという患者の言葉を引用して、患者がその都に行けば、「とても幸せになれるが、わたしを見つけられなくなる」ので、行くのをやめたのだと報告してくれた。

他のタイプの幻視は伝統的なものではなく、LSD25やメスカリンといった幻覚剤にかかわるイメージに酷似している。ある看護婦は両方のタイプに属する幻視を報告してくれた。「ポリオで死にかけている六歳の少年が、天国の様子を話し、きれいな花を見たり、鳥のさえずりを聞いたりしたといって、もうすぐこのきれいなところへ行けるんだと申しました」。別の例は患者本人が報告してくれたもので、「明るい色の目をした鳥が輪になって飛んでいるのを見た」という（註六三九）。

最後の変容の天の幻視

幻視体験の感情面の特質は、いいようもない美しさや安らぎとしてあらわされることが多い。しかし幻覚剤を服用している者の場合は、オルダス・ハックスリイが「地獄」と呼んだような、きわめて不快なイメージに直面することもある。われわれの採集したものの中に、これに類似するものがあった。「患者がおびえきった顔つきをして、首をぐるぐるまわし、『地獄だ、地獄だ、地獄ばっかり見える』と叫びました」。生きたまま埋葬されるという恐ろしい感じを受けたことを伝える報告もある。悲惨な感情を伝える事例はわずかこの二例にすぎず、安らぎと美しさを伝える事例にくらべて、あまりにも少ない……美と幸福の質ではなく度合が強まるようだ。典型的な反応は、「どうして引き戻したんだ。あんなにすてきなところだったのに」であるか、「あそこにもどりたいんだから、もどらせてくれ」である。明らかに幻視体験は満足をあたえるものであり、患者たちは幻視を体験してから死を強く望むようになる（註六四〇）。

死者の復活

死の床についた患者の幻覚と健康な状態にある者の幻覚を比較するために入手した、膨大な量の資料によって、次のような顕著な相違が明らかになった。健康な者は生きている者を幻視することが多い。末期的な患者は主として死者を幻視する。瀕死の者は健康な者よりも遙かに高い頻度で宗教にかかわる人物を幻視する。重要な発見ではあるが、おおざっぱな分類をするしかない……死の床にあらわれる幻像として死者の幽霊が最も多いことは、バレット、ヒズロップ、ハートの研究で既に見いだされており、彼らの主張するところでは、死の床にあらわれる幻像は必ず死者であるという。われわれの調査では、死の床における幻覚において死者が優勢ではあるが、比率は次のようになっている。五二・三％が死者、二八・一％が生きている者、一九・六％が宗教にかかわる人物である。この比率は追跡調査でも同じようなものであった。正常な健康状態にある人びとの幻覚を伝えるイギリスからの報告は、まったく逆の傾向を示している。幻覚で生きている者を見るほうが、死者を見るよりも二倍も多いのだ。したがって、死者の幻覚が優勢なことが、末期的患者の幻覚や、死をかろうじて免れた患者の幻覚の真の特徴であるようだ……数多くの医師や看護婦の報告によれば、患者が（死者の）幻覚を体験した直後に、たとえば「ああ、アン、すぐに行くよ」といって、すぐに息をひきとるという。いいかえれば、死のプロセスと死者を幻覚で見る行為は密接に結びついている……多くの場合、幻覚をおぼえて一日の内に死ぬのである（註六四一）。

カーリス・オウシスは『死の観察』の重要な調査結果を要約して、次のように結論づけている。

確信をもっていえるのは、次の二点にとどまる。われわれがバレットやヒズロップ等の感想について証明したのは、死の

図391　錬金術師とその妹が作業の最後に秘密の仕草をする

図392　最後の復活で瀕死の英雄＝神とともに昇天する夫婦

床の幻覚にあらわれる人物が、（一）主として死者であり、（二）幽霊のような性質を備えていることである（註六四二）。

オウシス医師の結論は聖職者や医師の数多くの証言によって裏づけられている。A・T・ベアードは『生存の事例』で、死の床についた人物が「既に亡くなっている」友人に会っているかのように、顔を輝かせるのを何度も目撃した、ウスター医師の言葉を引用して、「わたしが立ちあったものではすべて、これは死の先触れであった」とつけ加えている。ウスター医師はさらにつづけ、これが（最後まで患者を見まもる）「年老いた医師たち」の経験することだといっている。年老いた医師たちは、患者が既に亡くなっている友人たちに会っているように思うと、死を予想するのである（註六四三）。ジョイ・スネルの『天使たちの奉仕』（一九五〇年）では、看護婦たちも同じ発言をしている。

そして死者は、生きているときに口にしなかったことを、
死んだいまでは語ることができる。死者の言葉は、
生きている者たちの言葉を超越した火でもって伝えられる。

T・S・エリオット『リトル・ギディング』

『沈黙の書』の大団円

図三九一は『沈黙の書』の最後から二番目の図版である。実験室のカーテンが開いて、オイル・ランプが燃える三つの炉があらわれている。その下では三人の人物がランプのくすぶる灯心を切るとともに、新しい油を注いでいる。『太陽の光彩』では、油は薬剤や第五元にひとしく、「哲学者の石に次ぐもの」であるとされる（五一〇ページを見よ）。おそらくこの油は、教会で死者の塗油に使われる油を指してもいるのだろう。いずれの解釈も『沈黙の書』の最後の数点の図版の象徴と一致する。

中央の人物は哲学者の息子であり、小人としてあらわされ、遊び道具のラケットとボールがそばにある（子供の遊戯のモチーフである）。その左には性の定かでない父親めいた人物（両性具有者）がいて、右にはソロル・ミュスティカ（謎めいた妹）をあらわす母親めいた人物がいる。父親めいた人物と母親めいた人物（下段の錬金術師とその妹に対応する）は、モップあるいは火のついていない松明を右脇にはさんでいる。

二段目における哲学者の息子の誕生のあとには、三段目でおこなわれる増殖と投入の作業がつづく。第四段階の火に熱せられ、二つの炉が太陽と月の増殖する複製、「無限の太陽をつくり真の月をつくる物質」を発達させる。プロイエクティオ（投入）を象徴しているのが、太陽の炉と月の炉のあいだで釣り合っている天秤と、図版の下半分を支配する鏡のような対称性である。すべての物体と人物が完全に対称に配置されている。（一）太陽の炉と月の炉、（二）それぞれの軸が二四時間をあらわす三つの軸を備えた円形の計量道具、（三）天秤の下の二つの箱と錘、（四）装飾

的な蛇、(五)メルクリウスの結合の容器のそばにある太陽の炉と月の炉の皿、(六)錬金術師と妹である。錬金術師と妹は作業の最後に秘密の仕草をしながら、「祈り、読み、また読み、励めば、見いだせるであろう」と囁いている。

錬金術師とその妹の魔力ある対称性、あるいは投入による同一性は、『哲学者の薔薇園』の末尾近くにある文章によって、詳しく説明されている。太陽がこのように語りかけるのだ。

われが純粋にして湿る白き妻と結ばれれば、妻はわれに従うゆえ、われは妻の美しき顔に(わが美しさを)加え、妻の善と美徳に(わが善と美徳を)加える。しかるがゆえに、われが妻と結ばれれば、この世にこれに優るものはなく、精液が自然変成力によって増殖するため、妻は孕んで育ち、材質と色がわれに似るようになる。そしてわれよりわれに似たるものが生まれる……これにより神の大いなる賜物が成就し、これはこの世の学問のあらゆる秘密を凌駕するものであり、宝の宝である(註六四四)。

火による火の清め

図三九二として掲げた『沈黙の書』の最後の図版は、作業の最後を図解している赤い太陽のもとでとりおこなわれる。天上の結婚の際に、錬金術師と妹が太陽と月として手をつないで膝をついている。錬金術師と妹があいた手でつかむ三つに区分されたロープが、二人の天使によって勝利の花冠をかぶせられる、復活したキリストないしは昇天するメルクリウスに、錬金術師と妹を結びつける。その下には投げすてられた天への梯子があり、いまでは天と地が結びついたことにより必要のないものになっている。作業の最後を象徴するものがいま一つ地面にあり、結合した太陽と月の灼熱の火の下でヘラクレスが苦悶にさいなまれている。モチーフはヘラクレスの運命を暗示している。伝説によれば、ヘラクレスの花嫁のデーイアネイラは、ケンタウロス族のネッソスの血を塗ったシャツをヘラクレスに着させた。死と結婚をあらわすネッソスのシャツが体に密着して肉を焼き、ヘラクレスは神々と結ばれるためにもがきながらオイテ山の頂きに登った。そして運命をまっとうするため火葬壇を設け、火によって火から逃れ、変容した姿でオリュンポス山に昇ったのである。太陽と月の死の結婚のもう一つの暗示は、結婚の帯にふくまれている。「オクルタス・アビス」は「汝は目の見える者となって去る」という意味である。

図三九三が示しているのは錬金術のアニマあるいは魂の花嫁であり、サピエンティア(智恵の女神)という最高の姿であらわれている。かたわらでは、生命の樹が春に花を咲かせ、蕾もなければ色あせてもおらず、発生の計画を超越している。天の女王は二つの巻物を示し、どちらにも『立ち昇る曙光』の祝福文の一節が記されている。

女王の果実はこの世のいかなる富にもまさり、女王以上のものはありえない。女王の右手には日々の長さと健康があり、左手には栄光と無限の富がある。女王の流儀は称えるべき美しい作業であり、不快なものでも見苦しいものでもなく、女王の歩みはゆるやかながら、ひたむきに長く励まねばならない定めである。女王はしがみつく者たちにとっての生命の樹であり、消えることのない光である。神の学問は亡びることがないゆえに、女王をとどめおく者は祝福される（註六四五）。

図393　至純の天の女王に変容した錬金術師の謎めいた妹

図394　火球を不死鳥の火葬壇と太陽の熱に高める

その後、天の女王は自らを二重の一者としてあらわす。

われは野の花、谷の百合であり、麗しい愛と恐怖と知識と聖なる希望の母なり（註六四六）……われは四元素の仲立ちをする者であり、あるものを別のものに調和させ、暖かいものを冷たくさせ、冷たいものを暖かくさせ、乾いたものを湿らせ、湿ったものを乾かせ、堅いものを柔らかくさせ、柔らかいものを堅くさせる。われは終わりにして、わが愛する者は始まりなり。われは作業のすべてであり、よろずの学問がわれに隠されている。われは僧侶の法であり、預言者の言であり、賢者の分別である。われは殺し、かつ生かす。われの手より生まれぬものはない（註六四七）。

アニマの四段階

サピエンティア（智恵の女神）は錬金術師がそのソロル・ミュスティカ（謎めいた妹）を完全なものに昇華することをあらわしている。錬金術においては、アニマは結合の四段階に対応する四段階の発達を経る。最初の結合のアニマはまだ変容しておらず、エヴァあるいは大地の女——性愛の対象——としてあらわれる。ユングはこの最下位のアニマについてこう述べている。

女はここで母にひとしいものにされ、受精するものをあらわしているにすぎない（註六四八）。

第二の結合のアニマは昇華されて理想化され、月あるいは月の女としてあらわれる——ロマンティックな愛の対象、エロスの目標であって、性の対象ではない。古典的な表現がトロイアのヘレネーであり、ギリシアの王や君主のロマンティックな愛の対象となり、その「顔は千隻の船を出港させた」という。

第三の結合のアニマは高められて霊化され、聖母あるいは天の女としてあらわれる——霊的な愛の対象である。このアニマは性やエロスを超越して、至純の愛と献身の表象となっている。古典的な表現がダンテのベアトリーチェであり、詩人を楽園の天球層と天の愛の驚異に導いた。

第四の結合のアニマは抽象化されて天使化され、神の母あるいは神の連れ添いとしてあらわれる——神秘的な愛の対象である。この段階のアニマは、性、エロス、聖なる愛を超越して、霊性に満たされているため、両性具有者の特徴を帯びる。ギリシアや西洋の智恵の女神、アテーネー、モナリザがこれに相当する。他の古典的な表現が、イシス、観音、無原罪懐胎のマリアである。*

*対応するアニムスの四段階は次のようになる。（一）まだ変容されず原始的なアニムスは性的な筋肉男としてあらわれる——ターザン、ボクサー、運動選手等。（二）昇華されて

図395　年老いた錬金術師が智恵の樹の不死のリンゴを食べている

図396　自己を焼きつくす情熱の炎

理想化されたアニムスは、ロマンティックな人物としてあらわれる――詩人、映画スター、探検家、解放者等。(三)高められて霊化されたアニムスは、霊的な導き手としてあらわれる――教授、牧師、預言者、導師等。(四)抽象化されて天使化されたアニムスは、啓発された者としてあらわれる――キリスト、仏陀、聖人等。LSD体験によって、この最後の変容が裏書きされている。マスターズとヒューストンの報告を紹介しておく。

「女の導き手は、女神、女祭司、智恵や真理や美の擬人化された存在としてあらわれる。こうした元型を知覚した人びとの報告によれば、導き手の特徴として、「青白い肌が輝き」、その仕草は「宇宙的なものでありながら古典的なもの」であったという。衣服はエジプトのイシス像の着衣から、アテーネーのローブのようなものまで、多岐に変化する。女の導き手は最後の変容で、未来の宇宙の女神のような姿になって、星のあいだに浮かび、星屑や氷をまとうこともある……(同様に)男の導き手は仏陀を思わせる姿であらわれる」(註六四九)。

魔力ある青春の霊薬の獲得

図三九五はゲーテの『ファウスト』によって不滅のものとなった、完了した作業の有名なモチーフ、年老いた錬金術師の若返りをあらわしている。モットーはこうなっている。

樹と老人を露とともに家の中に入れよ。老人が果実を食べれば若返る(註六五〇)。

出典は『賢者の群』の五八番目の教訓である。

露のついた白い樹をとり、それをとりかこむように丸く黒い家を建て、百歳の老人をその中に入れ、風や埃が入らぬように鎖すべし。八〇日のあいだそのままにしておけば、嘘偽りなく、老人はその樹の果実を食べつづけて若返るであろう。老人の魂が若者の体に入り、父を子となさしめる自然は驚くべきかな。まことと至高の造物主は誉むべきかな(註六五一)。

「白い樹」とは月の樹であり、鎖された容器の中で成熟し、ついには太陽の果実、不死の赤いリンゴを生み出すのである。本文ではこの果樹が老人の娘にたとえられ、生命の霊薬を「女王の神秘」とする錬金術の伝統に従っている。『立ち昇る曙光』にはこう記されている。

智恵が扉の前に立って告げる。見よ、われが門に立ちて、扉を叩いている。わが声を聞く者は扉を開けよ。われはその者のもとに行き、その者はわれのもとに来たりて、われはその者に満たされ、その者はわれに満たされるであろう……学問によってこの家の扉を開ける者は、家の中に若返りの生ける泉を見いだすであろう。これによって洗礼を受ける者は救われ、もはや老いることがない（註六五二）。

天の女王の腕の中での死の結婚は、図三九五の本文の最後の文章でほのめかされている。

人間は死によってのみ若返り、永遠の生をはじめるのである（註六五三）。

図三九四は「作業を支配する四つの火球」を示している（註六五四）。『哲学者の梯子』において、四つの火球は次のように定義されている。

第一は肉や胚のごとくゆるやかで穏やか、第二は六月の太陽のごとくほどよく温和、第三は煆焼する炎のごとく大きく強力で、第四は融解のごとく燃えあがって猛だけしい（註六五五）。

最後の火球をあらわす錬金術の有名な象徴が、ルベドの古典的な表象、不死鳥の火葬壇である。

滅びゆくローマ文明によってつくりだされた不死鳥の神話は、太陽や死と復活の神秘に密接に結びついている。伝説によれば、不死鳥は死が迫っていることを知ると、甘い香りのする枝や樹脂で巣をつくり、その巣を太陽の光にさらすという。巣に火がつくと、不死鳥はそこで焼け死ぬが、その灰から別の不死鳥があらわれる――これは不死鳥の投影された不死のダブルである。復活した不死鳥とともに、無限に増殖する子が灰から飛びたち、不死鳥の果てしない繁殖の力を証す（図三九九）。愛の炎と死の炎を融合する不死鳥は、錬金術師の自己を焼きつくす熱情を象徴し、これは死の際に至高の愛のあらわれとなる。尾を食らうものはこの存在的対立物の融合の象徴でもある。

宇宙的人間への変容

図三九七および図三九八はルベドの最後のモチーフを示している。第二あるいは天のアダムと同一視される、アントロポス、すなわち「宇宙的人間」としての錬金術師の受肉である。図三九七は大いなる石にまつわるバシリウス・ヴァレンティヌスの幻視をあらわし、ベネディクト会の超人がアトラスとしておびただしい星とともに宇宙の球体を支え、地球はその球体の中心にある。太陽は双魚宮、月は宝瓶宮にあり、循環作業はついに完了した。銘刻文は次のようになっている。

この図を注意して調べよ。そのために汝に示されたのである。

図397　天の石の最終的な征服　万物との同一化

図398　十字と円がついに結びつく

大地は四元素の源である。四元素は大地よりあらわれ、大地にもどる。

巻物にはこう記されている。

大地の内部を訪れよ。精留することにより、隠された石が見いだされるだろう。

古代の哲学者の三頭の像は、「思慮分別」、ABC（基本原理）の「単純さ」をもつ哲学者の幼児をあらわす。この様態の結合によって、ベネディクト会修道士が人間の知性で可能な最高の澄明さに達したことが示されている。精神の状態は子供と天才のそれである。ある錬金術の文書にはこう記されている。

単純さでもって終わらないかぎり、作業は完成されない。人間は生けるものの中で最も価値あるものであり、最も単純さに近いものであり、これはその知性のゆえであるからだ（註六五六）。

図三九七の木版画には次の詩がそえられている。

われは天と地を運びつつ、
精励して天と地を学ぶ者なり。
われはまず思慮分別を示し、
次に単純さを示し、
その日の報いがすぐにあらわれる（註六五七）。

図三九八は作業の最後に生み出される「宇宙的人間」の異版である。隅の表象は錬金術のさまざまな道具をあらわしている。ヘルメスの鉢、天秤、直角定規、定規、コンパスである。木版画の中央では、錬金術師のキリストめいた姿が黒の点によって形成される十字に調和しており、黒の点は円も形成して、円積法に関係する二つの幾何学図形の結合を象徴している。

中心の円は錬金術師の体を四元素の結合として示し、錬金術師を取り巻く円は太陽と月、上なるものと下なるもの、光と闇、男と女の結合をあらわす。木版画の上部に錬金術師の顔が再びあらわれているのは、プロイエクティオ（投入）の象徴であり、数字はデナリウス、すなわ全体性と完全性の象徴である（1＋2＋3＋4）。

図三九七で生み出された石については、アラビア風の最古の錬金術文書の一つ、『ロシヌスよりサラタンタ司教へ』によって、詳しく説明されている。

この石は従順さについては汝に劣り、支配については汝をしのぐ。知識については汝に発し、同等物については汝に似る……この石は汝の内にあってよく凝固し、神からつくられたものであるため、汝がその原鉱であり、汝より取り出され、常に汝とともにある……人間が四元素よりつくられているように、石も四元素よりつくられているため、人間より掘り起こされる。汝は作業に励むことによってその原鉱であり、汝より分割によって取り出される。石は知識によって汝の内にとどまりつづける。これをあらわすには、汝の内において、賢明なるメルクリウスによって、凝固させなければならない。汝がその原鉱であり、石は汝の内に包まれ、汝は石をひそかに孕んでいる。汝によって（その本質に）還元されて溶解されたとき、石は汝より取り出される。汝なくして石は満たされず、石なくして汝は生きられず、始まりは終わりであり、終わりは始まりである（註六五八）。

一者の恐ろしい体験

バシリウス・ウァレンティヌスの宇宙的人間の心理学的な意味合いは、同じ宇宙的人間を幻覚剤によって体験した人物の報告からつかみとれるかもしれない。経験もなく導き手もいないまま、アメリカの若いジャーナリストが四九〇ミリグラムのメスカリンを投与され、バシリウス・ウァレンティヌスが錬金術を死ぬまでつづけて征服した山の同じ頂きに登りつめたのである。

起こっていることが気に入らなかった。あることを思いだしかけ、それは太陽の光や揺り籠に関係しているようだった。しかしいったい何なのだろう。やがて記憶喪失におちいった者がゆっくりと過去を思いだすように、わたしは自分が誰であるかを思いだしかけていることに気づいた。ようやくすべてがまとまって、自分が何であるかがわかった。実際、あまりにも単純なことだった。わたしは生命だった。わたしは存在だった。わたしは部屋を満たして振動する力であり、部屋でもあった。わたしは世界であり、宇宙であった。わたしはすべてだった。常に存在し、これからも存在するであろうものだった。わたしはジムで、ジムはわたしだった。わたしたちはすべての人間だった。すべての人間がわたしたちであり、わたしたちすべてをあわせたものは同一物であり、その同一物が存在する唯一のものだった。わたしたちは神ではなかった。わたしたちは存在するすべてのものにすぎず、存在するすべてのものは神ではなかった。わたしたちが存在するだけだった。わたしたちはそれぞれのものであり、わたしたち以外のものはどこにも存在せず、わたしたちは常に同一であり、唯一の真実だった。

「ジム」わたしはいった。「わたしをここから連れ出せないか」

「そうだな。もう三〇分試してみたらどうだ」

「ああ」わたしはいった。「もう三〇分試してみよう」

自分の存在の土台と再び結ばれて、できるだけ早くそこからはなれたかった。しかしもうしばらく我慢して、心に芽生はじめた恐ろしい考えを笑いとばそうとした。

「神になんかなりたくない」わたしはいった。「通信部長にもなりたくない」しかし笑うべきことではなく、笑おうとするのをやめた。もちろんわたしは神ではない。そのことはわかっていた。しかしわたしは存在するすべてのものだった。そんなものにもなりたくなかった。いまでは暗くなっていて、病院の外で遊んでいる子供たちの声が聞こえた——もちろん街燈の下で遊んでいるにちがいない。そして子供たちの寂しげな声がわたしの心を悲しみで満たした。子供たちだ。わたしは思った。子供たちとジムとわたし。わたしたちはすべて存在する神なのだ。わたしはそのとき神になりたくなったので、悲しくて恐ろしかった。自分のためではないにしても、少なくとも子供たちのために、神になりたかった。しかし神の喪失は最悪のものではない。それよりもっとひどいことがある。わたしのささやかな自己の喪失も最悪のことではない。わたしはそのことを悔やんだりしなかった。それはわたしが得たものだった。わたしは全宇宙を得たというのに、どうすることもできないのだ。

わたしはそんなものはほしくなかった。

しかし全宇宙をほしがらないわたしは、いったい何者なのだろう。わたしはあらゆる人間だった。大いなる自己だった。

そして小さな自己が何のためにあるのかがわかったように思った。大いなる自己が自らの存在を知らないようにするための虚構のものなのだ——大いなる自己が発狂しないようにするために。小さな自己がなければ、大いなる自己は自らの無謀さと、孤独と、危険にさらされていることを思って、きっと狂ってしまうことだろう。そして確かに危険にさらされているのだ。わたしにはそのことがよくわかった。存在するすべてのものなのだから、自らの不死性を確信させてくれるものがあるわけもない。事実、わたしは大いなる存在と大いなる変化の双方に抵抗するものがあることを感じとった。それは大いなる無にひとしい無であって、大いなる自己はこれにさからって、大いなる変化に意志をふるっているのだった(図三七七)。ティリヒがいうような存在論的な不安だ。窮極の非存在に対しておぼえる窮極の恐怖だ。

「ああ、わたしたちはこんなものを目にしてはならないのだ。いまは駄目だ。百万年、いや十億年、いや百億年後ならいいかもしれない。しかしいまはまだ駄目だ。こんなことをするのはまちがっている。ドラッグは……よくない……ドラッグをもてあそんではいけない」わたしの声は小さくなって消えた。わたしはフロイトについて考えた。フロイトはさっぱりわかっていなかったのだと思った。無意識は実際にはきわめて単純なものなのだ。無意識とはわたしがいま得た窮極の存在の知識であり、わたしたちが無意識を抑圧するのは、神経

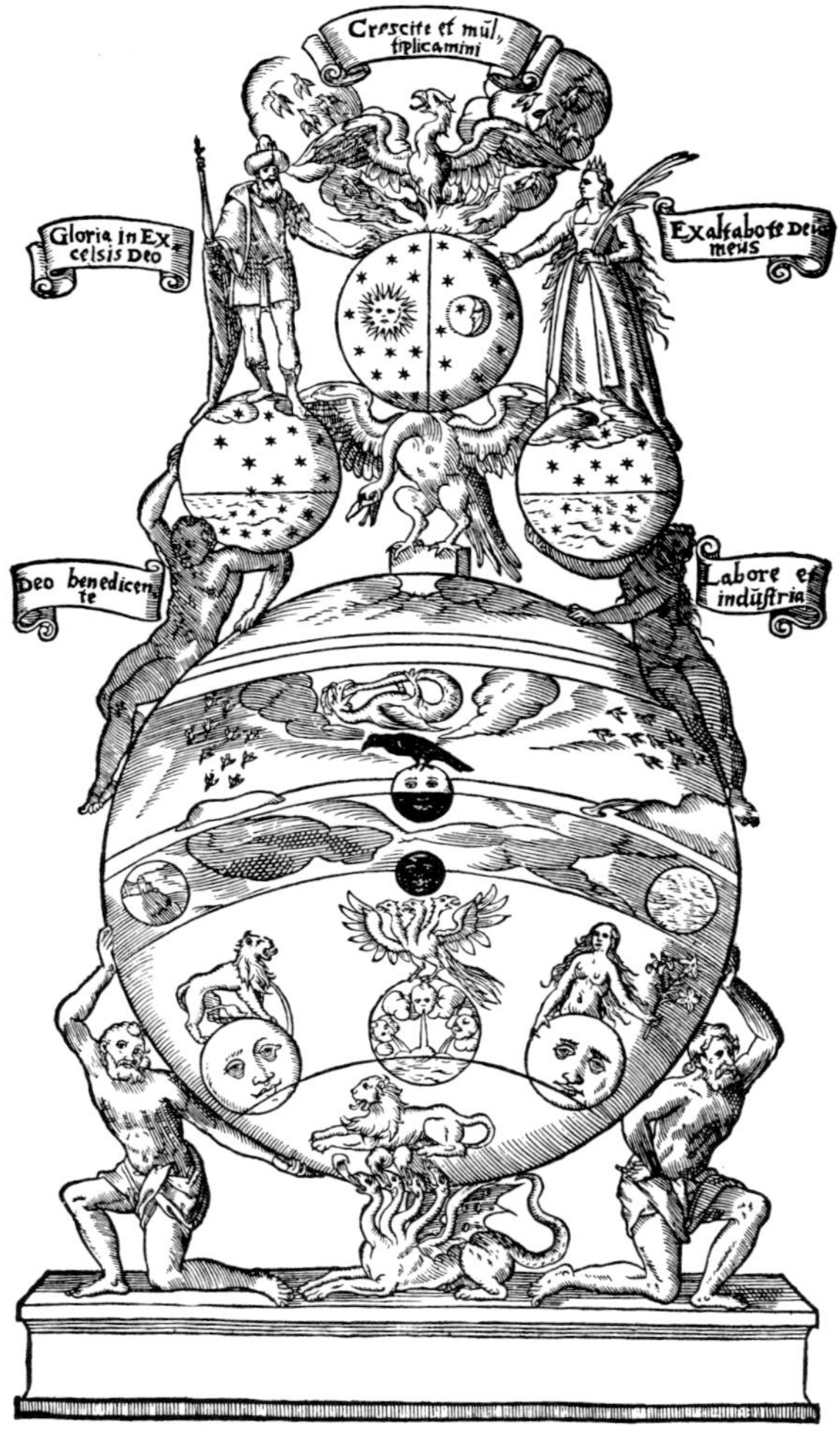

図399　リバウィウスの錬金術の記念碑は、二人の巨人が小作業の球体を支えている。ドラゴンとライオンが太陽と月の最初の結合の部屋の入口を守っている。ニグレドとアルベドによって太陽と月の体が黒色化して白色化したあと、銀の海（球体の上）から昇る満月において第二の再結合が起こる。上昇したり下降したりする鳥の群が縁どっているのは、「天のありさまであり、第二の凝固のイメージであるドラゴンが、仰向けになって尾を嚙んでいる」（註659）。「労苦と精励」そして「神の恩寵」によって小作業が完了したあと、太陽と月は白鳥の翼に乗って昇天する。不死鳥の球体における太陽と月の結婚が大作業を完了させる。死と誕生の鳥たちが「増えよ」と叫び、アラビアの王と白人の妻が、「神に栄えあれ」、「神は誉むべきかな」と感謝の祈りをささげている。

図400　大作業の最後に太陽化した錬金術師をあらわしたこの版画は、Ｊ・Ｊ・ベハの著わした『地下世界に関する自然学』（1668年）の口絵である。

症ではなく存在論的な恐怖に根があるのだ。それが現実であり、とても恐ろしい。わたしたちの多くには堪えきれないものであって、そのためわたしたちはささやかなアイデンティティやはっきりした役割に逃げこみ、心地良く生きていける限られた世界をつくりだし、何か別のものがあるというふりをしているのだ。しかしほかには何もない。わたしたちは心の奥深くでそのことを知って、苦しんでいるのだ。ティリヒがいったように、存在することには勇気がいるが、わたしたちの多くにはその勇気がない。だから自分たちの大いなる存在を退けたのだ――死は不可能なので、自分たちを殺すことではなく、自分たちの真のアイデンティティ――を否定することによってだ。自分たちの本当の姿に直面することを拒むことによって。

「ジム」わたしはいった。「わたしたちは存在するすべてのものなんだぞ……」

存在するすべてのもの。しかしこれさえも――これさえも――最悪のものではなかった。わたしは自分が得たものが恐ろしかったと先に述べた。嘘ではない。しかしわたしは何かを失ってもいた。わたしにとっては、みじめな自己よりもたいせつなもの、神よりもたいせつなものだった。わたしは自分自身の自己とともに他の自己もすべて失っていたからだ。わたしは他の人びとを失ってしまった。寂しくてたまらなかった。誰かにいてもらいたかった。誰でもいい。そしてわたしたちが二人きりであったとしても――実際に二人きりだが――わたしたち二人は存在するすべてのもので、これはそれほど辛いことではないだろう。しかしほかには誰もいないのだ。ただの一人きりだった……

「ジム」わたしはいった。「もうやめよう」するとジムがソラジンをつかって、わたしを連れ出してくれた。そして医者たちがわたしを家に帰らせた。自宅には出迎えてくれる者がいた。「わたしは誰も傷つけたりしないぞ」わたしはいった。「ただ胸が痛むだけだ」事実、数日のあいだそうだった。やがてそんな気分も消え、わたしは知っている世界にもどり、そこで働いた。

ときおり病室で目にした異質な世界が目に浮かび、あの経験がぶりかえすのだろうかと思うことがある。しかしそんなことはなかった……最後にあたって、証言というようなものではなく、ただ興味深いことを書きとめておこう。どんな結論も導きだせる、あまりにも多くの未知の要素があった。それにもかかわらず、考えるべきことが一つある。わたしは死ぬまでそれを考えつづけることだろう（註六六〇）。

光の源における受肉

図四〇〇は真昼の太陽に受肉した「赤色化した」錬金術師を示している。錬金術師は「三重の性質の炉」、「植物、動物、鉱物」

の世界として描かれており、黄金の花、哲学者の息子、星の山によって象徴されている。大きな円は「土と水と空気」の球、錬金術師を自らの受胎の中心に孕む妊娠した子宮をあらわす。

四番目の元素は瞑想する錬金術師の頭を構成する太陽によってあらわされ、錬金術師の意識の「太陽」状態を象徴している。変容した錬金術師は窮極の統一状態にある四元素を孕み、ふくよかな胸の女あるいは両性具有者としてあらわれる。

澄明な夢による照明

「赤色化した」錬金術師の太陽状態は、精神力学の用語に翻訳できるかもしれない。既に記したように、作業の最後の照明はプロイエクティオ（投入）に密接に関係しており、われわれはこれを肉体離脱体験にひとしいものだと考えている。これに関する顕著な心理的特徴はまだ述べていないが、肉体離脱体験が死の精神外傷をともなうほど深い無意識のレヴェルで起こることは、証拠からも明らかであるとはいえ、この体験は完全に意識されるのである。ユングはこう述べている。

（自分の）幻視と体験はまったくの現実であって、想像の産物ではなかった。主観的なものは何もない。すべてに絶対的な客観性の特質があった（五三六ページ）。

カーリス・オウシスは死の床の幻覚について、「死の床についた者ははっきりした意識をもって幻視を体験する」と述べている（五四九ページ）。

肉体離脱体験の報告のすべてが同じ心理的特徴を強調している。深い無意識の状態は完全に意識されるのだ。この驚くべき状態は、肉体離脱体験をいち早く研究した人物の一人、オランダの医師F・ファン・イーデンによって、「澄明な夢」と名づけられている（註六六一）。この主題についての現代の権威、シーリャ・グリーンは、その著書『澄明な夢』（一九六八年）で、この状態を夢であることがわかっている夢と定義した。眠っていながらも、理性をもって考え、自分の意志で夢の流れをかえられる状態なのである。シーリャ・グリーンはこういっている。

澄明な夢はきわめて重要な問題を哲学者や心理学者に提起している。誰かが綿密に自分の環境を調べ、夢を見ているのだろうかと問いかけ——実際には夢を見ていながら——夢を見ているのではないと結論づけた場合、われわれはいかなる基準を用いて、自分たちが目を覚ましているのか夢を見ているのかの判断ができるのだろう。澄明な夢を見ている人物が意識をもっているといえばいいのか、それとも無意識であるといえばいいのか（註六六二）。

この疑問には両方であるという矛盾した発言で答えることがで

きる。錬金術のルベドの象徴にあてはめれば、肉体離脱体験の澄明な夢の状態は、オプス・アルキュミクムの最後の結合の心理面を伝えていると結論づけざるをえない。プロイエクティオ（投入）の驚異の内に、意識と無意識、自我と自己、地と天が融合して統一される。純粋な光の体によって体重もないまま、錬金術師は対立物のない宇宙で目覚め、作業の至高の照明、空虚の澄明な光を知覚するのである。

ある錬金術の文書では、意識と無意識のダイナミックな相互作用と最後の同化が次のようにあらわされている。

それゆえ何度も何度も地の上に天が再生され、ついには地が天のような霊的なものになり、天が地のようになって地と結ばれるのである。そのとき作業は完了する（註六六三）。

四元素の循環蒸留についてはこう述べられている。

霊の循環、あるいは循環蒸留は、外なるものを内なるものに、内なるものを外なるものに、下なるものを上なるものに、上なるものを下なるものにすることをいう。すべてが一つの円の中に集まれば、もはや外も内も上も下もなく、すべては一つの円あるいは容器の中の一つのものである。この容器が真の哲学者のペリカンであり、これ以外のものを求めてはならない（註六六四）。

ユングは錬金術に関する最後の大作で、完成された個性化過程を、心の中の意識と無意識の「同化」と「修正」という言葉であらわした。

（自我と無意識の関係）は普通の人にとって……テラ・インコグニタ（未知の領域）であり、おおざっぱな一般論では近づくことはできない。錬金術師たちの想像さえ、豊かなものではあっても、この場合にはまったく役に立たない。錬金術の文書を徹底的に調査することによってのみ、この疑問にささやかな光が投げかけられるだろう。同じ作業は精神療法の分野においても必要である。ここにもおびただしいイメージ、象徴、夢、幻想、幻視があって、比較調査されることを待っている。いまのところ、どうにか確信をもっていえるのは、同化というゆるやかなプロセスがあって、それによって意識と無意識の双方が修正されるということだけである（註六六五）。

ユングの慎重な説明も、個性化過程の実際の精神力学の前では色あせる。個性化過程はその最終段階において、肉体離脱体験によって澄明な夢の状態にいたり、そうして意識と無意識がついに一体化するのである。

第15章　サイケデリック心理学　新しい錬金術

図四〇一および図四〇二では、錬金術の作業の最後の段階が現代のサイケデリック絵画であらわされている。図四〇一はマイケル・グリーンがLSDによって涅槃にある仏陀を幻視して、それをあらわしたものである。

ゴータマは自らの精神と肉体を中心に置いた。千もの過去世を体験した。自らのDNAの暗号を崩して死に、人間が神と呼ぶ火の太陽、月、金剛石、孔雀の目の中心に溶けこんだ。これが悟りである（註六六八）。

仏陀の顔の右半分は髑髏になって、死、消滅、真空を象徴している。インド人の顔の右半分は、悟りをひらいた者の涅槃の境地をあらわし、始原生殖細胞に包まれて、リビドーの無関心にあずかっている。LSDの仏陀は「哲学者の園」の奇想天外な植物にとりまかれており、卵母細胞、濾胞、体細胞、DNA分子、分裂する細胞が園をつくりあげている（絵の一番下と仏陀の顎の下に細胞分裂が描かれている）。

同じように興味深い細胞分裂と始原陰陽細胞が、図四〇二として掲げたディーアン・ライトの『進化曼陀羅』にあらわれている。ライトもLSD体験によってこの絵を描いた。すべての被造物の始原生殖細胞が曼陀羅の中心に描かれ、ここではDNA分子の連鎖がすべての細胞の創造の根底にある原形質をとりかこんでいる。ふさわしくもこの中心には、「われらは一つなり」と記されている。曼陀羅の下半分が示しているのは、始原生殖細胞の最初の有糸分裂か、人間も含めた創造をおこなうことになる発生の最初の行為である。

最初の細胞の原形質、すなわち「第一質料」は、有機生命の四元素――水素（H）、酸素（O）、炭素（C）、窒素（N）――から構成され、太陽のエネルギーによる循環蒸留でもって、地球に最初の生命分子をつくりあげたと考えられる。

系統発生する無意識

この絵がほのめかしているのは、進化の全過程がＬＳＤ体験によって再体験される可能性である。まさしくこれは可能なのだ。事実、始原生殖細胞から九ヵ月の胎児にいたる個人の生物的発達は、凝縮した要約のような形で、進化全体をあらわしている。この考えを系統立てて説いたのは、ドイツの生物学者エルンスト・ヘッケルで、その生物発生の根本法則によれば、個体の生物的進化、すなわち個体発生は、その種の生物的進化、すなわち系統発生を反復するという。胎児の発達期に、個体は相似の形態によって、地球の生物が十億年の進化で経た段階をすべて経験するのである。

単細胞生物、虫、魚、爬虫類、哺乳類の段階に相当する段階を、人間は一度通過している。始原生殖細胞としての人間は、地球における最初の細胞の創造に対応する。人間の最初の有糸分裂は、進化すべての決定的なはじまりである最初の細胞の分裂に対応する。

自我が個体発生によって系統発生を経験すること、すなわちこの星での生命の進化すべてを相似的に繰返すことが、図四〇二にありありと描かれており、本書でとりあつかった退行の過程の宇宙的な広がりがあらわされているのである。ティモシー・リアリイがいつもの過激な口調ながらも、ＬＳＤによって引き起こされる退行において、自我が系統発生する無意識を経験することを、生々しく語っている。

これら進化論の概念と遺伝学の概念のサイケデリックな相関関係は、ＬＳＤでトリップした者ほぼ全員の報告に認められる。執拗に動きつづける単細胞生物になる経験は、葉を出すようにして広がる生命のハミングだ。きみは多細胞の美しい溶液をつくろうとするＤＮＡの暗号なんだよ。きみはすぐに無脊椎の喜びを体験する。背骨が形成されるのが感じられる。鰓《えら》ができあがる。きみは輝く鰓をもった魚だ。太古の胎児の潮が生命のリズムをつぶやく。きみはもがいて哺乳類の筋肉、たくましく大きな筋肉の力をふるう。暖かい水をはなれて地上に出ると、体に毛がはえるのが感じられる（註六六七）。

われわれ全員を結びつけ、先カンブリア時代の泥地に落ちたあの最初の雷にまでさかのぼる、電気的変容のとぎれない鎖を、細胞の核内の皮質細胞や機能が「おぼえている」というのは、はたしてまったくありえないことなのか。きみはありえないというだろう。遺伝学の本を読め。きみを受胎のときに単一細胞としてとらえ、きみの自然な発達の全段階を計画した、複雑な蛋白分子のＤＮＡ連鎖について、よく読んで考えろ。遺伝の青写真の半分はおふくろから、もう半分は親父

図401

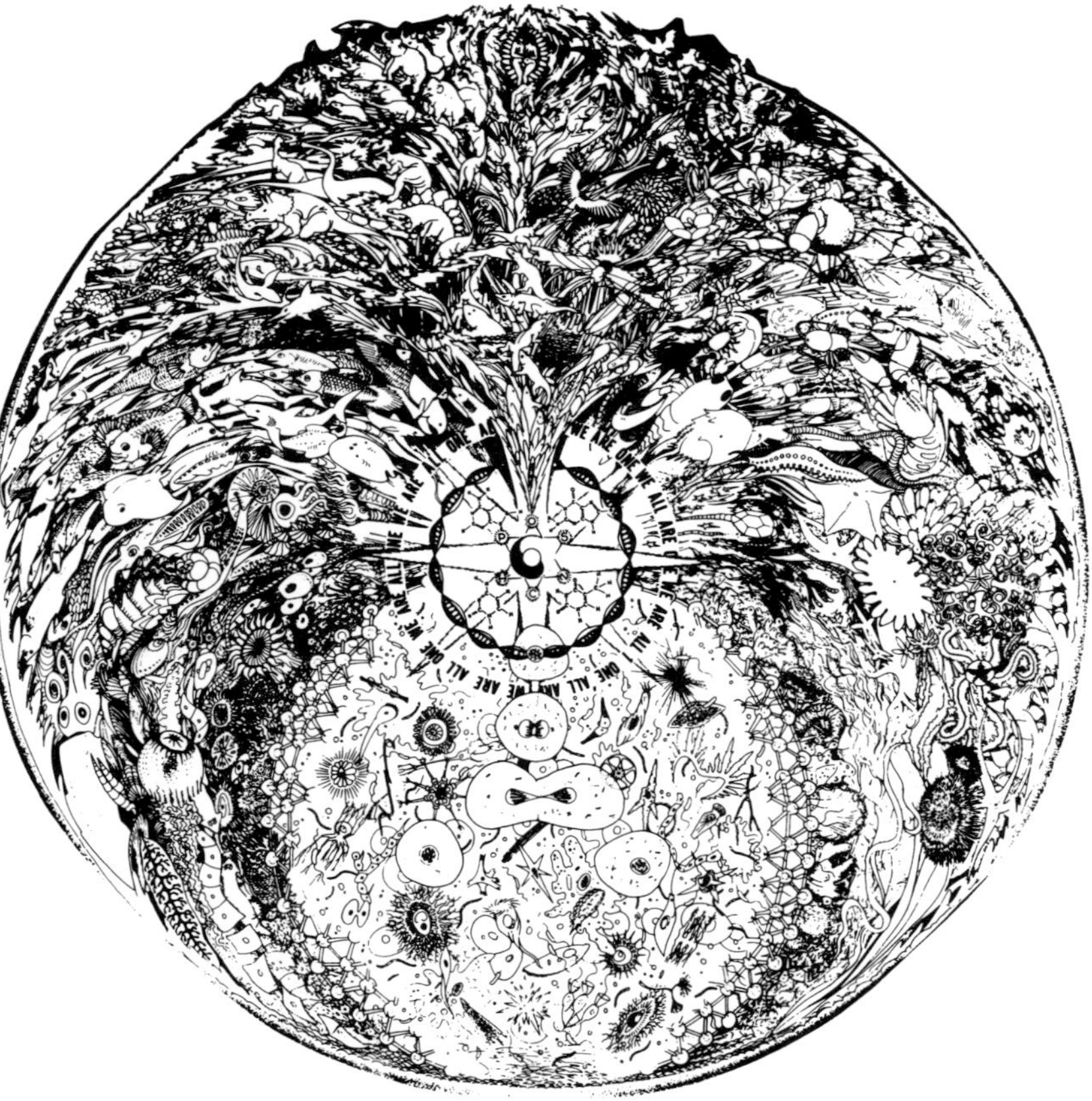

図402

から完全な形で伝えられ、受胎と呼ばれるあの信じられない融合過程で、どんぴしゃりと合わさったんだぞ。

きみの自我、きみの古き良きアメリカ人の社交的な自己は、ある種の重大な阿呆くさい出来事、昇進や結婚なんかをおぼえておくようにしつけられている。しかしきみの百億の脳細胞が重大な生存の岐路、受胎や子宮内の出来事や誕生を「おぼえている」というのは、ありえないことなのか。われわれの言語ではうまくあらわせない出来事についてだ。きみの体の細胞は一つのこらず、何百万年もの進化をさかのぼるエネルギーの光をもっているんだぞ。きみはその遺伝子暗号をおぼえているか（註六六八）。

宇宙的無意識

ＬＳＤを服用した者の多くがこの種の進化「トリップ」を経験するというリアリイの主張は、マスターズやヒューストンをはじめとする数多くの研究者によって裏書きされている。リアリイが目立ちたがり屋であるのに対し、慎重かつ几帳面な研究者であるらしいスタニスラフ・グロフも、別個にほぼ同一の結論に達している。

この種の（系統発生的あるいは進化的）経験において、体験者はさまざまな進化レヴェルにおける動物の祖先になる。これには自分の進化の系統樹をさかのぼっているような生々しい感じがともなう。同一化はいささか複雑で、完全な、真にせまったものである。体のイメージ、さまざまな肉体的な感じや生理的な感覚、特殊な感情、環境の新たな知覚がある。ときとして体験者は、受けた教育のレヴェルを遥かに越えた、動物学や動物行動学の洞察を口にする。つけ加えれば、こうした体験はその質において人間の経験とは異なっており、しばしば人間の幻想や想像を越えているように思えることもある。たとえば、蛇が腹をすかせているときや、亀が性的に興奮しているときや、鮭が鰓で呼吸しているときに、どんな感じがするものなのかを、生々しく語るのである。他の哺乳類、鳥、爬虫類、両棲類、さまざまな魚との同一化がよく起こる。ときにはあまり進化していない生物、たとえば腔腸動物や単細胞生物に同一化することもある。進化の体験は神経の反射の変化やある種異常な運動性の現象をともなうことがあり、古い神経回路の活性化に関係しているように思われる（註六六九）。

著名なＬＳＤの研究者、Ｗ・Ｖ・コールドウェルは、「単細胞」経験を「意識を維持できる体制の最下層、生物のほぼ原形質的な状態への復帰」だと考えている（註六七〇）。ティモシー・リアリイはサイケデリック退行のこの段階を「太陽（魂）」段階と名づけ、「大量（三〇〇グラム）のＬＳＤによって、細胞内の分子構造間のエネルギー伝達を自我が意識すること」だと述べている（註六七一）。リアリイはさらにつづけて、「体内の神経組織と分子活動の相互作用を研究」するための、「分子心理学」あるいは「精神物理学」を提唱している（註六七二）。

体内の構造に集中するこの意識の窮極のレヴェルでは、自我はリアリイが「原子＝核ドラマ」と呼ぶものにかかわっている（註六七三）。分子は原子からつくられ、原子は宇宙の創造の最も根本的なプロセス――光の創造の神秘――にあずかっているからだ。

この最後の途方もない推移によって、自我は「地球外無意識」あるいは「宇宙的無意識」と呼んでもよいものを体験することになる。この推移は肉体離脱体験によって実現され、自我を光の体に受肉させる。この出来事が意味するのは、宇宙の窮極の力、創造と空虚の神秘、存在と非存在、宇宙的精神の本質、宇宙的自己の核と、自我が結ばれることである。

これがオプス・アルキュミクムの目標であり、錬金術はこの「太陽状態」を達成することで完了する。錬金術のマグナ・カルタである『ヘルメスのエメラルド板』は次のようになっている。

一、これは真実であり、偽りなく、確実にして、信ずるにたるものである。
二、一者の驚異を成就すべく、下なるものは上なるものに似て、上なるものは下なるものに似る。
三、万物は一者より一者の瞑想によって生ずるゆえ、万物は相似によりて一者より生ずる。
四、彼の者の父は太陽にして母は月であり、風が彼の者をその胎に運びこみ、大地が育む。
五、これが全世界の被造物すべての父である。
六、その力は大地に向けられるとき完全なものとなる。
七、慎重かつ速やかに、土を火より、霊妙さを粗悪さより分かつべし。
八、それは地より天に昇り、再び地にくだり、上なるものと下なるものの力を受ける。汝は世界の栄光を手にするであろう。秘密がすべて明らかになるであろう。
九、これがすべての堅忍の中で最も強い堅忍である。あらゆる霊妙なものを支配し、あらゆる堅いものに浸透するからである。
一〇、世界はそのように創造された。
一一、こうして素晴しい相似が起こり、これがその手段である。
一二、われは全世界の哲学の三つの部分をもつがゆえ、ヘルメス・トリスメギストスと呼ばれる。
一三、太陽の操作についての話はこれにて終わる（註六七四）。

参考文献　註　図版出典

謝辞

本書の執筆段階でスヴェン・オーガ・ニールセンからはありがたくも助力や示唆をいただいた。哲学博士ヴァグン・ランダゴウアドとアンドレイアス・シモンセンは寛大にもラテン語の翻訳を助けてくださった。コペンハーゲン大学付属図書館の図書館員、エルザ・ヴァイス、パウル・アーガード・クリスチャンセン、マーサ・ヴァイス・クラウサン、エイラート・コーヴァイナス、ベアン・ロペンティンには、同図書館の世界有数の錬金術コレクションを利用する際に、さまざまな便宜をはかっていただいた。エラン・ビック・マイアーには本書の英語の草稿を訂正していただき、ヴィルハルム・ヤンセンには古い版画の写真撮影を入念におこなっていただいた。本書が完成するまでにお世話になった、ヴェイラ・ミカールセン、カール・ヨハン・ミカールセン、グレイタ・ペイラート、ロバート・W・ペイラート、モゲン・バング、ヒアスタン・ファブリキウス、エリク・ランゴフ、フィン・ヤコプスンには、ここに深甚なる謝意を表したい。本書はわたしの叔母のガートルート・ニールセンに捧げる。

参考文献

イタリック体は註で使用された文献名を示す。

Anatomia auri : Mylius, Johann Daniel : Anatomiae auri sive tyrocinium medico-chymicum. Frankfort, 1628.

Ars chemica : Ars chemica, quod sit licita recte exercentibus, probastiones doctissimorum iurisconsultorum... Strasbourg, 1566.

Artis aurif. : Artis auriferae quam chemiam vocant... Basel, 1610. 3 vols. The edition quoted in this study.

Artis aurif. (1593) : The edition quoted by Jung.

Artis aurif. (1572) : The edition quoted by Jong.

At. fugiens : Maier, Michael : Atlanta fugiens. Frankfort, 1617.

Aureum vellus : Aureum vellus. oder Güldin Schatz und Kunstkammer... von den... bewehrten Philosopho Salomone Trismosino... disponiert. Hamburg, 1708.

Aurora consurgens : Aurora consurgens. Edited, with a commentary, by Marie-Louise von Franz. London, 1966.

Barchusen : Barchusen, Johann Conrad : Elementa chemiae. Leiden, 1718.

Berthelot : Berthelot, Marcellin : Collection des anciens alchimistes Grecs. Paris, 1887-88. 3 vols.

Berthelot : Chimie : Berthelot, M. : La chimie au moyen âge. Paris, 1893. 3 vols.

Bibl. chem. : Mangetus, Joannes Jacobus (ed) : Bibliotheca chemica curiosa. Geneva, 1702. 2 vols.

Blos : Blos, Peter : On Adolescence, A Psycho-analytic Interpretation. New York, 1967.

Boschius : Boschius, Jacobus : Symbolographia. Augsburg, 1702.

Buntz : Buntz, Herwig : Deutsche alchimistische Traktate des 15. und 16. Jahrhunderts. Munich, 1969.

Caldwell : Caldwell, W. V. : LSD Psychotherapy. New York, 1968.

Cameron : Cameron, Norman : Personality Development and Psychopathology. Yale, 1963.

Cohen : Cohen, Sidney : The Beyond Within : The LSD

Story. New York, 1697.

Deutsches Theatr. chem. : Roth-Scholz, Friedrich (ed) : Deutsches Theatrum chemicum. Nuremberg, 1728-32. 3 vols.

Dyas chymica : H. C. D. : Dyas chymica tripartita. Frankfort, 1625.

Eleazar : Eleazar, Abraham : Uraltes chymisches Werk. Leipzig, 1790.

Franz. : Aurora consurgens. Edited, with a commentary, by Marie-Louise von Franz. London, 1966.

Freud GW 2/3 : Freud, Sigmund : Die Traumdeutung. Uber den Traum. London, 1942. Gesammelte Werke, vol. 2/3.

Freud GW 8 : Werke aus den Jahren 1909-1913. London, 1943. Ges. Werke, vol. 8.

Freud GW 9 : Totem und Tabu. London, 1944. Ges. Werke, vol. 9.

Freud GW 11 : Vorlesungen zur Einführung in die Psychoanalyse. London, 1944. Ges. Werke, vol. 11.

Freud GW 12 : Werke aus den Jahren 1917-1920. London, 1947. Ges. Werke, vol. 12.

Freud GW 13 : Jenseits des Lustprinzips. Masssen-Psychologie und Ich-Analyse. Das Ich und das Es. London, 1940. Ges. Werke, vol. 13.

Freud GW 14 : Werke aus den Jahren 1925-1931. London, 1948. Ges. Werke, vol. 14.

Freud GW 15 : Neue Folge der Vorlesungen zur Einführung in die Psychoanalyse. London, 1944. Ges. Werke, vol. 15.

Freud GW 16 : Werke aus den Jahren 1932-1939. London, 1950. Ges. Werke, vol. 16.

Freud GW 17 : Schriften aus dem Nachlass. London, 1941. Ges. Werke, vol. 17.

Geber : Darmstaedter, Ernst : Die Alchemie des Geber. Berlin, 1922.

Gray : Gray, Ronald D. : Goethe the Alchemist. Cambridge, 1952.

Grossen Stein : Basilius Valentinus : Ein kurtzer summarischer Tracta von dem grossen Stein der Uhralten. Zerbst, 1602.

Hartmann : *Essays* : Hartmann, Heinz : Essays on Ego Psychology. New York, 1964.

Holmeyard : Holmeyard, E. J. : Alchemy. London, 1957.

Hyginus : Hyginus, C. J. : Fabularum liber. Paris, 1578.

Jacobson : *Self and Object World* : Jacobson, Edith, The Self and the Object World. London, 1965.

Jong : Jong, H. M. E. de : Michael Maier's Atlanta fugiens. Leiden, 1969.

Jung CW 5 : Jung, Carl Gustav : Symbols of Transformation. London, 1956. Coll. Wks., vol.5.

Jung CW 6 : Psychological Types. London, 1956. Coll. Wks., vol. 6.

Jung CW 7 : Two Essays on Analytical Psychology. London, 1953. Coll. Wks., vol. 7.

Jung CW 8 : The Structures and Dynamics of the Psyche. London, 1960. Coll. Wks., vol. 8.

Jung CW 9.1 : The Archetypes and the Collective Unconscious. London, 1959. Coll. Wks., vol. 9.1.

Jung CW 9.2 : Aion. London, 1959. Coll. Wks., vol. 9.2.

Jung CW 10 : Civilization in Transition. London, 1964. Coll. Wks., vol. 10.

Jung CW 11 : Psychology and Religion. East and West. London, 1958. Coll. Wks., vol. 11.

Jung CW 12 : Psychology and Alchemy. London, 1953. Coll. Wks., vol. 12.

Jung CW 13 : Alchemical Studies. London, 1967. Coll. Wks., vol. 13.

Jung CW 14 : Mysterium Coniunctionis. London, 1963. Coll. Wks., vol. 14.

Jung CW 15 : The Spirit in Man, Art, and Literature. London, 1966. Coll. Wks., vol. 15.

Jung CW 16 : The Practice of Psychotherapy. London, 1954. Coll. Wks., vol. 16.

Jung : *Memories* : Jung, C. G. : Memories, Dreams, Reflections. New York, 1963.

Kessler : *Psychopathology* : Kessler, Jane W. : Psychopathology of Childhood. Englewood Cliffs, 1966.

Klein : *Contributions* : Klein, Melanie : Contributions to Psycho-Analysis 1921-1945. New York, 1964.

Klein : *Developments* : Klein, M. and others : Developments in Psycho-Analysis. London, 1952.

Klein : *Envy and Gratitude* : Klein, M. : Envy and Gratitude. London, 1957.

Klein : *New Directions* : Klein, M. and others : New Directions in Psychoanalysis. London, 1955.

Klein : *Psa. of Children* : Klein, M. : The Psychoanalysis of Children. London, 1969.

Kopp : Kopp, Hermann : Die Alchemie in alterer und neuerer Zeit. Heidelberg, 1866. 2 vols.

Mahler : *Child Psychosis* : Mahler, Margaret : On Child Psychosis and Schizophrenia. The Psychoanalytic Study of the Child, vol. 7, pp. 286-303.

Mahler : *On Symbiotic Child Psychosis* : Mahler, Margaret and Gosliner, Bertram J. : On Symbiotic Child Psychosis.

The Psychoanalytic Study of the Child, vol. 10, pp. 195-211.

Mahler : *Sadness* : Mahler, Margaret : On Sadness and Grief in Infancy and Childhood. The Psychoanalytic Study of the Child, vol. 16, pp. 332-349.

Masters and Houston : Masters, R.E. L. and Houston, Jean : The Varieties of Psychedelic Experience. New York, 1966.

Medicina catholica : Fludd, Robert : Medicina catholica. Frankfort, 1629.

Michelspacher : Michelspacher, Steffan : Cabala, speculum artis et naturae, in alchymia. Augsburg, 1654.

Mus. herm. : Musaeum hermeticum reformatum et amplificatum... Frankfort, 1678.

Occulta philosophia : Basilius Valentinus : De occulta philosophia. Von den vorborgenen Philosophischen Geheimnussen der heimlichen Goldblumen und Lapidis Philosophorum. Frankfort, 1603.

Pandora : Reusner, Hieronymus : Pandora : Das ist, die edelst Gab Gottes, oder der Werde und heilsame Stein der Weysen. Basel, 1582.

Phil. ref. : Mylius, Johann Daniel : Philosophia reformata. Frankfort, 1622.

Pret. marg. : Bonus, Petrus : The New Pearl of Great Price. London, 1963. English traslation by Waite, Arthur Edward after Bonus, Petrus : Pretiosa margarita novella. Edited by Janus Lacinius Calabrus. Venice, 1546.

Psa. St. of Child : The Psychoanalytic Study of the Child, edited by Ruth S. Eissler, Anna Freud, Heinz Hartmann, Marianne Kris. New York, 1945-76.

Quinta essentia : Thurneisser zum Thurn, Leonhart : Quinta essentia. Leipzig, 1574.

Rank : *Inzest* : Rank, Otto : Das Inzest-Motif in Dichtung und Sage. Leipzig, 1926.

Rank : *Trauma* : Rank, O. : Das Trauma der Geburt und ihre Bedeutung für die Psychoanalyse. Leipzig, 1924.

Rosarium : Rosarium philosophorum. Printed as second part of De alchimia opuscula. Frankfort, 1550. No pagination. Reprinted in Artis auriferae, q. v.

Ruland : Ruland, Martin : Lexicon alchemiae, sive Dictionarium alchemisticum. Frankfort, 1612.

Silber : Silber, Herbert : Probleme der Mystik und ihrer Symbolik. Vienna, 1914.

Splendor solis : Trismosin, Salomon : Splendor solis... With explanatory notes by J. K. London, 1920. See also Aureum vellus.

Summum bonum : Fludd, Robert : Summum bonum. Frankfort, 1629.

Symbola aureae : Maier, Michael : Symbola aureae mensae duodecim nationum. Frankfort, 1617.

Theatr. chem. : Theatrum chemicum, praecipuos selectorum auctorum tractatus... Urser, 1602, vols. I -III. Strasbourg, 1613, vol. IV. Strasbourg, 1622, vol. V. Strasbourg, 1661, vol. VI. The edition quoted by Jung CW 12, CW 14 and CW 16.

Theatr. chem. (1659, 1660, 1661) : Theatrum chemicum. Strasbourg, 1659, vols. I -IV ; 1660, vol. V ; 1661, vol. VI. The edition quoted by Jung CW 13.

Theatr. chem. britannicum : Theatrum chemicum britannicum... collected with annotations by Elias Ashmole. London, 1652.

Turba : Ruska, Julius Ferdinand(ed.) : Turba philosophorum. Berlin, 1931.

Utriusque cosmi : Fludd, Robert : Utriusque cosmi maioris scilicet et minoris metaphysica, physica atque technica historia. Oppenheim, 1617. 2 vols.

Viridarium : Stolcius de Stolcenberg, Daniel : Viridarium chymicum figuris cupro incisis adornatum et poeticis picturis illustratum. Frankfort, 1624.

Waite : The Hermetic Museum Restored and Enlarged. London, 1893. 2 vols. A translation of Musaeum hermeticum by Arthur E. Waite.

註

括弧内の人名は彫版師をあらわす。

20-21ページ

図1-2.　Petrarcha, Francesco : Das Glückbuch Beydes des Guten und Bösen（『善人悪人両者の幸運の書』）. Augsburg, 1539, pp. CVI and LV (the Petrarcha Master).

図3.　Khunrath, Heinrich Conrad : Amphitheatrum sapientia aeternae（『永遠の知恵の半円形劇場』）. Hanau, 1604 (Paul van der Doort).

24-25ページ

図4.　Sabor, C. F. von : Practica natura vera（『活動する真の自然』）. N. p. o. p. o. o., 1721, frontispiece.

図5.　Michelspacher, emblema I (Rafael Custodis after a drawing by S. Michelspacher). この文書には錬金術の作業をあらわす大型の図版が4点収録されており、本書には図5, 81, 167, 386として掲載している。

27-32ページ

図6.　Geber : De alchimia libri tres（『錬金術についての三巻の書』）. Argentoratum, 1531, p. Ⅶ.

図7.　Ulstad, Phillip : Celum philosophorum（『哲学者たちの天』）. Strasbourg, 1527, p. LXI.

図8a.　Porta, Giambattista della : De distillationibus（『蒸留物について』）. Strasbourg, 1609, p.43.

図8b.　Libavius, Andreas : Syntagmatis selectorum（『選ばれた人々の精選論文集』）. Frankfort, 1615, p. 413.

図9-13.　Porta, Giambattista della : op. cit., pp.40, 43, 40, 42, 41.

註1.　Theatr. chem.（『化学の劇場』）, I, p.164. CW（ユング全集）12 § 349.

註2.　Bibl. chem.（『神秘化学論集』）, I, p.875. CW（『ユング全集』）12 § 351.

註3.　Mus. herm.（『ヘルメス博物館』）, p.693. Waite（『増補ヘルメス博物館』）, II, p. 193.

註4.　Jung, C. G. and others : Man and his Symbols（『人間と象徴』）より引用. London, 1964, p.27.

註5.　Hoghelande : Liber de alchemiae difficultatibus（『錬金術の困難さについて』）. Theatr. chem.（『化学の劇場』）., I, p.199. CW（『ユング全集』）12 § 350.

註6.　Ruland（『錬金術辞典』）の imaginatio の項目。CW（『ユング全集』）12 § 394.

註7.　Artis aurif.（『化学と呼ばれる錬金の術』）, II, p. 139. CW（『ユング全集』）12 § 218, 360.

註8.　Ruland（『錬金術辞典』）, p. 327. CW（『ユング全集』）12 § 390. CW（『ユング全集』）14 § 707.

註9.　CW（『ユング全集』）14 § 157-159を参照せよ。

33-37ページ

図14.　Theatr. chem. britannicum（『イギリスの化学の劇場』），p. 12.

図15.　Basil Valentine : Revelation des mysteres des teintures essentielles des sept metaux（『七つの金属の本質的染色の神秘の啓示』）. Paris, 1668（扉の図版）. 図版が示しているのは、大いなる作業の最後の段階に達している、神秘的なベネディクト会修道士、「西の哲学者バシリウス・ウァレンティヌス」であり、右手には生命の霊薬を、左手には第12の鍵をもっている。背後では、男性原理と女性原理がソロモンの印の中に溶けこみ、結合した太陽と月に照らされている。錬金術の書物や瓶が修道士の実験室にあふれ、錬金術の二つの面、すなわち「理論」と「実践」をあらわしているのである。その隣に描かれている「東の哲学者、ヘルメス・トリスメギストス」は、太陽のエネルギーを実験室に集める反射鏡をながめている。ヴィオラ・ダ・ガンバとオルガンは大いなる作業の最後に感知される天の音楽と天球の調和をあらわす。銘刻文には、「弦楽器にあわせて主のために歌え」、「聖なる調和は悪霊を追い払う。サトゥルヌスは不節制に対する薬となっている」とある。

図16.　Mus. herm（『ヘルメス博物館』），p. 373. Waite（『増補ヘルメス博物館』），I, p. 307（M. Merian）. 左側の三人の人物は、バシリウス・ウァレンティヌス、トマス・ノートン、ウェストミンスター大修道院長のクレマーであり、すべて錬金術の分野で有名な人物である。

註10.　Jung CW（『ユング全集』）14 pp. xiii-xiv.

註11.　Jung CW（『ユング全集』）16 § 497.

註12.　Artis aurif.（『化学と呼ばれる錬金の術』），II，p. 138. CW（『ユング全集』）16 § 411，413.

37-42ページ

図17.　Phil. ref.（『改革された哲学』），p.117（B. Schwan）.

図18.　Ibid., p. 96（B. Schwan）.

図19.　Utriusque cosmi（『両宇宙誌』），II，p. 219（M. Merian）. ロバート・フラッドはイギリスの物理学者で、自然科学、錬金術、天文学、オカルト学に関心をもっていた。未完の著書、Utriusque cosmi maioris（『大宇宙誌』）は、Atlanta fugiens（『アトランタの逃走』）と同じ年、1617年にオッペンハイムで刊行され、版元も彫版師も同じである。ロバート・フラッドとミヒャエル・マイアーは、いずれも薔薇十字団の顕著な擁護者で、おそらくたがいに相手のことを知っていた。

註13.　The Ordinal of Alchemy（『錬金術の叙階定式書』）は次のものに収録されている。Theatr. chem. britannicum（『イギリスの化学の劇場』），pp. 434-532. Mus. herm.（『ヘルメス博物館』），pp. 434-532. Waite（『増補ヘルメス博物館』），II，pp. 1-67.

註14.　Mus. herm.（『ヘルメス博物館』），p. 444. Waite（『増補ヘルメス博物館』），II，p. 12.

註15.　Theatr. chem.（『化学の劇場』），V，p. 252. 次のものも参照せよ。CW（『ユング全集』）16 § 414 n. 7. Mus. herm.（『ヘルメス博物館』），p.341. Waite（『増補ヘルメス博物館』），I, p. 275. セニオルはムハンマド・イブン・ウマイル・アト＝タミミという名前のアラビアの錬金術師で（900-960年頃）、その著書 Book of the Silvery Water and Starry Earth（『銀の水と星の土の書』）は、E. Stapleton と M. Hidayat によって編集され、The Memoirs of the Asiatic

Society of Bengal（『ベンガル・アジア協会論文集』）の第12巻（1933年）に収録されている。この文書のラテン語訳は De Chemia Senioris antiquissimi philosophi libellus（『遠きいにしえの哲学者セニオルの化学についての小冊子』）の標題によって、ストラスブールで1566年に刊行された。次のものにも収録されている。Bibl. chem.（『神秘化学論集』），II. Theatr. chem.（『化学の劇場』），V.

註16.　Agrippa von Nettesheim : De incertitudine et vanitate omnium scientiarum（『すべての知識の虚偽と不確実さについて』）. The Hague, 1653, ch. XC. CW（『ユング全集』）16 § 414.

註17.　次のものを見よ。Jung CW（『ユング全集』）12 § 333. および Read, John : Prelude to Chemistry（『化学のまえぶれ』），London, 1936, p. 146. 錬金術の作業の明確な構造を備えた最も古い教えの一つは、Turba philosophorum（『賢者の群』ed. Ruska, pp. 137-138）があらわしている。この文書は70の訓話から成り立ち、850年から950年にかけて、ソクラテス以前の自然哲学の教義や思想を採用するアラブ人の著者がまとめあげた。Turba（『賢者の群』）は錬金術師たちが聖典とみなしていた。

註18.　Dorn : Speculative philosophiae（『思弁哲学』）. Theatr. chem.（『化学の劇場』），I. p. 308. CW（『ユング全集』）14 § 118.

註19　Phil. ref.（『改革された哲学』），p.117.

註20.　Artis aurif.（『化学と呼ばれる錬金の術』），II, p. 233. CW（『ユング全集』）16 § 531. CW（『ユング全集』）12 § 142.

45-49ページ

図20.　Barchusen（『化学の元素』），p. 503.

図21 a および b.　Dyas chymica（『三分割された化学の両面』），plates 5 and 7.

図22 a および b.　Ibid., plate 2（M. Merian).

図23　Splendor solis（『太陽の光彩』），plate 1.

註21.　ヨハン・コンラート・バルヒューゼンによれば、使用された一連の図版は「シュワーベンのベネディクト会修道院所蔵の手書きの書物」から写しとったという（op. cit., p. 503）。本書の著者は10年にわたって探しつづけた結果、1968年にニューヨークのシドニー・M・エデルシュタイン協会の図書館で「手書きの書物」を見つけだすことに成功した。この文書は67点の水彩画から構成され、The Crowne of Nature or the doctrine of the souereigne medecene declared in 67 Hyerogliphycall fugurs by a nameless Author（『自然の王冠』）と書名が付されている。Rosarium philosophorum（『哲学者の薔薇園』，1550）にふれているとともに、一枚目の水彩画がおそらくジョヴァンニ・バッティスタ・ナザリの Della transmutatione metallica sogni tre（『金属変成にかかわる三つの夢』，1599）を写したものなので、17世紀はじめのものだろう。この文書が67点の絵を含んでいるのに対し、バルヒューゼンの彩色写本には78点の図版があるが、両者は同一のものであって、バルヒューゼンが追加した図版（図1-6, 9, 16, 17, 74, 77, 78）は、元の絵の象徴的な行為を強調しているにすぎない。『自然の王冠』は Rosarium（『哲学者の薔薇園』）に多くを負っており、その注釈あるいは強調と呼んでもよいが、それでもなおきわめて独創的なものである。バルヒューゼン／『自然の王冠』の一連の図版は、図20, 24, 46, 70, 105, 135, 154, 179, 198, 206, 210, 217, 228, 240, 262, 271, 283, 287, 291, 306, 329, 335, 353として収録した。

註22.　大英図書館に所蔵されるサロモン・トリスモシンの Splendor solis（『太陽の光彩』）の1582年版は、ドイツ語原本の写しであって、ドイツ語原本は16世紀の中頃に著わされた。作業のすべてが22点の絵

によってあらわされている。本書に収録したのは1582年版のもので、原本に忠実であるが、表現力にすぐれている。これらは図23, 38, 44, 45, 60, 63, 131, 161, 164, 171, 202, 205, 248-253, 290, 347, 365として収録した。最後から2番目の絵は47ページに図21として掲載してある。コップ（『古代と近代の錬金術』I, p. 243）によれば、「パラケルススの師」として名高いサロモン・トリスモシンは架空の人物であったという。1598年にロールシャハで刊行された、Aureum vellus(『金羊毛』）に含まれる錬金術の文書の著者がサロモン・トリスモシンだとされている。

註23.　Splendor solis（『太陽の光彩』), p. 17. ハリはアラビアのウマイヤ朝の皇族、ハリド・イブン・ヤジド（660-704年）であり、伝説によれば、錬金術に関するギリシア語の文書をアラビア語に翻訳したという。よく引用されるハリの Liber trium verborum（『三語の書』）は、一般には中世のラテン語の贋作だとみなされている。

註24.　Artis aurif.（『化学と呼ばれる錬金の術』), II, p. 138.

註25.　Kirchweger, Anton Joseph : Aurea Catena Homeri（『ホメロスの黄金の鎖』). Leipzig, 1728, ch. x and p. 180.「腐敗」については次のものを見よ。Jung CW（『ユング全集』）12 § 334. CW（『ユング全集』）14 § 114, 494, 714. CW（『ユング全集』）16 § 375. 次のものも見よ。Silberer（『神秘主義とその象徴主義の諸問題』), pp. 81, 202. Gray（『錬金術師ゲーテ』), pp. 12-17.

50-55ページ

図24.　Barchusen（『化学の元素』), p. 503.

図25.　Rosarium（『哲学者の薔薇園』), 1550年の木版画。Jung CW（『ユング全集』）16 § 404-409の分析。錬金術の秘密の教えとオプス・アルキュミクムの構造は数多くの連作図版によってあらわされており、このなかで最も重要なものが Rosarium philosophorum（『哲学者の薔薇園』）である。この中世の文書は、論文集 De alchimia opuscula（『錬金術小論』）の第II部として、いまでは原稿とともに失われている原画に基づく20点の木版画を付されて、1550年にフランクフルトではじめて刊行された。『哲学者の薔薇園』は編纂物であり、これに含まれた歴史的な文書の数かずはまだ分類整理されていない。著者の名前は記されていないが、13世紀の後半に活躍したペトルス・トレタヌス、あるいはその兄か弟とされるアルノルドゥス・デ・ヴィラノヴァではないかと考えられる。『哲学者の薔薇園』の成立時期については議論がかまびすしい。ベルテロは14世紀の中頃（Berthelot : Chimie『中世の化学』, I, p. 234）とする一方、ルスカは15世紀の中頃（Turba『賢者の群』, p. 342）としている。ユングは次のように考えた。「1550年の初版本に基づく現在の形の『哲学者の薔薇園』は編纂物であって、おそらく15世紀以前にさかのぼるものではないだろう」(CW 11 § 92 n. 31)。この結論を支持するものとして、少なくとも4点の木版画は、コンスタンツ公会議（1414-18年）の時期にドイツの無名の錬金術師が著わした、The Book of the Holy Trinity（『聖なる三位一体の書』）から採られたものなのである。Buntz（『ドイツ錬金術論集』）の37ページを見よ。1662年にドイツの医師で錬金術師のヨハン・ダニエル・ミュリウスが著書の Philosophia reformata（『改革された哲学』）に『哲学者の薔薇園』を抄録して、フランクフルトのバルタザル・シュヴァーンがオリジナルの20点の木版画を基に彫版をおこなった。本書には両者のシリーズの版画を収録している。これによって、シュヴァーンが重要な改変をおこなっているにせよ、もとの版画を忠実に再現していることがわかる。重要な改変が顕著なのは、図12-16〔図273, 280, 293, 301〕と図19〔図338〕である（シュヴァーンは図版の左上の隅にナンバーを入

れている)。『哲学者の薔薇園』における、作業を示す一連の図版は、図25, 36, 54, 106, 136, 176, 180, 199, 229, 241, 263, 274, 281, 288, 292, 300, 307, 336, 354として収録した。『哲学者の薔薇園』に基づくバルタザル・シュヴァーンの図版は、図26, 35, 58, 107, 137, 175, 181, 201, 230, 242, 264, 273, 280, 289, 293, 301, 308, 331, 338, 355として収録している。

図26.　Phil. ref.(『改革された哲学』), p. 224(図25を基にしたB・シュヴァーンの図版).

図27.　Vreeswyck, Goosen van : De Goude Leeuw(『善なるライオン』). Amsterdam, 1672, p. 100.

註26.　Bibl. chem.(『神秘化学論集』), II, p. 656. CW(『ユング全集』)12 § 476 n. 138.

註27.　先に述べたように、『自然の王冠』は『哲学者の薔薇園』に多くを負っており、『哲学者の薔薇園』の注釈であると呼んでもよいだろう。

註28.　Artis aurif.(『化学と呼ばれる錬金の術』), II, p. 137.

註29-31.　Ibid., pp. 137, 138, 139.

註32.　Viridarium(『化学の庭園』), fig. LXXXI.

55-60ページ

図28.　Coenders van Helpen, Barent : Tresor de la philosophie des ancients(『古代哲学論集』). Cologne, 1693, p. 29.

図29 a およびb.　Dyas chymica(『三分割された化学の両面』), plate 5.

図30 a およびb.　Ibid., plates 3 and 7 (M. Merian).

図31.　Marolles, Michel de : Tableaux du temple des muses(『ミューズ神殿の絵』). Paris, 1655, Ier Tableau.

註33.　Aurora consurgens(『立ち昇る曙光』), p. 51. この錬金術の編纂物にふくまれた文書をマリー＝ルイザ・フォン・フランツが分析して、この書物が13世紀後半にまとめられたと考えている。

註34.　Artis aurif.(『化学と呼ばれる錬金の術』), 1593, I, p. 193. CW(『ユング全集』)13 § 429 n. 6.

註35.　Dee : Monas hieroglyphica(『神字モナド論』). Theatr. chem.(『化学の劇場』), 1659, II, p. 196. CW(『ユング全集』)13 § 429 n. 6.

註36.　Ibid., p. 258. CW § 429 n. 6. The Dangers of the Arts(『術の危険』)については、CW(『ユング全集』)13 § 429-435を見よ。第一質料とその意味については、CW(『ユング全集』)12 § 425-466およびSilberer(『神秘主義とその象徴主義の諸問題』), pp. 80-102を見よ。

註37.　Theatr. chem.(『化学の劇場』), 1659, I, p. 160. CW(『ユング全集』)13 § 429 n. 8. 次のものも参照せよ。Artis aurif.(『化学と呼ばれる錬金の術』), 1593, II, p. 264. CW(『ユング全集』)13 § 429 n. 1. アルフィディウスは12世紀のアラビアの錬金術師だとされている。その発言は中世初期のさまざまな書物で賞讃された。成立時期はアルフィディウスの著作のラテン語訳についてのみ正しいかもしれない。おそらくアルフィディウスはセニオルの引用するアルキデスもしくはアシドゥウスと同一人物なのだろう。Franz(『立ち昇る曙光』)の15ページを見よ。

註38.　Artis aurif.(『化学と呼ばれる錬金の術』), 1593, I, p. 83. CW(『ユング全集』)13 § 429 n. 1.

註39.　Jung CW(『ユング全集』)12 § 429を見よ。

註40.　Theatr. chem.(『化学の劇場』), 1659, I, p. 182. CW(『ユング全集』)13 § 429.「第一質料」の幻覚体験については、次のもの

を見よ。Cohen（『内なる彼方』），pp. 42, 43, 131, 132, 177, 178, 242. および Masters and Houston（『サイケデリック体験の多様性』），pp. 63, 98, 99, 152.

註41.　Phil. ref.（『改革された哲学』），p. 305. CW（『ユング全集』）14 § 246 n. 441.

註42.　Atwood, M. A. : Hermetic Philosophy and Alchemy（『ヘルメス学と錬金術』）. New York, 1960, p. 124. CW（『ユング全集』）12 § 103 n. 36. Tractatus aureus（『黄金論集』）はヘルメスの著わしたものとされるアラビア起源のものである。CW（『ユング全集』）12 § 454.

註43.　Berthelot（『古代ギリシア錬金術論集』），III, ii, 1 and III, vi, 6. Franz（『立ち昇る曙光』），p. 161. ゾシモスはギリシアの錬金術師で、300年頃に執筆し、エジプトの魔術、ギリシアの哲学、グノーシス主義、新プラトン主義、バビロニアの占星術、キリスト教の神学を結びつけた。錬金術におけるゾシモスの俗称がロシヌスである。Jung CW（『ユング全集』）§ 456-461（原著には何巻であるかが記されていない）.

註44.　Turba（『賢者の群』），p. 122. Franz（『立ち昇る曙光』），p. 161.

註45.　Sendivogius : Novum lumen chemicum（『化学の新しい光』）. Mus. herm（『ヘルメス博物館』），p. 574. CW（『ユング全集』）12 § 350.

註46.　Ibid., pp. 87-88. Waite（『増補ヘルメス博物館』），I, pp. 79-80.

60-64ページ

図32および33.　Symbola aureae（『黄金の象徴』），pp. 141, 91.

図34.　Medicina catholica（『万能薬』），preface（M. Merian）.

註47.　Jung CW（『ユング全集』）12 § 41, 439. ユングの「影」の概念については、CW（『ユング全集』）7 § 103およびCW（『ユング全集』）16 § 124-146を見よ。

註48.　Jung CW（『ユング全集』）8 § 14. CW（『ユング全集』）13 § 335も見よ。

註49.　Symbola aureae（『黄金の象徴』），p. 141. CW（『ユング全集』）12 § 514.

註50.　Ibid., p. 91.

註51.　Theatr. chem.（『化学の劇場』），1659, I, p. 181. CW（『ユング全集』）13 § 429.

註52.　Jung CW（『ユング全集』）13 § 209. CW（『ユング全集』）12 § 425-446.

註53.　Jacobson, Edith : Adolescent Moods and the Remodeling of Psychic Structures in Adolescence（『思春期の情緒と思春期における精神構造の再編成』）. Psa. St. of Child（『小児精神分析研究』），vol. 16, p. 166.

註54.　Spiegel, Leo A. : A Review of Contributions to a Psychoanalytic Theory of Adolescence（『思春期の精神分析理論への貢献について』）. Psa. St. of Child（『小児精神分析研究』），vol. 6, p. 376.

註55.　Deutsch（原著には書名が記されていない），pp. 22-23. Blos（『思春期について』）も見よ。

65-69ページ

図35.　Phil. ref.（『改革された哲学』），p. 224（図36に基づく B. Schwan の彫版）.

図36.　Rosarium（『哲学者の薔薇園』）の木版画、1550年。ユングの分析は CW（『ユング全集』）16 § 410-452にある。

図37.　At. fugiens（『アトランタの逃走』），emblema XL（M. Merian）. Jong（『ミヒャエル・マイアーのアトランタの逃走』），pp. 259-263.『アトランタの逃走』を著わしたのは、1608年にプラハのルドルフII世王の宮廷医師になった、ドイツの医師および錬金術師のミヒャエル・マイアー（1568-1608年）である。マイアーのもう一つ重要な著作は Symbola aureae mensae duodecim nationum（『黄金の象徴』、1617年）である。H・M・E・ド・ヨンが示しているように、『アトランタの逃走』はそのモチーフのすべてを、Artis auriferae（『化学と呼ばれる錬金の術』、1572年）に収録された中世の文書やアラビアの文書に負っている。ヨンは別の特徴を次のように述べた。「マイアーの著作は、フリーメイスンの宣言書であるモーツァルトの『魔笛』で頂点に達した、清めと魂の治癒にかかわる薔薇十字団の宣言書と考えることができる」（op. cit., p. x.）。ミヒャエル・マイアーはロバート・フラッドとともに、薔薇十字団の理想の熱烈な支持者であり、著書Silentium post clamores（『叫びのあとの沈黙』）で薔薇十字団を弁護するとともに、錬金術師と薔薇十字団が同じ真理を説いていることを強調した。架空の薔薇十字団の物語は、主として作者不明の三点の公刊物、Fama fraternitatis（『薔薇十字の名声』、1614年）、Confessio fraternitatis（『薔薇十字の告白』、1615年）、Chymische Hochzeit（『化学の結婚』、1616年）を中心としているが、おそらくルター派の神学者、ヨハン・ヴァレンティン・アンドレーエ（1586-1654年）が著わしたと思われる。17世紀には、錬金術や薔薇十字団にかかわるものが、フリーメイスンの象徴や教えや儀式に浸透して、フリーメイスンはこの世紀に秘教的なものになったのである。

図38.　Splendor solis（『太陽の光彩』），plate 4.

註56.　Jung CW（『ユング全集』）16 § 410-452を見よ。

註57.　Artis aurif.（『化学と呼ばれる錬金の術』），II，p. 143.　CW（『ユング全集』）16 § 411.

註58.　Ibid., p. 161.

註59および60.　At. fugiens（『アトランタの逃走』），p. 169.

註61.　錬金術の太陽＝月の象徴に関するユングの解釈については、CW（『ユング全集』）14 § 117を見よ。ユングのアニマ・コンプレックスおよびアニムス・コンプレックスは、CW（『ユング全集』）6 § 887-890、CW（『ユング全集』）9. 1 § 114-147、CW（『ユング全集』）7 § 320-340に記されている。ＬＳＤ体験におけるアニマの発達は、Masters and Houston（『サイケデリック体験の多様性』）の92-93ページを参照せよ。

70-73ページ

図39.　Bibl. chem.（『神秘化学論集』），I，p. 938.　Mutus liber（『沈黙の書』）はピエール・サヴールによって1677年にラ・ロシェルで刊行された。著者は不明で、いまだつきとめられていない。最初の図版（図39）のラテン語の銘刻は、「これは言葉のない書物ではあるが、慈悲深い三重に偉大な神の絵文字によって、ヘルメス学のすべてがあらわされ、この術の子らにのみ捧げられており、著者の名前はアルトゥスである」となっている。本書に収録した図版はマンゲトゥスの『神秘化学論集』（ジュネーヴ、1702年）から採ったが、これには『沈黙の書』の粗雑な版画が未知の彫版師によって、絵画的にすぐれた異版として掲載されている。異版と元版はその形式と内容が同一だが、ただ最初の版画（図39）の背景が異なっており、異版には陸地に入りこむ海がありながら、元のフランスの版画にはない。

図40.　Boschius（『象徴学』），Class I，Tab. 23.

図41.　Bibl. chem.（『神秘化学論集』），I，p. 938.

註62.　Mutus liber（『沈黙の書』）に付された作業をあらわす一連の版画は、図39, 41, 48, 52, 75, 92, 123, 141, 227, 254, 259, 275, 325, 391, 392として掲載している。

註63.　Blos.（『思春期について』），p. 101. Jacobson, E.：Adolescent Moods（『思春期の情緒と思春期における精神構造の再編成』），Psa. St. of Child（『小児精神分析研究』），vol. 16，pp. 176-177.

75-80ページ

図42.　Mus. herm.（『ヘルメス博物館』），p. 393. Waite（『増補ヘルメス博物館』），I，p. 324（engraving after Grossen Stein『太古の大いなる石について』，p. 29).

図43.　Vreeswyck, Goosen van：De Goude Leeuw（『善なるライオン』）. Amsterdam, 1675，p. 125.

図44および45.　Splendor solis（『太陽の光彩』），plate 2-3.

註64.　Mus. herm.（『ヘルメス博物館』），p. 249. Waite（『増補ヘルメス博物館』），I，p. 201.

註65.　Twelve Keys of Basil Valentine（『バシリウス・ウァレンティヌスの一二の鍵』）は1599年にアイスレーベンで出版された。バシリウス・ウァレンティヌスは15世紀後半にエルフルトで暮していたとされるベネディクト会の修道士である。しかしながら架空の人物であって、いわゆるウァレンティヌス文書の本当の著者は、テューリンゲン地方のフランケンハウゼンの製塩業者、ヨハン・テールデ（1600年頃）であり、この人物は薔薇十字団の秘書であったといわれている。バシリウス・ウァレンティヌスのものとされる最初の刊本は、1599年にアイスレーベンで出版された Ein kurtzer summarischer Tractat von dem grossen Stein der Uhralten（『太古の大いなる石について』）である。これには Twelve Keys of Basil Valentine（『バシリウス・ウァレンティヌスの一二の鍵』）が含まれており、再版が早くも1602年にツェルブストで出版された。これにつづいて、Von den naturlichen und ubernaturlichen Dingen（『自然のものと超自然のものについて』、ライプツィヒ、1603年）、De occulta philosophia（『オカルト哲学について』、ライプツィヒ、1603年）、Triumph Wagen Antimonii（『アンチモンの勝利の車』、ライプツィヒ、1604年）が刊行されている。ウァレンティヌス文書にパラケルスス以後の特質があることについては一般に認められており、これにふれてユングが次のように述べている。「文体の面では、ウァレンティヌスの著作は古くとも16世紀末のものにちがいない。著者はパラケルススの影響を強く受けており、アルケウスにかかわるパラケルススの考えとともに、星や四元の霊についてのパラケルススの教えをひきついでいる。著者はガリアの疫病についてもふれているが、これはイタリアの医師フラカストロが1530年に出版した教訓詩で、ガリア病としてあらわしたものであるようだ」（『ユング全集』12 § 508)。『バシリウス・ウァレンティヌスの一二の鍵』の図版は、図42, 115, 153, 169, 226, 256, 272, 285, 296, 321, 342, 367として掲載している。本書では『一二の鍵』に加えて、先に述べたバシリウス・ウァレンティヌスの著作に基づく絵や異版を、図15, 16, 89, 120, 124, 126, 132, 133, 142, 173, 182, 193, 238, 295-297, 326, 384-385, 397として収録した。

註66.　Mus. herm.（『ヘルメス博物館』），p. 394. Waite（『増補ヘルメス博物館』），I，p. 325.

註67.　Blos, Peter：Second Individuation in Adolescence（『思春期における第二の個性化』）. Psa. St. of Child（『小児精神分析研究』），vol. 22，pp. 171, 178.

註68.　Mus. herm.（『ヘルメス博物館』), p. 394. Waite（『増補ヘルメス博物館』), I, p. 325. ユングは狼の元型を占星術におけるアレースあるいはマルスとして解釈している。CW（『ユング全集』）13 § 176-177を見よ。ＬＳＤ体験時に起こる動物への変身については、Masters and Houston（『サイケデリック体験の多様性』）の206-207ページを見よ。

81-85ページ

図46.　Barchusen（『化学の元素』), pp. 503-504.

図47.　Boschius（『象徴学』), Class I, Tab. 13.

図48.　Bibl. chem.（『神秘化学論集』), I, p. 938.

註69.　この図版に関するユングの解釈については、CW（『ユング全集』）16 § 538を見よ。

註70.　超自我についてのフロイトの概念は、次のものに述べられている。GW（『フロイト全集』）13、pp. 262ff. GW（『フロイト全集』）17、pp. 136ff.

84-90ページ

図49.　At. fugiens（『アトランタの逃走』), emblema XXXIX（M. Merian). Jong（『ミヒャエル・マイアーのアトランタの逃走』), pp. 255-259.

図50.　Becher, Johann Joachim : Institutiones chimicae prodromae（『化学教程』), Frankfort, 1664, frontispiece.

図51.　Becher, J. J. : Oedipus chimicus（『化学者オイディプス』). Amsterdam, 1664, frontispiece.

図52.　Bibl. chem.（『神秘化学論集』), I, p. 938.

註71.　At. fugiens（『アトランタの逃走』), p. 165. オイディプス伝説は Sophocles : King Oedipus（『オイディプス王』）に述べられている。フロイトの解釈については、次のものを見よ。GW（『フロイト全集』）II/III, p. 270. GW（『フロイト全集』）9, p. 100. GW（『フロイト全集』）14, p. 412.

註72および73.　At. fugiens（『アトランタの逃走』), pp. 166-167.

註74.　Jung CW（『ユング全集』）9. 1 § 52-56.

註75.　Masters and Houston（『サイケデリック体験の多様性』), p. 147.

註76.　Caldwell（『ＬＳＤ精神療法』), p. 264.

改訂版である本書『錬金術の世界』では、Mutus liber（『沈黙の書』）の４番目、９番目、12番目の図版（図52, 227, 275）の新たな解釈をおこなっている。

90-97ページ

図53.　Artis aurif.（『化学と呼ばれる錬金の術』), II, p. 148（図54に基づく木版画).

図54.　Rosarium（『哲学者の薔薇園』）の木版画、1550年。ユングの分析については、CW（『ユング全集』）16 § 450-452を見よ。

図55.　At. fugiens（『アトランタの逃走』), emblema XXX（M. Merian). Jong（『ミヒャエル・マイアーのアトランタの逃走』), pp. 217-221.

図56.　典拠の定かでない図版。

註77.　Mus. herm.（『ヘルメス博物館』), p. 219. Waite（『増補ヘルメス博物館』), I, p. 178.

註78.　At. fugiens（『アトランタの逃走』), p. 130.

註79.　Artis aurif.（『化学と呼ばれる錬金の術』), II, p. 148.

註80.　ハルトマンの心理的動因の中和説については、Hartmann :

Essays（『エッセイ集』）の170-176ページおよび227-240ページを見よ。

註81. Jung CW（『ユング全集』）16 § 452. 王の「完全さへの動き」がさらに強調されている。

96-103ページ

図57. Quinta essentia（『第五元』）, Second Book.

図58. Phil. ref.（『改革された哲学』）, p. 224（図54に基づく B. Schwan の版画）.

図59. Quinta essentia（『第五元』）, Second Book.

註82. Ibid., Second Book.

註83. Phil. ref.（『改革された哲学』）, pp. 61ff. CW（『ユング全集』）14 § 138.

註84. CW（『ユング全集』）14 § 140. 錬金術の象徴主義における硫黄と水銀の役割に関するユングの説明については、CW（『ユング全集』）14 § 110-173を見よ。

註85. Mus. herm.（『ヘルメス博物館』）, p. 24. Waite（『増補ヘルメス博物館』）, I, p. 26. CW（『ユング全集』）14 § 134.

註86. Theatr. chem.（『化学の劇場』）, I, p. 423. CW（『ユング全集』）14 § 137.

註87. Ibid. p. 482.

註88. Jung : Memories（『ユング自伝』）, p. 167.

註89. Mullahy, Patrick : Oedipus, Myth and Complex（『オイディプス神話とコンプレックス』）におけるランクの引用。New York, 1948, pp. 168-169. Rank : Trauma（『精神外傷』）も見よ。

註90. Klein : Psa of Children（『小児精神分析』）を見よ。

101-107ページ

図60. Splendor solis（『太陽の光彩』）, plate 5.

図61. Boschius（『象徴学』）, Class. I, Tab. 32.

図62. Ibidem, engraving on title-page.

図63. Splendor solis（『太陽の光彩』）, plate 6. この図版にふれる本文では「生命の樹」について述べられている。Aureum vellus（『金羊毛』）の177ページも見よ。

註91. Freud GW（『フロイト全集』）11, p. 167. 同じモチーフについての別の解釈は次のものにある。GW（『フロイト全集』）2/3, pp. 291ff, 331, 360, 366-370, 372-376. GW（『フロイト全集』）8, p. 106.

註92. Jung : CW（『ユング全集』）5 § 659.

註93. Jacobson, Edith : The Self and the Object World（『自己と対象世界』）。Psa. St. of Child（『小児精神分析研究』）, vol. 9, p. 113.

註94. Morienus : Sermo de transmutatione metallica（『金属変成講話』）. Artis aurif.（『化学と呼ばれる錬金の術』）, 1593, II, p. 21. CW（『ユング全集』）16 § 484 n. 8. モリエヌス（モリエネスあるいはマリアヌス）はアレクサンドリア出身のキリスト教徒の学者にして錬金術師で、ウマイヤ朝の皇族、ハリド・イブン・ヤジド（660-704年）の教師になったといわれている。

註95. Artis aurif.（『化学と呼ばれる錬金の術』）, 1593, II, p. 352. CW（『ユング全集』）16 § 484 n. 8.

註96. Ibid., pp. 22-23. CW（『ユング全集』）12 § 386.

107-111ページ

図64. At. fugiens（『アトランタの逃走』）, emblema IV（M. Merian）. Jong（『ミヒャエル・マイアーのアトランタの逃走』）, pp.

71-75.

図65.　Ibid., emblema XLVII (M. Merian). Jong（『ミヒャエル・マイアーのアトランタの逃走』）, pp. 285-289.

図66.　Iconum Biblicarum（『聖書の聖像』）. Frankfort, 1626, pars II, p. 83 (M. Merian).

図67.　Mus. herm.（『ヘルメス博物館』）, p. 351. Waite（『増補ヘルメス博物館』）, I, p. 285 (M. Merian after Buntz（『ドイツ錬金術論集』）, p. 121).

註97.　At. fugiens（『アトランタの逃走』）, p. 25. 典拠は Pseudo-Aristotle : Tractulus Aristotelis（『アリストテレス論集』）である。Jong（『ミヒャエル・マイアーのアトランタの逃走』）の72ページも見よ。

註98.　Artis aurif.（『化学と呼ばれる錬金の術』）, II, pp. 161-162. CW（『ユング全集』）14 § 174. ハリはハリドの転訛である。

註99.　At. fugiens（『アトランタの逃走』）, p. 197.

註100.　Mus. herm.（『ヘルメス博物館』）, p. 351. Waite（『増補ヘルメス博物館』）, I, p. 285. Buntz（『ドイツ錬金術論集』）, p. 121.

註101.　Ibid., p. 350. Waite（『増補ヘルメス博物館』）, I, p. 284. ラムスプリングの詩は Buntz（『ドイツ錬金術論集』）の122ページに再録されている。15世紀にドイツ語で記された元の詩には、Tractatus de lapide philosophorum（『哲学者の石について』）というタイトルが付されていた。あつかわれているのは、すべてアラビア起源のものである。Buntz（『ドイツ錬金術論集』）の101-105ページを見よ。

註102.　Theatr. chem.（『化学の劇場』）, 1660, V, p. 633. Jong（『ミヒャエル・マイアーのアトランタの逃走』）, p. 288. ラゼスはアル＝ラズィのラテン形であり、9世紀から10世紀はじめのアラビアの有名な医師にして錬金術師であった。主著は De Aluminibus et Salibus（『明礬と塩について』）のタイトルでラテン語訳されている。

註103.　「原光景の幻想」についてのフロイトの説明や解釈は、次のものにある。GW（『フロイト全集』）2/3, pp. 461f. and 590f. GW（『フロイト全集』）5, p. 127. GW（『フロイト全集』）11, p. 384-389. GW（『フロイト全集』）12, pp. 54-75, 101, 120. GW（『フロイト全集』）15, p. 94.

註104.　Freud, Anna : Aggression : Normal and Pathological（『攻撃』）. Psa. St. of Child（『小児精神分析研究』）, vol. 3/4, p. 40.

註105.　Despert, J. Louise : Dreams in Children of Preschool Age（『就学前の子供たちの夢』）. Psa. St. of Child（『小児精神分析研究』）, vol. 3/4, pp. 176-177. このモチーフに関連する文献として次のものがある。Klein : Psa. of Children（『小児精神分析』）, pp. 275-281. Niederland, William G. : Early Auditory Experiences, Beating Fantasies, Primal Scene（『初期の聴覚体験、鼓動の夢、原光景』）. Psa. St. of Child（『小児精神分析研究』）, vol. 13, p. 496. Klein : Developments（『精神分析の発達』）, p. 276. Klein : New Directions（『新たな方向』）, p. 504. Cameron（『人格の発達と精神病理学』）の661ページも見よ。

註106.　ごく幼い幼児の魔力ある愛憎の対象は男根をもつ母親である。エディプス・コンプレックスのこの深層は、フロイト以後のクライン派の精神分析によって明らかにされ、この精神分析はエディプス的葛藤を、それまでの長い発達の最後のプロセスであることを示した。4歳から6歳にかけての少年が性の動因を母親への男根的愛の形で経験するとき、母親は殺害や去勢をおこなうそれ以前の時期の「男根をもつ母親」の特徴をはぎとられる。少年が性の相違を発見するとともに、

結びついた両親の姿がはっきりと意識的に父親と母親に区分されると、成長しつつある少年は両性具有の母親像との同一化をやめるようになる。こうすることによって、母親のイマーゴ（成像）から殺害と去勢の特徴を切りはなし、自分の性を解剖学的に代表する父親にそれらを投影するのである。このようにして、エディプス・コンプレックスの成熟した男根的あるいは古典的段階においては、父親だけが少年の想像のなかで殺害と去勢をおこなう者としての役割をもつ。これによって母親から以前の汚れた特徴がとりのぞかれ、少年の攻撃衝動が父親に向けられるにつれ、父親は母親を所有していることで妬まれる一方、母親自身は残忍な攻撃性に汚されていないリビドーの特徴をもつ理想化された対象となるのである。

112-117ページ

図68.　Coenders van Helpen, Barent : Tresor de la philosophie des ancients（『古代人の哲学の宝庫』）. Cologne, 1693, p. 189.

図69.　Vreeswyck, Goosen van : Verfolg van't Cabinet der Mineralen（『鉱物の陳列棚』）. Amsterdam, 1674, p. 185.

註107.　Jung : CW（『ユング全集』）14 § 181を見よ。

註108.　Vreeswyck, G. van : op. cit., p. 185.

註109.　Jung : CW（『ユング全集』）14 § 179-180を見よ。

註110.　Klein : Psa. of Children（『小児精神分析』）, p. 45, cf. also pp. 78-79, 205-206, 230.

註111.　Aurora consurgens（『立ち昇る曙光』）, p. 107. CW（『ユング全集』）12 § 382.

註112.　Norton : Crede mihi, seu Ordinale（『我を信じよ、あるいは錬金術の叙階定式書』）. Mus. herm.（『ヘルメス博物館』）, pp. 453-454. Waite（『増補ヘルメス博物館』）, II, p. 18.

116-121ページ

図70.　Barchusen（『化学の元素』）, p. 504.

図71.　Anatomiae auri（『黄金の解剖学』）, part V, p. 6（M. Merian after Pandora『パンドラ』, p. 22）.

註113.　Mahler, M., Pine, Fred, and Bergman, Anni : The Psychological Birth of the Human Infant（『人間の幼児の心理学的誕生』）. London, 1975, pp. 41-120. 次のものも見よ。Mahler : Child Psychosis（『子供の精神病と精神分裂症』）, pp. 286-301. Mahler : On Symbiotic Child Psychosis（『共生段階における子供の精神病について』）, pp. 195-211. Mahler : Sadness（『悲しみ』）, pp. 332-349.

註114.　Mahler : On Symbiotic Child Psychosis（『共生段階における子供の精神病について』）, p. 196.

註115.　退行による「男根をもつ母」の形成については、107-111ページの註を見よ。

註116.　Mahler : Child Psychosis（『子供の精神病』）, pp. 292-293.

122-124ページ

図72.　Utriusque cosmi（『両宇宙誌』）, I, pp. 4-5（M. Merian）.

図73.　Hyginus, p. 88.

図74.　Denstonius, Arnold Bachimius : Pan-Sophia enchiretica（『全知の冒険的試み』）. Nuremberg, 1682, frontispiece（W. P. Kilian）.

註117.　Mahler : Sadness（『悲しみ』）, p. 334.

註118.　Piaget, Jean : Play, Dreams and Imitation in Childhood（『幼年期の夢と模倣』）. London, 1967, pp. 72-73, 160-161, 170, 211,

242, 285, 290. ピアジェの自己中心性の概念については、次のものを見よ。Flavell, John H.: The Developmental Psychology of Jean Piaget (『ジャン・ピアジェの発達心理学』). New York, 1965, pp. 60-64, 156-157, 256, 271-279, 332, 399. 次のものを参照せよ。Kessler: Psychopathology (『精神病理学』), p. 31. Jung CW (『ユング全集』) 10 § 69-70. Masters and Houston (『サイケデリック体験の多様性』), pp. 23, 30-31, 78-79, 217.

125-129ページ

図75. Bibl. chem (『神秘化学論集』), I, p. 938.

図76. At. fugiens (『アトランタの逃走』), emblema XVI (M. Merian). Jong (『ミヒャエル・マイアーのアトランタの逃走』), pp. 141-145.

図77. Phil. ref. (『改革された哲学』), p. 190 (B. Schwan).

註119. At. fugiens (『アトランタの逃走』), pp. 74-75. 翼のない男と翼のある女のモチーフは、Senior: Theatr. chem. (『化学の劇場』), V, p. 229. による。同じモチーフをアルノルドゥス・デ・ヴィラノヴァも使用しており、「一人は翼をもち、いま一人は有さない」と述べている。Speculum alchymiae (『錬金術の鏡』). Theatr. chem. (『化学の劇場』), 1659, IV, p. 537. ラムスプリングの同じモチーフについては、次のものを見よ。Mus. herm (『ヘルメス博物館』), p. 348. Waite (『増補ヘルメス博物館』), I, p. 282. Buntz (『ドイツ錬金術論集』), p. 120.

註120. Mus. herm (『ヘルメス博物館』), p. 349. Waite (『増補ヘルメス博物館』), I, p. 283.

註121. Ibid., p. 349. Waite (『増補ヘルメス博物館』), I, p. 283.

註122. At. fugiens (『アトランタの逃走』), pp. 74-75.

註123. Klein: Psa. of Children (『小児精神分析』), p. 283. Klein: Developments (『精神分析の発達』), pp. 122-168.

註124. Klein: Developments (『精神分析の発達』), pp. 16, 58, 132, 134-135, 140, 145, 166, 168, 207, 211, 283. 欲動の拡散の概念については、Hartmann: Essays (『エッセイ集』) の186-206ページおよび227-228ページを見よ。ここでふれている象徴主義に関連する文献としては、次のものがある。Cohen (『内なる彼方』), pp. 44, 70, 73, 121, 141. Kessler: Psychopathology (『精神病理学』), pp. 52, 274-276. Blos (『思春期』), p. 242.

註125. Klein: Psa. of Children (『小児精神分析』), pp. 187-188.

註126. Mahler: Child Psychosis (『子供の精神病と精神分裂症』), pp. 294-298.

130-134ページ

図78. Morley, Christopher Love: Collectanea chymica leydensia (『ライデン化学論集』). Lugduni Batavorum, 1693, frontispiece (J. Mulder).

図79. Saint-Phalle, Niki de: Rosy Birth (『薔薇色の誕生』), 1964. Moderna Museum, Stockholm.

註127. Klein: Developments (『精神分析の発達』), pp. 203-221, 232-236, 257-269, 282-285.

註128. 投影については、Klein: Psa. of Children (『小児精神分析』) の202-208ページを見よ。

註129. Klein: Envy and Gratitude (『嫉妬と感謝』).

註130. Lantos, B.: The Two Genetic Derivations of Aggression with Reference to Sublimation and Neutralization (『攻撃の二つの遺伝子起源』). International Journal of Psychoanalysis

(『国際精神分析ジャーナル』), vol. 39, pp. 116-120.

註131. Spock, Benjamin : Innate Inhibition of Aggressiveness in Infancy (『幼児における攻撃の内的抑圧』). Psa. St. of Child (『小児精神分析研究』), vol. 20, pp. 242-243. Rene Spitz's study of anaclitic depression in Psa. St. of Child (『小児精神分析研究』), vol. 2, pp. 313-342.

134-137ページ

図80. Glauber, Rudolph : Teutschlandes Wohlfahrt (『ドイツの公共福祉』). Amsterdam, 1660, p. 156 (engraving after Grossen Stein, Leipzig, 1612, p. 234).

図81. Michelspacher (『錬金術秘伝、術と自然の鏡』), plate 2. 図版の下にあるカッバーラーの言葉は、ユダヤ神秘主義の有名な聖典を指しており、16世紀においてはヨハン・リュークリンとピコ・デッラ・ミランドラの翻訳によって、広く人口に膾炙していた。カッバーラーの伝統の痕跡は16世紀以降の錬金術の書物によく認められる。図81の異様な生物はおそらくアダム・カドモンである。アダム・カドモンは霊妙な物質、あるいはカッバーラーにおける原初の両性具有者である。

註132. 躁鬱病の反応については、Cameron (『人格の発達と精神病理学』) の558-576ページを見よ。

註133. Glauber, Rudolph : op. cit., p. 156.

138-142ページ

図82. Hierne, Urbani : Actorum chymicorum holmiensium (『ミュンヘン錬金術実験室の記録、もしくは地下世界に関する自然学』). Stockholm, 1712, frontispiece. この絵の心理的な内容については、Klein : New Directions (『新たな方向』) の419ページを見よ。

図83. Utriusque cosmi (『両宇宙誌』), I, tractatus II, p. 323 (M. Merian).

図84. At. fugiens (『アトランタの逃走』), emblema XLII (M. Merian). Jong (『ミヒャエル・マイアーのアトランタの逃走』), pp. 266-268.

図85. Symbola aureae (『黄金の象徴』), p. 192.

註134. アニマ・ムンディ (世界霊魂) についてのユングの説明は、CW (『ユング全集』) 14 § 13-14を見よ。

註135. At. fugiens (『アトランタの逃走』), p. 177.

註136. Ars chemica (『化学の術』), p. 21. CW (『ユング全集』) 13 § 184.

註137. Berthelot (『古代ギリシア錬金術論集』), II, iv, 24. CW (『ユング全集』) 14 § 23. CW (『ユング全集』) 12の図10-12および図157も見よ。

註138. CW (『ユング全集』) 12 § 84.

註139. Eisler, Robert : Der Fisch als Sexualsymbol (『性的象徴としての魚』). Imago (『イマーゴ』), vol. 3, pp. 165-193.

註140. At. fugiens (『アトランタの逃走』), p. 178.

註141. CW (『ユング全集』) 6 § 888. CW (『ユング全集』) 9. 1 § 146, 162-163, 356. Blos (『思春期』) の105ページおよび137ページも見よ。メラニー・クラインの同性愛の幼児起源説については、次のものを見よ。Klein : Psa. of Children (『小児精神分析』), pp. 102-104, 111, 157, 188-190, 309-315, 333.

註142. Symbola aureae (『黄金の象徴』), p. 192. アヴィケンナはアブ・アリ・イブン・シーナー (980-1037年) のラテン形であり、この有名なアラビアの医師にして錬金術師の『治癒の書』は、De mineralibus（『鉱物について』）としてラテン語訳された。

142-147ページ

図86.　At. fugiens（『アトランタの逃走』），emblema II（M. Merian）. Jong（『ミヒャエル・マイアーのアトランタの逃走』），pp. 63-66. 典拠は Tabula smaragdina（『エメラルド板』）の「大地が育む」（214ページ）である。

図87.　Vreeswyck, Goosen van : De Groene Leeuw（『緑のライオン』）. Amsterdam, 1674, p. 135.

図88.　At. fugiens（『アトランタの逃走』），emblema V（M. Merian）. Jong（『ミヒャエル・マイアーのアトランタの逃走』），pp. 75-80.

図89.　Ibid., emblema XXIV（M. Merian）. Jong（『ミヒャエル・マイアーのアトランタの逃走』），pp. 186-190. 典拠はバシリウス・ウァレンティヌスの第一の鍵である。絵にある狼じみたもののイメージは、バートラム・リューインの「口の三幅対」を興味深くも確証してくれる。食べる、食べられる（再生する）、眠る（死ぬ）の欲望である。Lewin, Bertram D. : The Psychoanalysis of Elation（『多幸症の精神分析』）. New York, 1950, pp. 102-126, 129-165.

註143.　Jung CW（『ユング全集』）14 § 13-14を見よ。

註144-145　At. fugiens（『アトランタの逃走』），pp. 17, 29.

註146.　Tractatulus aristotelis（『アリストテレス論集』）. Artis aurif（『化学と呼ばれる錬金の術』），I, pp. 236-237. CW（『ユング全集』）14 § 30. Jong（『ミヒャエル・マイアーのアトランタの逃走』），pp. 75-80. このモチーフの精神分析による説明については、Klein : Developments（『精神分析の発達』）の254-256ページおよび300ページを見よ。

註147.　Vreeswyck, G. van : op. cit（『緑のライオン』）., p. 135.

註148.　Kanner, Leo : Autistic Disturbance in Affective Contact（『感情的な接触における自閉症の不安』）. The Nervous Child（『神経質な子供』），vol. 2, pp. 217-250. 次のものも見よ。Kanner, L. : Early Infantile Autism（『幼児の初期自閉症』）. Journal of Pediatrics（『小児科ジャーナル』），vol. 25, pp. 211-217.

註149.　Mahler : Child Psychosis（『子供の精神病と精神分裂症』）.

註150.　次のものを見よ。Mittelmann, Bela : Intrauterine and Early Infantile Motility（『子宮内の胎児の運動』）. Psa. St. of Child（『小児精神分析研究』），vol. 15, pp. 104-109.

註151.　Klein : Developments（『発達』），pp. 292-320. これらのモチーフに関連するものについては、次のものを見よ。Jacobson, E. : The Self and the Object World（『自己と対象世界』）. Psa. St. of Child（『小児精神分析研究』），vol. 9, pp. 98-99, 101, 106. Freud, Anna : Discussion of Dr. Bowlby's Paper（『ボウルビイ博士の論文の議論』）. Psa. St. of Child（『小児精神分析研究』），vol. 1, p. 56.

147-152ページ

図90.　Mus. herm.（『ヘルメス博物館』），p. 365. Waite（『増補ヘルメス博物館』），I, p. 299（M. Merian after Buntz『ドイツ錬金術論集』, p. 135）. 王の息子にまつわるラムスプリングの一連の図版は、図90, 91, 125, 150, 151として掲載している。物語の典拠はアラビアの Allegory of Alphidius（『アルフィディウスの寓話』）である。Buntz（『ドイツ錬金術論集』）の103ページおよび160-161ページも見よ。

図91.　Mus. herm.（『ヘルメス博物館』），p. 363. Waite（『増補ヘルメス博物館』），I, p. 297（M. Merian after Buntz『ドイツ錬金術

論集』, p. 133).

図92. Bibl. chem (『神秘化学論集』)., I, p. 938.

註152. Klein : Envy and Gratitude (『嫉妬と感謝』) を参照せよ。

註153. Mus. herm. (『ヘルメス博物館』), p. 363. Waite (『増補ヘルメス博物館』), I, p. 297.

註154. Ibid. pp. 362-364. Waite (『増補ヘルメス博物館』), I, pp. 296-298. Buntz (『ドイツ錬金術論集』), pp. 133-136.

註155. Ibid. p. 365. Waite (『増補ヘルメス博物館』), I, pp. 299.

153-156ページ

図93. Locques, Nicholas de : Les Rudiments de la Philosophie Naturelle (『自然哲学の基本原理』). Paris, 1665, frontispiece (N. Bonnart).

図94. Symbola aureae (『黄金の象徴』), p. 5.

図95. Phil. ref. (『改革された哲学』), p. 107 (B. Schwan).

註156. Bettelheim, Bruno : The Empty Fortress (『虚ろな要塞』). London, 1967, p. 325.

註157. Symbola aureae (『黄金の象徴』), p. 5.

157-162ページ

図96. At. fugiens (『アトランタの逃走』), emblema XXXVII (M. Merian). Jong (『ミヒャエル・マイアーのアトランタの逃走』), pp. 247-251.

図97. Hyginus (『神話伝説の書』), p. 88.

図98-104. Pret. marg. (『新しい貴重な真珠』), pp. 38-41. 『新しい貴重な真珠』はイタリアの錬金術師、フェルラーラのペトルス・ボヌスが1330年頃にまとめあげた編纂物である。1546年にヴェネツィアでヤヌス・ラキニウスが抄訳の形ではじめて出版した。序文で「カラブリア地方のフランシスコ会修道士」と記されているラキニウスは、作業にまつわる一連の図版を「図版の解説」の標題のもとであらわしている。

註158. Theatr. chem. (『化学の劇場』), II, p. 289. ライオンの意味については、Jung CW (『ユング全集』) 14 § 404-414を見よ。

註159-160. At. fugiens (『アトランタの逃走』), pp. 157, 159.

註161. Artis aurif. (『化学と呼ばれる錬金の術』), 1572, II, p. 55.

註162. Pretiosa (『新しい貴重な真珠』) の図版は図98-104、図212-216、図245-246として収録している。

註163. 次のものを参照せよ。Ferenczi, Sandor : Thalassa, A Theory of Genitality (『タラサ―オルガスムス論』). Vienna, 1924, p. 5.

註164-165. Theatr. chem. (『化学の劇場』), V, pp. 240-241. Jung CW (『ユング全集』) 14 § 386, 409.

註166. Pret. marg. (『新しい貴重な真珠』), pp. 38-41.

165-169ページ

図105. Barchusen (『化学の元素』), p. 505.

図106. Rosarium (『哲学者の薔薇園』) の木版画、1550年。ユングの分析については、CW (『ユング全集』) 16 § 453-456を見よ。

図107. Phil. ref. (『改革された哲学』), p. 224 (図106に基づくB. シュヴァーンの版画).

図108. At. fugiens (『アトランタの逃走』), emblema XXXIV (M. Merian). Jong (『ミヒャエル・マイアーのアトランタの逃走』), pp. 234-239.

註167. 関係は前掲書の16-17ページの脚註に述べられている。

註168. The Crowne of Nature (『自然の王冠』), p. 8.

註169. Artis aurif. (『化学と呼ばれる錬金の術』), II, p. 158. CW (『ユング全集』) 12 § 360.

註170. Ibid., p. 157.

註171. At. fugiens (『アトランタの逃走』), p. 145. From Senior : Theatr. chem. (『化学の劇場』), V, pp. 246-247. CW (『ユング全集』) 14 § 77.

171-175ページ

図109. Pandora (『パンドラ』), p. 213.

図110. Vreeswyck, Goosen van : De Groene Leeuw (『緑のライオン』). Amsterdam, 1674, p. 206.

図111. ウィル・マクブライト撮影の写真。

註172. Artis aurif. (『化学と呼ばれる錬金の術』), II, p. 153.

註173. Jung CW (『ユング全集』) 9.1 § 533-535 およびCW (『ユング全集』) 12 § 140 n. 17 を見よ。次のものも参照せよ。Viridarium (『化学の庭園』), fig. XXVIII. Occulta philosophia (『オカルト哲学について』), pp. 2-3. 出産外傷の投影としての雷や稲妻の象徴的価値はＬＳＤの再誕実験によって確かめられている。Masters and Houston(『サイケデリック体験の多様性』) の226-228ページを見よ。

註174. Theatr. chem. (『化学の劇場』), V, p. 241.

註175. Pandora (『パンドラ』), p. 212.

註176. Rank : Trauma (『精神外傷』).

註177. Freud, S. : Hemmung, Symptom und Angst (『抑制、徴候、不安』). GW (『フロイト全集』) 14, pp. 111-207.

註178. すぐれた産科医であるドクター・H・M・I・リリーが次のような観察報告をしている。「わたしが久しく主張していることだが、新生児の脳と記憶は発達しておらず、そうでなければ誕生の苦悶を思いだせるだろう。しかし記憶は連想に依る。誕生は赤子にとって前例のない経験であり、それまでに知っていたどんなものにも関係していないし、おそらく今後知ることになるどんなものにも関係していないのである。二度と起こってほしくないと思う程度におぼえているだけだ。赤子に同じ体験をさせようとすれば、激しく抵抗するだろう。今度はその経験を以前の不快な経験に結びつけるだけの知識があり、全力で抵抗するのだ。もちろん赤子にふたたび誕生の経験をさせるような、思いやりに欠けた者はいない。生まれたばかりの赤子の頭に布を巻いて締めつけるだけで、赤子はちょうど誕生したときのように、腕をふりまわし、身をよじり、大声で泣いて抵抗するだろう。もはや赤子は狭い通路を通り抜ける必要はないのである」。Liley, H. M. I. and Day, Beth : Modern Motherhood (『現代の母性』), 1968, pp. 77-78.

註179. Flanagan, G. Lux : The First Nine Months of Life (『生命の最初の九ヵ月』). London, 1963, pp. 85-86.

176-180ページ

図112-113. Theatr. chem. britannicum (『イギリスの化学の劇場』), pp. 213, 350.

図114. Phil. ref. (『改革された哲学』), p. 96 (B. Schwan).

図115. Mus. herm. (『ヘルメス博物館』), p. 398. Waite (『増補ヘルメス博物館』), I, p. 329 (engraving after Grossen Stein『太古の大いなる石について』, p. 41).

註180. Artis aurif. (『化学と呼ばれる錬金の術』), II, p. 249.

註181. 図114の行為がアポロンのものであることは、Viridarium (『化学の庭園』) の図XXXVI とその説明文にあらわされている。アポロ

ン神話については、次のものを見よ。Kerenyi, Carl : The Gods of the Greeks（『ギリシアの神々』）. London, 1958, pp. 119-121.

註182.　Artis aurif.（『化学と呼ばれる錬金の術』）, II, p. 249. CW（『ユング全集』）14 § 164.

註183.　Mus. herm.（『ヘルメス博物館』）, p. 399-400. Waite（『増補ヘルメス博物館』）, I, pp. 329-330.

註184.　Jung CW（『ユング全集』）5 § 654.

註185.　Masters and Houston（『サイケデリック体験の多様性』）, pp. 275-276.

181-185ページ

図116.　At. fugiens（『アトランタの逃走』）, emblema XIX（M. Merian）. Jong（『ミヒャエル・マイアーのアトランタの逃走』）, pp. 158-162.

図117-118.　Pandora（『パンドラ』）, pp. 25, 27.

図119.　Mus. herm.（『ヘルメス博物館』）, p. 345. Waite（『増補ヘルメス博物館』）, I, p. 279.（M. Merian after Buntz『ドイツ錬金術論集』, p. 115）.

註186.　Pandora（『パンドラ』）, p. 26. ヒエロニムス・ロイスナーの『パンドラ』は1582年にバーゼルで出版されたが、『哲学者の薔薇園』に基づいている。『パンドラ』の木版画を基にした新たな図版がマタエウス・メリアンによって彫版され、ダニエル・ミュリウスの Anatomiae auri（『黄金の解剖学』、1628年）に収録された。これらの図版は図71, 122, 157, 191, 224として掲載している。

註187.　Pandora（『パンドラ』）, pp. 29-30.

註188.　At. fugiens（『アトランタの逃走』）, p. 345. Waite（『増補ヘルメス博物館』）, I, p. 279.

註189.　Mus. herm.（『ヘルメス博物館』）, p. 345. Waite（『増補ヘルメス博物館』）, I, p. 279.

註190-91.　At. fugiens（『アトランタの逃走』）, pp. 86, 87.

註192.　Mus. herm.（『ヘルメス博物館』）, pp. 344-345. Waite（『増補ヘルメス博物館』）, I, pp. 278-279.

註193.　Klein, Melanie : Our Adult World（『おとなの世界』）. London, 1960, pp. 2, 55, 9.

註194.　Klein : Developments（『精神分析の発達』）, p. 296.

註195.　Ibid., pp. 300-307.

186-189ページ

図120.　Chevalier, Sabine Stuart de : Discours philosophique（『哲学講話』）. Paris, 1781, vol. 1, p. 1.（「サビーン・ステュアール・デ・シュヴァリエがデザインして、オストールが描き、ジャック・ルロアが彫版した」）。この図版は明らかにM・メリアンの図122をモデルにしており、哲学者の頭がふたつに分かれているイメージは、バシリウス・ウァレンティヌスのイメージとしてふたたびあらわれる。本文ではこの特徴を合理化するために、二番目の修道士が「聖職者、すなわちバシリウス・ウァレンティヌスの喪失を嘆く……いまひとりのベネディクト会修道士」であると説明されている（op. cit., p. ii）。

図121.　Pandora（『パンドラ』）, p. 229.

図122.　Anatomiae auri（『黄金の解剖学』）, part V, p. 8（図117-118を基にしたM・メリアンの版画）.

註196.　Artis aurif.（『化学と呼ばれる錬金の術』）, II, p. 161.

註197.　Mus. herm.（『ヘルメス博物館』）, pp. 396-397. Waite（『増補ヘルメス博物館』）, I, pp. 327-328. ＬＳＤによる再誕の経験はこ

こであつかった精神力学のパターンを裏書きしている。マスターズとヒューストンは次のように報告した。「ときおり幼児あるいは胎児の状態への退行の一面として、肉体が縮むことがある。胎児化とともに、再誕の経験が起こるのである」(op. cit., p. 73)。

191-195ページ

図123. Bibl. chem.(『神秘化学論集』), I, p. 938.

図124. Viridarium(『化学の庭園』), fig. XCII (engraving after Occulta philosophia『オカルト哲学について』, p. 54).

図125. Mus. herm.(『ヘルメス博物館』), p. 367. Waite(『増補ヘルメス博物館』), I, p. 301 (M. Merian after Buntz『ドイツ錬金術論集』, p. 137).

図126. Phil. ref.(『改革された哲学』), p. 354 (B. Schwan after Occulta philosophia『オカルト哲学について』, p. 54).

註198. Mus.herm.(『ヘルメス博物館』), pp. 364-366. Waite(『増補ヘルメス博物館』), I, pp. 298-300.

註199. Rosarium-version. De alchimia opuscula(『錬金術小論』). Frankfort, 1550, II, p. 133. 次のものに再録されている。Bibl. chem.(『神秘化学論集』), II, pp. 87ff. CW(『ユング全集』)13 § 161.

註200. Protrepticus, II, p. 16. CW(『ユング全集』)5 § 530.

註201. Cashman, John : The LSD Story(『ＬＳＤ物語』). Greenwich, 1966, pp. 83-84.

註202. Rank : Trauma(『精神外傷』), pp. 22, 26. 次のものも見よ。Rank : Inzest(『近親相姦』), pp. 277-278. Rank, Otto : Eine Neuroseanalyse in Traumen(『精神外傷の精神分析』). Leipzig, 1924, p. 137. 次のものを参照せよ。Klein : Contributions(『貢献』), p. 92.

註203. Allegoria sapientum(『賢者たちの寓話』). Theatr. chem.(『化学の劇場』), 1660, V, p. 59. CW(『ユング全集』)13 § 426.

195-200ページ

図127. At. fugiens(『アトランタの逃走』), emblema XX (M. Merian). Jong(『ミヒャエル・マイアーのアトランタの逃走』), pp. 162-166.

図128. Ibid., emblema XXIX (M. Merian). Jong(『ミヒャエル・マイアーのアトランタの逃走』), pp. 214-217.

図129. Ibid., emblema I (M. Merian). Jong(『ミヒャエル・マイアーのアトランタの逃走』), pp. 55-63.

図130. Ibid., emblema XXV (M. Merian). Jong(『ミヒャエル・マイアーのアトランタの逃走』), pp. 191-195.

註204-205. Ibid., pp. 89, 91.

註206. The Works of Geber(『ゲベル著作集』). Englished by Richard Russell, 1678. New edition with introduction by E. J. Holmyard. London, 1928, p. 135. CW(『ユング全集』)14 § 632 n. 279. ゲベルはヤビル・イブン・ハヤンのラテン形であり、この有名なアラブ人はハールーヌッラシード(764-809年)の宮廷で働いた。多くの錬金術師がゲベルをこの術の創始者と考えているが、最近の研究によって、ゲベルの書いたものに外国起源のものが数多くあることが判明している。世に名高い Summa perfectionis(『金属大鑑』)はE・ダルムステッダーによる中世ラテン語の贋作であり、12世紀ないしは13世紀に南イタリアかスペインでつくりだされたものらしい。

註207-208. At. fugiens(『アトランタの逃走』), pp. 89, 125.

註209. Artis aurif.(『化学と呼ばれる錬金の術』), I, p. 272. Jong

(『ミヒャエル・マイアーのアトランタの逃走』), p. 216.

註210. サラマンドラの元型についてのロバート・プランクの結論については次のものを見よ。Seeing the Salamander (『サラマンドラを見る』). Psa. St. of Child (『小児精神分析研究』), vol. 12, p. 382.

註211-212. At. fugiens (『アトランタの逃走』), pp. 14, 109.

註213. Artis aurif. (『化学と呼ばれる錬金の術』), 1572, II, p. 270. Jong (『ミヒャエル・マイアーのアトランタの逃走』), p. 224.

註214. Aurora consurgens (『立ち昇る曙光』), p. 133. CW (『ユング全集』) 14 § 468.

198-204ページ

図131. Splendor solis (『太陽の光彩』), plate 7.

図132. Occulta philosophia (『オカルト哲学について』), p. 53.

図133. Phil. ref. (『改革された哲学』), p. 354 (図132に基づくB・シュヴァーンの版画).

図134. At. fugiens (『アトランタの逃走』), emblema XXXI (M. Merian). Jong (『ミヒャエル・マイアーのアトランタの逃走』), pp. 221-224.

註215. Occulta philosophia (『オカルト哲学について』), pp. 53-54.

註216. Ibid., pp. 53-54. 次のものも見よ。Mus. herm. (『ヘルメス博物館』), p. 803. Waite (『増補ヘルメス博物館』), I, p. 263. CW (『ユング全集』) 12 § 338 n. 19.

註217. Artis aurif. (『化学と呼ばれる錬金の術』), I, p. 108. CW (『ユング全集』) 12 § 336.

註218. Rosarium phil. (『哲学者の薔薇園』) Artis aurif. (『化学と呼ばれる錬金の術』), II, p. 157. CW (『ユング全集』) 16 § 454 n. 2.

註219. Consilium coniugii (『合一の勧め』). Ars chemica (『化学の術』), p. 64. CW (『ユング全集』) 16 § 454 n. 2.

註220. Rosarium phil. (『哲学者の薔薇園』) Artis aurif. (『化学と呼ばれる錬金の術』), II, p. 139. CW (『ユング全集』) 16 § 454 n. 3.

註221-222. At. fugiens (『アトランタの逃走』), p. 133.

註223. Aureum vellus (『金羊毛』), p. 179. CW (『ユング全集』) 14 § 465-473. CW (『ユング全集』) 12 § 434-436.

註224. Freud GW (『フロイト全集』) 11, p. 162. 次のものも見よ。GW (『フロイト全集』) 2/3, pp. 404-408. GW (『フロイト全集』) 8, p. 76. GW (『フロイト全集』) 13, pp. 181-183. Klein : Contributions (『貢献』), p. 92.

209-214ページ

図135. Barchusen (『化学の元素』), p. 506.

図136. Rosarium (『哲学者の薔薇園』) の木版画、1550年。ユングの分析については、CW (『ユング全集』) 16 § 457-466を見よ。

図137. Phil. ref. (『改革された哲学』), p. 243 (図136に基づくB・シュヴァーンの版画).

図138. Symbola aureae (『黄金の象徴』), p. 319.

註225. Artis aurif. (『化学と呼ばれる錬金の術』), II, p. 175. CW (『ユング全集』) 14 § 64 n. 147.

註226. Ibid., p. 159. セニオルの引用は次のものによる。Theatr. chem. (『化学の劇場』), V, p. 217.

註227. セニオルの引用は次のものによる。Theatr. chem. (『化学の劇場』), V, p. 221. CW (『ユング全集』) 14 § 3 n. 12.

註228. Artis aurif. (『化学と呼ばれる錬金の術』), II, p. 161.

註229. The Crowne of Nature (『自然の王冠』), p. 10.

註230-232.　Ibid., pp. 10, 11, 12.

註233.　Artis aurif.（『化学と呼ばれる錬金の術』）, II, pp. 160-161. CW（『ユング全集』）12 § 477.『哲学者の薔薇園』の結合は『アリスレウスの幻視』をモデルにしており、これが「結合あるいは性交」を描写する章の見出しになっている。幻視は本書の301ページであつかっている。

註234.　Symbola aureae（『黄金の象徴』）, p. 319.

註235.　次のものを見よ。Fennichel, Otto : The Psychoanalytical Theory of Neuroses（『ノイローゼの精神分析論』）. London, 1946, p. 209.

215-219ページ

図139.　見返しにあるM・メリアンの版画。バーゼルのスイス薬学史博物館。

図140.　コペンハーゲンの解剖学研究所の写真。

図141.　Bibl. chem.（『神秘化学論集』）, I, p. 938.

註236.　Masters and Houston（『サイケデリック体験の多様性』）, p. 322.

註237.　Jung CW（『ユング全集』）11 § 240.

註238.　エレウシスの密儀については、次のものを見よ。Schmitt, Paul : Ancient Mysteries and their Transformation（『古代の密儀と変容』）. The Mysteries : Papers from the Eranos Yearbooks（『密儀』）. New York, 1955, pp. 93-118.

註239.　Artis aurif.（『化学と呼ばれる錬金の術』）, I, p. 116. CW（『ユング全集』）16 § 454. 次のものも見よ。Jacobson : Self and Object World（『自己と対象世界』）, p. 52.

220-224ページ

図142.　Mus. herm.（『ヘルメス博物館』）, p. 201. Waite（『増補ヘルメス博物館』）, I, p. 166（M. Merian after Occulta philosophia『オカルト哲学について』, frotispiece and p. 70）.

図143.　Codex Medicus Graecus 1. Dioscorides. 'Livres des plantes.'（『ギリシア医学の写本, 1. ディオスコリデース「植物の書」』）16th century. Nationalbibliothek. Vienna.

図144.　At. fugiens（『アトランタの逃走』）, emblema XXXII（M. Merian）Jong（『ミヒャエル・マイアーのアトランタの逃走』）, pp. 226-229.

図145.　オイゲーン・ルートヴィヒによる写真。バーゼル大学解剖学科。

註240.　Masters and Houston（『サイケデリック体験の多様性』）, pp. 224-225.

註241.　The Crowne of Nature（『自然の王冠』）, p. 14.

註242.　Artis aurif.（『化学と呼ばれる錬金の術』）, I, pp. 297-298. CW（『ユング全集』）14 § 630 n. 271.

註243-244.　At. fugiens（『アトランタの逃走』）, pp. 137, 139.

註245.　Dorn : De genealogia mineralium（『鉱物大鑑』）. Theatr. chem.（『化学の劇場』）, 1659, I, p. 574. CW（『ユング全集』）13 § 409 n. 29.

註246.　Khunrath, H. : Von hylealischen Chaos（『質料の混沌』）. Magdeburg, 1597, p. 270. CW（『ユング全集』）13 § 406.

註247.　Artis aurif.（『化学と呼ばれる錬金の術』）, I, pp. 90-91. CW（『ユング全集』）14 § 157.「哲学の樹」の古典的な研究としては、ユングの『哲学の樹』がある。CW（『ユング全集』）13 § 304-482.

225-229ページ

図146.　Bentz, Adolph Christoph : Philosophische Schaubuhne (『哲学の劇場』). Nuremberg, 1706, fritispiece.

図147.　Miscellanea d'alchimia (『錬金術論集』). 14th century MS. (Ashburnham 1166). Bibliotheca Medica-Laurenziana. Florence.

図148.　Urbigerus, Baro : Aphorismi urbigerani (『ウルビゲラヌスの箴言』). London, 1690, fritispiece.

図149.　写真の再構成は著者がおこなった。

註248.　Masters and Houston (『サイケデリック体験の多様性』), pp. 88-89.

註249.　Figulus, Benedictus : Paradisus aureolus hermeticus (『ヘルメスの黄金の楽園』). Frankfort, 1608. CW (『ユング全集』) 13 § 404.

註250.　Theatr. chem. (『化学の劇場』), 1659, V, p. 790. CW (『ユング全集』) 13 § 403.

註251.　Phil. ref. (『改革された哲学』), p. 260. CW (『ユング全集』) 13 § 422.

註252.　Ibid., p. 314. CW (『ユング全集』) 13 § 403.

註253.　Jung CW (『ユング全集』) 13 § 376.

註254.　Turba (『賢者の群』), p. 324. CW (『ユング全集』) 13 § 423.

註255.　Ars chemica (『化学の術』), p. 160. CW (『ユング全集』) 13 § 423.

註256.　Khunrath, H. : Von hylealischen Chaos (『質料の混沌』), p. 20. CW (『ユング全集』) 13 § 423.

註257.　Theatr. chem. (『化学の劇場』), 1659, I, pp. 513ff. CW (『ユング全集』) 13 § 380-381.

註258.　Jung CW (『ユング全集』) 13 § 460および410を見よ。

註259.　Ventura : De ratione conficiendi lapidis (『石の製法について』). Theatr. chem. (『化学の劇場』), 1659, II, p. 226. CW (『ユング全集』) 13 § 410.

註260.　Mus. herm. (『ヘルメス博物館』), pp. 240, 270. CW (『ユング全集』) 13 § 410.

註261.　CW (『ユング全集』) 13 § 410.

註262.　Upanishads (『ウパニシャッド』) ed. by Swami Prabhavananda and Frederick Manchester. New York, 1960, p. 23.

230-233ページ

図150.　Mus. herm. (『ヘルメス博物館』), p. 369. Waite (『増補ヘルメス博物館』), I, p. 303 (M. Merian after Buntz『ドイツ錬金術論集』, p. 139).

図151.　Ibid., p. 371. Waite (『増補ヘルメス博物館』), I, p. 305 (M. Merian after Buntz『ドイツ錬金術論集』, p. 141).

図152.　Ibid., p. 359. Waite (『増補ヘルメス博物館』), I, p. 293 (M. Merian after Buntz『ドイツ錬金術論集』, p. 129).

図153.　Ibid., p. 396. Waite (『増補ヘルメス博物館』), I, p. 327 (engraving after Grossen Stein, p. 35).

註263.　Ibid., p. 371. Waite (『増補ヘルメス博物館』), I, p. 305. Buntz (『ドイツ錬金術論集』), p. 141.

註264.　Ibid., p. 368. Waite (『増補ヘルメス博物館』), I, p. 302. Buntz (『ドイツ錬金術論集』), p. 140.

註265.　Aurura consurgens (『立ち昇る曙光』), p. 83.

註266.　Mus. herm. (『ヘルメス博物館』), p. 371. Waite (『増補ヘルメス博物館』), I, p. 305. Buntz (『ドイツ錬金術論集』), p. 141.

註267.　Ibid., p. 370.　Waite（『増補ヘルメス博物館』），I，p. 304. Buntz（『ドイツ錬金術論集』），p. 142.

註268.　Ibid., p. 358.　Waite（『増補ヘルメス博物館』），I，p. 292. Buntz（『ドイツ錬金術論集』），p. 130.

註269.　Ibid., p. 397.　Waite（『増補ヘルメス博物館』），I，p. 328.

註270.　Kerenyi, Carl : The Gods of Greek（『ギリシアの神々』），p. 100.

234-239ページ

図154.　Barchusen（『化学の元素』），p. 507.

図155.　Caneparius, Petrus Maria : De atramentis cuiuscunque generis（『あらゆる種類の黒色顔料について』）. Venice, 1619, title-page.

図156.　Phil. ref.（『改革された哲学』），p. 354（M. Merian after Occulta philosophia『オカルト哲学について』，p. 56）.

図157.　Anatominae auri（『黄金の解剖学』），part V，p. 8（M. Merian after Pandora『パンドラ』，pp. 29 and 32）.

註271.　Stella perfectionis（完成の星）は次のものに掲載されている。Kieser, Franciscus : Cabala chymica（『錬金化学の秘伝』）. Muhlausen, 1606, p. 128.

註272.　The Crowne of Nature（『自然の王冠』），p. 15.

註273.　Adams, Evangeline : Astrology（『占星術』）. New York, 1970, p. 77.

註274.　Occulta philosophia（『オカルト哲学について』），pp. 56-58. CW（『ユング全集』）13 § 267.

239-245ページ

図158.　Becher, Jihann Joachim : Physical subterranea（『地下世界に関する自然学』）. Leipzig, 1703, frotispiece.

図159-160.　Symbola aureae（『黄金の象徴』），pp. 450, 238.

註275.　Holmyard, E. J. (ed. and tras.) : Kitab al'ilm al-muktasab（『金の培養に関して獲得された知識の書』）. Paris, 1923, p. 37. CW（『ユング全集』）14 § 6.

註276-277.　Symbola aureae（『黄金の象徴』），pp. 450, 238.

註278.　Artis auriferae（『化学と呼ばれる錬金の術』），I，p. 391. CW（『ユング全集』）11 § 47 n. 21.

註279.　Bibl. chem.（『神秘化学論集』），I，pp. 401ff. CW（『ユング全集』）11 § 47 n. 22.

註280.　Cohen（『内なる彼方』），pp. 156-157.

244-249ページ

図161.　Splendor solis（『太陽の光彩』），plate 8.

図162.　Dyas chymica（『三分割された化学の両面』），plates 4 and 8.

図163.　Ibid., plates 10 and 2（M. Merian）.

図164.　Splendor solis（『太陽の光彩』），plate 9. 両性具有者の近代の投影については、次のものを見よ。Deutsch（『ドイツ錬金術論集』），pp. 79-81.

註281.　『哲学者の薔薇園』におけるセニオルの引用。Artis aurif.（『化学と呼ばれる錬金の術』），II，p. 162. 赤い奴隷と白い女のモチーフは、次のものに記されている。Jung CW（『ユング全集』）14 § 2 and 188. CW（『ユング全集』）12 § 84 and 187. CW（『ユング全集』）16 § 458.

註282.　Aureum vellus（『金羊毛』），pp. 181-182.

註283.　Artis aurif.（『化学と呼ばれる錬金の術』），I，p. 230. CW（『ユング全集』）12 § 477.

註284.　Jacobson, Edith : Contribution to the Metapsychology of Psychotic Identifications（『精神病患者の自己認識の純正心理学への貢献』）. Journal of the American Psychoanalytical Association（『アメリカ精神分析協会ジャーナル』），vol. 2, pp. 239-262. 引用した文章は251-252ページにある。

250-252ページ

図165.　At. fugiens（『アトランタの逃走』），emblema XXXVIII（M. Merian）. Jong（『ミヒャエル・マイアーのアトランタの逃走』），pp. 251-255.

図166.　Quinta essentia（『第五元』），p. clxii.

図167.　Michelpacher（『錬金術秘伝，術と自然の鏡』），plate 3.

註285.　Rosinus ad Sarratantam（『ロシヌスよりサラタンタ司教へ』）. Artis aurif.（『化学と呼ばれる錬金の術』），I，p. 199.

註286.　Jung CW（『ユング全集』）11 § 755-757.

255-260ページ

図168.　Utriusque cosmi（『両宇宙誌』），I，p. 26（M. Merian）.

図169.　Mus. herm.（『ヘルメス博物館』），p. 400. Waite（『増補ヘルメス博物館』），I，p. 331（engraving after Grossen Stein『太古の大いなる石について』，p. 46）.

図170.　Vreeswyck, Goosen van : Verfolg van't Cabinet der Mineralen（『鉱物の陳列棚』）. Amsterdam, 1675, p. 4.

註287.　Phil. ref.（『改革された哲学』），p. 116. CW（『ユング全集』）16 § 376.

註288.　Ibid., p. 118.

註289.　Jung CW（『ユング全集』）16 § 376 n. 26を見よ。

註290.　Mus. herm.（『ヘルメス博物館』），p. 400. Waite（『増補ヘルメス博物館』），I，p. 331

註291.　Raymund Lully : Ultimum Testamentum（『遺言』）. Artis aurif.（『化学と呼ばれる錬金の術』），III，p. 1. 次のものも見よ。Symbola aureae（『黄金の象徴』），pp. 379f. CW（『ユング全集』）12 § 433.

註292.　Artis aurif.（『化学と呼ばれる錬金の術』），II，p. 172. CW（『ユング全集』）14 § 733.

註293.　Hoghelande : Liber de alchemiae difficultatibus（『錬金術の困難さについて』）. Theatr. chem.（『化学の劇場』），I，p. 166. CW（『ユング全集』）14 § 729 n. 183.

註294.　Aurora cosurgens（『立ち昇る曙光』），p. 352.

註295.　Mus. herm.（『ヘルメス博物館』），p. 688. Waite（『増補ヘルメス博物館』），II，p. 189.

註296.　Jung CW（『ユング全集』）17 § 331 a.

註297.　Caldwell（『ＬＳＤ精神療法』），p. 181.

註298.　イギリス聖公会の祈禱書における死者の埋葬のための式次第。

259-265ページ

図171.　Splendor solis（『太陽の光彩』），plate 10.

図172.　At. fugiens（『アトランタの逃走』），emblema XLI（M. Merian）. Jong（『ミヒャエル・マイアーのアトランタの逃走』），pp. 263-266.

図173.　Phil. ref.（『改革された哲学』），p. 359（B. Schwan after Occulta philosophia『オカルト哲学について』，p. 61）.

図174.　At. fugiens（『アトランタの逃走』），emblema XLVIII（M. Merian）. Jong（『ミヒャエル・マイアーのアトランタの逃走』），pp. 289-304.

註299.　Aureum vellus（『金羊毛』），p. 186.

註300.　Jung CW（『ユング全集』）11 § 345を見よ。

註301.　At. fugiens（『アトランタの逃走』），p. 173.

註302.　Ibid., pp. 174-175. Jong（『ミヒャエル・マイアーのアトランタの逃走』），pp. 264-265.

註303.　Allegoria Merlini（『メルリヌスの寓話』）の要約は次のものにある。Artis aurif.（『化学と呼ばれる錬金の術』），I, pp. 252-254. Theatr. chem.（『化学の劇場』），I, pp. 705-709. CW（『ユング全集』）14 § 357-367.

註304.　これらの病気の好例が次のものに記されている。Ripley : Cantilena（『カンティレーナ』）. Visio Arislei（『アリスレウスの幻視』）. Allegoria Merlini（『メルリヌスの寓話』）.

註305.　At. fugiens（『アトランタの逃走』），p. 201.

266-272ページ

図175.　Phil. ref.（『改革された哲学』），p. 243（図176に基づくB・シュヴァーンの版画）.

図176.　『哲学者の薔薇園』の木版画、1550年。ユングの分析は CW（『ユング全集』）16 § 467-474にある。

図177.　Phil. ref.（『改革された哲学』），p. 117（B. Schwan）.

図178.　Ibid., p. 359（B. Schwan after Occulta philosophia『オカルト哲学について』，p. 63）.

註306.　Artis aurif.（『化学と呼ばれる錬金の術』），II, p. 165.

註307.　Ibid., p. 166. CW（『ユング全集』）16 § 467.

註308.　Ibid., p. 168. CW（『ユング全集』）14 § 729 n. 182.

註309.　Mus. herm.（『ヘルメス博物館』），p. 48. Waite（『増補ヘルメス博物館』），I, pp. 46-47

註310.　Lorichius, Johannes : Aenigmatum Libri III（『アリスレウスの幻視の謎』），fol. 23 r. Frankfort,1545. CW（『ユング全集』）14 § 89.

註311-312.　Arieti, Silvano（ed.）: American Handbook of Psychiatry（『アメリカ精神医学便覧』）. New York, 1959, p. 940.

註313.　Eliot, T. S. : The Family Reunion（『一族再会』）. London, 1960, p. 31. 意味深いことに、エリオットの主人公の罪は「結合あるいは性交」の海で錬金術の王が犯したものと同じである。次のものを見よ。Eliot : op. cit., pp. 30, 62, 93, 104-105. 次のものも見よ。Fabricius, Johannes : The Unconscious and Mr. Eliot（『無意識とエリオット氏』）. Copenhagen, 1967, pp. 125-126.

註314.　Landis, Carney : Varieties of Psychopathological Experience（『精神機能障害の多様性』）. New York, 1964, p. 276.

註315.　次のものを参照せよ。Jacobson, Edith : Depression（『鬱病』）. Psychoanalytical Quaterly（『季刊精神分析』），vol. 12, pp. 555-560.

註316.　Cameron（『人格の発達と精神病理学』），p. 521.

270-276ページ

図179.　Barchusen（『化学の元素』），p. 508.

図180.　『哲学者の薔薇園』の木版画、1550年。ユングの分析は CW（『ユング全集』）16 § 475-482にある。

図181.　Phil. ref.（『改革された哲学』），p. 243（図180に基づくB・シュヴァーンの版画）.

図182.　Ibid., p. 359（図193に基づくB・シュヴァーンの版画).
註317.　Artis aurif.（『化学と呼ばれる錬金の術』), II, p. 171.
註318.　Ibid., p. 172.
註319.　Ibid., pp. 171-172. CW（『ユング全集』）16 § 478.
註320.　The Crowne of Nature（『自然の王冠』), p. 18.
註321.　Artis aurif.（『化学と呼ばれる錬金の術』), I, p. 204. CW（『ユング全集』)14 § 417.
註322.　Ars chemica（『化学の術』), pp. 141f. CW（『ユング全集』）14 § 21.
註323.　Redlich, Fredrick C. and Freedman, Daniel X : The Theory and Practice of Psychiatry（『精神医学の理論と実践』). New York, 1966, p. 542.

276-281ページ

図183.　At. fugiens（『アトランタの逃走』), emblema L（M. Merian). Jong（『ミヒャエル・マイアーのアトランタの逃走』), pp. 310-313.
図184.　Hyginus（『神話伝説の書』), p. 89.
図185-190.　ワシントンのカーネギー協会発生学部門による写真。
註324.　Ventura : De ratione conficiendi lapidis（『石の製法について』). Theatr. chem.（『化学の劇場』), II, p. 291. CW（『ユング全集』）16 § 657 n. 25.
註325.　At. fugiens（『アトランタの逃走』), p. 209.
註326.　Turba（『賢者の群』), p. 162. CW（『ユング全集』）14 § 15.
註327.　Artis aurif.（『化学と呼ばれる錬金の術』), II, p. 123. CW（『ユング全集』）14 § 65 n. 159.
註328.　Mus. herm.（『ヘルメス博物館』), p. 332. Waite（『増補ヘルメス博物館』), I, p. 267. CW（『ユング全集』）14 § 65.
註329.　Theatr. chem.（『化学の劇場』), IV, p. 991. Franz（『立ち昇る曙光』), p. 247.
註330-334.　Artis aurif.（『化学と呼ばれる錬金の術』), II, pp. 169, 157, 149, 176, 181.
註335.　バルボーの引用の出典は次のものである。MacNeice, Louis : Astrology（『占星術』). London, 1964, p. 95.

282-287ページ

図191.　Anatomiae auri（『黄金の解剖学』), pars V, p. 15（M. Merian after Pandora『パンドラ』, pp. 35, 37, 39, 40).
図192.　Mus. herm.（『ヘルメス博物館』), p. 361. Waite（『増補ヘルメス博物館』), I, p. 295.（M. Merian after Buntz『ドイツ錬金術論集』, p. 131).
図193.　Viridarium, fig. XCIX（engraving after Occulta philosophia『オカルト哲学について』, p. 59).
註336-338.　Pandora（『パンドラ』), pp. 35, 38, 39.
註339-340.　Artis aurif.（『化学と呼ばれる錬金の術』), II, pp. 172, 168.
註341.　Occulta philosophia『オカルト哲学について』, pp. 59-60. CW（『ユング全集』）13 § 276.
註342.　Mus. herm.（『ヘルメス博物館』), p. 360. Waite（『増補ヘルメス博物館』), I, p. 294. Buntz（『ドイツ錬金術論集』), p. 132.
註343.　Cephalus Arioponus（Copus Martinus）: Mercurius triumphans（『勝ち誇るメルクリウス』). Magdeburg, 1600, p. 144.
註344.　Jung CW（『ユング全集』）8 § 800.

291-295ページ

図194. At. fugiens（『アトランタの逃走』），emblema XXXIII（M. Merian）. Jong（『ミヒャエル・マイアーのアトランタの逃走』），pp. 229-234.

図195. Phil. ref.（『改革された哲学』），p. 190（B. Schwan）.

図196. At. fugiens（『アトランタの逃走』），emblema XIII（M. Merian）. Jong（『ミヒャエル・マイアーのアトランタの逃走』），pp. 124-129.

図197. Ibid., emblema III（M. Merian）. Jong（『ミヒャエル・マイアーのアトランタの逃走』），pp. 66-71.

註345. Ibid., p. 141.

註346. Turba（『賢者の群』），p. 139. CW（『ユング全集』）16 § 468.

註347-348. Artis aurif.（『化学と呼ばれる錬金の術』），II，pp. 177, 175.

註349. At. fugiens（『アトランタの逃走』），p. 62.

註350. Phil. ref.（『改革された哲学』），p. 201.

註351-352. At. fugiens（『アトランタの逃走』），pp. 21, 22.

註353. Artis aurif.（『化学と呼ばれる錬金の術』），II，p. 177.

註354. Artis aurif.（『化学と呼ばれる錬金の術』），I，p. 322.

註355. Artis aurif.（『化学と呼ばれる錬金の術』），I，p. 179. CW（『ユング全集』）14 § 316 n. 595.

註356. Aurora consurgens（『立ち昇る曙光』），pp. 97-98.

295-301ページ

図198. Barchusen（『化学の元素』），p. 508.

図199. 『哲学者の薔薇園』の木版画、1550年。ユングの分析は CW（『ユング全集』）16 § 483-493にある。

図200. At. fugiens（『アトランタの逃走』），emblema XXVIII（M. Merian）. Jong（『ミヒャエル・マイアーのアトランタの逃走』），pp. 206-213.

図201. Phil. ref.（『改革された哲学』），p. 243（図199に基づくB・シュヴァーンの版画）.

註357-358. Artis aurif.（『化学と呼ばれる錬金の術』），II，pp. 179, 181.

註359. Theatr. chem.（『化学の劇場』），V，p. 222. CW（『ユング全集』）16 § 483.

註360. Artis aurif.（『化学と呼ばれる錬金の術』），II，pp. 179-180.

註361. At. fugiens（『アトランタの逃走』），p. 123.

註362. Consilium coniugii（『合一の勧め』）. Ars chemica（『化学の術』），p. 167. CW（『ユング全集』）14 § 34 n. 229.

註363. Theatr. chem.（『化学の劇場』），V，p. 894. CW（『ユング全集』）14 § 34 n. 229.

註364. Turba（『賢者の群』），p. 161.

註365. Artis aurif.（『化学と呼ばれる錬金の術』），I，p. 95. Visio Arislei（『アリスレウスの幻視』）の『哲学者の薔薇園』版は次のものに収録されている。Artis aurif.（『化学と呼ばれる錬金の術』），II，pp. 159-161. 次のものも見よ。CW（『ユング全集』）12 § 435-436, 496-498. Ruska, J. F. : Die Vision des Arisleus（『アリスレウスの幻視』）. Historische Studien und Skizzen zur Natur und Heilwissenschaft. Berlin,1930, pp. 22-26.

301-305ページ

図202. Splendor solis（『太陽の光彩』），plate 11.

図203-204. Dyas chymica（『三分割された化学の両面』），plate 10

(M. Merian).

図205. Splendor solis (『太陽の光彩』), plate 12.

註366. At. fugiens (『アトランタの逃走』), p. 97.

註367-368. Aureum vellus (『金羊毛』), pp. 187, 189.

註369. Mus. herm. (『ヘルメス博物館』), pp. 129-131. Waite (『増補ヘルメス博物館』), I, pp. 110-111. CW (『ユング全集』) 14 § 494.

註370-371. Turba (『賢者の群』), pp. 152, 127-128. CW (『ユング全集』) 13 § 439.

306-310ページ

図206. Barchusen (『化学の元素』), p. 509.

図207. Dyas chymica (『三分割された化学の両面』), plate 3 (M. Merian).

図208. At. fugiens (『アトランタの逃走』), emblema XI (M. Merian). Jong (『ミヒャエル・マイアーのアトランタの逃走』), pp. 115-119.

図209. ワシントンのカーネギー協会発生学部門による写真。

註372. The Crowne of Nature (『自然の王冠』), p. 28.

註373. Artis aurif. (『化学と呼ばれる錬金の術』), II, p. 182.

註374. Artis aurif. (『化学と呼ばれる錬金の術』), II, p. 180. CW (『ユング全集』) 16 § 484.

註375. Turba (『賢者の群』), p. 158.

註376. 次のものを見よ。Franz (『立ち昇る曙光』), p. 199. Jung CW (『ユング全集』) 9. 2 § 195.

註377. Artis aurif. (『化学と呼ばれる錬金の術』), II, pp. 180-181. CW (『ユング全集』) 16 § 484.

註378. Masters and Houston (『サイケデリック体験の多様性』), pp. 31-32.

311-316ページ

図210. Barchusen (『化学の元素』), p. 509.

図211. Mus. herm. (『ヘルメス博物館』), p. 337. Waite (『増補ヘルメス博物館』), I, p. 281 (M. Merian after Buntz 『ドイツ錬金術論集』, p. 117).

図212-216. Pret. marg. (『新しい貴重な真珠』), pp. 42-45.

註379. Artis aurif. (『化学と呼ばれる錬金の術』), II, p. 177.

註380. Geber (『ゲベルの錬金術』), p. 53.

註381. Artis aurif. (『化学と呼ばれる錬金の術』), II, p. 177.

註382-383. The Crowne of Nature (『自然の王冠』), p. 31.

註384. Artis aurif. (『化学と呼ばれる錬金の術』), II, p. 183.

註385. Pret. marg. (『新しい貴重な真珠』), pp. 42-46.

註386. Mus. herm. (『ヘルメス博物館』), p. 336. Waite (『増補ヘルメス博物館』), I, p. 280. Buntz (『ドイツ錬金術論集』), p. 118.

註387. Jung CW (『ユング全集』) 12 § 523を見よ。

註388. Parzival (『パルツィファル』), Book IX, lines 1494-1501. CW (『ユング全集』) 12 § 552.

註389. Shephard, Odell : The Lore of the Unicorn (『ユニコーン伝承』). London, 1930, p. 244.

316-321ページ

図217. Barchusen (『化学の元素』), p. 509.

図218-219および図221-223. Nilsson, Lennart and others : Et Barn bliver til. Copenhagen, 1966, pp. 44-48.

図220.　Hyginus（『神話伝説の書』），p. 90.
註390.　Ruland（『錬金術辞典』），p. 276.
註391.　Holmyard（『錬金術』），p. 45.
註392.　Paracelsus : De vita longa（『長生について』），Lib. IV, Ch. VI. CW（『ユング全集』）13 § 173 n. 17.
註393.　Artis aurif.（『化学と呼ばれる錬金の術』），II，p. 180.
註394.　The Crowne of Nature（『自然の王冠』），p. 35.
註395.　Turba（『賢者の群』），pp. 122-123.

321-324ページ

図224.　Anatomiae auri（『黄金の解剖学』），pars V，p. 20（M. Merian after Pandora『パンドラ』，pp. 42, 45, 48）.
図225.　Fludd, R. : Integrum morborum mysterium...（『未知の病の神秘』）. Frankfort, 1631. M・メリアンによる扉の図版。
図226.　Mus. herm.（『ヘルメス博物館』），p. 402. Waite（『増補ヘルメス博物館』），I，p. 333（M. Merian after Grossen Stein『太古の大いなる石について』，p. 51）.
図227.　Bibl. chem.（『神秘化学論集』），I，p. 938.
註396.　Pandora（『パンドラ』），p. 44.
註397.　Mus. herm.（『ヘルメス博物館』），p. 403. Waite（『増補ヘルメス博物館』），I，p. 334.
註398.　Ibid., p. 404. Ibid., p. 335.

329-334ページ

図228.　Barchusen（『化学の元素』），plates 44-47, pp. 509-510.
図229.　『哲学者の薔薇園』の木版画、1550年。ユングの分析は CW（『ユング全集』）16 § 494-524にある。
図230.　Phil. ref.（『改革された哲学』），p. 262（図229に基づくB・シュヴァーンの版画）.
図231.　ワシントンのカーネギー協会発生学部門による写真。
註399.　Artis aurif.（『化学と呼ばれる錬金の術』），II，p. 184.
註400-402.　Ibid., p. 185.
註403.　Ibid., p. 186.
註404.　Ibid., pp. 184-185.

334-339ページ

図232.　Phil. ref.（『改革された哲学』），p. 190（B. Schwan）.
図233.　At. fugiens（『アトランタの逃走』），emblema VII（M. Merian）. Jong（『ミヒャエル・マイアーのアトランタの逃走』），pp. 88-94.
図234.　Mus. herm.（『ヘルメス博物館』），p. 355. Waite（『増補ヘルメス博物館』），I，p. 289（M. Merian after Buntz『ドイツ錬金術論集』，p. 125）.
図235.　Ibid., p. 357. Ibid., p. 291（M. Merian after Buntz『ドイツ錬金術論集』，p. 127）.
註405.　Ibid., p. 354. Ibid., p. 290. Buntz（『ドイツ錬金術論集』），126.
註406.　Ibid., p. 356. Ibid., p. 290. Buntz（『ドイツ錬金術論集』），128.
註407.　Pret. marg.（『新しい貴重な真珠』），pp. 256-257, 262.
註408.　Theatr. chem.（『化学の劇場』），V，p. 219.
註409.　Ibid., p. 229. CW（『ユング全集』）14 § 372.
註410.　Berthelot（『古代ギリシア錬金術論集』），III, p. xxviii. Franz, p. 365.

註411.　Grasseus : Arca arcani（『秘密の箱』）. Theatr. chem.（『化学の劇場』）, V, p. 314. CW（『ユング全集』）12 § 518 n. 6.

註412.　Aurora consurgens（『立ち昇る曙光』）, pp. 63-65.

註413.　Mus. herm.（『ヘルメス博物館』）, p. 357. Waite（『増補ヘルメス博物館』）, I, p. 291. Buntz（『ドイツ錬金術論集』）, p. 127.

340-344ページ

図236.　Phil. ref.（『改革された哲学』）, p. 216（B. Schwan）.

図237.　Symbola aureae（『黄金の象徴』）, p. 57. マリア・プロフェティサについてのユングの分析は CW（『ユング全集』）12 § 209にある。

図238.　Phil. ref.（『改革された哲学』）, p. 361（B. Schwan after Occulta philosophia『オカルト哲学について』, p. 65）.

図239.　At. fugiens（『アトランタの逃走』）, emblema VIII（M. Merian）. Jong（『ミヒャエル・マイアーのアトランタの逃走』）, pp. 95-100.

註414.　Barnaud : Commentarium（『覚書き』）. Theatr. chem.（『化学の劇場』）, III, pp. 847ff. CW（『ユング全集』）14 § 66.

註415.　Ventura : De ratione conficiendi lapidis（『石の製法について』）. Theatr. chem.（『化学の劇場』）, II, pp. 292f. CW（『ユング全集』）14 § 179-180.

註416.　Symbola aureae（『黄金の象徴』）, p. 57.

註417.　Theatr. chem.（『化学の劇場』）, V, p. 257.

註418.　Ibid., p. 258. Franz（『立ち昇る曙光』）, p. 348.

註419.　Viridarium（『化学の庭園』）, fig. XC.

註420-421.　At. fugiens（『アトランタの逃走』）, pp. 41, 42-43.

347-351ページ

図240.　Barchusen（『化学の元素』）, p. 510.

図241.　『哲学者の薔薇園』の木版画、1550年。ユングの分析は CW（『ユング全集』）16 § 525-537にある。

図242.　Phil. ref.（『改革された哲学』）, p. 262（図241に基づくB・シュヴァーンの版画）.

図243.　ワシントンのカーネギー協会発生学部門による写真。

註422.　Artis aurif.（『化学と呼ばれる錬金の術』）, II, p. 192.

註423.　Phil. ref.（『改革された哲学』）, p. 20. CW（『ユング全集』）14 § 320.

註424.　Artis aurif.（『化学と呼ばれる錬金の術』）, II, pp. 190-192.

353-357ページ

図244.　Pandora（『パンドラ』）, p. 215.

図245-246.　Pret. marg.（『新しい貴重な真珠』）, pp. 46-47.

図247.　Pandora（『パンドラ』）, p. 211.

註425.　Kaplan, Bert : The Inner World of Mental Illness（『精神病の心の世界』）. New York, 1964, p. 88.

註426-427.　Theatr. chem.（『化学の劇場』）, V, pp. 219, 229.

註428-430.　Pandora（『パンドラ』）, p. 214.

註431-432.　Ibid., p. 210.

註433.　Pret. marg.（『新しい貴重な真珠』）, pp. 46-47.

註434.　リプリイの Cantilena（『カンティレーナ』）は CW（『ユング全集』）14 § 368-463に収録されて、分析されている。

360-363ページ

図248-253.　Splendor solis（『太陽の光彩』）, plates 13-18.

註435-440.　Aureum vellus（『金羊毛』），pp. 190-195.

363-368ページ

図254.　Bibl. chem.（『神秘化学論集』），Ⅰ，p. 938.

図255.　Boschius（『象徴学』），Class. Ⅲ, Tab. 36.

図256.　Mus. herm.（『ヘルメス博物館』），p. 405. Waite（『増補ヘルメス博物館』），Ⅰ，p. 335（engraving after Grossen Stein『太古の大いなる石について』，p. 57）.

図257.　At. fugiens（『アトランタの逃走』），emblema ＸⅡ（M. Merian）. Jong（『ミヒャエル・マイアーのアトランタの逃走』），pp. 119-124.

註441.　Turba（『賢者の群』），pp. 303-304.

註442.　Berthelot（『古代ギリシア錬金術論集』），Ｖ，ｖ，6. CW（『ユング全集』）12 § 209.

註443.　Jung CW（『ユング全集』）16 § 526を見よ。

註444.　Artis aurif.（『化学と呼ばれる錬金の術』），Ⅱ，p. 185.

註445.　Mus. herm.（『ヘルメス博物館』），pp. 405-406. Waite（『増補ヘルメス博物館』），Ⅰ，pp. 336-337.

註446.　At. fugiens（『アトランタの逃走』），pp. 58-59.

註447.　Pordage, John : Philosophisches Send-Schreiben vom Stein der Weisen（『賢者たちの石についての哲学的書簡』）. Deutsches Theatr. chem.（『ドイツの化学の劇場』），Ⅰ，p. 583. CW（『ユング全集』）16 § 515.

369-373ページ

図258.　Symbola aureae（『黄金の象徴』），p. 509.

図259.　Bibl. chem.（『神秘化学論集』），Ⅰ，p. 938.

図260.　Phil. ref.（『改革された哲学』），p. 96（B. Schwan）.

図261.　Ibid., p. 117（B. Schwan）.

註448.　Song of Songs（『雅歌』）6：10. このくだりはさまざまな文書で引用され、Aurora consurgens（立ち昇る曙光）の標題をそえられることが多い。

註449.　〔Melchior : 〕Addam et processum sub forma missae（『アダムとミサの形をかりた過程』），a Nicolao〔Melchior〕Cibenensi. Theatr. chem.（『化学の劇場』），Ⅲ，p. 853. CW（『ユング全集』）12 § 480.

註450.　Ibid., p. 853. ユングは CW（『ユング全集』）11 § 414で個性化の儀式としてミサを解釈している。

註451.　Symbola aureae（『黄金の象徴』），p. 509.

註452.　Jung CW（『ユング全集』）11 § 290.

註453.　Theatr. chem.（『化学の劇場』），Ｖ，p. 228. CW（『ユング全集』）14 § 319, 630.

註454.　Ibid., Ｖ，p. 231.

註455.　Artis aurif.（『化学と呼ばれる錬金の術』），Ⅱ，p. 221. CW（『ユング全集』）14 § 154 n. 181.

377-382ページ

図262.　Barchusen（『化学の元素』），plates 48-51, pp. 510-512.

図263.　『哲学者の薔薇園』の木版画、1550年。

図264.　Phil. ref.（『改革された哲学』），p. 262（図263に基づくＢ・シュヴァーンの版画）.

図265.　Ibid., p. 107（B. Schwan）.

註456.　Penotus : De medicamentis chemicis（『化学の薬剤について』）. Theatr. chem.（『化学の劇場』），1659, Ⅰ，p. 601. CW（『ユ

ング全集』）13 § 279.
註457.　Artis aurif.（『化学と呼ばれる錬金の術』），II，p. 198.
註458-460.　Ibid., pp. 199-200.
註461.　Theatr. chem.（『化学の劇場』），V，pp. 232-233. CW（『ユング全集』）16 § 403.

382-388ページ

図266.　At. fugiens（『アトランタの逃走』），emblema VI（M. Merian）. Jong（『ミヒャエル・マイアーのアトランタの逃走』），pp. 81-87.
図267.　Phil. ref.（『改革された哲学』），p. 126（B. Schwan）.
図268-270.　ワシントンのカーネギー協会発生学部門による写真。
註462.　Artis aurif.（『化学と呼ばれる錬金の術』），II，p. 200.
註463-464.　At. fugiens（『アトランタの逃走』），p. 33.
註465.　Theatr. chem.（『化学の劇場』），V，p. 224. CW（『ユング全集』）14 § 630.
註466.　Ibid., p. 231. CW（『ユング全集』）14 § 319 and 630.
註467.　Mus. herm.（『ヘルメス博物館』），p. 694. Waite（『増補ヘルメス博物館』），II，pp. 194-195.
註468.　引用の典拠は次のものである。March, R. and Tambimuttu : A Symposium for T. S. Eliot（『T・S・エリオットの饗宴』）. London, 1948, p. 134.

387-393ページ

図271.　Barchusen（『化学の元素』），p. 512.
図272.　Mus. herm.（『ヘルメス博物館』），p. 407. Waite（『増補ヘルメス博物館』），I，p. 337（engraving after Grossen Stein『太古の大いなる石について』，p. 62）.

図273.　Phil. ref.（『改革された哲学』），p. 262（図274に基づくB・シュヴァーンの版画）.
図274.　『哲学者の薔薇園』の木版画、1550年。
註469-470.　Artis aurif.（『化学と呼ばれる錬金の術』），II，p. 206.
註471.　Ibid., p. 207.
註472.　Ibid.，I，p. 188. CW（『ユング全集』）14 § 23 n. 161.
註473.　Ibid.，II，pp. 207-208.
註474.　Mus. herm.（『ヘルメス博物館』），pp. 408-409. Waite（『増補ヘルメス博物館』），I，pp. 338-339.
註475.　At. fugiens（『アトランタの逃走』），p. 51.

392-397ページ

図275.　Bibl. chem.（『神秘化学論集』），I，p. 938.
図276.　Dyas chymica（『三分割された化学の両面』），plates 9 and 4（M. Merian）.
図277.　Zadith Senior : De chemia Senioris...（『セニオルの化学について』）. Strasbourg, 1566, verso of frontipiece.
図278.　At. fugiens（『アトランタの逃走』），emblema XLIII（M. Merian）. Jong（『ミヒャエル・マイアーのアトランタの逃走』），pp. 268-272.
図279.　Libavius, Andreas : Alchymia... recognita, emendata et aucta（『錬金術』）. Frankfort, 1606. 扉の木版画。
註476.　Ibid., Commentarium（『覚書き』），part II, pp. 55 f.
註477.　Symbola aureae（『黄金の象徴』），p. 200. CW（『ユング全集』）14 § 2.
註478-484.　Theatr. chem.（『化学の劇場』），V，p. 219. CW（『ユング全集』）14 § 560.

398-400ページ

図280.　Phil. ref.（『改革された哲学』），p. 281（図281に基づくＢ・シュヴァーンの版画）．
図281.　『哲学者の薔薇園』の木版画、1550年。
図282.　Durer, Albrecht : Melancholia（『メランコリア』）．
註485.　Artis aurif.（『化学と呼ばれる錬金の術』），II，p. 212.
註486.　Ibid., pp. 212-213.
註487.　Viridarium（『化学の庭園』），fig. LXXIII.

402-406ページ

図283.　Barchusen（『化学の元素』），p. 512.
図284.　Hyginus（『神話伝説の書』），p. 90.
図285.　Mus. herm.（『ヘルメス博物館』），p. 409. Waite（『増補ヘルメス博物館』），I，p. 339（engraving after Grossen Stein『太古の大いなる石について』，p. 66）．
図286.　Barth, L. G. : Embryology（『発生学』）．New York, 1953. 表紙の写真。
註488.　Mus. herm.（『ヘルメス博物館』），pp. 409-410. Waite（『増補ヘルメス博物館』），I，pp. 339-340 and 343.
註489.　Morrish, Furze: Outline of Astro-Psychology（『占星心理学の概要』）．London, 1952, pp. 264-265.
註490.　Havemann, Ernest and Editors of Life : Birth Control（『受胎調節』）．New York, 1967, p. 83.

409-414ページ

図287.　Barchusen（『化学の元素』），p. 512.
図288.　『哲学者の薔薇園』の木版画、1550年。
図289.　Phil. ref.（『改革された哲学』），p. 281（図288に基づくＢ・シュヴァーンの版画）．
図290.　Splendor solis（『太陽の光彩』），plate 19.
註491-492.　Artis aurif.（『化学と呼ばれる錬金の術』），II，pp. 215-216.
註493.　Gray（『錬金術師ゲーテ』），p. 78.
註494.　Dante : Purgatory（『煉獄篇』）IX : 20-49.
註495.　Artis aurif.（『化学と呼ばれる錬金の術』），II，p. 222. CW（『ユング全集』）13 § 272.
註496.　Aureum vellus（『金羊毛』），p. 196.
註497.　Aurora consurgens（『立ち昇る曙光』），p. 51.

414-418ページ

図291.　Barchusen（『化学の元素』），p. 512.
図292.　『哲学者の薔薇園』の木版画、1550年。
図293.　Phil. ref.（『改革された哲学』），p. 281（図292に基づくＢ・シュヴァーンの版画）．
図294.　ダニエル・ペトルッチ博士による写真。ボローニャ大学。
註498.　Artis aurif.（『化学と呼ばれる錬金の術』），II，p. 223.
註499.　Geber（『ゲベルの錬金術』），pp. 166-167.
註500.　Artis aurif.（『化学と呼ばれる錬金の術』），II，pp. 223-224.
註501.　Mus. herm.（『ヘルメス博物館』），p. 352. Waite（『増補ヘルメス博物館』），I，p. 286. Buntz（『ドイツ錬金術論集』），p. 124.
註502.　Eleazar（『太古の化学作業』），p. 63.

420-424ページ

図295.　Chevalier, Sabine Stuart de : Discours philosophique (『哲学講話』). Paris, 1781. No pagination.

図296.　Mus. herm. (『ヘルメス博物館』), p. 415. Waite (『増補ヘルメス博物館』), I, p. 344 (engraving after Grossen Stein『太古の大いなる石について』, p. 70).

図297.　Phil. ref. (『改革された哲学』), p. 96 (B. Schwan after Grossen Stein『太古の大いなる石について』, p. 70).

註503.　Mus. herm. (『ヘルメス博物館』), pp. 415-416. Waite (『増補ヘルメス博物館』), I, pp. 344-345.

註504.　Chevalier, Sabine Stuart de : op. cit., p. 203.

註505.　Berthelot (『古代ギリシア錬金術論集』), III, vi, 18.

註506.　Jung CW (『ユング全集』) 13 § 270.

424-431ページ

図298.　At. fugiens (『アトランタの逃走』), emblema XXIII (M. Merian). Jong (『ミヒャエル・マイアーのアトランタの逃走』), pp. 181-186.

図299.　Ibid., emblema XLIX (M. Merian). Jong (『ミヒャエル・マイアーのアトランタの逃走』), pp. 304-309.

図300.　『哲学者の薔薇園』の木版画、1550年。

図301.　Phil. ref. (『改革された哲学』), p. 281 (図300に基づくB・シュヴァーンの版画).

図302.　Eleazar (『太古の化学作業』) の索引のあとに挿入された版画7番。アブラハム・エレアザル、あるいはユダヤ人アブラハムの『太古の化学作業』は1735年にエルフルトで出版された。これは贋作だが、ニコラ・フラメルのいう秘密に包まれた『ユダヤ人アブラハムの書』だとされている (447-453ページの註を見よ)。

註507.　At. fugiens (『アトランタの逃走』), p. 205.

註508.　Ibid., pp. 206-207.

註509-510.　Artis aurif. (『化学と呼ばれる錬金の術』), II, pp. 229, 230.

註511-512.　Ibid., p. 234.

註513.　図302の左上の隅にあるドイツ語の銘刻文。

註514-515.　Eleazar (『太古の化学作業』), pp. 108, 110.

註516.　At. fugiens (『アトランタの逃走』), p. 103.

429-430ページ

図303.　Balduinus, Christianus Adolphus : Aurum... hermeticum (『ヘルメスの黄金』). Amsterdam, 1675, frotispiece.

図304.　Vreeswyck, Goosen van : De Roode Leeuw (『赤いライオン』). Amsterdam, 1672, p. 169.

図305.　Janitor pansophus (『万有知識の門番』), fig. IV. Mus. herm. (『ヘルメス博物館』), final page (M・メリアンの署名が右下の隅にある). Waite (『増補ヘルメス博物館』), II, p. 309.

437-441ページ

図306.　Barchusen (『化学の元素』), p. 512.

図307.　『哲学者の薔薇園』の木版画、1550年。

図308.　Phil. ref. (『改革された哲学』), p. 300 (図307に基づくB・シュヴァーンの版画).

図309.　Shettles, Landrum B. : Ovum humanum (『人間の卵』). Munich and Berlin, 1960, fig. 9.

註517.　月の山と太陽の山については、次のものを見よ。Rosinus ad Euticiam (『ロシヌスよりサラタンタ司教へ』). Artis aurif. (『化学

と呼ばれる錬金の術』), I, p. 163.
註518.　Artis aurif. (『化学と呼ばれる錬金の術』), II, p. 237.
註519.　Ibid., pp. 237-238.
註520.　Ibid., pp. 235-236.

442-448ページ

図310-319.　Janitor pansophus (『万有知識の門番』), fig. III. Mus. herm. (『ヘルメス博物館』), final leaf but one in book. Waite (『増補ヘルメス博物館』), II, p. 307 (M. Merian).
図320.　Summum bonum (『最高善』). 扉の図版 (M. Merian).
図321.　Mus. herm. (『ヘルメス博物館』), p. 418. Waite (『増補ヘルメス博物館』), I, p. 346 (engraving after Grossen Stein『太古の大いなる石について』, p. 76).
註521.　Jurain, Abtala : Hyle und Coahyl (『物質』). エチオピア語からラテン語、ラテン語からドイツ語への翻訳は、ヨハンネス・エリアス・ミューラーによる。Hamburg, 1732, ch. VIII, pp. 52 ff. CW (『ユング全集』) 12 § 347.
註522.　Hippolytus : Elenchos (『論駁』), VIII, 17, 1. CW (『ユング全集』) 14 § 32 n. 221.
註523.　Mus. herm. (『ヘルメス博物館』), pp. 418-419. Waite (『増補ヘルメス博物館』), I, pp. 347-348.
註524.　図319の　Janitor pansophus (『万有知識の門番』) における銘刻文。
註525.　Dante : Paradiso (『天国篇』) XXXI : 27.

447-453ページ

図322.　Aureus tractatus de philosophorum lapide (『哲学者の石に関する黄金論集』), frontispiece. Mus. herm. (『ヘルメス博物館』), opposite p. 1. Waite (『増補ヘルメス博物館』), I, p. 4 (M. Merian).
図323.　Hyginus (『神話伝説の書』), p. 91.
図324.　I. M. D. R. : Bibliotheque des philosophes chimiques (『錬金哲学者論集』). Paris, 1741, II, p. 195.
註526.　図322の下に印刷された詩。
註527.　フラメルの自伝によれば、『ユダヤ人アブラハムの書』は「フロレンス金貨二枚で手に入った、きわめて古びた大冊で、表紙には金箔押しがほどこされていた」という。「他の書物のように紙や羊皮紙ではなく、柔らかい若木の繊細な樹皮でつくられていた (わたしにはそう思えた)。表紙は真鍮で、文字や不思議な図が彫りこまれていた」。Taylor, F. Sherwood : The Alchemists (『錬金術師』). New York, 1962, p. 127. 『ユダヤ人アブラハムの書』は中世の錬金術がカッバーラーの影響を受けたことを示している。
註528-531.　Taylor, F. Sherwood : op. cit., pp. 129, 127, 129.

450-455ページ

図325.　Bibl. chem. (『神秘化学論集』), I, p. 938.
図326.　Phil. ref. (『改革された哲学』), p. 361 (B. Schwan after Occulta philosophia『オカルト哲学について』, p. 67).
図327.　Ibid., p. 167 (B. Schwan).
図328.　Ibid., p. 126 (B. Schwan).
註532-534.　Taylor, F. Sherwood : op. cit., pp. 128-129, 127.
註535.　Occulta philosophia (『オカルト哲学について』), pp. 67-68. CW(『ユング全集』) 14 § 296. CW (『ユング全集』) 13 § 280.

459-463ページ

図329.　Barchusen（『化学の元素』），p. 512.

図330.　『哲学者の薔薇園』の木版画、1550年。

図331.　Phil. ref.（『改革された哲学』），p. 300（図330に基づくＢ・シュヴァーンの版画）.

図332-334.　Ｒ・Ｇ・エドワーズ医師の撮影した写真。Scientific American（『サイエンティフィック・アメリカン』），August 1966, pp. 76-77.

註536-538.　Artis aurif.（『化学と呼ばれる錬金の術』），II，pp. 240-241.

465-469ページ

図335.　Barchusen（『化学の元素』），plates 72-75，p. 512.

図336.　『哲学者の薔薇園』の木版画、1550年。

図337.　Phil. ref.（『改革された哲学』），p. 167（B. Schwan）.

図338.　Ibid., p. 300（図336に基づくＢ・シュヴァーンの版画）.

註539.　Artis aurif.（『化学と呼ばれる錬金の術』），II，pp. 247-248. CW（『ユング全集』）16 § 495.

註540.　Pordage, John : Philosophisches Send-Schreiben（『賢者たちの石についての哲学的書簡』）. Deutsches Theatr. chem.（『ドイツの化学の劇場』），Ｉ，p. 585 CW（『ユング全集』）16 § 516-517.

註541.　次のものを見よ。Jung CW（『ユング全集』）14 § 15, 163, 238, 355, 373, 419. CW（『ユング全集』）12 § 26, 335, 420.

470-473ページ

図339.　Janitor pansophus（『万有知識の門番』），fig. II. Mus. herm.（『ヘルメス博物館』），leaf inserted at the end of book. Waite（『増補ヘルメス博物館』），II，p. 305（M. Merian）.

図340.　Bibl. chem.（『神秘化学論集』），Ｉ，p. 69.

図341.　Phil. ref.（『改革された哲学』），p. 126（B. Schwan）.

図342.　Mus. herm.（『ヘルメス博物館』），p. 420. Waite（『増補ヘルメス博物館』），Ｉ，p. 348（engraving after Grossen Stein『太古の大いなる石について』，p. 92）.

註542.　Janitor pansophus（『万有知識の門番』）. 図IIの解説。Waite（『増補ヘルメス博物館』），II，p. 315.

註543.　Phil. ref.（『改革された哲学』），p. 92. CW（『ユング全集』）14 § 462 n. 272.

474-477ページ

図343.　At. fugiens（『アトランタの逃走』），emblema XXVII（M. Merian）. Jong（『ミヒャエル・マイアーのアトランタの逃走』），pp. 201-206.

図344.　Phil. ref.（『改革された哲学』），p. 216（B. Schwan）.

図345.　At. fugiens（『アトランタの逃走』），emblema XXXVI（M. Merian）. Jong（『ミヒャエル・マイアーのアトランタの逃走』），pp. 243-247.

図346.　Ibid., emblema XVIII（M. Merian）. Jong（『ミヒャエル・マイアーのアトランタの逃走』），pp. 152-154.

註544.　Mus. herm.（『ヘルメス博物館』），pp. 420-422. Waite（『増補ヘルメス博物館』），Ｉ，pp. 348-349.

註545.　Dorn : Philosophia meditativa（『瞑想の哲学』）. Theatr. chem.（『化学の劇場』），Ｉ，pp. 456-458. CW（『ユング全集』）14 § 114.

註546.　At. fugiens（『アトランタの逃走』），p. 117.

註547.　Rosarium（『哲学者の薔薇園』）. Artis aurif.（『化学と呼ばれる錬金の術』），1572，II，p. 307. これが図版の典拠である。Jong（『ミヒャエル・マイアーのアトランタの逃走』）の203ページを見よ。

註548.　At. fugiens（『アトランタの逃走』），p. 118.

註549.　Symbola aureae（『黄金の象徴』），p. 336. CW（『ユング全集』）14 § 536. CW（『ユング全集』）12 § 421.

註550-551.　At. fugiens（『アトランタの逃走』），pp. 153, 154.

477-483ページ

図347.　Splendor solis（『太陽の光彩』），plate 20.

図348.　At. fugiens（『アトランタの逃走』），emblema XXXV（M. Merian）. Jong（『ミヒャエル・マイアーのアトランタの逃走』），pp. 239-242.

図349.　Symbola aureae（『黄金の象徴』），p. 555.

註552.　Artis aurif.（『化学と呼ばれる錬金の術』），I，p. 198. Jong（『ミヒャエル・マイアーのアトランタの逃走』），p. 245.

註553.　Turba（『賢者の群』），p. 122.

註554-555.　Aureum vellus（『金羊毛』），p. 198. Jung CW（『ユング全集』）§ 302.

註556.　At. fugiens（『アトランタの逃走』），p. 149.

註557.　Symbola aureae（『黄金の象徴』），p. 555.

註558.　Mus. herm.（『ヘルメス博物館』），pp. 176-177. Waite（『増補ヘルメス博物館』），I，pp. 144-145. ＬＳＤにおける哲学者の園については、Cohen（『内なる彼方』）の168-169ページを見よ。ＬＳＤの天の園の絵画表現はマーティン・ケアリイの Celebration : the Rose（『祝典――薔薇』）に見いだされるが、これは次のものに掲載されている。Masters, R. E. and Houston, Jean : Psychedelic Art（『サイケデリック・アート』）. London, 1968, p. 65.

註559.　Aurora consurgens（『立ち昇る曙光』），pp. 141-143.

註560.　Mus. herm.（『ヘルメス博物館』），pp. 218-219. Waite（『増補ヘルメス博物館』），I，pp. 177-178.

481-485ページ

図350.　Thomas Aquinas : De Alchimia（『錬金術について』），fol. 99. Leyden. Rijksuniversiteit Beibliotheek. Codex Vossianus 29.

図351.　Shettles, Landrum B. : Ovum humanum（『人間の卵』），fig. 1.

図352.　ヨハンネス・ファブリキウス作成の図表。

489-496ページ

図353.　Barchusen（『化学の元素』），p. 512.

図354.　『哲学者の薔薇園』の木版画、1550年。

図355.　Phil. ref.（『改革された哲学』），p. 300（図354に基づくＢ・シュヴァーンの版画）.

図356.　At. fugiens（『アトランタの逃走』），emblema XLIV. Merian）. Jong（『ミヒャエル・マイアーのアトランタの逃走』），pp. 273-278.

註561-562.　Artis aurif.（『化学と呼ばれる錬金の術』），II，pp. 252, 248.

註563.　Symbola aureae（『黄金の象徴』），p. 169.

註564.　『ボローニャの謎』は Jung CW（『ユング全集』）14 § 51に掲載されている。ユングの解釈は § 52-103にある。

註565.　The Crowne of Nature（『自然の王冠』），pp. 66-67.

註566.　Artis aurif.（『化学と呼ばれる錬金の術』），II，p. 249.　CW（『ユング全集』）14 § 15 and 216.

495-501ページ

図357.　At. fugiens（『アトランタの逃走』），emblema X（M. Merian）. Jong（『ミヒャエル・マイアーのアトランタの逃走』），pp. 107-112.

図358.　Henkel, J. F. : Unterricht von der Mineralogie（『鉱物学講義』）. Dresden, 1747, frontispiece.

図359.　Cartari, Vincenzo : Le imagini de gli dei（『神々の像』）. Padua, 1608, p. 38.

註567.　Dorn : Physical Trismegisti（『トリスメギストスの自然学』）. Theatr. chem.（『化学の劇場』），I，p. 431.　CW（『ユング全集』）14 § 293.

註568.　At. fugiens（『アトランタの逃走』），p. 49.

註569-570.　Green, Ceila:Out-of-the-Body Experiences（『肉体離脱体験』）. London, 1968, p . 39.

註571-573.　Ibid., p. 119.

註574-576.　Ibid., pp. 86, 119, 86.

註577.　Masters and Houston（『サイケデリック体験の多様性』），pp. 86-87.

註578.　偽デモクリトスの命題はさまざまな形で引用されているが、原文を忠実に翻訳すると次のようになる。「自然は自然の内に喜び、自然は自然を征服し、自然は自然を支配する」。Berthelot（『古代ギリシア錬金術論集』），II，i，3.　CW（『ユング全集』）14 § 21 n. 152.

502-507ページ

図360.　Das Buch der Heiligen Dreifaltigkeit（『聖なる三位一体の書』）. Munich. Staatsbibliothek. Codex Germanicus 598, fol. 24 r.

図361.　Pandora（『パンドラ』），p. 241.

図362.　Boschius（『象徴学』），Class. III, Tab. 44.

図363.　Das Buch der Heiligen Dreifaltigkeit（『聖なる三位一体の書』）. Codex Germanicus 598, fol. 81 r.

図364.　Boschius（『象徴学』），Class. III, Tab. 7.

註579.　Das Buch der Heiligen Dreifaltigkeit（『聖なる三位一体の書』）. Codex Guelf. 468 f. 169 ra f.

註580.　Bibl. chem.（『神秘化学論集』），II，ch. VI, pp. 29 ff.　CW（『ユング全集』）12 § 462.

註581.　（本文に註記されているがこの註では脱落している）

508-511ページ

図365.　Splendor solis（『太陽の光彩』），plate 22.

図366.　Iconum Biblicarum（『聖書の聖像』）. Strasbourg, 1630, pars III, p. 159（M. Merian）.

図367.　Mus. herm.（『ヘルメス博物館』），p. 422.　Waite（『増補ヘルメス博物館』），I，p. 350（engraving after Grossen Stein『太古の大いなる石について』，P. 97）.

註582.　Ibid., pp. 422-423.　Waite（『増補ヘルメス博物館』），I，pp. 350-351.

註583.　Aureum vellus（『金羊毛』），p. 200.

註584.　Ibid., p. 202.

註585.　Artis aurif.（『化学と呼ばれる錬金の術』），II，p. 250.　CW（『ユング全集』）13 § 283 n. 11.

註586.　Ibid., p. 249.

註587.　次のものを見よ。Lilly, J. C. : The Center of Cyclone（『サイクロンの中心』）. New York, 1972.

註588.　Ibid., pp. 25-27.

512-516ページ

図368.　Mus. herm.（『ヘルメス博物館』）, p. 343. Waite（『増補ヘルメス博物館』）, I, p. 277（M. Merian after Buntz『ドイツ錬金術論集』, p. 113）.

図369.　At. fugiens（『アトランタの逃走』）, emblema XLVI（M. Merian）. Jong（『ミヒャエル・マイアーのアトランタの逃走』）, pp. 282-285.

図370.　Ibid., emblema XXII（M. Merian）. メリアンが本文からはなれるのは図版だけで、ここではアルベドの白色化過程をあつかっている。水槽で泳ぐ二匹の魚によって示されているように、図版のモチーフは作業の最終段階に属するものである。この関係はヨンも強調しており、エピグラムの最後の一節――「鱒（魚）をそれ自身の液体で溶かすべし」――が、金は鱒の腸に見いだされるという信仰にふれたものであることを指摘している。

図371.　Utriusque cosmi（『両宇宙誌』）, II, tractatus primus, p. 71（M. Merian）.

註589.　Mus. herm.（『ヘルメス博物館』）, p. 342. Waite（『増補ヘルメス博物館』）, I, p. 276. Buntz（『ドイツ錬金術論集』）, p. 114. 次のものを参照せよ。Senior : Theatr. chem.（『化学の劇場』）V, p. 222. CW（『ユング全集』）14 § 164.

註590.　Lagneus : Harmonia chemica（『化学の調和』）. Theatr. chem.（『化学の劇場』）, 1659, IV, p. 726. Jong（『ミヒャエル・マイアーのアトランタの逃走』）, p. 181.

註591.　Pordage, John : Philosophisches Send-Schreiben（『賢者たちの石についての哲学的書簡』）. Deutsches Theatr. chem.（『ドイツの化学の劇場』）, I, pp. 585-588. CW（『ユング全集』）16 § 516-517.

註592.　Theatr. chem.（『化学の劇場』）I, p. 681. CW（『ユング全集』）14 § 295.

註593.　At. fugiens（『アトランタの逃走』）, p. 193.

515-521ページ

図372.　Utriusque cosmi（『両宇宙誌』）, I, p. 49（M. Merian）.

図373.　Boschius（『象徴学』）, Class. III, Tab. 10.

図374.　Anatomiae auri（『黄金の解剖学』）, pars V, p. 26（M. Merian after Pandora『パンドラ』, p. 243）.

註594.　Psychiatry（『精神医学』）, vol. 35, May 1972, p. 175.

註595.　Ibid., p. 178.

註596.　引用は次のものによる。Toynbee, Arnold and others : Man's Concern with Death（『人の死について』）. London, 1968, p. 197.

註597.　Alpert, Richard and Cohen, Sidney : LSD. New York, 1966, p. 27.

註598.　Caldwell（『ＬＳＤ精神療法』）, p. 87.

註599.　Muldoon, Sylvan J. and Carrington, Hereward : The Projection of the Astral Body（『星気体の投影』）. London, 1971, pp. 45 and 84.

註600.　At. fugiens（『アトランタの逃走』）, p. 191.

525-530ページ

図375.　At. fugiens（『アトランタの逃走』）, emblema XLV（M.

Merian). Jong (『ミヒャエル・マイアーのアトランタの逃走』), pp. 278-282.

図376. Schulz, Godfred : Scrutinium cinnabarium seu triga cinnabriorum (『辰砂の研究』). Halle, 1680, frontispiece.

図377. Medicina catholica (『万能薬』), preface, no pagination (M. Merian).

図378. Respurs, P. M. von : Besondere Versuche vom Mineral-Geist (『鉱物の霊に関する特別な実験』). Leipzig, 1772, frontispiece.

註601. At. fugiens (『アトランタの逃走』), p. 189.

註602. Tractatus aureus (『黄金論集』), ch. II. Ars chemica (『化学の術』), p. 15. CW (『ユング全集』) 14 § 117.

註603. Turba (『賢者の群』), p. 130.

註604. Artis aurif. (『化学と呼ばれる錬金の術』), II, p. 186. 151ページも見よ。「術の根本は太陽とその影なり」。

註605. Jung CW (『ユング全集』) 13 § 160, 188. 205-207ページを見よ。

註606. Green, C. : Out-of-the-Body Experiences (『肉体離脱体験』), p. 78.

註607. Muldoon, S. and Carrington, H. : The Phenomena of Astral Projection (『星気体投影の現象』). London, 1969, pp. 105-107.

註608. Ibid., pp. 107-108.

532-536ページ

図379. Mylius, J. D. : Opus medico-chymicum (『医療化学の働き』). Frankfort, 1618. Tractatus II, pars secunda huius praefationis, no pagination (M. Merian).

図380. Utriusque cosmi (『両宇宙誌』), I, p. 19 (M. Merian).

図381. Phil. ref. (『改革された哲学』), p. 167 (B. Schwan).

註609. Jung : Memories (『ユング自伝』), p. 299.

註610. Ibid., pp. 289-290.

註611. Ibid., pp. 293-295.

註612. Ibid., pp. 295-296.

536-540ページ

図382. At. fugiens (『アトランタの逃走』), emblema XXI (M. Merian). Jong (『ミヒャエル・マイアーのアトランタの逃走』), pp. 166-176.

図383. Theatr. chem. britannicum (『イギリスの化学の劇場』), p. 117 (ジョージ・リプリイの原図を基にしたジョン・ゴダードの版画).

註613. Artis aurif. (『化学と呼ばれる錬金の術』), II, pp. 169-170. CW (『ユング全集』) 12 § 167.

註614. Bonus, Petrus : Pretiosa margarita novella (『新しい貴重な真珠』). Edited by Janus Lacinius. Venice, 1546, pp. 119 ff. Franz (『立ち昇る曙光』), p. 366.

註615. At. fugiens (『アトランタの逃走』), p. 95.

註616-617. Green, C. : Out-of-the-Body Experiences (『肉体離脱体験』), pp. 111, 89-90.

註618. Fox, Oliver : Astral Projection (『星気体投影』). N. p. o. p. o. o., p. 44.

註619. Muldoon, S. and Carrington, H. : The Projection of the Astral Body (『星気体の投影』) p. 181.

註620-623. Green, C. : op. cit., pp. 98, 94, 101-103, 112.

註624.　Jung : Memories（『ユング自伝』），pp. 296-297.
註625.　The Teaching of the Compassionate Buddha（ed. E. A. Butt）『仏陀の教え』. New York, 1955, p. 30.

540-544ページ

図384.　Phil. ref.（『改革された哲学』），p. 361（B. Schwan）.
図385.　Ibid., p. 361（B. Schwan after Occulta philosophia『オカルト哲学について』，p. 75）.
図386.　Michaelspacher, emblema IV. 版画に描かれる赤のミサには聖杯の象徴があふれている。高貴なキリストは聖杯神話の血を流すアンフォルタス王に酷似しており、王の主な務めは聖杯の世話をすることである。刺し貫かれた救世主の血を収める聖なる容器は、アリマテアのヨセフによって異国にもたらされ、聖杯を保管するために騎士団が結成された。中世の聖杯探求はその城を発見して、病んだ王を癒そうとする試みである。ヴォルフラム・フォン・エッシェンバッハ（1200年頃）が示したように、この探求は哲学者の石の探求と同一であり、『パルツィファル』における聖杯は聖なる特性と魔力の特性を備えた石である。次のものを見よ。Jung, Emma and Franz, Marie-Louise von : Die Graalslegende in psychologischer Sicht（『心理学から見た聖杯伝説』）. Zurich, 1960, p. 154.
註626.　Occulta philosophia（『オカルト哲学について』），p. 73.
註627-628.　Ibid., pp. 72-74. CW（『ユング全集』）13 § 106.
註629.　Khunrath, Heinrich Corad : Von hylealischen... Chaos（『質料の混沌』）. Magdeburg, 1597, p. 204. CW（『ユング全集』）12 § 165.
註630.　Trevisanus : De chemico miraculo（『驚くべき化学』）. Theatr. chem.（『化学の劇場』），Ⅰ，p. 802. CW（『ユング全集』）14 § 181 n. 315.
註631.　Aurora consurgens（『立ち昇る曙光』），pp. 129-131.

545-549ページ

図387.　Quinta essentia（『第五元』），First Book.
図388.　Dyas chymica（『三分割された化学の両面』），plates 5 and 9.
図389.　Ibid., plate 8（M. Merian）.
図390.　Quinta essentia（『第五元』），Eleventh Book.
註632.　よく繰返される言葉。Phil. ref.（『改革された哲学』），p. 191. CW（『ユング全集』）14 § 4 n. 21.
註633.　Quinta essentia（『第五元』），Eleventh Book.
註634.　Berthelot（『古代ギリシア錬金術論集』），III, viii, 2．ゾシモスの引用。Franz（『立ち昇る曙光』），p. 369.
註635.　Kalid : Liber trium verborum（『三語の書』）. Artis aurif.（『化学と呼ばれる錬金の術』），Ⅰ，p. 227. Franz（『立ち昇る曙光』），p. 370.
註636.　Osis, Karlis : Deathbed Observations by Physicians and Nurses（『医師と看護婦による死の観察』）. New York, 1961, p. 23.
註637.　Ibid., pp. 84-85.
註638.　Ibid., pp. 30-31.
註639.　Ibid., pp. 28-29.

550-554ページ

図391-392.　Bibl. chem.（『神秘化学論集』），Ⅰ，p. 938.
註640.　Osis, Karlis : op. cit., pp. 29-30.
註641.　Ibid., pp. 39-40, 85-86 and 55.

註642. Ibid., p. 89.

註643. 引用の典拠は次のものである。Crookall, Robert : The Supreme Adventure (『至高の冒険』). London, 1961, p. 124.

註644. Artis aurif. (『化学と呼ばれる錬金の術』), II, pp. 249-250.

555-559ページ

図393. At. fugiens (『アトランタの逃走』), emblema XXVI (M. Merian). Jong (『ミヒャエル・マイアーのアトランタの逃走』), pp. 195-201.

図394. Ibid., emblema XVII (M. Merian). Jong (『ミヒャエル・マイアーのアトランタの逃走』), pp. 146-152.

図395. Ibid., emblema IX (M. Merian). Jong (『ミヒャエル・マイアーのアトランタの逃走』), pp. 100-107.

図396. Boschius (『象徴学』), Class. I, Tab. 34.

註645-647. Aurora consurgens (『立ち昇る曙光』), pp. 35-37, 139, 143.

註648. Jung CW (『ユング全集』) 16 § 362.

註649. Masters and Houston (『サイケデリック体験の多様性』), pp. 92-93.

註650. At. fugiens (『アトランタの逃走』), p. 45.

註651. Turba (『賢者の群』), p. 161. Jong (『ミヒャエル・マイアーのアトランタの逃走』), p. 102. CW (『ユング全集』) 14 § 181.

註652. Aurora consurgens (『立ち昇る曙光』), pp. 101-103.

註653-654. At. fugiens (『アトランタの逃走』), pp. 46, 77.

註655. Artis aurif. (『化学と呼ばれる錬金の術』), 1572, II, p. 135.

560-564ページ

図397. Occulta philosophia (『オカルト哲学について』), p. 47.

図398. Albertus Magnus : Philosophia naturalis (『自然哲学』), 1524, title-page.

図399. Libavius, A. : Alchymica (『錬金術』). Frankfort, 1606, Commentarium (『覚書き』), part II, p. 51.

註656. Liber Platonis quartorum (『プラトン四書』). Theatr. chem. (『化学の劇場』), V, pp. 139 and 189. CW (『ユング全集』) 14 § 493 n. 361.

註657. Occulta philosophia (『オカルト哲学について』), p. 47.

註658. Artis aurif. (『化学と呼ばれる錬金の術』), 1572, I, pp. 198-200. CW (『ユング全集』) 9. 2 § 257.

註659. Libavius, A. : op. cit., p. 54. CW (『ユング全集』) 12 § 400.

565-568ページ

図400. Becher, Johann Joachim : Actorum Laboratorii chymici Monacensis, seu Physicae Subterraneae (『ミュンヘン錬金術実験室の記録、あるいは地下世界に関する自然学』). Frankfort, 1669, p. 1.

註660. Braden, William : The Private Sea : LSD and the Search for God (『私的な海――LSDと神の探求』). Chicago, 1968, pp. 195-200.

註661. Eeden, F. van : A Study of Dreams (『夢の研究』). Proceedings of the Society for Psychical Research (『心霊研究協会紀要』), vol. 26, pt. 47.

註662. Green, C. : Lucid Dreams (『澄明な夢』). Oxford, 1968. ジャケットのフラップにある発言。次のものにも引用されている。Man, Myth, and Magic (『人間、神話、魔術』), No. 41, London,

1970.

註663. Philosophia chemica（『化学哲学』）. Theatr. chem.（『化学の劇場』）, I, p. 492. CW（『ユング全集』）12 § 469 n. 113.

註664. Hermes Trismegistus : Tractatus vera aureus（『黄金論集』）. Leipzig, 1610, pp. 262 f. CW（『ユング全集』）12 § 167 n. 44.

註665. Jung CW（『ユング全集』）14 § 275.

571 - 574ページ

図401. Leary, Timothy : High Priest（『大祭司』）. New York, 1968, p. 337. マイケル・グリーンによるペン画。

図402. Psychedelic Review（『サイケデリック・レヴュー』）, No. 10, 1969. First page. Evolution Mandala（『進化曼陀羅』）by Dion Wright.

註666. Leary, Timothy : The Politics of Ecstacy（『恍惚の政策』）. London, 1970, p. 249.

註667-668. Ibid., pp. 24-25.

註669. Grof, Stanislav : Varieties of transpersonal experience : observations from LSD psychotherapy（『超個人的体験の多様性』）. Journal of Transpersonal Psychology, 1973, vol. 5, pp. 62-63.

註670. Caldwell（『LSD精神療法』）, p. 142.

註671. Leary, Timothy : The Politics of Ecstacy（『恍惚の政策』）, p. 249.

註672-673. Ibid., pp. 280-281.

註674. Tabula smaragdina（『エメラルド板』）はヘルメス学文書のなかで最古のもののひとつである。現在知られている最古のものはアラビア語で記されており（9世紀）、おそらくシリア起源のもの（4世紀）の翻訳と思われ、これはギリシア語のものに基づいているのかもしれない。次のものを見よ。Ruska, J. F. : Tabula Smaragdina : ein Beitrag zur Geschichte der hermetischen Literatur（『エメラルド板』）. Heidelberg, 1926. Tailpiece from Sincerus, Aletophilus : Via ad transmutationem metallorum fideliter aperta（『忠実に解明された金属変成の方法』）. Nuremberg, 1742, title-page.

T・S・エリオット（一八八八―一九六五年）の詩作品に反映される個性化過程

第一質料　作業の開始

『プルーフロックとその他の観察』（一九一〇―一六年）

最初の土の再誕外傷

『詩集』（一九一七―二〇年）

最初の結合

『荒地』（一九二一―二二年）

ニグレド　「黒」の死と腐敗

『虚ろな男たち』（一九二四―二五年）

『スウィーニイ・アゴニステス』（一九二六―二七年）

アルベド　清めの白色化作業

『東方の博士の旅』（一九二七年）

『サルーテイション（『聖灰水曜日』II）』（一九二七年）

第二、あるいは月の再誕外傷

『シメオンの歌』（一九二八年）

『パーチオ・ノン・スペロ（『聖灰水曜日』I）』（一九二八年）

『アニミュラ』（一九二九年）

『ソム・デ・レスカリナ（『聖灰水曜日』III）』（一九二九年）

第二の結合　月の再誕

『聖灰水曜日』IV―V（一九三〇年）

『マリナ』（一九三〇年）

キトリニタス　「黄色」の死と腐敗

『凱旋行進』（一九三一年）

『五本の指の運動』（一九三三年）

第三、あるいは太陽の再誕外傷

『風景』（一九三四―三五年）

『岩』（一九三四年）

『大聖堂の殺人』（一九三五年）

第三の結合　太陽の再誕

『政治家の難儀』（一九三六年）

『バーント・ノートン（『四つの四重奏』I）』（一九三六年）

『一族再会』（一九三九年）

ルベド　「赤」の死と腐敗

『一族再会』（一九三九年）

『イースト・コーカー（『四つの四重奏』II）』（一九四〇年）

『ドライ・サルヴェイジズ（『四つの四重奏』III）』（一九四一年）

死の精神外傷　第四の結合
『リトル・ギディング（『四つの四重奏』Ⅳ）』（一九四二年）
『ウォルター・デ・ラ・メアに寄せる』（一九四八年）
『カクテル・パーティ』（一九四九年）
『秘書』（一九五四年）
『老政治家』（一九五九年）

本書の著者は『無意識とエリオット氏――表現主義の研究』で、エリオットの詩の無意識の背景が批評の概念にあらわれていることを明らかにしている。

個性化過程をあらわす三つの図

ここに掲げた図は『哲学者の薔薇園』の最初の五点の木版画における象徴的行為を要約したものである。双頭のメルクリウスの蛇の吐き出す霧と蒸気、そしてメルクリウスの噴水からほとばしる水が、退行する無意識の意識への侵入を象徴しており、この出来事には不安や「憂鬱」の感情と自我喪失の感じがともなう。開始される作業の「第一質料」から王と女王があらわれることは、退行による思春期――個人の最後の形成期――の復活を意味し、この愛の誕生、あるいは性器期のリビドーの確立には、幼児期のエディプス・コンプレックスの復活がともなう。

全裸になった王と女王は幼児期の「赤裸々な」エディプス的葛藤を意味し、男根期（前性器期）のリビドー体制の確立と同時に起こる。王と女王の分離（肛門期のリビドー体制に沿う）は、「処女の乳（口唇期のリビドー体制）」、「噴水の酢（ウァギナ期のリビドー体制)」、「生命の水(子宮期のリビドー体制)」にあふれた女王の井戸の共生の水へと、王が降下することによって果たされる。

女王の井戸の内省的で自閉的な表面を通過したあと、王はナルキッソスからオイディプス王へと変化し、高貴な井戸とそのヴァギナ期リビドー体制に入りこもうとするにつれ、しだいに出産外傷を活動的にする。王は井戸の底でメルクリウスの海とその子宮期リビドー体制に達し、それによって「生命の水」の中で女王と両性具有的結合を果たす。父に変容して女王=母と交わる一方、息子として女王=母の子宮に包みこまれ、子宮内の胎児状態が最初の行為によって対立物の合一を果たす最初の元型的レヴェルで、ついにエディプス・コンプレックスを自覚する。

個性化過程の観点から見れば、『哲学者の薔薇園』の最初の五点の木版画は、成人期の土台をなす無意識の成熟過程を象徴しているのである。第一質料の混沌とした体験は、退行する無意識が抑圧された葛藤をさらけだし、リビドーの「考古学的」諸層をよみがえらせることをあらわしている。年齢としては、この過程は二〇代の前半、あらゆる個人の人生できわめて重大な時期に起こる。出産外傷と再誕は二〇代の後半、あらゆる個人の人生における最高の時期に作用する無意識の精神力学的過程である。

二番目の図は同じ過程を図解して、作業をあらわす『バルヒューゼン/自然の王冠』の最初の二四点の図版を要約している。第一質料は海あるいは無意識(イド)によってあらわされ、これはサイキック・エネルギーの主要な源であるとともに、本能的な諸動因の座でもある。月は無意識のアニマを、太陽は自我・意識をあらわす。自我はみずからを常に意識することで、内なる現実(=無意識)と外なる現実(=外界)をとりなす人格の、適応・調和・綜合をおこなう部分である。自我はこの作業を果たすために、無意識の諸動因を緩和、選択、管理、整合して、それらを環境の要求するものに適合させる。太陽の影があらわしているのは、自我の社会的な仮面、すなわちペルソナと両立できない無意識の抑圧された諸動因であって、ペルソナは理想的な自我、すなわち自我理想をあらわしている。これはそもそも父によって代表されるものであり、理想の女(アニマ)が母によって代表されるのと同じである。しかし思春期はエディプス・コンプレックス(潜伏期の超自我によって代表される)の復活を意味するので、自我は親という愛憎の対象とのしがらみをふたたび乗りこえなければならない。これが思春期の「作業」であって、父という自我理想を父にあらざる自我理想にかえるとともに、母という理想の女、すなわちアニマを、近親相姦にあらざる理想の女にかえることを意味する。自我がこれらの作業をうまく果たすと、自立と成熟に達し、現実の女と結婚することになる。そうでなければ、依存心の強い未成熟のままで、「自体愛」の性質をもつ夢の女と結婚する。

同じようではあれ異なった作業が潜伏期に果たされ、このときには超自我が成長しつつある自我を助け、葛藤のない自我理想を代表する父に同一化させ、葛藤のない理想の女(アニマ)を代表

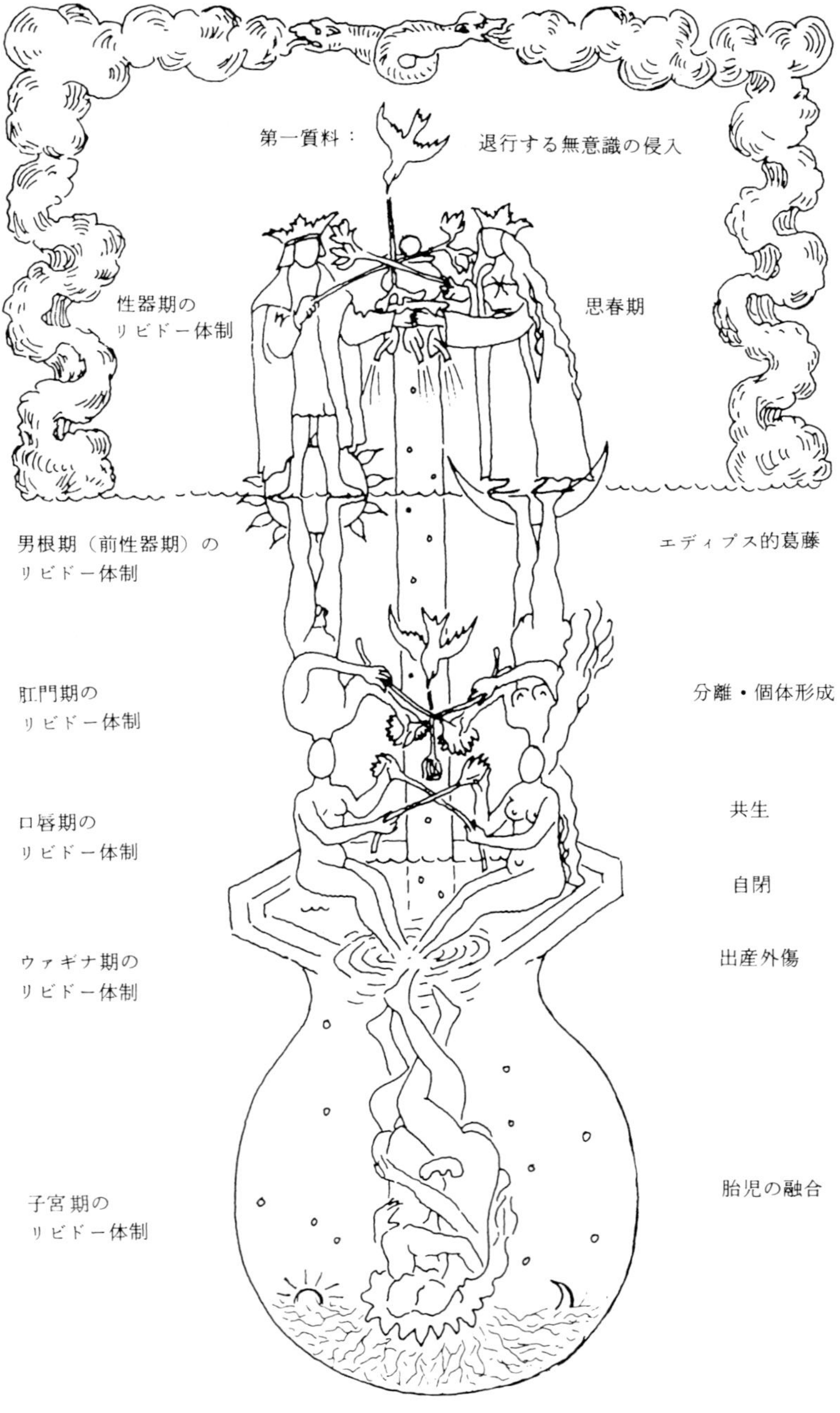
第一質料：
退行する無意識の侵入
性器期の
リビドー体制
思春期
男根期（前性器期）の
リビドー体制
エディプス的葛藤
肛門期の
リビドー体制
分離・個体形成
口唇期の
リビドー体制
共生
自閉
ウァギナ期の
リビドー体制
出産外傷
子宮期の
リビドー体制
胎児の融合

する母を愛するようにさせる。

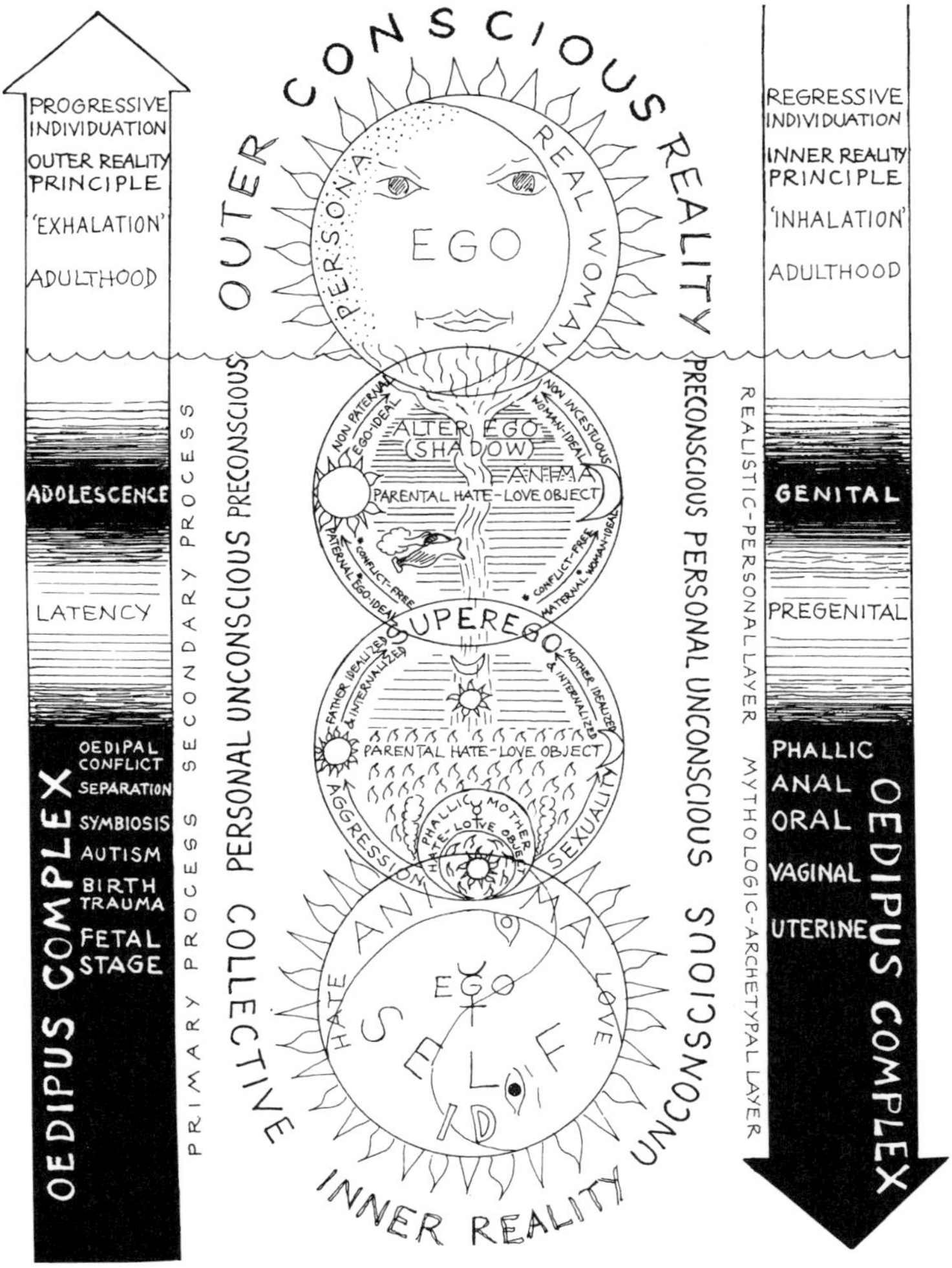

二つの普遍的動因

こうした成長の過程で緩和・選択・管理される本能的な諸動因は、攻撃と性の動因である。これら二つの動因がイド（原我）、すなわちリビドーの中核を形成する。性の動因は個人の目的にかない、生の闘争における種族の繁殖に役立ち、保護し、育み、生命と結ばれる（愛する）という衝動によって自己主張する。攻撃の動因（飢えを含む）は個人の目的にかない、生の闘争における種族の繁殖に役立ち、生命を支配し、征服し、滅ぼす（憎む）という衝動によって自己主張する。

自我が任意のときに実際に自覚しているものが意識なら、このいささか狭い場は前意識へと広がるが、潜在的に意識的であって、比較的たやすく意識になりうる無意識の要素が前意識に含まれている。前意識は無意識から意識にわたる連続体の主要きわまりない部分として、求めさえすれば利用できる直接の知覚や記憶を含んでいる。前意識は概して二次過程に支配されるので、構造的に自我とその綜合機能の管理下にある。

前意識はしだいに精神の無意識部分、個人に属する「上方」の層、個人的無意識と呼ばれるものにまで広がっていく。この層は幼児期以来の自我の全歴史を反映する。この層には、ウァギナ、口唇、肛門、男根、前性器、性器の各リビドー体制を「上昇」してきた自我の発達の記録が含まれているのである。この層は外的および内的な不安に対して適切な防衛機制を制御する。個人的な記憶や忘れさった経験等を蓄えている。無意識の最も深い層は超個人的無意識、普遍的無意識、集合的無意識と呼ばれる。集合的無意識は子宮期のリビドー体制に沿って構造化されており、脳の神経記憶バンクに蓄えられ、最初の生殖細胞から十分に発達した胎児にわたる進化の全過程の元型的印象、あるいは自我の胎児期の記憶を含んでいる。精神のこの最も深い層とその変容過程は、至高の原理、存在すなわち自己の至高の一体性をあらわすのである。

個性化過程の三番目の図は全行程における過程をあらわしている。図は平均的な七〇年の寿命に基づいたおおざっぱなもので、人生を七年ごとに区切る伝統的なやりかたにならっている。左側の幻の太陽は誕生前の四つの大きな変化期と、出生後の四つの大きな変化期を経て、一八歳頃の個人が生物として完成していることをあらわす。これらは（一）配偶子形成、（二）排卵、受精、

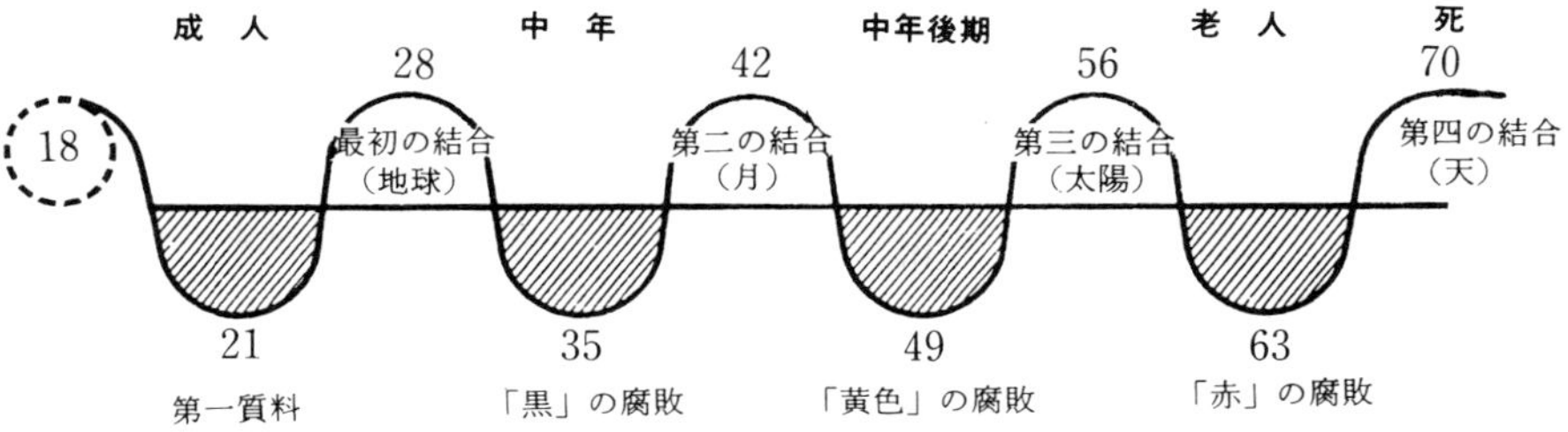

桑実胚・胚盤胞の形成と着床、㈢胚の発達、㈣胎児の発達と誕生、㈤幼児期、㈥幼年期、㈦青春前期、㈧思春期である。この発達全体を進行する個性化と呼ぶ。

図が示しているのは、個性化過程の残り半分、すなわち退行する個性化と呼ばれるものである。個性化過程のこれら両面が「呼息」と「吸息」という宇宙的原理、宇宙そのもののリズムをあらわしている。個性化過程の後半は精神生物学的変化の四つの主要な時期、㈠成人、㈡中年、㈢中年後期、㈣死を含む。

これら成熟段階のそれぞれは、そのまえに深遠な精神生物学的変化過程にかかわる重大な時期がある。これら重大な時期は細い斜線を引いた太陽の谷によって示されており、個人はこれらの時期に重要な精神的および生理的な調整をおこなわなければならない。こうした変容の段階において、夢の中で見いだされる無意識のさまざまな象徴が、錬金術の苦行と腐敗のパターンに一致するようになる——これらの象徴は、個性化過程が蛹《さなぎ》の段階から蝶の段階に進むにつれ、死と再誕の象徴へと変化する。

将来の研究方法

本書では錬金術の複雑な構造を、人間の無意識的精神で作用する内的な変容過程の象徴的表現として解釈している。錬金術にかかわる文書を利用することにより、無意識の根底で反響して、人間と自然、意識と無意識、自我と自己の統一を果たそうとする、この宇宙的過程の神秘的なパターンを明らかにした。本書の命題を確証するには、次の四つの方法がある。(一) LSDの研究、(二) 個人の人生を通じて夢で起こる象徴的変容過程の組織的研究、(三) 偉大な芸術家(たとえば六二七ページでとりあげたT・S・エリオット)の「作品」に顕著な象徴的変容過程の組織的研究、(四) 精神分裂症、すなわち急激で有害な個性化過程で起こる象徴的変容過程、あるいは個性化過程の異常なあらわれの組織的研究である。

付録（連作図版の研究）

『哲学者の薔薇園』の図版

図1a—20aとして掲載した一連の木版画は一五五〇年に出版された『哲学者の薔薇園』のフランクフルト版（六三七—六三八ページを見よ）から採ったものである。一六二二年にドイツの医師であり錬金術師であるヨハン・ダニエル・ミュリウスが、その著書『改革された哲学』に『哲学者の薔薇園』の簡約版を収録したとき、フランクフルトの彫版師バルタザル・シュヴァーンがオリジナルの木版画を基にした図版をミュリウスに提供した。六四〇—六四三ページに図1—20として掲げてあるこれら一連の図版は、シュヴァーンによって各図版の左上の隅に番号が付されている。二つの連作図版を比較すると、シュヴァーンがオリジナルの木版画に忠実であることがわかるが、重要な変更もおこなわれていて、これらは図12—16と図19に顕著である。

図1aがあらわしているのは、作業の劇的な開始であって、メルクリウスの噴水があふれ、シュヴァーンの異版では一団の錬金術師がその水を飲んでいる（図1）。図2aは太陽の王と月の女王の出会いをあらわし、シュヴァーンの異版における王と女王は、錬金術の象徴主義における近親相姦の古典的な表象であるライオン二匹の背に立っている。図3aでは、図4aと5aで示される「結合あるいは性交」のために、兄と妹が裸になっている。『哲学者の薔薇園』の五番目の図版の異版（図5）では、王と女王は貽《イ》貝《ガイ》の形をしたベッドで一つに結ばれ、高貴な性交が水中でおこなわれることをあらわしている。ベッドのカーテンの背後では、王と女王の結合のあと、結合した太陽と月がニグレド（黒色化）の象徴である二羽の鴉に食われようとしている。

作業の黒の段階

図6aでは、高貴な両性具有者が石棺あるいは墓と化した婚礼

1a　2a

3a　4a

のベッドに死んで横たわっている。異版（図6）では、悪魔と死神が王と女王の腐敗する死体のある棺を守っている。「魂の抽出」をあらわしているのが図7aで、その異版（図7）では「魂」と「霊」が二人の天使の姿となって埋葬された兄と妹からはなれている。図8aでは、天の露がふって、近親相姦の両性具有的結合の明白な結果、石棺に横たわったままの不純な「体」を洗っている。異版（図8）における両性具有者の妊娠した子宮は、つづく図版で実現する再誕をあらわしている。

図9aでは、魂がホムンクルスとして天よりもどり、先の「作業」によって清められ、純化された死体を甦らせる。食らいあう二羽の交接する鳥のやりかたで結合する王と女王が、図10aで有翼の両性具有者を月に生み出す。「白」の再誕のあとには、図11a―16aで描かれる新たな死と腐敗がつづく。高貴な性交が終わると、女王が子宮から王をとりだす――二人の愛の「興奮」は異版（図11）に詳しくあらわされている。図12aでは、興奮する有翼の王が石棺に沈み、異版（図12）では女王の矢によって王の太陽の体が射抜かれる。

図13aが示しているのは、ハート形の愛の翼の中で息をひきとる両性具有者だが、異版（図13）ではメルクリウスとともに飛行するあいだ、両性具有者は墓石にもたれかかっている。図14aでは、「ここで月の生が完全に終わり、霊が天に昇りゆく」（『哲学者の薔薇園』）――異版（図14）ではゼウスの鷲によってガニュメデスがさらわれる。図15aでは、天の露が腐敗する両性具有者の体を洗い、異版（図15）では迫りつつある再誕が強調されている。

5a　6a

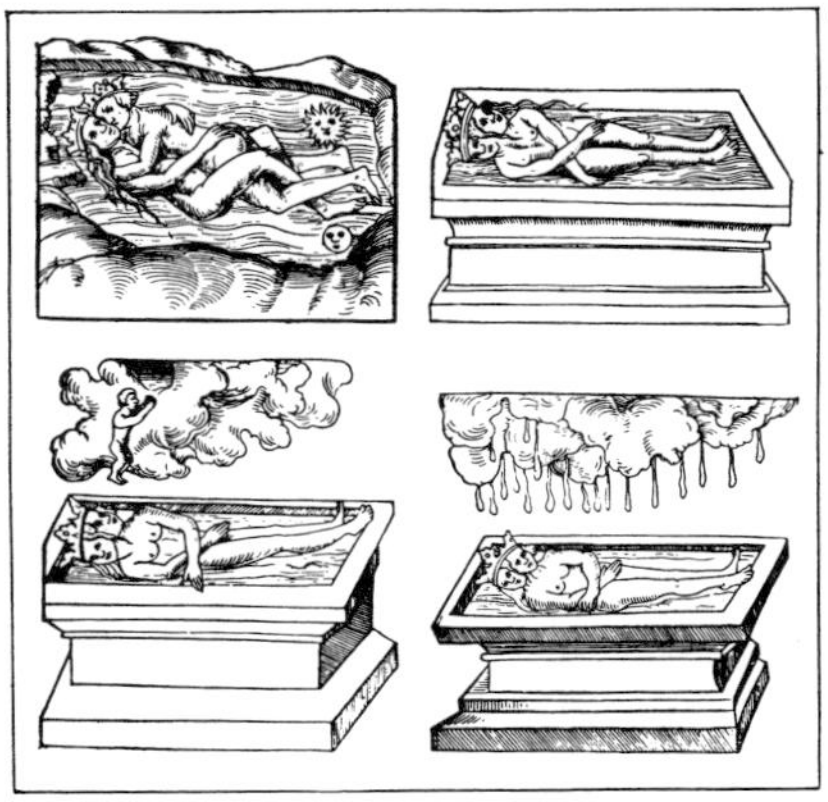

7a　8a

13a 14a

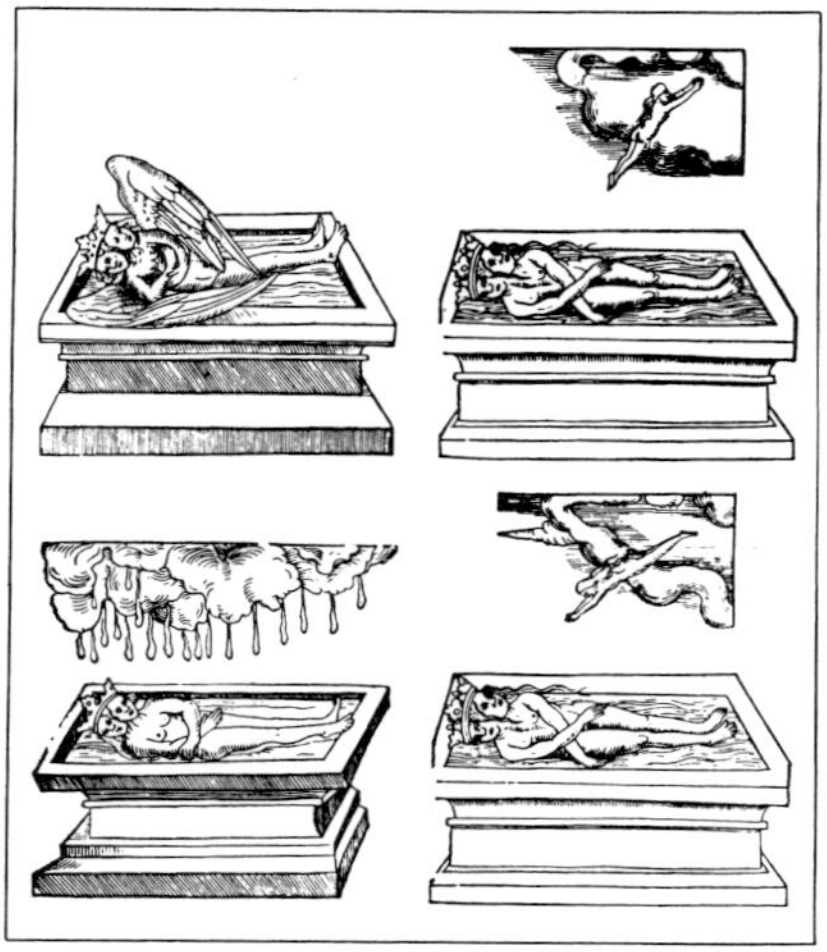

15a 16a

9a 10a

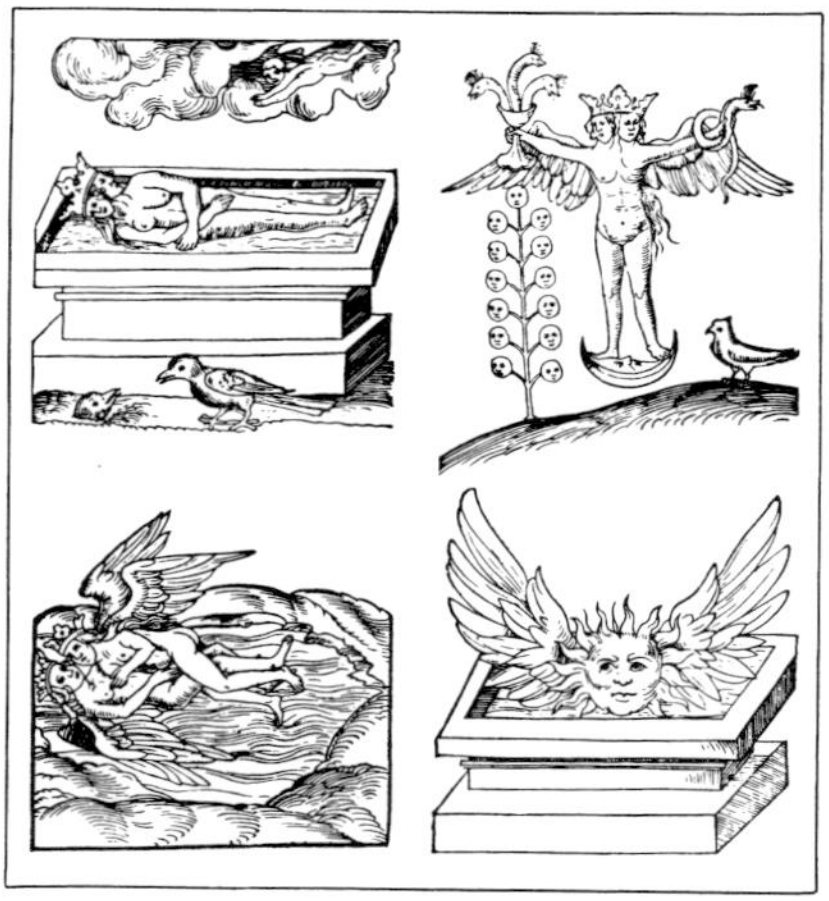

11a 12a

17a 18a

19a 20a

太陽と月が大地母神に手をつながれ、天の父によって発達を促されているのである。図16aでは、魂と霊が成熟した女として天よりもどり、復活と新しい誕生を待つ死体に生命をあたえる。異版（図16）では、太陽と月が図12で入った筒状の井戸で翼による上昇（あるいは下降）を終えている。二人は井戸から出て、血みどろのペリカンのいる地面を歩くが、このペリカンは錬金術における死と再誕の象徴である。高貴なカップルの復活は図17aで起こり、これは錬金術の第三の結合、あるいは「天上の結婚」である。

両性具有者は蝙蝠《こうもり》の翼を与えられ、太陽の丘で勝ち誇っており、その麓では三つの頭をもつメルクリウスの蛇が死んでいる。血みどろのペリカンと赤いライオンが背景に見える一方、太陽の樹の輝く果実が左にあらわれている。天上の結婚の苦行が図18aに示

ミュリウスの『改革された哲学』(1622年)の扉の10のメダルは錬金術の古典的なモチーフをあらわしている。左の一番上のメダルは天の女王(554ページ)を描いており、時計回りに見ていくなら、他のメダルはそれぞれ次のものをあらわしているのである。太陽とその影に染められる大いなる石(525ページ)、王の鷲の旋回飛行(516ページ)、白い薄層からなる土での太陽と月の醱酵(377—384ページ)、翼のあるライオンと翼のないライオンの交接(127—128ページ)、メルクリウスの噴水のほとばしる水(50—69ページ)、大いなる石における両性の結合と円積法(533—536ページ)、太陽と月の「結合あるいは性交」(209—212ページ)、不死の樹の果実による錬金術師の若返り(558ページ)、太陽と月によるドラゴン殺し(200ページ)。

1．一団の錬金術師がほとばしるメルクリウスの噴水から有害なワインを飲む。作業のはじまり。

2．冒瀆的な近親相姦の情熱の表象であるライオンの背に乗って、王と女王が恋をする。

3．王と女王が裸になり、両性の融合である錬金術の水の結婚をはじめる。

4．王と女王がメルクリウスの井戸にくだり、その底で両性具有の一者に達する。

5．王と女王が貽貝《イガイ》の形をした婚礼のベッドで水中の性交をおこなう。

6．婚礼のベッドが石棺と墓になりかわり、悪魔と死神が呪われたカップルを守る。

10.「白」の結合の象徴にとりまかれ、ソルとルナが月の上で一つになる。

11. 有翼のカップルが穀物の種のように土に埋められ、果実を結ぶために死ぬ。

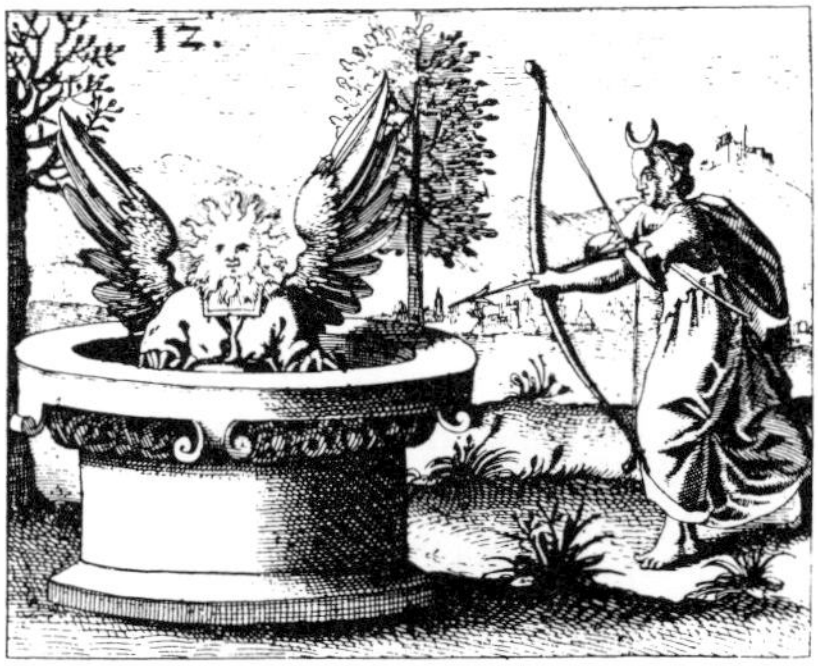

12.「醱酵」と「啓示」をもたらす太陽の容器にいる有翼の夫を、月が矢で射る。

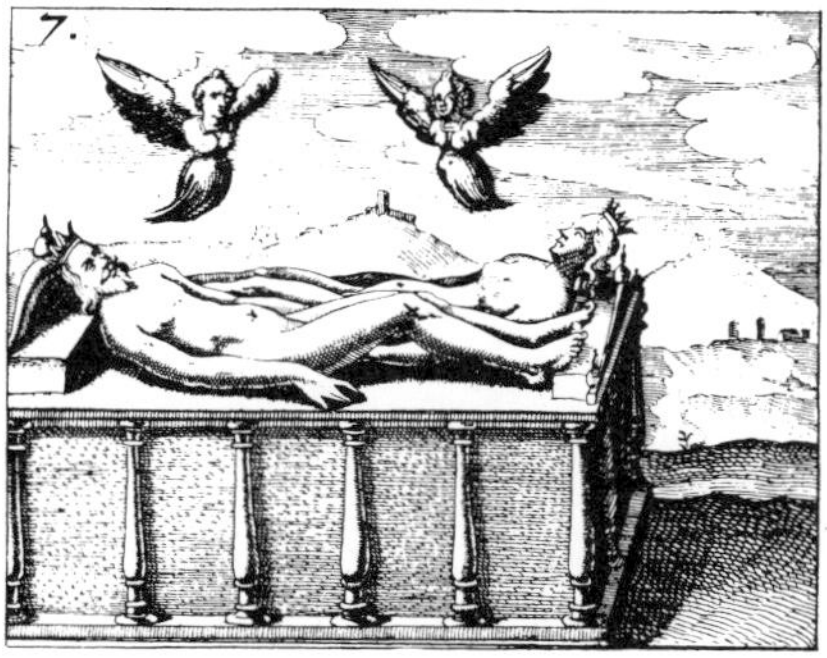

7. 魂と霊がミイラ化した兄と妹からはなれ、二人の天使の姿で舞いあがる。

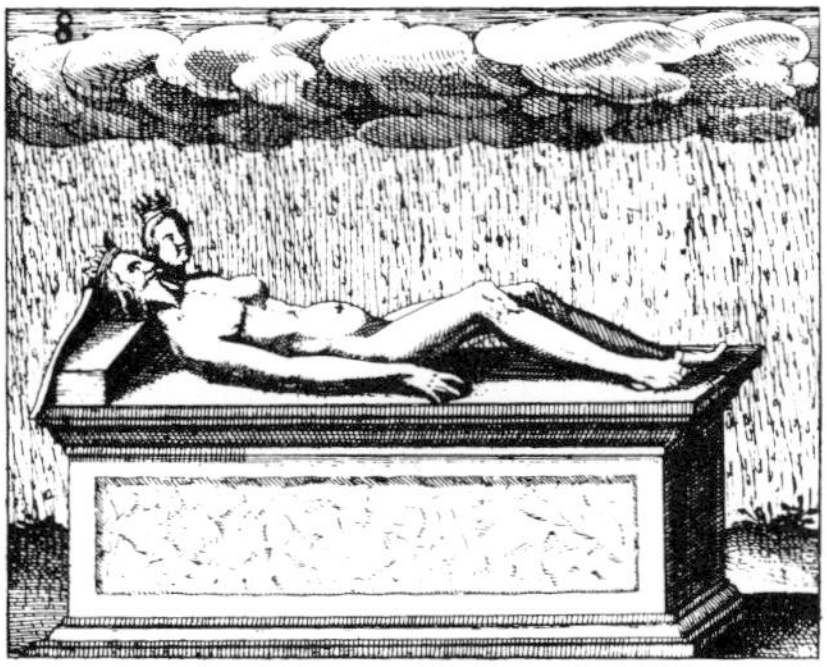

8. 新しい妊娠と誕生を約束する天の露により、高貴な両性具有者が蘇生する。

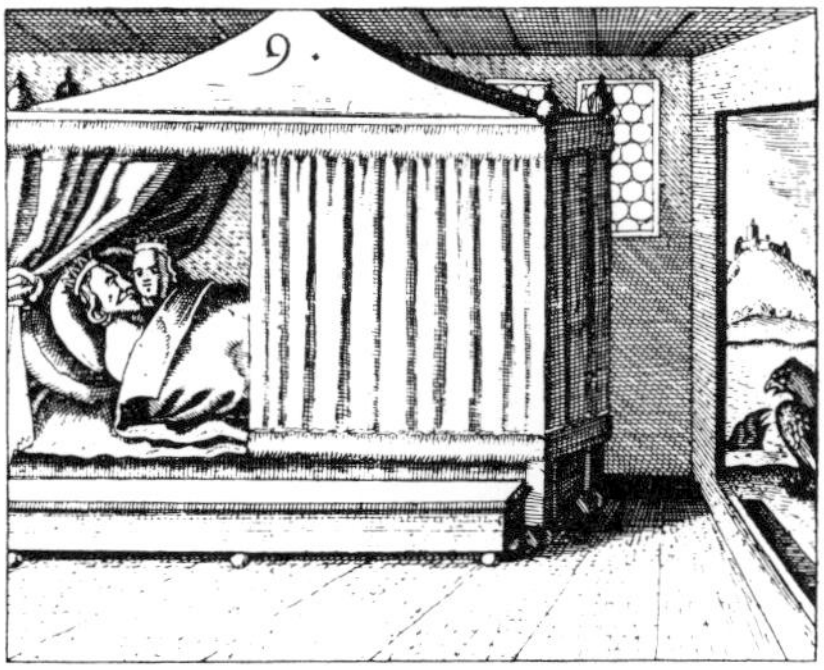

9. 王と女王が鳥のような性交をおこない、食らいあいながら一つに溶けこむ。

16. 太陽と月が図12で入った筒状の井戸をはなれ、死と再誕のペリカンの地面に足をおろす。

17.「黄色」の結合の象徴にとりまかれ、王と女王が太陽の上で一つになる。

18. 天の結婚が「緑と金のライオン」に食われ、死と再誕の最後の行為がはじまる。

13. 両性具有者が墓石にもたれかかりながら、メルクリウス・フィロソフォルムとともに太陽に飛ぶ。

14. ガニュメデスが力強い翼で天に運ばれたように、ゼウスの鷲が両性具有者をさらう。

15. 太陽と月が天の母に導かれ、天の父に育まれる。

19. 王と女王がライオンの腹から逃れ、幼い継承者が成長して至高の冠を授けられる。

20. 天と地の継承者が成長して、その墓から立ちあがり、宇宙の支配を示す笏をつかむ。

されており、「緑と金」のライオンが太陽と月を食らい、太陽と月は分離されて宇宙的生物の腹の中で死ぬことになる――異版（図18）ではライオンに星が散りばめられている。

作業の輝かしい最後

図19aでは、魂の旅立ちが聖母マリアの被昇天と「天」における戴冠としてあらわされている。一方で、死体はキリストの墓に横たわり、復活の朝を待っている。異版（図19）では、王と女王のあいだにいる哲学者の息子が、小さな頭には大きすぎる冠を授けられている。父と母からはなれた息子は魂（女王）と霊（王）がはなれていることを象徴し、魂と霊は復活の行為によって死体に復帰しなければならない。これが意味するのは、息子が親の姿へと成長して、両性具有の冠を勝ち取ることであり、これは一人の両性具有者としての王および女王と最後に再結合することにひとしい。

これが図20aに描かれているドラマであって、復活の朝にキリストが墓から復活することが示されている。異版（図20）では、両性具有の王が始原細胞、部屋、あるいは棺から立ちあがっており、これは錬金術の四番目にして最後の結合に関して経験される最後の再誕を象徴しているのである。その全体構造を見れば、精神外傷をともなう四回の再誕につづく、結合の四段階を含む長い変容過程を形成していることがわかる。

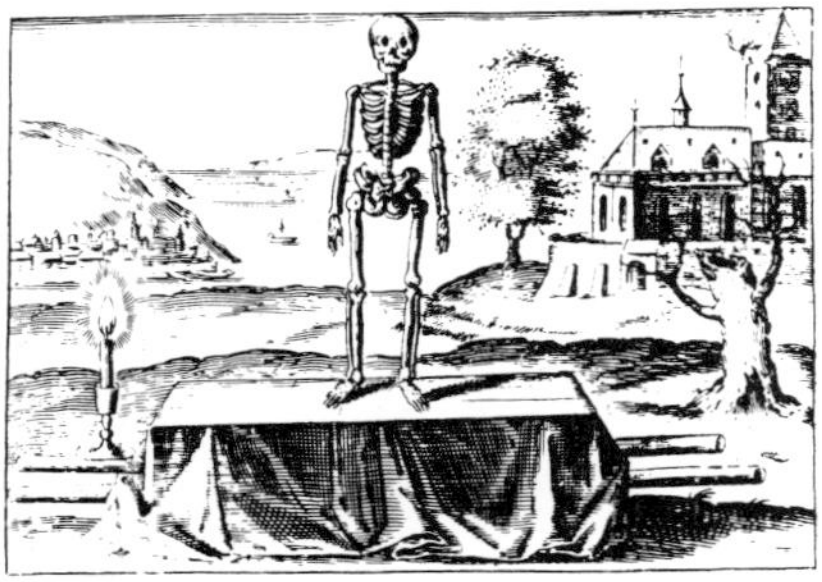

4．死と腐敗がヘルメス的結婚を終了させ、再誕したものが錬金術の作業の「黒」の段階に入る。

1．最初の作業の凶星であるサトゥルヌス（土星）と吠える狼のいるなか、王と女王が出会って哲学者の石を生み出す。

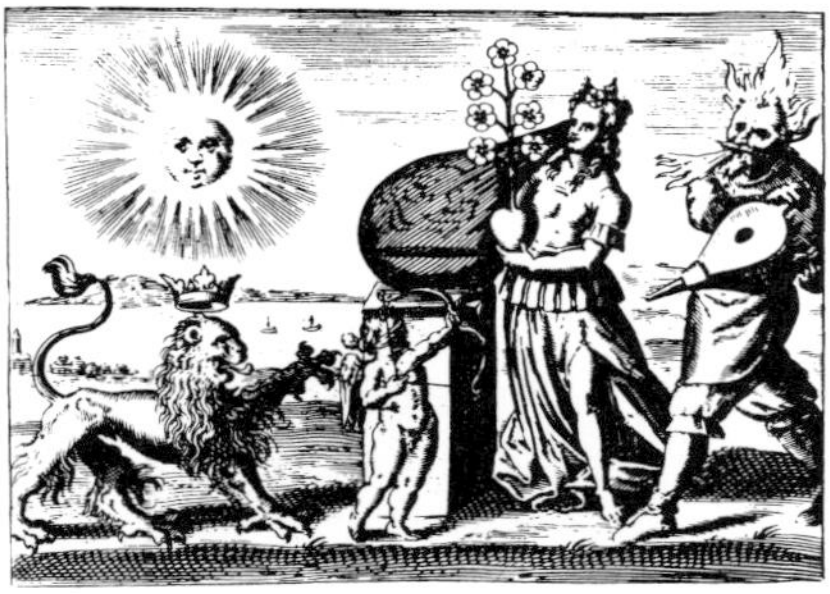

5．哲学者の息子の親が灰と死の容器で新たな結合をするためにあらわれ、愛と復活を開始する。

2．王と女王が少年メルクリウスの姿で結びつき、翼を授けられ、驚いた錬金術師二人にヘルメスの杖を示す。

6．雪のように白い白鳥の宮で、多彩な虹の下、白の司教によって式をとりおこなわれ、王と女王が第二の結合を果たす。

3．王と女王の結合の精神外傷面が、死とむさぼり食いを象徴する動物によって示される。

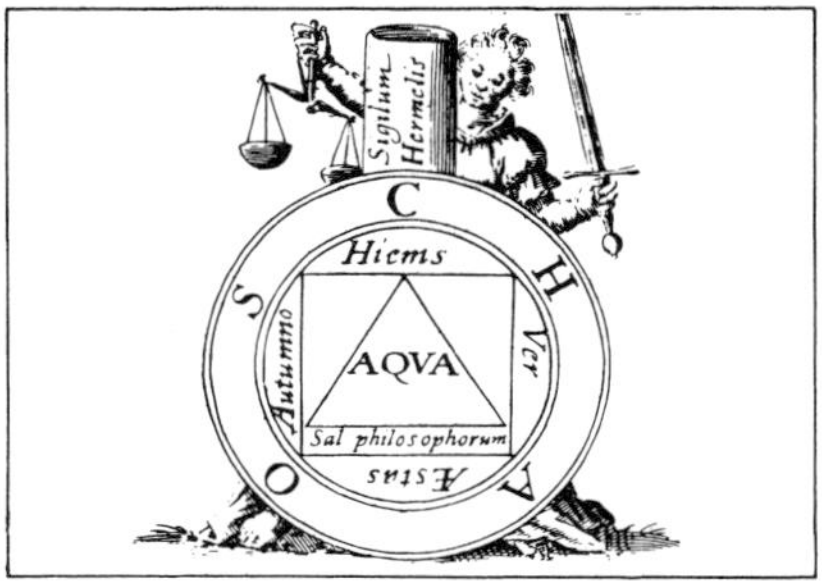

7．容器の「白」の石の上で、審判をおこなう天秤と剣をもつ正義の女神。二重の線で描かれた円は哲学者の卵をあらわす。

8．芽ぐむ教会墓地で、錬金術師たちが死と腐敗からの復活を約束する鍵を得て、困難な目的を達成しようとする。

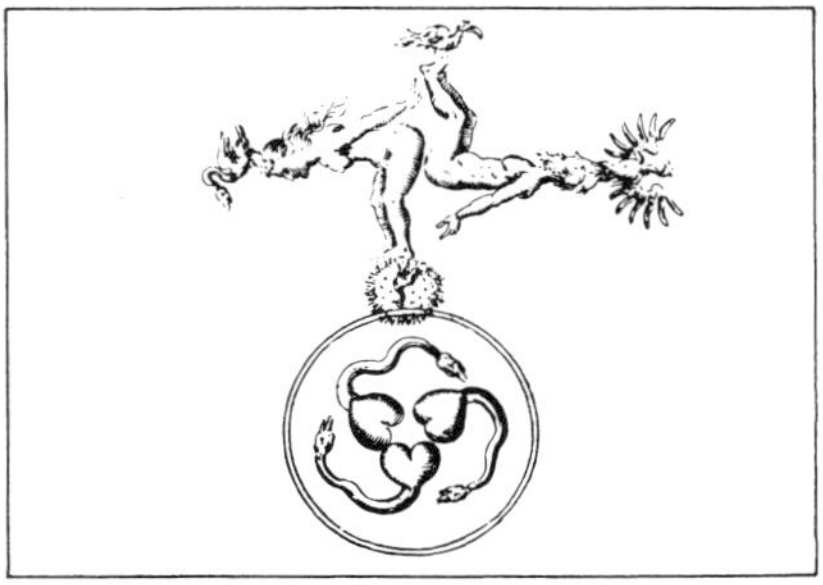

9．王と女王が哲学者の卵の上でまわりながら天に向かう。メルクリウスの蛇が卵を受精させる。

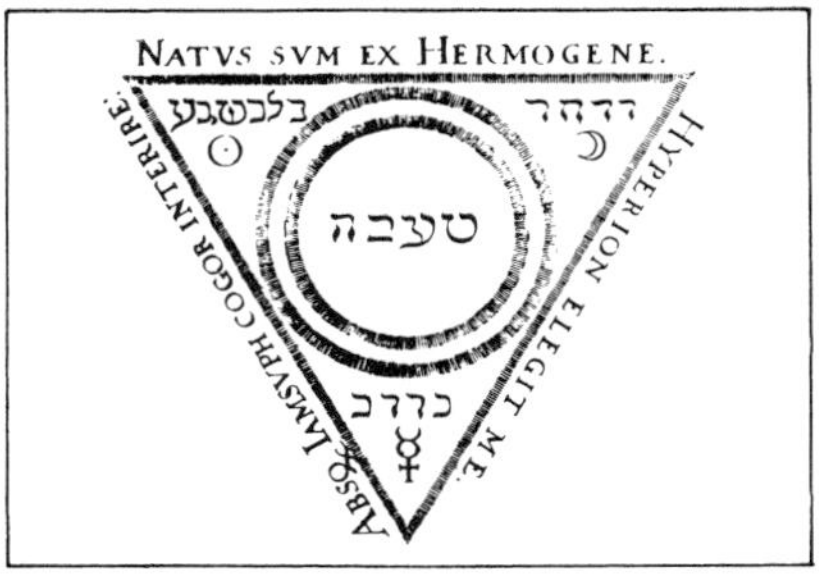

10. 第三の結合の天の石がメルクリウス・フィロソフォルム、あるいは神の三位一体の印の中で太陽と月を結びつける。

11. 死と腐敗が作業の最終段階を開始させ、錬金術師は増殖と永生の石をつくりだす。

12. 錬金術師が作業の目的を実現し、最後の結合の炎、そして結びついた太陽と月の光によって、啓示を得る。

バシリウス・ヴァレンティヌスの一二の鍵

錬金術において最も不思議な人物の一人が、ベネディクト会修道士のバシリウス・ヴァレンティヌスであり、一五世紀後半にエルフルトで暮していたとされる。バシリウス・ヴァレンティヌスが実在したことを示す当時の証拠は何一つない。事実、ヴァレンティヌスのものだとされる著書は、その死後に起こった出来事にふれている。たとえばアメリカの発見や、「兵士たちのあいだに梅毒と呼ばれる新しい病気」が広まっていることが記されているが、Franzosen という言葉が梅毒という意味で使用されたのは一四九三年以後のことにすぎない。バシリウス・ヴァレンティヌスは一五世紀以前には使用されなかった金属活字や、一五六〇年にジャン・ニコによってヨーロッパにもたらされた煙草にもふれているのである。ベネディクト会の修道士はパラケルススの思想にも強い影響を受けており、パラケルスス同様に当時の医療化学に重要な貢献をしたともされている。

数多くの人物がもちだされているが、ヴァレンティヌス文書の著者は一般に、テューリンゲンのフランケンハウゼンの参事官にして製塩業者であった、ヨハン・テールデだとされている。一六世紀末にテールデは『太古の大いなる石について』(アイスレーベン、一五九九年)でもってヴァレンティヌス文書を執筆しはじめた。この著作には『バシリウス・ヴァレンティヌスの一二の鍵』が含まれているが、図版は使用されていない。第二版が早くも一六〇二年にツェルブストで刊行され、これには「一二の鍵」の粗雑な木版画が添えられた。一六一八年に出版されたミヒャエル・マイアーの『黄金の三脚台』に収録された『一二の鍵』のラテン語訳に、異版(左)が使用されている。バシリウス・ヴァレンティヌスの他の著作には、『自然のものと超自然のものについて』(ライプツィヒ、一六〇三年)、『オカルト哲学について』(ライプツィヒ、一六〇三年)、『アンチモンの勝利の車』(ライプツィヒ、一六〇四年)、『遺言』(イェーナ、一六二六年)がある。

ヴァレンティヌス文書に使用されている言語はザクセン北部の方言であり、冗漫なところや、敬虔な神秘主義、当時の月並な医者に対する鋭い非難が入り乱れた文章になっている。バシリウス・ヴァレンティヌスの最も重要な錬金術文書は、明らかに『一二の鍵』であり、一七世紀および一八世紀を通じて最もよく再刊された著作の一つである。

『自然の王冠』

『哲学者の薔薇園』や『バシリウス・ヴァレンティヌスの一二の鍵』とともに、錬金術の変容の秘密を明らかにしたのが、ヨハン・コンラート・バルヒューゼンの『化学の元素』(ライデン、一七一八年)に収録された『自然の王冠』の連作図版である。バルヒューゼン(一六六六—一七二三年)はユトレヒト大学の高名な化学者で、数多くの著作はこの人物が薬剤師から新しい科学の分野、化学の

JOHANNIS CONRADI
BARCHUSEN
ELEMENTA
CHEMIÆ,
QUIBUS
SUBJUNCTA EST CONFECTURA
LAPIDIS PHILOSOPHICI
IMAGINIBUS
REPRÆSENTATA.

LABORE ET COELI FAVORE.

LUGDUNI BATAVORUM,
Apud THEODORUM HAAK, 1718.

1—5．錬金術の作業の最初の段階

バルヒューゼンの『化学の元素』（1718年）

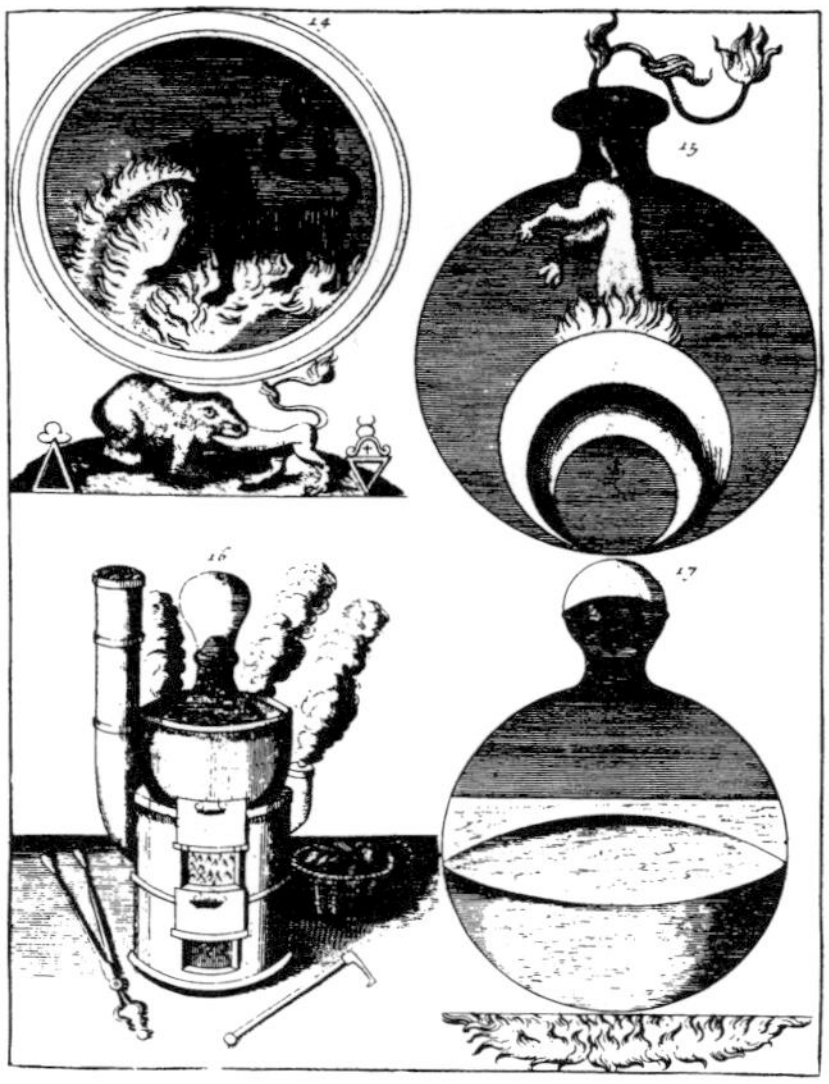

14—17. 再誕の容器を開ける

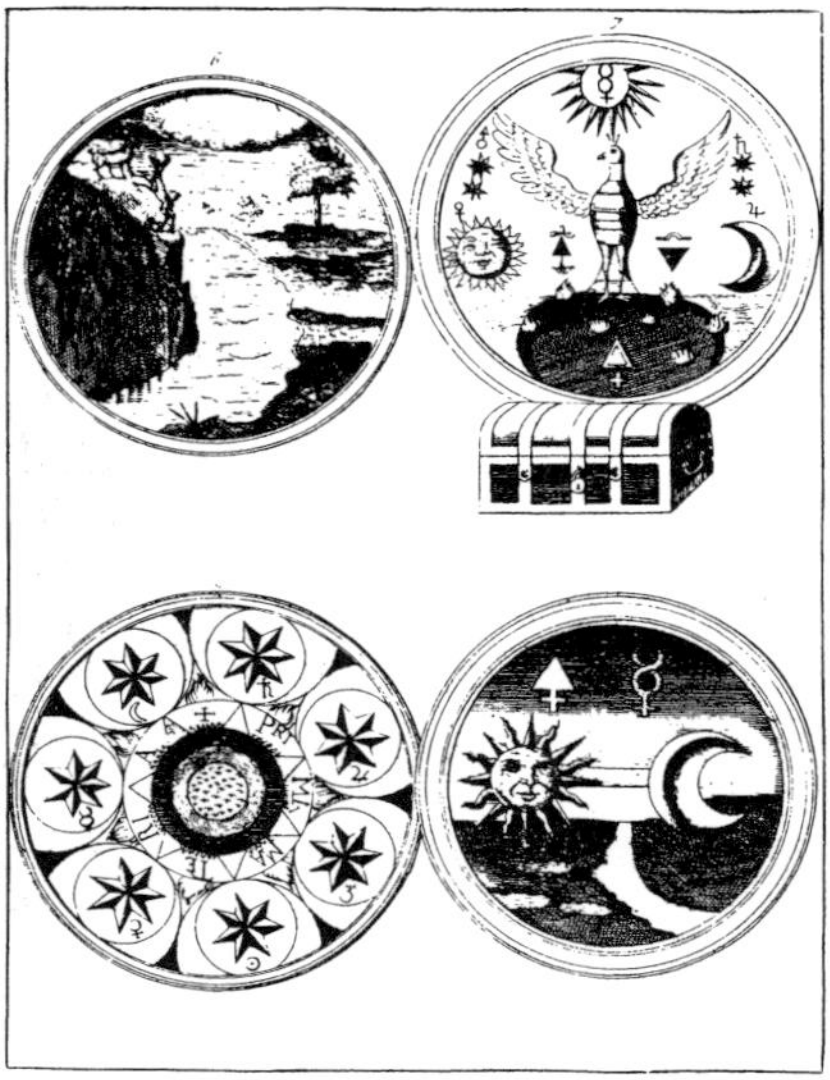

6—9. 太陽と月の最初の出会い

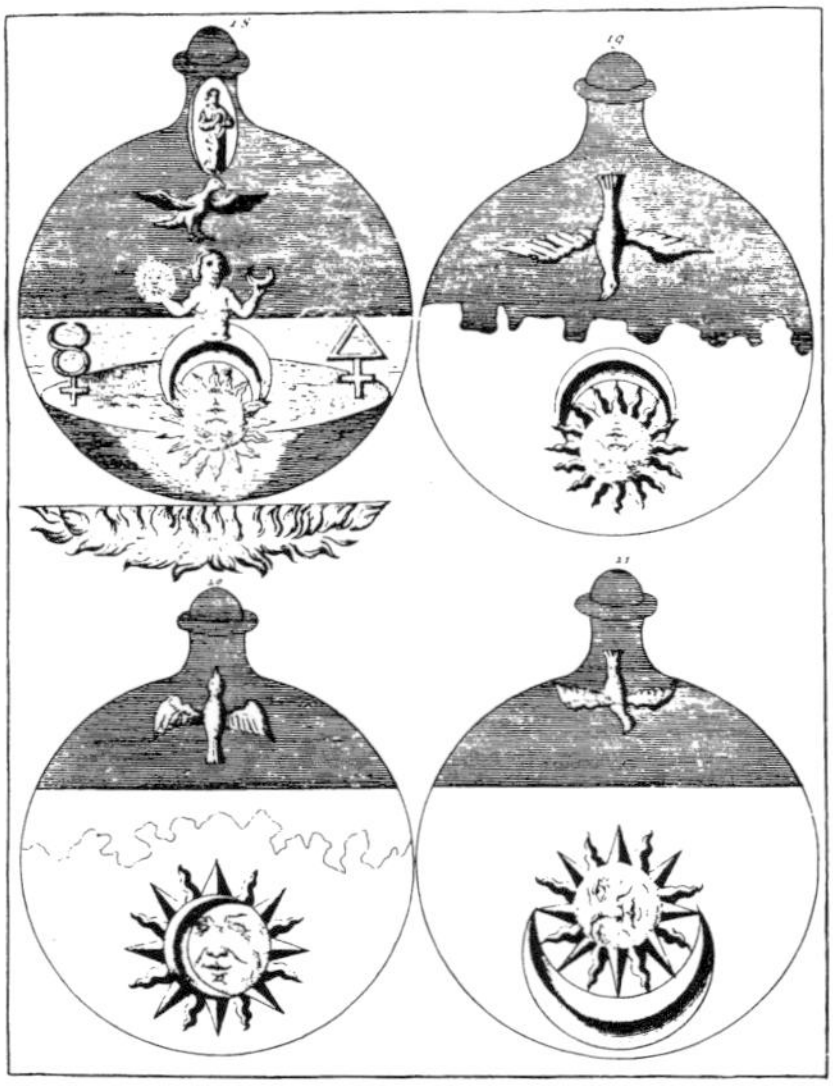

18—21. 作業の最初の結合

10—13. 太陽と月のつのりゆく愛

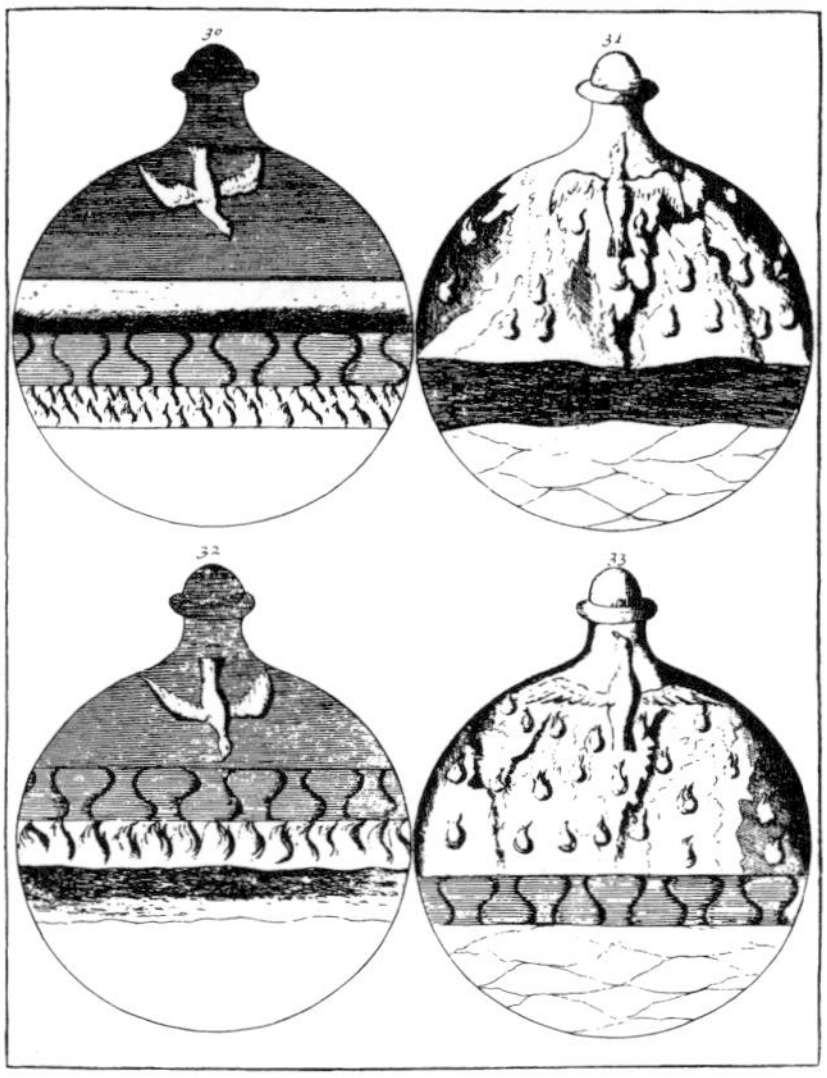

30—33. 清めの「白色化」作業

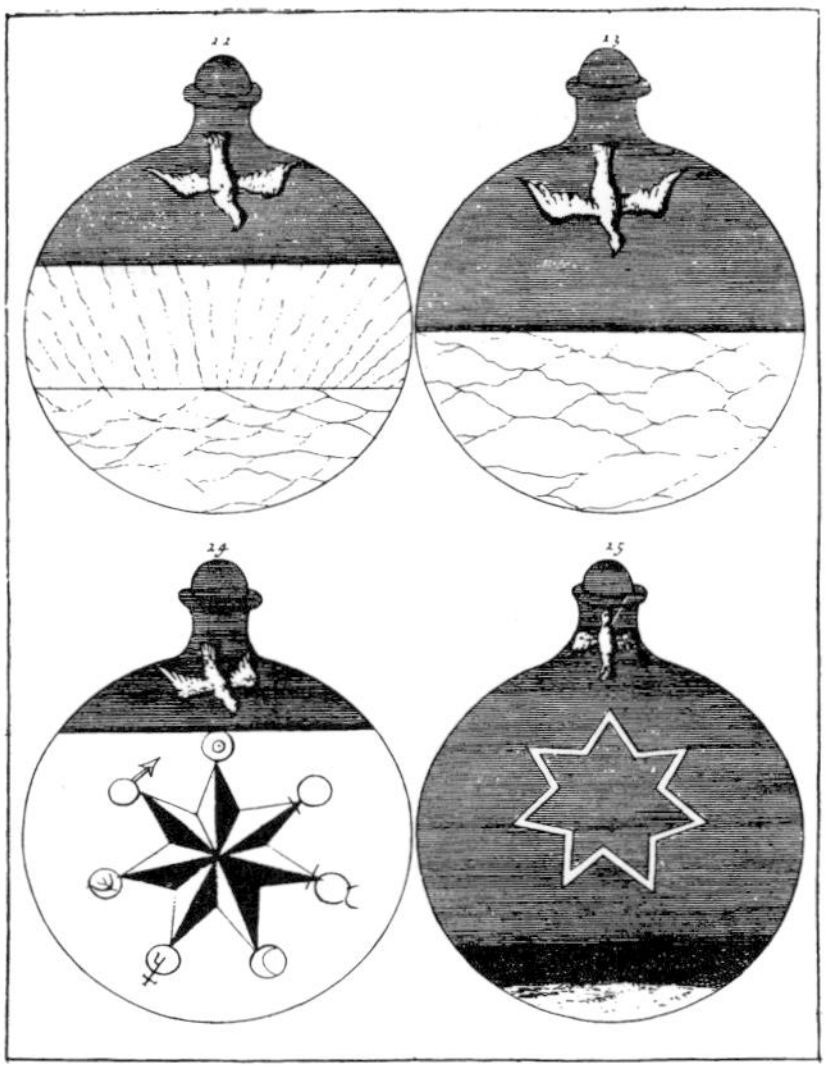

22—25.「完成の星」の発達

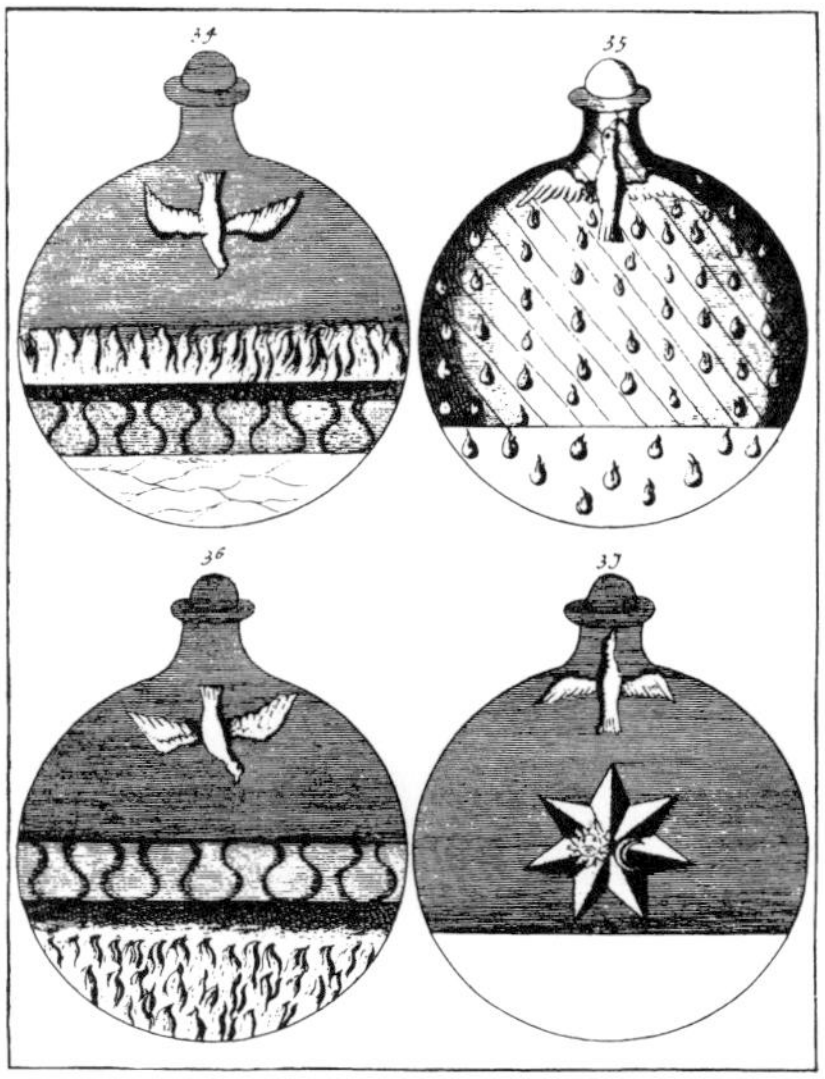

34—37. 諸元素の循環蒸留

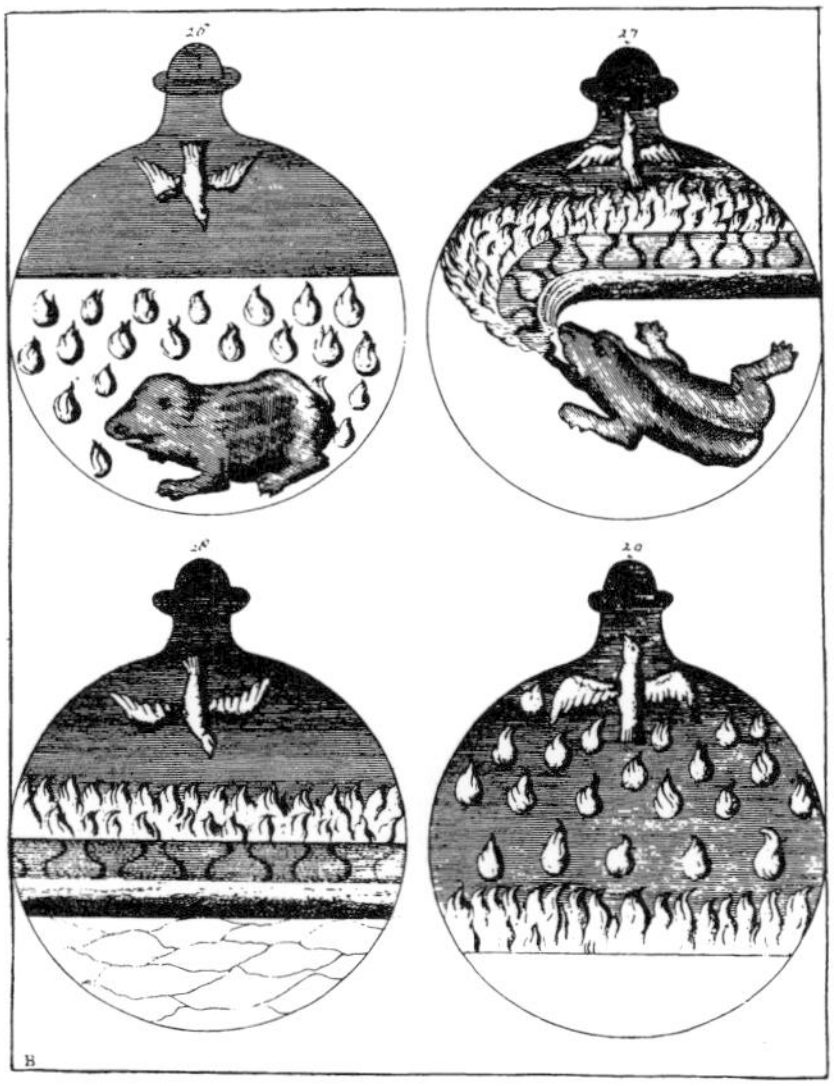

26—29. ホムンクルスの腐敗

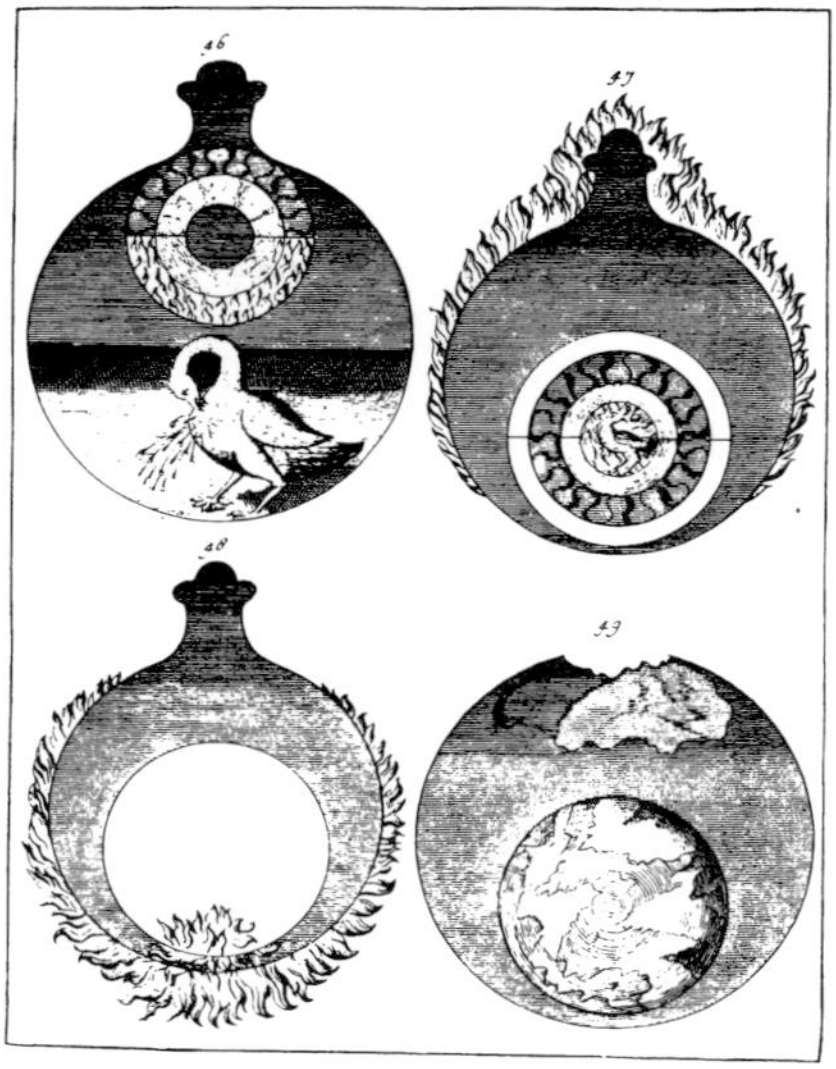

46—49. 第二の「白」の結合

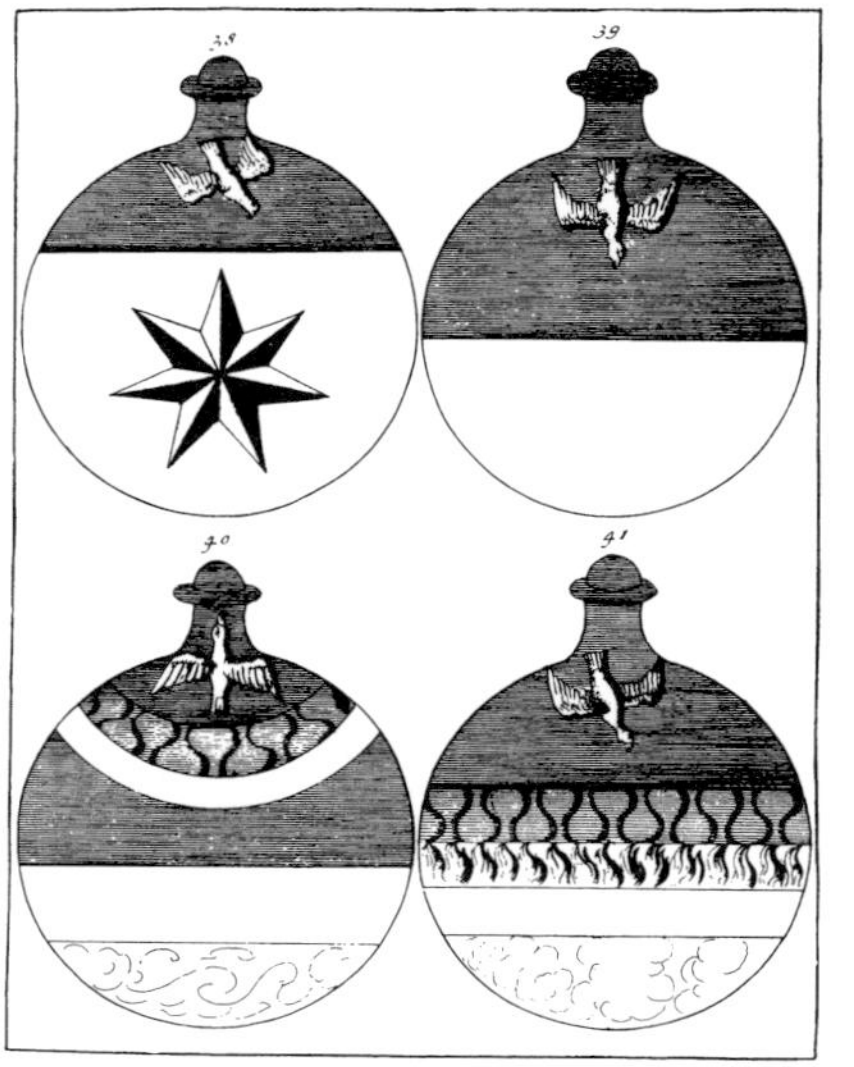

38 - 41. 諸元素の煆焼

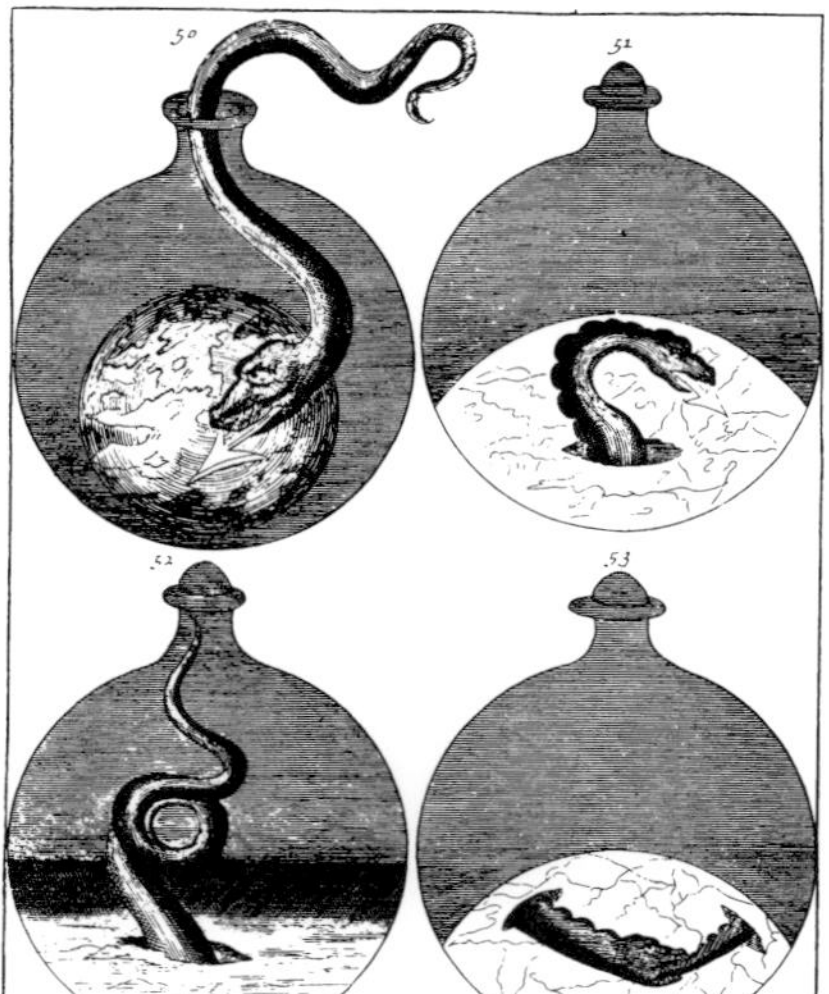

50—53. 「白」の石の醱酵

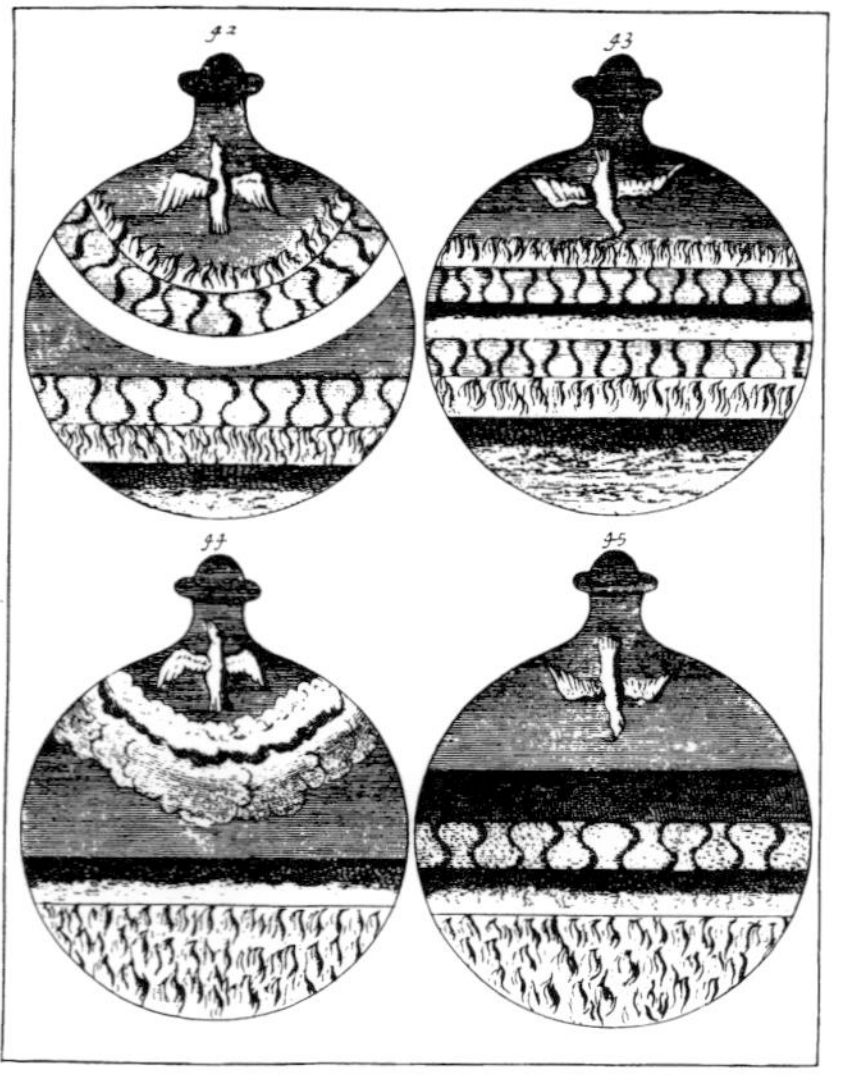

42—45. 「反射炉」の煆焼の火

62—65. メルクリウスの蛇の征服

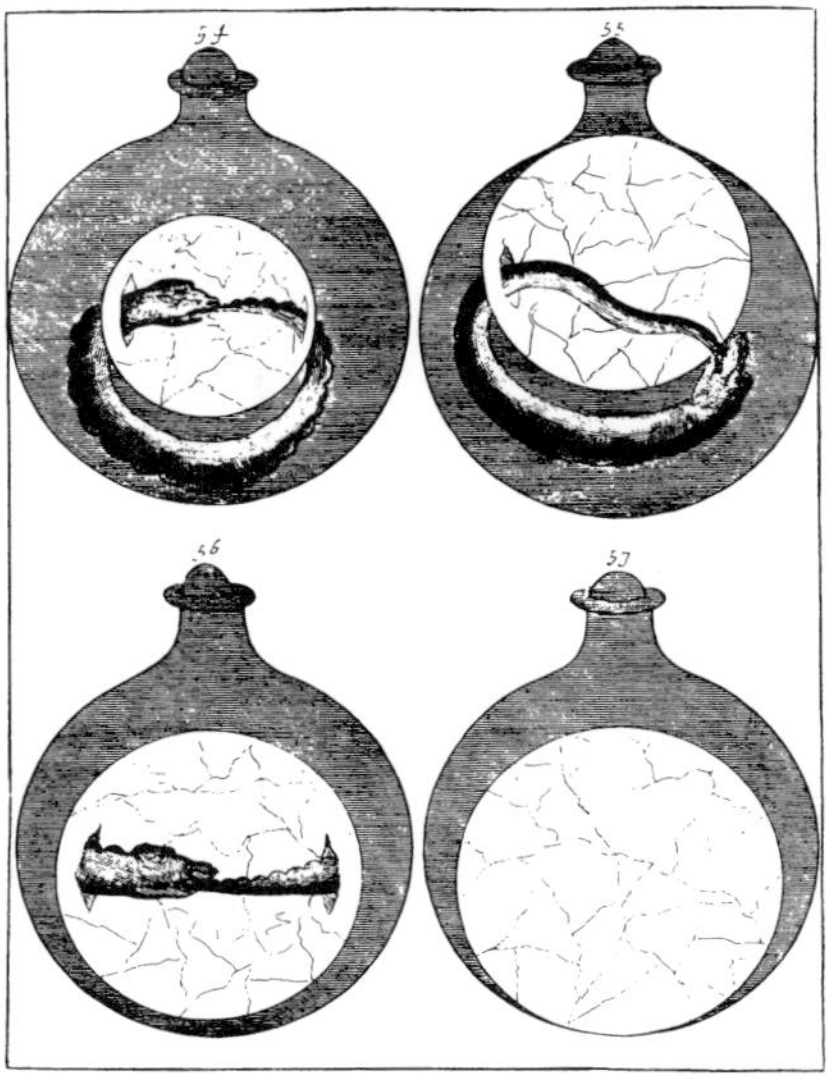

54—57. 月の卵の卵割

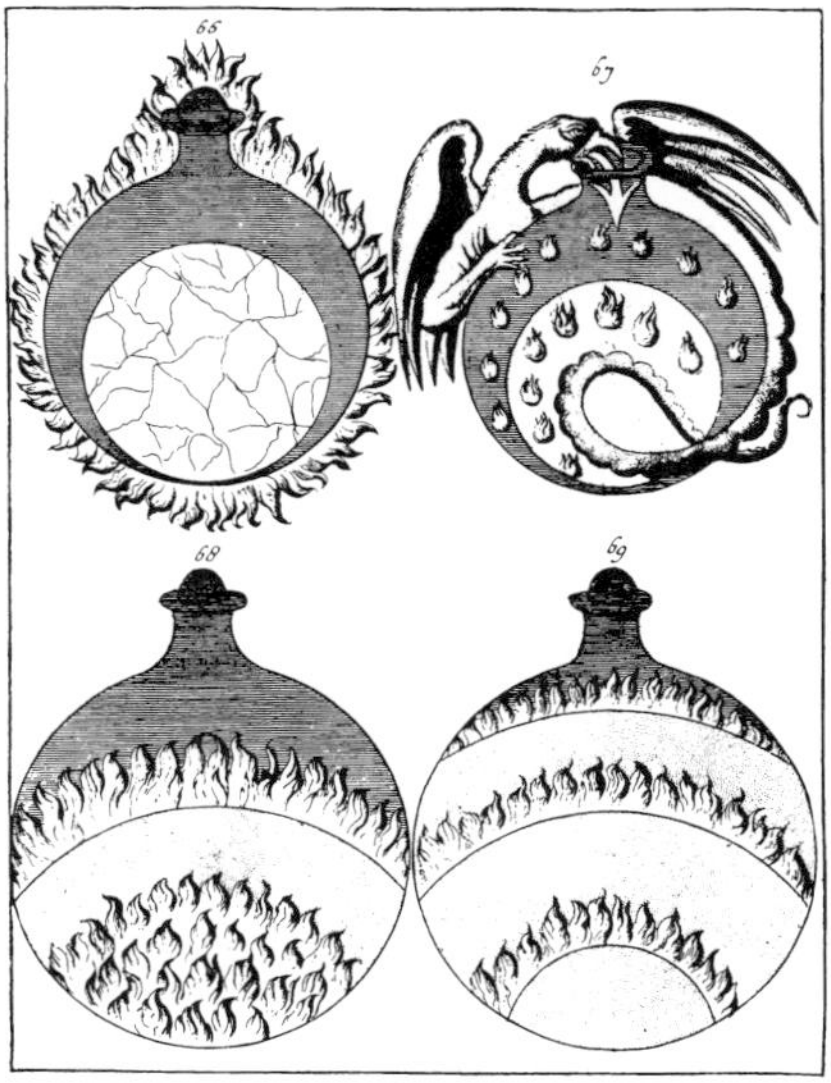

66—69. 第三の「黄色」の結合

58—61. 月の卵の太陽への変容

教授へと成長したことを明らかにしている。バルヒューゼンが著書の序文で告げるところによれば、連作図版は「シュワーベンのベネディクト会修道院にあった手書きの文書」から写しとったもので、「これらの絵は一目見て哲学者の石の製法をあらわしたもののように思えた」（五〇三ページ）という。本書の著者は一〇年にわたって調査をつづけ、一九六八年にニューヨークのシドニイ・M・エデルシュタイン協会の図書館で、この「手書きの文書」を見つけだした。六七点の水彩画から構成されており、書名は『自然の王冠、あるいは無名の作者によって六七点の神秘的な図により明らかにされた至高の医療の教え』となっていた。この文書は『哲学者の薔薇園』（一五五〇年）にふれているし、最初の水彩画はおそらくジョヴァンニ・バッティスタ・ナザリの『金属変成にかかわる三つの夢』（一五九九年）の木版画を写したものらしいので、『自然の王冠』は一七世紀初頭のものだと考えられる。この六七点の水彩画に対して、バルヒューゼンの異版は七八点の図版から構成されている。しかし二つの版は同一のものであって、バルヒューゼンは元版の象徴的行為を強調するために、図版（図1—6、9、16—17、74、77—78）を加えているのである。『自然の王冠』は『哲学者の薔薇園』に多くを負っており、きわめて独創的なものだとはいえ、『哲学者の薔薇園』の注釈と呼べるかもしれない。

　バルヒューゼンの扉を飾る銘刻文は、「天の助けと労苦により

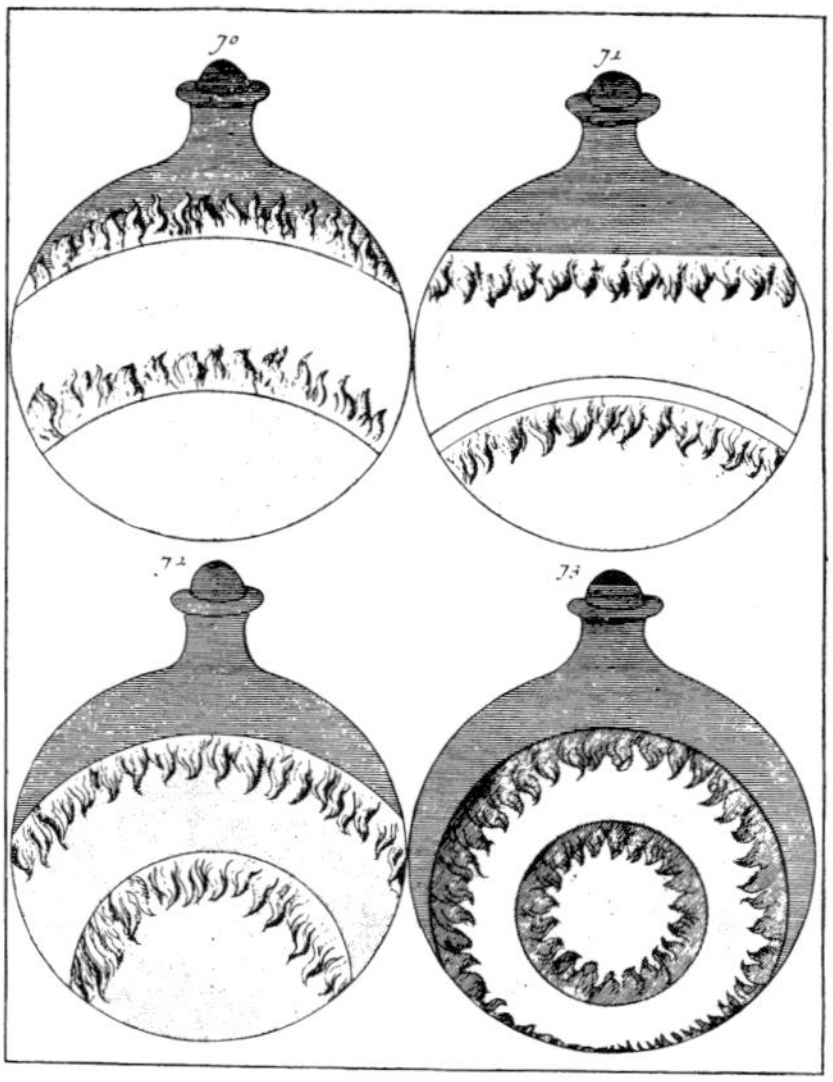

70—73.「黄色」の石の腐敗

74—78. 第四の「赤」の結合

て」となっている。

『沈黙の書』

錬金術の作業の象徴的構造を最も興味深く伝えている文書の一つが、一六七七年にピエール・サヴールがラ・ロシェルで出版した『沈黙の書』である。著者がいかなる人物なのかは定かでない。最初の図版（図39）にあるラテン語の銘刻文は、「これは言葉のない書物ではあるが、慈悲深い三重に偉大な神の絵文字によって、ヘルメス学のすべてがあらわされ、この術の子らにのみ捧げられており、著者の名前はアルトゥスである」となっている。本書に収録した図版はマンゲトゥスの『神秘化学論集』（ジュネーヴ、一七〇二年）から採ったが、これには『沈黙の書』の粗雑な図版が未知の彫版師によって新たに彫版されて、絵画的にすぐれた異版として掲載されている。異版と元版はその形式と内容が同一だが、ただ最初の版画の背景が異なっており、異版には陸地に入りこむ海がある一方、元のフランスの版画にはない。トランペットをもつ二人の天使が、ヤコブの梯子を登らせるために夢見る錬金術師を目覚めさせているが、この梯子は天と地の結合をあらわす最後の図版で投げ捨てられている。

介在する図版はネプトゥーヌス、ユーピテル、ウェヌス、ルナ、ソル、サトゥルヌス、メルクリウスの保護を受けての錬金術の変成過程の展開である。図3では、錬金術の作業に携わるカップルが水中の愛を象徴するもので実験をおこない、図4では春と発生

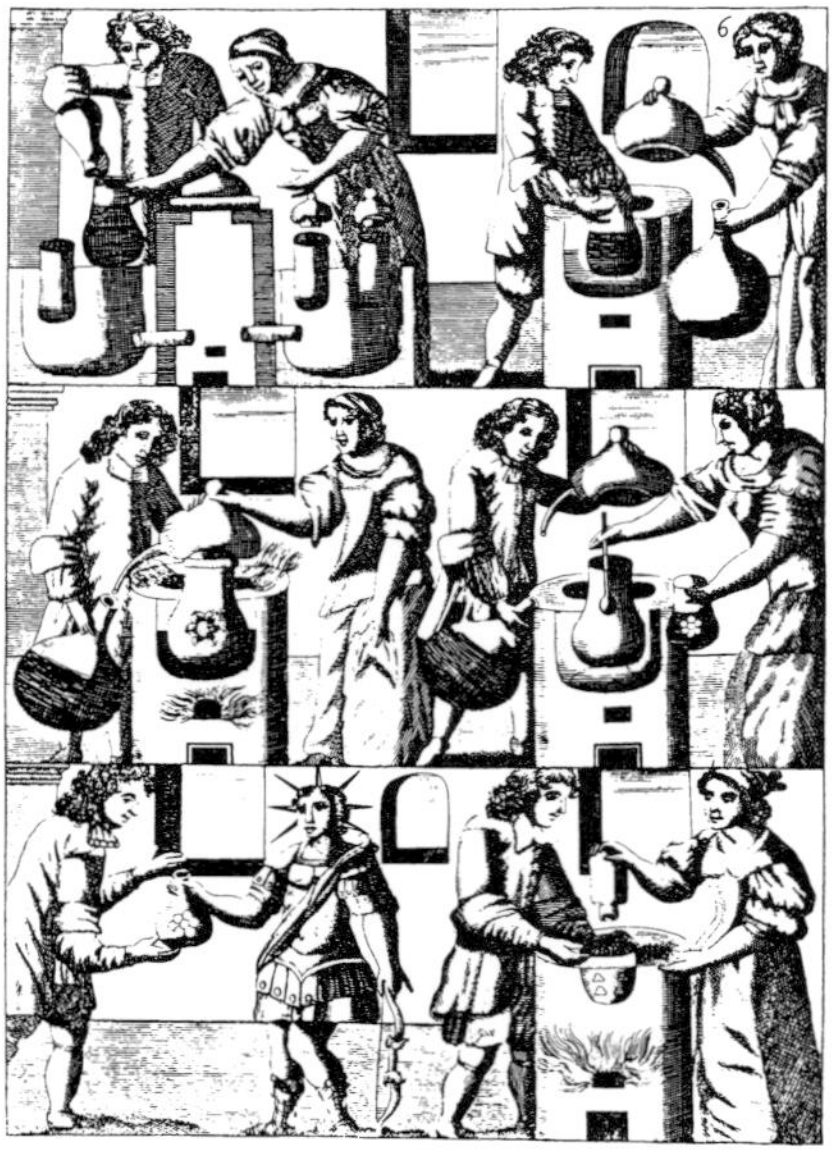

9

TOM I
P 935
7

TOM·I
P 938
10

8

TOM I
P. 238
13
100 1000
10000 &c
100 1000
10000 &c

11

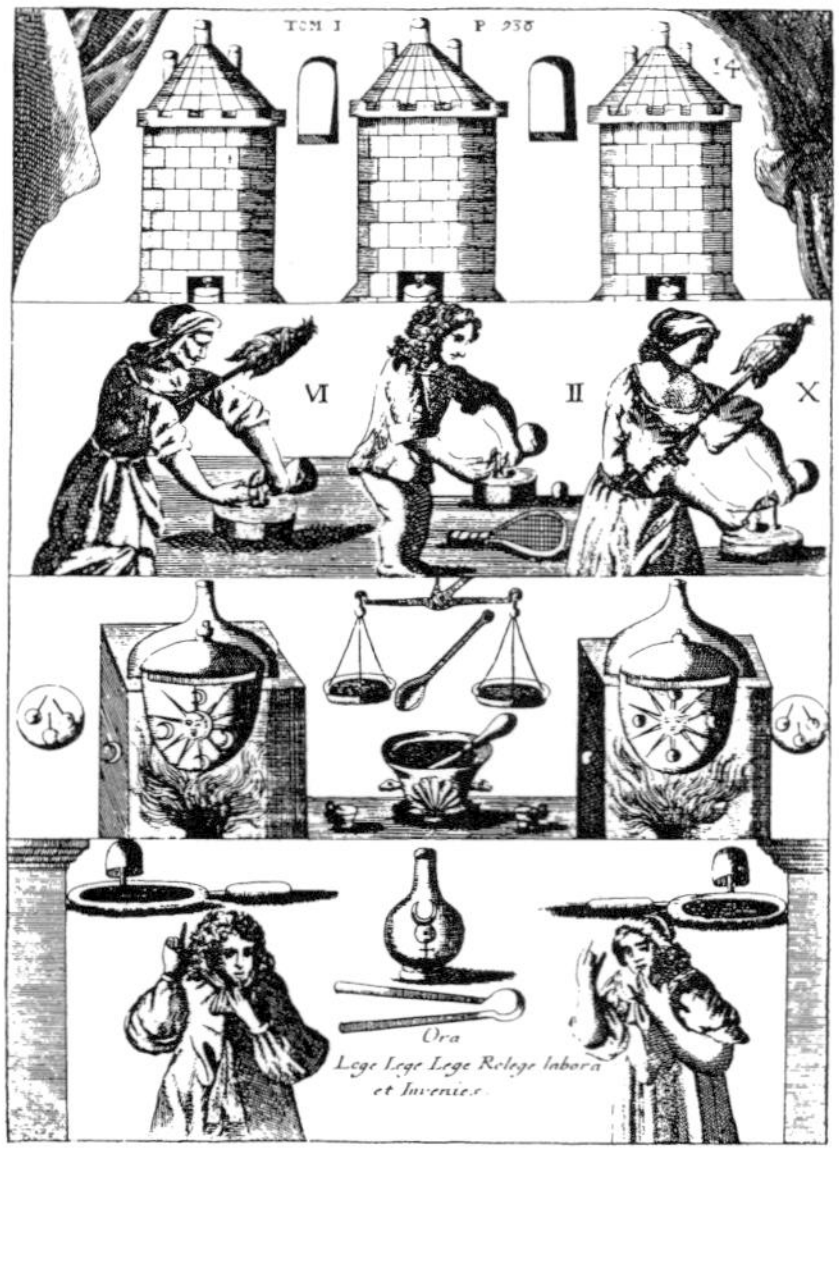
TOM I
P. 238
VI
II
X
Ora
Lege Lege Lege Relege labora
et Invenies

12

の「五月の朝露」を集めている――二人はこの五月の朝露から図5―6で銀と金をつくりだし、図7―8で哲学者の息子を生み出すのである。

図9では「五月の朝露」が黒くなり、第一質料が新たな昇華と純化の過程に入れられる。こうして一〇番目の宮で太陽と月の第二の結合が起こり、図10―11で二人の結合の息子が誕生する。

図12では新たな苦行と腐敗がはじまり、錬金術師とその妹は第一質料を精錬する過程を再開する。この作業が成功したことが図13にあらわされており、太陽と月が果てしない増殖の宮で第三の結合を果たす。

図14では、火のついていない松明をもつ親と、その小さな哲学者の息子が、実験室で煙を出すオイル・ランプの灯心を切り落としている。下段にある熱せられた太陽と月の炉が太陽と月の増殖する複製をつくりだし、太陽と月は図15でついに結合する。錬金術師と妹がその結合による複合人物とともに上昇するが、この人物はメルクリウス・フィロソフォルム、あるいは復活したキリストを象徴しているのである。

『太陽の光彩』

ここに掲載した二二点の絵は、現在大英図書館に所蔵される、サロモン・トリスモシンの『太陽の光彩』の一五八二年版（ハーリイ稿本三四六九番）から採ったものである。ハーリイ稿本はドイツ語原本の写本であって、一六世紀の中頃に書き写された。絵は原画に忠実なうえ、絵画的表現の面で原画よりもすぐれている。

『太陽の光彩』は一五九八年にロールシャハで出版された錬金術文書の集成、『金羊毛』にはじめて収録された。一六〇四年にはバーゼル、一七〇八年にはハンブルクで出版されたことで、『金羊毛』はたちまち『バシリウス・ヴァレンティヌスの一二の鍵』のように有名なものになった。

ヘルマン・コップによれば（『錬金術』I、二四三ページ）、名高いパラケルススの「教師」であるサロモン・トリスモシンは架空の人物であるという。『金羊毛』に含まれるいくつかの文書の著者だとされているが、最初の文書は一四七三年以後の遍歴をあつかっているのだ。サロモン・トリスモシンはドイツとイタリアで錬金術を学び、次のように記している。「わたしはヴェネツィアからさらに美しい土地へ行ったとき、エジプトの言葉で記されたカッバーラーと魔術にかかわる書物に馴染むようになった。これらの書物をギリシア語に翻訳し、さらにラテン語に翻訳したことで、エジプト人の宝のすべてを見いだしたのである」。

本人の証言によれば、サロモン・トリスモシンは晩年になって賢者の石をつくりだし、石の半分を使っただけで若返ったという。黄色くなって皺だらけの皮膚が白くてすべすべしたものになり、頬に赤みがさし、灰色の髪が黒くなって、ふたたび若い頃の情熱がよみがえった。

著書を執筆していたときには、奇蹟的な出来事から一五〇年が経過していたが、あいかわらず青春の盛りにあって、仕事に精を出していた。「わたし、トリスモシンは完全に若返り、この秘法でもって他の勇敢な人びとをも若返らせたが、もしもこれを望む人があれば、最後の審判の日までこの秘法とともに生きながらえるだろう――これは神の永遠の智恵にそむくことなのである」。サロモン・トリスモシンの大法螺の一つに、七〇歳から九〇歳にかけての老婆を多数若返らせ、ふたたび多くの子供をもうけさせたというものがある。

『太陽の光彩』の連作図版

1. 二人の哲学者が錬金術の神殿の前で論争しており、神殿の入口は花が咲き小川の流れる緑したたる草原に通じている。聖所の台座には「錬金術の大紋章」が置かれ、太陽と月が神殿の支配者であることを示している。

2・ 錬金術師が錬金術の容器を指差し、「行きて、四元素の本質を求めるべし」と告げている。調べるために元素を分離することは、第一質料をつくりだす手段の一つである。いま一つが「われらが秘密のやりかた」で元素を腐敗させ、煎じ出すことである。これらの手順によって恐るべき作業が開始される。

3・ 作業はメルクリウスの噴水があふれだすことによってはじまり、メルクリウスの噴水は第一質料の水と子供たちの尿をほとばしらせるとともに、邪悪な無秩序の内に七つの惑星を発達させる。マルスじみた錬金術師の盾には、「二つの水より、一つの水をつくりだせ。太陽と月を創造しようとする者は、太陽と月に有害な葡萄酒を飲ませるべし」とある。

4・太陽と月、あるいは王と女王が、第一質料の星の混沌からあらわれる。女王の巻物には「半神女の乳」、王の巻物には「男性的なものを凝固させよ」とある。両性の結合は、「結合あるいは性交」によって自然の対立物すべてを結びつけようとする錬金術師の試みを具現し、これは石をあらわす言葉の一つである。

5・錬金術師たちが自然の土台を探り、山と大地の奥深くに入っていく。闇の中で聖書にあらわれるモルデカイ、エステル、アハシュエロス、ビグタン、テレシに出会う。秘めやかな性と鎮圧された王殺しの雰囲気が漂っている。人魚、海馬、幼児が、象徴的行為の退行的な流れを示している。

6. 錬金術師がヘルメスの樹に登り、果実を摘んで、その枝を草地に植える。まわりでは、王と息子たちと廷臣たちが裸で湯浴みする女たちをこっそりのぞいている。この絵の象徴的行為が明らかにしているのは、性的好奇心の目覚めであり、このあと王は次の絵で水槽にくだる。

7. 年老いた王が海で溺れるが、奇蹟的に助かり、世継の息子としてふたたび生まれる。「王の息子」がもっている笏には、七つの惑星が正しい順序でならび、金のリンゴには父の受肉をあらわす鳩がいる。再誕した人物は「三つの豪奢な冠、すなわち鉄の冠、銀の冠、純金の冠」をかぶった姿であらわされる。

8. 王が水槽にくだることを示すこの絵では、「黒人」あるいはエチオピア人が、「黒く汚れて悪臭放つ泥から立ちあがり」、天の女王を抱きしめる。「女王は男に紫のローブをまとわせ、最も輝かしい透明さへと高め、天へと運びあげる」とされている。つづく絵は天における男女の不思議な再結合を示している。

9. 白色化したエチオピア人と有翼の女王が抱擁して、天使めいた両性具有者になる。これが錬金術の作業の目標である。輪光に包まれた有翼の人物は右手に的を、左手に卵をもっているが、これは哲学者の石あるいは哲学者の卵の象徴である。的は第五元の結合した四つの元素から構成される円を示している。

10・ 錬金術の結婚の栄光のあとには、復活の体の残酷な生贄がつづく。荒くれ者が「われは汝を殺した」と告げる。「汝は余剰の生命を得るやもしれぬが、汝の頭を隠し……汝の体を葬るゆえ、腐敗して成長し、おびただしい実を結ぶであろう」。この行為はニグレドのはじまりを意味している。

11・ 再誕の汚れた体が大釜でゆでられて清められる。仲間の錬金術師がふいごをつかう一方、一羽の鳩が錬金術師の頭にとまっている。白色化作業が開始され、ニグレドが完了した証拠である。

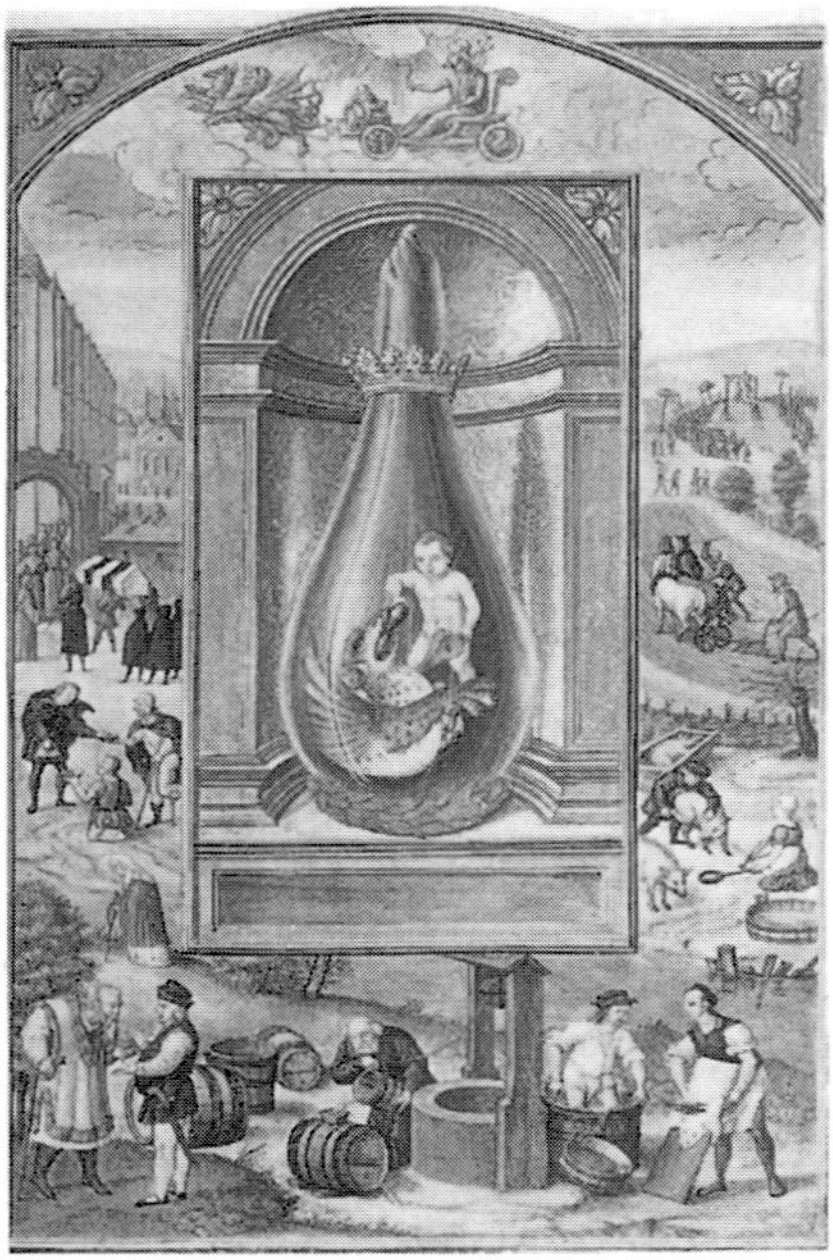

12・容器の中で成長する少年がふいごと薬瓶でドラゴンと闘い、薬瓶の薬をドラゴンの喉に注いでいる。本文では「白色化作業」にふれて、「闇の中に素晴しき光が見えるだろう」と記されており、背景には田舎から都市におよぶ景色があらわれている。

13・交接する親の巣から白い鳩が生まれる一方、教皇が宮殿で王に冠を授け、二人の錬金術師が昇華と蒸留の作業に携わっている。「重いものは軽いものの助けなくして軽くはなれない」。本文にはそう説明されて、次の絵の有翼の再誕のイメージを明らかにしている。

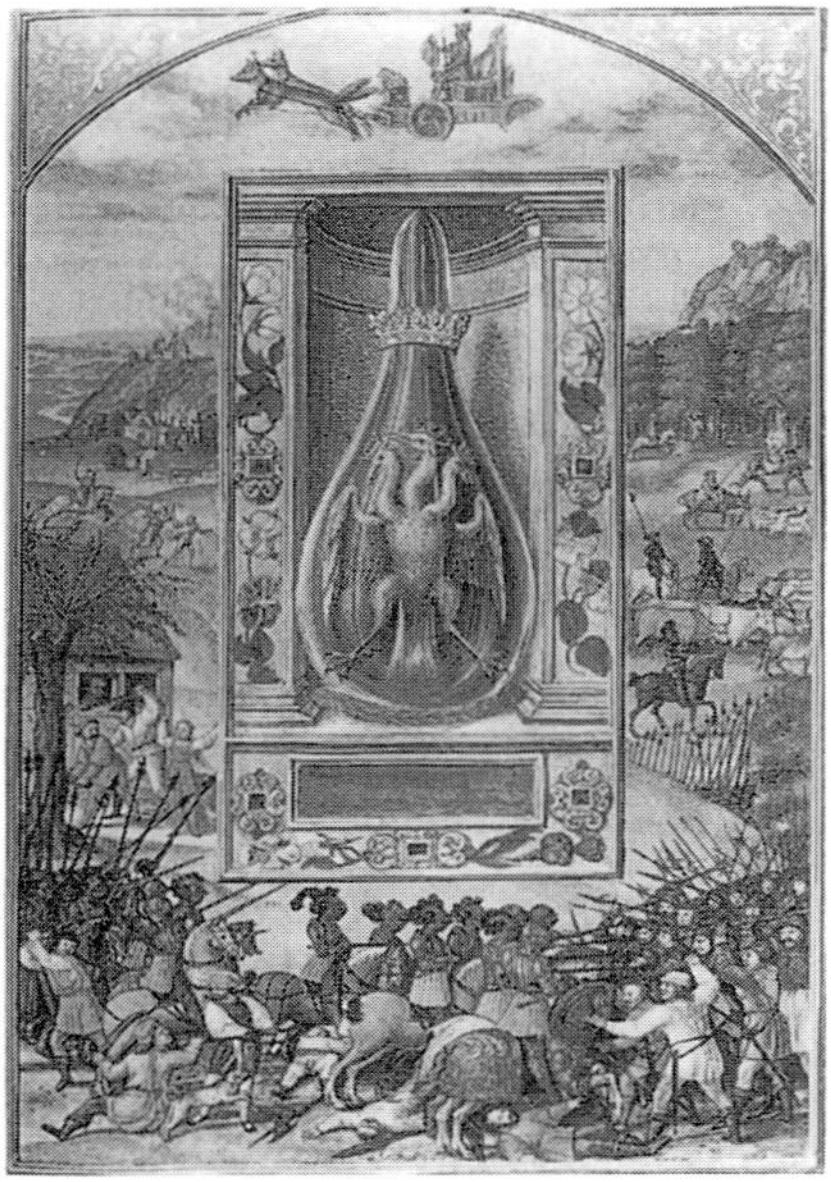

14・　戦争と暴力を背景にして、容器が三位一体の約束の鳥のあやうい形成を示している。本文には「熱が不浄なものを清める」とある。「熱が鉱物の不純物と悪臭を発散させ、霊薬を再生する」のである。次の絵が示しているのは、容器内での鳥の恐ろしい変容である。

15・　背景でさまざまな運動がおこなわれているなか、容器が約束の鳥の精神外傷をともなう変容を示している。本文ではこれは魂の帰還を象徴する出来事だと説明されている。「哲学者たちがいうには、隠されたものを明るみにだすものは術をきわめた者であり……魂を甦らせる者は経験を得るであろう」。

16・愛と舞踏と音楽を背景にして置かれた容器は、孔雀の尾の多彩な色を示し、魂の帰還と夜明けの先触れになっている。魂の暗い夜が終わり、容器は王と女王の銀の結婚の準備をなす。この出来事はつづく二点の絵で示されている。

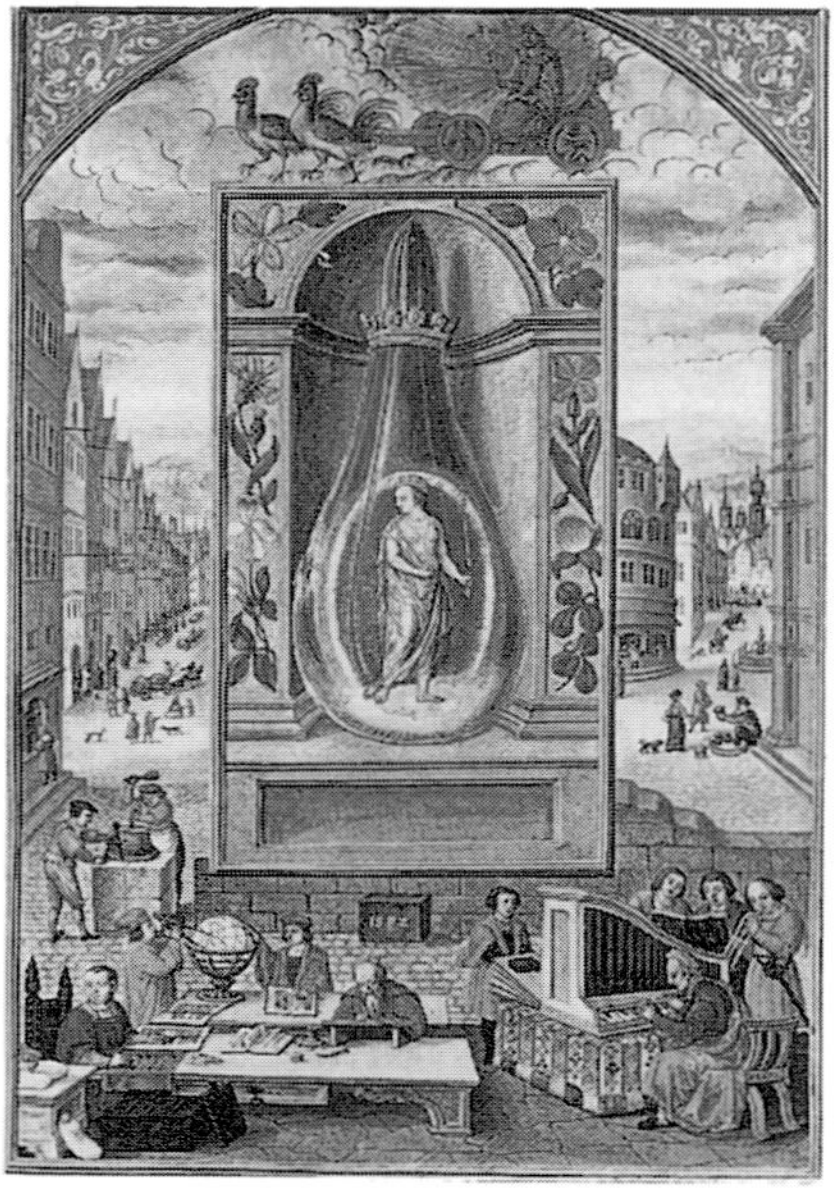

17・再誕の容器が都市を背景にして置かれ、都市では男たちが自由七科を学んでいる。月の女王が太陽の顔と融合して、妊娠した姿であらわされている。「七たび蒸留すれば、破壊的な湿りをとりのぞけるだろう」次の絵の男の結合にふれて、本文はそう説明している。

18．狩りと釣を背景にして、太陽の王が月の顔と融合する。本文では王を照らす月の火が人馬宮の火であるとされ、この火は「熱く燃えてはおらず、空気の支配のもとにあるか、安らぎの状態にある」と記されている。つづく絵は作業の最後をあらわすものである。

19．図17—18で太陽と月の体が結合したあと、錬金術の変成の過程は「物質を黒くさせる」腐敗と醱酵の段階に入る。本文によれば、これは月の体が太陽の硫黄と結合したためか、金の醱酵によるものである。

20・ 本文では、育児室で遊ぶ子供たちが、溶解の段階につづく凝固の段階にたとえられている。大勢の子供たちはこのモチーフを増殖の豊饒さと若返りの意味に結びつける。この絵はおそらく第三の結合をあらわしたものである。

21・ 九人の洗濯女が衣服を洗っているありさまについて、本文では最後の昇華を象徴するものだとしている。「哲学者の石に次ぐ薬剤、醱酵体、アニマ、油と呼ばれる、第五元の霊」へと、大地の元素が最後に昇華されるのである。石は次の絵で生み出される。

22・「太陽の光彩」が朝の景色を照らし、「赤」の段階を開始させる。最後の作業の合成の結果としての太陽の石について、本文はこう説明している。「自然のものがすべて一つの体にまとまるのは、結びつく性質があるからである」

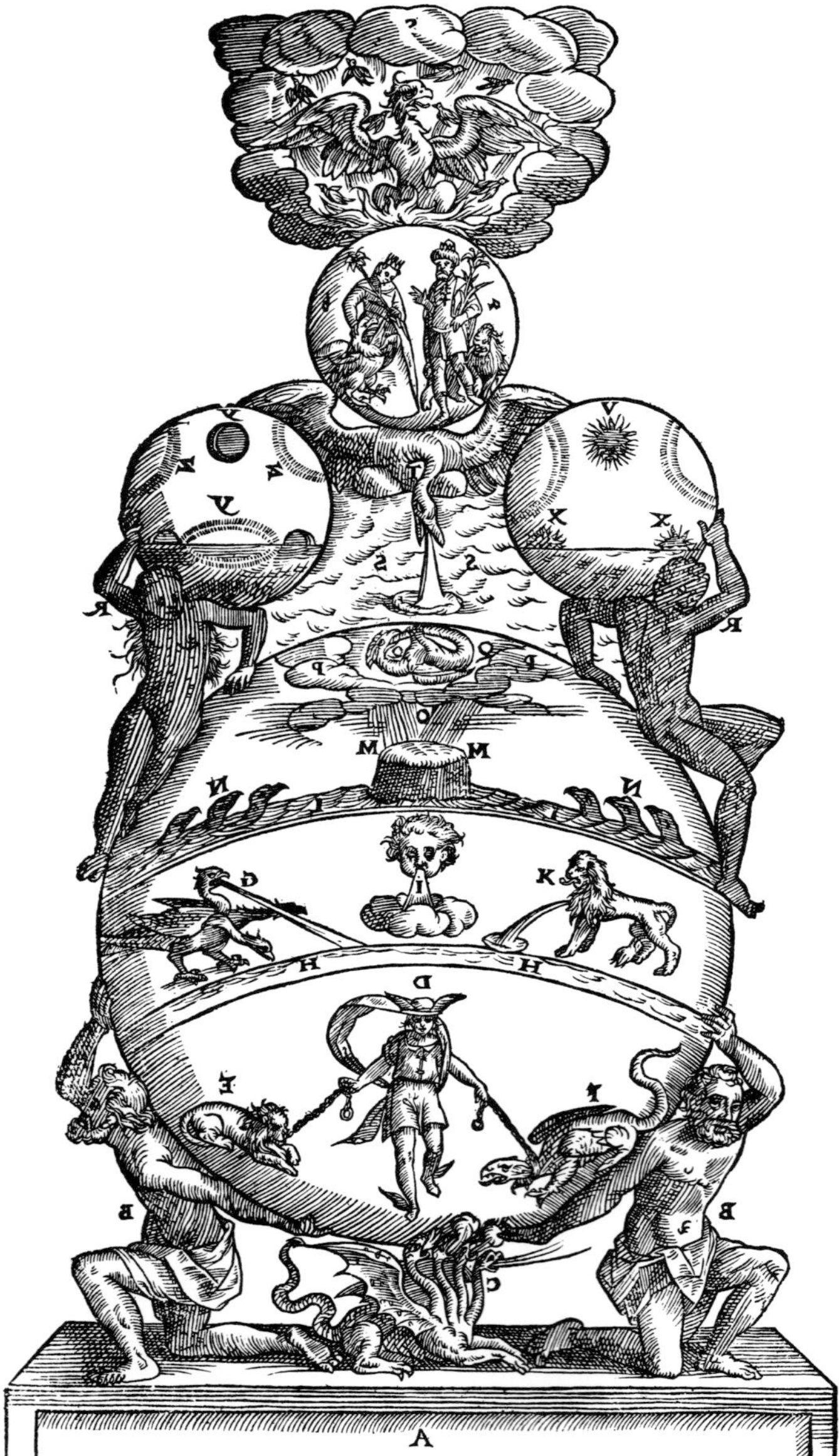

A・リバウィウス『錬金術』（1606年）、覚書き、第２部、55ページ

訳者あとがき

本書は一九八九年にイギリスのアクウェアリアン・プレスから刊行された、ヨハンネス・ファブリキウスの *Alchemy: The Medieval Alchemists and their Royal Art* の全訳である。同書はハードカヴァーで出版された後、すぐにソフトカヴァー版として装いをかえて現在にいたっているが、通常はハードカヴァーのジャケットに記載される著者紹介も、初版のジャケット・フラップにはなく、著者については詳らかにしない。本書中にときおり浮かびあがる姿からは、心理学にとりくんで無意識の研究をおこなうとともに、少なくとも三〇年以上の歳月を費やして精力的に錬金術の研究をつづけていることが、かろうじてうかがえるだけである。著者の姿が杳としてつかめないことは、決して本書の真価を損なうものではなく、むしろ錬金術の現代における最高権威としての著者の立場を、画然と際立たせているといえるだろう。

序文で宣言されているように、本書はユングの『心理学と錬金術』を踏まえ、ユング以後の諸分野の成果をとりこむことで、ユングの個性化過程の観点から錬金術を見事に読み解いた力業である。錬金術の研究書として隠れもなき『心理学と錬金術』は、そもそも一冊の書物として書きあげられたわけではなく、既に発表されていた論文をまとめたものであるとともに、これらの論文の主眼が心理学と錬金術の関係を論証することであったために、錬金術そのものの解釈をきわめるものではないという恨みがあった。くわえてユングの解釈は時代の制約を受けてもいる。錬金術という言葉に惹かれて『心理学と錬金術』をひもとく者は、ささやかな満足と多大な欲求不満を抱かざるをえない。それにくらべて、本書の著者のファブリキウスは、個性化過程から錬金術を読み解くという筋を通しており、ユングよりも有利な立場にあったといえなくもないが、豊富な図版とその厳密な解釈を原動力に、ついに錬金術の秘教面を鮮かにさらけだすことに成功した。

こうして本書によって理路整然と明らかにされた錬金術の秘教面とは、オブジェ志向の神秘主義である錬金術が、整然とした階梯を用意して、意識の進化を目指すものであったということである。洋の東西を問わず、神秘主義の骨法は死によって甦ることにほかならない。まさしく「古きをたずねて新しきを知る」であって、これは「古き自分をたずねて、新しき自分を生み出す」と読みかえられるが、「古き自分をたずねて」と「新しき自分を生み出す」のあいだには、必然的に「現在の自分を死なせる」という過程が含まれている。あらっぽい単純化をするなら、個人の限界の多くは無意識に自ら課しているものであって、「古き自分をたずねて」この事情を自覚することにより、「古き自分」から受け継いでいる現在の自分の限界を乗りこえられるようになるが、これを何らかの形で果たすことは、現在の自分を「古き自分」とともに葬ることであり、すなわち「新しき自分を生み出す」ことにひとしい。神秘主義が「汝自身を知れ」と告げる所以である。いかに些細なものであれ、限界の突破は超越と呼ばれる。

著者ファブリキウスはユングの個性化過程に即して錬金術の作業を読み解くことで、かつては神秘主義の独占物であった意識の進化という運動が、それと知られないまま、程度の多少はあれ、万人の心の中でおこなわれていることを説得力豊かに論証したのである。当節流行の臨死体験をも射程におさめ、これを肉体の死ではなく、神秘主義における死、すなわち霊的な死の観点からとらえていることは、唐突ではなく必然の処置であり、傾聴すべき正論にほかならない。ほかにも著者のすぐれた分析思考から導きだされた卓見は数多く、ユングの『心理学と錬金術』を出発点にしている本書は、『心理学と錬金術』の増補改定版とも呼べるだろうし、ユングの限界を軽々と乗りこえていることで、他者の追随を許さない記念すべき画期的な力作と呼んでもさしつかえないだろう。もちろん本書が提出する解釈は可能な解釈の一つにすぎないかもしれず、本書でおこなわれる論証のやりかたについては、イタリアの歴史学者カルロ・ギンズブルグの方法論と同じく、あらかじめ結論を立てて都合のいいものだけを採用しているという非難を招くかもしれない。たとえ可能な解釈の一つにすぎないとしても、おびただしい事例が有機的に結びつく磐石の論証のうえに成り立つものであり、これがおのずから著者の執筆態度の公正さを何よりも雄弁に物語っているので、本書の価値はいささかも揺らぐものではないのである。

本書の魅力は図版にもあり、鮮明な図版をこれほど豊富に収録した錬金術の研究書はかつてなかった。イギリスのテムズ・アンド・ハドスン社から一九八八年に出版された、スタニスラス・クロソウスキイ・デ・ローラの *The Golden Game* には、本書よりも数多くの図版が収録されているが、一七世紀の書物から複写しただけのものなので、鮮明度に欠けるという問題がある。どういう処理がとられたのか、わたしも本書『錬金術の世界』に収録された図版ほど鮮明なものを以前に見たことはなく、本書は錬金術図版集として貴重な書物ともなっている。本書によって読者は著者の議論と対決することもできるし、ただ図版をながめて独自の解釈をおこなうこともできるのだから、何とも贅沢な書物ではないか。なお、『太陽の光彩』の連作図版二二点については、イギリスのタイガー・ブックスから一九九三年に出版された、ジェイムズ・ワサマンの *Art and Symbols of the Occult* に、すべてカラー版で収録されていることを申しそえておこう。

最後になったが、本書の翻訳にあたっては、続出する古典語について、神戸市外国語大学の大西英文氏より貴重な助言をたまわった。ただし正確な翻訳が不可能なものについては、文脈から判断する方針をとったため、責任はすべてわたし一人にある。編集作業は青土社の西館一郎氏が担当し、氏とのコンビは四度目になるが、これほどこきつかわれたことはかつてなく、人間の限界を越えるような貴重な体験をさせていただいた。ほかにもお世話になった方は数多く、ここに慎んで感謝の意を表する次第である。翻訳には全力をつくしたつもりだが、思わぬ手ぬかりがあるやもしれず、賢明なる読者のご叱声をあおぎたい。

一九九四年一一月　広島にて

大瀧啓裕

錬金術の世界（新装版）

二〇一六年五月二〇日　第一刷印刷
二〇一六年五月二五日　第一刷発行

著者――ヨハンネス・ファブリキウス

訳者――大瀧啓裕

発行人――清水一人
発行所――青土社
東京都千代田区神田神保町一－二九　市瀬ビル　〒一〇一－〇〇五一
電話　〇三－三二九一－九八三一（編集）、〇三－三二九四－七八二九（営業）
振替　〇〇一九〇－七－一九二九五五

印刷・製本――モリモト印刷

装幀――戸田ツトム

ISBN978-4-7917-6926-1　Printed in Japan

度なので、まことにあっけなくヘルメース学アーカイヴが構築できる。但しこれらは本が大きいこともあって、著作を一ページずつ高解像度のＪＰＥＧファイルにしただけのものなので、使い勝手をよくするにはそれなりの手間をかけなければならない。全ファイルをディスプレイの解像度に合わせて一括縮小して、ファイル名を簡単な名前の連番に変更し、画像管理ソフトで個々のファイルに複数のキー・ワードを付けておけば、閲覧自体が軽快になって、通読するにはスライド・ショウでことたりるし、必要なファイル＝ページも検索によって自在に呼び出せる。

わたしはこのやりかたで数年前に主要な文献を揃え、現物の図版を余さずつぶさに目にしたが、元版のあとがきに記したことに間違いはなく、本書に収録された図版の鮮明さは抽んでているといわざるをえない。現物には用紙の変色や汚れや裏写り等があって、単に背景を透明にするだけでは鮮明なものにならないからだ。図版を一点ずつ丹念に処理したとおぼしい。ユングの説く個性化の観点から錬金術を見事に読み解いた本文もさることながら、ふんだんに収録された図版は圧巻であり、図版を現物と対比できるいまだからこそ、本書の真価はついに底光りをたたえてきたといってもよいだろう。

本書は『天使の世界』とともに、翻訳という形での意識の進化史として、わたしから提出した企画だが、錬金術が天使や悪魔のように売れるわけもなく、初版部数が多かったこともあって、初版かぎりの運命をたどることになった。いまこうして新装版として復活することで、ようやく肩の荷が下りたような気がする。新しい読者の活発な議論を期待してやまない。

二〇一六年四月
大瀧啓裕

新装版 あとがき

本書は一九九五年の一月に刊行された。早二一年の歳月を経たかと思うと、うたた感慨を禁じえない。この間に錬金術を含むヘルメース学に対して、うれしい驚きというしかない、大きな変化が起こっているからだ。かつてこれらの文献は、現存部数も少ない古典籍であるがゆえに、ごく僅かな復刻版を除き、甚だ高価で入手も困難だったが、インターネットの普及とディジタル文書化の推進によって、いまや誰でも無料あるいは安価に閲覧できるようになっている。

欧米の図書館はこれらヘルメース学文献をディジタル文書化するにあたり、印刷状態までそのまま伝えるために、ＰＤＦの形式を採用しているので、ファイル・サイズは唖然とするほど大きく、たとえばアタナシウス・キルヒャーの『エジプトのオイディプース』は一四〇メガバイトに達するが、通信速度も一〇〇メガビット以上があたりまえになりつつあるので、そうたいした負担にはならないだろう。インターネットのおかげで、これら文献を数多く所蔵する東欧やドイツの図書館にアクセスできるようになったことが、わたしにとっては何よりもありがたい。

いちいち検索するのが面倒であれば、専門業者がヘルメース学の原典を分野別にまとめ、電子書籍として販売していることを申しそえておこう。たいていはＤＶＤに収録され、値段もせいぜい四〇ドル程

索　引

あ
愛　60, 63, 64, 66(図37), 67-69, 72, 73, 77, 80, 82, 83, 89, 91, 92(図53), 99, 101(図60), 103, 106, 107, 109(図66), 110, 111, 113-115, 117, 124, 127-129, 131, 135, 159, 169(図108), 211(図137), 212, 248, 279, 347, 358, 364, 422, 441, 456, 482, 514, 559
愛の昇華　455, 456
愛の対象　76, 80, 94, 111, 112(図68), 120, 128, 130, 135, 142, 147, 148, 152, 556
愛の光　373
愛の炎　129, 174, 559
アヴィケンナ　142, 199, 278
アウルム・アウラエ　432
アウロラ・コンスルゲンス　413
アエストゥス・グラウェス　479
赤い奴隷　245, 247, 261
赤いライオン　437, 438, 441, 455, 471, 483
赤の王　451(図326), 491, 503, 516, 541, 542(図384), 544
赤の薬剤　32, 150(図92), 190, 191, 201, 222, 223(図144), 428, 471, 472, 473(図341, 342), 483, 491, 546
赤のミサ　541
アキレウス　195, 479, 482
悪　130, 131, 135, 137(図81), 138, 139, 218, 279
アクア・ウィタエ　→生命の水
アクア・サピエンティアエ　307
アクア・フォエトゥム　→羊水
アクタイオン　433
悪魔　107, 152, 255, 268, 304, 333
アグリッパ・フォン・ネッテスハイム　37
アケトゥム・フォンティス　52
曙の明星　200, 201
アザエル　63
アザゼル　63
朝露　88(図52), 89, 126, 326, 393, 394
アストゥナ　299
アストロラーベ　156
アゾート　25(図5), 306
アタノール　165
アダム　193, 228, 242, 434, 442, 476, 541, 544
アダムズ(イヴァンジャリン・アダムズ)　238
『新しい貴重な真珠』(ボヌス)　158, 161, 313, 357, 505
アッティス　106, 261
アテーネー　→パラス・アテーネー
アデラード(バースのアデラード)　22
アドニス　261
アトラス　559
アトロピン　32
穴　103, 159(図104), 160, 162, 165, 170, 313
アニマ　38, 41, 60, 61(図33), 65(図36), 67, 69, 71, 73, 76, 82, 86, 89, 99, 124, 134, 140, 148, 156, 178, 213, 217, 259, 264, 276, 286, 310, 315, 329, 373, 427, 510, 554, 556
アニマ・コンプレックス　69, 71, 76
アニマ・ムンディ　121, 122(図72), 123, 129, 130, 134, 135, 138, 140, 141(図84), 142, 147, 148, 216, 245, 248, 250(図166)
アニマ・メルクリイ　97
アニミズム　89, 124
アニムス　69, 71, 82, 556, 558
アハシュエロス　103
アブラハム(ユダヤ人)　451, 453
アポロン(⇨ポエブス・アポロン)　177(図114), 178, 367, 424, 427, 431, 449
アマルガム　209
アムノン　107
アモル・コニウガリス　→結合の愛
アリストテレス　22, 23, 333
アリスレウス　301
『アリスレウスの幻視』　228, 301
RNA　352
アルカディア　424
アルカロイド　32
アルキア　299
『アルキドクサ』　546
アルキナ　299

『アルゼの書』　278
アルテミス　316, 433
アルナルドゥス・デ・ヴィラノヴァ　22, 213, 340
アルパート（リチャード・アルパート）　519
アルビフィカ　195
アルビラ　299
アルフィディウス　58, 117, 299, 347, 505
アルベド（白色化）　38, 278, 293, 294（図197）, 299-301, 303（図202）, 304, 306, 312, 316, 319, 323, 332, 334（図232）, 336, 338, 342（図238）, 343, 344, 352, 357, 362, 364, 367, 370, 372, 373, 380, 384, 385, 405, 422, 437, 459, 491, 564（図399）
アルボル・インウェルサ　229
アルボル・ウィタエ　→生命の樹
アルボル・ソリス　→太陽の樹
アルボル・フィロソフィカ　→哲学の樹
アル＝ラズィ　→ラゼス
アレクサンドロス　505
暗号　352, 406, 448, 486, 572
アンチモン　26, 257, 507
アントロポス　559
アンドロメダ　195

い

イエス　170, 218, 351, 452
イェホヴァ　325, 528
硫黄　24, 50, 52, 55, 58, 65（図35）, 68, 97, 99, 135, 157（図96）, 159, 160, 179, 209, 248, 250（図166）, 269, 285, 295, 398, 404, 413, 414, 433, 479, 546
硫黄・水銀説　22, 24
硫黄の印　50, 77, 135
硫黄の火　209
硫黄の霊　97, 99
胎貝　211（図137）, 213
怒り　128, 147, 184, 190, 302
イカロス　367
『イギリスの化学の劇場』　15
イサク　293
石　→哲学者の石
意識　30, 50, 60, 64, 69, 78, 94, 97, 106, 129, 218, 249, 310, 567, 568
イシス　22, 121, 316, 495, 556
『医師と看護婦による死の観察』（オウシス）　547, 550
『石の製法について』（ヴェントゥラ）　55
イシュタル　316
泉　452, 459
『イースト・コーカー』（エリオット）　456
依存性抑鬱　134
一次過程　90, 100, 148
『一族再会』（エリオット）　271
『一連の錬金術の図版に関連する転移の心理学』（ユング）　35
一者　541, 562, 576
射手座　319
イテルム・モリ　272
イーデン（F・ファン・イーデン）　567
遺伝子　63, 102, 134, 249, 320（図219）, 486
遺伝子過程　64, 146, 147, 248, 463, 486
イド　→原我
井戸　59, 167, 168（図106）, 170-172, 173（図111）, 181, 190, 191, 201, 212, 332, 388, 426（図301）, 427, 428, 431, 432, 541
稲妻　171, 174, 395, 412（図289）, 413
犬　100, 107, 108（図65）, 109（図67）, 110, 113-115, 119, 128, 136, 401
イノサン墓地　451
猪（猪の牙）　261, 263（図172）, 264
生命の樹　186, 223（図143）, 224, 226（図149）, 483, 510, 544
生命の水槽　178
生命の水　30, 52, 53, 158, 201, 204, 212, 370, 510
生命の霊薬　32, 171, 468, 472, 473（図342）, 474, 475, 483, 515, 544, 546, 558
茨の冠　337, 370
イマーゴ　120, 130
妹（⇨謎めいた妹，錬金術師の妹）　72, 82, 85（図48）, 88（図52）, 89, 91, 92（図53）, 95, 97, 107, 108（図64）, 126, 127, 150（図92）, 156, 170, 178, 186, 190, 191, 195, 200, 212, 278, 299, 326, 363, 372, 373, 394, 428, 432, 453, 464, 483, 515, 541, 546, 551（図391）, 553, 554, 555（図393）, 556
『イリアス』　535
イルミナティオ　→照明
インキネラティオ　→灰化

う

ウァギナ　170, 187(図120), 190, 193, 195, 200
ウァギナ・コンプレックス　174
ウァギナ・デンタータ　100, 153, 170, 199
ヴァーグナー　456
ウァス・ヘルメティス　156
ウァレンティヌス(バシリウス・ウァレンティヌス)　34(図15), 77, 80, 136, 146, 147, 179, 186, 191, 200, 233, 238, 257, 264, 273, 283, 321, 323, 343, 344, 364, 367, 390, 404, 419, 422-424, 431, 445(図319, 321), 446, 472, 507, 562
ウァレンティヌスの幻視　238, 264, 283, 343, 455, 559
ウィトリオル　25(図５)
ウィヌム・ノストゥルム　32, 53
ヴィラノヴァ　→アルナルドゥス・デ・ヴィラノヴァ
ウェヌス(⇨フラウ・ウェヌス)　82, 114, 136, 138, 250(図165), 261, 273, 276, 321, 353, 431, 446
ウェヌスの狩り　136, 138
ウェルギリウス　410
ヴェントゥラ（ラクレンティウス・ヴェントゥラ）　55
魚　142, 512(図368), 513-515
魚座　514
兎　135
牛　82, 86, 89, 130, 135, 137(図81), 392(図275), 393, 424
宇宙樹　226(図147, 149)
宇宙的無意識　575, 576
宇宙の海　167, 546
宇宙の蛇　→ウロボロス
宇宙母神　130
鬱状態　135, 184, 257-259, 264, 269, 271, 276, 286, 287, 302, 304, 306, 307, 338, 352, 368(図257), 389, 401, 425(図298), 462
鬱病　60, 134, 184, 186, 271, 272, 276, 286, 302, 304, 306, 462
ウニオ・ミュスティカ(神秘の合一)　156, 252, 539
『ウパニシャッド』　229
産声　203(図134), 204, 205
海　50, 63, 64, 71, 73, 77, 103, 123, 140, 167, 201, 202(図132), 209, 213, 220, 223(図143), 340, 395, 514
ウルカヌス　62, 63, 323, 344, 424, 428, 471
ウロボロス　38, 50, 413, 521(図374)
ウンブラ・ソリス　→太陽の影

え

永遠の円運動　242
永遠の女　69
永遠の生　483, 484, 486, 487, 495, 528, 544, 546, 558
永遠の生命の泉　486, 504(図364)
永遠の水　272, 300, 318, 363, 364, 459, 546
永遠の無意識　48
永遠の若者　233, 257
栄光の油　418
栄光の体　491, 493, 495, 529, 530, 540, 541
栄光の大地　229
栄光の両性具有者　239
栄光の錬金術師　239
英雄　69, 178-181, 196(図127), 217, 218, 220
栄養芽層　388
エヴァ　193, 228, 242, 434, 442, 556
エウリュディケー　472, 474, 475
液化　127, 438
エゴ　→自我
エステル　103
『エステル記』　103
『エゼキエル書』　325
エチオピア人　245, 307
エッシェンバッハ(ヴォルフラム・フォン・エッシェンバッハ)　315
エディプス・コンプレックス(⇨オイディプス)　35, 67, 76-78, 80, 83, 86, 89, 94, 95, 97, 100, 102, 103, 110, 111, 130, 170, 233, 264, 351, 513
エディプス層　84（図49), 90
エーテル体　540
エデンの園　228
『エメラルド板』　199, 432, 468, 576
エラサム　395
エリオット(Ｔ・Ｓ・エリオット)　271, 456, 553
LSD　32, 90, 174, 180, 193, 200, 218, 243, 310, 419, 500, 519, 529, 547, 549, 558, 571,

572, 575, 576
『LSD 精神療法』（コールドウェル）　91, 519
エルボ　307
エレアザル（アブラハム・エレアザル）　418, 428, 431
エレウシス　22, 193, 217
エロス　113, 138, 279, 323, 514, 556
円　396, 401, 515, 533（図381）, 536, 538（図383）, 561, 567
円積法　401, 536, 561

お

オイディプス（⇨エディプス・コンプレックス）　86, 87（図50, 51）, 89, 102, 261
王　67-69, 77, 80, 83, 91, 97, 100, 105（図63）, 106, 115, 117, 119, 120, 126（図77）127, 128, 135, 143, 148, 151, 152, 158（図98）, 161, 167, 169（図108）, 170-172, 179-181, 184, 186, 189-191, 193, 194, 198（図131）, 200, 201, 203（図134）, 204, 205, 209, 213, 228, 231（図150, 151）, 232（図152）, 233, 235, 257, 259, 261, 264, 265（図174）, 268, 276, 278, 285, 295, 299-301, 321, 332, 334（図232）, 336, 338, 355（図245）, 357-359, 361（図253）, 364, 377, 380, 382（図265）, 390, 409, 419, 422, 428, 431, 437, 438, 451（図326）, 455, 465, 491, 493, 495, 506, 507, 510, 516, 544
オウィディウス　301
王冠　→冠
王殺し　103, 139（図82）, 158（図99）, 171, 261, 262（図171）, 264
黄金の池　432
黄金の石　59
黄金の樹　229
黄金の結合　431, 454（図327）
黄金の薬剤　472
黄金のライオン　459, 462
『黄金論集』　59, 140, 242, 268
牡牛　→牛
オウシス（カーリス・オウシス）　547, 550, 553, 567
王の息子　97, 148, 149（図90）, 151-153, 158（図98, 99, 100, 102）, 159（図103, 104）, 160, 161, 191, 193, 198（図131）, 201, 204, 230, 231（図150, 151）, 233
黄色化　→キトリニタス
黄体　434
オウム・フィロソフォルム　→哲学者の卵
オウロボロス　→ウロボロス
大鎌　77, 189, 222, 453
狼　75（図42）, 77, 80, 100, 107, 109-111, 115, 119, 128, 143, 144（図87）, 146, 147
オカルト　69, 498, 530
『お気に召すまま』（シェイクスピア）　462
オシリス　22, 261, 495
『オスタネスの書』　239
オドル・セプルクロルム　269
牡羊　→羊
牡羊座　86
オプス・アド・アルブム　396
オプス・アド・ルベウム　396
オプス・アルキュミクム　14, 32, 35, 36, 38, 45, 515, 544, 567, 578
オプス・キルクラトリウム（⇨循環作業）　38, 41, 50, 385
オプス・コントゥラ・ナトゥラム　48, 49, 60
オプス・ルナレ　→月の作業
汚物　59, 114, 167
オボエル　395
オーラ　494, 500, 525, 526（図376）, 529, 530
オリオン　424, 427, 451
オリュンピオドロス　141
オリュンポス　395, 428, 448, 554
オルガスムス　213, 252, 377
オルトラヌス　347
オルペウス　233, 472, 474, 475
オルペウス教　22
オレステース　476
温浸　216, 347, 409
恩寵　230, 231, 351, 357, 359, 494
雄鶏　→鶏
オンパロス　178

か

『改革された哲学』　15, 99, 282, 472
『懐疑的な化学者』（ボイル）　32
骸骨　247, 257, 546
外傷　→再誕外傷, 死の精神外傷, 出産外傷, 精神外傷

海馬　82, 103
海綿　212, 222, 224, 229, 506, 546
カウダ・パウォニス　→孔雀の尾
カエルム・ステラトゥム　41
『化学と呼ばれる錬金の術』　15
『化学の新しい光』　59
『化学の劇場』　15, 55, 257, 338, 340, 377, 541
化学の結婚　159
『化学の元素』(バルヒューゼン)　45
『化学の術』　15, 242
『化学の庭園』　343, 398
鏡(鏡の魔術)　25(図5), 120, 121, 124, 131, 135, 140(図83), 142, 152, 185, 189, 209, 432
鍵(⇨第一の鍵, 第二の鍵, 第三の鍵, 第四の鍵, 第五の鍵, 第六の鍵, 第七の鍵, 第八の鍵, 第九の鍵, 第一〇の鍵, 第一一の鍵, 第一二の鍵)　405, 422, 452, 472, 483, 498, 507, 544
影　58, 59, 63, 242, 525, 527(図377), 528-530
影(ユング)　60, 61(図32, 33), 64, 67, 77, 80
下降　→降下
果実(⇨処女の果実, 不死の果実)　103, 140, 222, 228, 229, 340, 347, 351, 353, 355, 361, 364, 377, 442, 482, 483, 507, 510, 554, 558
煆焼　24, 41, 212, 224, 235, 291, 306, 311(図210), 312, 313, 314(図212), 315, 316, 318, 321, 329, 332, 333, 357, 377, 409, 414, 482
火星　72, 77, 278
火葬　455, 479, 480(図348), 494, 554
『勝ち誇るメルクリウス』　287
葛藤　83, 95, 115, 119, 131, 156, 252, 536
カッバーラー　535
カテクシス　78
カドゥケウス　193, 233, 453
カナー(レオ・カナー)　146
蟹　123, 124, 153, 156
カニクラ　114
ガニュメデス　395, 398, 410, 419, 428
カプト・コルウィ　→鴉の頭
カプト・ドラコニス　99
カプラン(バート・カプラン)　352
ガブリクス　212, 213, 301
ガブリクム　165
ガブリティウス　261
鎌　→大鎌
雷　171, 174
神の息吹　129
神の子　199, 213, 393
神の照明　390, 393
神の精神　38, 41
神の光　243
神の霊　45, 129, 302
カメレオン　129
カメロン(ノーマン・カメロン)　272
鴉　213, 257, 269, 273, 282(図191), 283, 285, 286, 304(図204), 395, 405, 422, 503
鴉の頭　257, 273, 281, 283, 286, 291, 302
ガリア　424
顆粒膜細胞層　441
ガリレオ　451
還元　49, 312, 316, 332, 384, 562
完成の星　234(図154), 235, 243, 247
完全な結合　235, 238, 242, 344
『カンティレーナ』　285, 357, 358, 384, 506
観念複合体　220
冠　45, 80, 103, 105(図63), 106, 117, 138, 158(図98), 171, 186, 189, 201, 220, 233, 238, 239, 247, 323, 332, 337, 338, 343, 355, 357, 370, 373, 384, 409, 423, 455, 465, 469(図338), 491, 494, 503, 506, 515, 516, 532(図379), 541, 544, 547
還流器　127

き

偽アリストテレス　94, 143, 227
キケロ　462
騎士　178, 195, 196(図127), 199, 474, 475
擬似体験　152
機制　184, 185
犠牲　259, 264, 367, 384, 385, 427, 472, 473(図342)
『貴重な真珠』　→『新しい貴重な真珠』
狐　179
偽デモクリトス　199
キトリニタス(黄色化)　38, 367, 381, 385, 388, 390, 394(図276), 395, 396, 398, 401, 402(図283), 404, 405, 409, 413, 421(図296), 424, 428, 431, 432, 441, 448, 454(図328), 455, 472

キニス・キネルム　321
キニラス　261
キバティオ　→授乳
キプス・セムピテルヌス　364
キプロス　261
キベネンシス(メルキオル・キベネンシス)　370, 372
基本相　72, 123, 238, 405
キャリントン　539
吸血鬼　71, 147
救済　63, 179, 340, 360(図251)
吸収の恐怖　120
救世主　370, 442, 452, 491, 503, 516, 528, 544
狂気　60, 110, 124
凝固　27, 41, 63, 212, 220, 222, 235, 285, 293, 301, 318, 380, 398, 427, 437, 446, 468, 479, 505, 507, 561, 562, 564(図399)
共生　117, 118(図71), 119, 121, 122(図72), 123(図74), 124, 125(図75), 130, 131, 138, 156, 186, 248, 255
共生段階　119, 120, 124, 129-131, 134, 138, 142, 146
強迫観念　115, 153, 440(図308), 456
強迫神経症　115
恐怖　35, 58, 63, 75(図42), 77, 78, 110, 120, 122(図72), 124, 131, 143, 170, 255, 269
巨蟹宮　38, 69, 123, 124, 135, 152, 153, 156, 172, 405
玉座　87, 97, 151, 158(図98, 99), 159-161, 189, 191, 201, 220, 230, 231, 255, 355(図245), 357, 421(図297), 451(図326), 455, 494
極体　419
巨人　424, 428, 449(図323), 451, 455, 564(図399)
去勢　77, 95, 100
去勢不安　35, 95, 100, 195
清め　273, 293, 295, 296 (図198), 297(図199), 299-301, 304, 307, 312, 325, 367, 390, 393, 398, 554
キリスト　30, 152, 302, 343, 351, 359, 367, 370, 380, 452, 464, 465, 483, 491, 495, 500, 502 (図360), 503, 505, 506, 535, 541, 544, 554, 558
麒麟　316
キール(ノーマン・キール)　73
金(黄金)　23, 26, 49, 50, 53, 69, 80, 99, 112(図68), 114, 160, 171, 191, 201, 204, 209, 222, 239, 248, 302, 377, 380, 381, 384, 389, 398, 404, 405, 409, 413, 414, 446, 482, 507, 509(図367), 525, 546
銀　23, 26, 27, 50, 53, 127, 191, 201, 204, 209, 295, 338, 361(図252), 381, 389, 398, 409, 414, 482, 525, 546, 547
金牛宮　86, 89, 135, 217, 422
近親相姦　35, 65(図35), 66(図37), 67-69, 72, 73, 75(図42), 76, 77, 82, 86, 87, 90, 92(図53, 54), 94, 95, 96(図57), 97(図58), 98(図59), 99, 100, 102, 106, 110, 115, 126(図77), 127-129, 156, 159-162, 165, 167, 176(図113), 178, 189, 233, 261, 268, 269, 271, 299, 301, 313, 373, 437, 441, 462, 465, 515
『金属大鑑』(ゲベル)　427
『金属の変成について』(モリエヌス)　160
金のライオン　423
銀の婚礼　348, 361 (図 252, 253), 366 (図256)
銀の卵　350 (図241)
金羊毛　315
『金羊毛』　15

く

空気　23, 24, 38, 50, 67, 167, 181, 209, 212, 222, 242, 247, 273, 300, 306, 307, 312, 318, 319, 332, 333, 336, 344, 363, 364, 377, 409, 446, 448, 451, 566
空気の宮　106, 238, 451
クサヌス(ニコラウス・クサヌス)　243
孔雀　82, 247, 359, 422
孔雀の尾　247, 357, 360(図251), 362, 385, 413, 422
鯨　201, 220
糞　→糞便
グノーシス主義　22, 343
グノーシス主義者　38, 446
熊　30, 130, 541
蜘蛛　257, 260(図170)
苦悶　64, 201, 304, 338, 432
クライン(メラニー・クライン)　102, 110, 114, 128-131, 134, 135, 146, 147, 184, 185, 190, 195

グラティアヌス　295
グリフィン　452
クリュサオル　431
グリーン(シーリャ・グリーン)　499, 511, 529, 536, 539, 567
グリーン(マイケル・グリーン)　571
黒い太陽　269
黒い火　466(図335), 468
黒い霊　304
クロノス　191
グロフ(スタニスラフ・グロフ)　575
食われる恐怖　156, 172
クンラート(ハインリヒ・クンラート)　21(図3), 424

け
啓示　58
形成期　64, 80
形相　23, 344
系統発生　281, 572
激怒　→怒り
結合　26, 30, 41, 68, 89, 91, 97, 99, 103, 106, 109(図66), 111, 113, 117, 118(図71), 119-121, 128, 130, 150(図92), 159, 161, 165, 170, 171, 178, 186, 190, 191, 193, 197(図129), 200, 209, 212, 213, 216, 222, 224, 228, 233, 235, 243, 245, 247, 251(図167), 255, 261, 264, 278, 283, 293, 300, 301, 304, 307, 313, 323, 329, 332, 333, 336-338, 340, 343, 347, 351, 354(図244), 355, 357, 359, 362, 363, 364, 367, 371(図261), 372, 373, 377, 380, 381, 382(図265), 385, 389, 419, 428, 438, 441, 442, 448, 459, 462, 468, 483, 495, 503, 514, 540, 556, 561
結合の愛　248
結合の白百合　394
結合の神秘　175, 191
『結合の神秘』(ユング)　35
結合の水槽　186
結合の杖　233
結合の鳥　355
結合の火　333, 348, 461(図331), 494
結合の星　216, 235, 273, 283, 307
結合の水　230, 261
結合の霊　91, 152
結婚　186, 189, 190, 200, 242, 245, 261, 321, 336, 343, 356, 357, 364, 448, 450, 455, 461(図330), 483, 494, 501(図359), 503, 510, 515, 521(図374), 525, 530, 531, 533(図381), 535, 546, 554
結婚の水槽　189, 200
ゲーテ　89, 456, 558
ゲニウス　529
ゲベル　199, 312, 389, 414, 427
ゲリュオン　181, 431
ケルウィクス　175
ケルウス・フギティウス　141
ケレース　479
ケロタキス　127
剣(⇒マルスの剣)　75(図43), 76, 77, 136, 138, 194, 195, 233, 269, 285, 336, 344, 390, 396, 404, 428, 431, 541, 546
原我　78, 80, 218
幻覚　26, 27, 31, 32, 45, 55, 549, 550
幻覚剤(幻覚誘発剤)　29(図13), 31, 35, 53, 218, 220, 500, 519, 529, 549
原去勢不安　194, 195
元型　89, 90, 100, 102, 111, 123, 130, 142, 424, 432
原光景　107, 109(図66), 110, 111, 114, 117, 128
幻視(幻視体験)　27, 30-32, 45, 55, 60, 76, 233, 259, 310, 343, 353, 395, 510, 511, 531, 534, 539, 547, 549, 567
賢者　58, 59, 109, 110, 113, 176(図112), 179, 384
賢者の石　→哲学者の石
賢者の海　343
賢者の神殿　48
『賢者の水族館』　59, 302
『賢者の群』　58, 59, 276, 291, 300, 304, 306, 318, 332, 363, 477, 505, 525, 558
『賢者の群の書にまつわる寓話』　222
『賢者の群への入門修業』　217
減数分裂　419, 463(図332), 464, 471, 484
元素　→四元素
幻想　26, 55, 90, 95, 100, 110, 114, 120, 129, 134, 140, 146-148, 152, 153, 200
ケンタウロス　319, 554
原不安　174, 177(図114), 178, 180, 184, 185, 190, 516
原抑圧　134, 184

者の目薬
『コリント人への第一の手紙』　152, 544
『コリント人への第二の手紙』　498
ゴルゴタ　370, 372
ゴルゴーン　431
コールドウェル(W・V・L・コールドウェル)　91, 258, 519, 575
コルプス・アストラレ　→星気体
コルプス・アルベフィカティオニス　315
コルプス・コエレステ　510
コルプス・グロリフィカトゥム　→栄光の体
コルプス・ムンドゥム　319, 329
コンソラティオ　404
混同　131
混沌　23, 49, 50, 52, 56(図28), 57(図31), 60, 63, 64, 66(図37), 68, 76, 138, 238, 390, 391(図272)
コンプレックス　→ウァギナ・コンプレックス，エディプス・コンプレックス，性コンプレックス，マザー・コンプレックス

こ

『合一の勧め』　228, 276
降下(下降)　172, 181, 191, 302, 332, 379(図264), 423, 437, 441
攻撃　63, 64, 67, 77, 78, 80, 83, 94, 95, 99, 100, 103, 109(図67), 110, 111, 114, 115, 128, 129, 131, 134, 136, 185, 190, 218
口唇期(口唇サディズム期)　94, 111, 115, 119, 121, 128, 129, 131, 134, 153
洪水　→大洪水
交接　→性交
恒星天　121
黄道　135
黄道一二宮　38, 39(図17), 72, 86, 106, 123, 135, 137(図81), 138, 156, 160, 216, 235, 238, 250(図166), 251(図167), 278, 319, 405, 423, 433, 448, 455, 506, 513(図371), 521(図374)
黄道一二宮の墓場　278, 279
更年期　249, 279
蝙蝠　401, 441
肛門　110, 114, 115
肛門期(肛門サディズム期)　94, 110, 111, 114, 115, 119
コーエン(シドニー・コーエン)　243
五月の朝露　→朝露
黒色化　→ニグレド
黒胆汁　300
後光　45, 97, 395
個性化過程　14, 36, 64, 80, 249, 276, 352, 388, 456, 462, 464, 486, 498, 515, 531, 539, 568
個体形成　→分離・個体形成段階
個体発生　281, 572
誇大妄想　143, 148, 152, 153
固着　90, 102, 121, 124, 134, 142, 252
固定　409, 410, 414, 418, 507
固定観念　153
『子供の精神病と精神分裂症』(マーラー)　120
子供の園　434
『子供の遊戯』　278, 479
コニウンクティオ・オポシトルム　→対立物の合一
コリュリウム・フィロソフォルム　→哲学

さ

再結合　41, 148, 161, 171, 190, 193, 332, 336, 337, 441, 455, 465
サイケデリック革命　35
最高星位　135
最後の栄光　510
最後の結合　481(図350), 483, 486, 503, 509(図367), 513(図371), 514, 515, 527(図377), 567
最後の審判　264, 383(図267), 384, 405, 449(図324), 452, 505
最後の腐敗　454(図328)
最初の結合　144(図86), 186, 205, 249, 252, 337, 373, 442, 556, 564(図399)
再生　49, 228, 279, 302, 362, 568
再生の石　368(図257)
再生の水槽　58, 230
臍帯　80, 185, 191, 193(図124), 195, 204, 218, 224, 226(図149), 233, 239, 320(図218)
再誕　35, 45, 47(図23), 49, 54(図26), 102, 120, 144(図87), 148, 153, 155(図95), 156, 157(図96, 97), 160, 161, 168(図107), 174,

175, 179-181, 182(図118), 186, 190, 193, 195, 197(図129), 199-201, 205, 213, 216-218, 220, 223(図144), 230, 232(図152), 233, 243, 245(図162), 255, 259, 264, 269, 273, 276, 283, 284(図192), 292(図195), 293, 294(図196), 299, 300, 319, 323, 325, 329, 332, 333, 335(図234), 336-338, 340, 342(図239), 347, 348, 350(図242), 352, 359, 360(図249, 251), 362, 367, 370, 372, 373, 393, 401, 417, 421(図296), 424, 425(図298), 426(図301), 437, 446, 449, 456, 465, 471, 479, 493, 494, 501(図359), 503, 507, 513(図370), 514
再誕外傷　192(図123), 417, 419, 431, 432, 452, 507
再誕の井戸　172(図109), 212
再誕の肉体　231(図150)
再誕の星　308(図206)
再誕の容器　219(図141), 247, 362
細胞　352, 406, 419, 477(図345), 486
細胞分裂　388, 463(図334, 335), 571
サイロシビン　32
錯乱　53
ザクロの園　535
蠍　278, 279, 304
サディズム　89, 90, 131, 190
サトゥルヌス　75(図42), 77, 78, 80, 191, 194, 257, 261, 300, 301, 367, 446, 454(図328), 455, 479, 480(図349), 482, 495, 516, 528, 529
サバト　32
サピエンティア　121, 216, 554, 556
サマエル　63
『サムエル記』　107
サラマンドラ　195, 196(図128), 197(図129), 199, 285, 373
猿　121, 138
三界　229
三角形　45, 87, 135, 165, 351, 372, 390, 432, 448, 455, 536
珊瑚　222, 224
珊瑚樹　222, 223(図144)
『三語の書』(ハリド)　247, 546
三位一体　45, 230, 351, 362, 371(図261), 372, 423, 424, 433, 434, 445(図320), 446, 452, 464, 465, 491, 503, 532(図379), 541, 546

し

死　47(図23), 49, 52, 58, 144(図87), 156, 167, 168(図107), 170, 173(図111), 174, 186, 200, 201, 203(図134), 205, 213, 216, 220, 230, 238, 249, 257, 258, 261, 268, 269, 272, 273, 278, 279, 285, 287, 302, 315, 324(図226), 329, 335(図234), 336-338, 340, 344, 355, 357, 359, 464, 465, 476, 479, 482, 484, 491, 493, 494, 501(図359), 510, 513, 514, 516, 518, 519, 528, 530, 544, 547(図388, 389), 548(図390), 550, 554, 558, 559
自慰　94
シヴァの女王　338
シェイクスピア　352
ジェイコブスン(イーディス・ジェイコブスン)　64, 248
シェパード(オーデル・シェパード)　316
ジェラール(クレモナのジェラール)　22
塩　135, 179, 257, 285, 307, 338
鹿　315
自我　36, 60, 64, 69, 73, 78, 83, 90, 100, 106, 119, 120, 124, 128, 131, 134, 135, 146-148, 152, 172, 174, 180, 184, 190, 213, 243, 249, 252, 258, 259, 264, 271, 276, 286, 310, 338, 373, 401, 404, 462, 495, 498, 568, 572, 576
自我心理学者　69
自我の死　213
子宮　30, 89, 100, 112, 114, 119, 121, 138, 140, 144(図86), 146, 149(図90), 151, 153, 156, 170, 174, 175, 178, 184, 189, 195, 199, 204, 212, 213, 216-218, 222, 226(図149), 243, 247, 269, 273, 276, 284(図193), 299, 307, 320(図218), 333, 334(図231), 336, 340, 351, 352, 361, 362, 367, 372, 377, 386(図268, 269), 388, 442, 484, 513(図370), 516, 567
子宮回帰　119, 123, 188(図121), 190, 213
子宮腔　333, 352, 388, 406
子宮頸部　175, 184, 333, 352, 388, 406, 418, 441, 442
子宮内膜　333
子宮壁　321(図222), 351, 434, 442
司教　242, 332, 364, 366(図256), 367
シギルム・ヘルメティス　→ヘルメスの印

四元　→四元素
始原細胞　493, 494, 521(図374)
始原生殖細胞　419, 484, 486, 536, 571, 572
自己　71, 119, 121, 124, 135, 142, 147, 148, 153, 186, 213, 218, 243, 252, 259, 271, 286, 351, 373, 486, 495, 497(図357), 498, 557(図396)
自己愛　142, 152, 153
地獄　269
自己軽視　259, 271
自己嫌悪　259, 264, 271
自己実現　218, 220
自己中心性　124
自己懲罰　286
自己破壊　286
自己非難　259, 264, 271
自殺　259, 264, 271, 279, 286, 306, 417
獅子宮　319
獅子宮の印　69, 135, 157(図97), 160, 165, 172
思春期　63, 64, 65(図35), 66(図37), 68, 69, 73, 74(図43), 76-78, 80, 82, 83, 249, 252
『思春期の普遍的体験』(キール)　73
地震　119, 120, 160
『自然の王冠』　15, 165, 212, 224, 228, 235, 273, 306, 312, 318, 494, 646
『自然の書』　541
自然の卵　239
自然変成の石　351
自然変成力　37, 53, 58, 67, 142, 160, 299, 333, 340, 422, 437, 554
死体　266(図175), 267(図178), 313, 315, 329, 332, 405, 483, 495, 530, 547
実践期　131, 134, 138
嫉妬　75(図42), 77, 78, 95, 147
質料　23, 86, 138, 347
『自伝』(ユング)　529
熾天使　403(図285), 515
死神　268, 453, 494, 528(図378), 546
『死の観察』　→『医師と看護婦による死の観察』
死の恐怖　77, 100, 165, 167, 172, 177(図115), 178, 281, 501(図359), 520
死の苦しみ　275(図182), 323, 390, 516, 531
死の結婚　483
死の幻視　547
死の十字架　502(図360)
死の精神外傷　486, 494, 516, 519, 520, 531, 548(図390), 567
死の体験　519
死の太陽　519
死の天使　529
死の水　261
至福　143, 146, 147, 174, 212, 377, 432, 507
自閉(自閉症)　123, 146-148, 153, 156, 170
自閉段階　119, 131, 138, 142, 146, 147, 152, 172
『詩篇』　63
芻　68, 158(図98), 186, 201, 204, 232, 269, 336, 362, 384, 455, 494
麝香　380
射精　419, 463
集合的無意識　69, 71, 90
十字架　45, 269, 302, 355, 370, 498, 503
十字架の聖ヨハネ　388
『一二の鍵』　→『バシリウス・ウァレンティヌスの一二の鍵』
絨毛膜腔　320(図218, 221)
自由連想　27, 28(図7), 30
樹液　53, 86, 228
樹冠　48, 106, 220, 221(図142), 228, 229, 433, 503
種子　99, 189, 220, 228, 229, 248, 313, 355, 358, 364, 380, 405, 465, 547
樹脂　343, 559
受精　77, 106, 216, 307, 333, 347, 352, 418(図294), 419, 421(図297), 423, 425(図299), 442, 445(図320), 450(図325), 484, 556
受精膜　419
受精卵　333, 338, 351, 352, 386(図269), 388, 403(図286), 406, 419, 422, 423, 434, 442
受胎　69, 114, 115, 186, 235, 249, 266(図176), 268, 272, 278, 279, 281, 283, 300, 304, 305(図205), 343, 412(図289), 413, 418, 424, 431, 441, 465, 487, 501(図359), 567
『受胎調節』(ハヴマン)　406
出産　69, 150(図92), 167, 170, 171, 175, 185, 505, 514
出産外傷　102, 130, 150(図92), 153, 168(図107), 172, 174, 179, 180, 184, 186, 190, 204,

205, 245(図162), 332, 338, 340
シュテーケル　35
受肉　161, 201, 233, 241, 248, 264, 315, 495, 508(図365), 510, 515, 530, 532(図380), 566
受肉の息　178
受肉の鳥　209
受肉の鳩　170
受肉の霊　152, 264
授乳　142, 143, 146, 170, 372, 482
シュピーゲル(レオ・A・シュピーゲル)　64
純化　59, 83, 293, 312, 313, 323, 336, 437, 442, 446
循環　135, 136, 138, 181, 186, 316, 344, 367
循環気質　121, 134, 135
循環作業　38, 39(図17), 40 (図19), 41, 50, 385, 517(図372), 521(図374), 538(図383), 559
循環蒸留　30, 300, 538(図383), 540, 541, 542(図385), 544, 568, 571
純金　80, 204
純銀　235
小宇宙　229, 318, 468
照応　72
女王　67-69, 77, 83, 91, 97, 100, 112(図68), 114, 115, 117, 119, 120, 126(図77), 127, 128, 138, 156, 167, 169(図108), 179-181, 184, 186, 190, 200, 201, 211(図137), 212, 213, 228, 235, 257, 268, 276, 278, 285, 295, 299, 321, 332, 334(図232), 336-338, 348, 357, 361(図252), 364, 377, 380, 382(図265), 390, 419, 422, 428, 437, 438, 455, 465, 476
消化　231(図150), 409
昇華　24, 30, 41, 60, 80, 82, 126, 127, 216, 217, 285, 286, 293, 295, 296(図198), 300, 306, 311(図210), 312, 314(図211), 315, 316, 318, 319, 320(図220), 323, 326, 329, 331(図229), 332, 333, 336-338, 351, 352, 364, 367, 373, 381, 393, 406, 427, 442, 445(図320), 446, 459, 465, 467(図337), 505, 506, 515, 536, 556
浄化　273, 295, 299-301, 304, 307, 312, 319, 326, 329, 348, 364, 367, 385, 438
浄化の火　319
昇華の水　80, 81(図46)
象形寓意の像　453
小作業　178, 255, 319, 352, 357, 367, 564(図399)
上昇　121, 273, 302, 318, 364(図255), 367, 394, 395, 404, 405, 409, 410, 422, 432, 446, 541
象徴主義(象徴体系)　35, 53
昇天　412(図288), 428, 442, 446, 464, 465, 467(図337), 483, 515, 552(図392), 554
娼婦　60, 71, 136, 138
照明　24(図4), 135, 171, 209, 352, 388-390, 391(図174), 404, 414, 567, 568
蒸留　24, 30, 32, 138, 150(図92), 273, 285, 295, 296(図198), 355, 363, 367
『書簡』(ラゼス)　110
蝕　278
『ジョージ・リプリイの歌』　362
処女　38, 60, 71, 140, 141, 195, 199, 215(図139), 216, 247, 293, 315, 316, 348, 370, 372, 377, 423, 452, 465, 505, 506, 513(図370), 515, 532(図379)
処女宮　135, 216, 293, 422
処女の果実　377, 516
処女の乳　52, 53, 123, 129, 170, 201, 204, 229, 247, 283, 372, 459, 507
処女の土　385
処女の噴水　68
ジルベラー(ヘルベルト・ジルベラー)　35, 36
城　63, 353, 393, 459, 495, 507, 509(図367), 544
白い石　342(図239), 344, 348, 364, 389
白い女　245, 247, 315
白い薄層　373, 377, 380, 381, 384, 389, 405
白い帆船　340
白の結合　315, 372, 377, 380
白の女王　361(図252), 394
白のミサ　367
白の薬剤　27, 150(図92), 190, 191, 201, 364, 372, 465, 546
白の霊薬　235, 395
白百合　394
新イェルサレム　483, 510
深淵　181, 200, 279, 353, 423

『進化曼陀羅』（ライト）　571
『シンクロニシティ』（ユング）　498
神経症患者　115
新月　278, 291
親交期　131, 134, 138
辰砂　409
真珠　247, 338, 482, 515
新生児　170, 173(図111), 174, 184, 185, 204, 442
深層心理学　35, 106, 179, 204, 462
陣痛　204, 215(図139), 230
人肉嗜食　97, 115, 134, 147, 161, 193, 271
侵入　110, 114, 115, 129, 153, 160, 348
人馬宮　135, 319, 363, 422
『神秘化学論集』（マンゲトゥス）　15
『神秘主義とその象徴主義の諸問題』（ジルベラー）　35
神秘の薔薇　32, 445(図320)
神秘の合一　→ウニオ・ミュスティカ
『申命記』　136, 529
『心理学と錬金術』（ユング）　14, 35, 36

す

巣　45, 105(図63), 106, 257, 332, 336, 337, 340, 362, 373, 380, 441, 452, 455, 559
酢　→噴水の酢
水銀　24, 49, 52, 97, 116(図70), 135, 201, 209, 248, 250(図166), 272, 285, 318, 347, 390, 394, 409, 413, 414, 433, 472, 479
水銀の魂　97
水星　106, 216
水槽(⇨結合の水槽, 結婚の水槽)　58, 165, 178, 189, 191, 205, 218, 364, 390
スカラ・フィロソフォルム　→哲学者の梯子
スキンティラ　433
スクブス　89
スコポラミン　32
巣ごもり　333, 334(図232), 335(図233), 338, 340, 355, 379(図264), 380, 386(図268), 433, 440(図309), 446
錫　26, 172, 239, 295, 299
ステュクス川　48
ステラ・ペルフェクティオニス　→完成の星
砂時計　401, 404, 453, 494
スネル(ジョイ・スネル)　530, 553
スーパーエゴ　→超自我
スピッツ(ルネ・スピッツ)　134
スピリトゥス・スルフリス　97
スフィンクス　86, 89
スポック(ベンジャミン・スポック)　134

せ

精液　344, 381
性エネルギー　96(図57), 97
精核　419
性器期　64
星気体　498-500, 501(図359), 519, 520, 529, 539, 542（図384）
『星気体投影』（フォックス）　498
『星気体の投影』（マルドゥーン）　499
正義の女神　390, 391(図272), 404
性交(交接)　73, 91, 95, 99, 104, 106, 107, 108(図64, 65), 109(図67), 110, 111, 112(図68), 113-115, 117, 127, 128, 165, 167, 170, 171, 186, 188(図121), 189, 190, 200, 209, 212, 213, 224, 233, 235, 243, 276, 301, 332, 337, 344, 347, 353, 355, 357, 360(図248), 362, 364, 367, 377, 380, 396, 428, 431, 441
性コンプレックス　174
精細管　419
精子　276, 352, 418(図294), 419, 420(図295), 424, 431, 434, 442, 463, 484
精子形成　419, 464, 484
成熟　64, 216, 218, 249, 352, 494
成熟分裂　463, 464, 471, 484
星状体　464, 484
性衝動　76, 77, 80, 90, 95, 100, 102, 106, 111, 115, 127, 128, 136, 180, 190, 445(図320)
生殖細胞　419, 463(図333), 464, 471, 484
生殖上皮　434, 442, 484, 486
精神　53, 55, 60, 63, 67, 69, 83, 90, 97, 218, 243, 249, 340
精神外傷（⇨再誕外傷, 出産外傷）　153, 156, 157(図97), 160, 167, 171, 174, 178, 184, 195, 205, 258, 319, 336, 347, 360(図250), 362, 372, 428, 431, 432, 501(図359), 520
精神生物学　15, 63, 64, 94, 102, 146, 249, 264, 307, 338, 431, 462

精神生理学　184
精神病理学　258
精神分析　64, 76, 94, 100, 102, 103, 110, 115, 195, 271, 424, 519
精神分裂　57(図29), 147, 148, 248, 264, 276, 498
精神力学　35, 69, 83, 100, 102, 124, 130, 135, 142, 147, 152, 185, 249, 252, 304, 352, 515, 520, 567, 568
精巣　419, 434, 484, 486
成像　→イマーゴ
『生存の事例』（ベアード）　553
性的幻想　131, 195
性的好奇心　106, 111
性的不能　213
聖なる結合　367
『聖なる三位一体の書』　500, 503, 506
聖なる光　307, 433, 471
聖なる水　68, 82, 83, 86, 329
『性に関する三つの論文』（フロイト）　76
聖杯　316, 544
聖母　316, 367, 506, 515, 556
正方形　87, 401, 455, 515, 533(図381), 536, 538(図383)
精母細胞　471, 484
性本能　76, 82
生命の樹　186, 223(図143), 224, 226(図149), 483, 510, 528, 544
生命の水槽　178
生命の水　30, 52, 53, 158, 201, 204, 212, 370, 510
生命の霊薬　32, 171, 468, 472, 473(図342), 474, 475, 483, 515, 546, 558
性欲　61(図33), 64, 66(図37), 67, 279
生理　26, 59, 123, 200, 506
聖霊　67, 170, 178, 193, 199, 351, 468, 491, 517(図372), 540, 541
聖霊の賜物　37, 351
セイレン　89
精錬　410, 427
ゼウス　112(図68), 114, 115, 233, 395, 428, 535
世界樹　222, 229, 433
世界卵　433, 466(図335), 468
『世界の栄光』　77, 229, 483
世界霊魂　→アニマ・ムンディ
石化　431
石棺　161, 257, 266(図176), 268, 276, 299, 313, 315, 329, 332, 355(図245), 357, 388, 398, 417, 426(図300), 427, 483, 494, 495, 496(図356), 503, 516, 518(図373)
赤色化　→ルベド
摂取　128, 129, 146
セト　495
セニオル　37, 68, 161, 162, 171, 228, 245, 299, 301, 337, 338, 343, 353, 373, 381, 384, 395, 396, 438, 465, 544
セラピス信仰　22
セルウス・フギティウス　141
セルペンス・メルクリアリス　→メルクリウスの蛇
セルモン　338
善　59, 115, 130, 131, 135, 137(図81), 138, 143, 190, 191, 218, 279
煎じ出し　171, 273, 409
洗浄　273, 293, 295
染色体　406, 419, 463, 464, 484, 486
潜水　172
前性器期　76, 83, 95, 99
占星術　22, 38, 69, 72, 77, 123, 153, 160, 165, 243, 279, 319, 405, 451, 455, 512(図368), 515
洗濯女　293, 510
潜伏期　64, 67, 82, 83, 84(図47), 86, 89, 95, 99, 249, 252
洗礼（⇨火の洗礼）　58, 201, 338, 558

そ

躁鬱病　134, 135, 138
躁鬱リビドー形勢　130, 134
憎悪　63, 75(図42), 77, 78, 83, 92(図53), 98(図59), 128, 131, 147, 264, 271, 279, 286
双魚宮　38, 135, 513(図370), 514, 516, 546, 559
桑実胚　352, 386(図269), 388
増殖　364, 405, 406, 414, 416(図292), 417, 418, 423, 428, 431, 450(図325), 455, 471, 472, 473(図341, 342), 474(図344), 476, 477(図345), 478(図347), 479, 480(図349), 482-484, 486, 500, 541, 544, 553, 554, 559
『創世記』　45, 50, 72, 193, 443(図310-313), 444(図314-317), 445(図318), 446

創造　63, 64, 72, 86, 160, 216, 230, 268, 279, 361, 422, 424, 434, 442, 445(図319), 446, 530, 572, 576
造物主　424
ソクラテス　302
ゾシモス　59, 338, 423
蘇生　53, 110, 198(図131), 201, 307, 329, 363, 423, 425(図298), 427, 498
ソポル・アエテルニタティス　48
ソリニウス　272, 299
ソリフィカティオ　41
ソル(⇨太陽)　52, 80, 127, 261
ソル・ニゲル　→黒い太陽
ソロモンの印　351, 371(図261), 372, 432, 448, 455, 532(図379)
『ソロモンの知恵』　529
ソロル・ミュスティカ　72

た

『大アレクサンドロス論』　227
第一質料　22-24, 25(図5), 26, 30, 41, 45, 49, 50, 51(図24), 52, 53, 55, 58-60, 63, 64, 67, 72, 76, 77, 80, 126, 138, 249, 255, 326, 359, 394
第一の鍵　77, 80, 146, 147
第一の結合　→最初の結合
大宇宙　229, 468
大宇宙の息子　468
戴冠　186, 423, 448, 464, 465, 506, 515, 532(図379), 547
『第九交響曲』(ベートーヴェン)　456
第九の鍵　390, 417, 419, 422, 423, 446
退行　15, 35, 60, 63, 64, 73, 74(図41), 76-78, 79(図45), 80, 86, 87(図51), 89, 90, 94, 102, 110, 111, 119, 121, 123, 124, 128, 134, 139(図82), 148, 161, 172, 174, 180, 189, 195, 205, 213, 216, 220, 243, 252, 276, 279, 286, 333, 338, 386(図269), 388, 419, 434, 463, 464, 486, 515, 572, 575
大洪水　49, 50, 52, 55(図27)
第五元　53, 67, 332, 510, 538(図383), 540, 544
『第五元』　544, 546, 553
『太古の化学作業』(エレアザル)　418, 428
第五の鍵　321, 323, 336
大作業　255, 367, 565(図400)
第三の鍵　179, 186, 191, 233
第三の結合　417, 419, 427, 437, 441, 442, 446, 456, 556
胎児　153, 170, 175, 184, 185, 188(図122), 190, 195, 199, 200, 204, 205, 213, 216, 217, 218(図140), 224(図145), 240(図158), 242, 243, 247, 249, 268, 279, 280(図185), 307, 351, 352, 359, 385, 427, 572
胎児化　199, 213
胎児の水　167
大蛇　→蛇
第一〇の鍵　445(図321), 446
第一一の鍵　472, 474
第一二の鍵　476, 507, 511, 516
大地母神　82, 86, 138, 139(図82), 143, 152, 161, 165, 193, 217, 373, 416(図293), 417
大天使　63
第七の鍵　390
第二のアダム　544, 559
第二の鍵　189, 191, 233, 257
第二の結合　337, 347, 351, 373, 380, 442, 556, 564(図399)
第二の誕生　119
第二の肉体　373
胎盤　204, 205, 218, 224(図145), 226(図149)
第八の鍵　404
太陽(⇨ソル)　45, 48, 49, 52, 64, 67-69, 72, 73, 76, 80, 81(図46), 82, 83, 91, 99, 103, 107, 110, 111, 116(図70), 117, 123, 126, 127, 129, 143, 146, 148, 150(図92), 151-153, 156, 160, 165, 169(図108), 170, 171, 175, 176, 191, 199-201, 209, 212, 216, 220, 224, 228, 235, 238, 239, 257, 264, 269, 276, 278, 291, 301, 306, 307, 310, 312, 323, 333, 337, 340, 351, 355, 357, 358, 362, 363, 367, 372, 377, 381, 383(図267), 384, 388-390, 391(図273, 274), 395, 396, 398, 401, 409, 410, 412(図290), 413, 414, 417, 419, 421(図297), 422, 423, 427, 428, 430(図305), 431, 433, 437, 438, 446, 448, 453, 455, 459, 462, 464, 468, 483, 492, 503, 507, 508(図365), 510, 515, 525, 528, 530, 531, 541, 544, 553, 554, 559, 561, 567
太陽化　448, 545(図387), 565(図400)
太陽と月の結合(結婚)　152, 156, 191, 209,

212, 213, 216, 233, 238, 264, 267(図177), 269, 278, 355, 365(図254), 396, 413, 430(図305), 450(図325), 453, 503, 513(図317), 514, 521(図374), 525, 530, 533(図381), 546, 564(図399)
『太陽と満ちゆく月の書簡』(セニオル) 438
太陽の硫黄 99, 413, 414, 417
太陽の石 456, 528(図378), 529, 532(図380)
太陽の王 362
太陽の丘 417, 433, 437, 440(図308), 441, 447(図322), 448, 455, 456, 476
太陽の影 525, 528, 530, 531, 533(図381)
太陽の果実 385, 437, 558
太陽の冠 423
太陽の樹 222, 433, 437, 442, 455, 456
太陽の金 150(図92), 190
『太陽の光彩』(トリスモシン) 15, 48, 68, 76, 103, 201, 245, 247, 248, 259, 301, 302, 362, 413, 479, 510, 553
太陽の照明 394
太陽の処女 38, 41
太陽の巣 395
太陽の戴冠 423, 448
太陽の洞窟 448
太陽のドラゴン 200, 417
太陽の花 363, 455, 472, 480(図349), 482, 486
太陽の火 68, 165, 167, 220, 393, 454(図327), 462
太陽の薬剤 414, 417, 428, 441, 453, 472
太陽の山 423, 433, 437, 453
太陽の容器 442, 453
太陽の霊 372
第四の鍵 257
第四の結合 536, 556
戴卵丘 441
対立物 23, 136
対立物の合一 142, 209, 255, 372, 432, 494, 531
第六の鍵 364, 367
ダーウィン 451
ダ・ヴィンチ(レオナルド・ダ・ヴィンチ) 30
他我 60, 64, 77
宝 50, 60, 384, 475, 494
堕胎 264
『立ち昇る曙光』 55, 200, 230, 257, 295, 338, 413, 482, 544, 554, 558
ダナエー 112(図68), 114
タナトス 279, 514
『ダニエル書』 224
種 →種子
種蒔き 268, 380, 383(図266), 384, 385, 405
タブリティウス 301
ダブル 80, 119, 519, 529, 559
卵 153, 238, 247, 268, 284(図193), 333, 344, 347, 348, 351, 352, 381, 384, 388, 389, 391(図272), 393, 394(図276), 402(図283), 403(図286), 404, 406, 413, 421(図297), 423, 434, 440(図309), 441, 442, 451, 463, 468, 486, 532(図379), 547
魂 40(図19), 41, 60, 69, 71, 82, 121, 124, 128, 135, 136, 148, 217, 229, 242, 248, 264, 268, 272, 273, 274(図180), 276, 283, 285, 291, 299, 302, 307, 318, 329, 332, 333, 336-338, 340, 347, 351, 357, 362, 363, 373, 384, 389, 393, 423, 424, 425(図298), 427, 437, 446, 464, 465, 467(図336, 337), 470(図339), 478(図347), 491, 494, 495, 505, 514, 515, 529, 536
魂の妹 38, 142
魂の死 464
魂の抽出 300
魂の鳥 353
タマル 107
タムズ 261
ダームスターデル(エルンスト・ダームスターデル) 414
『タラサ』(フェレンツィ) 213
樽 113-115
男根 →男根をもつ母, ペニス
男根期 94, 115
男根をもつ母 111, 120, 124, 130, 142, 151, 152, 195
誕生 94, 114, 119, 123, 153, 156, 161, 165, 167, 168(図106), 170, 171, 172(図110), 173(図111), 174, 175, 181, 184, 185, 190, 194, 201, 203(図134), 204, 209, 215(図139), 216, 217, 243, 249, 261, 279, 304, 338, 340, 341(図236), 357, 361, 367, 417, 427,

431, 432, 434, 437, 468, 484, 513, 514–516, 528, 530, 553
誕生の星　247
ダンテ　73, 410, 445(図320), 556

ち

血　59, 80, 86, 161, 171, 179, 201, 202(図132), 204, 222, 223(図144), 224, 261, 273, 276, 278, 285, 300, 306, 314(図216), 315, 332, 333, 367, 370, 409, 426(図301), 428, 431, 434, 437, 441, 453, 472, 475, 506, 516, 541, 543(図386), 544
小さな作業　→小作業
智恵の樹　557(図395)
知恵の塩　58
知恵のランプ　393
『地下世界に関する自然学』(ベハ)　565(図400)
知識の樹　228
乳(⇨処女の乳, 魔女の乳)　59, 110, 121, 128, 129, 138, 143, 144(図87), 145(図88), 146, 147, 153, 201, 202(図132, 133), 300, 318, 359, 395, 465, 506, 546
父　77, 78, 83, 86, 87, 89, 91, 95, 97, 110, 113, 114, 119, 121, 130, 138, 148, 149(図90), 151, 156, 158(図99, 100, 102), 159(図104), 170, 171, 172(図109), 181, 191, 201, 230, 231(図150, 151), 233, 304, 313, 351, 420(図295), 424, 427, 464
父殺し(父親殺し)　35, 83, 87, 90, 95, 97, 99, 110, 138, 158(図99), 161, 171
智天使　494
血みどろの風呂　285, 300, 428
着床　249, 321(図222), 333, 334(図231), 336–338, 350(図243), 352, 386, 388, 441, 484
着床の巣　337
中毒　53, 55, 260(図170)
中年　257, 258, 286, 401, 404, 456
中和　83, 128
超越　102, 229, 340, 385, 519
超自我　67, 73, 78, 83, 86, 95, 99, 271
チョウセンアサガオ　32
『澄明な夢』(グリーン, シーリャ)　567
『沈黙の書』　15, 71, 72, 82, 89, 126, 150(図92), 190, 216, 325, 363, 372, 373, 393, 394, 453, 553, 554

つ

通過儀礼　77, 90
杖　→メルクリウスの杖
月(⇨ルナ)　48, 49, 52, 67–69, 72, 73, 76, 80, 81(図46), 82, 83, 91, 99, 103, 107, 111, 114, 116(図70), 117, 119, 123, 125(図75), 126, 127, 129, 140, 143, 148, 150(図92), 151, 156, 160, 165, 170, 172, 175, 176, 189, 191, 199–201, 209, 212, 216, 220, 224, 228, 235, 238, 269, 276, 278, 293, 306, 307, 310, 312, 316, 331(図230), 337, 340, 343, 347, 351, 353, 362, 363, 367, 371(図260), 372, 373, 377, 381, 382(図265), 383(図267), 384, 386(図268–270), 389, 390, 391(図273), 395, 396, 398, 401, 409, 410, 412(図289, 290), 413, 414, 417, 419, 421(図297), 423, 427, 428, 430(図305), 431, 433, 437, 438, 446, 448, 453, 462, 464, 483, 503, 507, 525, 541, 544, 553, 556, 559, 561
月の泡　318, 479
月の石　340, 341(図236), 344, 348, 351, 352, 367, 372
月の海　167, 212, 222
月の海綿　222
月の樹　222, 340, 347, 353, 356(図247), 442, 558
月の銀　150(図92), 190
月の結合　453
月の作業　293
月の女王　331(図230), 342(図248), 362, 441
月の処女　372
月の植物　53, 224
月の卵　344, 347, 348, 351, 380, 385, 386(図269), 387(図271), 389, 394, 404, 423, 441
月の土　386(図268), 394
月のドラゴン　200
月の鳥　354(図244)
月の花　363, 455, 472, 480(図349), 482, 486
月の火　363
月の蛇　191, 193
月の息子　465
月の女神　121, 220
月の薬剤　453

月の山　355
月の容器　361(図253)
月の霊　372
土　23, 24, 38, 41, 59, 67, 76, 171, 181, 209, 222, 239, 242, 248, 257, 299, 300, 306, 312, 313, 315, 318, 319, 321, 323, 332, 333, 336, 337, 344, 351, 357, 363, 373, 380, 381, 384, 389, 393, 405, 410, 414, 446, 448, 510, 516, 566
土の宮　86, 216, 405
『角笛の響き』　295
翼　127, 138, 152, 171, 178, 181, 182(図118), 189, 193, 200, 204, 230, 233, 238, 247, 269, 283, 300, 332, 333, 336, 337, 340, 347, 351-353, 355, 358, 366(図255), 367, 372, 373, 380, 382(図265), 388, 390, 394-396, 398, 399(図280), 409, 410, 432-434, 441, 452, 453, 529, 564(図399)
露　→朝露

て

ディアーナ　138, 220
デーイアネイラ　554
ディウィシオ・エレメントルム　50
DNA　352, 470(図339), 486, 571
帝王切開　175
ディオニュソス　217, 528
ティフエレト　535
ティリヒ　563, 566
ティンクトゥラ・アルバ　→白の薬剤
デスパート（J・ルイーズ・デスパート）　111
鉄　24, 26, 172, 204, 239
哲学者　41, 48, 58-60, 76, 86, 113, 178, 186, 199, 239, 276, 306, 309(図208), 348, 373, 384, 398, 544
哲学者の石（賢者の石）　25(図5), 26, 27, 31, 32, 41, 48, 52, 59, 71, 77, 89, 99, 114, 135, 143, 148, 156, 159, 167, 171, 191, 194(図125), 199-201, 209, 222, 228, 229, 238, 245, 247, 255, 272, 273, 276, 278, 286, 315, 318, 319, 340, 353, 372, 377, 380, 381, 388-390, 395, 401, 409, 410, 414, 417, 422, 423, 427, 429(図303), 430(図305), 431-433, 437, 442, 445(図319), 446, 448, 455, 470(図339), 471, 472, 473(図341). 474, 476, 477, 479, 483, 486, 491, 494, 503, 505, 507, 510, 515, 516, 528, 531, 533(図381), 536, 537(図382), 553, 561, 562
哲学者の金　14, 384, 423, 476
哲学者の塩　390
哲学者の湿り　299
哲学者の水銀　31, 300
哲学者の大地　229
哲学者の太陽　38
哲学者の卵　31, 45, 216, 247, 273, 283, 381, 388-390, 393, 395, 401, 415(図291), 417, 422, 432-434, 445(図319), 446, 462, 468, 471, 473(図341), 486, 494
哲学者の毒　224
哲学者の梯子　401
『哲学者の梯子』　558
哲学者の白鳥　367
『哲学者の薔薇園』（アルナルドゥス・デ・ヴィラノヴァ）　15, 31, 37, 41, 49, 52, 58, 67, 68, 91, 94, 107, 152, 167, 178, 179, 181, 186, 200, 209, 212, 213, 228, 257, 268, 272, 278, 279, 283, 291, 293, 295, 299-301, 306, 307, 312, 318, 321, 329, 332, 333, 336, 343, 344, 347, 348, 353, 363, 364, 373, 377, 380, 388-390, 396, 398, 404, 409, 410, 413, 414, 417, 419, 423, 424, 427, 431, 437, 438, 441, 456, 459, 462, 464, 465, 468, 471, 472, 482, 491, 494, 495, 510, 525, 536, 541, 554
哲学者の薔薇園　186, 399(図280), 431-434, 445(図320), 449(図324), 452, 476, 483, 532(図379)
哲学者の火　41, 155(図94), 294(図197), 300
哲学者の蟇　143, 145(図88)
哲学者の砒素　395
哲学者の水　31, 442
哲学者のムーサ　448
哲学者の息子　19, 30, 31, 45, 113, 117, 119-121, 122(図72), 125(図75), 138, 140, 143, 144(図86), 146, 148, 150(図92), 156, 167, 171, 181, 184, 186, 189, 191, 195, 199, 209, 216, 219(図141), 220, 239, 247, 273, 276, 304, 313, 338, 372, 427, 431, 465, 466(図335), 468, 469(図338), 480(図348), 494, 547, 553, 561, 567
哲学者の娘　348, 427, 428, 448

哲学者の目薬　307
哲学者の溶剤　53
哲学者の幼児　401, 424
哲学者のライオン　127
哲学者の類人猿　121
哲学者の若木　322(図224)
哲学の樹　31, 220, 222, 226(図148), 227-229, 235, 238, 321, 482, 503
哲学の車輪　38, 281, 385, 433, 446
テティス　479, 482
テトラメリア　538(図383)
デナリウス　363, 364, 453, 561
デーメーテール　193, 217, 479
デモクリトス　60, 195, 299, 367
テュフォン　495, 516, 528
デューラー(アルブレヒト・デューラー)　398, 400(図282), 401
テラ・ダムナタ　269
デルピュネ　178
デルピュネス　178
デルポイ　178, 516
テレシ　103
デーロス　178
天　63, 121, 151, 153, 272, 302, 318, 377, 405, 409, 423, 426(図300), 432, 506
天蠍宮　135, 278, 279, 285, 319, 422
天球儀　514
天球層　38, 41, 121, 358, 389, 396, 556
天球の調和　447(図322), 455
『天国篇』(ダンテ)　445(図320)
天使　37, 41, 58, 63, 71, 72, 121, 216, 273, 283, 313, 315, 347, 377, 384, 393, 398, 401, 403(図285), 405, 410, 417, 423, 433, 452, 468, 486, 494, 544, 554
『天使たちの奉仕』(スネル)　530, 553
天使団　434
天使の子宮　244(図161)
天上の結合(結婚)　455, 461(図330, 331), 465, 501(図359), 506, 510, 515, 525, 530, 531, 533(図381), 554
転倒した樹　229
天と地の結合(結婚)　432, 448, 455, 505, 554
天のアダム　559
天の雨　299, 306
天の石　472, 509(図366), 532(図379), 560(図397)
天の色　235, 238, 243
天の栄光　393, 455
天の影　525
天の子供たち　41, 121, 531(図379)
天の子供の園　434
天の再誕　424
天の女王　474(図344), 491, 554, 555(図393), 556, 559
天の処女　448, 467(図337)
天の父　152, 475
天の土　383(図266), 390
天の露　295, 298(図201), 300, 302, 306, 307, 326
天の母　152, 431
天の火　41
天の水　299
天の都　393, 509(図366), 510
天秤　58, 238, 241(図159), 242, 263, 390, 401, 422, 553
天秤宮　38, 135, 235, 238, 239, 242, 278
天秤座　278

と

ドイチュ(ヘレナ・ドイチュ)　64
銅　26, 172, 239, 257, 438
同一化　91, 124, 130, 131, 142, 143, 146, 148, 152, 153, 161, 170, 185, 193, 227, 230, 233, 252, 264, 351
同一視　95, 100, 114, 117, 119, 120, 165
動因　72, 73, 76, 78, 83, 94, 99, 103, 110, 128, 131, 190, 218, 238
投影　14, 26, 27, 29(図13), 31, 32, 71, 73, 76, 115, 131, 134, 135, 138, 147, 185, 186, 286, 471, 495, 500, 519, 520, 539, 542(図384)
投影による同一化　182(図116), 184
同化　128
洞窟(⇨ドラゴンの洞窟)　19, 20(図２), 89, 144(図87), 146, 169(図108), 170, 175, 178, 216, 286
倒錯　142
同性愛　142
投入　414, 471, 472, 483, 484, 486, 495, 498, 500, 503, 507, 512(図368, 369), 513, 516, 525, 530, 534, 553, 554, 561, 568
トゥルンアイサー　544, 546

蜥蜴　184
毒　32, 52, 55, 99, 110, 201, 257, 265(図174), 276, 278, 285, 359, 418, 428, 462, 525, 530
土星　77, 304, 405, 422, 448
ドッペルゲンガー　495, 498
トーテミズム　97
トート　19
ドラゴン　19, 30, 45, 52, 99, 100, 128, 130, 135, 137(図81), 170, 175, 176(図112), 178-180, 185, 195, 197(図130), 199-201, 209, 220, 232(図152), 238, 239, 276, 278, 281, 283, 287, 301, 304, 305(図205), 337, 360(図250), 372, 413, 417, 418, 452, 459, 464, 491, 515, 516, 546, 564(図399)
ドラゴンの口　175, 178, 195, 230
ドラゴンの戦い　178-181
ドラゴンの血　179, 283
ドラゴンの洞窟　220
ドラゴンの話　239
ドラゴンの炎　177(図114), 178, 194(図126), 195, 196(図127), 199
ドラゴンの水　160
ドラッグ（⇨幻覚剤・麻薬）　32, 519
鳥　45, 82, 103, 119, 127, 130, 171, 172, 216, 332, 333, 336-338, 339(図235), 343, 344, 353, 355, 356(図247), 360(図248, 249), 364, 367, 372, 373, 380, 394, 396, 422, 433, 504(図362)
トリア・ウヌム　464
取り入れ　128, 131, 134, 135, 138, 142, 146, 147, 148, 151-153, 171, 185, 193
トリスメギストス　→ヘルメス・トリスメギストス
トリスモシン(サロモン・トリスモシン)　48, 76
トリプトレモス　479, 482
トリプレクス・ノミネ　52
ドルネウス　228, 229
奴隷　141, 195

な

ナアマン　293, 295
『内部の彼方』（コーエン）　243
謎めいた妹　→妹
『ナトゥラ・レルム』　546
七重の循環　292(図195), 293, 295, 300, 306, 312, 315
七重の蒸留　292(図195), 293
七重の星　235, 236(図156), 238, 239, 242, 283, 306, 307, 343, 357
七つの金属　52, 76, 222, 242, 338, 401, 432, 433
七つの鉱物　229
七つの星(惑星)　38, 50, 52, 76, 129, 156, 186, 201, 204, 222, 227, 251(図167), 338, 455, 521(図374)
七本の枝　229
鉛　26, 77, 172, 239, 257, 295, 301, 338, 367, 368(図257), 438
涙　307

に

ニクセ　89
肉体　31, 41, 53, 58, 63, 80, 81(図46), 86, 109(図66), 121, 127, 128, 142, 148, 151, 178, 190, 195, 217, 218, 229, 245, 257, 264, 272, 273, 274(図180), 283, 285, 291, 302, 304, 307, 311(図210), 312, 314(図213), 315, 320(図220), 329, 332, 333, 337, 339(図235), 340, 351, 352, 359, 362, 364, 370, 373, 380, 381, 384, 403(図285), 406, 427, 437, 465, 491, 495, 511, 514, 515, 529, 536, 541, 543(図386), 544, 546
肉体離脱　498-500, 511, 518-520, 529, 531, 534, 536, 539, 567, 568, 576
『肉体離脱体験』（グリーン）　499
ニグレド(黒色化)　38, 99, 213, 238, 255, 258, 259, 260(図169), 264, 269, 271, 276, 278, 279, 281, 283, 287, 293, 299, 302, 304, 352, 357, 367, 370, 395, 422, 564(図399)
ニゲル・スピリトゥス　→黒い霊
ニコデモ　167
虹　247, 385, 401, 413, 541
二次過程　89
尿　26, 59, 77, 79(図45), 273, 283, 409
ニルヴァーナ　514, 530
鶏(雄鶏・雌鶏)　91, 94, 107, 179, 211(図136), 268
人魚　71, 82, 84(図49), 86, 87, 89, 103, 140-142, 202(図133), 222
妊娠　114, 117, 119, 123, 138, 165, 171, 184,

186, 199, 213, 216, 230, 231(図150), 243, 245, 247, 283, 298(図201), 299, 351, 459, 505, 566
妊婦　151, 181, 204, 245, 442, 515

ぬ
ヌトリメントゥム　→養育

ね
根　58, 86, 93(図54), 212, 220, 222, 229, 230, 238, 343, 353
ネストリウス派　22
ネッソス　554
涅槃　540, 571
ネブカドネザル　224
ネプトゥーヌス　73, 82, 364
ネブロシタス　255

の
ノアの鳩　67
ノイズ(ラッセル・ノイズ・ジュニア)　516, 518, 519
ノイローゼ　258, 259, 271
ノートン(トマス・ノートン)　37, 117

は
バ　529
灰　80, 159(図104), 291, 316, 317(図217), 318, 319, 321, 323, 324(図225, 226), 338, 340, 373, 384, 559
胚　41, 243, 249, 279, 280(図185-188), 281(図189), 286, 307, 320(図218-220), 321(図222, 223), 336, 338, 352, 386(図268), 389, 484
灰化　316, 318, 321(図223), 323, 325, 329, 332, 333, 338, 340, 348, 363, 372
排泄物　59, 320(図218)
胚盤　320(図219, 221), 321(図222), 333
胚盤胞　321(図222), 333, 338, 350(図243), 351, 352, 386(図268, 269), 388
肺胞　204
ハイム(アルベルト・ハイム)　516, 518
培養　385
排卵　249, 352, 418, 419, 421(図296), 431, 434, 441, 463, 486
ハヴマン(アーネスト・ハヴマン)　406
パウロ　452
墓　41, 267(図178), 269, 279, 299, 307, 340, 377, 405, 464, 491, 494, 498, 505, 516
墓穴　277(図183), 278
墓場　276, 405
白亜　212, 220, 222, 299, 306, 312, 316, 318, 395
迫害　147, 153, 180, 181, 182(図116, 117), 185, 190
迫害の不安　156, 184, 185, 233
白色化　→アルベド
白鳥　333, 348, 364, 366(図255), 367, 377, 379(図263), 394(図276), 395, 422, 455, 564(図399)
白鳥の歌　364
白羊宮　38, 41, 72, 76, 89, 135, 319, 422
禿鷲　347, 353, 395, 397(図278)
梯子　58, 104, 105(図63), 498, 554
『バシリウス・ウァレンティヌスの一二の鍵』(⇨ウァレンティヌス)　15, 646
バシリスク　130, 418
バック(パール・S・バック)　456
ハックスリイ(オルダス・ハックスリイ)　549
醱酵　377, 380, 381, 383(図266, 267), 384, 385, 388-390, 396, 404, 414, 415(図291), 417, 422, 437, 507
醱酵の雨　414, 416(図292, 293), 418
バッコス　158, 158
鳩(⇨受肉の鳩, ヘルメスの鳩)　37, 67, 91, 152, 167, 178, 193, 199, 201, 204, 301, 338, 362, 367, 434, 517(図372), 541
ハート　550
花嫁　67, 68, 80, 189, 245, 268, 554
パニック　120, 147, 148, 519
歯のあるウァギナ　→ウァギナ・デンタータ
母　30, 68, 69, 83, 86, 87, 89-91, 94, 95, 97, 100, 102, 105(図63), 106, 110, 111, 113-115, 117, 119-121, 123, 124, 125(図75), 127-131, 133(図79), 134, 135, 137(図81), 140, 142, 144(図86, 87), 145(図88), 146-148, 152, 153, 156, 161, 167, 170, 171, 195, 204, 211(図137), 212, 213, 228, 269, 304, 307, 340, 342(図238), 344, 348, 351, 358, 359, 361, 362, 372, 385, 390, 422, 464, 516,

556
薔薇（⇨神秘の薔薇） 38, 67, 72, 130, 156, 167, 179, 261, 323, 413, 431, 445(図320), 452, 476, 483, 486
『薔薇色の誕生』 130
薔薇園(⇨哲学者の薔薇園) 429(図303), 431-434, 452, 474(図343), 476, 486, 497(図358)
パラケルスス 318, 529
薔薇十字 67
パラス・アテーネー 428, 431, 471, 556
ハリ →ハリド
ハリド 48, 58, 107, 229, 247, 299, 546
バルデス・リモニム →ザクロの園
ハルトマン(ハインツ・ハルトマン) 69, 128
バルヒューゼン(ヨハン・コンラート・バルヒューゼン) 15, 45, 50, 52, 67, 80, 82, 86, 117, 119, 127, 165, 170, 204, 209, 220, 273, 276, 285, 295, 300, 306, 307, 310, 312, 316, 318, 332, 333, 336, 344, 348, 380, 381, 389, 390, 404, 413, 417, 431, 432, 441, 462, 468, 494
バルボー 319
ハレク 136
バレット 550
半月 293
反射炉 316, 317(図217), 333
『バーント・ノートン』（エリオット） 456
『パンドラ』（レウスネル） 15, 117, 171, 181, 186, 235, 281, 319, 321, 353, 546, 547
万能薬 14
万能の溶媒 49
『万有知識の門番』 442, 445(図319), 468

ひ
火 23, 24, 38, 41, 50, 52, 58, 67, 69, 72, 82, 165, 181, 190, 195, 199, 209, 217, 218, 222, 242, 272, 273, 285, 287, 291, 293, 299-302, 306, 307, 312, 313, 316, 318, 319, 323, 332, 333, 340, 344, 358, 363, 364, 373, 380, 393, 409, 413, 414, 417, 438, 441, 446, 448, 462, 468, 472, 491, 494, 495, 507, 514, 515, 553, 554
ピアジェ(ジャン・ピアジェ) 124
ヒエロスガモス 535
ヒオスシアミン 32
光 140, 191, 209, 212, 216, 233, 301, 302, 525, 528, 561
光の体 530
光の源 148, 397(図279), 401, 495, 566
蟇(⇨哲学者の蟇) 45, 142, 143, 146, 147, 153, 165, 170, 172, 178, 273, 285, 295
ビグタン 103
ヒズロップ 550
砒素 295
棺 →石棺
羊 82, 89, 434, 503
否定 115, 134, 138, 147, 153, 180, 286
『秘伝書』（アルナルドゥス） 340
雛 30, 103, 333, 336, 337, 344, 347, 360(図249), 437
火の再誕 199
火の洗礼 178, 195
火の宮 72, 319
火の四人姉妹 39(図17, 18)
『ビブリア』 546
秘密の果実 230
秘薬 53
媚薬 32, 97, 107, 108(図64)
ヒューストン(ジーン・ヒューストン) 90, 180, 220, 227, 310, 500, 519, 529, 558, 575
ピュタゴラス 363, 505
ピュタゴラス学派 363
ピュティオス 178
ピュトー 178
ヒュドラ 30
ピュートーン 178, 418, 428
ヒュペリオン 446
ピュロス 195
ヒヨス 32
『開かれた門』（フィラレテス） 27, 257, 385

ふ
『ファウスト』 12, 456, 558
不安 →原不安, 分離不安, 吸収の恐怖, 迫害の不安, 食われる恐怖
フィクサティオ →固定
ふいご 89, 301, 323, 401, 541
フィラレテス 27
フィリウス・マクロコスミ →大宇宙の息

子
フィリウス・レギウス　→王の息子
風信子鉱　385
プエル・アエテルヌス　233
フェルメンタティオ　→醗酵
フェレンツィ(サンドル・フェレンツィ)　213
フォックス(オリヴァー・フォックス)　498, 539
孵化　119, 131, 134, 301, 350(図241, 242), 355, 466(図335), 468, 494
孵化期　131, 134
不可視の太陽　38
不感症　213
復讐の天使　269
不死　246(図164), 257, 483, 491, 495, 529, 558
不死鳥　395, 433, 555(図394), 559, 564(図399)
不死の果実　225(図146), 227, 228
不死の結合　232(図153)
不死の夢　247
不死のリンゴ　557(図395)
プシュケー　529
プシューコポンプ　140, 142
双子宮　104(図61), 106, 135, 422
復活　67, 76-78, 80, 83, 94, 110, 220, 243, 255, 257, 264, 291, 299, 314(図216), 315, 323, 325, 331(図230), 332, 347, 357, 366(図256), 367, 370, 384, 417-419, 423, 427, 428, 431, 432, 441, 445(図321), 452, 455, 464, 465, 476, 491, 493, 495, 505, 508(図365), 510, 544, 552(図392), 554, 559
仏陀　529, 540, 558, 571
葡萄酒　32, 52, 53, 76, 82, 113, 115, 258, 370, 438, 442, 465, 503, 544
プトレマイオス　121
腐敗　41, 47(図23), 48, 49, 52, 60, 159(図104), 220, 222, 235, 238, 255, 257, 264, 266(図175, 176), 267(図178), 268, 269, 270(図179), 272, 273, 276, 278, 279, 281, 283, 284(図193), 285, 291, 295, 300, 304, 305(図205), 312, 313, 314(図212), 315, 316, 319, 344, 357-359, 362, 381, 385, 388, 401, 402(図283), 403(図285), 405, 413, 422, 437, 459, 463-465, 546
不変相　86, 160, 216, 278, 451
フラウ・ウェヌス　113, 115
フラウァウリ　529
プラトン　229, 347
プラトン立体　401
フラメル(ニコラ・フラメル)　428, 431, 451-453, 482
ブランカ　195
フルヌス・レウェルベラティオニス　→反射炉
プレアデス　423
プレニルニウム　→満月
風呂　159(図104), 161, 189, 190, 297(図200), 300, 428
プロイエクティオ　→投入
フロイト(アンナ・フロイト)　69, 111
フロイト(ジークムント・フロイト)　15, 30, 35, 63, 69, 76, 77, 83, 90, 100, 102-104, 110, 115, 174, 180, 204, 286, 563
ブロス(ピーター・ブロス)　73, 78
分解　264, 279, 302, 323, 451, 514
分割　333, 381, 390, 402(図283), 404, 463, 562
プンクトゥム・ソリス　433
噴水　→処女の噴水, メルクリウスの噴水
噴水の酢　52, 53, 201, 393
糞便　26, 49, 59, 60, 114, 115, 235
分離　53, 63, 86, 106, 115, 119, 120, 124, 131, 135, 138, 140, 147, 179-181, 184-186, 189, 190, 205, 233, 273, 283, 285, 300, 302, 313, 316, 380, 381, 401, 464, 483, 496(図356), 503, 518-520, 530
分離過程　233
分離・個体形成段階　110, 114, 119, 120, 130, 131, 134
分離不安　120, 146, 174, 185
分裂　53, 64, 161, 181, 272, 385, 388, 418, 464

へ

ベアード(A・T・ベアード)　553
ベアトリーチェ　73, 556
ベイコン(ロジャー・ベイコン)　22, 242
ヘカテー　136
ヘシオドス　367
ヘーシオネー　195

ヘスペリデス　227
臍石　178
臍の緒　→臍帯(さいたい)
ヘッケル(エルンスト・ヘッケル)　572
ベツレヘム　370, 372
ペテロ　452
ベートーヴェン　456
ペトラルカ　19, 53
ペニス(男根)　94, 95, 100, 106, 120, 130, 149(図90), 167, 170, 190, 193(図124), 195, 226(図147), 228, 233, 424
ベネディクト会　34(図15), 77, 136, 186, 187(図120), 189, 190, 233, 273, 275(図182), 283, 559, 561
ペノトゥス　516
ベハ(J・J・ベハ)　565(図400)
蛇　77, 130, 178, 180, 193–195, 201, 216, 233, 304, 347, 352, 370, 381, 389, 390, 396, 404, 413, 415(図291), 417, 419, 421(図297), 423, 424, 428, 431, 437, 440(図308), 452, 453, 507, 515, 521(図374)
ベヤ　195, 212, 213, 301
ヘーラー　535
ヘラクレス　181, 195, 218, 354
ベラドンナ　32
ベリア　165
ペリカン　30, 45, 171, 179, 333, 348, 395, 426(図301), 427, 428, 431, 437, 441, 455, 471, 568
ヘリコーン　364, 367
ベリーニ　494
ペリペテイア　255
ペルセウス　195, 431
ペルセポネー　233
ペルネル　452
ヘルバ・アルバ　343
『ヘルバリウム』　544
『ヘルマンヌスへの手紙』　300
ヘルメス　45, 48, 141, 181, 191, 200, 239, 272, 299, 306, 329, 333, 343, 347, 377, 380, 384, 390, 424, 446, 491, 505, 525
ヘルメス学　19, 22, 31, 220, 255, 398
ヘルメス・トリスメギストス　19, 156, 220, 424, 471, 576
『ヘルメスのエメラルド板』　→『エメラルド板』
ヘルメスの川　107, 433, 476
ヘルメスの子ら　26, 31, 107, 156, 178
ヘルメスの印　390
ヘルメスの杖　233
ヘルメスの壺　423
ヘルメスの鳥　50, 175, 201, 209, 212, 235, 273, 300, 306, 312, 332, 333, 336
ヘルメスの灰　332
ヘルメスの鳩　175
『ヘルメス博物館』　15
ヘルメス文書　15
ヘルモゲネス　446
ヘレネー　556
ヘロデ　428, 452, 453
偏執病　184, 286
変成(変成論)　23, 26, 30, 32, 38, 41, 49, 100, 117, 257, 273, 279, 306, 318, 319, 332, 333, 340, 344, 381, 385, 389, 392, 393, 432
ベンダー　121
変動相　106, 319, 514
変容　36, 41, 63, 67, 99, 120, 128, 143, 148, 161, 170, 181, 209, 220, 248, 252, 273, 279, 283, 300, 307, 315, 319, 332, 333, 335(図233), 336, 338, 340, 352, 357, 360(図250), 364, 370, 373, 380, 384, 389, 395, 398, 403(図284, 285), 404, 410, 413, 432, 441, 463, 482, 491, 507, 536, 546, 549, 567
『変容の象徴』(ユング)　90, 179

ほ

ボイル(ロバート・ボイル)　32
防衛機制　115, 131, 147, 180, 184, 185, 190, 276, 286, 520
紡錘体　464
宝瓶宮　135, 422, 446, 448, 451, 514, 559
ポエブス・アポロン　150(図92), 153, 269, 475
ホーゲランデ　27, 58
星　71, 135, 140, 191, 220, 239, 312, 321, 384, 405, 422, 433, 448, 529, 541
母子共生　120, 121
墓石　398, 428, 431, 498
ホーソーン　353
母体　30, 86, 113, 114, 117, 119, 138, 152, 381
ボヌス(ペトルス・ボヌス)　110, 161, 336,

505, 536
骨　146, 311(図210), 312, 313, 314(図213-216), 315, 317(図217), 318, 319, 372, 476
ボネルス　291
炎　55, 80, 98(図59), 117, 127, 135, 153(図93), 156, 159, 160, 178, 181, 189, 195, 247, 269, 273, 285, 287, 301, 323, 468
ホムンクルス　30, 48, 159, 209, 212, 215(図139), 216, 217, 220, 222, 235, 239, 243, 270(図179), 272, 273, 276, 283, 329, 357, 468
『ホメロスの黄金の鎖』　410
ホモ・サヌス　63
ホランドス　293
ホルフォルトス　301
ボローニャ　494, 516
『ボローニャの謎』　494
梵　514

ま

『マイスタージンガー』(ヴァーグナー)　456
埋葬　220, 272, 277(図183), 278, 381, 385, 401, 404, 409, 410, 414, 427, 494
磨羯宮　38, 135, 405, 406, 422
膜　119, 124, 165, 218
マグヌス(アルベルトゥス・マグヌス)　22, 242
マサ・コンフサ　63
マザー・コンプレックス　174
魔術　69, 124, 216
魔女　32, 131, 170
魔女の乳　200
マスターズ(R・E・L・マスターズ)　90, 180, 220, 227, 310, 500, 519, 529, 558, 575
マゾヒズム　190
的　247, 319, 363, 405, 453, 483
マナ　69
マニ教徒　22
マハザエル　63
魔方陣　400(図282), 401, 404
麻薬　31, 32
マーラー(マーガレット・マーラー)　119, 120, 124, 129, 146, 147
マリア　343, 370, 464, 465, 503, 506, 515, 556
マリア・プロフェティサ　340, 341(図237), 363
マリアヌス　→モリエヌス
マルクート　535
マルコス　161, 165, 171
マルス　72, 76, 80, 136, 138, 269, 300, 344, 353, 385, 472
マルスの剣　76, 77, 380
マルティアル　424
マルドゥーン(シルヴァン・マルドゥーン)　499, 519, 538
マレフィキ　77
マンク(ドロシー・マンク)　530
満月　117, 165, 170, 293, 337, 343, 347, 348, 353, 373, 396, 564(図399)
マンダラ(曼陀羅)　63, 191, 538(図383), 571
マンドラゴラ　32

み

ミイラ　274(図181), 299
三日月　45, 48, 117, 127, 316, 438
ミサ　367, 370
水　23, 24, 38, 41, 50, 52, 53, 54(図26), 58, 59, 67, 68, 72, 76, 77, 81(図46), 82, 127, 156, 158(図99), 165, 167, 172, 179, 181, 189, 204, 209, 222, 224, 242, 261, 269, 272, 273, 279, 291, 299, 300, 302, 306, 307, 312, 313, 318, 321, 332, 333, 343, 344, 410, 414, 438, 446, 448, 459, 514, 566
水瓶座　451
水の結婚　167, 171, 176(図113), 180
水のほとばしり　204, 205, 216
水の宮　123, 278, 514
密儀　22, 193, 217
緑のライオン　160, 161, 359, 459, 461(図331), 462, 464, 506
ミヒェルシュパッハー(シュテファン・ミヒェルシュパッハー)　541
『ミュステリウム・アエテルニタティス』　544
ミュリウス(ヨハン・ダニエル・ミュリウス)　255, 424
ミラ　261

む

ムーア人　245, 307

無意識　14, 15, 26, 27, 28(図6), 29(図10, 13), 30, 32, 35, 36, 45, 48, 50, 55, 60, 61(図32), 62(図34), 63, 64, 67, 69, 71, 78, 80, 83, 89, 90, 97, 100, 102, 115, 124, 128, 131, 134, 138, 142, 147, 148, 153, 174, 190, 204, 213, 218, 243, 249, 252, 257, 258, 271, 276, 279, 307, 310, 333, 418, 419, 441, 463, 464, 486, 501(図359), 516, 520, 530, 563, 567, 568, 572
ムーサ　448, 476
蒸風呂　300-302, 304, 312
息子　→哲学者の息子
『ムタティオ』　544
ムルティプリカティオ　→増殖
ムンドス　304

め

冥界　45, 48, 102, 424
瞑想　31, 273, 337, 340, 341(図236), 414, 505, 566, 576
女神　71, 121, 131, 135, 136, 143, 248
牝犬（⇨犬）　100, 107, 114, 340
メスカリン　32, 549, 562
メドゥーサ　195, 431
メランコリア　60, 401, 404
『メランコリア』（デューラー）　398, 401, 404
メリアン（マタエウス・メリアン）　107, 117
メルクリウス　19, 87(図50), 89, 99, 120, 121, 127, 129, 136, 141, 143, 152, 191, 212, 229, 239, 250(図165), 278, 315, 324(図227), 340, 344, 347, 353, 356(図247), 357-359, 363, 377, 388, 399(図280), 423, 424, 446, 453, 459, 476, 482, 495, 503, 506, 529, 553, 554, 562
メルクリウス・ウェゲタビリス　53
メルクリウス・テルナリウス　424
メルクリウス・トリウヌス　424
メルクリウスの井戸　59, 167, 181, 332, 427, 428, 431, 432, 437, 441, 448
メルクリウスの海　71, 154(図93), 197(図130), 200, 202(図133), 212, 222
メルクリウスの樹　227
メルクリウスの子供　143, 146, 150(図92), 153, 191, 216, 219(図141), 372
メルクリウスのサラマンドラ　199
メルクリウスの子宮　29(図８)
メルクリウスの少年　227, 233, 257, 372
メルクリウスの処女　373
メルクリウスの印　→メルクリウス・フィロソフォルムの印
メルクリウスの卵　417
メルクリウスの杖　193, 217, 233, 380
メルクリウスの月　136
メルクリウスのドラゴン　52, 135, 199, 424
メルクリウスの火　41, 99, 100
メルクリウスの葡萄酒　53
メルクリウスの噴水　52, 67, 68, 72, 76, 77, 80, 82, 541
メルクリウスの蛇　29(図8), 30, 52, 141, 199, 347, 381, 387(図271), 389, 404, 413, 417, 422-424, 428, 432, 438, 441, 453
メルクリウスの水　68, 201, 209, 222, 312
メルクリウスの息子　→哲学者の息子
メルクリウスの女神　131(図78)
メルクリウスの霊　230, 233, 423, 424
メルクリウス・フィロソフォルム　45, 48, 50, 52, 97, 113, 142, 156, 228, 242, 257, 287, 326, 364, 372, 377, 389, 394, 398, 423, 433, 453, 494, 495, 497(図357)
メルクリウス・フィロソフォルムの印　113, 117, 119, 143, 165, 233, 446, 507
メルリヌス　261
『メルリヌスの寓話』　261, 300
メンス・デウス　38
雌鶏　→鶏

も

妄想　147, 259, 264, 271, 272
妄想症　147
『黙示録』　121, 204, 503, 510, 511
木星　319, 514
モーゼ　27, 218, 343
モナクリス　424
モナド　541
モナリザ　556
桃　178
モリエネス　→モリエヌス
モリエヌス　60, 107, 160, 272, 299, 307, 332, 333, 347, 363
モリシュ　406

森の王　181, 232
モルティフィカティオ　255, 259
モルデカイ　103
モンス・ソリス　452

や

矢　135, 178, 228, 247, 323, 390, 396, 405, 494
山羊　143, 405
山羊座　405
薬剤（⇨赤の薬剤, 白の薬剤）　52, 110, 179, 348, 389, 395, 417, 427, 431, 448, 468, 472, 475, 483, 494, 505, 507, 510, 553
ヤコブの石　72
ヤコブの梯子　58, 70(図39), 72
ヤコブの夢　71
ヤヌス　498
山　63, 80, 103, 119, 152, 153, 191, 250(図165), 351, 373, 395, 405, 437
闇　140, 142, 171, 174, 181, 191, 201, 209, 228, 255, 257, 261, 271, 283, 293, 301, 302, 304, 306, 438, 528, 530, 561
ヤムスフ　445(図321), 446

ゆ

『遺言』（ルルス）　424
憂鬱　71, 273, 275(図182), 299, 300, 404, 459
融合　63, 68, 94, 109(図67), 113, 116(図70), 117, 120, 121, 123(図73), 124, 125(図75), 127-130, 135, 155(図94), 158(図99), 159, 165, 171, 191, 211(図137), 212, 213, 217, 218, 220, 224, 226(図148), 228, 231(図150), 236(図156), 245(図163), 248, 250(図166), 343, 351, 353, 360(図249), 371(図261), 373, 377, 405, 419, 484, 513-515, 559
融合の水　244(図161)
有糸分裂　463, 464, 484, 486, 571, 572
ユニコーン　315, 316
『ユニコーン伝承』（シェパード）　316
ユニコーンの角　315, 316
ユーノー　82, 269
ユーピテル　80, 81(図46), 82, 83, 86, 101(図60), 143, 261, 367, 471
ユーピテル・コンプレックス　83
ユーピテル・ハモンの泉　68, 82
弓　178, 200, 319, 396, 453
夢　26, 31, 32, 36, 45, 47(図21, 22), 48-50, 70(図39), 71, 72, 90, 111, 115, 124, 140, 204, 218, 252, 301, 410, 451, 475, 534, 567
夢の男　98(図59)
夢の女　60
『夢判断』（フロイト）　35, 103
百合　336, 556
ユング（カール・ユング）　14, 35, 36, 60, 63, 69, 73, 82, 89, 90, 97, 99, 100, 102, 103, 106, 130, 142, 179, 180, 243, 258, 259, 287, 423, 498, 529, 531, 534, 539, 556, 567, 568

よ

夜明け　329, 336, 338, 362
養育　138, 380, 385, 398, 401, 406, 414
溶解　24, 41, 49, 53, 59, 60, 63, 64, 117, 204, 212, 220, 235, 273, 276, 285, 302, 313, 323, 333, 357, 370, 380, 393, 413, 427, 451, 459, 479, 482, 507, 513(図370), 514, 562
溶剤　53, 357, 409, 451, 472, 483, 514, 530
羊水　167, 175, 204, 218
羊膜　175, 204, 218, 320(図219)
羊膜腔　320(図221)
ヨーガ　406, 451, 514, 534
抑圧　60, 61(図32, 33), 62(図34), 64, 69, 80, 83, 90, 95, 99, 103, 115, 128, 134, 138, 174, 252, 286
抑鬱　134
欲動の拡散　128, 131
ヨセフ　395
欲求不満　86, 131, 134, 213
ヨハネ　→十字架の聖ヨハネ
『ヨハネ伝』　170, 381, 503
『ヨハネの黙示録』　→『黙示録』
ヨブ　325
『ヨブ記』　325, 529
四元素　22-24, 38, 52, 67, 72, 76, 82, 138, 156, 165, 180, 181, 182(図117), 241(図159), 251(図167), 273, 296(図198), 300, 306, 315, 316, 318, 332, 333, 344, 348, 363, 373, 405, 423, 446, 448, 453, 506, 510, 536, 538(図383), 540, 541, 544, 556, 559, 561, 566, 567, 568
四元素の印　38, 186

四位一体　515

ら
雷雨　171, 174
雷雲　167, 171
ラーイオス　86, 87
ライオン（⇨赤いライオン、黄金のライオン、緑のライオン）　38, 45, 52, 65(図35), 68, 80, 99, 100, 127, 128, 130, 131, 138, 155(図95), 156, 159-162, 165, 170, 172, 178, 179, 191, 193, 194(図126), 195, 209, 220, 230, 323, 433, 452, 462, 472, 475, 507, 541, 564(図399)
ライオン狩り　159, 161, 171
ライオンの子　126(図76), 127, 131, 472
ライオンの血　171, 172
ライト（ディーアン・ライト）　571
ライモンドゥス　→ルルス
ラオメドン　195
ラキニウス（ヤヌス・ラキニウス）　→ボヌス
ラク・ウィラミウム　68
ラク・ウィルギニス　52
楽園　121, 431, 434, 442, 506, 515
ラコニクム　300
ラシス　299
ラゼス　110
ラディックス・イプシウス　58
ラート　→ラートーナ
ラートーナ　295, 306, 307
ラビア・マヨラ　170
ラミア　89
『ラムスプリングの書』　109, 128, 148, 151, 191, 230, 231, 285, 315, 336, 337, 417, 418, 513, 515
卵黄　433
卵黄嚢　227, 320(図221), 484
卵核　418, 419
卵割　249, 388
ランク（オットー・ランク）　35, 100, 102, 172, 174, 180, 194, 213
卵形成　249, 419, 464
卵子　106, 388, 418(図294), 419, 431, 441, 463, 464, 484
卵巣　352, 419, 434, 441, 442, 484, 486
ランディス(カーニイ・ランディス)　271
ラントス(B・ラントス)　134
卵白　433
卵胞　419
卵母細胞　442, 471, 484, 486, 571

り
『リア王』（シェイクスピア）　352
リアリイ（ティモシー・リアリイ）　572, 575, 576
理想の女　67, 69, 71, 73, 76, 83
『リトル・ギディング』（エリオット）　553
リバウィウス　564(図399)
リビドー　48, 69, 73, 78, 82, 86, 94, 99, 100, 102, 110, 115, 119, 124, 128, 130, 146, 147, 152, 170, 179, 190, 205, 213, 217, 218, 224, 243, 279, 299, 319, 338, 351, 424, 434, 462, 464, 486, 536, 571
『リビドーの変容』（ユング）　179
リプリイ（ジョージ・リプリイ）　229, 357, 384, 506, 538(図383), 540
硫酸　113, 115
『漁師』（ゲーテ）　89
両性具有　45, 120, 127, 135, 151-153, 175, 216, 233, 242, 243, 293, 353, 364
両性具有者（レビス）　111, 113, 142, 159, 171, 235, 237(図157), 238, 241(図160), 242, 243, 247, 248, 250(図165), 257, 268, 269, 276, 278, 279, 287, 291, 307, 312, 313, 315, 318, 319, 329, 332, 347, 351, 353, 355, 357, 367, 377, 379(図264), 380, 385, 389, 390, 394-396, 398, 399(図281), 400(図282), 401, 409, 410, 414, 417, 427, 431, 433, 437, 438, 441, 456, 462, 465, 468, 491, 494, 498, 544, 546, 553, 556, 567
『両性具有者のエピグラム』　269
両性の結合　30, 246(図164)
リラ　239, 448
リリー(H・M・I・リリー)　174
リリウス　409
リンゴ　49, 201, 204, 227, 228, 232, 269, 558
輪光　247, 491, 529, 530, 541, 544
臨死体験　511, 516, 519, 529, 531

る
類人猿　121
坩堝　167, 363, 401

ルドゥス・プエロルム　→『子供の遊戯』
ルナ（⇨月）　52, 80, 127, 140
ルナティカ　32, 222
ルナリア　32, 222
ルベド（赤色化）　38, 409, 410, 422, 455, 459, 471, 472, 476, 478(図347), 482, 483, 491, 503, 510, 521(図374), 529, 543(図386), 546, 547, 559, 566, 568
ルベドの女王　471
ルランドゥス　31, 316
ルルス（ライモンドゥス・ルルス）　22, 27, 409, 424

れ

レアー　233
霊　27, 41, 49, 69, 77, 114, 121, 127-130, 141(図85), 142, 148, 167, 178, 193, 212, 217, 218, 229, 235, 239, 242, 245, 264, 272, 273, 274(図180), 285, 291, 299, 302, 304, 307, 310, 315, 318, 319, 323, 329, 332, 333, 336, 337, 339(図235), 340, 347, 352, 358, 364, 370, 377, 389, 393, 403(図284), 406, 409, 410, 412(図288), 424, 427, 434, 437, 438, 464, 465, 467(図336, 337), 468, 483, 491, 494, 495, 505, 510, 511, 514-516, 529, 536, 568
霊化　216, 238, 451, 556
霊性　448, 507, 556
霊体　302, 495, 498, 529
霊の水　390, 393
霊薬　26, 209, 235, 238, 301, 362, 380, 459
レウィフィカティオ　→復活
レウスネル　117
レオ・アンティクス　159
レギナエ・ミュステリア　476
レギミニア　422
レダ　367
レートー（ラートーナ）　295
レビス　→両性具有者
レーベンスヴェンデ　258
レムス　143
レム睡眠　218
『錬金化学について』（セニオル）　337
『錬金術概論』（ルルス）　27, 424
『錬金術辞典』（ルランドゥス）　31, 316
錬金術師の妹　→妹
『錬金術摘要』（フラメル）　482
『錬金術とその解釈について』（ゾシモス）　423
『錬金術について』　15
錬金術の神　45, 155(図94), 156, 220, 260(図170), 398
錬金術の結婚　186, 245, 343
『錬金術の困難さについて』（ホーゲランデ）　27
錬金術の象徴主義（象徴体系）　35, 53, 69, 174
『錬金術の叙階定式書』（ノートン）　37
錬金術の盾形紋章　45
錬金術の入信式（秘儀参入）　33(図14), 36, 37, 76
錬金術の女神　121, 129, 130
錬金術の四姉妹　38, 39(図17, 18)
『錬金術秘伝』（ミヒェルシュパッハー）　541
『錬金術論』（アヴィケンナ）　199
『煉獄篇』（ダンテ）　410

ろ

炉　19, 63, 72, 89, 100, 138, 139(図82), 150(図92), 161, 186, 216, 302, 323, 361, 453, 479, 507, 553, 566
老賢者　45, 159, 301, 456
老人性鬱病　462
老年期　462, 464
ロサ・ミュスティカ　32
ロサリウス　68, 347
ロサリウム・フィロソフォルム　→哲学者の薔薇園，『哲学者の薔薇園』
ロザリオ　165
ロシヌス（⇨ゾシモス）　259, 329
『ロシヌスよりサラタンタ司教へ』　273, 295, 390, 476, 561
ロタ・フィロソフィカ　→哲学の車輪
ロードス　431
ロバート（チェスターのロバート）　22
濾胞　434, 440(図309), 441, 486, 571
濾胞液　441
ロムルス　143

わ

ワイン　→葡萄酒

Auspice DEO